Siegfried Akkermann

Die ewige Sehnsucht

Eine Skizze des humanen Entwicklungsgeschehens im Vor- und frühgeschichtlichen Europas nebst Bemerkungen über seine Bedeutung im Hier und Heute

Siegfried Akkermann

Die ewige Sehnsucht

Eine Skizze des humanen Entwicklungsgeschehens im Vor- und frühgeschichtlichen Europas nebst Bemerkungen über seine Bedeutung im Hier und Heute

Rediroma-Verlag

Bibliografische Information der Deutschen Nationalbibliothek:
Die Deutsche Nationalbibliothek verzeichnet diese Publikation in der Deutschen Nationalbibliografie; detaillierte bibliografische Daten sind im Internet über http://portal.dnb.de abrufbar.

ISBN 978-3-98527-969-2

Einleitungsbild: Volkmar Witt © vwitt.com
Umschlagillustration: frank60 (shutterstock.com)

www.rediroma-verlag.de
23,95 Euro (D)

„Geschichte wiederholt sich nicht. Aber ich befürchte, dass sich die Muster wiederholen. Das Grauen verschwindet mit den Zeitzeugen –
doch es verschwindet auch der Versöhnungsgeist."

Angela Merkel (Spiegel 48, 2022)

INHALT

ACHTER TEIL

AN STELLE EINES VORWORTES – DIE FÜNF GROSSEN MASSENAUSSTERBEN DES LEBENS AUF DER ERDE

(aus: Patrik Svensson „Das Evangelium der Aale“, 2019)

Das erste große Massenaussterben begann vor etwa 450 Millionen Jahren, in der Endphase des sogenannten Ordoviziums, als das Leben sich noch vorzugsweise im Meer abspielte. Aufgrund eines Temperaturabfalls, der möglicherweise mit Kontinentalverschiebungen zusammenhing, starben innerhalb eines Zeitraumes von etwa 10 Millionen Jahren schätzungsweise 60 % bis 70 % aller Arten unserer Welt aus.

Das zweite große Massenaussterben vor 364 Millionen Jahren geschah ebenfalls aufgrund eines vernichtenden Temperaturabfalls. Es starben 70 % der Arten aus. Das dritte große Massenaussterben war das fatalste. Es ereignete sich vor 250 Millionen Jahren, an der Perm-Trias-Grenze, kostete über 95 % aller Arten das Leben.

Wahrscheinlich geschah es in Folge der Kombination verschiedener Ereignisse.

Das vierte große Massenaussterben fand vor etwa 200 Millionen Jahren, während einer relativ langen Periode zwischen Trias und Jura statt. Es verschwanden 75 % aller Arten.

Das fünfte große Massenaussterben ist das allgemein bekannteste. Vor 65 Millionen Jahren schlug ein riesiger Meteorit nahe der mexikanischen Halbinsel Yucatán ein, der dadurch entscheidend dazu beitrug, dass die vielfältige Schar der Dinosaurier und etwa 75 % aller anderen damals hier lebenden Arten von unserer Erde verschwanden.

ERSTER TEIL

KOSMOS, SONNE, ERDE – UND DER MENSCH

EINLEITENDE WORTE

Dignitatus – „der mit Würde Bedachte" – ist ein Kunstprodukt. Er ist „entwickelt" worden, um der humanen Entwicklung in ihrer Gesamtheit eine personalisierte Identitätsfigur zu geben.

Im Verlauf eines etwa zwei Millionen Jahre währenden Geschehens hat sich Homo sapiens, der Jetztzeitmensch, zum unstrittigen Dominator des irdischen Lebens aufgeschwungen. Bis heute ist uns ein Duplikat derartigen Geschehens auf anderen Himmelskörpern nicht bekannt, wir können uns also derzeit tatsächlich als einzigartig wähnen.

Das nicht hinterfragte Bekenntnis zu dieser universellen Einzigartigkeit des menschlichen Geschlechts gehört zu den unerlässlichen Voraussetzungen für das Aufrechterhalten einer stabilen mentalen Hygiene der Menschheit in ihrer Gesamtheit. Nur durch die Verinnerlichung dieses Überzeugungsinhaltes und den letzlichen Entwicklungserfolg unserer Art sind unsere vielen, sowohl die schäbig-wohlbedachten als auch die unbedachten Rücksichtslosigkeiten in historischer Rückschau für uns Heutige psychisch hinlänglich „verdaubar" geworden.

Das „Verschwinden" verschiedener Arten von Frühmenschen nach ihrer Kontaktierung mit Homo sapiens ist Beleg für die Brutalität des langen humanen Entwicklungsprozesses.

Gleichwohl gab und gibt es gewaltige, auf unser Leben einwirkende Potenziale, auf deren Steuerung wir Menschen niemals einen erkennbaren Einfluss besessen haben und die sich – nach menschlichem Ermessen – auch in der heute überschaubaren Zukunft einem solchen Einfluss entziehen dürften. Es sind dies insbesondere die enormen energetischen Potenziale des uns umgebenden Kosmos – speziell der Sonneneinstrahlung – und der terrestrischen Tiefen unseres Planeten, beispielsweise der Kontinentalverschiebung und des Vulkanismus.

Diesen Kräften gegenüber ist Dignitatus von jeher weitestgehend machtlos gewesen, ist es bis heute geblieben.

Doch seinem – materialisiert durch ein immer größer werdendes Gehirn – stetig wachsenden geistig-mentalen Vermögen war es gegeben, immer tiefer in die Geheimnisse der Himmelsmechanik einzudringen, sich in seiner Lebensführung selbiger anzupassen und vor allem den aus der Sonne ihm ständig zufließenden Energiestrom sinnvoll zu nutzen.

Die nachfolgenden Ausführungen bemühen sich um eine Skizzierung des Aufstiegs einstiger „recht intelligent gewordener Affen“ zu den Dominatoren des irdischen Geschehens in der langen Zeit vom Beginn dieses Aufstiegs bis zu der Einführung der neuen Zeitrechnung – d. h., bis Christi Geburt –, wobei der europäische Kontinent zunehmend im Mittelpunkt unserer Betrachtungen stehen wird.

Hoffentlich gelingt es dabei, die Ursprünge und verästelten Beziehungsstrukturen der verschiedenen Elemente menschlichen Seins und menschlicher Entwicklung ausreichend deutlich zu machen, um zu hinreichend gültigen Aussagen und Empfehlungen für künftiges menschliches Verhalten zu gelangen – in einer Welt unstrittig gewordenen großen humanen Umbruchs, voller Reichtum und voller Armut, voller Zweifel und voller Hoffnung, einer zwingend erforderlich gewordenen Neubesinnung des Dignitatus auf sein innerstes Wesen in einer neuen Zukunft.

ASTRONOMISCHE BEDINGUNGEN, TERRESTRISCHE GEFAHREN

Um die im Verlauf der Jahrtausende sich auf der Erde erheblich wandelnden Wirkungen der Sonneneinstrahlung verstehen zu können, muss man sich mit einigen Details der „Himmelsmechanik“ auseinandersetzen, speziell mit diesbezüglichen Beziehungen zwischen Sonne und Erde.

Zunächst ist zu beachten, dass die von der Erde um die Sonne gezogene Bahn keineswegs exakt einem Kreis entspricht, sondern dem Schattenbild, das von einem aufrechtstehenden Ei – mit allerdings ungewohnt „rundlicher“ Konfiguration – geworfen wird.

Und dieser Schattenriss ist keineswegs absolut stabil, sondern ständig minimalen, dennoch für die Erde keineswegs bedeutungslosen Veränderungen unterworfen. Das von uns in aufrechter Stellung gedachte Ei dehnt sich aus oder schrumpft, wird dicker oder dünner, länger oder kürzer, breiter oder schmaler – wir „eiern“ also ständig auf einer sich ständig etwas verändernden Bahn um die Sonne, unser Zentralgestirn.

Diese Veränderungen sind keineswegs von absolut chaotischer Natur, sondern folgen durchaus bestimmten Rhythmen, in den Dimensionen einiger Jahrmillionen.

Für das Geschehen auf der Erde ist das alles vor allem deshalb von Belang, weil dadurch die Distanz zwischen Erde und Sonne immerwährend signifikanten Verlängerungen bzw. Verkürzungen unterworfen wird, mit der Konsequenz analoger Veränderungen hinsichtlich der durch die Sonneneinstrahlung unserer Erde übermittelten Sonnenergie.

Die „himmelsmechanisch“ bedingten Ursachen vorstehend umrissenen „Eierungsgeschehens“ sind bestimmte periodische Veränderungen der Konstellationen des uns umgebenden stellaren Raumes.

Es sind insbesondere die weiteren Planeten unseres Sonnensystems, die von ihnen ausgehenden Anziehungskräfte, die – getreu dem physikalischen Grundprinzip der von der materiellen Masse ausgehenden Attraktion – einen erheblichen Einfluss auf unser Kreisen um die Sonne haben. Je näher sie jeweils in ihrer Gesamtheit an unserer Erde auf ihren eigenen Bahnen platziert sind, desto stärker zerren sie an unserer Kreisbahn. Und

„unser lieber Mond“ spielt im Wirken dieser mächtigen Kräfte stets auch eine eigene, wenngleich relativ dezente Rolle.

Ein weiterer, sehr gewichtiger Faktor im Ursachenbündel der ständigen Veränderungen in der Sonne-Erde-Beziehung, in Sonderheit ihrer Konsequenzen für die Intensität der energetischen Einstrahlung seitens der Sonne auf unterschiedliche Bereiche der kugelförmigen Erdoberfläche, liegt in den diversen Unstetigkeiten der Positionierung unserer Rotationsachse. Selbige verhält sich keineswegs absolut „ortstreu“.

Die aktuelle, inzwischen seit Jahrmillionen hinlänglich stabile Abwinkelung der irdischen Rotationsachse gegenüber einer absolut „aufrechten Parallelität“ zur Sonne ist Voraussetzung für unseren Jahreszeitenrhythmus. Bei einer sich zum Sonnenstrahl in korrektem 90-Grad-Winkel positionierenden Erdachse würde es die gegenwärtigen erheblichen periodischen regionalen Wechsel der solaren Einstrahlungsintensität im jahreszeitlichen Verlauf nicht geben. Sowohl am Nord- wie am Südpol würde man ständig die Sonne als eine am Horizont „entlangkullernde“ gelb-rote Kugel wahrnehmen können, über dem Äquatorkreis würde sie ständig im Zenit stehen. „Jahreszeiten“ im uns gewohnten Erscheinungsbild könnten sich nie und nirgends auf der Erde einstellen – jeder Winkel der Erde würde dann Tag für Tag in etwa seine gleiche Portion solarer Energie erhalten.

Auch wenn es seit Langem mehr keine radikalen Achsenveränderungen gegeben hat – kleine und kleinste Modifikationen in der Winkelstellung unserer Rotationsachse spielen sich ständig ab, mit gewissen mittelbaren Einflüssen auf die irdischen klimatischen Abläufe.

Es gibt noch eine Reihe weiterer ständiger Modifikationen in unserem Verhältnis zur Sonne, wie auch die originäre Strahlungsintensität der Sonne keineswegs durch absolute Konstanz ausgezeichnet ist. Zudem können in ihrer Kumulation diverse minimale astronomische Konstellationsveränderungen spürbare Konsequenzen für die solare Energiezufuhr auf die Erde haben.

Nach Frank Sirocko beträgt – für den 65. nördlichen Breitengrad der Erde – die Differenz zwischen den solaren Energieübermittlungen für den

Fall der günstigsten und für den Fall der ungünstigsten stellaren Sonne-Erde-Konstellation etwa 20 %.

Keineswegs völlig außer Acht sollte man sich möglicherweise relativ kurzfristig darstellende Risiken einer Kollision unserer Erde mit anderen größeren Himmelskörpern.

Vor etwa 60 Millionen Jahren hat es ein solches Ereignis gegeben – ein kilometerbreiter, *nicht* durch Vulkanismus entstandener Krater in Mexiko ist auch heute noch ein beredtes Zeugnis hierfür. Bei der Nennung der „Fünf großen Massenaussterben“ fand er bereits Erwähnung.

Damals wurde durch die hierdurch langfristig erheblich veränderte gesamte irdische Lebenswelt – bis auf minimale Ausnahmen – die Gesamtheit der Saurier „ausgelöscht“, nachdem selbige für sehr lange Zeiten die gesamte belebte Szene der Erde dominiert hatten.

Nach Yuval Noah Harari, Professor an der Israelischen Universität in Jerusalem, gibt es Leben auf der Erde seit 4 Milliarden Jahren, Säugetiere seit 200 Millionen Jahren, aber den Menschen seit erst höchstens 2 Millionen Jahren.

Und die am weitesten entwickelte Menschenart waren und sind wir, der Homo sapiens. Wir sind Spätentwickler, erst seit etwa 500.000 Jahren existent.

Und seit etwa 20.000 bis 30.000 Jahren haben wir, der Homo sapiens, bedingt durch unsere diversen speziellen Fähigkeiten und Fertigkeiten bei Vertretern anderer Arten mehr keine ernsthaften Konkurrenten hinsichtlich unseres globalen Führungsanspruches.

Zudem ist es sehr unwahrscheinlich, dass es in den vergangenen Jahrmillionen schon einmal eine andere, der unseren gleichwertige biologisch-soziale Entwicklung auf der Erde gegeben hat. Dies dürfte ungeachtet dessen zutreffend sein, dass es die „Fünf großen Massenaussterben“ gegeben hat, Supervulkane, Asteroiden oder durch andere Katastrophen bedingte Schicksalsschläge einen sehr großen Teil alles damaligen tierischen Lebens auf der Erde wiederholt dahinrafften.

Sicherlich, von berufener fachwissenschaftlicher Seite wird darauf hingewiesen, dass in etwa 10 % der im „uns benachbarten Universum“ existenten ca. 1.000 Milliarden Galaxien „höheres Leben“ existieren *könnte.*

Dennoch, nach einer in den „Physical review letters“ publizierten Analyse ist das zumindest „sehr unsicher“, und die restlichen 90 % des besagten „benachbarten Universums“ sind allein in Anbetracht der dortigen, sich ständig wiederholenden Gammastrahlenexplosionen für biologische Wesen unserer Art unbewohnbar.

Wesentlich häufiger als durch kosmische Großereignisse wurden und werden wir durch katastrophale Auswirkungen des ständigen energetischen Geschehens in den Tiefen unseres Planeten radikal tangiert und erheblich in Mitleidenschaft gezogen. Das gilt insbesondere für Erdbeben und vulkanische Großausbrüche.

Während die uns Menschen belastenden Folgen von Erdbeben durchweg auf Regionen unterschiedlicher Flächenausdehnung beschränkt zu bleiben pflegen, konnten und können vulkanische Explosionen von der Kategorie des Großausbruchs auch solche Dimensionen erlangen, die eine den gesamten Globus betreffende harte Zäsur in seiner belebten Welt beinhalten.

Der letzte solcher extremer Ausbrüche aus dem tiefsten Inneren unseres Planeten ereignete sich vor etwa 75.000 Jahren, im Norden der indonesischen Insel Sumatra, in Form einer Super-Eruption des Vulkans „Toba“. Unmassen terrestrischer Materie, vulkanische Asche und Aerosole verschiedener Art wurden bis in die Stratosphäre geschleudert, wo sie als eine jegliches Sonnenlicht erheblich verdunkelnde riesige Wolke jahrelang verblieben. Dadurch behinderten sie nachhaltig alles irdische Wachstum, lösten sie einen „vulkanischen Winter“ auf fast allen Teilen der Erde aus.

Alle Ernährungsketten, sowohl die bodengebundenen als auch die der Gewässer und des Weltenmeeres, blieben jahrelang sehr stark beeinträchtigt. Die irdischen Temperaturen sanken um durchschnittlich 5 Grad Celsius, in manchen Regionen sogar um bis zu 15 Grad Celsius.

Durch die subtile Analyse von Eisbohrkernen und Bodensedimenten konnte die moderne Paläoklimatologie ein plastisches Bild vom damaligen Geschehen gewinnen – die gesamte tropische Vegetation lag damals darnieder, aber auch in den milder temperierten Zonen der Erde erlitten die dortigen Wälder großen Schaden.

Renommierte Geologen und Anthropologen – z.B. die US-amerikanischen Wissenschaftler Michael R. Rampino und Stanley H. Ambrose – vertreten die Meinung, dass durch dieses Ereignis die Gesamtheit der damaligen Menschheit schwer getroffen und zahlenmäßig erheblich dezimiert worden sein dürfte.

Vermutlich bewirkte die nunmehr gegebene Lebenssituation, dass viele der wenigen Überlebenden aus der Homo-sapiens-Spezies – wenig mehr als einige Tausende – ihre heimatlichen Areale verließen und in Richtung Norden aufbrachen. Sie fanden dort sicherlich Gegenden, die von der „Toba“-Katastrophe weniger krass in Mitleidenschaft gezogen worden waren.

Aus paläogenetischer Sicht auffällig ist der sehr enge Genpool dieser damaligen europäischen Neuankömmlinge. Das weist auf eine zahlenmäßig sehr „überschaubare“ Anzahl einstiger „Urväter“ und „Urmütter“ in jener sehr frühen europäischen Homo-sapiens-Population hin sowie auf ihre starke innere Geschlossenheit.

An dieser Stelle muss angemerkt werden, dass es bereits viel früher von Seiten des Homo sapiens Versuche gegeben hat, sich in Europa festzusetzen. Doch keiner dieser Versuche hat zu einer bleibenden europäischen Existenz unserer Art geführt. Man darf annehmen, dass zunächst die präexistente Neandertaler-Population in Europa den zu ihnen gelangenden kleinen Kontingenten von Homo-sapiens-Vertretern eindeutig überlegen gewesen ist.

Doch ihre nach der „Toba“-Katastrophe aufgebrochene Gruppe hat sich – prähistorisch gesehen – wenig später über den gesamten eurasischen Block ausbreiten können.

„Dignitatus“ hatte bei diesen Bemühungen insofern viel Glück, als in den seinem Exodus unmittelbar folgenden Jahrtausenden kein klimatischer Kältetiefpunkt eintrat.

Nach Behringer hätte ihm ein solcher – biologisch für eine Existenz in wärmeren Klimata geprägt – vermutlich erhebliche spezielle Schwierigkeiten bereitet.

Wenden wir uns zum Abschluss dieses Kapitels, in Kürze, einigen *konkreten* klimatischen Konsequenzen zu, die das Wirken der „Himmelsmechanik“ auf unserem Planeten gehabt hat, auf unserer Erde.

Mit Akribie hat sich die Paläoklimatologie insbesondere diesem Geschehen in Europa zugewandt, speziell den dortigen Geschehnissen im Verlauf der letzten 100.000 Jahre. Auch in Anbetracht dessen, dass die hierbei gewonnenen Erkenntnisse für das Verständnis aller weiteren Ausführungen in dieser Niederschrift von besonderem Belang sind, seien einige spezielle Sätze hierzu erlaubt.

Es ist gut zu erkennen, dass die europäischen klimatischen Verhältnisse der letzten 100.000 Jahre sich drei zeitlichen Großperioden mit einer ausgeprägten jeweiligen Charakteristik zuordnen lassen.

Zunächst wurde es, in der Tendenz, immer kühler – langsam, aber sicher. Dann kam, etwa ab 25.000 v. Chr., eine 5.000 bis 6.000 Jahre währende absolute Kaltzeit, im derzeitigen aktuellen Sprachgebrauch als „unsere Eiszeit“ bezeichnet oder auch als „die letzte große Eiszeit“.

Nach dem Abklingen der großen Kälte wurde es auch in Europa wieder wärmer, schließlich „recht warm“, am wärmsten in der Zeit zwischen 6.000 und 3.000 v. Chr.

In den letzten 30.000 Jahren vor der „großen Kälte“ lassen sich fünf Zeitblöcke von jeweils mehrtausendjähriger Dauer erkennen, mit einem sich jeweils länger als ein Jahrtausend hinziehenden Anstieg der Durchschnittstemperatur und einer ihm nachfolgenden, gleichfalls über ähnlich lange Zeitdauer sich hinziehenden Absenkung derselben (D. Palmer).

Wobei besagte Anstiege und Absenkungen ihrerseits immer wieder durch Jahrhunderte lange innere Temperatureskapaden modifiziert wurden.

Analog zu diesem permanenten Veränderungsgeschehen wanderten dann die biologisch relevanten Klimazonen Europas „nach oben“, oder „nach unten“ – nordwärts im Zuge der Erwärmungen, südwärts in Folge der Abkühlungen. Und gemeinsam mit den Klimazonen wanderte – selbstverständlich – auch die für die jeweilige Zone typische, an die jeweilige Zone gebundene Flora und Fauna.

Sowohl Homo sapiens als auch die Neandertaler, damals noch allesamt Sammler und Jäger, hatten ebenfalls keine andere Wahl, als stets den damaligen Steppenlandschaften und ihrem Wildreichtum zu folgen. Was nachweislich dann in der Tat geschehen ist.

Besondere reaktive Leistungen wurden den damaligen Menschen immer wieder durch jene Jahrhunderte gestellt, in denen sich die vorstehend zitierten Temperatureskapaden ereigneten – Jahrzehnte, gar Jahrhunderte erheblicher Erwärmung in einer eher kalten Klimaphase, oder etwa gleich lange Zeiten feuchtkalten Wetters während einer warmen Klimaphase.

Insbesondere Homo sapiens scheint auch mit solchen Widrigkeiten immer besser umzugehen gelernt zu haben. „Dignitatus" hatte also, offensichtlich, schon vor der extremen Kaltzeit der letzten 100.000 Jahre, noch vor unserer letzten „Eiszeit", eine bemerkenswerte Anpassungsfähigkeit erlangt.

Übrigens – gegenwärtig befinden wir uns in der auslaufenden Warmzeit dieses Zyklus.

GRUNDLEGENDES ÜBER BIOLOGISCHES LEBEN UND MENSCHWERDUNG

Das Entstehen des biologischen Generalprinzips, zeitlich begrenzter Selbsterhalt und zeitlich unbegrenzte Arterhaltung war „Grundbedingung seiner selbst".

Ohne das Wirken dieses Generalprinzips im irdischen Geschehen hätte nie ein fortdauerndes biologisches Leben auf Erden entstehen können.

Höchstwahrscheinlich war dieser Beginn dereinst zufälliger Natur.

Das Gleiche ist für den Start seiner systematischen Reduplikation anzunehmen, für das Entstehen von Mechanismen einer regelmäßigen Weitergabe von Funktionsmechanismen an neue Einheiten gleicher Struktur und Funktion.

Man kann das auch ein„Wunder" nennen.

Erst in erdhistorisch junger Zeit wurde dieses Generalprinzip gleichfalls zum tiefsten Kern aller humanen Handlungsmotivation.

In einer im Jahr 2019 veröffentlichten Niederschrift hat Marc Elsberg eine Aussage von Will Cantor zu diesem Problembereich zitiert. In leicht geänderter Form sei dieses Zitat hier nachfolgend gekürzt wiedergegeben.

1. Am Ursprung des Lebens folgten einige sich selbst kopierende chemische Strukturen einem mathematischen Prinzip, das ihnen zu einem elementaren Vorteil verhalf.
2. Mit Fortlauf der Evolution bildeten bestimmte chemische Einheiten – nach demselben Prinzip des Vorteils – bestimmte Verbände, welche wir Zellen nennen.
3. In der nächsten Evolutionsphase formen diese Zellen gemäß mathematischer Prinzipien Kooperative.
4. Schließlich entstehen mehrzellige und komplexe Organismen; das Leben ist selbst eine Ausprägung des ‚mathematischen Prinzips'.
5. Auf jeder Hierarchieebene erscheinen dabei Einheiten, die ihnen eingegebene Prinzipien auf Kosten anderer umsetzen.

6. Unter gewissen Umständen erlaubt das ‚mathematische Prinzip', dass selbst kleine Einheiten die Zerstörung großer Komplexe bewirken.

So viel an dieser Stelle zu den aufgeworfenen grundlegenden Fragen.

Im Rahmen des vorstehend Skizzierten war die Entwicklung der sexuellen Neuschöpfung von Leben ein weiterer „Geniestreich der Natur". Dadurch beinhaltete nunmehr der Entstehungsbeginn neuen Lebens einen radikalen mehrstufigen Wettbewerb zwischen verschiedenen Elementen der vorhandenen genetischen Potenziale, welche zumeist von zwei verschiedenen elterlichen Individuen stammen, wodurch sich in Folge der nunmehr sehr variantenreichen Ergebnisse dieser Auseinandersetzungen die „Tempi der irdischen biologischen Entwicklung als solcher" ungemein beschleunigten, gemäß dem Prinzipiengefüge der Evolution.

Nach Josef H. Reichholf vollziehen sich „die Änderungen des genetischen Potenzials mit tendenziell positiven Konsequenzen für den evolutionären Prozess grundsätzlich zufällig, ihre Breitenwirkung entfalten sie hernach jedoch im Zuge der natürlichen Selektion", d. h., tendenziell zum Vorteil des neu entstandenen Lebens.

Also – je breiter das genetische Selektionsangebot in einem Biotop, desto kürzer der Weg optimierender Adaptation an für besagtes Biotop gegebene Existenzbedingungen.

Des Weiteren führt Reichholf in seiner mit dem Titel „Warum die Menschen sesshaft wurden" erschienen Monografie aus dem Jahre 2011 hierzu noch Folgendes im Einzelnen auf.

„Selbst das extrem lange Leben eines besonders starken Individuums bleibt populationsgenetisch ohne jede Wirkung, wenn dieses Individuum sich nicht fortpflanzt, somit auch nicht seine hervorragenden Potenziale an die nachfolgenden Generationen weiterreicht.

Folglich setzen sich im ständigen Existenzkampf innerhalb einer Art - bzw. innerhalb eines rivalisierenden Artenclusters - häufig jene Gruppen durch, deren individuelle Leistungspotenziale nur mäßig über dem Durchschnitt liegen, die aber in längerer Geburtenfolge regelmäßig die meisten Nachkommen hinterlassen.

Für die Durchsetzung der überlegenen geistigen Fähigkeiten des Menschen war auch unser stetiger Fortpflanzungserfolg unerlässlich, um sich in einem lange hinziehenden Geschehen zu behaupten, schließlich eine phylogenetische Ausnahmeposition zu erlangen – relativ viele Geburten pro fertilem weiblichem Vertreter der Art und ein ungewöhnlich erfolgreiches nachgeburtliches Bemühen um den zur Welt gebrachten Nachwuchs.

Heute kommt keine einzige der etwa 160 derzeit existenten Primatenarten hinsichtlich ihrer Individuenzahl auch nur annähernd an das Volumen der menschlichen Weltbevölkerung heran."

Selbstredend konnten Darwin und die anderen wissenschaftlich bemühten Köpfe seiner Zeit noch nicht über die Erkenntnisse der modernen Genetik verfügen, durch welche seine vor etwa 200 Jahren getätigten Annahmen im Wesentlichen bestätigt wurden.

Heute wissen wir um die in Chromosomen und Mitochondrien angelegten Erbpotenziale, speziell der Säugetiere und des Menschen, dass durch minutiöse Unterschiedlichkeiten bei den in den Chromosomen enthaltenen Genen faktisch jeder auf die Welt gelangende Mensch tatsächlich Einmaligkeit besitzt.

Und dass solche winzigen Unterschiedlichkeiten im Erbmaterial die meisten Unterschiedlichkeiten hinsichtlich individueller Entwicklung und sich offenbarendem Leistungspotenzial weitestgehend begründen.

Ein Phänomen von entwicklungsstrategisch enormem Stellenwert ist die Genmutation. Das hierdurch betroffene Gen ist in gewissem Sinne dadurch eine „Neuschöpfung der Natur"; wird es vererbt, besitzt der neue Mensch von Geburt an eine Wesensfacette von absoluter Neuartigkeit.

Es waren dann großenteils die lebenssituativ sich ergebenden Bevorteilungen und Benachteiligungen von Einzelindividuen und deren Nachkommen in Folge bestimmter geerbter Genmutationen, wodurch das phylogenetische Schicksal der durch sie begründeten Sondermerkmale – und gelegentlich auch das Schicksal der gesamten Populationscluster aller Träger einer bestimmten Merkmalskombination – entschieden wurde.

In historischer Rückschau erscheint es durchaus berechtigt, die Genmutation als ein zentrales Element des humanen Evolutionsgeschehens anzusehen, letztlich auch des menschlichen Fortschritts im Besonderen –

ohne das Phänomen der Genmutation wäre die enorme Variationsbreite in den Details des menschlichen Erbgutes, sein enormes Adaptations- und Entwicklungspotenzial, kaum zustande gekommen.

Abschließend sei hierzu bemerkt – „Dignitatus“ ist selbst heutigentags, immer noch, dem Wirksamwerden dieses Phänomens ausgesetzt!

Während – wie bei allen Säugetieren – die Gene eines menschlichen Individuums im Allgemeinen zu gleichen Anteilen von seinem Vater und seiner Mutter abstammen, trifft solches für das ausschließlich dem männlichen Geschlecht vorbehaltene „ Y-Gen“ nicht zu. Es stammt – logischerweise – immer vom Vater des Jungen.

Anhand der Details dieses Y-Chromosoms ist es heute der modernen Genetik möglich, die väterliche Erbfolge rückwirkend, zeitlich fast grenzenlos, aufklären zu können.

Mit gleicher Methodik ist zudem die Feststellung gelungen, dass es fremdem humanen Genmaterial in früher Vorzeit immer wieder gelungen ist, von außen in den Genpool fest umrissener Soziotope einzudringen. Gelegentlich haben solche „Fremd-Injektionen“ spürbar zur Optimierung des Erbmaterials im Genpool jener Soziotope beigetragen.

Das irdische Leben war viele Millionen Jahre von den Sauriern verschiedener Entwicklungsstufen und Größenformate dominiert worden, als vor etwa 60 Millionen Jahren die Kollision der Erde mit einem anderen größeren stellaren Körper auf unserem Planeten alle Lebensbedingungen derart verschlechterte, dass die Saurier – von sehr wenigen Ausnahmen abgesehen – in ihrer Gesamtheit ausstarben; was bereits mehrfach thematisiert worden ist.

Das Ende dieser, in erheblichen Anteilen durch gigantischen Größenwuchs charakterisierten Tiergattung gab den in der Schlussphase der Saurierdominanz bereits existenten Säugetieren neue Entfaltungschancen.

Die relativ kleinen und wendigen Säugetiere konnten sich ausreichend schnell an die lange Jahrtausende herrschenden kargen Lebensbedingungen auf der Erde anpassen und wurden so schließlich die bis heute das irdische Leben weitgehend prägende Artengruppe.

Es ist hier nicht der Platz, auf die mittlerweile ebenfalls über eine sehr lange Zeit vonstattengegangene Entwicklung der Säugetiere einzugehen.

Doch unseren nächsten Verwandten im Tierreich, den Affen, aus denen die Menschheit, schließlich auch der „Homo sapiens“ – also ebenfalls „Dignitatus“ in seiner jetzigen Ausprägung – hervorgehen sollte, wollen wir hier zumindest ein wenig Aufmerksamkeit zukommen lassen.

In der von Douglas Palmer bei „National Geographic“ herausgebrachten Publikation „Die Evolution der Menschen“ findet sich zu diesem Thema die folgende zusammenfassende Aussage.

„Frühe Primaten waren kleine, vierbeinige, rattenähnliche Tiere mit langen Schwänzen. Sie lebten auf Bäumen, waren insbesondere in der Nacht aktiv. Sie hatten gut entwickelte Sinne, große Augen und Ohren sowie eine vorspringende Schnauze, mit zur Vorbereitung der Nahrungsverarbeitung gut geeigneten Zähnen in ausreichend stabilen Kiefern.

Insbesondere die „fortschrittlicheren“ Primaten an der Grenze zwischen Affe und Menschenaffe verdeutlichen uns, wie ihre auf Baumaufenthalt gerichtete Lebensweise sich im Lauf der Zeit auf die Konfiguration ihres Körperbaus ausgerichtet hat – während ihre vorderen Gliedmaßen sich zu muskelkräftigen Greiferarmen entwickelten, blieben ihre hinteren Beine relativ leistungsschwach.

Zwischen den großen Menschenaffen und der großen Mehrheit aller anderen Affen gibt es auch äußerlich gut erkennbare Unterschiede. Menschenaffen haben, z. B., keine Schwänze.

In einer bestimmten Menschenaffengruppe begannen jedoch zu einem bestimmten Zeitpunkt nachhaltige Bemühungen einer Fortbewegung auf ebener Erde durch ein zweibeiniges Gehen. Solches wurde dann für die als Frühmenschen angesehenen Primaten, für unsere näheren Vorfahren, charakteristisch.“

Aus gleicher Quelle können wir erfahren, wann sich die Entwicklungslinien des „Homo“ von den Entwicklungslinien seiner auch heute noch lebenden nächsten tierischen Verwandten trennten.

Recht früh trennte sich unsere diesbezügliche Linie von der Entwicklungslinie des Orang-Utan, vor etwa 12 Millionen Jahren.

Die Gorilla-Linie löste sich dann von der des „Homo“ vor etwa 7 Millionen Jahren, die der Schimpansen, schließlich, vor erst 2,5 Millionen Jahren.

Die Linie der Bonobos – die indessen dadurch keineswegs ein höheres Entwicklungsniveau erlangen konnten – löste sich dann noch später von der Entwicklungslinie der Schimpansen.

Für das Entstehen von ersten „Vormenschen“ diskutiert die aktuelle archäologische Fachwelt den Zeitraum zwischen etwa vor 5 und etwa vor 1,5 Millionen Jahren. Die Mehrheit der diesbezüglichen Spezialisten sieht allerdings die ersten Vormenschen schon etwas früher als erst vor 1,5 Millionen Jahren existent, bereits um ca. 300.000 Jahre früher.

Die Paläoanthropologie hat inzwischen bei diesen „Menschenaffen“ drei grundlegende Entwicklungsbereiche herausgearbeitet, die vorrangig zur Menschwerdung beigetragen haben.

1. Ein relativ kontinuierliches Wachsen und Reifen von Gehirn und peripherem Nervensystem.
2. Eine zunehmende feinmotorische Qualifizierung der vorderen bzw. oberen Gliedmaßen, insbesondere deren Endpartien, zu omnipotenter Handreichung.
3. Eine zeitlich zunehmend ausgedehnte umsorgende Pflege des jungen und jüngsten Nachwuchses, bei Geburt des letzteren in zunehmend unreiferem sozialen Entwicklungszustand.

Dabei erforderten die Entwicklung von Gehirn und peripherem Nervensystem sowie die Handwerdung der Endbereiche des vorderen Gliedmaßenpaares zwingend einen erheblich wachsenden Verzehr von tierischem Eiweiß sowie die umgehende Freistellung des vorderen Gliedmaßenpaares von Bewegungsaufgaben verschiedener Art, speziell Greifleistungen beim Beklettern von Urwaldbäumen und Laufleistungen bei der Bewegung auf Boden-Terrain.

Auf die komplizierten Zusammenhänge zwischen der Menschwerdung und den – auf ersten Blick irritierenden – Gegebenheiten hinsichtlich des sich verändernden Reifezustandes der Neugeborenen wird an anderer Stelle ausführlicher einzugehen sein.

„Unsere sehr frühen vor- und frühmenschlichen Vorfahren waren dereinst – Millionen Jahre lang – vorrangig Vegetarier.

Dann, vor etwa zweieinhalb Millionen Jahren, begann ein sehr langwieriger Prozess, in dessen Ergebnis sich dann der frühe Homo sapiens überwiegend durch Verzehr tierischen Fleisches und tierischer Fette ernährte.“ (Douglas Palmer).

Und im Übergang zu diesem Ernährungsmuster gab es eine relativ lange Phase, in welcher die Vorfahren von „Dignitatus“ als „Allesfresser“ anzusehen waren. In gewisser Hinsicht sind wir, die Jetztzeit-Menschen, das heutzutage wieder geworden.

Dereinst begann diese Phase mit dem gesteigerten Verkehr von Insekten und anderem wirbellosen Kleingetier. Wobei zu bemerken wäre, dass auch derzeit in verschiedenen Ländern der sog. „Dritten Welt“ etwa 2 Millionen Menschen ihren Eiweißanteil in der Ernährung großenteils durch den Verzehr diverser Insekten decken. „Sie grillen Grashüpfer, marinieren Maden, rösten Raupen. Fast 2.000 Arten essbarer Insekten sind uns bekannt.“ (Kupferschmidt).

Nach Kai Kupferschmidt züchten auch gegenwärtig noch etwa 20.000 thailändische Bauern zu diesem Zweck spezielle Raupen und ist auf den ländlichen Märkten in Uganda ein Kilogramm Grashüpfer teurer als ein Kilogramm Rindfleisch. Nicht nur Essensreste und Schlachtabfälle, auch bestimmte Jauchen können für das Gewinnen erheblicher Mengen derartiger „Eiweißträger“ verwendet werden. Viele Insekten sind zudem – ernährungsökonomisch gesehen – ausgezeichnete Futterverwerter. Grillen, beispielsweise, benötigen nur 1,7 kg Futter vorstehend skizzierter Art, um 1,0 kg Körpergewicht zuzulegen.

Hühner hingegen benötigen für einen solchen Gewichtsansatz 2,4 kg eines wesentlich anspruchsvolleren Futters, Schweine 5,0 kg, Rinder gar 10,0 kg.

Insbesondere die Entwicklung des Gehirns zu einem „menschlichen Leistungsvermögen“ war ohne wachsenden Verzehr von tierischem Eiweiß nicht zu erlangen.

Kehren wir zur Vor- und Frühgeschichte zurück, insbesondere zu den damals für einen erheblichen Anteil der Primaten gegebenen zeitgeschichtlichen Veranlassungen, einen derart umfassenden Ernährungswechsel zu vollziehen.

Wie die meisten grundlegenden Verhaltensänderungen im Rahmen der sich über große Zeiträume erstreckenden Menschwerdung war er vermutlich dadurch verursacht, dass bei diesen Primaten eine alltäglich ausreichende Erlangung ihrer gewohnten pflanzlichen Nährstoffe durch bestimmte Umweltveränderungen zunehmend in Frage stand.

Und als man, hungergetrieben, auf Bauminsekten zurückzugreifen begonnen und die belebende Wirkung dieses Eiweiß-Futters wiederholt gespürt hatte, wurde allmählich das ursprüngliche Not-Nährmittel ein ständiger Bestandteil des alltäglichen „Lebensmittelkorbes".

Das nachfolgende polygenetische Entwicklungsgeschehen baute dann auf derartiges Erfahrungswissen auf, dann auch auf tiefenpsychologisch verankertes Instinktverhalten und allmähliche reaktive physiologische Umstellungsprozesse bei den betreffenden Primatengruppen.

Vermutlich weckte der zunehmende Eiweißanteil in der Nahrung nicht nur Aktionsdrang und Erkundungsneugier, sondern hatte auch eine zunehmende Körpergröße unserer Urahnen zur Folge, was nunmehr zu Schwierigkeiten hinsichtlich der Deckung des synchron wachsenden Bedarfes an eiweißhaltiger Nahrung allein durch Insektenverzehr geführt haben dürfte. Logischerweise wurden dadurch – mit einiger Sicherheit – nun auch andere, wenngleich erheblich schwerer zugängliche Eiweißversorgungsquellen für sie zunehmend interessanter.

Die archäologische Fachwelt ist der Meinung, dass sich diese Interessen dann lange Zeit vorzugsweise auf die abgenagt hinterlassenen Aas-Kadaver des von großen Raubtieren getöteten Wildes gerichtet haben. Denn solche Raubtiere, die sich attraktives Frischfleisch durch ein sehr kräftiges Gebiss mit wirkungsvollen Reißzähnen mithilfe mächtiger Tatzen und scharfer Krallen zu beschaffen vermochten, sind die Primaten nie gewesen. Erst nach der eigentlichen Menschwerdung, seiner Qualifizierung zum geschickten Fallensteller und Jäger konnte „Homo" in solchen Belangen mit Löwen, Tigern und anderen großen Raubtieren mithalten und stieg „Dignitatus" letztlich zum Dominator aller Fauna auf.

Einige Zeit später vollzog sich für eine bestimmte Primatengruppe eine einschneidende Veränderung in der sie umgebenden, ihr seit jeher vertrauten Landschaft. Die in einem lang gestreckten Landstreifen längs des Indischen Ozeans im Osten Afrikas lebende Tierwelt wurde in erdhistorisch kurzer Zeit durch einen gewaltigen terrestrischen Prozess – einen sog. Grabenbruch kontinentaler Erdplatten – vom Geschehen im sonstigen Afrika abgeschnitten. Zudem erhielt dieser Landstreifen im Zuge dieser Entwicklung immer weniger Regen, verwandelte sich vom einstigen dichten tropischen Urwald zu einer der uns heute geläufigen Savannen. Damit verschwand nicht nur der den Primaten vertraute „Kletterwald“ mit seinen vielen kleinen Eiweißlieferanten in Insektenform, sondern auch die Möglichkeit, neben dem Fleischhunger immer noch fortbestehende Bedürfnisse nach pflanzlicher Kost ausreichend befriedigen zu können.

Von Douglas Palmer ist die zu jener Zeit entstandene Situation wie folgt beschrieben worden.

„Genießbare Früchte und sonstiges pflanzliches Nahrungsangebot fand sich in der Savanne keineswegs in der vom Urwald her bekannten Üppigkeit. Und alles das, was die Savanne an pflanzlicher Nahrung trotz ihrer relativen Kargheit damals den Primaten anbot, bedurfte eines weitaus intensiveren Bemühens, um gefunden, geborgen, gereinigt zu werden, eine genieß- und verdaubare Form zu finden.

Der hiermit verbundene Kalorienverbrauch der Sammler war durch ihre nach Verspeisung der pflanzlichen Nahrungsmittel sich ergebende Kalorienaufnahme kaum, gelegentlich überhaupt nicht gedeckt.“

Ergänzend hierzu sei hier angemerkt, dass – abgesehen von ernährungsphysiologisch hochwertigen Nüssen und wenigen anderen hochwertigen Früchten – pflanzliche Ernährung fast durchweg kalorienärmer sowie durch das menschliche Verdauungssystem spürbar umständlicher aufschließbar ist als „tierische“ Kost.

Man kann die heutzutage in Europa bevorzugte Kost mit erheblichen Anteilen von Fleisch pflanzenfressender Haustiere als „in Eiweiß umgesetzte einstige pflanzliche Kost dieser Tiere“ ansehen, gewissermaßen als „genialen Schachzug der Phylogenese bei der Optimierung der humanen biologischen Stoffwechselökonomie“ (Mania u. Dietzel).

Bezieht man das durch die tierische natürliche Reproduktion sich ergebende Proteinaufkommen auf die relevanten Bodenflächen von tropischen Regenwäldern einerseits und von afrikanischer Savanne andererseits, dann kommen wir bei diesen Regenwäldern auf etwa eine Tonne Protein pro Quadratkilometer und Jahr, bei den Savannen hingegen bei gleichem Boden- und Zeitbezug auf etwa 20 Tonnen Protein (Reichholf).

Die Erklärung des überaus beachtlichen „Outputs“ von natürlichem tierischem Eiweiß durch das afrikanische Savannenland liegt in einer für die Verdauungsphysiologie vieler pflanzenfressender Großtiere außerordentlich ergiebigen speziellen dortigen Flora.

Das im Vergleich zum Regenwald sicherlich erheblich regenärmere Savannenklima war dennoch keineswegs durchgehend trocken und zumindest wesentlich feuchter als heutigentags. Die in den alljährlichen Regenperioden niedergehenden Wassermassen ließen, zu regional etwas unterschiedlichen Zeiten, die Bodenvegetation spürbar aufblühen, auch verschiedene Grasarten. Dadurch hatten viele pflanzenfressende Großtiere jahrtausendelang eine ihnen periodisch sich an unterschiedlichen, doch recht nahen Orten anbietende sichere Futterbasis.

Viele dieser Tiere lebten in Großherden. Der jahreszeitlich in verschiedenen Regionen Ostafrikas unterschiedlich aufblühenden Natur folgend, unternahmen sie also Jahr für Jahr Großwanderungen. Sich diesem Geschehen unterordnend, hatten die damaligen raubtierhaften Großkatzen und Hunderudel ihren eigenen Lebensrhythmus organisiert.

Und auf all diesem hatte sich schließlich eine „Thanatozöonose“ aufgebaut.

Das primäre Erlegen der Jagdbeute, zumeist eines großen Pflanzenfressers, war in der Regel das Geschäft der raubtierhaften Großkatzen, die sich nach der Tötung des Tieres am Genuss seiner von ihnen bevorzugten Partien gütlich taten und schließlich den Kadaver liegen ließen.

Dem folgte auf der Richtstatt des Pflanzenfressers die große Familie der Aasgeier, von denen aus luftiger Höhe das Geschehen zumeist schon sehr früh ausgemacht worden war und die nun, nach dem von ihnen wahrgenommenen Abzug der Großkatzen, sofort über die Reste der Beute herfielen, welche ihnen dann auch fast immer sehr bald durch Hyänen und Hunderudel streitig gemacht wurde.

Die Hominiden und frühen Hominiden standen damals bei solchem Geschehen lange eher abseits, denn sie waren die Endglieder der sich vor ihren Augen abspulenden Verwertungskette.

Dennoch, die schlussendlich ihnen überlassenen „Reste der Reste“ waren für sie keineswegs uninteressant. Denn es gab unter ihnen eine bestimmte Restekategorie, die, erstens, ernährungsphysiologisch sehr interessant, sowie, zweitens, für die vor ihnen Zutritt zur Jagdbeute Besitzenden fast völlig unzugänglich war. Es ging um die langen Röhrenknochen des erlegten Pflanzenfressers, um deren höchst nährstoffreiches Mark.

Seinem reinen Nährwert nach entspricht es in etwa gutem Muskelfleisch, doch außerdem sind im Knochenmark, in erheblichem Umfang, die für den menschlichen Stoffwechsel wichtigen ungesättigten Fettsäuren enthalten. Zudem sind selbige auch von besonderem Belang für die Gehirnentwicklung von Mensch und Säugetieren (Reichholf).

Die vormenschlichen Hominiden hatten dereinst, in der langen Zeitphase ihrer allmählichen Reifung, es recht bald gelernt, die langen Röhrenknochen der großen Pflanzenfresser mithilfe geeigneter Steine aufzuschlagen und – mit abgebrochenen kleinen Ästen – das nahrhafte Mark aus diesen Knochen herauszukratzen. Schimpansen tun dieses gelegentlich heute noch.

In den letzten Jahrtausenden vor dem Entstehen von Homo habilis, dem heute von uns erstem als „Mensch“ akzeptierten Wesen, hatte sich die Position der Hominiden in der Rangordnung der Kadaververwerter verbessert. Sie hatten es gelernt, sich den von den großen Raubkatzen hinterlassenen Kadavern nicht mehr einzeln, sondern – mit Ast-Stöcken bewaffnet – nunmehr immer in Gruppen zu nähern. Dadurch waren sie ausreichend wehrhaft, um die gefräßigen Aasgeier verscheuchen zu können, ggf. auch einzelne Hyänen.

Nach Reichholf verdeutlicht die ausdauernde Intensität des Bemühens unserer fernen Urahnen um Zugang zum Inhalt der langen Röhrenknochen erlegter großer Tiere, dass bereits jene Hominiden den Wert des Knochenmarks erkannt hatten; was der modernen Archäologie in Folge der subtilen Analyse von Bearbeitungsspuren uns hinterlassener archaischer Knochenmaterialien erkenntlich geworden ist.

Doch nicht nur Knochenmark, auch das zunehmend häufiger von ihnen erbeutete restliche Muskelfleisch der von Großkatzen getöteten Tiere lieferte diesen am weitesten entwickelten Primaten wichtige spezielle Komponenten für ihre Gesamtentwicklung, insbesondere „vorformatierte Aminosäuren“, die aus pflanzlicher Ernährung kaum zu gewinnen sind.

Diese sind nicht nur als kompakte Kalorienlieferanten interessant, sondern auch für körperliche Strukturierung und verschiedenartiges laufendes Regenerationsgeschehen, insbesondere jedoch – wie die ungesättigten Fettsäuren – für cerebrale Entwicklung und Funktion entwickelter Primaten von enormer Wichtigkeit (Palmer).

Jedenfalls ist die im Zusammenhang mit vorstehend geschildertem Geschehen sich nunmehr vollziehende Entwicklung der Hominiden und Hominiden, ihre ständig wachsende physische Potenz, Körpergröße, aber auch die Zunahme der Zahl überlebender Neugeborener in ihren Gruppen, außerordentlich beeindruckend.

Und aus allem diesem ragt dann noch das Wachstum von Gehirn und cerebralem Potenzial heraus. Hatte der „Proconsul africanus" – ein Hominide, der vor 17 bis 18 Millionen Jahren lebte, zu Zeiten des Beginns der frühesten Hominiden-Netze – noch ein Gehirnvolumen von lediglich 167 ml, finden wir – nach Douglas Palmer – am Ende dieser Reihen vor etwa 2 Millionen Jahren, bei „Paranthropus robustus", bereits ein mehr als dreimal so großes Hirnvolumen, ein Volumen von etwa 550 ml.

Dieses Wachstum war auch in Relation zur gleichfalls wachsenden Körpermasse der Hominiden deutlich überproportional.

In Ansehung der Gesamtheit dieses frühen Hominiden-Entwicklungsgeschehens dürfte die Annahme berechtigt sein, dass analog zu der beeindruckenden Gehirnentwicklung auch die feinmotorischen Fertigkeiten des Zusammenspiels von peripherem Nervensystem und der durch sie innervierten Muskelpartien einen ständigen Optimierungsprozess durchliefen.

Letzteres war zudem Voraussetzung für die Qualifizierung der Greif- und Kletterhand einstiger Urwaldprimaten zur vielseitig einsetzbaren Werkhand des Menschen.

Dabei sollten wir uns stets dessen bewusst sein – auch in der humanen Entwicklung ist der stete Fortschritt keineswegs ein „ehernes Gesetz"! Es kann auch Rückschritte geben, und es hat sie tatsächlich gelegentlich gegeben – weder Mensch noch Tier sind dagegen gefeit.

In historischer Rückschau sind in dieser Hinsicht insbesondere Verkümmerungsphänomene im Zusammenhang mit grundsätzlichen Veränderungen bestimmter Lebensbedingungen auffällig, im Sinne der Anpassung an die neuen Bedingungen. Beispielsweise erfahren Wildtiere in Folge ihrer Domestizierung häufig beträchtliche Dezimierungen ihrer cerebralen Potenziale. Nach James C. Scott reduzieren sich die Volumina ihrer Gehirne dann im Laufe der Zeit typischerweise um 20 % bis 30 %.

Auch „Dignitatus“ konnte und kann sich vor Rückschlägen solcher Art keineswegs absolut sicher fühlen. Neuere Ergebnisse vorgeschichtlicher Forschung machen es sehr wahrscheinlich, dass eine sich über mehrere Generationen erstreckende deutliche Reduzierung fleischlicher Komponenten in der menschlichen Ernährung – bei kalorisch ausreichender Kompensation durch Kohlenhydrate – sich zwar in spürbaren Harmonisierungen des sozialen Lebens auswirkte, jedoch bei gleichzeitigem Rückgang von Erlebnisdrang und kognitiver Gesamtpotenz.

Wenden wir uns nun mit einigen speziellen Bemerkungen dem Werden der Hand des Menschen zu.

Es waren dereinst wahrlich entscheidende Urimpulse für die Entstehung des Homo sapiens, die vor Millionen an Jahren durch den ostafrikanischen Bodenbruch ausgelöst wurden, die hierdurch ausgelöste radikale Veränderung von Klima und Landschaft östlich des Bruches mit ihren nachhaltigen Konsequenzen für jegliches dortiges Leben.

Im Zusammenhang mit der Erörterung einstiger Umstellungen verschiedener Primaten von vegetarischer auf zunehmend fleischliche Ernährung sind diese Sachverhalte bereits angesprochen worden.

Für die östlich des Grabenbruches lebende Fauna galt es damals also, ihr Leben von der Existenz in üppigen Urwäldern auf das Selbstbehaupten in relativ kargem Savannenmilieu umzustellen. Für die Primaten galt es speziell, ihr bisheriges Leben in den Baumkronen dicht beieinanderstehender Urwaldriesen gegen ein Leben auf baumarmem, vorzugsweise von meterhohem Gras bewachsenem Terrain zu tauschen. Die bei den Hominiden zur Perfektion gereifte Kunst des Hangelns von Baum zu Baum war alsbald kaum noch gefragt. Zunehmend gefragt waren nunmehr Fähigkeiten zuverlässiger, ausdauernder Beobachtung des umgebenden flachen Graslandes aus gut getarnter Position sowie Fähigkeiten des raschen Zugriffs auf dort erkanntes „Fressbares“ zur schnellen Flucht von dort im Fall aufkommender Gefahr seitens übermächtiger Raubtiere, zur Rettung auf einen der noch vorhandenen größeren Bäume.

Für das ständige zugriffsbereite Beobachten war es unumgänglich, lange Zeiten aufrecht, auf den beiden Hinterbeinen stehend, auf dem Savannenboden zuzubringen. Im Falle eines Verharrens in gewohnter kauernder Position war ein zuverlässiger Überblick über meterhoch gewachsenes Gras kaum zu erlangen.

Solche Zwänge brachten es mit sich, dass die betreffenden Hominiden eine beträchtliche Tiefenschärfe ihres räumlichen Sehens erlangten, das lange Stehen für ihre Hinterbeine allmählich zur Routine wurde und die Hinterbeine sich letztlich auch anatomisch-funktional an die gegebenen Erfordernisse anzupassen begannen. Folglich konnte man dann im Bedarfsfall, Jahrtausend für Jahrtausend, auch zunehmend schneller zweibeinig laufen.

Jedenfalls bewegte man sich auf diese Weise auf flachem Terrain letzten Endes erheblich schneller, als es den einstigen Baumtieren bei ihrem unbeholfenen vierbeinigen „Hoppeln" zuvor möglich gewesen war; wie schon an anderer Stelle angesprochen.

Die nunmehr sich ergebenden „Beschäftigungsfreisetzungen" für die vorderen, jetzt oberen Gliedmaßen der betreffenden Primaten, insbesondere für ihre bislang für das Klettern und Hangeln ausgelegten großen, muskelkräftigen Greifhände, eröffneten damals den Weg zur allmählichen Entwicklung und Reifung der omnipotenten Hominidenhand, schließlich zur feinmotorisch einmalig funktionalen menschlichen Hand. Dabei handelte es sich um eine der entscheidenden Voraussetzungen für die Menschwerdung in ihrer Gesamtheit.

Die „erste große Aufgabe" für diese nun in Entwicklung begriffenen „neuen Hände" dürfte die Schaffung des Zuganges zum Mark der langen Röhrenknochen aus den Resten der Jagdbeute großer Raubkatzen gewesen sein.

Es waren dann insbesondere die weit überdurchschnittlichen cerebra-len und nervalen Potenziale der Frühmenschen in ihrer Kombination mit den Potenzialen der immer mehr zu breit verfügbaren Werkzeugen gereiften beiden Hände, die es eines Tages „Dignitatus" möglich machten, sich in fast allen Regionen der Erde zu etablieren, sich im Fall radikaler klimatischer Veränderungen neues Terrain zu erschließen, dort zu überleben und sich immer weiter zu entwickeln.

Es würde den Rahmen dieser Abhandlung sprengen, wollte man die gesamte Galerie der durch die moderne Wissenschaft heutzutage erfassten Stufen und Varianten der hominiden Entwicklung hier darstellen.

In kurzer Skizze sei jedoch auf die prominenteste Vertreterin unserer frühen hominiden Vorfahren eingegangen, auf die nicht nur dem inneren Kreis der diesbezüglich spezialisierten Fachgelehrten bekannt gewordene „Lucy". Ihr offizieller wissenschaftlicher Name ist „Australopithecus afarensis".

Der geradezu zu einem „Markenzeichen" gewordene Spitzname „Lucy" stammt aus einem Beatles-Song und trug vermutlich erheblich zu ihrer heutigen Popularität bei. Diese erhielt neue Impulse, als auch Fußspuren eines Vertreters ihrer Art gesichert werden konnten, die weltweit ältesten Fußspuren eines Humanoiden. Sie sind etwa 3,6 Millionen Jahre alt.

Man fand sie bei Laetoli im ostafrikanischen Tansania.

Die nachfolgende Skizze lehnt sich stark an Ausführungen von Douglas Palmer an, in seiner Niederschrift „Die Evolution des Menschen".

„Aus heutiger Sicht erschiene ein lebender Australopithecus afarensis wohl recht seltsam. Etwa so groß wie Schimpansen hatten sie die Körper und Stimmen der damaligen großen Menschenaffen. Sie konnten jedoch schon wie moderne Menschen aufrecht gehen. Ihre Hände waren frei für den Transport von Nachkommen oder Nahrung, für die Handhabung von Werkzeug oder Waffen. Aus einiger Entfernung hätte man sie vielleicht für menschliche Kinder gehalten, deren Körperproportionen allerdings eher denen eines Schimpansen ähnlich waren.

Erst bei näherem Hinsehen wäre wohl dann doch auch aufgefallen, dass auch ihre Gesichter eher denen von Menschenaffen entsprachen.

Zusammenfassend könnte man ihr Aussehen wie folgt umreißen – kurze Hälse, lange Arme, lange Finger, relativ kurze Beine, flache Brust, großer und auffallend muskulöser Bauch; eine Taille war bei ihnen nicht zu erkennen.

Bei den Australopicethinen gab es generell recht deutliche Größenunterschiede zwischen den männlichen und den weiblichen Vertretern ihrer

Art. Die männlichen Vertreter wurden um 1,50 Meter groß, die weiblichen, dagegen, nur wenig über 1,00 Meter. Dem entsprachen, in etwa, die Differenzen bei ihren Körpergewichten – ca. 45 kg gegenüber knapp 30 kg. Die Gehirnvolumina differierten weniger stark, zwischen 440 ml. und 500 ml bei den männlichen Hominiden, gegenüber zwischen 375 ml. und 425 ml. bei den weiblichen Hominiden.

Diese insgesamt doch erheblichen Unterschiede zwischen männlichen und weiblichen Vertretern der Art lassen darauf schließen, dass Lucys Verwandtschaft in Gruppen lebte, die jeweils von einem sog. Alphamännchen beherrscht wurden. Vermutlich bestand jede dieser Gruppen aus mehreren, sich um ein Alpha-Tier scharenden Weibchen samt aktuellem Nachwuchs, sowie mit verwandten, doch rangniedrigeren Männchen, aus zumeist jüngeren Generationen.

Wir gehen heute davon aus, dass sich ihr Leben zumeist in Nähe einzelner Bäume abspielte, die sie im Bedarfsfall zu ihrem Schutz aufsuchen konnten. Sie waren sicherlich Allesfresser, ernährten sich indessen noch überwiegend mit pflanzlicher Nahrung, zu deren Erlangung sie sich immer wieder in das offene Grasland ihrer Umgebung hinauswagen mussten. Dort, im freien baumarmen Revier, bestand für die Australopicethinen die größte Gefahr durch diverse gefährliche Raubtiere. Denn Lucy und ihre Artgenossen hatten weder scharfe Zähne noch scharfe Krallen. Und sonderlich schnell laufen konnten sie auch noch nicht.

Ihr wichtigster Schutz bestand in großer, in Gemeinsamkeit ständig aufrechterhaltener Wachsamkeit. Gegen kleineres Raubwild konnten sie sich mit Stöcken und mittelgroßen Steinen zur Wehr setzen, ihre immer noch recht großen Hände mit kräftigen Fingern hatten inzwischen die hierfür nötige Feinmotorik erworben.

Insbesondere Großkatzen und Rudel räuberischer Hunde machten damals gezielt Jagd auf die Australopicethinen. Unter den Bissspuren, die viele hinterlassenen Fossilien von Lucys Verwandten aufweisen, sind oft paarige Löcher zu finden, die gut zu den scharfen Eckzähnen ausgestorbener Leopardenrassen passen.

Australopicethinen-Fossilien werden vorzugsweise in heutigem Ödland gefunden, das zu Lucys Zeiten von langsam fließenden kleineren Flüssen durchzogenes Grasland war. In Nähe solcher Flussläufe fanden sich oft noch bewaldete Abschnitte, einzelne größere Bäume auch noch in den angrenzenden Abschnitten des Grasterrains.

Diese Biotope boten einer vielgliedrigen Tierwelt ausreichenden Lebensraum, mit verschiedenen kalorisch interessanten Wurzelpflanzen und diversen fruchttragenden Sträuchern – darunter unterschiedlichen Nuss-Sträuchern – sowie auch manchem Nussbaum und manchem Beerenbaum.

Auch die Australopicethinen fanden dort eine ausreichende vegetarische Futtergrundlage, die sie zunehmend durch Komponenten tierischen Eiweißes zu ergänzen bemüht waren.

Der häufigste dortige Fleischfresser war zu jener Zeit nicht eine der Großkatzenarten, sondern ein Marderhund mit dem Gattungsnamen Nyctereutes. Er stammte aus dem asiatischen Raum, war mittlerweile in Afrika eingewandert. Hinterlassenschaften seiner Fressorgien, Reste seiner Jagdbeuten, lieferten auch den Australopicethinen einen erheblichen Anteil des Fleisches in ihrer Nahrung. So erklärt es sich, dass durch die moderne paläologische Forschung auch die Spuren des Fleisches junger Krokodile, von Nashörnern und Elefanten in den Hinterlassenschaften von Lucys Artgenossen entdeckt werden konnten. Dieses Fleisch war vermutlich, nach Sättigung und Abzug der jagenden Marderhunde, von den Urahnen des Dignitatus auf ihre Wohnbäume verbracht, dort schließlich in den Gemeinschaften der Australopicethinen-Sippen verzehrt worden."

Die Anatomie unserer entfernten Vorfahren vollzog dereinst eine keineswegs nur auf Gehirn und Nervensystem, auf Beine, Arme und Hände bezogene, sich schließlich in der Darstellung des Homo sapiens verkörpernde Entwicklung, sondern eine alle ihre Teile umfassende Formung und Differenzierung.

Das deutsche Nachrichtenmagazin „Der Spiegel" publizierte hierzu im Jahr 2015 eine Zusammenfassung, aus welcher hier ein Auszug dargestellt sei.

Körperbereich Zeitpunkt der grundsätzlichen Umformungen im Sinne der schließlichen humanen Konfiguration

Kleine Eckzähne	vor	7, 0	Millionen Jahren
Starkes Kniegelenk	„	4, 1	„ „
Kurze Zehen, Fußgewölbe	„	3, 7	„ „
Langer und starker Daumen	„	3, 2	„ „
Kurzes, breites Becken	„	3, 2	„ „
Nach außen gedrehter Oberarmknochen	„	2, 0	„ „
Lange und bewegliche Taille	„	1, 9	„ „
Vergrößerter Hüftkopf	„	1, 9	„ „
Lange Beine	„	1, 9	„ „
Starke Handgelenke	„	1, 4	„ „

Auch heutzutage passt sich der Körperbau des Menschen ständig seinen Lebensumständen an, insbesondere dem ihm beschiedenen Klima.

Adam G. Schneider hat sich hierzu in einer Ausgabe der „Apothekenumschau“ wie folgt geäußert.

„Die gedrungene Statur der Inuit hilft ihnen bis heute, der extremen Kälte jenseits des nördlichen Polarkreises zu trotzen. Ihr Wärmeverlust ist geringer als bei jenen Menschen, die grazil gewachsen sind.

Hinzu kommen weitere evolutionsbedingte Merkmale, die man aber den Inuit nicht ansieht. So haben Wissenschaftler der Universität von Kalifornien in Berkeley (USA) bei den Inuit bestimmte Erbgutvarianten gefunden, die ihrem Körper helfen, sich fast ausschließlich von Meeresfisch und Robben zu ernähren, ohne in Folge solcher extrem einseitiger Ernährung starke gesundheitliche Schäden zu erleiden – sie können dieses Fleisch weitaus besser verstoffwechseln als die meisten anderen Menschen.

Noch erstaunlicher ist eine Entdeckung, die ein internationales Forscherteam bei den Bewohnern Tibets machte – fast alle Tibetaner tragen eine bestimmte Gen-Variante eines längst ausgestorbenen Urmenschen in sich. Diese Variante erlaubt es heute dem Bergvolk, mit dem in Höhen von 4.000 Meter über dem Meeresspiegel knappen Luftsauerstoff gut auszukommen. Während ortsstämmige tibetanische Frauen in einer solchen Umgebung meistens problemlos gut entwickelte Kinder gebären, kämpfen zugewanderte Chinesinnen in solchen Höhenluft-Regionen meistens bereits während ihrer Schwangerschaft mit diversen gesundheitlichen Problemen, und die von ihnen schließlich geborenen Kinder haben, in der Tendenz, auffällig niedrige Geburtsgewichte.“

Soviel an dieser Stelle zur Vorgeschichte des Menschen, zur langen Zeit der Hominiden, den Vorläufern jener Primaten, denen von uns „Heutigen“ erstmalig das sie heraushebende Prädikat des „Menschen“ zugestanden worden ist.

HOMO HABILIS UND HOMO ERECTUS

Vor etwa zwei Millionen Jahren – von den Vertretern der Fachwissenschaft etwas unterschiedlich zwischen 1,8 und 2,3 Millionen Jahren datiert – hatte sich aus den Hominiden ein Primat entwickelt, dem unsere heutige Welt das Erreichen einer grundsätzlich neuen Entwicklungsstufe attestiert hat, mithin bestimmte Individuen aus der Hominidengruppe fortan als „Hominiden“ anzusehen seien, also als „Menschen“.

Sie erhielten den Gattungsnamen eines „Homohabilis“, übersetzbar etwa im Sinn von „als Mensch bestätigtes Wesen“, oder – sehr frei – als „wahrhaft geschickter Mensch“.

Natürlich waren ihm die Merkmale seiner Herkunft von immer noch erheblich „äffischen“ Primaten anzusehen, insbesondere in den ersten Zehntausenden Jahren seiner Existenz.

Gleichwohl – Homo habilis hat die moderne Archäologie durch seine Leistungen überzeugt, die auch später von den am weitesten entwickelten Vertretern der sonstigen damaligen Primatenwelt – nach heutigem Wissensstand – niemals erreicht werden konnten.

Homo habilis hat als erstes biologisches Wesen bestimmte natürliche Gegenstände seiner Umwelt nicht nur zu benutzen, sondern aus ihnen auch ein Werkzeug herzustellen verstanden. Seine archäologisch verwertbaren Hinterlassenschaften beweisen, dass er handliche Steine nicht nur als Schlaginstrumente zu nutzen verstand, sondern aus solchen auch scharfkantige Schneiden herzustellen vermochte.

Was in der Tat Zeugnis des Erreichens einer neuen Entwicklungsstufe ist, bestimmt durch entsprechend entwickeltes cerebrales Denkvermögen, ausreichend gereifte nerval-maskuline Koordinationsfähigkeit und die für derartiges Handeln unerlässlichen anatomischen Voraussetzungen.

Wie können wir uns das optische Erscheinungsbild des frühen Homo habilis vorstellen? Sicherlich war er für die Gesamtheit der damaligen Primaten keineswegs ein figürlich kleines Wesen, obwohl er in dieser Hinsicht mit seinen Körpermaßen keineswegs über die Australopicethinen vom „Lucy“-Typ hinauszuwachsen vermocht hatte.

Insbesondere die damaligen Vorfahren von Orang-Utan und Gorilla waren allerdings zu jenen Zeiten erheblich größer – und auch physisch stärker – als die ersten Frühmenschen. Vom heutigen Menschen unterschied sich der neu entstandene Homo habilis auch deutlich durch sein – zunächst den gesamten Körper bedeckendes – dichtes Haarkleid, das dann im Verlauf seiner über die lange Zeit von etwa 2 Millionen Jahren sich vollziehenden weiteren Entwicklung immer schütterer wurde und schließlich nur noch in Resten vorhanden war.

Er bewegte sich durchweg zweibeinig. Doch ein motorisch „glattes" Gehen war dieses noch keineswegs, zumal seine mittlerweile erlangte aufrechte Haltung einen deutlich „geduckten" Charakter hatte.

Welchen weiteren phylogenetischen Fortschritt verdankt die heutige Menschheit ihren allerersten Vertretern?

Als Erstes sollten wir hier seine beachtliche Weiterentwicklung unseres gesamten nervalen Apparates nennen. Schon bei seinem Eintritt in „die Kategorie der Menschen" besaß er – gemessen an seiner körperlichen Gesamtdimensionierung – ein beachtlich großes Gehirn.

Dieses erfuhr in den beiden Jahrmillionen der Existenz von Homo habilis nicht nur ein weiteres quantitatives Wachstum – auf bis zu 800 ml – sondern, vor allem, auch eine weitere erhebliche qualitative Ausprägung, die sich in einem engen Zusammenhang mit der Weiterentwicklung seiner feinmotorischen Potenziale vollzog.

Als zweites ist die von ihm bewerkstelligte Perfektionierung seiner Bipedalität zu sehen, erreicht in engem Zusammenspiel mit vorstehend Skizziertem. Die archäologische Analyse seiner ossalen Hinterlassenschaften lässt auf ein zunehmend „glattes", bewegungsökonomisch effizientes Gehen schließen, auf eine – frühgeschichtlich gesehene – zügige Weiterentwicklung aller ebenerdigen Bewegungsfertigkeiten, auf schließlich selbst sehr lange Wegstrecken bewältigendes, zudem relativ schnelles Laufen. Selbst die Mehrheit der für beachtliche Sprintfähigkeit bekannten großen Raubkatzen war ihm letztlich kaum noch deutlich überlegen. Und was es die zügige Fortbewegung über lange Distanzen anbelangt, war er am Ende seiner historischen Epoche in der Welt der Säugetiere eine fast einmalige Erscheinung.

Gewiss entwickelte sich damals das alles auch zur Kompensation unübersehbarer anatomischer Nachteile aller entwickelter Primaten für das „harte Geschäft“ raubtierhaften Jagens – diese Primaten waren schon sehr lange nicht mehr mit den wehrhaften Tötungsinstrumenten langer scharfer Zähne und spitzer, scharfer Krallen ausgestattet gewesen. Das waren Gegebenheiten eines Erbes einer sehr langen Zeit vorzugsweise vegetarischer Ernährung. Mächtige Pranken und Tatzen hatten sie ohnehin nie besessen.

Letztlich war es die durch radikale terrestrische und klimatische Prozesse bewirkte Veränderung ihrer ostafrikanischen Lebensumwelt gewesen, durch welche eine frühe Primatengruppe, durch die Zwänge des Selbsterhaltes, in einen einmaligen und langwierigen Prozess geriet, der später zur Basis aller humanen Entwicklung wurde.

Das Töten großer Tiere zur Frischfleischgewinnung gehörte bislang allerdings nicht dazu.

Doch nun bahnte sich, nach der „Menschwerdung“, bald die Entwicklung völlig neuartiger Tötungs- und Jagdmethoden an, entwickelt durch die neuen Hominiden. Wir werden darauf zurückzukommen haben.

Zunächst wurde auf diesem Wege durch Homo habilis eine grundlegende phylogenetische Großtat vollbracht – die Entwicklung eines in der belebten Welt einmalig effizienten Systems körperlicher Temperaturregulierung und Temperatur-Optimierung. Dieses biologische Hochleistungssystem des Menschen muss insbesondere in seiner Wirkmächtigkeit für alles andere frühzeitliche menschliche Entwicklungsgeschehen sehr hoch bewertet werden.

Homo habilis hat zu seiner Zeit vermocht, ein einzigartig dichtes und leistungsfähiges Netz von Schweißdrüsen in seiner Haut zu entwickeln, das uns Menschen bis heute verfügbar ist. Seine Kühlwirkung beruht auf dem Kühleffekt von verdunstender wässriger Flüssigkeit, so auch des von den Schweißdrüsen abgesonderten Schweißes.

Die in der Haut des Menschen nunmehr gegebene Dichte seiner vielen Schweißdrüsen variiert zwischen 50 und 300 Schweißdrüsen pro Quadratzentimeter. Im Verlauf eines Tages sondern wir, in starker Abhängigkeit von Umgebungstemperatur und physischer Belastung, im Mittel etwa

0,3 bis 0,5 Liter Schweißflüssigkeit ab, was annähernd einem Drittel des Volumens alltäglich von uns abgelassenen Harns entspricht.

Die besondere Qualität dieses uns Menschen eigenen „biologischen Kühlschrankes“ liegt in seinem einmalig großen Steigerungspotenzial im Falle besonderer Beanspruchungen – das Volumen des zum Zwecke der Erhaltung einer stabilen leistungsgerechten Körpertemperatur abgesonderten Schweißes kann im Bedarfsfall auf das 10-Fache des ansonsten Üblichen gesteigert werden, auf eine Tagesleistung von etwa 5 bis 6 Liter. Von gesunden, für die Erbringung außerordentlicher Ausdauerleistungen bei sehr warmen Außentemperaturen trainierten Sportlern sind, im Extremfall, sogar tägliche Schweißvolumina von bis zu 15 Litern abgesondert worden. Nur durch diesen uns nunmehr gegeben Mechanismus zur Konstanz-Sicherung unserer Körpertemperatur im Falle harter physischer Ausdauerbelastungen sind wir Menschen in der Lage, solchen Anforderungen ohne nachhaltige Schädigung – oder gar völligem physischem Kollaps – immer wieder zu entsprechen. Gesunde Menschen im leistungsfähigen Alter vermögen, im Allgemeinen, sich im Bedarfsfall auf etwa das Fünffache der üblichen physischen Tagesleistung zu steigern.

Nach Josef H. Reichholf ist kein Rennpferd in der Lage, eine Strecke von 100 km „am Stück“ zu laufen, der ausdauertrainierte Mensch dagegen schon. Die Gültigkeit dieser Aussage wird ständig durch die „Ironmen“ des Triathlonsportes belegt. Pferde dagegen drohen auch bei europäischen Normaltemperaturen in Folge einer dann nicht mehr durch sie drosselbaren ausufernden Erhöhung ihrer Körpertemperatur nach etwa 30 km ununterbrochener Laufleistung zusammenzubrechen. Nach spätestens 40 km droht den Pferden der Exitus. Jeder kommandierende Rittmeister einer Kavallerieschwadron musste derartige Limits in kriegerischen Auseinandersetzungen vergangener Zeiten unbedingt und immer berücksichtigen.

Selbst Tundrawölfe und sibirische Schlittenhunde schaffen das Zurücklegen ihrer weiten Strecken nur dann, wenn niedrige Außentemperaturen eine komplikationslose direkte Wärmeabfuhr durch Körperhaut und Schleimhaut des geöffnet gehaltenen Rachens ermöglichen.

Natürlich war die zeitgleich erfolgte Komplettierung der Befreiung von fast allen Teilen aus „äffischen Zeiten" übernommener Ganzkörperbehaarung eine Voraussetzung für das Erlangen der skizzierten außerordentlichen Effektivität des menschlichen Temperierungssystems.

Dichte Behaarung behindert bekanntlich sehr das für den Kühleffekt unabdingbare Verdunsten des abgesonderten Schweißes.

Allerdings – nur ihr dichtes Fell ermöglicht vielen Tieren ihre Existenz in kühlen Klimata, aber auch unter den Bedingungen nächtlicher Temperaturstürze in sonst heißen Wüsten. Dem in dieser Hinsicht somit nun für ihn gegebenem Manko hat der damals im Laufe der Zeit „fellfrei" gewordene Homo habilis dadurch zu begegnen gewusst, dass er sich in kühlen Nächten mit den Fellen der von den Großkatzen erjagten großen Pflanzenfresser zu umhüllen begann. Das waren Materialien, für welche diese Jäger durchweg kein Interesse hatten.

In ihrer Gesamtheit hatten die vorstehend angesprochenen Entwicklungen erbracht, dass nun „Dignitatus" in eine Position allzeitiger Aktionsfähigkeit gelangt war, zudem in einem ständig ausgeweiteten, relativ sehr groß gewordenen Alltagsaktionsradius. Für die Beschaffung von Nahrungsmitteln aller Art war das ein enormer Vorteil, konnte doch jetzt das Geschehen in weitaus größeren Arealen ständiger Beobachtung unterzogen werden, bei einem entsprechenden Steigen der Möglichkeiten des geplanten und beherzten Zugriffs.

Reichholf weist insbesondere darauf hin, dass Homo habilis im Lauf der Zeit eine deutliche Vorrangstellung gegenüber vielen Kleinsäugern der Savanne – und auch Hominiden – speziell bei der immer noch interessant gebliebenen „Hatz nach den Fressorgien der Großkatzen" erlangt hatte, aber auch bei der Jagd auf die „laufschwachen Neugeborenen verschiedener Fluchttiere".

Dietrich Mania vertritt die Meinung, dass „Dignitatus" damals sich dennoch zunehmend vom „Aasfresser" zum „Verspeiser frischer Eiweißnahrung" gewandelt hat, nicht zuletzt dank einer zunehmend erfolgreicher werdenden Eiersuche auf immer größeren „Rekognoszierungsflächen".

Wofür zudem seine in der Rückschau beeindruckende ständige Weiterentwicklung spräche – zunehmend verbessertes Geh- und Laufvermögen, laufende Zunahme des Gehirnvolumens, wachsende Stillleistungen der jungen Mütter, wachsende zahlenmäßige Gruppenstärken, gesteigertes Kampfpotenzial der Männerhorden.

Seitens der anthropologischen Fachwelt wird heute, fast unisono, immer wieder betont, dass sich zu jenen fernen Zeiten letztlich die Gene jener Homo-Habilis-Individuen durch die Jahrtausende „gemendelt“ haben, die das Entwickeln extremer Potenziale einer leistungserhaltenden Temperatur-Stabilisierung unter den Bedingungen sehr warmer Klimata verkörperten.

In Sonderheit auf Grundlage dieser Eigenschaft erwiesen sie sich dann in ihrem heimatlichen afrikanischen Raum – im Allgemeinen – als die ausdauerndsten und in Folge dessen auch als die erfolgreichsten Jäger aller Primaten (Mania und Dietzel).

Bestimmte, die allgemeine Sachlage komplizierende Gegebenheiten jenes Entwicklungsgeschehens sollten wir jedoch nicht außer Acht lassen. Beispielsweise funktionierte die neue „menschliche Kühlmaschine“ nur bei Gewährleistung einiger biophysikalischer Voraussetzungen für ihre große Schweißproduktion.

Auch für menschlichen Schweiß ist Wasser die Grundsubstanz. Um energetisch anspruchsvolle Leistungsprozesse im warmen Milieu – trotz des drohenden Hitzestaus in Folge der nun entstehenden Prozesswärme – aufrechterhalten zu können, muss das für die Erhaltung der Körpertemperatur-Stabilität mittels Schwitzen unabdingbare Wasser stets in ausreichendem Umfang im Körper des Menschen zur Verfügung stehen.

Ausgesprochene „Wüstentiere“ – wie Dromedare oder Kamele – mit speziellen organischen Wasserspeicherungsmöglichkeiten sind die Primaten nie gewesen, sind auch wir Menschen nicht. Menschliches Hochleistungsleben war folglich auch in grauer Vorzeit nur bei ständiger Verfügung über ausreichende Quantitäten trinkbaren Wassers möglich – je stärker geschwitzt wurde und wird, desto größer war und ist somit der Wasserzuführungsbedarf.

Und noch eine andere natürliche Abhängigkeit wurde durch die nunmehr hocheffektive Regelung der menschlichen Körpertemperatur erheblich größer – die Abhängigkeit von einer Gewährleistung ausreichenden Zugriffs auf genießbare Substanzen mit einem hohen Gehalt an Kochsalz, an NaCl. Denn neben Wasser wird stets auch Kochsalz durch den Schwitzprozess in erheblichem Ausmaß ausgeschieden.

In späteren Perioden unserer frühen Geschichte sollte ausreichender Zugang zu NaCl-Quellen zeitweise sogar ein entscheidendes Kriterium regionaler humaner Entwicklung werden.

„Homo habilis konnte also fortan nur dort leben, wo genügend Wasser vorhanden war, eine ausreichende Menge hinlänglich trinkbaren Wassers. Und wo er mit Sicherheit seinen Kochsalzbedarf immer in ausreichendem Umfang decken konnte" (Mania).

Abschließend zu diesen Ausführungen über „Homo habilis" seien noch einige Bemerkungen über die Konsequenzen der Umformung und Entwicklung seiner Hand von der einstigen Greif- und Kletterhand des in den Kronen von Urwaldbäumen lebenden Primaten zur menschlichen Arbeitshand, zu einem „körpereigenen Werkzeug", zu Papier gebracht.

Ausschlaggebend für das Zuerkennen des „Menschenstatus" für Homo habilis waren gewiss mithilfe solcher Hände erstmalig hergestellte Steinwerkzeuge.

Aber diese Hände sind auch für die Erlangung von weiteren Fertigkeiten wichtig gewesen. Es bedurfte z.B. auch einiger manueller Geschicklichkeit, um m.H. von Schulterblattknochen, Tiersehnen und Ast-Stöcken bestimmte Spaten-ähnliche Werkzeuge zu basteln, mit denen dann Fallgruben für die Wildbeuterei gegraben werden konnten.

In der Spätphase der Homo-habilis-Periode war die Fallenstellerei ein sehr beachtenswerter Faktor beim allmählichen Übergang von zeitweise dominierender Aasfleischernährung zur besonders wertvollen Frischfleischernährung gewesen. Denn über spezielle Jagdwaffen verfügte „Dignitatus" bekanntlich damals noch nicht.

Die „Homo-habilis-Periode" währte etwa eine Million Jahre, bis sie dann von der „Periode des Homo erectus" allmählich abgelöst wurde.

Nach Douglas Palmer tauchte Homo erectus erstmalig vor etwa 1,5 Millionen Jahren auf, ebenfalls im Osten Afrikas. Er wird heute allgemein als der direkte Vorgänger von Homo sapiens angesehen, wobei es wohl mancherorts über viele Jahre eine parallele Existenz von bestimmten Spätformen von ihm und sehr frühen Homo-sapiens-Formen gegeben hat.

Wie zuvor Homo habilis, so dürfte auch Homo erectus dann für etwa eine Million an Jahren der auf unserem Erdball dominierende Hominide gewesen sein.

Die herausragendsten Merkmale dieser neuen Menschen waren ihre beachtliche Körpergröße – bis zu stattlichen 1,80 Meter – und ihr nunmehr „wirklich" aufrechter Gang. Letztgenanntes Merkmal wird auch in ihrem Gattungsnamen reflektiert – der „aufgerichtete" bzw. der „aufrechte Mensch".

Streng genommen ist sein Titel „Homo erectus" ein Sammelbegriff, denn in den vielen Jahrtausenden seiner Existenz spaltete er sich in diverse Seiten- und Parallelentwicklungen auf, verbreitete sich nicht nur über alle Teile Afrikas, sondern siedelte schließlich in vielen Gebieten des riesigen eurasischen Blockes, d. h., sowohl Europas, als auch Asiens, bis hin zum Pazifik und verschiedenen indonesischen Inseln.

Es ist hier nicht der Platz, um auf jenes vielgliedrige Verästelungsgeschehen näher einzugehen. Die nachfolgenden Ausführungen bemühen sich um eine Schilderung der wesentlichen Faktoren und Bedingungen im Prozess von Herausbildung und Weiterentwicklung dieser frühen Menschen in ihrer Gesamtheit.

Neben ihrer unseren heutigen Gegebenheiten bereits recht nahekommenden äußeren körperlichen Dimensionierung fallen insbesondere die folgenden beiden Sachverhalte auf.

Zum einen ist dies ihr mit Gewichten von über 1.000 Gramm ziemlich groß gewordenes Gehirn, damit bereits ca. 70 % des Volumens unserer heutigen zentralen Denk- und Steuerungsorgane erreichend, zum anderen die entwicklungsgeschichtliche Großtat von Homo erectus, das Erlangen der Herrschaft über das brennende Feuer.

Zwischen dem allmählich perfektionierten Umgang mit brennendem Feuer und der Entwicklung des Homo-erectus-Gehirns hat es vermutlich einen fortdauernden wechselseitigen Stimulierungsanreiz gegeben.

Am Ende jener Entwicklungsperiode ergaben sich zwei erheblich differente „Endprodukte" – einerseits finden wir dann den frühen Homo sapiens, andererseits einen erheblich andersartigen Menschentypus, verkörpert durch Neandertaler-Population und Denisov-Menschen. Es wird hierauf noch näher einzugehen sein.

Doch nicht nur die Weiterentwicklung im zentralnervösen Bereich ist damals durch die Befassung mit dem Brenngeschehen angeregt worden, auch die von Homo habilis bereits weitgehend „vermenschlichte“ Hand perfektionierte sich weiter, und im Zusammenhang hiermit die Kunst der Werkzeugfertigung. Werkzeuge für verschiedene Zwecke entstanden zudem nun nicht mehr überwiegend aus steinernem Material, sondern diese und „Gebrauchsmittel“ aller Art produzierte man nunmehr zunehmend auch aus Holz und Knochen, Gras und Tierhäuten, usw.

Und der „Mensch in seiner Gesamtheit“ entwickelte sich in jenen Jahren, mehr und mehr, zum wirklichen Jäger, zunehmend zum Dominator seiner unmittelbaren Umgebung.

Das alles, insbesondere aber die große Rolle der Feuerbeherrschung für die Gesamtheit des Weiteren menschlichen Entwicklungsprozesses, verdienen eine nachhaltigere, tiefer gehende Betrachtung.

Sicherlich, einen Eindruck vom Charakter und von den Auswirkungen eines durch Gewitter ausgelösten Gras- und Buschbrandes dürfte man schon zu des Homo habilis sehr frühen Zeiten gehabt haben, ganz sicher bekannt war solches Geschehen unseren menschlichen Urvätern und Urmüttern bereits zum Zeitpunkt des Erscheinens von Homo erectus.

Das war für einen jeden und für eine jede von ihnen, die solches selbst erleben mussten, gewiss ein schreckliches Ereignis gewesen, vor dessen zügelloser Gewalt die schnelle Flucht – in Analogie zur Tierwelt – die einzige angebrachte Reaktion zu sein schien.

Aber wenn die vernichtende Feuerwalze durchgezogen war, galt es, die „Früchte“ des großen Brandes einzusammeln, insbesondere verbliebenes Fleisch aus den Kadavern halbverbrannter Tiere. Zumal sich solches Fleisch oft überraschend leicht aus den umhüllenden Knochen herauslösen ließ, auch gut zerkaut und verdaut werden konnte.

Im Laufe der Zeit hatte man dann ähnliche Erfahrungen mit bestimmten Knollen und Wurzeln gemacht, die gleichfalls durch das Überstehen der Hitzewelle sich – nach Verspeisung – als erheblich bekömmlicher erwiesen.

Und bereits wenige Jahre, nachdem ein solcher Brand das für menschliche Zwecke weitgehend nutzlose Buschwerk verbrannt hatte, pflegte frisches Grün auf dem durch die Brandasche gedüngten Boden zu sprießen, gemeinsam mit manchem für Ernährung oder Handwerk interessantem Gewächs, vor allem aber – anziehend für jagdbare Tiere verschiedener Art.

Es wird wohl damals – immer wieder – den einen oder anderen gegeben haben, der sich Gedanken darüber machte, wie man sich die Kraft des Feuers, eines für die Menschen jener Zeit gewiss rational unerklärlichen Phänomens, nutzbar machen konnte; auch wenn kollektive Scheu vor seiner unfassbar erscheinenden Urgewalt solche schweifenden Träume, insbesondere alles praktisches Tun in diesem Sinne, dann immer wieder erheblich bremste. Bis man dann doch dem Mut fasste, kleinere Restfeuer nach dem Verlöschen der Feuerwalze einzuhegen, zu pflegen, zu erhalten. Zunächst, vermutlich, um in den kühlen Nächten der Subtropen eine Wärmequelle zu haben. Die dann aber auch – ganz bestimmt mit freudiger Überraschung registriert – alle Arten von Raubgetier sicher von nächtlichen Attacken abhielt und tagsüber die lästigen Mücken und andere stechenden Insekten gleichfalls fernhielt.

Ein zum wärmenden und sichernden Begleiter des Alltagslebens gezähmtes Feuer, somit vom unbeherrschbaren Vernichtungsgeist zum freundlichen Lebensbegleiter mutiert, regte an ruhigen Abenden sicherlich Geist und Denken an, bis man auch mit Versuchen der Erhitzung des einen oder anderen Nahrungsbestandteiles vor seinem Verzehr anfing. Das Erinnern an erfreuliche Hinterlassenschaften von vernichtenden Großbränden durchziehender Gewitterfronten könnte hierbei hilfreich gewesen sein.

Heute wissen wir, dass der Zugang zur Nutzung des Feuers den unterschiedlichen Zweigen der Homo-erectus-Gesamtheit zu sehr unterschiedlichen Zeiten gelang. Manchen dieser Formationen ist solches vermutlich nie gelungen, was sehr gewiss entscheidend dazu beitrug, dass sie schließlich eingingen.

Jenen jedoch, die sich zu Herren dieser Naturgewalt aufzuschwingen vermochten, eröffnete das nun bald zur Gewohnheit werdende Braten oder Kochen von Fleisch, kurz vor seinem Verzehr, qualitativ neue Lebensperspektiven.

Durch seine Hitzebehandlung wurde solches Fleisch nicht nur keimfrei, von gesundheitsgefährdenden Schädlingen verschiedener Art „gereinigt“, sondern dieser Erhitzungsprozess leistete – und leistet bis in unsere heutigen Tage – zudem wertvolle Vorarbeit für das gesamte eigentliche menschliche Verdauungsgeschehen in seinem engeren Sinne.

Bereits der nunmehr erheblich kürzere Kauvorgang sparte nicht nur Zeit, sondern auch Energie, erleichterte des Weiteren die seitens der inneren Verdauungsorgane des Menschen zu leistende Arbeit dermaßen, dass die Länge des Dünndarms von Homo erectus in den vielen Jahren seiner Existenz immer kürzer werden konnte, verbunden mit erheblichen Reduzierungen des durch das Verdauungsgeschehen gebundenen Blutes.

Das Gedärm der Menschen wurde also kürzer und kürzer, ihr Gehirn, hingegen, größer und größer.

Aber es war nicht nur die enorme physiologische Rationalisierung seiner Fleischverdauung, was in Folge der Hitzebehandlung ihrer Speisen unseren Urahnen ihnen den letztlich uneinholbaren Entwicklungsvorsprung gegenüber allen anderen Lebewesen bescherte.

Auch bestimmte pflanzliche Komponenten ihrer Ernährung erhielten hierdurch eine erhebliche Aufwertung, die zudem einen direkten Bezug zur quantitativen und qualitativen Leistungssteigerung der cerebralen und sonstigen nervalen Potenziale des Menschen hatte. Es gibt eine Reihe pflanzlicher Kalorienträger, die in roher Form von der menschlichen Verdauungskette kaum oder überhaupt nicht genutzt werden können. Wir stammen von auf hohen Bäumen turnenden äffischen Primaten ab, die – verständlicherweise – kaum Zugang zu unter der Erdoberfläche reifenden kalorischen Potenzialen hatten. Dementsprechend sind damals die verdauungsphysiologischen Funktionsmuster des Menschen vorprogrammiert worden.

Doch durch ausreichendes Kochen verschiedener solcher pflanzlicher Produkte lässt sich das, erstaunlicherweise, oft erheblich ändern. Die uns allen geläufige Kartoffel ist beredtes Beispiel hierfür.

Erst das Kochen schließt die in der Kartoffel enthaltenen Kohlenhydrate zu einer durch unser Gedärm gut verdaubaren Substanz auf, die seitens der modernen Chemie den bezeichnenden Namen „Stärke“ erhalten hat.

In fleischarmen Zeiten hat die Kalorienzufuhr durch solche „Pflanzenstärke“ viele Menschen vor dem Hungertode zu bewahren geholfen, immer wieder.

Indessen erschöpft sich der Wert dieser Kost keineswegs in der bloßen Aufbesserung kalorischer Bilanzen. Heute wissen wir, dass nach einer angemessenen Hitzebehandlung durch das Verzehren solcher Pflanzen oft auch Stoffe zugeführt werden, durch welche die menschliche Amylase eine spezielle Anregung erhält, was letztlich dem Gehirn vermehrt energetische Substanzen mit außerordentlich effektiver Wirksamkeit zur Verfügung stellt. Was dann wohl mithalf, dass dereinst von Homo erectus immer mehr weitere Möglichkeiten der Feuerverwendung erkannt wurden. Beispielsweise erfuhr der Holzstock eine erhebliche Erweiterung seiner Verwertungsmöglichkeiten. Aus nur bedingt für Verteidigungszwecke geeigneten „Knüppel-Instrumenten" entstanden jetzt wesentlich gefährlichere Spieße und schließlich auch die „ersten Fernwaffen der Geschichte", die Wurfspeere.

Das Entscheidende in diesem Entwicklungsprozess war die Entdeckung der Möglichkeit, die durch geschickte Steinbearbeitung geschärfte Spitze solcher Spieße mittels angemessener Feuerbehandlung hart und fest zu machen. Einer mit derartigen Gerätschaften ausgestatteten Gruppe muskelstarker Steinzeitjäger wurde es nun möglich, selbst gefährlichste Raubkatzen in die Schranken zu weisen, selbst den Löwen und den Tiger.

„Dignitatus" war damit zum „wirklichen Jäger" geworden, zum Dominator der Szene, der kaum irgendwelchen andersartigen Wesen seiner Zeit wehrlos ausgeliefert war.

Sehr überrascht war vor wenigen Jahren die moderne archäologische Szene, als man in Nordafrika die Reste von Wurfspeeren fand, die man noch Homo erectus zuordnen musste. Es handelte sich dabei um Wurfgeräte mit immer noch erstaunlich scharfer, feuergehärteter Spitze und mit einem Schwerpunkt unterhalb Speermitte.

Folglich waren dies Geräte mit vorzüglicher Fluglage, die – nach ballistischem Urteil – sehr zielgenau und weit geschleudert werden konnten.

Mit dieser Waffe konnte sich der späte Vertreter der Homo-erectus-Kategorie nun mit jedem Gegner seiner Zeit auseinandersetzen, ohne sich direkt den Waffen seines Opponenten aussetzen zu müssen(Mania).

Zusammenfassend kann man sagen, „mit dem Zugriff auf das Feuer erweiterte sich für Homo erectus die Welt der ihm bekömmlichen Nahrungsmittel exponentiell" (James C. Scott).

In Folge seines gelungenen Zugriffs auf das Feuer veränderte sich auch der damalige Mensch „als solcher".

Sein Gehirn wuchs, sein Verdauungsapparat „rationalisierte sich". Das alles förderte auch die Ausweitung der Aktionsmöglichkeiten der menschlichen Hand, sie wurde immer mehr zu einem „omnipotenten biologischen Werkzeug".

Damit veränderte sich ebenfalls die Verteilung der alltäglich verfügbaren Zeit auf die verschiedenen Aktionsbereiche – der Tag für Tag durch Vorbereitung und Vollzug der Nahrungsaufnahme gebundene Zeitanteil wurde erheblich kleiner.

Die zunehmende Qualifizierung der von „Dignitatus" gefertigten und eingesetzten Steinwerkzeuge bestätigt das.

Es ist unverkennbar – je reichhaltiger das „Frischfleischangebot" auf der „Speisekarte" von Homo erectus wurde, desto variantenreicher und vielfältiger einsetzbar wurde das von ihm gefertigte und gehandhabte Steinwerkzeug. Nachdem z.Z. von Homo habilis grob konfigurierte Schlagsteine als Primärwerkzeug typisch waren, mit welchem sog. „Geröll-Steine" – harter Quarz, Basalt, Tavertin, aber auch Muschelkalk – zu groben Schabern geschlagen wurden, finden wir nun wesentlich qualitätsvolleres Werkzeug und qualitätsvollere Ware.

Natürlich wurden auch weiterhin Schlagsteine und Faustkeile hergestellt, geeignet sowohl zum Zuschlagen als auch zum Spalten der Fleischpartien und langen Röhrenknochen großer Beutetiere. Doch nun tauchten bald auch – und in zunehmend großen Zahlen – als Hacke oder Beil geschäftete Steine auf, zunächst überwiegend geschlagen aus dem gleichen harten Material.

Nur wenig später wird die Skala der Ausgangsmaterialien zunehmend breiter, was der Erweiterung der Produktpalette sehr dienlich ist. Man greift dabei vor allem auf gut spaltbare, kieselsäurehaltige Steinmaterialien zurück, in Sonderheit auf Feuerstein und – soweit verfügbar – Obsidian. Diese Materialien liefern, bei ausreichend geschicktem Umgang mit ihnen, sehr scharfe Schneiden und spitze Nadeln, das derart gewonnene Werkzeug eignet sich somit für subtile Schneid- und Schnitzarbeiten an

Holz- und Knochenmaterialien bzw. für präzises Bohren in beliebigem Zusammenhang.

Das Arbeiten mit dem Stein blieb fortan nicht ausschließlich grobe Arbeit, sondern zu dieser groben Arbeit gesellten sich jetzt zunehmend subtile, gar filigrane manuelle Tätigkeiten mit hohen Anforderungen an das Erkennen des „Charakters" des einzelnen Steines und der sich dadurch eröffnenden Möglichkeiten des Umganges mit ihm.

In seiner Summe änderte diese Entwicklung im Laufe der Zeit die Lebensführung der Frühmenschen sehr erheblich. Gehen wir auf einige diesbezügliche Aspekte kurz ein.

Zunehmende Wehrhaftigkeit beinhaltet keineswegs mit Selbstverständlichkeit einen Rückgang der Verletzungsrisiken im Falle einer unausweichlichen Auseinandersetzung. Insbesondere in der „Zeit vor dem Speer" dürfte es immer noch die durch Raubtierbiss oder Prankenschlag bei der Auseinandersetzung um Frischfleisch erhaltene Verletzung gegeben haben, mit nachfolgender Vereiterung – doch der geschickte Einschnitt mit feiner, durch Flammenkontakt keimfreier Feuersteinklinge konnte jetzt oft eine recht schnelle Heilung einleiten.

Filigrane Feuersteinbohrer wurden nun insbesondere für das Löcherbohren in erbeutete Tierfelle eingesetzt, um selbige mittels Sehnennähten zu größere Flächen deckenden Stücken fest zusammenfügen zu können. Auch wenn man es zumeist inzwischen gelernt hatte, mit dem Wärmespender „Feuer" umzugehen – keineswegs immer stand brennbares Material in ausreichendem Ausmaß zur Verfügung, um in allen kühlen Nächten genügend Wärme zu liefern; die Felldecke wurde ein zunehmend gefragter Kälteschutz.

Doch zunächst hatte man – das Löcherbohren mit den ersten, ziemlich stumpfen Instrumenten war allzu mühselig – fast nur große Felle miteinander verbunden, m.H. von Sehnennähten. Ein bedarfsdeckendes Felldeckenaufkommen war deshalb nur selten gegeben.

Mit dem perfektionierten Produzieren filigraner Feuersteinbohrer änderte sich das. Auch kleine Fellträger wurden nunmehr als Lieferanten für die Felldecken-Fertigung interessant, da die neuen Löcherbohrer aus scharfem Feuerstein die Bohrerei der – bei Verwendung kleiner Felle unvermeidbaren – vielen Durchstichstellen für die Sehnennaht erheblich erleichterten.

Im Verlauf der Jahrhunderte längst vergangener Zeiten perfektionierte sich der Umgang mit Tierfellen dann immer mehr, wurden aus den behaarten Häuten der Wildtiere für die mittlerweile kein eigenes durchgängiges Haarkleid besitzenden Menschen beliebig einsetzbare „zweite Körperhüllen", Hilfsmittel zu Optimierung der Körpertemperatur gemäß den Erfordernissen der jeweiligen Außentemperatur.

Es ist immer wieder überraschend, feststellen zu können, zu welchem Schöpfertum die Menschen schon zu sehr frühen Zeiten fähig waren und welches gewaltiges geistiges Potenzial damals zumindest in einigen von ihnen schlummerte.

Als Beispiel hierfür sei auf die zu unserer Zeit entdeckten, jedoch schon zur Zeit der „späten Homo erectus" geschaffenen, halbmeterlang glatt und eben geschliffenen Arbeitsflächen auf hierfür geeigneten Travertinblöcken verwiesen, mit Hilfe welcher diverse anspruchsvolle Holzarbeit möglich war, sogar hochfiligranes Arbeiten mit Elfenbein- und Knochenmaterial. Hierfür wurden offensichtlich aus gleicher Zeit stammende kleine „Feuersteinsägen" genutzt, geschaffen durch feines Kerben von scharfen Feuersteinklingen (Bosinski).

Wie sehr dereinst die Bändigung des Feuers durch Homo erectus und ihre Konsequenzen alle „Rangordnung" in der damaligen belebten Welt veränderte, ist von James C. Scott anhand der Grabungsergebnisse in einer seit Urzeiten vielfältig als Flucht- und Ruhepunkt genutzten Höhle Südafrikas verdeutlicht worden.

„In der tiefsten, ältesten Schicht aus Zeiten, zu welcher der aktive Umgang mit dem Feuer dem Menschen noch nicht gelungen war, fand man vollständige Skelette von Großkatzen und fragmentarische Knochensplitter vieler anderer Tierarten. In einer höheren Schicht – bereits mit Spuren einstiger dort gelegener Feuerstätten – gibt es dann vollständige Skelette von Homo erectus und fragmentarische Knochensplitter verschiedener Säugetiere, Reptilien, Vögel.

Daraus, aus diesem Vorstehenden, ist die Umkehrung des Verhältnisses von Verzehrern und Verzehrten deutlich ablesbar. Das ist der Beweis für die Macht, die eine Beherrschung des Feuers jener Spezies verlieh, die als Erste damit umzugehen verstand. "

Wenden wir uns zum Abschluss unserer dem Homo erectus explicit gewidmeten Zeilen kurz seiner schließlichen Verbreitung über weite Territorien des gigantischen euroasiatischen Kontinentalblockes zu.

Ein Teil des Homo erectus muss – nach frühgeschichtlichem Zeitmaßstab – schon bald Afrika verlassen und sich auf den langen Weg nach Osten gemacht haben. Immer dem Sonnenaufgang entgegen, wanderte man über Hunderttausende von Jahren entlang der Nordküste des Indischen Ozeans, bis man sich für lange Zeit im Gebiet des heutigen nördlichen Chinas und auf verschiedenen indonesischen Inseln niederließ.

Nach seinen in China gefundenen Hinterlassenschaften zu urteilen, war ihm dort jedoch nur eine langsame und mäßige weitere genetische Entwicklung beschieden, trotz seiner – heute nachgewiesenen – dortigen zeitlich langen Existenz bis vor etwa 100.000 Jahren.

Eine besondere Gruppe von Homo erectus, die auf die indonesische Insel Flores gelangt war, absolvierte allmählich sogar eine physische Rückentwicklung, verzwergte. Auch sie verschwand schließlich, vor etwa 120.000 Jahren. Von der Paläoanthropologie wird sie – in ihrer Endfassung – als schlussendlich zu einer eigener Art gewordene Hominiden-Gruppe angesehen, direkt hervorgegangen aus Homo erectus.

Nach Europa gelangte Homo erectus relativ spät, erst vor etwa 800.000 Jahren. Nach den Örtlichkeiten archäologischer Erstfunde neuerer Zeit im Neckarbecken erhielt er den Namen „Homo heidelbergensis". Diese Frühmenschen der Homo-erectus-Kategorie existierten bis in die Zeit vor etwa 200.000 Jahren. Neben den von ihnen stammenden Skeletten auf heute deutschem Territorium fand man dann solche auch in Spanien, Südengland, Mittelitalien und in Griechenland. Homo heidelbergensis scheint in Europa weitgehend eine ähnliche Entwicklung vollzogen zu haben wie die in Afrika verbliebenen Stammesverbände des Homo erectus. In seiner Endphase lebte er hier, z.T., „parallel" zu frühen Neandertalern.

HOMO NEANDERTALENSIS UND HOMO SAPIENS – DIE LETZTE DIVERSIFIZIERUNG DER HOMINIDENENTWICKLUNG

Vor etwa 600.000 Jahren spaltete sich die Fortsetzungslinie des Homo erectus.

Es entstand – zum einen – ein neuer Menschentyp, dem von der modernen Archäologie der Name „Homo neandertalensis" gegeben wurde, sowie – zum anderen – der frühe „Homo sapiens", den wir Jetztzeit-Menschen als den letzten in der Reihe unserer phylogenetischen Urahnen ansehen.

Der „Homo neandertalensis", umgangssprachlich „Neandertaler" genannt, war auch in seinem Äußeren ein erheblich anderer Hominide, als es bislang Homo erectus gewesen war. Er imponiert als kompakter, sehr muskulöser Menschentyp, durch beträchtliche Kälteresistenz, der alle durch Homo erectus erlangten Fertigkeiten übernahm und sie später perfektionierte. Er entwickelte sich in ferner Vorzeit schließlich zu jenem Primaten, der sich an die zeithistorisch gegebenen Lebensverhältnisse annähernd ideal adaptiert hatte.

Erheblich erweitert wurden von ihm, beispielsweise, die Praktiken des Umganges mit dem Feuer. Das galt nicht nur für die Nutzung der Flamme zur Aufbereitung seiner Fleischmahlzeiten, als zuverlässige Abschreckung von nachtaktiven Raubtieren und „ungebetenen" Insektenschwärmen, sondern insbesondere auch zur Auslösung umfangreicher Flächenbrände.

Wie später auch Homo sapiens setzte Homo neandertalensis von ihm in Gang gesetzte Feuerwalzen gezielt ein, um geschlossene Herden jagdbarer Pflanzenfresser zum Vollzug massenhafter Selbsttötung zu treiben.

Bei günstigen Witterungsbedingungen, bei trockenem Wetter und für das Vorhaben geeigneten Windverhältnissen, wurden die Herden solcher Tiere mittels Feuerwalze und deren seitlicher Flankierung durch Speerträger mit Vorbedacht an den Rand steiler Abgründe getrieben, wo sich dann die verängstigten Tiere bei ihren verzweifelten Rettungsversuchen größtenteils in den Tod stürzten.

Selbst Elefanten waren durch Feuerwalzeneinsatz nunmehr relativ leicht zu erlegen, wenn das Geländeprofil bestimmte Voraussetzungen erfüllte. Der erfolgreiche Vollzug eines derartigen Unterfangens setzte die Existenz von Mooren mit bestimmter Oberflächenkonsistenz voraus – die in das Moor getriebenen schweren Elefanten mussten schnell mäßig tief, doch handlungsunfähig einsinken, damit die wesentlich leichteren Jäger, fast gefahrlos zu ihnen über den sie tragenden Moorboden geeilt, die schweren, wehrlos gewordenen, fest im Morast steckenden Elefanten dann mit Speeren und Spießen erlegen konnten.

Die im Ergebnis derartiger „Jagden" anfallenden Fleischmassen sicherten den Ernährungsbedarf zeitweise völlig auf Fleischernährung eingestellter Jagdgemeinschaften auf Monate. Denn den Gebrauch des Feuers zur Fleischkonservierung durch Räuchern hatte man inzwischen auch erlernt.

Selbst das Problem des bei einem derartigen Ernährungsstil besonders großen Kochsalzbedarfes hatte sich im Zusammenhang mit der Praktizierung der Flächenbrand-Jagdmethode gelöst. Man hatte nämlich herausgefunden, dass die nach dem Durchzug der Feuerwalze auf dem verbrannten Terrain verbliebene Asche das gesuchte Natriumchlorid enthielt.

Die unerlässliche Kochsalzzufuhr war somit durch das Beifügen solcher Asche zur täglich gekochten Nahrung zu gewährleisten.

All dies hatte zur Folge, dass der Homo neandertalensis, erfolgreichster Jäger jener Zeit, sich muskulös immer mehr entwickelte, auch sein Gehirn nahm immer mehr an Volumen zu.

Homo neandertalis war zweifelsohne unter allen Primaten der „Primus inter Pares" geworden, und er blieb dies für mehrere Hunderttausende an Jahren.

Lange Zeit vor Homo sapiens verließ eine erhebliche Anzahl Neandertaler ihren Ursprungskontinent über die nordöstliche Landbrücke von Afrika nach Vorderasien, wo sie zunächst siedelte. Dann drangen Teile von ihnen nach Norden, in die Territorien nördlich des Schwarzen und des Kaspischen Meeres und schließlich auch in den südwestsibirischen Raum und bis zu den nordwestlichen Vorgebirgen des gigantischen Himalaja-Massivs.

Zuletzt wandten sich andere Teile der Neandertaler auch dem Süden Kerneuropas zu, dann dem gesamten westlichen und dem mittleren Teil des europäischen Kontinents.

Auch der frühe Homo sapiens hat damals, vor Hunderttausenden von Jahren, mehrere einzelne Ansiedlungsversuche außerhalb Afrikas unternommen, insbesondere im Süden Kerneuropas. Doch keinem dieser Versuche war Bestand beschieden. Vermutlich war er, der frühe Homo sapiens, von weitaus schmächtigerer Konstitution als der Neandertaler, weitaus kältesensibler und insbesondere dem Klima in den immer wiederkehrenden kalten europäischen Jahrtausenden nicht gewachsen. So verblieben ihm für noch lange Zeiten nur die vertrauten wärmeren afrikanischen Gefilde, wo er eine weitere bemerkenswerte Entwicklung vollzog.

Auch Homo sapiens blieb weiterhin Fleischverzehrer, allerdings vermutlich nicht in jener absoluten Form wie der Neandertaler. Auch er praktizierte die von Homo erectus gefundene Methode der „Feuerwalzenjagd“ weiterhin, wenngleich vermutlich mit mäßigerer „Effizienz“. Was – weder im auf- noch im abwertenden Sinne – moralisch gewertet werden darf, Homo sapiens dürfte für solche, viel robuste Kraft erfordernde Aktionen angesichts seiner Konstitution zu jener Zeit nur mäßig geeignet gewesen sein.

Immerhin – auch sein Gehirn nahm damals kontinuierlich an Gewicht zu, allerdings nicht derart stark wie das Gehirn des Neandertalers. Dennoch scheint sein Denkapparat, funktionell gesehen, dem des Neandertalers bald gleichwertig, später sogar eindeutig überlegen gewesen sein. Durch vielfältige Faltungen und Einkerbungen gewann sein Gehirn vermutlich relativ viel Oberfläche und eine erheblich verdichtete innere Struktur, was sich dann für die cerebrale Gesamtpotenz als entscheidend erwiesen haben dürfte.

Und Homo sapiens optimierte weiter seine Geh- und Laufqualitäten, sein gesamter ossaler Körperbau, Laufdynamik und Laufenergetik optimierten sich ständig in diesem Sinn.

Der Neandertaler machte in diesen speziellen Belangen, während der langen Gesamtzeit seiner Existenz, weitaus weniger Fortschritte.

Zusammen mit einem von Homo habilis und Homo erectus übernommenen vorzüglichen „körpereigenen Temperaturregulierungssystem" erlaubten die skizzierten Entwicklungen beim Homo sapiens hinsichtlich Mobilitätsqualitäten ihm eine ständige Erweiterung der alltäglichen Aktionsradien, aber auch gelegentliche Streifzüge zunehmender Weite in ihm bislang unbekannte Territorien.

Nicht nur seine Bewegungsfähigkeiten, auch seine Sehleistungen entwickelten sich dabei ständig weiter, insbesondere seine Fähigkeit des räumlichen Tiefensehens.

Der frühe Homo sapiens wurde also ein in immer weiteren Territorialbereichen schweifender Jäger und Sammler, der einen immer breiter und tiefer werdenden Überblick über die natürlichen Ressourcen seiner Umgebung gewann und somit angeregt wurde, ein immer breiter werdendes Spektrum derselben für die Gestaltung seiner Lebensführung herbeizuziehen.

Was zur Konsequenz hatte – das Mitglied der Homo-sapiens-Gesamtheit erfuhr, in der Tendenz, mit der Erweiterung seines Lebensraumes auch „in seinem eigenen innersten Selbst", ein lebenslanges individuelles mentales Wachstum, die Welt seiner Gedanken und Gefühle wurde ständig breiter, bunter, größer. Und damit wurde auch der genetische Selektionsdruck vermutlich immer größer und größer.

Durch die subjektive Komponente in der Welt der Neandertaler waren derartige dynamische Akzente nicht gegeben, zumindest nicht in gleichem Ausmaß. Sie waren die „Herren ihrer unmittelbaren Umgebung" geworden, ihr Wesen war gesamtheitlich auf Sicherung und Stabilisierung dieser erlangten Position ausgerichtet.

Es dauerte einige Hunderttausende an Jahren, doch dann gewann Homo sapiens zunehmend die Oberhand gegenüber dem ihm an purer Muskelkraft überlegen bleibendem Neandertaler. Seine diesbezügliche Unterlegenheit konnte er – auf der Basis eines bei ihm fortdauernden größeren genetischen Selektionsdruckes – durch Ausfeilung und weiteren Ausbau seiner bewegungstechnischen Potenziale und seiner vielfältigen feinmotorischen Qualitäten ausgleichen und schließlich überkompensieren, was mit verschiedenen kleineren Veränderungen seiner anatomischen Gegebenheiten verbunden war.

Insbesondere war es jedoch die mit Entwicklung und Nutzung dieser Potenziale sich qualifizierende mentale und intellektuelle Potenz, was „Dignitatus“ seinen bis heute andauernden und beeindruckenden Reifungsprozess ermöglichte.

Statik stabilisiert, Dynamik verändert – und wenn sich das Veränderungsgeschehen gemäß der Dynamik der zeitgeschichtlichen Perspektive vollzieht, wird statisches Beharren, früher oder später, obsolet, und seine Protagonisten verschwinden „im Orkus der Geschichte“.

Was aber auch impliziert – in allem Entwicklungsgeschehen schlummert immer, ebenfalls, eine „diabolische Komponente“. Tun sich neue „Sackgassen” auf, droht vor allem der Avantgarde, sich in ihnen rettungslos zu verlieren.

Keineswegs nachrangig im Rahmen des vorstehend Skizzierten war, dass sich die Fertilität des Homo sapiens im Laufe der Zeit immer deutlicher vom Fertilitätsgeschehen der Neandertaler abhob – Homo-sapiens-Frauen gebaren im Laufe ihres Lebens, in ihrer Gesamtheit, spürbar mehr Kinder als die Neandertalerinnen, was bei der weiblichen Homo-sapiens-Hälfte aber bald mit einem drastischen anatomischen Konflikt verbunden war. Es war dies ein Konflikt zwischen Skelettveränderungen im Zuge der Optimierung des ausgezeichneten Geh- und Laufvermögens von Homo sapiens und den skelettalen Anforderungen an ein komplikationsloses Gebärgeschehen im Bereich des weiblichen Beckens.

Wir werden nachfolgend im Einzelnen darauf eingehen.

EINIGE BEMERKUNGEN ZUM FRÜHENMENSCHLICHEN REPRODUKTIONSGESCHEHEN

Jede zweibeinige Vorwärtsbewegung wird, bewegungsökonomisch betrachtet, umso ausgereifter, je geringer der seitliche Pendelausschlag des Torsos beim Übergang des Körperschwerpunktes im Verlauf des Geh– oder Laufschrittes von dem einen auf das andere Bein ausfällt.

Ein derart bewegungsökonomisch optimiertes, quasi gleitendes Laufen gelingt am ehesten, wenn die Beine möglichst dicht neben einer gedachten Mittellinie des Laufgeschehens geführt werden, ausgehend von Hüftgelenken, die sich ebenfalls – links und rechts – möglichst dicht neben dieser Linie befinden.

Im Verlauf der Evolution hat sich der Knochenbau in der unteren Körperhälfte von Homo sapiens immer mehr einem vorstehend skizziertem entsprechenden Idealkonstrukt genähert, was bei den Vertretern des männlichen Geschlechtes unserer Art keinerlei nennenswerte nachteiligen Folgen nach sich gezogen hat. Der im Zuge dieser Entwicklung zunehmend eng gewordene Beckenring lässt immer noch ausreichend Platz für beschwerdefreie Durchleitungen der männlichen Defäkationsausscheidungen.

Bei dem in gleicher Weise zunehmend veränderten Beckenring der weiblichen Vertreterinnen unserer Art liegen diese Belange jedoch grundsätzlich anders, weil normalerweise ein jedes ausgereiftes Endprodukt einer Schwangerschaft, jeder neue kleine Mensch, im Verlauf seiner Geburt durch diesen Ring in sein Leben treten muss.

Heutzutage kann diese Tortur für Mutter und Kind durch eine operative Entbindung mittels „Kaiserschnitt“ umgangen werden, was jedoch zur Zeit des hier behandelten Paläolithikums bekanntlich nicht verfügbar war.

Damals verschärfte, Jahrtausend für Jahrtausend, sich das Problem einer bedrohlichen Disproportionalität zwischen mütterlicher Beckenringweite und kindlichem Kopfdurchmesser immer mehr dadurch, dass eine enorme kognitiv-mentale und feinmotorische Wachstumsdynamik von Homo sapiens bereits in frühen intrauterinen Schwangerschaftsstadien mit erheblichen Zuwächsen an embryonaler Gehirnmasse und kindlicher Kopfgröße verbunden war.

Die Beckenringe junger Homo-sapiens-Frauen wurden also damals immer enger, die Köpfe ihrer ungeborenen Kinder immer größer.

Man kann davon ausgehen, dass diese zeitweise ausufernde Disproportionalität gelegentlich für die Gesamtheit der Homo sapiens-Population vital gefährlich wurde und häufig zum Tod von Mutter und Kind führte.

Letztlich hat sich dann ein „Modus Vivendi" der Art eingependelt, dass die große Mehrzahl der Mütter solche Schwangerschaften und Geburten durchleben, bei denen die schließlichen Kopfdurchmesser ihrer zur Geburt anstehenden Kinder die seitens der mütterlichen Beckenausgangsmaße vorgegebenen Begrenzungen im Verlauf des Gebärvorganges nicht sprengen, sondern weiten, die Kinder schließlich – wenngleich oft auch nur mit größter Mühe – ihre Geburtspassage durch den mütterlichen Beckenring vollziehen können.

Diese bis heute fortbestehenden Gegebenheiten sind vermutlich das Ergebnis eines einst brutalen genetischen Selektionsgeschehens in der vorstehend erwähnten Periode extremer intrapartaler Mütter- und Kindersterblichkeit.

Doch für das Erlangen des besagten „Modus Vivendi" musste Homo sapiens einen – offenbar – sehr hohen Preis bezahlen. Erst neueste subtile Forschung hat die Erkenntnis erbracht, dass wir es hier mit einem „versteckten Glücksgriff der Evolution" zu tun haben.

Schon seit längerem war den speziell mit diesem Thema befassten Archäologen bekannt, dass der Adaptationsprozess an den dereinst schlussendlich erreichten „Modus Vivendi" mit einer zunehmend regelmäßiger werdenden Geburt der Kinder in einem relativ unreifen Entwicklungszustand verbunden war und dass sich das Wachstum ihrer tendenziell ständig an Endvolumen größer werdenden Gehirne, mehr und mehr, in nach der Entbindung liegende Reifungsperioden verlagerte, sogar ganze einstmals intrauterin absolvierte cerebrale Ausprägungen sich schließlich erst in der extrauterinen Säuglingszeit vollzogen.

Das alles geschah augenscheinlich mit dem „Ziel", die Risiken einer Blockade des Beckenaustrittsprozesses im Verlauf des Geburtsvorganges möglichst total zu vermeiden, die Köpfe der Kinder bis zu diesem Ereignis relativ klein zu halten – wie gesagt, auf der Basis genetischer Selektionsprozeduren.

Die Kinder der Homo-sapiens-Populationen gelangten somit jedoch in zunehmend verletzlichem Zustand zur Welt, die sich steigernde Vulnerabilität konnte – und kann – nur durch einen erheblichen Zuwachs an aufmerksamer Pflege, durch intensive Zuwendung und stets angemessene, jahrelange allseitige Versorgung des Nachwuchses kompensiert werden.

Inzwischen wissen wir, dass sich die cerebrale Leistungsfähigkeit von Primaten erheblich unterschiedlich entwickelt, sehr abhängig davon, wie viele der obligatorischen Reifungsphasen des Gehirns intra- oder extrauterin absolviert werden.

Auch wenn das extrauterine diesbezügliche Geschehen sich eher zeitverzögert abspielt, sind die betreffenden Endresultate solcher Reifung dem analogen intrauterinen Geschehen zumeist deutlich überlegen – die vom Kind zu verarbeitenden Anreize seiner Außenwelt sind vermutlich wesentlich mannigfacher und stimulierender, als sie ihm von der Mutter bei seinem abgeschirmten Verweilen im Mutterleib vermittelt werden können.

Wir können also annehmen, dass auch die außerordentlichen cerebralen Potenziale von uns Jetztzeit-Menschen erst hierdurch ermöglicht worden sind.

Dennoch – der neugeborene kleine Mensch ist zunächst ein sehr verletzliches Wesen, auch im Vergleich zu den Neugeborenen anderer Primaten.

Um das sich ihm nunmehr bietende breite Potenzial der Entwicklungsanreize in seinen jetzt anstehenden Entwicklungsphasen, in seiner nunmehrigen extrauterinen Existenz voll erfassen, sensorisch und nerval tatsächlich gut verarbeiten zu können, bedarf es – wie bereits gesagt – einer außerordentlich sorgfältigen, hegenden Pflege und Versorgung.

Solches setzte in den hier beschriebenen frühen und rauen Zeiten eine solchen Versorgungspflichten voll nachkommende Gemeinschaft voraus.

Bei „Dignitatus“ scheint sich bereits in diesem frühen Abschnitt der Menschheitsentwicklung eine besondere Eigenheit des Menschen entwickelt zu haben – kleine Kinder wurden nicht nur von ihren leiblichen Müttern sorgsam behütet und versorgt, sondern fanden auch eine ähnlich aufopfernde Umsorgung durch ihre Großmütter, insbesondere durch die Mütter ihrer Mütter.

Obwohl diese Frauen keineswegs immer bereits ihr Klimakterium absolviert hatten und sich oft ebenfalls noch im fertilen Alter befanden, verzichteten sie nach der Geburt ihrer Enkel auf weitere eigene Schwangerschaften und Geburten und kümmerten sich stattdessen aufopferungsvoll um ihre Enkelkinder.

Neueste Forschung hat zudem erbracht, dass ihrer Vaterschaft voll bewusste Männer nach der Geburt eines auch von ihnen mit positiven Emotionen erwarteten Kindes ebenfalls eine bestimmte organische Veränderung erfahren, insbesondere eine Veränderung ihres Hormonstoffwechsels.

Der Testosteronblutspiegel sinkt, sie werden gemeinschaftsorientierter, verlieren Reizbarkeit und Sexualdrang, fühlen sich ebenfalls für das Wohlergehen ihres Nachwuchses verantwortlich und empfinden mit Stolz alle erkennbaren Fortschritte im Entwicklungsgeschehen ihres leiblichen Nachwuchses.

„GUT UND BÖSE“

In den Instinkten einer Art hat sich das phylogenetisch erworbene Erfahrungswissen einer Art kondensiert. Sie sind genetisch gebunden, werden somit vererbt.

Dabei gibt es immer eine – mehr oder weniger große – interindividuelle Schwankungsbreite. Somit wird auch „Instinktwissen“ in zwischen Individuum und Individuum leicht unterschiedlicher Konkretisierung genetisch weitergereicht, von Generation zu Generation.

In seiner Grundsubstanz bleibt das durch dieses „Instinktwissen“ begründete Instinktverhalten unter den Gegebenheiten gleichbleibender wesentlicher Existenzbedingungen ebenfalls im Wesentlichen gleich.

Der Mensch unterscheidet sich diesbezüglich nicht von anderen Vertebraten.

Das beinhaltet, dass auch dem Menschen – neben den allgemein bekannten Trieben des Selbsterhaltes und neben dem Sexualtrieb – auch ein bestimmtes Bedürfnis eigen ist, gelegentlich „Gutes“ zu tun; sei dies für seine Gesellschaft, sei dies für Einzelne in ihr, sei dies manchmal auch für Zwecke, die außerhalb seiner Umgebung verortet sind. Dieses elementare Bedürfnis wird uns auf unseren Lebensweg durch unsere Gene mitgegeben.

„Geben macht zufriedener als Selbstbelohnung“ (Soyounk Park, Professorin für Sozialpsychologie und Neurowissenschaft).

Dabei sollte nicht außer Acht gelassen werden, dass besagtes Bedürfnis zwischen den männlichen und den weiblichen Vertretern einer Art, in der Tendenz, unterschiedlich nuanciert ist.

Die neuronalen Verbindungen zwischen der linken und der rechten Gehirnhälfte sind bei der weiblichen Hälfte der Menschheit grundsätzlich stärker ausgebaut als bei der männlichen, womit die größere Instinktsicherheit der Frauen in sog. „kleinteiligen Belangen“ vermutlich zusammenhängt wie auch die Unterschiedlichkeit von Mann und Frau in manchen Bereichen des Sozialverhaltens (Kretzschmar).

Für das im realen Leben erfolgende Wirksamwerden unserer genetisch verankerten Triebimpulse bedarf es indessen gewisser sich anbietender „Andockmöglichkeiten“. Werden diese im Rahmen der Lebenswirklichkeit nicht angeboten, können selbst die altruistischsten Anlagen eines Menschen verkümmern.

Zudem ist in gewisser Hinsicht jeder neue Mensch „in sich" ein Kompromiss, geschlossen zwischen den beiden Erbmassen seiner Elternteile, wobei jede dieser beiden Komponenten dann an der Ausprägung jeglicher Eigenheit eines neuen Menschen beteiligt ist, allerdings in zumeist unterschiedlichem Ausmaß.

In der Konsequenz all dessen ist jeder neue Mensch dazu berufen, eine einzigartige Persönlichkeit zu entwickeln, auch was es sein in die Tat umgesetztes Altruismusbestreben betrifft.

Wie sehr wir Menschen uns in unserem Wesen dennoch gleichen, wird durch die Tatsache deutlich, dass die maximale interindividuell genetische Differenz zwischen uns – die sog. Grundsubstanz des Erbgutes betreffend – sich im Bereich von einigen Tausendsteln dieser Erbmasse bewegt.

Unsere aktuelle Gattung des Homo sapiens sapiens ist folglich – bei allen Unterschiedlichkeiten in Bezug auf Hautfarbe, Gesichtsschnitt, usw. – dennoch eine, alles in allem, genetisch sehr homogene Gemeinschaft.

Das angesprochene Bedürfnis nach der „guten Tat" darf man also als ein bei allen Menschen angelegtes Bedürfnis annehmen.

Ergänzend ist Folgendes zu resümieren.

Zum einen resultiert dieses Bedürfnis auf dem phylogenetisch in unserem Unterbewusstsein verankerten Wissen um das Erfordernis der ständigen Sicherung unseres gemeinschaftlichen Zusammenhanges.

Zum anderen resultiert es auf dem gleicherweise bei uns tiefenpsychologisch verankerten Verlangen, gelegentlich – im Interesse der Gewährleistung unserer mentalen Stabilität – eine Bestätigung hinsichtlich unseres Potenzials zur Erbringung aus eigenem Entscheid resultierender Taten zu erlangen. Damit sind solche Taten gemeint, die nicht durch die Notwendigkeiten alltäglichen Geschehens diktiert sind. Eine solche Bestätigung ist auch bedeutsam für die mentalen Potenziale zur Erkundung von Neuem, für die Beständigkeit unserer schöpferischen Neugier.

„Schließlich ist der Mensch nur deshalb ein Mensch, weil bei ihm die Neugier zumeist über die Angst triumphiert." (Szczepan Twardoch; „Morphin", 2012)

Sicherlich – der menschliche Hang zur „Good-Will-Tat" steht immer in einem diffusen dialektischen Verhältnis zum gleicherweise tiefenpsychologisch fest verankerten Selbsterhaltungstrieb des Menschen.

Aus der Gesamtheit der Dargelegten ergibt sich ein „Beziehungskonvolut", aus welchem von Maslow eine Hierarchie unserer Grundbedürfnisse abgeleitet worden ist.

Diese „Hierarchie der Grundbedürfnisse" beinhaltet die folgende Aussage.

1. Zuerst geht es um nichts anderes als um die Erfüllung der Grundbedürfnisse, um Essen, Wärme, um „ein Dach über dem Kopf".

2. Danach strebt der Mensch den umfassenden Wohlstand an.

3. Ist genug Geld im Haus, kommt der Wunsch nach sozialer Anerkennung, nach Ansehen.

4. Und nach diesem Ansehen, nach der Anerkennung, kommt die Versuchung, möglichst viel Macht über seine Umgebung zu gewinnen.

5. Ist auch dieses Bedürfnis gestillt, bleibt nur noch der Wunsch, sich zum „Schöpfer" zu erheben, Zukunft zu gestalten, „Spuren für die Ewigkeit" zu hinterlassen.

6. (zit. aus: Dirk Müller, „Machtbeben", 2018)

ZWEITER TEIL

VOR, IN UND NACH DER LETZTEN GROSSEN EISZEIT

DER NEANDERTALER

In den Zehntausenden der Jahre um 600.000 v. Chr. spielte sich in der Gesamtheit der damaligen „Homo-Gruppe“ ein nachhaltiger selektiver phylogenetischer Differenzierungsprozess ab, mit der Ausprägung verschiedener unterschiedlicher Phänotypen.

Im nordöstlichen Raum Afrikas haben sich in schließlich jenem relativ konzentriert vollziehenden „Differenzierungsreigen“ schließlich zwei neue Menschenarten herausgeschält.

Dieses war – zum einen – ein physisch robuster und sehr widerstandsfähiger Menschentyp mit außerordentlich kräftig ausgeprägter Muskulatur, ein „Kraft- und Muskel-Mensch“, und – zum anderen – ein relativ graziler und wendiger „Bewegungs- und Läufer-Mensch“. Dem Ersteren ist von uns „Jetztzeit-Menschen“ die Bezeichnung „Neandertaler“ gegeben worden, dem letzteren der Titel eines „Homo sapiens“, eines „weisen Menschen“. In dieser Titulatur steckt viel Selbstlob unsererseits, denn der damalige frühe „Homo sapiens“ hat später das Grundmuster für uns heutige Menschen geliefert, die wir uns nun von unseren Fachgelehrten derzeit als „Homo sapiens sapiens“ bezeichnen lassen, als die nunmehrigen „besonders weisen Weisen“.

Der weitaus erkundungs- und migrationsfreudigere von beiden war sehr lange Zeit der Neandertaler, was sicherlich damit zusammengehangen haben dürfte, dass sein Lebensstil im unmittelbaren Lebensumfeld fast konkurrenzlos verfügbare, nur für seine Nutzung bereitstehende Jagd- und Schweifgebiete voraussetzte und er trotz nur sehr langsamer Kopfzahl-Zunahme somit ständig auf die Neubesiedlung von bislang durch Menschen nicht besiedelte territoriale Areale angewiesen war.

Insgesamt sind bis heute die ossalen Hinterlassenschaften von etwa 300 bis 400 Neandertalern entdeckt worden, weit verteilt in dereinst von ihnen besiedelten Räumen Afrikas nördlich der Sahara und in diversen Gebieten des großen eurasischen Landblockes.

Im Europa nördlich der Alpen konnten allerdings bislang nur die Reste von sechs Neandertalerskeletten geborgen werden.

Das Gesamtvolumen dieser Funde genügt sicherlich für qualifizierte Aussagen zu grundsätzlichen und allgemeinen Sachverhalten des damaligen Lebens dieser Menschenart, jedoch kaum für eingehende, gar statistisch valide differenzierende Darstellungen hinsichtlich verschiedener Modalitäten der einstigen Neandertalerexistenz in ihren jeweiligen Abhängigkeiten von Zeit und Ort.

Bevor wir näher auf dieses Thema eingehen, sei, im Interesse einer leichteren Orientierung im nachfolgenden Text, eine seinen Inhalt zusammenfassende kurze Aussage vorangestellt.

Der Neandertaler war muskelstark und starkknochig – im Fall von physischen Auseinandersetzungen mit direktem Körperkontakt sicherlich ein großer Vorteil. Doch für ein alltägliches weites Schweifen und Streifen durch Wald und Flur war eine derartige körperliche Konstitution unter energieökonomischen Aspekten keineswegs sonderlich geeignet.

Was zur Folge hatte, dass der Neandertaler sich stets mit nur mäßig ausgedehnten Waidgebieten begnügen musste und seine von der dort eingebrachten Jagdbeute ernährte Gemeinschaft bei relativ niedriger Kopfzahl verharren musste.

Eine Konsequenz des letzteren waren – u.a. – Inzuchtprobleme, ein nur schleppendes polygenetisches Entwicklungstempo.

Wie Homo sapiens, so war auch der Neandertaler angesichts seiner Körperlichkeit für ein Leben in äquatorfernen Gebieten nicht sonderlich prädestiniert. Wie Homo sapiens, so hatte auch er mehr keinen durch dichtes und wärmendes Fell bekleideten Körper und keine helle, sondern immer noch recht dunkle, sonnenstrahlenresistente Haut – Erbschaften ihres afrikanischen Ursprungs.

In Regionen mit schwacher Sonnenbestrahlung drohten jene frühen Menschen zu verkühlen und – wegen unzureichender Anregung durch solares UV-Licht – auch keine ausreichenden Quantitäten an lebensnotwendigem Vitamin „E" zu generieren.

In der Tat – der Neandertaler breitete sich zunächst nur in den klimatisch sehr moderaten Zonen Eurasiens aus, in Europa vorzugsweise südlich der Alpen.

Ein wichtiger Faktor in der immer deutlicher werdenden Überlegenheit des Homo sapiens gegenüber dem Neandertaler war, dass Homo sapiens – dank seiner größeren individuellen Beweglichkeit und geschickterer

Handhabung fliegender Speere – eine weitaus breitere Tierpalette erfolgsträchtig in einem erheblich größeren Terrain bejagen konnte.

Je weiter der alltägliche Aktionsradius einer Gemeinschaft von steinzeitlichen Jägern und Sammlern war, desto zahlenmäßig größer konnte ihre Kopfzahl werden, denn desto größer war dann auch – in der Regel – das „Nahrungsmitteloutput" des durch sie regelmäßig durchstreiften Gebietes.

Nun zu den Details des vorstehend skizzierten Sachverhaltes und zu seinen inneren Verflechtungsbeziehungen.

Der Neandertaler war über Hunderttausende Jahre nicht nur der absolut dominierende Hominide des afroeurasischen Großraumes, sondern auch der begleitende, artähnliche Weggefährte unserer fernen Vorfahren, der sich erst spät dann zur globalen gesellschaftlichen Spitzenposition emporarbeitenden frühen Menschen von der Art „Homo sapiens".

Nach Douglas Palmer dürfte der Homo erectus – der Vorgänger von Neandertaler und Homo sapiens – vor etwa 800.000 Jahren in seiner Entwicklung ein solches Niveau erreicht gehabt haben, dass seine Nachfolger nunmehr als „Frühmenschen eigener Art" einzuordnen waren.

Wir erinnern uns – der erfolgsträchtigste Zweig dieser Nachfahren spaltete sich etwa 10.000 Jahre später auf. Es entstanden daraus damals zwei Frühmenschentypen mit erheblich unterschiedlicher Entwicklungsausrichtung. Dem einen dieser Typen gaben im 19. Jahrhundert die Gründerväter der modernen Archäologie den Namen „Neandertaler", nach dem Ort erster Funde irdischer Hinterlassenschaften von ihm, dem Neandertal in Westdeutschland. Der andere Typ, von welchem alle „Jetztzeitmenschen" ihre eigene Herkunft maßgeblich ableiten, erhielt – wie schon angemerkt – die heraushebende Bezeichnung „der weise Mensch", auf Lateinisch „Homo sapiens".

Vermutlich waren vor allem territorial begrenzte klimatische Anomalien Ursache jenes Differenzierungsgeschehens, wodurch für diese beiden Zweige der Homo-erectus-Nachfolge – auf verschiedenem Terrain – sich zunächst in Nuancen unterschiedliche, aber allgemein artentsprechend gute und zunächst auch dauerhafte Überlebenschancen ergaben.

Diese Zweigleisigkeit des Schicksalsweges der beiden am weitesten entwickelten Hominiden hatte sehr lange Bestand.

Die vermutliche Mehrheit der Neandertaler verließ recht bald ihren afrikanischen Ursprungskontinent, während Homo sapiens noch lange Zeit ortstreu blieb. Dieses Verhalten hing wahrscheinlich damit zusammen, dass Homo sapiens sich mit zeitweisen Verknappungen an jagdbarem Großwild besser zu arrangieren verstand als der Neandertaler. Dieser, muskelkräftig, klimatisch widerstandsfähig, zog also dem abwandernden Wild hinterher, nach Nordosten.

Als im Rahmen klimatischer Veränderungen die Wüstenlandschaft der Sinaihalbinsel sich in eine zeitweise grüne Grassteppe verwandelte und viel Wildgetier anlockte, marschierten – selbstverständlich – auch die vorzugsweise von ihrer Jagd lebenden Neandertaler mit diesem Wild dorthin. Und als dieses Wild dann sich auch im angrenzenden Levantegebiet verbreiterte – heute von Palästinensern und Israelis bewohnt – folgten Neandertaler diesem, ihren lebenden Ernährungsressourcen, auch dorthin; und schließlich selbst in das westliche Anatolien, auf heute türkischem Staatsgebiet gelegen. Dort blieb ein beträchtlicher Teil der Neandertaler längere Zeit sesshaft.

Das war jedenfalls auch dann noch der Fall, als – Hunderttausende Jahre später – Gruppen von mobilen Homo-sapiens-Leuten zu ihnen stießen.

Wir werden auf Näheres hierzu umgehend zurückzukommen haben.

Ein bestimmtes Kontingent der Neandertaler verblieb jedoch nicht lange in Anatolien. Die agilsten Gruppen von ihnen bewegten sich dereinst recht bald weiter, am Südufer des Schwarzen Meeres in vorzugsweiser östlicher Richtung, dann entlang von dessen Ostufer, vorbei am Kaukasus-Gebirge, bis man in den heutigen südrussischen und kasachischen Grassteppen angelangt war, wo man wiederum zeitweise verharrte. Und dann mehrheitlich erneut weiterzog, dieses Mal in zwei Richtungen – sowohl nach Osten als auch nach Westen.

Der Neandertalerzug nach Osten endete schließlich an den letzten nordwestlichen Ausläufern des gigantischen Himalaja-Massivs. In die Nähe des Pazifiks sind die Neandertaler – im Gegensatz zu Homo erectus, oder später auch Homo sapiens – niemals gelangt.

Während der letztgenannten Bewegungen wurden sie lange Zeit von einer anderen frühen Menschenart begleitet, die sich vermutlich noch in ihrer afrikanischen Zeit allmählich von ihnen abgespaltet hatte – den

„Denisov-Menschen“, benannt nach der Lokalisation der Erstfunde von ihnen in einer Höhle gleichen Namens im Nordwesten des Himalaja-Massivs.

Der Differenzierungsprozess zwischen dem Neandertaler und dem Denisov-Menschen hat vermutlich etwa 100.000 Jahre nach der Spaltung der Homo-erectus-Nachfolger in Neandertaler und Homo sapiens eingesetzt, noch in der Schlussphase der anfänglichen Konzentration des Neandertalers auf dem afrikanischen Kontinent.

Die Frühmenschen der Denisov-Art – es ist bereits zur Sprache gebracht worden – scheinen durch genetische Mutation und nachfolgendes Selektionsgeschehen außergewöhnliche Fähigkeiten der biologischen Sauerstoffutilisation erlangt zu haben, die sie zu einem ständigen Leben in Hochgebirgen und auf extremen Hochhöhen befähigten. Damit konnten sie in frühen Zeiten auch solche Territorien in Beschlag nehmen, die für andere frühe Menschen zu lebensfeindlich waren, um auf Dauer in Besitz genommen werden zu können.

Andere Neandertaler, damals auf heute russisch-kasachischem Steppenland angelangt, traten ihren Weitermarsch – schließlich – in westliche Richtung an, die dabei hinderlichen großen Flüsse zur Winterszeit überquerend, in gefrorenem Zustand. Auf diese Weise langte man dann recht bald in Kerneuropa an, wo man indessen – womöglich – auf eine andere, dort entstandene Menschengruppe fast gleicher Art traf!

Von verschiedenen Archäologen wird nämlich die These vertreten, dass sich damals in Kerneuropa eine vom afrikanisch-asiatischen Geschehen relativ unabhängige Entwicklung vollzogen haben könnte, im Verlauf welcher die europäische Homo-erectus-Unterart des „Homo heidelbergensis“ letztlich ebenfalls das Neandertaler-Niveau erreichte.

Wenn dem tatsächlich so gewesen ist, kam es in Europa nachfolgend zu einem Verschmelzen der beiden „Neandertaler-Modelle“. Als jedenfalls, einige hunderttausend Jahr später auch Homo sapiens in Europa anlangte, traf er dort auf eine homogene „Neandertaler-Welt“.

So viel, in aller Kürze, zu diesem Thema.

Bemerkenswerterweise ist der Neandertaler in die südlich der Sahara liegenden Teile Afrikas nie gelangt.

Homo sapiens und Neandertaler absolvierten dereinst über Hunderttausende Jahre sich hinziehende parallele Entwicklungen, zunächst schon auf der nördlichen Hälfte Afrikas, ihres Ursprungskontinentes, dann auch in Kleinasien und schließlich ebenfalls in weiten Teilen Europas und Mittelasiens.

Lange Zeit waren dabei die Homo-sapiens-Leute der „kleine wendige Bruder“ der muskelstarken und robusten Neandertaler. Doch schließlich wendete sich das Blatt und heute ist unsere Art bekanntlich der unbestrittene Dominator des gesamten Globus.

Es lohnt sich, für das Verständnis dieses – aus globalhistorischer Sicht – überraschenden Ausganges der Beziehungen zwischen Neandertaler und Homo sapiens bestimmte Komponenten des gegenseitigen Kontaktes eingehender zu betrachten, beispielsweise den einstigen Gen-Transfer zwischen diesen beiden Menschenarten, oder sich den Ursachen ihrer unterschiedlichen Fertilitätsstrukturen zuzuwenden. Letztere können bekanntlich für den Erhalt einer Art große, gar schicksalsbestimmende Bedeutung erlangen.

Schon zu Zeiten ihrer Koexistenz im levantinisch kleinasiatischen Raum – also vor dem späteren Weitermarsch auch des Homo sapiens nach Europa – kam es zu beträchtlichem „Genfluss“ von Neandertalergenen in den Genpool von Homo sapiens. Ein beträchtlicher Anteil dieser Gene überstand das spätere Evolutionsgeschehen bei den Homo-sapiens-Menschen und erwies sich vermutlich für die Bewältigung der sich verändernden Lebenswirklichkeit von Nutzen.

Vermutlich galt solches insbesondere für Fähigkeiten, mit den – verglichen mit afrikanischen Gegebenheiten – ausgeprägten europäischen saisonalen klimatischen Schwankungen angemessen umzugehen, vor allem ausreichende Kälteresistenz zu erlangen und andererseits winterliche europäische Kälte sinnvoll zu nutzen. Die Nutzung des frühwinterlichen europäischen Frostes für ein effektives Konservieren von im herbstlichen Jagdgeschehen erlangten Frischfleischvorräten ist ein klassisches Beispiel hierfür.

Die Neandertaler hatten schon vor dem Homo-sapiens-Eintreffen in Kleinasien zumindest eine langjährige klimatische Phase mit sehr niedrigen Temperaturen überlebt und somit nicht nur Überwinterungsroutine erlangt, sondern auch sich parallel hierzu ergebende genetische Selektionsgeschehnisse absolviert.

In den Jahren der dennoch dann bald entstehenden Gesamtdominanz des zunehmend immer agiler werdenden Homo sapiens gegenüber einem allmählich intellektuell „überrundeten" Neandertaler ist häufiger werdendes Rauben von Neandertalerfrauen seitens „frauenloser" Homo-sapiens-Männer gut denkbar, weil die Neandertalerfrauen in Anbetracht der speziell in ihrer Art sehr erheblichen körperlichen Unterlegenheit gegenüber dem männlichen Geschlecht sich vermutlich selbst gegen noch sehr junge Homo-sapiens-Männer körperlich kaum wirkungsvoll wehren konnten.

Jedenfalls ist der Genfluss vom Neandertaler zu Homo sapiens durch die moderne Genetik im Einzelnen nachgewiesen worden, was zu der Annahme berechtigt, dass damals auch in die umgekehrte Richtung Gene geflossen sein dürften, vom Homo sapiens zum Neandertaler.

Und in der Tat – auch der Neandertaler erlebte umgehend eine beachtliche phylogenetische Weiterentwicklung. Beispielsweise entwickelte auch er sich nun zu einem respektablen Langstreckenläufer. Doch da er seine – ihn in der aktuellen Existenz absichernde – „Muskelbepackung" nicht abzustreifen in der Lage war, setzten die biochemische Gesetze der energetischen Ökonomie dennoch diesem Trend bald unüberwindbare Grenzen.

Trotz allen erreichten läuferischen Fortschrittes reduzierte sich sein läuferisches Potenzialdefizit gegenüber Homo sapiens nicht, sondern nahm dennoch weiterhin zu. Jedenfalls erlangten die Ausmaße seiner territorialen Schweifbereiche fast niemals jene großen Dimensionen, wie sie die von Homo sapiens regelmäßig durchschweiften territorialen Jagdareale in den voreiszeitlichen Jahrtausenden besaßen.

Wenden wir uns nun dem Problembereich der – im Vergleich zu den Homo-sapiens-Frauen – auffällig kurzen Fertilitätsphase und niedrigen Gesamtfertilität der Neandertalerinnen zu. Sehr bemerkenswert ist in diesem Zusammenhang die relativ späte Menarche der jungen Neandertalerfrauen, was sich dann, logischerweise, in einer relativ niedrigen Anzahl von ausgetragenen Schwangerschaften auszudrücken pflegt – falls die Menopause sich nicht in ein relativ hohes Alter verlagert. Dies war bei den Neandertalerinnen – zumindest in der Regel – nicht der Fall, und so konnte bereits die Privilegierung der Homo-sapiens-Population durch eine erheblich längere Fertilitätsperiode ihrer Frauen in den Jahrtausenden des gemeinsamen Lebens in Europa gegenüber den schon sehr lange Zeit dort lebenden Neandertalern schließlich zahlenmäßig ein Übergewicht erlangen, schon weit vor dem Eintreffen eiszeitlicher Extremkälte (Parzinger). Andere Faktoren wirkten in die gleiche Richtung.

Diese Entwicklung erwies sich von überragender Bedeutung für den damaligen gesamten menschlichen Evolutionsprozess, weil ein rechtzeitiges nachhaltiges Wachsen der Kopfzahlen in den menschlichen Gemeinschaften nicht nur ein unverzichtbarer Faktor für das menschheitliche Überleben der extremen Kaltzeit gewesen ist, sondern unter jenen Extrembedingungen sich ein spezieller humaner Entwicklungssprung vollziehen konnte. Wir werden darauf zurückzukommen haben.

Natürlich stellt sich die Frage, weshalb sich dereinst in diesen Belangen für die Neandertaler mit letztlich dramatischen Konsequenzen verbundene eklatante Benachteiligungen herausgestellt haben, im Gegensatz zu der Homo-sapiens-Population.

Zunächst sollte man sich vergegenwärtigen, dass der Zeitpunkt des Fertilitätseintrittes bei den weiblichen Mitgliedern einer Gemeinschaft, nicht nur bei den Primaten, ein grundsätzlich durch ererbte genetische Anlagen bestimmtes Ereignis ist und aktuelle Faktoren hierauf in der Regel nur nachrangig Einfluss nehmen können. Weder der Eigenwille einer jungen Frau noch gezielte „pädagogische“ oder andere autoritäre bzw. disziplinarische Kräfte – von extremen, das Fertilitätsgeschehen in seiner Gesamtheit radikal unterdrückenden Pressionen abgesehen – können die diesbezüglichen genetisch verankerten Gegebenheiten nachhaltig verändern.

Es muss also die langfristig einwirkende Lebensumwelt gewesen sein, durch welche der genetische Selektionsprozess bei den Neandertalern die relativ kurzen fertilen Lebensphasen ihrer weiblichen Mitglieder dereinst bewirkt hat, insbesondere eine späte Menarche.

Mit anderen Worten – Neandertalerfamilien mit einer relativ hohen Kinderzahl unterlagen während der Jahrtausende des Entstehens ihrer Art vermutlich einem besonders hohen Risiko einer totalen Eliminierung. Die reale Lebenswirklichkeit jener Zeit begünstigte offensichtlich das Überleben jener Sippen unter ihnen, die sich auf eine niedrige Kinderzahl beschränkten, unterstützt durch späte Menarche-Eintritte und hiermit verbundene kurze fertile Phasen.

Aber warum korrigierte der genetische Selektionsprozess diesen vermutlich schon sehr früh entstandenen Zustand nicht während der Hunderttausende an Jahren, in welchen der Neandertaler – vor dem dortigen Erscheinen von Homo sapiens – in Europa eine unstrittig totale Dominanz besaß? Die plausibelste Antwort hierauf dürfte sein – weil auch in dieser Zeit den Neandertalern das Aufziehen einer allen Lebensanforderungen am ehesten gerecht werdenden Nachwuchsgeneration dann gelang, wenn sich an dem von ihnen aus ferner Zeit übernommenen arteigenen Reproduktionsmuster nichts änderte!

Doch mit der Ansiedlung von Homo sapiens änderten sich diese Lebensanforderungen und mit diesen auch die bislang erfahrene „Gültigkeit“ ihres aus frühen Tagen stammenden Reproduktionsmusters. Aber für eine somit nötig gewordene grundlegende Korrektur desselben waren jetzt auch die dafür nötigen speziellen Freiräume noch weniger gegeben als bislang, aus folgenden Gründen.

Das Kernproblem aller Daseinswahrung lag in jenen frühen Zeiten in der Sicherung einer quantitativ und qualitativ ausreichenden Ernährung. Wir wissen, dass der Neandertaler von seinem Vorgänger, dem Homo erectus, eine weitgehend auf Frischfleisch ausgerichtete, sehr eiweißreiche Ernährung übernommen hatte. Später griff er wieder zunehmend auch auf eine pflanzliche, vor allem Kohlenhydrate enthaltende Nahrungskomponente zurück. Vermutlich war das Ausdruck eines Kompensationsbemühens, ausgelöst durch zunehmende Schwierigkeiten, für die gesamte Sippe ausreichende Ernährung allein durch das Aufbringen hierfür ausreichender jagdlicher Beute erbringen zu können.

Homo sapiens war auf diesem Sektor zunehmend erfolgreicher und schnitt durch seine variantenreichen Jagdmethoden vielerorts den Neandertalern ihren traditionellen Zugang zu dieser Nahrungsressource zunehmend ab.

Insbesondere in relativ kinderreichen Neandertalerfamilien drohte deshalb, dass vor allem alle geborenen und noch nicht geborenen Kinder unter diesen Gegebenheiten leiden mussten und zunehmend eine nur mangelhafte Ernährung mit bleibenden Schäden erfuhren, mit letztlich das gesamte Leistungspotenzial der betreffenden Familie belastenden Konsequenzen.

Das dürfte, früher oder später, allgemeines Erfahrungswissen in der Welt der Neandertaler geworden sein, und in Kombination mit ihrem ohnehin – in Relation zu Homo sapiens – insgesamt nur schleppenden Evolutionstempo resultierte daraus das Verstetigen des seit uralten Zeiten bei ihnen „eingebürgerten", zunehmend perspektivlos werdenden Fertilitätsmusters.

Wenden wir uns nun der Lebensumwelt des Neandertalers in Europa zu, seinem Wirken, seinem Sein.

Europa ist sicherlich der archäologisch am intensivsten durchforschte Erdteil, weshalb ein relativ großer Teil des keineswegs „üppigen" Neandertaler-Fundmaterials dort geborgen werden konnte und wir dadurch in der Lage waren, manchen präzisen Einblick in das einstige Neandertaler-Leben zu gewinnen.

Im Großen und Ganzen war dieses Leben eine „gereifte" Fortsetzung jener Lebensführung, der wir bereits bei unseren Betrachtungen des Endes der Homo-erectus-Periode begegnet sind – das Leben eines prähistorischen Jägers und Sammlers, der das Feuer zunehmend besser beherrschte, desgleichen mit Werkzeug, Steinen, scharfe Klingen verschiedener Art zu schlagen vermochte, mit zunehmender Nutzbarkeit derselben. Neu hinzugekommen war das Nutzen verschiedener natürlicher Baumharze als Grundstoff zur Herstellung von Klebern, mit deren Hilfe aus hölzernem Stockmaterial und zweckdienlich bearbeiteten Steinen qualitätsvolle Schneid- und Stichinstrumente zusammengebastelt werden konnten.

In feuchteren und kälteren Regionen bevorzugte auch der Neandertaler die Eingangsbereiche von natürlichen Höhlen für die Einrichtung seiner Wohnlager; in welche er allerdings gelegentlich auch tiefer einzudringen pflegte, als es bislang der Homo erectus getan hatte.

In solchen Höhlenbereichen wurden vom Neandertaler nunmehr regelmäßig dauerhaft unterhaltene Feuerstellen etabliert. Das geschah sicherlich vor allem zur Wärmeerzeugung und Schädlingsabwehr, aber auch im Zusammenhang mit dem nunmehr allmählich üblich werdenden Kochen von unmittelbar nachfolgend zu verzehrenden Nahrungsmitteln. Nicht übersehen werden sollte die Nutzung dieser Feuer für verschiedene handwerkliche Arbeiten. Die Spitzen der für die Jagd benötigten Spieße, Lanzen und Speere – z.B. – wurden nunmehr stets durch eine gefühlvolle Feuerbearbeitung gehärtet und dadurch auch ausreichend scharfgemacht.

Gehen wir noch kurz auf das Kochen der Nahrungsmittel zu Zeiten des Neandertalers ein, mit einigen erläuternden Sätzen.

Unsere heutige archäologische Fachwelt hat sich lange Gedanken gemacht, wie zu jener sehr frühen Zeit das Kochen von Nahrungsmitteln bewerkstelligt werden konnte, obwohl die Formung von Tongefäßen noch nicht erfunden worden war. Inzwischen ist man sich in unseren einschlägigen Fachkreisen einig, dass dieses damals mithilfe von „Erdöfen" geschah. Ein solcher „Erdofen" ist nichts weiter als eine kesseltief ausgehobene Erdgrube, die mit einem geeigneten, d.h., möglichst wasserdichten Tierfell ausgelegt wird. Dann wird eine ausreichende Menge Wasser in sie eingefüllt, und in dieses Wasser werden die für den umgehenden Verzehr vorgesehenen Nahrungsmittel gelegt. Sodann erhitzt man in einem möglichst nahe gelegenen Feuer zuvor sorgsam gereinigte Steine passender Größe und legt sie dann in heißem Zustand zu den Nahrungsmitteln im Wasser des „Erdofens". Das muss man so lange wiederholen, bis die Nahrungsmittel im „Erdofen" ausreichend durchgekocht sind.

Ob dereinst das Fleisch und die pflanzliche Komponente der in Zubereitung befindlichen Mahlzeit separat voneinander oder zusammen gekocht wurden, dürfte von Fall zu Fall unterschiedlich gehandhabt worden sein.

Und ob der Neandertaler bereits das konservierende Fleisch-Räuchern tatsächlich beherrscht hat, ist sicherlich wahrscheinlich, scheint dennoch noch nicht schlüssig geklärt zu sein.

Als „Kleidung" dienten den Neandertalern die Felle von bei der Jagd erlegten großen Pflanzenfressern, die man zu gerben mittlerweile gelernt hatte. Sie wurden in verschiedener Form als Körperumhüllung „zusammengeknüpft".

Das Jagen basierte bei den Neandertalern – neben der nur gelegentlich einsetzbaren Feuerwalze – vor allem auf diversen Methoden der Fallenstellerei. Mit tiefen Fallgruben konnte man auch die größten Pflanzenfresser erlegen, z. B. europäische Waldelefanten und Riesenhirsche.

Solche fluchtunfähig gemachten Tiere tötete man schließlich durch Stiche mit kräftigen und relativ kurzen Spießen oder durch das Ausblutenlassen der Tiere nach ihnen an bestimmten Stellen mit der schlanken, langbestielten Lanze zugefügten tiefen Verletzungen. Die Lanze gebrauchte man sicherlich bevorzugt bei besonders wehrhaften Tieren, weil sie dem Jäger bei seiner finalen Auseinandersetzung mit dem waidwunden Tier das Einhalten einer gewissen körperlichen Distanz ermöglichte.

Auseinandersetzungen solcher Art waren für den steinzeitlichen Jäger keineswegs ohne Risiko. Die durch die moderne Archäologie entdeckten Skelette erwachsener männlicher Neandertaler hatten sehr oft deutliche Spuren dereinst schwerer, doch dann ausgeheilter Knochenfrakturen – gut erklärbar als im Zusammenhang mit dem Erlegen großer Tiere erlittene Verletzungen.

Speere – schlanke, zugespitzte Holzstäbe, die vorzugsweise als Wurfwaffe zum Einsatz gelangten – gehörten zweifelsohne ebenfalls zum technischen Jagdinventar der Neandertaler, teilweise mit beachtlicher ballistischer Perfektion hergestellte Wurfwaffen mit guten Flugeigenschaften. Doch die „großen Meister" weit und zielsicher fliegender Speere scheinen die Neandertaler nie geworden zu sein, ihre Schulter-Oberarm-Anatomie war für den Speerwurf vermutlich nicht sonderlich geeignet.

Die vorzugsweise mit dieser Wurfwaffe gut zu erlegenden kleineren Wildtiere – Hasen, Kaninchen, Wasservögel usw. – wurden, dem in der Nähe von einstigen Neandertalerlagerstätten gefundenen archäologisch interessanten Knochenmaterial nach zu urteilen, von Neandertalern nur relativ selten erlegt, im Gegensatz zum zeitgleichen Homo sapiens.

Trotz alledem – auch der Neandertaler absolvierte eine zwar langsame, dennoch unübersehbare Evolution, wurde nicht nur ein passabler Langstreckenläufer und erfand vermutlich nicht nur den „Erdofen", sondern vollzog auch eine beachtenswerte soziale, mentale und intellektuelle Entwicklung.

Bereits die Tatsache der vielen ausgeheilten schweren Knochenverletzungen nach aufopferndem jagdlichem Einsatz sind Beleg hierfür – das schwer lädierte Gruppenmitglied fiel nach einem derartigen Geschehnis damals sicherlich für Monate für die ständig zu erbringenden Aktionsleistungen der Gruppe völlig aus. Dennoch wurde es von der Gruppe ausreichend versorgt, vermutlich auch angemessen gepflegt, um wieder zu gesunden und wieder auf die Jagd gehen zu können. Offensichtlich wussten die Gruppen, dass sie jeden erfahrenen Jäger, auch jeden vermutlich hierfür in der Zukunft geeigneten jungen Mann, zur Sicherung der Gruppenexistenz benötigten.

Weitere Belege für den auch beim Neandertaler während seiner europäischen Existenz vollzogenen mentalen Entwicklungsprozess sind das Aufkommen eines gewissen Schmuckbedürfnisses, aber auch manche räumlich gestalterische Bemühung.

Beispielsweise wurden vor etwa 120.000 Jahren, mindestens 60.000 Jahre vor dem Erscheinen des Homo sapiens auf dem europäischen Kontinent, in einigen südfranzösischen Tropfsteinhöhlen manche Stalagmiten von Neandertalern nach ultramodern erscheinenden Mustern umgeformt, insbesondere zu oval geformten Strukturen. Schließlich wird diese Entwicklung auch durch erste Grablegungen bestätigt, aber ebenfalls durch befremdliche Hinweise auf einen beginnenden rituellen Kannibalismus.

Inwieweit die zeitweisen Bemühungen der Neandertaler, ihre Lagerstätten auf eng umrissene territoriale Bereiche zu konzentrieren, in gleichem Sinne zu interpretieren sind – in südfranzösischen und nordspanischen Regionen oder in bis heute faszinierenden Küstenbereichen der mediterranen Riviera –, scheint bislang nicht schlüssig beantwortet werden zu können.

Allerdings – einer bestimmten, sich im Verlauf der vielen Jahre zunehmend als unerlässlich erweisenden entwicklungshistorischen Zielstellung scheinen die Neandertaler tatsächlich niemals entsprochen, auch niemals sich ihr spürbar genähert zu haben, nämlich der Bildung von Gemeinschaften, die über das Niveau von Großfamilien hinausgingen, weshalb sich auch ihr Kommunikationsverhalten nie über ein sehr schlichtes Anfangsniveau hinaus entwickelt hat und ihre sprachlichen Leistungen vermutlich kaum jemals über ein mäßig differenziertes Vokabular von Warn- und Befehlskommandos gelangt sind. Was dann wiederum weitreichende, hemmende Konsequenzen für den – die humane Gesamtentwicklung begleitenden – sozialen Differenzierungsprozess hatte.

Angesichts wechselseitiger Verwobenheit ist diese Problematik bereits im Kontext mit der Erörterung einstiger jägerlicher Schweifbereiche, ausreichender Nahrungsmittelgewinnung und des menschlichen Reproduktionsgeschehens auch schon an anderer Stelle zur Sprache gebracht worden.

Bevor wir uns gegen Ende dieses Kapitels diesem Problem wirklich ausführlicher zuwenden, seien noch einige Bemerkungen über voreiszeitliche Klimaveränderungen und die humane Migrationsbereitschaft erlaubt.

Im Rahmen des knapp 20.000-jährigen Rhythmus des Nord-Süd-Pendelns unserer Klimazonen bewegen sich diese jeweils über Distanzen von etwa 1.000 bis 1.500 Kilometern, abwechselnd in Nord-Süd- und in Süd-Nord-Richtung.

Grob gerechnet ergibt das im Durchschnitt Wanderungsdistanzen von etwa einem Kilometer im Verlauf von zehn Jahren. Das ist eine Klimazonen-Wanderungsgeschwindigkeit, die innerhalb einer menschlichen Generationsdauer kaum wahrgenommen werden dürfte.

Doch diese Grundtrends wurden durch zwischenzeitliche, jeweils einige Jahrhunderte umfassende Abweichungen von ihnen moduliert – von Phasen steigender Temperaturen bei einem Grundtrend zunehmender Erkaltung, bzw. von Phasen sinkender Temperaturen bei einem Grundtrend zunehmender Erwärmung. Somit wurde jeweils von der einen Hälfte solcher Abweichungen der Grundtrend gebremst, von der anderen Hälfte – dagegen – beschleunigt, zeitweise womöglich sogar vervielfacht, was dann gelegentlich mit „Landschaftsverlagerungen" über Distanzen von 100 und mehr Kilometern im Leben einer einzigen Generation verbunden gewesen sein konnte. Derartiges wurde damals mit hoher Wahrscheinlichkeit von den Gemeinschaften der damaligen Menschen – sowohl von den Neandertalern, als auch von den Vertretern der Homo-sapiens-Art – sehr wohl registriert. Es ist davon auszugehen, dass hierdurch die Bereitschaft zur separierenden Migration bei den gesellschaftlich aufstrebenden Segmenten jüngerer Jahrgänge erheblich gefördert wurde – in zahlenmäßig größeren Gemeinschaften vermutlich noch mehr als in sehr kleinen Gemeinschaften, in denen jeder erwachsene Mann „zählte".

Homo sapiens hat jedenfalls von solchen Chancen vermutlich mehr profitiert als die Neandertalersippen.

Migrationsbereite, soziale Mobilität fördert – in der Tendenz – die nachbarschaftliche Kontaktbereitschaft, und der soziale Kontaktraum erlangt dann hierdurch Erweiterung. Zudem wirken solche Vorgänge wie ein gegen jegliche Inzucht wirkender Faktor. Die genetische Variabilität wird in positivem Sinne beeinflusst, und damit alles Entwicklungsgeschehen als solches.

Der im – erdgeschichtlich gesehen – kurzen Zeitabschnitt von maximal etwa 60.000 Jahren nach des Homo sapiens „europäischem Auftritt“ von ihm bewältigte enorme Entwicklungsschub dürfte durch die damalige klimatische Rhythmik sehr begünstigt gewesen sein.

Doch nun, endlich, zu den Einzelheiten zwischen frühmenschlicher Gruppengröße und der einstigen Menschheitsentwicklung.

Schon die Hominiden waren – fast durchweg – keine Einzelgänger. Die gesamte frühmenschliche Entwicklung ist durch gemeinschaftliches Leben und den damit verbundenen interpersonellen emotionalen und gedanklichen Austausch geprägt gewesen. Heute wissen wir, dass auch in einer „existenzfreundlichen“ natürlichen Umgebung ein Einzelmensch – selbst mittelfristig – nicht überlebensfähig ist (Burenhult).

„Ein autochthones Überleben über einige Jahrzehnte ist Kleingruppen nur dann gelungen, wenn sie mindestens fünf Personen umfassten. Die für ein langfristiges generationenlanges Überleben als Gruppe unerlässliche Größe autochthon lebender Gemeinschaften wird seitens professioneller Ethnologen mit ca. 25 Gruppenmitgliedern angegeben. Und auch das nur bei Erfüllung einer bestimmten, für die Fortexistenz unerlässlichen Bedingung – zur Vermeidung katastrophaler Inzuchterscheinungen muss es gelegentliche Außenkontakte zur Erlangung eines gelegentlichen Partneraustausches geben“ (Berglund u. Björck).

Projizieren wir diese Aussagen auf die Verhältnisse, die ca. 10.000 Jahre lang vor der großen Eiszeit in Europa gegeben waren, auf die bislang von uns erörterten Lebensgegebenheiten damaliger Neandertaler und Homo-sapiens-Populationen, dann darf man wohl – im typischen Fall – damals Neandertalergruppen mit zumeist etwa fünf bis neun Mitgliedern, und Homo-sapiens-Populationen mit ca. 30 Angehörigen hierzulande vermuten.

Letztlich entscheidend für diese Gruppengrößen-Unterschiede dürften die in Folge anatomischer Eigenheiten kleineren Schweifbereiche der Neandertaler und ihre, in Zusammenhang hiermit, niedrigere Geburtlichkeit gewesen sein, wie vorstehend im Einzelnen diskutiert.

Eine Gruppenkopfzahl um 30 Personen wird allgemein als ein annähernd höchster Wert für die stete Gewährleistung einer ausgeprägten, alle Gruppenmitglieder einbeziehenden, für die verlässliche Stabilität überschaubarer Gemeinschaften wichtigen emotionalen Identität angesehen. Denn wenn eine Gruppenkopfzahl über diesen Wert steigt, sind selektierende Strukturierung und soziale Schichtung in der Gruppe meistens unausweichlich. Das Ergebnis ist – im günstigen Fall – ein Entstehen von operationaler Identität, erforderlich für ein weiterhin gemeinsames Handeln der Gruppe.

Es ist dieses aber eine stark rationalistisch geprägte Identität, im Gegensatz zu der wesentlich stärker tiefenpsychologisch verankerten, sozial meist viel stabileren emotionalen Identität.

Welches konkrete quantitative Fleischaufkommen musste von den frühen Menschengruppen für eine ausreichende Ernährung durch jagdliches Bemühen regelmäßig aufgebracht werden? Dietrich Mania und Adelhelm Dietzel haben in ihrer Veröffentlichung mit dem Titel „Begegnungen mit dem Urmenschen“ hierzu die folgende Kalkulation publiziert.

„Für präolithische Menschengruppen von 30 Mitgliedern, zusammengesetzt aus mehrheitlich erwachsenen und halbwüchsigen Personen, mit relativ wenigen kleinen Kindern und wenigen Alten, kann man einen durchschnittlichen individuellen täglichen Mindestbedarf an Nahrungsmitteln von insgesamt 2.000 Kcl. annehmen, was für eine solche 30-köpfige Gruppe einen täglichen Gesamtbedarf von 60.000 Kcal ergibt.

100 Gramm Fleisch ergeben, je nach Fettanteil, zwischen 150 und 400 Kcal. Um den gesamten Kalorienbedarf dieser Gemeinschaft mit Fleisch zu decken, war also eine tägliche Gesamt-Fleischmenge von etwa 30 kg Fleisch erforderlich, was einem „Lebendgewicht“ der hierfür benötigten Jagdbeute von ca. 60 kg entspricht.

Ein erlegter mittlerer Hirsch entspricht in etwa einer solchen Menge Fleisch."

Wir wissen, dass sowohl Neandertaler als auch Homo sapiens sich zumeist nicht ausschließlich von Fleisch ernährt haben, sondern es fast immer auch einen pflanzlichen Anteil in ihrer Ernährung gab.

Dennoch – Fleisch war damals sicherlich der wichtigste Part in ihrem Nahrungsunterhalt, sicherlich auch der bedeutendste für ihr Leistungs- und Entwicklungspotenzial.

Welcher waidwerkliche Aufwand war – einerseits – von Neandertalergruppen, und – andererseits – von Homo-sapiens-Gruppen zu leisten, um an das möglichst alltäglich zu verspeisende Fleisch zu erlangen?

Wenn wir bei vorstehend zitierten zahlenmäßigen Annahmen bleiben, hatte die 30-köpfige Homo-sapiens-Gruppe an den 28 Tagen einer vierwöchigen Mondphase insgesamt 28 Hirsche zu erlegen, eine siebenköpfige Neandertalerfamilie dagegen nur sieben Hirsche.

Letztere mussten bei ihren jagdlichen Bemühungen zu Erlangung besagten Fleisches sehr auf die Funktion ihrer Fallgruben hoffen, die Homo-sapiens-Gruppe, dagegen, auch auf Erfolg von Einzel- oder Treibjagd auf sich in freier Natur bewegende jagdbare Tiere verschiedener Art. Denn in diesen Jägergemeinschaften befand sich mit großer Wahrscheinlichkeit immer der eine oder andere ausgezeichnete Speerwerfer, der insbesondere mittelgroße oder kleinere Pflanzenfresser mit sicherem Wurf zu erlegen verstand, in gewissem Gegensatz zu Neandertalergemeinschaften. Zudem besaß man die weitaus größeren Schweifgebiete.

Man kann also davon ausgehen, dass bei den Neandertalern die zur Kompensation von Unzulänglichkeiten bei der Fleischversorgung der täglichen Mahlzeit beigefügte Pflanzenkost ein weitaus größeres Volumen besaß als bei der Homo-sapiens-Gruppe. Häufig wurde bei diesen Menschen Pflanzenkost lediglich als gesundheits- und geschmackverbessernde Beikost verzehrt. Dem dortigen Wachstum der Kopfzahlen war alles dies sehr förderlich.

So schön, so gut. Aber die zunehmende Kopfzahl einer Gruppe erbringt auch deutlich wachsende Zahlen interpersoneller Kontaktbeziehungen, gelegentlich in exponentieller Dimension.

Das, wiederum, weckt Bedürfnisse und erbringt schließlich Erfordernisse zunehmend differenzierten Ausdruckes, sowohl zur Vermittlung des Charakters einer emotionalen Beziehung als auch zur Klärung aller möglichen Sachfragen, zumal sich mit wachsender Gruppengröße auch zumeist die interpersonellen „Reibungsflächen" zu vervielfältigen pflegen.

Das dürften die Hauptgründe dafür gewesen sein, dass sich damals bei Homo sapiens die ersten Elemente einer humanen Sprache zu entwickeln begannen, welche allmählich weit über die Kommando- und Warnlaute des Neandertalers hinausging.

Wie erdgeschichtlich früh dieser Prozess bei Homo sapiens seine Anbahnung begonnen hatte, wie zeitlich ausgedehnt sich diese Anbahnung vollzogen hat, wird durch die Hunderttausende an Jahren währende anatomische Reifung unseres Zungenbeines belegt, jenes Elementes anatomischer menschlicher Entität, durch welches menschliche Sprache in ihren verschiedenen ethnischen Ausprägungen klangliche Vielfalt und inhaltliche Präzision – in emotional getönten Abstufungen – erlangen konnte. Beim Neandertaler blieb dieser Prozess in seinen Anfangsstadien stecken.

Und dann begannen in Sprache fixierte Erinnerungen und Gedanken, selbst Sprachlaute in das nächtliche Träumen der Menschen einzuziehen, begann sich allmählich gedankliche Substanz seiner tiefenpsychologischen Welt mit dem realen Sein in zunehmend differenzierten Bildern zu verbinden.

Das Erlangen eines differenzierten Sprachverständnisses scheint somit eine Voraussetzung für das differenzierende Ordnen tiefster menschlicher Sphären gewesen zu sein.

Homo sapiens gewann jedenfalls damals eine zunehmende Breite und Tiefe seines Denkens und Empfindens, entwickelte zunehmend jene Eigenschaft, die wir heute als „Resilienz" bezeichnen – bei auftretenden erheblichen Widerständen gegenüber eigenen Vorhaben, eigenem Tun, festigte sich eine positive Grundhaltung gegenüber dem eigenen Sein, lernte er es, die Auseinandersetzung mit Widrigkeiten aller Art für die Stärkung der eigenen Psyche und zur weiteren Entwicklung seines kognitiven Vermögens zu nutzen.

Schließlich bildete sich dieser Entwicklungsprozess des Dignitatus – insbesondere auch in den 10.000 Jahren seiner gemeinsamen europäischen Existenz mit dem Neandertaler – zunehmend im selektiven generativen Geschehen ab. Wodurch zudem, bei aller gesellschaftlichen und territorialen Differenzierung innerhalb seiner Art, den verschiedenen Homo-sapiens-Gruppen im globalen Maßstab eine ausreichende innere Homogenität verblieb.

Dem Neandertaler war es – aus sachlichen Gegebenheiten – nicht beschieden, ebenfalls den vorstehend skizzierten Weg zu gehen.

Was dazu führte, dass er letztlich – trotz einer größeren allgemeinen Hirnmasse – den ihm zunehmend überlegen werdenden Potenzialen des Homo sapiens nicht mehr entsprach, vor allem nicht in kognitiv mentalen Belangen. Seine überlegene Muskelstärke und Robustheit vermittelten ihm keinen genügenden Ausgleich gegenüber dieser Defizite.

Als eigene Art verschwand der Neandertaler noch vor dem arktischen Höhepunkt der letzten großen Eiszeit im Orkus der Geschichte. Letztlich ging sein genetisches Potenzial nur in geringen Anteilen im modernen Homo sapiens auf.

Dennoch sollten wir „Heutigen“ dem Neandertaler gebührenden Respekt zollen. Denn keineswegs unberechtigt erscheint die Annahme, dass sich die zunehmend überlegene intellektuelle Potenz des Homo sapiens als Konsequenz seiner Auseinandersetzung mit dem ihm physisch eher überlegenen Neandertaler entwickelt hat.

Höchstwahrscheinlich geschah das – vor allem in der voreuropäischen Zeit des Homo sapiens – durch Vermeiden direkter Konfrontationen mit den „anderen Menschen“ sowie durch das unablässige Ersinnen und Praktizieren diverser indirekt wirkender Methoden der Selbstbehauptung und durch deren langfristig fortlaufende Perfektionierung. Das Endergebnis dieses über sehr lange Zeiten aufrechterhaltenen Verhaltenscharakters war schließlich die bis heute fortdauernde totale Dominanz von Homo sapiens.

Bis jetzt unbeantwortet geblieben ist die eingangs dieses Kapitels angesprochene Problematik angemessener Vitamin-D-Versorgung von damals noch dunkelhäutigen Neandertalern und Homo-sapiens-Menschen, angesichts der gegenüber Afrika in Europa stark reduzierten, körpereigene Vitamin-D-Produktion bislang ausreichend anregenden Sonnenstrahlung.

Langfristig ist bekanntlich der menschliche Organismus ohne eine angemessene metabolische Verfügung über Vitamin D nicht überlebensfähig.

Im kleinasiatisch-anatolischen Raum, auch in Europas südlichen Randgebieten, konnte vermutlich eine langsame phylogenetische Aufhellung der Haut eine für das Überleben ausreichende Vitamin-D-Eigenproduktion dieser Menschen ermöglichen. Im Europa nördlich der Alpen war jedoch eine derartige Problemlösung, insbesondere angesichts des hier dafür benötigten sehr breiten Zeitrahmens, wohl kaum gegeben.

Polarvölker decken ihren diesbezüglichen Bedarf durch den Verzehr des viel Vitamin D enthaltenden Fleisches von Robben und Walen. Doch wie gingen an den Rändern meeresferner europäischer Mittelgebirge siedelnde damalige Menschen mit diesem Problem um? Erst vor Kurzem hat spezielles Forscherbemühen eine heute seltene Pilzart mit unerwartet hohem Vitamin-D-Gehalt entdeckt.

Vielleicht war dieser Pilz auch schon unseren frühen Vorfahren bekannt und damals weit verbreitet. Oder es gab andere, heute unbekannte Vitamin-D-Quellen in der Natur.

EUROPA VOR DER EISZEIT – UND HOMO SAPIENS

Vor etwa 40.000 Jahren wurden die Gemeinschaften von Homo sapiens in Anatolien, und wohl auch jene, die im levantinischen Raum siedelten, erneut von einem erheblichen Mobilitätsdrang erfasst.

Vermutlich waren es wieder zunehmende Schwierigkeiten der täglichen Nahrungsbeschaffung, die als treibende Kraft dieses Dranges wirksam waren. Wenngleich sich unser Globus damals schon seit längerem einer allmählichen Abkühlung zugewandt hatte, erlebte man zu jenem Zeitpunkt in den damaligen Siedlungsräumen von Neandertalern und Homo-sapiens-Populationen eine jahrhundertelange feuchtwarme Zwischenphase, durch welche das allgemeine Bewaldungsgeschehen auch im anatolischen und levantinischen Bereich die an Jagdwild reichen Gras- und Waldsteppen erheblich bedrängte, was zunehmende Schwierigkeiten bei der Sicherung der menschlichen Ernährung zur Folge hatte, denn jene großen jagdbaren Pflanzenfresser, die Hauptquelle der menschlichen Frischfleischversorgung waren, fanden deshalb kaum noch ausreichend Futter – ihre diversen Gräser und sonstigen Futterpflanzen konnten unter der zunehmenden Bodenbeschattung in den neu entstehenden Wäldern kaum noch gedeihen.

Dieses spezielle Problem belastete zudem Neandertaler und Homo-sapiens-Menschen nicht nur indirekt, sondern auch direkt, weil auch die von ihnen inzwischen als akzeptable Reserve- und Beikost entdeckten wilden Knollen- und Wurzelpflanzen aus dem gleichen Grund sehr rar wurden.

Im Folgenden behandeln wir nun jenen konkreten 10.000-jährigen Zeitraum, die Zeit zwischen 40.000 v. Chr. und 30.000 v. Chr., der noch nicht der bitterkalten arktischen Periode der letzten großen Eiszeit zugeordnet werden kann – also das Geschehen in den letzten voreiszeitlichen Jahrtausenden. Es wurde allmählich spürbar durch das nun Kommende geprägt, durch den sich anbahnenden Generalumschwung zu radikaler Abkühlung.

Indessen gab es auch in diesen 10.000 Jahren mehrere wärmende „Zwischenspiele“. Die Paläoklimatologie hat einige in dieser Zeit deutlich erkennbare, jeweils über 1.000 Jahre währende Anstiege der durchschnittlichen Jahrestemperaturen festgestellt, nach denen es dann mindestens gleich lange, zu einem vertieften Ausgangsniveau führende Abstiege gab. Während dieser An- und Abstiege stellten sich langjährige „Mittelstrecken" dar, während welcher in Kerneuropa zeitweise klimatische Verhältnisse mit einer gewissen Ähnlichkeit zu heutigen Gegebenheiten herrschten.

Es gab also ein rhythmisches Wechseln zwischen moderaten Warm- und Kaltzeiten, mit für die menschliche Existenz recht günstigen zeitlichen „Mittelstrecken".

Für die Gesamtheit besagter 10.000 Jahre ist von der modernen Wissenschaft für Mitteleuropa eine Durchschnittstemperatur ermittelt worden, die einige Grad Celsius unter dem heutigen langjährigen Mittelwert lag, mit langsamer grundsätzlicher Abkühlung.

Und in Skandinavien begann die polare Vereisung allmählich, sich „Schritt für Schritt" in Richtung „Süden" vorzuarbeiten.

Wir gehen wohl kaum fehl in der Annahme, dass wir damit auch einen plastischen Anhaltspunkt hinsichtlich der konkreten, lebenspraktisch bedeutsamen Ausprägung der klimatischen Gegebenheiten Kerneuropas zu Zeiten der zitierten „Mittelstrecken" zwischen den sich wiederholenden Jahrhunderten mit Maximal- und Minimaltemperaturen besitzen.

Im Vergleich zu heutigen Gegebenheiten war es hier wohl eher kühl, doch für Menschen jener frühen Zeiten gut erträglich, das jagdbare Wildaufkommen während besagter „Mittelstrecken" im mitteleuropäischen Raum zumeist ausreichend, gelegentlich sogar reichlich verfügbar. Auf manche innere Zusammenhänge sich aus solchen klimatischen Entwicklungen ergebender Konsequenzen für Flora und Fauna, für Neandertaler und Homo sapiens, sind wir an anderen Stellen eingegangen, auf bestimmte andere diesbezügliche Aspekte werden wir indessen noch zurückzukommen haben.

Wenden wir uns jetzt jedoch einigen Details des vor etwa 40.000 Jahren erneut ausgelösten Wanderungsgeschehens unserer direkten frühen Vorfahren zu, des Homo sapiens.

Dabei wurde von ihm zwischen zwei Generalrouten gewählt. Zunächst machte man sich in Richtung Osten auf den Weg, relativ kurze Zeit später in Richtung Nord-West.

Der Marsch in die letztgenannte Richtung erbrachte zunächst die Besiedlung des heute griechischen Territoriums, dann jedoch eine Spaltung des weiteren Weges. Zum einen bewegte sich ein bestimmter, eher kleiner Teil der Aufgebrochenen nunmehr in strikt nördlicher Richtung, bis zum Mündungsdelta der Donau, und dann – entlang der Donau – bis in den Raum nördlich der Alpen. Ein anderer, ein vermutlich größerer Teil von einst in Richtung Nord-West Aufgebrochenen nahm eine erheblich längere Wanderungsstrecke in Angriff – zunächst entlang der östlichen Adriaküste, dann, in steter Verfolgung der Nordküsten des Mittelmeeres, bis zur Atlantikküste der iberischen Halbinsel. Von dieser Küstenroute aus wurden sukzessive die Täler aller größeren in das Mittelmeer mündenden Flüsse Europas besiedelt.

Dieser Aufbruch in Richtung Nord-West, vorzugsweise aus dem anatolischen Raum vollzogen, konnte vermutlich deshalb erst etwas später als der Aufbruch in Richtung Osten erfolgreich initiiert werden, weil es dazu der „Absolvierung eines ausreichenden Gentransfers“ von solchen Neandertalergenen bedurfte, mit deren Hilfe auch Homo sapiens dann den vergleichsweise rauen klimatischen Verhältnissen in Europa gewachsen war.

In Richtung Osten war man, wie gesagt, schon etwas früher aufgebrochen, vorzugsweise von der Levantine aus. Man kam auf diesem extrem langen und erst in China endenden Marsch erstaunlich schnell voran. Dignitatus langte dort früher an, als in den europäischen Gebieten nördlich der Alpen.

In dieser Aussage scheint sich unsere moderne Fachwelt einig zu sein, hinsichtlich der dann erfolgenden Besiedlung Australiens gehen die Meinungen jedoch auseinander. Harari schreibt hierzu in seiner 2013 erschienenen „Kurzen Geschichte der Menschheit“, dass „die große Leistung der Besiedlung Australiens“ schon vor etwa 45. 000 Jahren gelungen sei.

Behringer, dagegen, schreibt in seiner 2018 publizierten „Kulturgeschichte des Klimas“, dass derselbe Homo sapiens erst „vor etwas mehr als 35.000 Jahren, über Landbrücken, den indonesischen Archipel und den damals trocken liegenden Sunda-Schelf besiedelt hatte", und dann „seine Nachfahren Großaustralien erreichten – einen Kontinent, damals zusammengesetzt aus den heutigen Tasmanien, Neuguinea und dem dazwischenliegenden Sahil-Schelf." Des Weiteren können wir bei Behringer auch Folgendes lesen.

„Die Breite der damals für das Erreichen von Großaustralien zu bewältigenden Wasserstraße betrug – unter günstigsten Bedingungen – ca. 90 Kilometer. Vermutlich schafften die Menschen der Altsteinzeit es tatsächlich schon bald nach jenen 35.000 Jahren v. Chr., diese Meerenge per Floß, Ausleger-Kanu oder Einbaum zu überwinden. Das warme Klima ermöglichte bei ruhiger See dort ein mehrtägiges Überleben auf See."

Die heutigen australischen Aborigines stammen – nach Behringer – von diesen frühen Einwanderern ab. Das dortige Tasmanien, allerdings, die Südspitze des damaligen Großaustraliens, wurde von diesen Menschen erst nach beträchtlicher Verspätung gegenüber ihrer Erstanlandung auf unserem fünften Kontinent erreicht, „also vor etwa 30.000 Jahren".

Den zuvor zurückgelegten Weg – vor ihrer Teilung zwischen in Nordostrichtung nach China Wandernde, und sich in Südostrichtung zur heutigen malayischen Inselwelt Bewegende – hatten diese mutigen Homosapiens-Gruppen zunächst mit einem Marsch längs des Euphrat begonnen, bis zu seiner Mündung in den heutigen persisch-arabischen Golf.

Weiter ging es dann entlang der Südküsten Persiens und Indiens, bis man sich – vermutlich im indochinesischen Bereich – trennte bzw. jetzt vor Ort sesshaft wurde.

Natürlich ist es sehr bemerkenswert, dass dieser lange Weg von Homo sapiens weitaus zügiger bewältigt wurde als seine Wanderung nach Kern-Europa.

Die archäologische Fachwelt erklärt diese überraschende Differenz mit einem auf der östlichen Generalroute fast völlig fehlenden Widerstand seitens anderer Hominiden gegen das Ausbreitungsbestreben des Homo sapiens. Die Neandertaler hatten bei ihrer zeitlich weitaus früher vollzogenen Ost-Expansion die moderaten Steppenklimata Südosteuropas und des westasiatischen Raumes den Gegebenheiten in den staubtrockenen Küstenregionen Persiens und dem feuchtwarmen Klima Indiens vorgezogen.

In Kerneuropa dagegen waren Neandertaler zu jenen Zeiten bereits seit Hunderttausenden Jahren ansässig und empfanden vermutlich die neuerdings erscheinenden, aus ihrer Sicht sehr „anderen“ Menschen als unwillkommene Nahrungskonkurrenz. Homo sapiens traf deshalb hierzulande – mit erheblicher Sicherheit – auf Widerstand von dieser Seite.

Bemerkenswert ist des Weiteren, dass Homo sapiens seine den halben Globus umfassende Ausbreitung in der Zeit von etwa 40.000 bis 35.000 v. Chr. überwiegend in nächster Nähe von Flüssen und Meeren vollzog. Das kann in dem Sinne ausgedeutet werden, dass große Gewässer von ihm keineswegs als Sinnbild eines feindlichen Elements empfunden wurden – im Gegensatz zu seinem damaligen historischen Wegbegleiter, dem Neandertaler.

Die vorstehende skizzenhafte Beschreibung bezieht sich ausschließlich auf die konzentrierte globale Ausbreitung von Homo sapiens in den Jahren um und nach 40.000 v. Chr. Teilweise parallel hierzu, oder auch später, gab es verschiedene andere, kleinere Ausbreitungswellen, z.B. längs des Ostufers des Schwarzen Meeres in die Steppen Südrusslands, oder die – frei von jedem „Gentransfer“ aus den Neandertaler-Gendepots – allmähliche Durchdringung des gesamten afrikanischen Kontinentes, schließlich den „Zug nach Amerika“ um 12.000 v. Chr.

Kehren wir nun aber mit unseren Betrachtungen wieder nach Europa zurück, speziell zu der nördlich des Alpenmassivs gelegenen Mitte Europas.

Während die südliche Hälfte dieses Kontinentes seine Besiedlung fast ausschließlich durch Zuwanderungen von den längs der Mittelmeerküste von Ost nach West ziehenden Homo-sapiens-Gruppen erfuhr und sehr lange Zeit erheblich dichter von Menschen dieser Art bevölkert war als nördlicher gelegenes Terrain, gelangte Homo sapiens in den nördlichen Teil Europas nur sehr langsam, sich mühsam längs der Donau vorarbeitend.

Man darf davon ausgehen, dass ihm auf diesem Weg seitens der seit Langem ansässigen Neandertaler „manch besonders großer Stein in den Weg gelegt“ worden ist.

Den Neuankömmlingen blieb nun knapp 10.000 Jahre Zeit, sich auf ihr Überleben in der dann anbrechenden großen arktischen Eiszeit einzustellen, mit zeitweise extremen Kalttemperaturen und einer weitgehenden Vergletscherung des Raumes nördlich der Alpen. Damals werden sie vermutlich bald wahrgenommen haben, dass sie nun in einen dreigegliederten Großraum gelangt waren, bestimmt durch drei Klimazonen und diesen analoge Landschaftsformen – wie uns Heutigen mittlerweile gut bekannt. Zwischen einer südlichen, sich an den Nordsaum der Alpen anschmiegenden Waldzone und einer an den Vorläufern von jetziger Nord- und Ostsee endenden kühlen und kahlen Steppe lag eine erfreulich breite Zone, die durchweg von mehr oder weniger üppigem Gras bedeckt war, zudem teilweise – in ihren südlichen Gebieten – auch lockeren Baumbewuchs besaß. In nördlicher Richtung wurde dieser von sich vereinzelndem Buschwerk abgelöst.

Diese mittlere Klima- und Landschaftszone im nördlich der Alpen gelegenen Teil von Europa erkannten die dorthin gelangten Homo-sapiens-Gruppen umgehend als das für ihr Jäger- und Sammlerleben am ehesten geeignete Terrain – nirgends sonst wo sah man so viele, seitens Homo sapiens inzwischen sehr gut jagdbare stattliche Bisons und anderes für die menschliche Ernährung gut verwertbares Wild. Auch der Fischreichtum in den Gewässern war beachtlich.

Bei diesem Terrain handelte es sich, insbesondere während der ausgedehnten zeitlichen „Mittelstrecken" zwischen den Perioden mit Wärme– und Kältemaxima im ständigen moderaten Klimawechsel jener Jahre, vor allem um eine Fläche zwischen heutigen deutschen Mittelgebirgen – Taunus, Rhön, Thüringer Wald, Erzgebirge – und dem heutigen österreichischen Alpenvorland.

Damals hatten die Neandertaler dort bereits seit sehr langer Zeit, synchron zu den jeweils Jahrtausende währenden Abkühlungen und Erwärmungen, ihr aktuelles Schweifgebiet ständig abwechselnd in Richtung Süden oder in Richtung Norden verändert, immer gemäß der aktuellen Lage des Territoriums mit dem attraktivsten Angebot jagdbaren Wildes.

Homo sapiens tat solches nunmehr ebenfalls.

Die Neandertaler haben damals vor allem – neben Hirschen verschiedener Art – das in jenen Jahren noch kleine Pferd als sehr interessanten

Frischfleisch-Lieferanten angesehen. Selbiges wurde auch von den Homo-sapiens-Gruppen keineswegs verschmäht, doch das in dieser Hinsicht weitaus interessantere Tier war für sie der Bison, das große Urrind der Vergangenheit, zumal ihnen inzwischen zwei wesentliche jagdliche Neuerungen gelungen waren. Zum einen hatten ihre Speere jetzt fast durchweg erheblich schärfere Spitzen als ehedem, weil sie es gelernt hatten – durch ausdauernde Bearbeitung – aus den Spitzen abgeworfener oder erbeuteter Hirschgeweihe messerscharfe kleine Dolche herzustellen und diese an den Spitzen ihrer Speere sehr haltbar zu montieren.

Zum anderen hatten sie die „Hightechwaffe“ der Altsteinzeit entwickelt – die auch uns Heutigen höchsten Respekt abfordernde, nur nach jahrelanger Übung erfolgreich einsetzbare, dann jedoch zuvor unerreichbare Jagd- und Kampfresultate ermöglichende, bereits mehrfach erwähnte Speerschleuder. Zum schließlichen Erkennen von Aufbau, Funktionsweise und Einsatz dieses lange Zeit für unsere neuzeitliche Archäologie rätselhaften Gerätes gibt es eine kleine spezielle „Story“.

Gelegentliche Knochenfunde von verstorbenen Homo-sapiens-Männern, die damals gelebt hatten, besaßen bestimmte, schwer deutbare Unterschiede gegenüber sonstigen ossalen Überresten von Menschen jener Jahre.

Insbesondere war aus diesen Unterschiedlichkeiten zu schließen, dass der rechte Oberarm jener Männer – samt mit diesem in Funktionseinheit zu sehender muskulärer und knöcherner Elemente anderer Körperpartien – zu ihren Lebzeiten ungewöhnlich stark und sehr eigenartig belastet worden waren.

„Die subtile Rekonstruktion der diesbezüglich in Frage kommenden Bewegungsabläufe erbrachten die Erkenntnis, dass insbesondere ein häufiges Überkopfwerfen zu extremen Überforderungen besagter Körperpartien führen kann. Hierfür ist eine unter erheblicher Krafteinwirkung vollzogene Rotation des Oberarmknochens in seinem Schultergelenk erforderlich, was bei häufigen und kraftbetonten Wiederholungen Spuren der aufgefundenen Art in solchen Schultergelenken entstehen lässt. Ob nun dereinst tatsächlich Speere oder Steine vorzugsweise derart geschleudert wurden, muss heutzutage wohl offenbleiben. Doch das Einbetten aller von uns entwickelten, vorstehend beschriebenen Befundbilder in die gemäß Befundlage erkennbare damalige Lebenswirklichkeit spricht sehr für Speere. Denn aus der eingehenden Analyse ossaler Überreste von zu jener Zeit durch Homo sapiens verzehrter Jagdbeute wissen wir, dass er sich zu einem sehr treffsicheren Speerwerfer entwickelt hatte. Seine in freiem Grasland über Entfernungen von über 50 Metern außerordentlich treffsicher eingesetzten Speere haben ihm, ganz sicher, gegenüber dem Neandertaler in jenen Zeiten zunehmend Überlebensvorteile verschafft" (Douglas Palmer).

Diese Annahmen werden durch aktuelle ethnologische Beobachtungen gestützt.

In seiner im Jahre 2011 veröffentlichten Publikation „Die Evolution des Menschen" berichtet Douglas Palmer von derzeit in Nordamerika lebenden Indianerstämmen, die gelegentlich Wettkämpfe austragen, bei denen es darum geht, m.H. eines als „Speerschleuder" bekannten Gerätes Speere möglichst weit, bzw. möglichst treffsicher zu schleudern. Beachtlicherweise können die Spitzenathleten dieser Sportdisziplin m.H. besagter Schleuder ihren Sportspeer nicht nur erstaunlich zielsicher einsetzen, sondern ihn auch über 100 Meter und weiter fliegen lassen.

Mit wachsender Wurfweite erhöht sich bekanntlich auch die Durchschlagskraft des geschleuderten Wurfgeschosses. Exzellente Schleuderer konnten in früheren Zeiten somit nicht nur aus sehr sicheren Wurfdistanzen den wehrhaften Bison attackieren, sondern zumeist auch mit den weit fliegenden, mit messerscharfen Spitzen bewehrten Speeren deren festes Fell komplett durchbohren, ggf. sogar durch die Pfählung lebenswichtiger Organe dem Tier einen sofortigen, Sterbensqualen umgehenden Tod bereiten.

Wenden wir uns der Speerschleuder im Speziellen zu. Sie bestand aus einem etwa einen Meter langen, geraden, im oberen Bereich mit einer relativ tiefen und durchlaufenden Rille versehenen Stab. Unmittelbar vor der beabsichtigten Attacke wurde der Speer in diese Rille gelegt.

Am Ende dieses Stabes gab es einen kleinen, nach oben gerichteten Haken, endend mit einer Spitze in Wurfrichtung. Dieser Haken diente als dem Wurfspeer beim Abwurf ausreichenden Halt gebendes Hinterlager, seine Spitze der Stabilisierung des Speeres in der Mitte seiner Lagerungsrille.

Beim Schleudervorgang wurde der Speer durch das Beschleunigungsgeschehen nach hinten gedrückt und fand dabei durch den hinteren Haken den in diesem Moment nötigen Halt, um nach Ende des Beschleunigens mit Höchstgeschwindigkeit vorwärts aus der Schleuder zu fliegen. Unten, gegen Ende des Stabes, befand sich ein für die Handhabung des Gerätes unerlässlicher fester Handgriff, oft mit kunstvollem Schnitzwerk verziert.

Der Schleudervorgang spielte sich dann im Einzelnen wie folgt ab. Zunächst wurde der Speer, an seinem Ende abgestumpft und mit einer kleinen Aushöhlung zum Arretieren der Hakenspitze des Schleuderstabes ausgestattet, auf die Rille des Stabes gelegt und sein Ende über die Hakenspitze gestülpt.

Dann fasste der Schleuderer die auf diese Weise „geladene“ Schleuder mit seiner rechten Hand, der üblichen Schleuderhand, am unter dem Schleuderstab stabil befestigten Handgriff, hob Arm und Schleuder für den vorgesehenen „Über-Kopf-Wurf“ über seinen Schädel, in eine über seinem rechten Auge senkrecht situierte Position, führte schließlich den „Über-Kopf-Wurf mit dem vollen Einsatz der hierfür nötigen Arm- und Brustmuskulatur aus, nach vorne, und mit einer in diesem Moment vollzogenen optischen Kontrolle von Abwurfrichtung, Flugbahn und Zielposition.

Die vorherige Positionierung von Schleuder und Speer war möglichst exakt über dem rechten Auge, die damit mögliche Bestimmung der Flugbahn des Speeres als direkt über der zielfixierenden Blickrichtung des Werfers liegender Parabel, all das war eine wichtige, grundlegende Komponente für die außerordentliche Zielgenauigkeit der eine solche Gerätschaft beherrschenden Schleuderer. Die andere diesbezüglich ausschlaggebende Komponente erfolgbringender Wurfansätze war eine richtige Einschätzung des Abwurfwinkels, die weitgehend von individuellem Talent und der Erfahrung des Speerschleuderers abhing.

Ein solches „Über-den-Kopf-Schleudern“ will gelernt und intensiv trainiert sein. Doch die infolge der Verlängerung des Wurfarmes durch den Schleuderstab erheblich gesteigerte Wurfweite und Durchschlagskraft des geschleuderten Speeres, bei einer außerdem auch noch spürbar erhöhten Treffsicherheit, verliehen der Speerschleuder den Charakter einer „Wunderwaffe ihrer Zeit“ (Hermann Parzinger).

Sie blieb dies so lange, bis – etwa 20.000 Jahre später – mit Pfeil und Bogen eine andere effektive Jagdwaffe sie verdrängte, deren erfolgreiche Handhabung wesentlich weniger Übung und ständiges Training voraussetzte und zudem für menschliche Schultergelenke erheblich schonender war.

Die Erfindung und nachfolgende breite Nutzung der Knochenharpune durch Homo sapiens, ebenfalls in jener frühen Zeit, kann man geradezu als symbolisch für ein zunehmendes Erschließen der beachtlichen Eiweißreserven seiner nunmehrigen heimatlichen Gewässer ansehen, insbesondere der dortigen Fischbestände.

Auch die Knochenharpune war eine speerartige Wurf- und Stichwaffe. Zur Sicherung von durch Wurf aus etwas größerer Entfernung getroffenen Beutefischen war an ihrem Ende eine aus Tiersehnen geknüpfte „Leine“ befestigt, ähnlich, wie es sich – im Großen – bei für den Walfang spezialisierten Fischereifahrzeugen bis heutigentags verhält.

Insbesondere zu Beginn der nun beschriebenen zehntausend Jahre zwischen 40.000 und 30.000 v. Chr. hatte die alltägliche Lebensführung von Neandertalern und den Menschen der Homo-sapiens-Gruppen eine große Ähnlichkeit, auch wenn letztere meist die spürbar größeren Kopfzahlen in ihren Gemeinschaften aufwiesen, seltener unter einer größeren Nahrungsmittelknappheit litten und ein erheblich weiterentwickeltes Kommunikationsniveau vorwiesen.

Doch bald nach der Fußfassung von Homo sapiens in Europa vollzogen sich bei unserem Dignitatus weitere spezielle Entwicklungen, an denen die Neandertaler kaum oder überhaupt nicht teilhatten, und dieses nicht nur im alltäglich betriebenen, lebensnotwendigen Waidwerk.

Bemerkenswert ist der zunehmende Rückgriff auf Hirschgeweihe als Rohstoff zur Fertigung verschiedener Gebrauchsgegenstände und nicht nur zur Herstellung messerscharfer Speerspitzen.

Homo sapiens hatte hierfür diverse Techniken entwickelt, um das relativ feste, doch wesentlich geschmeidiger als Stein bearbeitbare Geweihmaterial zu diversen Stech-, Bohr- und sonstigen Geräten zu verarbeiten, aber auch, um in Kombination mit Holz verschiedenen Schmuck herzustellen. Die künstlerische Ausdruckskraft der von Homo-sapiens-Menschen hergestellten Produkte gewann hierbei zusehends eine Qualität, die den Ergebnissen zeitgleicher Bemühungen von Neandertalern deutlich überlegen war.

Auf zwei weitere wesentliche Errungenschaften des europäischen Homo-sapiens-Milieus jener frühen Jahre sei hier ebenfalls etwas näher eingegangen, auf die vermutlich ersten von Menschenhand geschaffenen Nähnadeln und auf die ersten uns bekannt gewordenen mehrtonigen musikalischen Blasinstrumente.

Mit der Erfindung einer aus Knochenmaterial gefertigten Nähnadel vor ca. 40.000 Jahren ist zugleich belegt, dass Homo sapiens schon damals „in der Lage war, auch nadelgerechte Fäden anzufertigen, sei es aus organischem Material, oder aus Tiersehnen. Damit ließen sich Felle und Tierhäute nunmehr viel besser verbinden und abdichten, was sowohl der Bekleidung als auch den Abdeckungen von nun in Kaltgebieten entstehenden Hütten zuträglich war“ (Parzinger).

Nach Filser war das damalige „Auftauchen der Nadel“ auch ein „nachhaltiges Signal dafür, dass ab dieser Zeit eine anspruchsvollere menschliche Kleidung produziert wurde.“

In seiner „Das erste Mal“ betitelten Monografie aus dem Jahre 2013 scheibt Filser, dass die archäologische Fundlage nunmehr „tatsächlich zunehmend figurenbetonte Kleidungsstücke präsentiert, taillierte Oberteile, mehrlagige Kleidung“. Daraus folgert er, „die frühen Modekünstler des vorzeitlichen Schneiderhandwerks dürften dann auch bald um ihren gesellschaftlichen Stellenwert gewusst haben“.

In diesem Zusammenhang erwähnt er eine aus jener Zeit stammende Nähnadel, die in der „Gudenus-Höhle“ – im österreichischen „Waldviertel“ gelegen – gefunden wurde, „sorgsam abgelegt in einer ästhetisch ansprechend verzierten Nadelbüchse. Diese war aus einem Adlerknochen entstanden, durch das Schnitzbild eines Rentieres geschmückt“.

Filser weitet dieses Thema noch zu einer anderen, bis zum heutigen Tag aktuellen Problematik aus – zu schon für jene frühen Zeiten deutlich erkennbar werdenden Bezügen zwischen weiblicher Kleidungsstrategie und heterosexueller Paarbildung, heterosexueller Paarstabilität.

„Es gibt wissenschaftliche Schulen, in denen von einer besonderen Rolle des weiblichen Zyklus bei der Gestaltung weiblicher Kleidung in lange vergangenen Zeiten ausgegangen wird. Menschen haben bekanntlich keine Brunftzeit. Es ist vorstellbar, dass die Frauen schon in sehr früher Zeit deshalb grundsätzlich interessiert waren, alle potenziellen männlichen Sexualpartner möglichst uninformiert über ihre aktuelle Zykluslage zu halten. Letztere wurden hierdurch – in der Tendenz – zu nachhaltigerem und zeitlich ausgedehnterem Werbebemühen erzogen, was seitens der Frauen erwünschter Verstetigung ihrer Zweierbeziehungen entgegenkam.

Durch eine zuverlässige ständige Bedeckung der Schamteile im Ergebnis entsprechender Kleidung konnten die fertilen Frauen einer Gruppe der Umsetzung solcher von ihnen entwickelter Pläne erheblich näherkommen.

Und – für Homo sapiens ist grundsätzlich langwährende Paarbildung besonders wichtig, weil wir für das Aufziehen unseres Nachwuchses extrem viel Zeit und Energie aufwenden müssen."

Doch nun zu der ältesten bisher gefundenen Flöte, etwa 40.000 Jahre alt, mit Kernaussagen in Zitaten von Hubert Filsner.

Er berichtet einleitend von „acht uralten Flöten", die bisher in Höhlen jenes Teilbereiches der Ur-Donau gefunden wurden, der sich im Bereich der „Schwäbischen Alb" befindet. „Sie wurden dort aus den Flügelknochen von Schwan und Gänsegeier geschnitzt, sowie aus Mammut-Elfenbein."

Und dann zitiert er drei in Fachkreisen diskutierte Hypothesen hinsichtlich einstiger „Entstehung von Musik ".

„Entscheidend kann der Wunsch früher Menschenmütter gewesen sein, mit ihren Kindern auch dann Kontakt halten zu können, wenn sie gehindert waren, selbige auf dem Arm zu halten – mütterlicher Gesang vermag bekanntlich zumeist, unruhige Säuglinge zu beruhigen. Eine zweite These schreibt dem Sexualleben eine dominierende Rolle zu – ein guter Sänger belegt damit seine geistige Kreativität und Ausdauer. Interessant sind Ergebnisse neuerer Untersuchungen über den Zusammenhang von Musik und menschlichem Hormonhaushalt. Bei Männern tendiert Musik dazu, den Testosteronspiegel im Blut zu senken, bei Frauen – hingegen – steigt er eher durch den Genuss von Musik. Einschmeichelnde Musik fördert zudem stets die Ausschüttung von Oxitocin, hierdurch soziales Bindungsvermögen steigernd. Die dritte These weist diesem letztgenannten Hormon sogar die entscheidende Rolle beim Siegeszug der Musik in der gesamten Menschheit zu."

Die zusammenfassende Generalaussage dieser drei hypothetischen Erklärungsansätze lautet:

„Die frühe Musik vermittelte den frühen Menschen in ihrem frühen Leben eindeutige Lebensvorteile!"

Zu der Klangqualität dieser Instrumente können wir bei Filsner folgende Aussagen finden.

„Inzwischen sind die Flöten aus den Höhlen der Schwäbischen Alb für experimentelle Zwecke nachgebaut worden, sodass wir sehr konkrete Kenntnisse von ihren Klangbildern haben.

Die aus Vogelknochen entstandenen Flöten liefern vier Grundtöne und drei Obertöne, die Flöte aus Mammut-Elfenbein vier Grundtöne und vier Obertöne. In seiner Gesamtheit ermöglicht das pentatonische Tonfolgen.

Die mit musikalischen Belangen befassten Altertumsforscher scheinen einig zu sein, dass somit die bis in das Mittelalter unserer Zeit dominierende „Fünf-Ton-Musik " ihre Wurzeln in voreiszeitlichen Perioden hat.

Und selbst heutzutage folgen schlichte Kinderlieder öfters den melodischen Regeln sehr früher Zeiten, das „Backe, backe Kuchen, der Bäcker hat gerufen" ebenso wie „Laterne, Laterne, Sonne, Mond und Sterne".

Unsere heutige europäische Musik präferiert allerdings seit der Barockzeit eine achttonige Klangstruktur, was allerdings nicht in allen Teilen der Welt so ist.

Altchinesische Musik, beispielsweise, ist erheblich anders angelegt und folgt keineswegs dem in Europa entwickelten Dur-Moll-System."

Wer sich als Mitteleuropäer längere Zeit in der arabischen Welt aufgehalten hat, wird sicher auch Bekanntschaft mit traditioneller arabischer Musik gemacht haben. Der erste Kontakt mit ihr erweckt bei uns zumeist befremdliche Gefühle, doch im Laufe der Zeit erlebt man dann, dass sie auch auf unsereins einen seltsamen exotischen Reiz ausüben kann.

Setzen wir uns, gegen Ende dieses Kapitels, noch etwas eingehender mit der in den zehntausend Jahren zwischen 40.000 und 30.000 v. Chr. sich spürbar weiter entwickelnden menschlichen Sprechfähigkeit auseinander.

Es gab hier ein höchst produktives Wechselspiel zwischen den für Homo sapiens großenteils schicksalhaften Veränderungen seiner Lebensumwelt, seiner wachsenden Fähigkeiten des sachgerechten Umganges mit selbigen, der Entwicklung eines grundlegend situationsgerechten Kommunikationsniveaus zwischen den Mitgliedern der an Kopfzahl weiterhin allmählich wachsenden Menschengruppen – und der Reflexion all dessen in einem vielfältigen sinnbeladenen Lautspiel, vollzogen mithilfe des Atemstromes durch Rachenraum und Mundbereich, welches in dieser Vollendung bislang nur einer einzigen biologischen Art gegeben ist, uns, dem Homo-sapiens-Menschen.

Josef H. Reichholf hat das letztliche Resultat dieses vielseitigen prozessualen Geschehens in einem markanten Satz zusammengefasst:

„Die Sprache eröffnete den cerebralen nervalen Prozessen der Menschen völlig neues Terrain – er nutzte diese Chance nachhaltig für die Entwicklung seines Intellekts in Breite und Tiefe.“ Dem sei hinzugefügt: „Und für das Etablieren eines Prozesses ihrer stetig fortgesetzten Eigenentwicklung!“

Im Realleben jener Zeit besonders bedeutsam war die sprachliche Entwicklung für das Entstehen neuer Konfliktlösungsstrategien, zunächst, vor allem, zur schadarmen Beherrschung der alltäglichen Banal-Konflikte.

„Fast jeder aufkommende Realkonflikt stellte sich nunmehr zunächst als ‚Konflikt zwischen denkenden Köpfen‘ dar, konnte folglich dann auch durch eine Auseinandersetzung in verbaler Form ausgetragen werden.“ (Reichholf).

Das Beginnen der zur Entstehung menschlicher Sprache führenden prozessualen Entwicklung wird von archäologischer Seite bereits in der Phase beginnender Menschwerdung von Primaten verortet.

„Für das Überleben dieser Primaten hatte sich bekanntlich der aufrechte Gang als unabdingbar erwiesen, womit er aber auch andere grundsätzlich neue Lebensperspektiven erhielt, allerdings unter der Bedingung des Erlangens neuer Kommunikationsfertigkeit. Beispielsweise galt das für die erfolgreiche Suche und Erbeutung kleinerer und sehr beweglicher Tiere, zur Sicherung und für den Ausbau der Eiweißkomponente in ihrer Ernährung“ (Douglas Palmer). Im Verlauf der Jahrtausende folgte dann eine stete ausbauende Anpassung der Kommunikationsfertigkeiten an sich ändernde Lebensverhältnisse, deren Erfordernis bei den sich vorzugsweise durch „Beweglichkeit und Ausdauer“ behauptenden Homo-sapiens-Gruppen vermutlich besonders stark war.

Das diesbezüglich relevante „Wechselspiel der Gene“ reagierte hierauf deshalb bei ihnen außergewöhnlich zielstrebig, auch mit der relativ schnellen Entwicklung der unerlässlichen anatomischen Voraussetzungen für differenzierte modulierende Lautformungen.

Lauttechnisch waren diese Gegebenheiten dann vermutlich zu Zeiten der globalen Ausbreitung von Homo sapiens vor ca. 50.000 bis 40.000 Jahren weitgehend gegeben.

„Kein anderer überwölbender genetischer Typus weist heute eine derart weite Verbreitung auf wie die gegenwärtige ural-altaische Sprachenfamilie. Alle indogermanischen Spachen, aber auch Mongolisch, Koreanisch, Japanisch und – weitgehend – das beim Milliardenvolk der Chinesen dominierende Han-Chinesisch lassen sich bis heute linguistisch aus dieser extrem ‚gestreuten‘ Sprachenfamilie ableiten“ (Reichholf).

Afrika wurde – ausschließlich der jüngsten Zeit – durch dieses Geschehen dann kaum noch berührt, seine nativen Sprachen lassen kaum irgendwelche näheren linguistischen Beziehungen zu der ural-altaischen Sprachenfamilie erkennen.

Wie in verschiedenen anderen Teilen der Welt, so waren es auch in Europa die Jahre zwischen 40.000 und 30.000 v.Chr., in denen die gesprochene Sprache zu einem das gesamte humane Entwicklungsgeschehen tragenden Medium reifte.

Dem enormen mentalen und kulturellen Entwicklungsschub, der sich dann bei Dignitatus insbesondere während und in Gefolge der langen Eiszeitwinter vollzog, auch dem Entstehen von zuverlässigem langfristigen Gruppengedächtnis – von großer Wichtigkeit für soziale Stabilität und Identitätsbewusstsein – war somit zu Beginn der sehr kalten Jahre eine Basis gegeben.

Die Entwicklung der Schrift folgte dem erst sehr viel später.

Gegen Ende des vorstehend skizzierten Zeitabschnittes scheint es noch letzte Schübe von Neandertaler-Genen im Genpool der Homo-sapiens–Gruppen gegeben zu haben.

Denn während der nunmehr bald folgenden Zeit des großen Darbens erwiesen sich manche Früchte auch für Homo sapiens als genießbar, die es – im Gegensatz zu den Neandertalern – bisher für ihn nicht gewesen waren.

EISZEIT

Als Eiszeit „im allgemeinen Sinne“ gelten die Jahre zwischen 30.000 und 15.000 v. Chr., als Eiszeit „in gegebenem Sinn“ die Zeiten zwischen 25.000 und 15.000 v. Chr. Am Ende der Eiszeit erwärmte sich die Luft recht schnell, die Rückkehr zu „normalen“ Temperaturen vollzog sich – fast – innerhalb eines Jahrtausends.

Für die damalige Menschheit waren vor allem die zehntausend Jahre zwischen 25.000 und 15.000 v. Chr. dramatisch.

Das damalige Temperatur-Minimum wurde bereits um 24.000 v. Chr. erreicht, mit einer im heutigen deutschen Raum herrschenden Jahresdurchschnittstemperatur von minus 8 Grad Celsius und einer Durchschnittstemperatur in den jeweiligen kältesten Wintermonaten von Minus 20 Grad Celsius.

Das Maximum der Vergletscherung unseres Territoriums wurde allerdings erst 18.000 v. Chr. erreicht, mit im Norden bis hin zu den Mittelgebirgen, und im Süden bis weit in das Alpenvorland reichenden Totalvereisungen, Jahrtausende anhaltend.

In Skandinavien war dieser Eispanzer schließlich 3 bis 4 Kilometer dick, im Bereich der Mündung des mitteldeutschen Flusses Saale in die Elbe immer noch etwa 1 Kilometer dick.

Die Klimakatastrophe betraf nicht nur Europa, das etwa 10.000 Jahre anhaltende, extrem kalte und sehr trockene Wetter betraf die gesamte Welt. Auch um den Südpol hatte sich eine Eiskappe von gigantischen Ausmaßen entwickelt, um ein Mehrfaches größer als zu heutiger Zeit.

Von allen Menschenarten – Neandertaler, sowie Homo florensis im Pazifik eingeschlossen – ist es nur Homo sapiens gelungen, jenes dramatische Langzeitgeschehen als Art zu überleben.

Nach einer für die Zeit um 35.000 v. Chr. angestellten Berechnung dürfte die Gesamtzahl der damals auf dem eurasischen Block und der ihn umgebenden Landflächen, sowie in Afrika lebenden Menschen der Homo-sapiens-Art eine Größenordnung von etwa 3 Millionen Individuen erreicht gehabt haben (Scott).

Unmittelbar nach dem Ende der hier beschriebenen langwierigen arktischen Klimaphase gab es dann auf unserem gesamten Globus nur noch etwa 100.000 Menschen, was etwa 3 Prozent des voreiszeitlichen Wertes entspricht (Krause).

Die Menschheit war somit damals nur knapp ihrem absoluten Verschwinden entgangen.

„Sicherlich – West-, Mittel- und Osteuropa waren auch während der extrem kalten 10.000 Jahre nicht überall und immer von einer Schnee- und Eisdecke überzogen. Dennoch bot die Szene auch außerhalb der vergletscherten Territorien in ihrer Gesamtheit ein ödes Bild einer ständigen kalten Winden preisgegebene Tundren- oder Steppenlandschaft – andere Pflanzen ließ das Klima absolut nicht zu“ (Burenhult).

Für den gesamten eurasischen Großkontinent bewirkte das damalige Generalklima ein weitgehendes Kontinuum stabiler kontinentaler Lufthochdruckzellen, mit entsprechenden konkreten meteorologischen Konsequenzen (Sirocko).

Auch polferner gelegene, nicht ständig durch Eis und Schnee bedeckte Flächen waren großenteils fast ganzjährig gefroren und erlebten nur kurzzeitige jährliche Tauperioden.

Allerdings – um 20.500 v. Chr. gab es ein mehrere Jahrhunderte währendes klimatisches Zwischenspiel mit deutlich milderen Verhältnissen, mit dem zeitweiligen Entstehen großer Graslandschaften südlich der zentraleuropäischen Mittelgebirgskette, sich dort bald einfindenden großen Wildpferdherden. Doch dann kehrte wieder die große Kälte zurück.

Die Trockenheit jener Jahre erklärt sich großenteils auch durch das Zusammenspiel folgender Faktoren. Zum einen ergab sich durch die sehr niedrige Lufttemperatur ein damaliges grundsätzlich niedriges Feuchtigkeits-Bindungsvermögen der Luft, wenig lokale Wolkenbildung und somit auch wenig hierdurch bewirkte Wärmebindung samt deren Folgewirkungen.

Zum anderen ergaben die weiten „weißen“ Bodenflächen eine fast absolute Reflexion der sommerlichen Sonneneinstrahlung, was ebenfalls das kalt-trockene Kontinuum unterstütze. Schließlich muss man im Zusammenhang hiermit auch die durch das starke Vergletscherungsgeschehen bedingte Bindung enormer Wassermassen in Betracht ziehen, wodurch selbige verschiedenen Wasserkreisläufen entzogen wurden, mit nachhaltigen Konsequenzen insbesondere für meeresferne Territorien.

Gegen Ende der Eiszeit hatte sich der Wasserspiegel der Weltmeere um etwa 140 Meter unter das heutige Niveau gesenkt (Yokojama).

In ihrer Gesamtheit hatten die vorstehend skizzierten klimatischen Bedingungen zur Folge, dass im nördlich der Alpen gelegenen zentraleuropäischen Raum für den Zeitraum von 25.000 v. Chr. bis 15.000 v. Chr. keinerlei menschliche Besiedlung erkennbar ist.

Die bis dato, während des ersten Drittels des 10.000-Jahre-Abschnittes nach 30.000 v. Chr., dort noch ausharrenden Menschen hatten sich offensichtlich in einige „Überlebensoasen“ zurückgezogen, gelegen südlich des Alpenmassivs, im Südosten des heutigen Frankreich.

In den letzten 5.000 Jahren vor der „absoluten Kältekatastrophe“ spielte sich hierzulande das Alltagsleben von Dignitatus in den Gleisen der Gegebenheiten während der Jahrtausende zwischen 40.000 und 30.000 v. Chr. ab, auf einem vermutlich, kältebedingt, sich nun immer weiter absenkenden Level.

Die Vegetationsperioden beschränkten sich, immer mehr, auf wenige Sommermonate, letztlich auf wenige Sommerwochen. Am ehesten entwickelte sich eine für die Tierwelt wirklich interessante Grasvegetation dann nur noch in den durch das wenige Schmelzwasser hinlänglich feucht werdenden, windgeschützten Tallagen.

Ansonsten fand man auf schneefrei werdenden Flächen nur noch solche genügsamen Pflanzen wie Trockengräser, Wermutgewächse, aber auch den für die menschliche Vitamin-C-Versorgung außerordentlich wichtigen Bärlauch.

Als dennoch von Homo sapiens zu jenen Zeiten jagdbare „Eiweißlieferanten“ in einer immer kürzer werdenden Jagdsaison werden von Liljegreen, u.a., aufgelistet: Wildpferd, Steppenbison, Moschusochse, Rentier, Saiga-Antilope, Riesenhirsch.

Selbst an extreme Kälte angepasste Großtiere jener Zeit – z.B. Wollnashorn und Mammut – kamen auf Dauer mit diesen Gegebenheiten zunehmend schlecht zurecht und konnten schließlich kaum noch das für sie unerlässliche Minimum an Nahrung in den erkaltenden Gebieten nördlich der Alpen finden. Sie wichen zunehmend nach Süden aus, schließlich verblieben sie dort ständig.

Rentiere scheinen sich dereinst an die zunehmend kargeren Verhältnisse am ehesten angepasst zu haben. In der allerletzten Zeit vor der Extremkälte waren sie fast die einzigen vom Menschen noch jagdbaren größeren Tiere in den nördlicheren Gefilden Mitteleuropas.

Die in den ersten Jahrtausenden der „allgemeinen Eiszeit" zum Einsatz gelangenden waidmännischen Methoden und Mittel waren – im Prinzip – immer noch die gleichen, die bereits seit vielen Jahrtausenden zum Einsatz gelangt waren, nämlich „Falle, Spieß und Speer", hin und wieder die „Feuerwalze".

Gegen Ende dieser Zeit tauchte bestimmtes neuartiges Gerät auf. Es wurde speziell in der Kleintierjagd zunehmend erfolgreich eingesetzt – Pfeil und Bogen.

In der ersten Hälfte der hier nunmehr besprochenen 5.000-Jahresperiode des Eiszeit-Endes war das Leben der erneut nördlich des europäischen Alpenmassivs lebenden Menschen wiederum einem bestimmten vielgliedrigen und präzisen jahreszeitlichem Regime unterworfen. Wollte Dignitatus überleben, musste er ihm unbedingt Folge leisten.

Es ist von Josef H. Reichholf in seiner „Warum die Menschen sesshaft wurden" betitelten Publikation des Jahres 2011 plastisch geschildert worden.

„Zu Zeiten des Frühlingsbeginns waren die für den Winter angelegten Fleischvorräte unserer entfernten Vorfahren zumeist – mehr oder weniger – verbraucht. Letzte Reste mussten jetzt schnell verspeist werden, denn die sie konservierende Kälte schwand zusehends.

Es erschien also geboten, die sich nun bietenden Gelegenheiten des Einbringens frischer Nahrungsmittel nachhaltig zu nutzen.

Die meisten Großtiere führten zu jenen Zeiten vermutlich weitreichende saisonale Wanderungen durch. Die Menschen mussten entweder versuchen, ihnen stets möglichst lange zu folgen, also wie Hirten hinter ihnen herziehen, oder vor Winterbeginn sich einen für den gesamten Winter ausreichenden Fleischvorrat anzulegen. Was vermutlich keineswegs immer gelang.

Erst die im Frühling sich anbietende Plünderung der Gelege frisch eingeflogener Wasservögel – Gänse, Enten, Watvögel – konnte gegen Winterende die meist zunehmend prekär gewordene menschliche Ernährungslage beseitigen, zumindest mildern.

In den heutigen „Ostereier-Sitten“ mag die Erinnerung an Gegebenheiten in fernen Zeiten immer noch anklingen.

Von den pflanzlichen Ergänzungsstoffen menschlicher Ernährung spielten im beginnenden Frühjahr vor allem diverse Zwiebelgewächse eine bestimmte Rolle, auch wenn der Umgang mit ihnen viel Erfahrung voraussetzte – es gibt für den Verzehr durch den Menschen nur sehr bedingt oder überhaupt nicht geeignete unter ihnen, sogar manche nachhaltig giftige.

Zeitlich deutlich verzögert gegenüber der frühen „Eierschwemme“, erst nach gehöriger Einwirkung des sich erwärmenden Wetters, erwachte die damalige Pflanzenwelt dann auch in ihrer Breite. Die winterlichen Vitamin-C-Defizite waren durch wohldosierten Bärlauch-Verzehr inzwischen gewiss oft dezent gemildert, jedoch kaum völlig ausgeglichen worden – „Frühjahrsmüdigkeit“ war eine allgemeine Erscheinung, Skorbut-Frühformen waren keineswegs selten. Doch diesem speziellen Defizit konnte nunmehr – und dann den ganzen Sommer über – zumeist absolute Abhilfe geschaffen werden.

In ihrer Gesamtheit ging die Zeit des menschlichen Darbens allerdings erst dann zu Ende, als das Großwild schließlich im Spätfrühling begann, seine Neugeborenen abzusetzen – sie wurden für die Menschen der beginnenden Eiszeit oft eine leichte Beute, erst sie lieferten zumeist ihnen in ausreichendem, in einem das Weiterleben ermöglichenden Umfang das nachhaltig ersehnte Frischfleisch.“

Ein Fortschritt von entscheidender Dimension gelang Homo sapiens im Verlauf der Eiszeit hinsichtlich der Gestaltung seiner Behausungen.

Es waren die zunehmend längeren und kälteren alljährlichen Frostperioden der beginnenden Unterkühlung, durch welche vermutlich der Beginn dieses Prozesses erzwungen wurde.

Jedenfalls erfand Dignitatus nun das herbstlich winterliche Leben in kleinen, doch recht tiefen Wohngruben, mit ständig brennendem Feuer auf dort eingerichteten Feuerstellen, mit einer stabilen, ausreichende Wärme–Isolierung gewährleistenden Bedachung. Man hat Überreste von solchen Wohngruben gefunden, deren Boden einst mit Schieferplatten ausgelegt war, deren Seitenflächen man gegenüber dem umgebenden Erdreich durch hölzerne Stützen zu sichern verstanden hatte, hinterlegt durch die Lederhaut erjagter großer Pflanzenfresser. Die Dächer der Wohngruben bestanden – soweit dies aus den Überresten solcher sehr früher Baulichkeiten gefolgert werden kann – aus ziemlich dicht quergelegten großen Ästen, belegt mit Leder und diesen aufliegenden dicken Grassoden.

Es entstanden damals somit kleine, in geeignetes Erdreich eingelassene Schlaf- und Wärme-Hütten, in welchen man sich während der bitterkalten Monate auch tagsüber zusammenfinden konnte, dann eng zusammenhockte, sich von Flamme und Glut der Feuerstelle wärmen, und seine Gedanken schweifen ließ.

Die inzwischen erlangten sprachlichen Fertigkeiten erlaubten Dignitatus inzwischen eine weitaus differenziertere interpersonelle Kommunikation als in den Jahrtausenden vor seiner einstigen Besiedlung Europas, die nun ständige weitere Präzisierung, Qualifizierung erfuhr. Das alles war damals gewiss sehr anregend für Fantasie und Gedankentiefe, sicherlich auch für das jetzt erblühende frühe künstlerische Bemühen. Und tatsächlich, ausgerechnet in der Periode der arktischen Extremkälte, zusammengedrängt in südlicheren Überlebensoasen, wurden dann von unseren fernen Vorfahren in den Höhlen der Gebirge Südost-Frankreichs und Nordost-Spaniens Gemälde von einer solchen gewaltigen Ausdruckskraft angefertigt, dass sie uns Jetztzeit-Menschen auch heute staunen lassen und uns höchsten Respekt abnötigen.

Göran Burenholt hat zu diesem Thema in dem von ihm herausgegeben Sammelband „Menschen der Urzeit“ (2004) eine sehr beachtenswerte Zusammenfassung vorgestellt, die angesichts ihrer außerordentlichen Prägnanz nachfolgend, in gekürzter Fassung, wiedergegeben wird.

„Die inzwischen berühmten, ungemein ausdrucksstarken Höhlenmalereien des südfranzösischen und Pyrenäen-Gebietes ordnet man – ausnahmslos – dem Homo sapiens zu.

Hin und wieder begegnen uns dort auch zu eindrucksvoller Symbolhaftigkeit modifizierte Felsstrukturen, z.B. verblüffende Ähnlichkeit mit einem Tierkopf insinuierende Felsvorsprünge, die dann von Menschenhand durch das Einfügen von ‚Feuersteinaugen‘ und die Ausmodellierung einer charakteristischen Nase des betreffenden Tieres ihre artifizielle ‚Vollendung' erfahren haben.

In Anbetracht ihrer ungewöhnlich aufwendigen Ausgestaltung erscheint die Annahme berechtigt, dass Homo sapiens solche Höhlen nicht nur als Zufluchtsort vor Witterungsunbilden nutzte, sondern – im Laufe der Zeit – auch zur Befriedigung von Zeremonialbedürfnissen, deren Entwicklung durch die gegebene beachtliche Kommunikationsdichte in näherer Umgebung dieser Höhlen sehr wahrscheinlich stimuliert wurde.

Ist erst einmal der ‚gesellschaftliche Humus' für Kunst und geistiges Leben gegeben, pflegt sich selbiges auch umgehend zu formieren. Und bald darauf beginnt sich das alles – bei grundsätzlicher gesellschaftlicher Akzeptierung – zu differenzieren, teilweise zu individualisieren.

Letzteres geschieht auch deshalb, weil jede entwickelte Gemeinschaft sowohl ein kollektives Mitspracherecht, als auch individuelle intellektuelle Führung verlangt, zumindest eine individuelle intellektuelle Anregung.

Die moderne Aufarbeitung der einstigen Höhlenmalerei hat mittlerweile eine Serie interessanter Detailaufschlüsse über ihre paläohistorische Entwicklung erbracht – die 15.000 lange Jahre sich hinziehende Reifung dieses Sujets, bis zum Eiszeitende, umfassen wahrlich einen beachtlichen zeitlichen Anteil an der Gesamtheit unseres universalen humanen Reifungsprozesses. Heute wissen wir, dass am Anfang dieser Höhlenmalerei ihr abschließendes höchst niveauvolles Niveau keineswegs sicher gewesen sein dürfte, sondern sich im Verlauf von Jahrtausenden allmählich, und zeitweise sehr zögerlich, entwickelt hat.

Und dass dieser Prozess davon begleitet wurde, dass die urzeitlichen Künstler zur Gestaltung ihrer Werke in immer tiefer liegende Höhlenbereiche vordrangen, wo dann die uns heutzutage faszinierenden Gemäldegalerien angelegt wurden.

Schlussendlich wurden die einmaligen Meisterwerke in äußerst beschwerlich zu erreichenden unterirdischen Gewölben erschaffen. Gelegentlich war die Überwindung lichtloser Höhlenseen hierzu erforderlich oder das Durchkriechen äußerst enger und feuchter Gesteinsröhren.

Aus Vorstehendem lässt sich die Folgerung ableiten – diese Kunstwerke waren kaum für ein beliebiges Betrachten durch die Massen ihrer Zeitgenossen geschaffen worden, sie waren, schon in ihrer Entstehungsphase, vom verwirrenden Odium des Mystischen umweht. Sie verdankten ihr Entstehen besonderen Eliten ihrer Zeit und dienten vorrangig diesen Eliten als mächtige mentale Stütze ihres eigenen Selbstverständnisses. Dennoch halfen sie letztlich hierdurch auch den Gesamtheiten dieser Gemeinschaften bei der Ausformung von zunehmend tiefenpsychologisch verankerten besonderen Identitäten, so ihren lebensnotwendigen inneren Zusammenhalt stabilisierend.

Teilweisen Zutritt zu nur dort erlebbaren Augenblicken einer höchsten Emotionalität erhielten nicht zur Elite gehörende Gruppenmitglieder – mit Sicherheit – nur im Zusammenhang mit seltenen Höhepunkten ihres individuellen Lebens, beispielsweise im Rahmen von Initiationsritualen.

Zudem gab es auch Gründe banaler Sachlichkeit, die gegen hohe Besucherfrequenzen in den sakral wirkenden Bilderhöhlen sprachen.

Eine Orientierung im System jener tief in den Berg führenden und oft verschlungenen, sich zudem immer wieder verzweigenden, oft in Sackgassen endenden Höhlenwege setzt auch bei Nutzung moderner Höhlenbeleuchtungsgeräte subtile, sehr spezielle Ortskenntnisse voraus. Diese Geräte existierten aber damals nicht, nach dem Eingangsbereich verlor sich bald alles in einer Welt absoluter Finsternis.

Zudem ist Folgendes zu beachten. Der natürliche Luftaustausch zwischen kilometerweit im Berg liegenden Höhlenlabyrinthen und der Außenwelt ist verständlicherweise zumeist minimal, weshalb menschliche Visiten in Anbetracht des für menschliches Überleben unerlässlichen Mindestanteils von Sauerstoff in der Höhlenluft selbst heutzutage streng limitiert bleiben müssen.

In der hier behandelten grauen Vorzeit stellte sich dieses Problem umso ernsthafter dar, weil als unverzichtbare Lichtquelle in der annähernd absoluten Höhlendunkelheit nur sauerstoffzehrende brennende Fackeln oder andere brennende, gleichfalls sauerstoffzehrende Lichtquellen zur Verfügung standen.

Alles in allem – schon der Weg zu den kunstaffinen Höhlenwänden war sehr beschwerlich und potenziell höchst gefährlich. Bei diesen Höhlenwänden angelangt, dürfte sich für die Teilnehmer an einem solchen, für die meisten von ihnen sehr seltenen Besuch in Anbetracht der sie nunmehr umgebenden Gesamtatmosphäre ein sehr spezieller psycho-nervaler Zustand eingestellt haben.

Das einmalige, zuvor selten oder gar nie gesehene Kunstwerk im blakenden Licht der Fackel, die unvermeidbar gewesene Ermüdung durch den ungewohnten beschwerlichen Anmarsch in zunehmend sauerstoffärmerer Atemluft – das alles dürfte keineswegs selten zu ausgeprägt halluzinogenen Zuständen geführt haben.

Und für Neulinge resultierte eine solche Konfrontation, mit ziemlicher Gewissheit, in einer sich tief und fest in Gedächtnis und Gemüt eingrabenden Empfindung.

Gehen wir nun auf den künstlerisch-technischen Prozess der Gestaltung jener Kunstwerke ein.

Gemalt wurde mit gemahlenem, sodann mit Tierfett durchmischtem Gestein, insbesondere mit eisenoxidhaltiger Substanz für den roten Farbton, und mit manganoxidhaltiger Substanz für Schwärzungen.

Es gab schon verschiedenartige Pinsel, zur Gestaltung fließender Farbübergänge wurden Blasrohre benutzt.

Des Weiteren darf man annehmen, dass gelegentlich der Ruß aus den Lichtfackeln für das Ziehen von schwarzen Konturgrenzen Verwendung fand.

Neben den Resten von Fackeln wurden in vielen Höhlen leergebrannte „Steinlampen" gefunden. Es handelte sich dabei um Kalksteinplatten mit Aushöhlungen für das Brennfett, in welches Dochte aus getrockneten Pflanzenfasern gesteckt worden waren. Experimente mit nachgebildeten „Steinlampen" erbrachten eine Brenndauer von etwa fünf Stunden, was auch gewisse mentale Vertiefungen der Künstler während ihres Schaffens ermöglicht haben dürfte. Dennoch – der während zeitlich derart ausgedehnter Verbrennungsprozesse ständig sinkende Sauerstoffgehalt in der Atemluft abgeschiedener Höhlen war sicherlich für die einstigen prähistorischen Kunstschaffenden immer ein zu ernsthaften Zuspitzungen tendierendes Problem.

Was wurde gemalt?

Es waren vor allem zwei bestimmte Sujets, durch welche in jenen fernen Zeiten das Kunstschaffen in den Höhlen des südostfranzösischen und des Pyrenäenraumes bestimmt wurde. Zum einen ging es ständig um die Interpretation des weiblichen menschlichen Torsos, insbesondere der weiblichen Vulva, zum anderen um spezielle Aspekte der Beziehungen jener Menschen zu ihrer belebten Außenwelt, hierbei insbesondere um ihre Beziehungen zum Bison und zum Wildpferd.

Offensichtlich wurden hiermit die beiden zentralen Hauptthemen ihres realen Lebenskampfes reflektiert.

Das waren – einerseits – die Sicherung einer Fortexistenz ihrer Gemeinschaft, sowie – andererseits – die Sicherung der Ernährungsgrundlagen.

Das Dominieren von Bison und Wildpferd in den Höhlenbildern, bei fast völligem Fehlen des Rens, der in Europa wichtigsten Jagdbeute des damaligen Menschen, lässt die Vermutung zu, dass die auffällige Bevorzugung von Bison und Wildpferd im Schaffen der Höhlenkünstler aber auch noch andere Motive gehabt haben dürfte.

Ethnologische Vergleiche haben dahin gehende Überlegungen angeregt, dass hier eben nicht nur eine relativ banale Reflexion von Lebenswirklichkeit stattfand, sondern sich in diesen meditativ begleiteten künstlerischen Schaffensprozessen bereits Akzente eines Totemkultes verdeutlichten.

Ein Totem ist eine meist belebte, gelegentlich auch unbelebte reale Entität, die in der spirituellen Welt vieler Naturvölker ein zentrales Element ihres Glaubens ist. Mit Hilfe des Totems hofft der irdische Mensch, zu den obwaltenden Schicksalsmächten – auch zu der imaginären Welt der Verstorbenen – in Verbindung treten zu können.

Möglicherweise waren in Sonderheit Bison und Wildpferd für unsere eiszeitlichen Vorfahren solche Totemtiere, deren figürliche Erschaffung an den Höhlenwänden als eine nachhaltige Unterstützung für als schicksalsbestimmend angesehene Kontakte mit dem Übernatürlichen erachtet wurde.

Diese These wird dadurch gestützt, dass andere bejagte Großtiere jener Zeitepoche – z.B. das eindrucksvolle, seit Langem ausgestorbene europäische Wollnashorn, mit seinen beiden übergroßen Hörnern auf der Nase – in den Höhlenbildern zwar nicht völlig unbeachtet blieben, jedoch nur selten dargestellt wurden."

Göran Burenholt hat sich schließlich hierzu wie folgt geäußert.

„Wie auch bei vielen anderen archäologischen Funden werden wir wohl niemals die genaue Bedeutung der Höhlenmalerei mit ihren vielen Bildern verstehen – mythologische Symbole lassen sich nicht lesen wie ein Buch.

In jedem Fall sind die Bilder in den Höhlen auch einmalige soziale Dokumente, sind eine Art prähistorische Enzyklopädie, deren verschiedene Einträge in ihrer Gesamtheit widerspiegeln, wie notwendig es in einer sich damals relativ schnell verändernden Gesellschaft war, sich mitzuteilen, sich mit der Gruppe zu identifizieren, zusammenzuhalten.“

Und wir halten an dieser Stelle außerdem fest: Gegen Ende der Eiszeit hatte längerzeitiges Konzentrieren der überlebenden europäischen Homo-sapiens-Gruppen auf einem überschaubaren Terrain zum Beginn sozialer Differenzierung geführt. Die Gestaltung und offenbare gesellschaftliche Funktion der beeindruckenden Höhlenmalerei sind überzeugender Beleg hierfür.

NACH DER EISZEIT

Nach dem Ende der großen Eiszeit, mit dem Abschmelzen der gewaltigen polaren Eiskappen und der sich bis weit in umliegendes Flachland vorgeschobenen Hochgebirgsgletscher, kehrte in Zentraleuropa mit dem einstigen voreiszeitlichen Klima weitgehend auch jener Landschaftstyp wieder zurück, der sich dort dereinst vor der großen Kälte entwickelt hatte.

Was implizierte, dass die sich aus ihren südlichen Überlebensoasen nunmehr dort wieder einfindenden Menschen sich auch mit weitgehend ähnlichen grundsätzlichen Lebensanforderungen konfrontiert sahen, wie sie zuvor auf jenen Territorien gegeben waren, vor damals über 10.000 Jahren. Die logische Konsequenz dessen war die jetzt erforderliche Gestaltung einer Lebensführung, die als eine „Rückkehr zu erneuertem Alten“ charakterisierbar ist. Sicherlich wurden die zwischenzeitlichen zivilisatorischen Errungenschaften – soweit sie sich mit den nunmehrigen Gegebenheiten vereinbaren ließen – nicht aufgegeben, doch die große Blüte der Höhlenmalerei, beispielsweise, mit allen ihren anspruchsvollen kulturellen, mentalen und sozialen Implikationen, fand jetzt ziemlich abrupt ihr Ende.

Was vermutlich auch damit zusammenhing, dass man – in gewissem Sinne – zwar in ein „vorzeitliches“ Milieu zurückkehrte, welches aber weiterhin verschiedenen extremen klimatologischen, geografischen und sonstigen Wandlungen ausgesetzt war. Die Wahrung hiermit verbundener Chancen und die Umgehung hiermit verbundener Risiken forderte den Neusiedlern des eisfrei gewordenen Landes viel wachen Verstand ab, gleicherweise zähes Durchhalten wie wache Umsicht. Für kompletatives Sinnen fand sich vermutlich sehr wenig Zeit, weil diese nun vermutlich lange grundsätzlich eine „Zeit des absoluten Pragmatismus“ war.

Versuchen wir, den damaligen wahrlich komplizierten, vielseitigen, „in sich verschlungenen“ Prozessgeschehnissen näherzukommen.

Wenden wir uns zunächst den Veränderungen weitflächiger geografischer Strukturen in Folge des damals relativ schnell einsetzenden allgemeinen Erwärmungsgeschehens zu.

Die dadurch ausgelösten flächenmäßigen Ausdehnungen, die Gestaltung der Küstenprofile der Weltmeere, all das vollzog sich in zwei Phasen, mit erheblich unterschiedlichen Konsequenzen für jegliches biologisches Leben und für die humanen Existenzbedingungen.

Im Verlauf der ersten Phase stieg der zunächst etwa 140 Meter unter heutigem Niveau liegende Weltmeeresspiegel beim einsetzenden Schmelzen der polaren Eiskappen und der im Kältemaximum gewaltig angewachsenen Hochgebirgsgletscher nur zögerlich an. Folglich blieben die Gebiete heutiger Flachmeere und derzeit knapp unter Wasseroberfläche liegender Schelfbereiche einstweilen unerreicht vom nur mäßigen Anstieg des globalen Meeresspiegels. Und die Gebiete eines einst breiten Randgürtels der nördlichen Eiszeit-Eiskappe – zwar Jahrtausende lang vereist, doch durchweg unter 1 km Eisbedeckung geblieben – verwandelten sich großenteils nunmehr recht zügig in durch Flora und Fauna erschlossene neue Territorien.

So wurde – z.B. – die gesamte Fläche der heutigen europäischen Nordsee für Jahrtausende eine üppige Grasweide, später teilweise durch Strauchwerk und Baumbewuchs bedeckt. Und die heutigen britischen Inseln waren keine Inseln, sondern der nordwestliche Kern eines kompakten eurasischen Kontinentenblockes.

Ähnliche Verwandlungen erfuhr großenteils unsere heutige Ostsee, das „mare balticum". Die dänischen Inseln waren damals integraler Teil des europäischen Festlandes, zwischen Skandinavien und Mitteleuropa entwickelte sich eine ähnliche Landschaft wie auf dem heutigen Meeresboden der Nordsee. Wobei diese nacheiszeitliche „Zwischenlösung" hier großenteils noch weit länger Bestand hatte als im Fall des etwas weiter westlich gelegenen Gebietes.

Der westliche Ostsee-Abschnitt hat einen relativ hoch gelegenen Meeresboden, also wurde er erst sehr spät durch die Fluten des langzeitig immer stärker anschwellenden Weltenmeeres überspült, erst gegen Ende des nacheiszeitlichen Abschmelzgeschehens; und viel später als der Boden der heutigen Nordsee.

Die größte Meerestiefe weist die Ostsee im Bereich ihres zwischen Schweden und den baltischen Staaten liegenden Abschnittes auf, mit der logischen Folge, dass sich während der Befreiung vom dort einst mehrere Kilometer dicken Eispanzer zuerst hier erhebliche Wassermassen ansammelten, zu einem großen See salzfreien Schmelzwassers.

Durch das fortgesetzte Schmelzen der nördlich von ihm immer noch lagernden großen Eismassen gewann er bald ein derart großes Volumen, dass er sich einen südwärts gerichteten ständigen Abfluss bahnte. Und so floss dereinst über lange Zeit ein bemerkenswerter, schließlich sich nach Westen richtender flussartiger Strom quer durch die Festlandbrücke zwischen Kerneuropa und dem heutigen Südschweden, um schließlich – irgendwo – zwischen der heutigen Südküste Norwegens und dem heutigen dänischen Kap Skagen sich in den Atlantik zu ergießen. Analoge Entwicklungen spielten sich weltweit ab.

Die heutigen griechischen Inseln waren dereinst meistens die Gipfellagen eines geschlossenen gebirgigen Territoriums, der türkische Bosporus war trockenes Land, das Schwarze Meer ein absolutes Binnenmeer. In Südostasien gab es die verschiedenartigsten Landbrücken in der dortigen Inselwelt usw..

Als globalhistorisch sehr bedeutungsvoll erwies sich die vor etwa 12.000 Jahren – für weit länger als ein Jahrtausend – bestehende sehr breite Landbrücke zwischen dem nordöstlichsten Zipfel Sibiriens und der nordamerikanischen Alaska-Halbinsel.

Es gibt sehr gute Gründe für die Annahme, dass Homo sapiens damals erstmalig vom eurasischen Block auf den amerikanischen Doppelkontinent gelangt ist.

Aber auch aus anderen Gründen dürfte jene lange bestehende und sehr breite Landbrücke für das globale Entwicklungsgeschehen in seiner Gesamtheit während der nachfolgenden 10.000 Jahre von eminenter Bedeutung gewesen sein. Denn nicht nur Dignitatus gelangte damals nach Amerika und besiedelte hinfort recht rasch diese gesamte für ihn „neue Welt", sondern im Bereich der gesamten Flora und Fauna dürfte sich damals ein breites Austauschgeschehen vollzogen haben, in beide Richtungen. Und dieses sowohl im Sinne des Austausches von Arten als auch im Sinne des Austausches von Erbmaterial zwischen unterschiedlichen, doch paarungsfähigen Arten aus den beiden Kontinentalblöcken. Auf diese Weise dürfte der biologischen Welt in ihrer Gesamtheit damals ein erheblicher und nachhaltiger „Ertüchtigungsschub" vermittelt worden sein.

Keineswegs unbeachtet bleiben darf das vielgliedrige damalige Wandlungsgeschehen in den nach der Eisbefreiung zunächst trocken bleibenden, doch dann – im Zuge des weiteren Meeresspiegelanstieges – allmählich und auf Dauer überfluteten küstennahen Schelfbereichen. Bei diesem Geschehen wurde häufig mittlerweile mit fruchtbarem Humusboden bedecktes Terrain „verschlungen", welches dann somit auch den mit dem Meereswasser sich ansiedelnden Meerespflanzen gute Lebens- und Vermehrungsperspektiven offerierte – und damit auch der gesamten tierischen Wasserwelt, von Muscheln und Austern bis hin zu Fischen und Meeressäugern. Zeitweise sollte Letzteres beachtliche Bedeutung selbst für bestimmte Teile des eigentlichen humanen Entwicklungsgeschehens gewinnen, z. B., im Zusammenhang mit der Gewährleistung einer ausreichenden Vitamin-D-Versorgung bei auftretenden Defiziten in Bezug auf solare Bestrahlung der menschlichen Haut in äquatorfernen Regionen. Wir werden auf verschiedene dieser Aspekte verschiedentlich zurückzukommen haben.

Welche Folgen hatte, wie vollzog sich damals das ebenfalls länger als ein Jahrtausend währende große Gletscherschmelzen im Bereich der Hochgebirge und ihres Vorlandes?

Im Großen und Ganzen geschah der Abfluss des hierbei frei werdenden Wassers unter Nutzung des schon vor der Eiszeit gegebenen Geländeprofils, d.h., gemäß der damals schon gegebenen Flussverläufe.

Überregional schon vor der Eiszeit bedeutsam gewesene fließende Gewässer Mitteleuropas wurden nun für längere Zeit zu überaus mächtigen Strömen, die sich immer wieder, bei Korrektur des Vorgefundenen, eine ihrer aktuellen Mächtigkeit gemäße Wasserbahn bahnten. Man darf davon ausgehen, dass deshalb ihre „absolute Sedimentlast" sehr erheblich war und dann in den „fließruhigen" letzten Dritteln der Gewässerverläufe weitgehend wieder abgegeben wurde. Jedenfalls wurden diese Flüsse dort fast immer relativ flach und breit, was alljährlich bei der Schmelze des Winterschnees im Vorfrühling zu ausgedehnten, gelegentlich auch bleibenden Überschwemmungen des umgebenden Flachlandes führte.

Wodurch sich hier oft ähnliche biologische Entwicklungsszenarien ergaben, wie in den Bereichen der küstennahen Schelfgebiete des offenen Meeres.

In der anthropologischen und paläoklimatologischen Literatur wird heute weitgehend die Auffassung vertreten, dass diese Gegebenheiten während der nun beginnenden zweiten Phase des damaligen „Postarktikums", nach dem Ende der „Großen Eisschmelze", in ihrer Gesamtheit den Küstenregionen Europas – samt ihrem unmittelbaren Hinterland – eine besondere Rolle im humanen Entwicklungsgeschehen quasi „zugespielt" haben.

Göran Burenhult hat sich in dem von ihm herausgegebenen profunden Sammelband mit dem Titel „Menschen der Urzeit" auch hierzu dezidiert geäußert. Wir geben nachfolgend seine sehr prägnant und kompakt formulierte Zusammenfassung in gekürzter Fassung wieder.

„In den Küstenregionen der gesamten Welt vollzogen sich damals infolge Klimaerwärmung und Abschmelzen polarer Eiskappen noch weitaus stärker in die Lebensbedingungen vieler damals lebender Menschen eingreifende Veränderungen, als sie den Bewohnern von nunmehr erblühenden und sich mit stattlichen Wäldern bedeckenden Tundren und Steppen nördlich der Pyrenäen, der Alpen, des Balkangebirges und des Kaukasus zuteilwurden.

Die Ozean- und Meeresküsten der Eiszeit versanken zunehmend in steigenden Fluten, verursacht durch eine massive Erhöhung des Wasserspiegels der Weltmeere, Folge des Abflusses gewaltiger Wassermassen aus den schmelzenden einstigen Eispanzern.

Nicht nur die Zehntausende von Jahren relativ feststehenden Küstenverläufe erfuhren eine Verlagerung in bislang rückwärtige Zonen des Festlandes und der sehr großen Inseln, sondern in diesem Konnex gab es auch zumeist starke Veränderungen des landschaftlichen Charakters der meeres- und ozeannahen Gebiete. Das alles wurde nunmehr oft viel stärker segmentiert und gegliedert, als ehedem gegeben, mit vielen Buchten, Bodden, Nebenmeeren, Meeresbusen. Letztere neuen Landschaftselemente waren in der Regel eher flache Bestandteile des Meeresuniversums, die klimatischen Gegebenheiten oberhalb der Wasserfläche erhielten einen weitaus unmittelbareren und größeren Einfluss auf das dortige Leben im Wasser, als er früher, in der Eiszeit-Periode, gegeben war.

Wodurch der nacheiszeitliche Erwärmungsprozess die zahlreich gewordenen küstennahen Gewässer vor allem zu Sommerzeiten energetisch massiv auflud – vielfach üppigerer Wasserpflanzenwuchs, sehr belebte Unterwasserbiotope wurden zu einer weitverbreiteten Erscheinung.

Und so ergab sich schließlich vielerorts ein geradezu überwältigender Fischreichtum, fast ein Übermaß an sog. Meeresfrüchten – wer sich für den Fischfang als Hauptquelle seiner Ernährung entschieden hatte, konnte sich als in diesen Belangen für die überschaubare Zukunft gut versogt erachten.

Und so wurden dann vermutlich jene Menschen, die dann im eisfrei gewordenen Teil Europas nördlich der Alpen als Erste sesshaft wurden, mehrheitlich Fischer.

Heute wissen wir, dass die besonders voluminöse und eiweißreiche, durch eine qualitativ hochwertige pflanzliche Komponente sinnvoll ergänzte Kost in den sich entwickelnden Fischersiedlungen für deren Populationen einen sehr beachtlichen physischen Entwicklungsschub erbrachte.

Der modernen archäologischen Forschung erschloss sich diese Erkenntnis in Folge einer sehr bemerkenswerten Verhaltensänderung dieser besonderen Menschengruppe – vermutlich erstmalig in der Menschheitsgeschichte begann sie, ihre Verstorbenen systematisch an bestimmten Orten in Nähe ihrer nächtlichen Lagerplätze beizusetzen, also Friedhöfe einzurichten.

Die bis heute dort fassbaren Residuen solcher urzeitlicher Begräbnisorte geschlossener Menschengruppen erbrachten dem aktuellen wissenschaftlichen Arbeiten eine Fülle neuer Aufschlüsse über vor mehr als 10.000 Jahren Geschehenes. Beispielsweise konnten nun einer stabilen Gemeinschaft in chronologischer Abfolge zuzuordnende Knochenfunde in erheblicher Fülle exakt vermessen und biostatistisch ausgewertet werden.

Auf diese Weise konnte festgestellt werden, dass sich in jenen Küstensiedlungen dereinst in paläohistorisch kurzer Zeit ein Menschenschlag von neuzeitlicher körperlicher Dimension entwickelte – groß gewachsen, kaum jemals an morphologisch erkennbaren Ernährungsdefiziten leidend, sehr wahrscheinlich mit höchst respektablem physischem Potenzial ausgestattet.

Schon in jungen Jahren waren jene frühen Fischer ihren voll erwachsenen Ahnen aus den Zeiten der großen Vereisung körperlich überlegen – aber auch der altersgleichen Bevölkerung unseres neuzeitlichen europäischen Mittelalters! Und ihren noch sammelnd und jagend durch die Natur streifenden Zeitgenossen waren sie bald physisch sehr überlegen.

Eine weitere herausragende Entdeckung im Ergebnis besagter paläoanthropologischer Bemühungen war der sich außerordentlich schnell entwickelnde Kinderreichtum in den küstennahen Fischersiedlungen, der die analogen Tendenzen im Binnenland bei Weitem überbot.

Sicherlich dürfte auch das mit der vollwertigen allgemeinen dortigen Ernährung in einem Zusammenhang gestanden haben. Doch anderes war, vermutlich, noch wesentlicher hierfür. Das herumstreifende Leben der steinzeitlichen Jäger und Sammler erbrachte diesen Gruppen allein durch ihre Lebensweise stringente Limits auch in dieser Sache.

Zum einen dürfte die Häufigkeit erfolgreicher Schwängerungsversuche allein deshalb niedrig gewesen sein, weil die alltäglichen Marschstrapazen der Frauen keineswegs durchweg zyklusgerechte Ovulationen zuließen. In gleichem Sinne wirkten sich zu jenen Zeiten sehr lange Stillphasen vorgeborener Kinder aus.

Zum anderen verunmöglichte in aller Regel die harte Lebenswirklichkeit in ihrer Gesamtheit der Mutter eines noch nicht selbstständig marschfähigen Kleinkindes die angemessene Pflege und Versorgung eines zweiten Kindes, eines Säuglings mit noch größerem Pflegebedarf.

Die alltäglich zur Sicherung ihres Nahrungsbedarfes durch weite Territorien von Wald und Flur streifenden Jäger und Sammler jener Zeiten mussten – zumindest bis zu ihrem Übergang zu phasenweisen wiederholten Nutzungen des gleichen Schlafplatzes – ihren gesamten Nachwuchs ständig bei sich führen. Folglich musste eine jede junge Mutter ihr Kind bis zu dessen Erlangung selbstständiger Marschfähigkeit ständig mit sich tragen oder schleppen.

Denn der nächtliche Schlafplatz wechselte bis zu dieser Anbahnung der Sesshaftigkeit täglich. Angesichts all dessen verbot sich so lange für jede Mutter ein zweites kleines Kind, absolut. Die an den üppigen Nahrungsquellen der Meeres- und sonstigen Gewässerufer sesshaft gewordenen Fischer-Sippschaften waren in Folge ihrer erheblich weniger fordernden täglichen Nahrungsbeschaffung, der massiv reduzierten, zeitweise vermutlich völlig ausgesetzten Marschbelastungen junger Mütter, in puncto Nachwuchszeugung spürbar fruchtbarer.

Mittelfristig war nun das recht schnell einsetzende Bevölkerungswachstum in den meisten Fischersiedlungen eine absehbare Folge solchen Lebens in einem zeitgemäßen allgemeinen Wohlstand, an fischreichen Ufern. Aber dann – nach einiger Zeit – begann die dort günstige Relation zwischen Nahrungsbedarf und Nahrungsangebot, meistens, allmählich zu ‚kippen'.

Uns Heutigen hat inzwischen akribische archäologische Arbeit die Ursachen dieses zunächst rätselhaften Phänomens verdeutlicht, nachdem die quantitative Darstellung sowohl des Entwicklungsgeschehens in der belebten Wasserwelt als auch in den menschlichen Populationen der relevanten Küsten- und Uferbereiche gelang.

Der auf diese Gegebenheiten zunächst am nachhaltigsten hinweisende Befund war der „eines Tages" überraschend einsetzende schnelle Rückgang von für bislang imponierende Körperlichkeit typischen Gebeinen von auf den ufernahen prähistorischen Friedhöfen Bestatteten.

Aus den beeindruckenden, stattlichen Erscheinungen der ersten Jahrhunderte nach Gründung der Fischersiedlungen waren wieder Menschen mit den wesentlich bescheideneren Dimensionen ihrer immer noch durch Wald und Flur streifenden ‚Cousins und Cousinen' geworden. Zudem wuchs der Anteil von durch äußere Gewalteinwirkung stark beschädigter ossaler Fundstücke von Generation zu Generation.

Das weitere analytische Bemühen der modernen Archäologie erbrachte dann die folgenden Ergebnisse. Zunächst hatten die hohen Geburtenzahlen bei gleichzeitig gesenkter Sterblichkeit zu deutlichen Überfischungen der ufernahen Gewässer geführt, die einstmals üppigen täglichen Eiweißmengen in der Ernährung hatten sich auf eher karge Rationen reduziert. Aus den Wäldern der Umgebung gewonnene pflanzliche Nahrung spielte auch bei den Sippschaften der Fischer wieder eine erheblich größere Rolle.

Und dann wurde diese Entwicklung durch eine überraschend eintretende Periode erbitterter körperlicher Auseinandersetzungen überschattet, in den Siedlungen mit der größten Bevölkerungsdichte zumeist mit der größten Erbitterung ausgetragen.

Vermutlich waren durch die eingetretene Verknappung der Ernährungsressourcen soziale Spannungen extremen Ausmaßes entstanden."

Gehen wir kurz etwas näher hierauf ein.

Im Ergebnis der vielen inzwischen auf allen Kontinenten stattgefundenen paläoanthropologischen Arbeit hat sich in den Fachkreisen dieser Wissenschaft ein bestimmter „Durchschnittserwartungswert" hinsichtlich des Anteils von vermutlich durch äußere körperliche Einwirkung Verstorbener an den jeweiligen Gesamtheiten der in den betreffenden Studien erfassten Individuen ergeben.

Demnach scheint die Annahme berechtigt, dass in den „grauen Vorzeiten" vor Christi Geburt etwa 2 % bis 5 % aller Menschen im Allgemeinen durch „äußerliche körperliche Einwirkungen" um ihr Leben kamen, worunter in Sonderheit „Mord und Totschlag", „Hinrichtungen und Tötungsrituale", oder auch „Kriege verschiedener Form" zu verstehen sind (Harari).

In Reflexion auf heutige Gegebenheiten verdeutlichen schon solche Werte eine erschreckend hohe Quote gewaltsamen Todes in den Jahrtausenden der menschlichen Vorgeschichte. Doch wenn seitens der Forschung zweistellige Prozentwerte für die Anteile eines gewaltsamen Todes Verstorbener an allen in der betreffenden Studie erfassten Toten zur Feststellung gelangen, gar über der 20%-Schwelle liegende diesbezügliche Werte, kann das nur als ein Ausdruck wahrlich katastrophaler zwischenmenschlicher Gegebenheiten interpretiert werden.

Für die Toten der von uns hier näher betrachteten vorgeschichtlichen Fischersiedlungen ergaben sich gelegentlich tatsächlich solche hohen Quoten gewaltsam Getöteter.

In solchen Zeitabschnitten gewaltsam ausufernden allgemeinen Zwistes hatten die größten Überlebenschancen die nachwuchsstärksten Familien, die zuvor durch ihre übermäßige biologische Reproduktionsaktivität in besonderem Ausmaß zum Entstehen des nunmehr gegebenen generalisierten sozialen Konfliktes beigetragen hatten. Diese Gegebenheiten unterschiedlicher Untergangsrisiken wurden von den damals Lebenden meistens bald erkannt, wie aus der Analyse der prähistorischen Knochenfunde zu folgern ist. Was nun zur Folge hatte, dass in der durch Übervölkerung ausgelösten „Periode von Mord und Totschlag" sich ein allgemeines Bemühen nach noch höheren Kinderzahlen einstellte.

Das ist ein schon in grauer Vorzeit zustande gekommenes Beispiel für die durch ihnen innewohnendes Eigenpotenzial perpetuierende Etablierung von gesellschaftlich zutiefst destruktiven, paradoxen Problemstrukturen.

Es hat damals Jahrhunderte gedauert, bis das vorstehend beschriebene „diabolische Perpetuum-mobile-Geschehen“ in den steinzeitlichen Fischersiedlungen schließlich sein Ende fand.

Ob hierzu inzwischen mancherorts entstandene matriarchale Gesellschaftsstrukturen entscheidend beigetragen haben, konnte von unserer heutigen Wissenschaft bislang noch nicht schlüssig beantwortet werden. Es spricht manches dafür, dass es wohl doch vor allem die sich allgemein durchsetzende Einsicht war, dass ein friedvolles Leben die Einhaltung grundlegender naturgegebener Verhaltensregeln voraussetzt, wodurch ein zeitweilig zur Norm gewordener Kodex destruktiv gewaltsamer Konfliktlösungen damals letztendlich seine gesellschaftliche Dominanz verlor.

Historiografisch beachtlich dürfte indessen die, parallel zu vorstehend Skizziertem, sich vollziehende sonstige sozialpsychologische Entwicklung in jenen vorzeitlichen Fischersiedlungen sein.

Beispielsweise erbrachte die „Zeit des Mordens und Totschlagens“ eine beachtenswerte, sich hierarchisierende Grabkultur, was auf einen sich intensivierenden Jenseitsglauben dieser Menschen schließen lässt; des Gleichen auf einen sich stetig fortsetzenden sozialen Differenzierungsprozess.

Wir sollten all dem entnehmen, dass vermutlich die hier angesprochenen gewaltsamen Auseinandersetzungen sich zunehmend aus innergemeinschaftlichen Konflikten zu kriegerische Formate annehmenden Konflikten zwischen größeren Gemeinschaften gewandelt haben dürften – andernfalls hätte es wohl sehr bald zum völligen Zerfall der frühdörflichen Siedlungsstrukturen kommen müssen.

Dass solches kaum geschah, wird durch die nur als gemeinschaftliches Phänomen erklärbare beachtliche Entwicklung der Grabkultur sehr wahrscheinlich gemacht.

Noch eine weitere grundlegende Annahme wird durch die vorliegende „Story“ gestützt. Schwere konflikthafte Auseinandersetzungen in Folge einer Verknappung überlebensnotwendiger Ressourcen, bei gleichzeitig wachsender Bevölkerungsdichte, waren schon zu sehr frühen Zeiten ein wesentlicher Faktor für die Entwicklung von ursprüngliche Kleingruppen übergreifenden Identitätsinhalten in sich nunmehr verbündenden Sippschaften, was – andererseits – ebenfalls das soziale Differenzierungsgeschehen in seiner Gesamtheit erheblich befördert haben dürfte.

Denn je größer solche Gemeinschaften dann wurden, desto mehr „innerer Struktur" bedurften sie auch – neben dem „inneren Kitt" – für erfolgreiche Auseinandersetzungen mit ihren Ressourcen – Konkurrenten.

Gehen wir nun noch etwas näher auf das Leben in den küstenferneren Regionen nach Ende der „großen Eisschmelze" ein.

Die aus der Zeit der extremen Kälte mitgebrachte Neuerung mit der größten Bedeutung für das dortige Bestreiten der alltäglichen Lebensführung war gewiss „Pfeil und Bogen". Pfeil und Bogen erfuhren nun eine stete Weiterentwicklung, schließlich auch aufgabenbezogene Diversifizierungen.

Recht bald waren Gerätschaften mit starken Pfeilen und von erheblicher Durchschlagskraft ebenso in Gebrauch wie andere, mit deren Hilfe leichtere Pfeile auch mit geringerem Kraftaufwand sehr weit verschossen werden konnten.

Mit Ersteren wurden kräftige und zielsichere Männer nunmehr in die Lage versetzt, die meisten größeren jagdbaren Pflanzenfresser der Zeit nunmehr mit dieser Waffe zu erlegen, sowie selbige als Verteidigungswaffe gegen beliebige Gegner erfolgreich einzusetzen.

Recht schnell erwiesen sich nun Pfeil und Bogen gegenüber der ersten weitreichenden Waffe des Menschen, der über einige Tausend Jahre mit geradezu artistischem Geschick zum Einsatz gebrachten Speerschleuder, als überlegen. Denn der erfolgreiche Einsatz der Speerschleuder setzte ein sehr hohes Niveau an Bewegungsgeschicklichkeit, große Armkraft und ein langjähriges intensives Üben des Speerschleuderers voraus. Zudem wurde das Schultergelenk des Speerschleuderarms im Laufe der Zeit erheblich in Mitleidenschaft gezogen.

Folglich wurde nun die Speerschleuder bald völlig „außer Betrieb gesetzt" und durch Pfeil und Bogen abgelöst, welche wesentlich geringere

Einsatzvorbereitungen erforderten und kaum gesundheitliche Nachwirkungen zur Folge hatten.

In den Jahren der extremen Kälte war Dignitatus noch eine andere, hinfort für den Menschen dauerhaft bedeutsame Entwicklung geglückt, die Züchtung eines fortan treuen tierischen Begleiters und Helfers der Menschheit – des Hundes.

Auch der Hund erfuhr dann im Verlauf der Zeit – insbesondere durch intensives züchterisches Bemühen – eine den Absichten und Wünschen des Menschen folgende Entwicklung, Diversifizierung, bis zu den heutigen Tagen.

Schon in seiner damaligen „wolfsähnlichen“ Urform war der Hund ein sehr wertvoller Jagdgehilfe. Von besonderem Wert war er bei der Jagd auf Gänse und Enten, konnte er doch solches zumeist auf oder über Wasser erlegtes Wild dank seiner angeborenen Schwimmfertigkeiten meist problemlos bergen und dem menschlichen Schützen apportieren.

Womit indessen seine jagdlichen Einsatzmöglichkeiten, natürlich, bei Weitem nicht erschöpft waren oder erschöpft sind.

Das sich nun allmählich vom Eispanzer befreiende, zunehmend ergrünende Land Zentraleuropas konnte durch die in den Überlebensoasen verbliebenen Reste der Nachkommen seiner einstigen Wohnbevölkerung zunächst nur sehr dünn besiedelt werden, zumal erhebliche Anteile dieser Menschen nicht gewillt waren, jetzt in die Territorien ihrer Urahnen zurückzukehren.

Die Folge einer solchen sporadischen Besiedlung war, dass seitens dieser Rückkehrer das Niveau der von ihnen in den Rückzugsgebieten erlangten Gesellschaftsstrukturen nicht in voller Höhe aufrechterhalten werden konnte und sich in vielen Belangen der von uns an anderer Stelle bereits zur Sprache gebrachte „Status ante quo“ einstellte.

Es waren wohl vorzüglich Großfamilien oder gar noch kleinere an der Grenze der prinzipiellen Überlebensfähigkeit sich bewegende Gruppen – z. B. sog. „Familienkerne“–, die das bald mit üppigem Graswuchs und eine beachtliche tierische Neubesiedlung lockende „Land ihrer Väter und Mütter“ nun in Beschlag nahmen.

Dennoch scheint manches Element des erlangten erweiterten gesellschaftlichen Bindungsvermögens von ihnen nach ihrer Rückkehr nicht völlig aufgegeben worden zu sein.

Beispielsweise kam solches im Zusammenhang mit einer zunächst gelegentlich, dann aber immer wieder praktizierten Methode massenhafter Fleischgewinnung durch das Veranlassen von schweren Selbstverletzungen und Selbsttötungen großer Pferdeherden zum Ausdruck. Der ergebnisträchtige Einsatz dieser rabiaten und doch existenzsichernden Methode setzte den straff koordinierten Einsatz von weitaus mehr Jägern und Treibern voraus als durch eine einzige Großfamilie gestellt werden konnten.

Im Einzelnen ging es hierbei darum, eine aufgespürte Herde von Wildpferden an ihren beiden Flankenseiten durch Ketten von Bogenschützen samt deren Hunden zu umstellen und sodann die Pferdeherde durch den dergestalt gebildeten Korridor durch viel Geräusch verursachende Treiber in Richtung der frei gebliebenen Seite zu treiben, wo ein metertiefer Abgrund gähnte. Es galt, diese Tiere in Panik zu versetzen, ein Durchbrechen der Korridorseiten möglichst völlig zu unterbinden und sie zum schließlichen, kaum ohne ernste Blessuren zu überstehenden, oft tödlichen Sprung in die Tiefe zu veranlassen.

Die meisten Tiere starben hierbei nicht sofort, sondern von Hand der dort unten wartenden Schlächter – denn Sturzfolgen in Form schwerer Frakturen hinderten das Gros dieser Tiere an schneller und erfolgreicher Flucht.

Das Ergebnis eines solchen geglückten Unternehmens war in der Regel eine gewaltige „Fleischschwemme“, deren Volumen sogar oft weit über den Jahresbedarf der gesamten jägerischen Gemeinschaft und ihrer diversen Familien hinausgegangen sein dürfte.

Es ist belegt, dass zu jenen Zeiten die Methoden der Fleischkonservierung mittels Räuchern und kaltem Trocknen allgemein bekannt waren, auch die Frischhaltemöglichkeiten mittels zur Winterszeit geborgenem, in Gräben abgedeckt gelagertem Fluss- und Teich-Eises.

Im Frühherbst veranstaltete Jagden der vorstehend geschilderten Art sicherten – zumeist – den Fleischbedarf der betreffenden Sippen bis zum nächsten Frühjahr.

Eine eigenartige „Metamorphose“ erfuhren häufig die einstigen Behausungen jener zurückgekehrten frühen Menschen „nach dem Ende des ewigen Eises“. Die immer angenehmer werdenden Lufttemperaturen und das nunmehr oft feuchte Erdreich bewirkten, dass ihre eiszeitlichen Wohngruben nunmehr aus dem Erdreich quasi „herausgehoben“ wurden und man nunmehr nächtens in auf die Erdoberfläche gestellten Hütten ähnlicher Machart seinen Schlaf suchte.

Die winterliche Feuerstelle verblieb – durchweg – in ihnen, zur Sommerzeit nutzte man außerdem zumeist auch eine zweite, außerhalb der Hütte eingerichtete.

DER WARME GOLFSTROM „KNICKT EIN“

NOCH EINMAL BEGINNEN 1.000 EISIGE JAHRE MIT DER DRYAS–PERIODE.

Dieses Phänomen entwickelte sich im Verlauf eines knappen Jahrhunderts, etwa um das Jahr 9.000 v. Chr. Es trat für die damaligen Menschen sehr überraschend auf, waren doch Wetter und Klima seit Menschengedenken immer angenehmer, war die Natur immer gabenfreundlicher geworden. Die Erinnerung an die mittlerweile Jahrtausende zurückliegende Zeit der eisigen Kälte lebte wohl nur noch als düstere Saga über eine unendlich weit entfernte, im grauen Dunst des Schemenhaften verschwimmende Vergangenheit weiter.

Auch wenn die neue Zeit der wieder zunehmenden Kälte nicht zu den extremen Gipfelwerten der eigentlichen Eiszeit zurückkehrte, mit ihren vernichtenden und unermesslich lange anhaltenden Frösten – die neuerliche erhebliche Ungemütlichkeit sollte immerhin für etwa ein Jahrtausend anhalten. Sie hat von der modernen klimageschichtlichen Forschung die Bezeichnung „Dryas-Zeit“ erhalten, nach einer sich zu jener Zeit weit verbreitenden Pflanze.

Dieser insbesondere auf der nördlichen Halbkugel der Erde nachhaltige Kälteeinbruch hing mit verschiedenen Konsequenzen bestimmter zeitweiliger Konstellationen im „Himmelsgeschehen“ zusammen, insbesondere mit deren Auswirkungen auf das Strömungsverhalten unseres Weltmeeres.

Mit einigen kurzen Sätzen sind diese Zusammenhänge kaum plausibel zu erläutern. Versuchen wir es trotzdem.

Frank Sirocko macht in seiner „Wetter, Klima, Menschheitsentwicklung“ titulierten, im Jahr 2009 publizierten Monografie hierzu folgende, eingangs dieser Niederschrift bereits Angesprochenes zusammenfassende und ergänzende Aussage.

„1. Für den letzten 50.000-Jahre-Abschnitt unserer Erdgeschichte waren Winkelverschiebungen zwischen der irdischen Rotationsachse und einer geraden Linie zwischen den Mittelpunkten von Sonne und Erde für die Beschaffenheit des jeweiligen Gesamtklimas in Europa durchaus nicht unwichtig, wird hierdurch doch die relative Ausgeglichenheit der solaren Wärmeeinstrahlung zwischen äquatornahen und äquatorfernen Regionen erheblich mitbestimmt. Ähnliche Wirkungen hat das ständige dezente ‚Eiern' der keineswegs absolut kreisrunden, sondern leicht elliptischen Umlaufbahn der Erde um die Sonne.

2. Einen ‚noch spontaneren Charakter' besitzen die für das irdische Klimageschehen bedeutsamen, sehr gewaltigen energetischen Prozesse, die sich auf der Sonne, unserem wichtigsten Energiespender, ständig abspielen. Das gesamte kosmische energetische Einwirken auf unsere Erde erfährt durch diese Prozesse eine laufende Moderation.

3. Vorstehendes hat – direkt oder indirekt – einen bestimmenden Einfluss auf die Strömungsverhältnisse in den großen irdischen Wasserspeichern, in unseren Ozeanen und großen Meeren."
Wobei hier hinzugefügt werden muss: „Im Zusammenspiel mit sog. Coriolis-Effekten, also mit jenen richtungsverändernden Kräften, die – den Gesetzen elementarer Physik folgend – sich auch bei Bewegungen auf Oberflächen von rotierenden Kugeln ergeben."

Doch wie wirkten die Faktoren dieser drei Gruppen zusammen, um die weltgeschichtlich ernüchternde Dryas-Phase entstehen und wieder vergehen zu lassen?

Unbesehen sich möglicherweise gleichzeitig abspielender Inkonstanzen in der primären solaren Strahlungsintensität dürfte eine damalige besondere Konstellation der stellaren Sonne-Erde-Positionierung eine entscheidende impulsgebende Rolle gespielt haben.

Zu jener Zeit war nämlich die „ständig eiernde elliptische Laufbahn der Erde um die Sonne" – den komplizierten Gesetzen der „Himmelsmechanik" gehorchend – in eine Position gelangt, in welcher sich der Abstand zwischen Sonne und Erde speziell zu Zeiten des jeweiligen irdischen Nord-Sommers auf die kürzestmögliche Distanz einstellte. Die Nordhälfte der Erde erhielt zu jener Zeit dann eine um etwa 10% größere Zufuhr an solarer Energie als heutzutage. (Sirocko)

Infolge dessen steigerte sich das Abschmelzen der über Nordskandinavien und dem unmittelbaren nördlichen Polargebiet teilweise immer noch „Mont-blanc-dicken“ Eiskappe im Nord-Sommer in extreme Dimensionen – insbesondere der relativ weit nach Süden reichende Rand dieser Kappe war jetzt einem ungewöhnlich stark strahlenden „Sonnenofen“ während der langen Sommertage aller äquatorfernen Gegenden ausgesetzt. Das viele hierdurch geschmolzene Süßwasser aus den Gletschern des Kappenrandes ergoss sich in vielfältigen, immer breiter werdenden Strömen in den Nordatlantik. Selbiger gewann – verständlicherweise – hierdurch Volumen. Dieses Volumen wiederum suchte einen Meeresspiegelausgleich mit dem kaum derart zusätzlich gespeisten südlich angrenzenden Teil des Atlantiks.

Also floss das Gletscherwasser dann als salzfreies und somit „leichtes“ Wasser, sich über dem salzhaltigen „alten“ Atlantikwasser haltend, dem Golfstrom entgegen.

Als dieses Geschehen sich immer weiter steigerte, entwickelte sich das alles schließlich zur Katastrophe. Denn massenhaft anflutendes, immer noch kühles, aber salzfreies Schmelzwasser kann selbst relativ wärmeres Wasser überdecken, wenn dieses wärmere Wasser durch einen hohen Salzgehalt belastet ist. Und beim Golfstromwasser ist dies der Fall– auch heute noch. Die Unmassen des aus dem polarnahen Raum des Nordatlantiks gen Süden strömenden, frisch getauten Gletscherwassers überdeckten schließlich das warme, aber allzu salzreiche und damit schwere Golfwasser, drückten dieses immer früher in die Tiefen des Nordatlantiks, zeitweise bereits in Höhe der spanisch-südfranzösischen Atlantikküsten.

Die bislang – und heute wieder – bis Norwegens Küste reichende „Warmwasserheizung Europas“ durch den aus der Karibik stammenden Golfstrom fiel weitestgehend aus, für etwa ein Jahrtausend. Das hatte für den gesamten Kontinent nachhaltige Konsequenzen. Europa musste noch einmal mit einem subarktischen Klima leben, jene Zeitspanne überstehen, der wir den Namen „Dryas-Periode“ gegeben haben.

Nach diesem Jahrtausend änderte sich das Klima wieder, recht erheblich und wiederum recht schnell. Die relativ südlich gelegenen Randzonen der riesigen nördlichen Eiskappe waren in den 1.000 Jahren der Dryas-Zeit weitgehend abgeschmolzen, und die weiter nördlich verbliebenen Eismassen waren – bedingt durch den sich für sie ergebenden sehr spitzen und sie somit „schonenden“ Einstellungswinkel der Sonneneinstrahlung – weitaus weniger anfällig für die Konsequenzen jener zeitweilig extrem geschrumpften Sonne-Erde-Distanz. Jedenfalls stellte sich damals der Süßwasserzulauf in den Nordatlantik zwar nicht völlig ein, verminderte sich jedoch immer stärker, sodass der Golfstrom wieder zunehmend weiter nach Norden gelangte und „Europas Warmwasserheizung“ schließlich erneut bis zu der norwegischen Küste reichte.

Die Dryas-Periode war in Zentraleuropa wirklich eine unangenehme, sehr kalte Zeit.

Wie erging es in dieser speziellen Periode den in Europa lebenden Menschen angesichts der rabiaten Verschlechterung ihrer Lebenssituation, paradoxe und überraschende Folge des sehr großen Tempos im Bereich einer speziellen Facette des damaligen längerfristigen allgemeinen globalen Erwärmungsprozesses?

Bei Wolfgang Behringer können wir in seiner „Kulturgeschichte des Klimas“ (2011) hierzu die folgende Aussage finden.

„Nach dem Ende der letzten großen Eiszeit war das Klima in Zentraleuropa zunächst immer noch recht kühl und trocken, bis dann, etwa 10.000 v. Chr., eine deutliche Erwärmung und zunehmende Feuchtigkeit diesen Teil des Kontinentes stärker erfasste. Dennoch dominierten in den Buschsteppen noch lange Wildpferd und Rentier als Jagdbeute der Menschen. Wie auch immer – allgemeine Mangelernährung, gar Hunger, waren bei den Bewohnern des ländlichen Raumes, den ossalen Hinterlassenschaften nach, in dieser Zeit nunmehr eher selten. Es wurden auch – neben den Dingen des Lebensbedarfes – Schmuck und diverse Kleinplastiken produziert, insbesondere Darstellungen von Tieren und des weiblichen Körpers.

Der Lebensstil dieser nacheiszeitlichen Menschen änderte sich abrupt um 9.000 v. Chr., mit Beginn der Dryas-Periode. Auf dem Terrain Polens, z.B., sanken die jährlichen Durchschnittstemperaturen um 6 – 7 Grad Celsius. Der Kälteeinbruch hatte nachhaltige Folgen verschiedenster Art. Wie bereits angesprochen – für etwa 1.000 Jahre kehrte in Europa noch einmal subarktisches Klima zurück. Schnell fand sich die diesem

Klima gemäße Flora und Fauna erneut ein, und mit der Veränderung des natürlichen Milieus veränderten sich auch Lebensweise und Kultur der in Zentraleuropa, ungeachtet dessen, verbliebenen Menschen.

Nur robuste Jägerkulturen konnten jetzt dort überleben, auf der Basis von Rentierjagd. Die nach der Eiszeit mäßig, doch ständig gestiegene Bevölkerungsdichte Mitteleuropas ging erneut erheblich zurück."

Nach „ihrem Jahrtausend" endete die Dryas-Periode, fast abrupt – rasch, innerhalb weniger Jahrzehnte, stiegen die Durchschnittstemperaturen in Europa um etwa 7 Grad Celsius.

Die Heftigkeit der für Dryas charakteristischen Stürme nahm schnell ab, die Niederschlagsmengen Zentraleuropas verdoppelten sich – der Klimawandel war nachdrücklich.

Schnell breitete sich ein Bewuchs durch Birken- und Kiefernwälder aus, durchsetzt von Haselnusssträuchern. Die Haselnuss wurde dann auch sehr schnell von Dignitatus als nahrhafte und bekömmliche Nahrungsergänzung entdeckt und regelmäßig verspeist. Nach mehreren Jahrhunderten verschwand sie allerdings dann wieder weitgehend – mit der weiteren allgemeinen Erwärmung wurden Birken- und Kiefernwälder durch Buchenwälder verdrängt, das hierdurch veränderte Biotop war der Haselnuss wenig zuträglich.

Der Meeresspiegel stieg in dieser Zeit weiter an. Es war immer noch viel Süßwasser durch die inzwischen zwar erheblich dezimierten, dennoch – im Vergleich zu heutigen Verhältnissen – immer noch gewaltigen polaren Eiskappen gebunden.

Um das Jahr 7.500 v. Chr. erbrachte aber dieser Anstieg doch die endgültige „Wässerung" der Straße von Dover. Seitdem trennt der Ärmelkanal die britische Hauptinsel vom europäischen Festland.

Und um 6.400 v. Chr. vollzog sich ein weiteres geografieveränderndes Ereignis, welches noch in der mehrere Jahrtausende später entstandenen Hauptschrift der Christenheit, in der Bibel, eine beeindruckende Reflexion finden sollte.

Von Wolfgang Behringer wird dieses Ereignis wie folgt beschrieben.

„Eines schönen Tages vor 8.400 Jahren muss am Bosporus ein gurgelndes Geräusch zu hören gewesen sein, das den Auftakt zu einer der größten Flutkatastrophen der menschlichen Geschichte bildete. Während der großen Eiszeit war dereinst der Meeresspiegel schließlich so weit abgesunken, dass Europa und Asien am Bosporus zusammengewachsen waren. Das Schwarze Meer war dann im Laufe der Zeit ein großer Süßwassersee geworden, gespeist von den Strömen der Donau, des Dnjepr und des Don. An seinen flachen Küstengebieten lebten seit Langem verschiedene Kulturen von Jägern und Sammlern. Inzwischen hausten auch schon, in jungsteinzeitlichen Dörfern, manche Bauerngruppen dort. Sie hatten – moderne archäologische Forschung hat dies belegen können – in beachtlichem Ausmaß Bäume gerodet, Äcker angelegt, Gehege für ihr Vieh geschaffen.

Wir sollten nicht übersehen, dass sie an einem gewaltigen Süßwasserreservoir siedelten, bei längerem gelegentlichen Regenausfall sich auch hieraus mit Wasser versorgen konnten.

Heute liegen die hinterlassenen Spuren jener Menschen etwa 100 Meter unter dem Wasserspiegel des Schwarzen Meeres, der sich heute analog dem Spiegel des Weltmeeres verhält. Vor 8.500 bis 8.400 Jahren, jedoch, hatte der anhaltende Schmelzfluss aus den polaren Eiskappen es mit sich gebracht, dass der Wasserspiegel des Weltmeeres – und somit auch des Mittelmeeres – gegenüber dem Wasserspiegel des Schwarzen Meeres einen Niveauunterschied von etwa dieser Dimension erreicht hatte, 100 Meter über ihm lag.

Und der Wasserspiegel des Mittelmeeres stieg immer noch weiter an. Er drückte immer stärker auf die blockierende Meerenge, den Bosporus. Letztendlich durchbrach er sie.

Mit der Kraft von 100 Niagarafällen begann das Salzwasser des Mittelmeeres in das Becken des Schwarzen Meeres zu schießen. Das Brüllen der Kaskaden dieses gewaltigen Wasserfalles muss Hunderte von Kilometern weit zu hören gewesen sein.

Es hat in jener fernen Zeit Monate gedauert, bis das Schwarzmeer-Becken bis zu der Höhe des allgemeinen Meeresspiegels gefüllt war.“

Hunderte Quadratkilometer besiedelten Landes gingen in dieser Katastrophe verloren. Und das einstige unerschöpfliche Süßwasser-Reservoir hatte sich in ein Salzwassermeer verwandelt.

In der Bibel wird dieses Geschehen unter dem Terminus der „großen Sintflut“ behandelt.

DRITTER TEIL

URSPRÜNGLICHE SESSHAFTWERDUNG

ERNEUT WAREN ES DONAU UND DONAUTAL ...

Es waren erneut Donau und Donautal, durch welche um das Jahr 6.000 v. Chr., wieder einmal, grundlegende Impulse der humanen Entwicklung – in Form von Menschen und Ideen – aus dem warmen Süden in den kühleren Raum nördlich der Alpen gelangten.

Es sollte sich auch in späteren Zeiten immer wieder verdeutlichen, welchen erheblichen Einfluss das Dominieren von Umgebungstemperaturen um 22 Grad Celsius auf das menschliche Entwicklungsgeschehen in seiner Gesamtheit besessen haben dürfte – bei Umgebungstemperaturen um 22 Grad Celsius erlangt unser Gehirn ein Optimum an funktionaler Wirksamkeit (Claudia Traidl-Hoffmann).

Doch nun zurück zum Geschehen um 6.000 v. Chr.

Recht bald, nachdem die eiszeitähnliche Dryas-Periode abgeklungen war, um etwa 6.000 v. Chr., machten sich in Anatolien – dem nordöstlichen Hinterland der heutigen türkischen Hafen- und Seestadt Antalja – verschiedene bereits sesshaft gewordene Menschengruppen auf den Weg, um in der Ferne eine neue Heimat zu finden.

Vermutlich hatte eine Klimaumstellung zu einer mit ihrer relativ hoch gewordenen Bevölkerungsdichte unvereinbaren Verknappung ihrer natürlichen Existenzgrundlagen geführt. Dieses Geschehen betraf die damals – global gesehen – vermutlich ersten Viehhalter der Menschheit, die zudem inzwischen wohl durchweg feste Behausungen besaßen. Ihnen war es gelungen, Schafe und Ziegen zu domestizieren. Mit diesen Tieren zogen sie in den wärmeren Jahreszeiten als Wanderhirten in der weiteren Umgebung ihres Wohnsitzes herum, und die kälteren Monate des Jahres verbrachten sie dann in ihren Behausungen, in der unmittelbaren Nähe ihrer dann eingepferchten Schafs- und Ziegenherden.

Der Hund war damals schon seit Jahrtausenden ein ständiger Begleiter des Menschen geworden und inzwischen auch als Hirtenhund sein tüchtiger Helfer.

Die menschlichen Behausungen in Anatolien waren damals keineswegs immer noch die „aus der Erde herausgehobenen Wohngruben der Eiszeit“, sondern inzwischen erheblich weiterentwickelte Baulichkeiten.

Die Regel war ein 4 mal 8 Meter großes Haus, durch eine Querwand zweigeteilt. Seine Gewandung bestand aus Flechtwerk, durch wiederholten beidseitigen Bewurf mit feuchtem Lehm hinlänglich wind– und wasserdicht gemacht.

Fleisch war immer noch die bevorzugte Nahrung, sowohl Fleisch der gezüchteten Tiere als auch das Fleisch gelegentlicher Jagdbeute. Diese Fleischmahlzeiten wurden zumeist durch eine erhebliche pflanzliche Komponente ergänzt. Der – neben dem Domestizieren von Schaf und Ziege – lebenspraktisch bedeutendste Fortschritt, den diese Menschen gegenüber den unmittelbar der Eiszeit folgenden Generationen erlangt hatten, war sicherlich die von ihnen entwickelte Kunst der Herstellung keramischen Geschirrs verschiedener Art, insbesondere von vielseitig verwendbaren Tonkrügen. Keramisches Geschirr sollte fortan für lange Jahrtausende ein zentrales Element hauswirtschaftlicher Lebensführung bleiben.

Die Kunst des Tonknetens und nachfolgenden härtenden Brennens von derart aus Ton gestalteten Dingen fand auch im künstlerischen Tun jener Zeitgenossen seinen Niederschlag. Die moderne archäologische Forschung hat in erheblicher Zahl gebrannte Nachformungen der damaligen tierischen Umwelt des Menschen gefunden, aber auch – um die Worte von Hermann Parzinger zu benutzen –, „fettleibige Frauenfigurinen mit walzenförmigem Kopf".

Nach den einstigen meisterhaften Höhlenmalereien in auch damals schon sehr lange zurückliegenden eisigen Zeiten sind von den Anatoliern erneut bildliche Darstellungen an verschiedenen Felswänden – insbesondere wiederum in Höhlen – angefertigt worden. Diese neuerlichen Kunstwerke sind jedoch frei von jedem Anflug impressionistischer Hochkultur. Es sind durchweg schlichte Reflexionen des damaligen Lebens, in denen weniger die tierische Umwelt zur Darstellung gelangte als alltägliches zwischenmenschliches Miteinander, in Sonderheit die speziellen Beziehungen zwischen Mann und Frau.

Und erhebliche Teile dieser Menschen begannen nun abzuwandern, offensichtlich Jahrtausende lang. Ihre gegenüber sonstigen Zeitgenossen spürbar weitergelangte Entwicklung im materiell-produktiven Bereich, vermutlich desgleichen in gesellschaftlich-organisatorischen Belangen, erfasste nun insbesondere in Europa fast alle zu jener Zeit bewohnbare Territorien dieses Kontinentes, nach und nach.

Im Verlauf dieser Jahrtausende entwickelte sich ihre durch saisonales Hirten-Wanderleben ergänzte Sesshaftigkeit zu einem frühbäuerlichen Lebensstil, basierend auf Pflanzenanbau und Haustierzucht.

Auch in anderen Erdteilen haben sich – zumeist in einem gewissen zeitlichen Abstand zum hiesigen Geschehen – analoge Entwicklungsprozesse vollzogen, zumeist in absoluter Selbstständigkeit, beispielsweise in Teilen Afrikas, Ostasiens, Nord- und Südamerikas.

Doch für die damalige Entwicklung Europas scheint zu jener speziellen Zeit Anatolien das entscheidende, vermutlich das einzige „Quellland" von richtungsweisenden Impulsen für den Übergang vom Jäger- und Sammlerleben zur bäuerlichen Sesshaftigkeit gewesen zu sein.

Dabei beschränkten sich diese von Anatolien ausgehenden Impulse keineswegs ausschließlich auf Europa. Schon der allererste Zug der Abwanderung vollzog sich weder in Richtung Westen, noch in Richtung Norden, auch nicht in Richtung Osten, sondern in Richtung Süden und endete im Nordosten Afrikas, im Nildelta.

Doch am nachhaltigsten – und auch am zeitlich ausgedehntesten – vollzogen sich die damaligen anatolischen Abwanderungen nach Europa.

Interessanterweise bemühte man sich hierbei zunächst, auf dem Seeweg, über Zypern und Kreta, zur griechischen Inselwelt und zum griechischen Festland zu gelangen. Hierzu ist unbedingt anzumerken, dass zu jenem Zeitpunkt – lange vor der großen Sintflut – der Wasserspiegel des Weltenmeeres noch erheblich tiefer lag als heutzutage und somit Meeresinseln zumeist erheblich größer als jetzt, gelegentlich sogar miteinander verbunden waren, weite Bereiche küstennahen Meeresbodens trocken lagen, manche heutige Untiefe noch als Meeresinsel imponierte.

Nach Parzinger wurde Zypern um etwa 8.300 v. Chr. erreicht, Kreta um 7.000 v. Chr., die sog. „griechische Inselwelt", schließlich auch das griechische Festland, um etwa 6.500 v. Chr. Bei diesem speziellen Besiedlungsgeschehen scheinen Fischfang, eine vorzugsweise Ernährung durch Meeresfrüchte, zeitweise eine dominierende Rolle gespielt zu haben. Jedenfalls sind für einen recht langen Zeitraum, auch im Zusammenhang mit nun folgenden Ansiedlungen in Italien und an der französischen Mittelmeerküste, bei diesen anatolischen Aussiedlern keine erheblichen Fortschritte in Richtung der Ausprägung bäuerlicher Lebensweise auszumachen. Dieser Zug endete schließlich, nach Passage der Meerenge von Gibraltar, im Raum des heutigen Portugals, um 5.500 v. Chr.

Zuvor hatte es, beim Rhone-Delta, eine erhebliche Abzweigung von ihm gegeben. Diese Menschen bewegten sich dann rhoneaufwärts und langten – ebenfalls um 5.500 v. Chr. – in Mittelfrankreich an. Ein gutes Jahrtausend später gelang schließlich einer Gruppe von ihnen der Übergang nach Südengland, etwa um 4.000 v. Chr.

Noch wesentlich bedeutender für Europas Entwicklung war das etwas später einsetzende, dann aber vergleichsweise mächtige anatolische Strömen in Richtung Nordwesten, über den Balkan, von welchem dann die große zentral- und osteuropäische Landmasse erfasst wurde, vom russischen Don bis zur deutschen Weser. Etwa zeitgleich mit dem in Westeuropa erfolgenden Übersetzen nach England endete der „Balkanstrom“ dann in Dänemark und im Süden Schwedens, ebenfalls um etwa 4.000 v. Chr.

Über 1.000 Jahre früher waren sich die Spitzen der beiden für Kerneuropa bedeutendsten Ströme von aus Anatolien stammenden sesshaften Siedlern – des „Rhone-Stromes“ und des „Balkan-Stromes“ – in der süddeutsch-westösterreichischen Region des nördlichen Alpenvorlandes begegnet. Von der modernen Archäologie ist ein darauf erfolgender intensiver Austausch von „Töpferwaren neuester Art“ zwischen den sich nun treffenden „entfernten Verwandten“ aus diesen beiden anatolischen Siedlerströmen nachgewiesen worden. Selbstverständlich hatten sich im Verlauf der letzten Jahrtausende, während der langen Wanderung dieser Siedler-Populationen, in jedem ihrer Ströme spezielle Akzente der Keramikgestaltung entwickelt, bei einer vermutlich dennoch persistierenden gemeinsamen, somit alle „Anatolier“ verbindenden grundlegenden künstlerischen Geschmackskultur.

Mit dem Abstand neuerlicher Jahrtausende gewinnt der „Jetztzeitmensch“ den Eindruck, dass man damals bei solchen überraschenden, einst wohl kaum für wahrscheinlich gehaltenen Begegnungen, zumindest zeitweise, geradezu „voneinander fasziniert war“.

Als sehr bedeutend für das gesamte Entwicklungsgeschehen in Europa ist anzusehen, dass insbesondere die über den Balkanraum in Kerneuropa anlangenden Siedler auf ihrem langen Weg eine spürbare weitere Qualifizierung für den Vollzug einer stabil sesshaften bäuerlichen Lebensweise absolviert hatten. Sehr auffällig ist eine sehr wesentliche Artenerweiterung im domestizierten Viehbestand – spätestens ab etwa 5.000 v. Chr. führten sie auch einzelne domestizierte Rinder mit sich, vermutlich auch das eine oder andere Schwein.

Auch durch die Hinterlassenschaften zunehmend qualifizierterer Baulichkeiten fallen uns diese Menschen heute auf, des Weiteren durch offensichtlich hiermit im Zusammenhang stehende, zunehmend wachsende innere soziale Differenzierung.

So wurde, je weiter man nach Norden vordrang, der dörflich strukturierte Charakter der Siedlungen immer deutlicher, oft – z.B. – durch die Errichtung eines herausragenden „Zentralhauses", umgeben von einem aus Erde und Steinen errichteten Ringwall.

Etwa auf halber Strecke des der damaligen „Balkanroute" dienenden „Donauweges" liegt das „Eiserne Tor", heute auf rumänischem Territorium. Beim „Eisernen Tor" handelt es sich um einen Flussabschnitt, auf welchem die Donau sich ihren Weg durch gebirgiges Umfeld gebahnt hat, auch heute noch stark eingeengt und mit erheblicher Fließgeschwindigkeit durchläuft. Seit „eh und je" ergibt sich hierdurch für jeglichen Verkehr auf oder neben dem Donaufluss ein „Nadelöhr", nicht selten – bei stärkerem Verkehrsandrang – ein Verkehrsstau.

In grauen Vorzeiten hatten solche ständigen „Verkehrsberuhigungen" gelegentlich nachhaltige Folgen. Herrmann Parzinger hat diese Sachverhalte wie folgt zusammengefasst, in der von Iriye und Osterhammel herausgegeben „Geschichte der Welt".

„Sobald die frühneolithischen Siedler aus Anatolien das Marmarameer oder die Ägäis überwunden, somit Südosteuropa erreicht hatten, war die durch sie betriebene Ausbreitung des bäuerlichen Wirtschaftens in Südosteuropa nicht mehr aufzuhalten.

Ausgehend von der thrakischen Tiefebene wirkte diese neue Lebensform nun entlang der unteren Donau flussaufwärts bis in das östliche

Karpatenbecken sowie über das heutige Westbulgarien bis in das westlich angrenzende Serbien.

Bereits im späten 7., bzw. frühen 6. Jahrtausend war dann in einem weiten Gebiet ein Früh-Neolithikum entstanden, von Slawonien und Ostungarn im Westen bis zur bulgarischen Schwarzmeerküste im Osten, von der Ägäis im Süden bis nach Transsilvanien im Norden.

Das vorangehende nacheiszeitliche späte Mesolithikum hatte in diesem Raum nur wenige Spuren hinterlassen.

Lediglich am „Eisernen Tor“ – dem Donau-Durchbruch in den Südkarpaten – finden sich besondere Denkmäler, die einzigartig sind, die Hinterlassenschaften der Lipenski-Vir-Kultur. Ihre Fundstellen konzentrieren sich in der dortigen karstigen Landschaft mit vielen steilen Schluchten und schmalen Terrassen.

Insbesondere die namensgebende Grabungsstation „Lipenski Vir“ hat uns eine mehrphasige Abfolge einstigen dortigen Lebensgeschehens vermittelt, einsetzend im 8. Jahrtausend v. Chr., sich erstreckend bis in das späte 7. Jahrtausend v. Chr.

Es dominierten damals dort ungewöhnliche trapezförmige kleine Hausgrundrisse, über die sich vermutlich zeltartige Aufbauten erhoben. Etliche Hütten hatten den Charakter von Mausoleen erlangt, dienten der Beisetzung der Verstorbenen.

Bekanntheit erlangte „Lipenski Vir“ aber vor allem durch die dort gefundenen figürlichen Darstellungen aus Sandstein. Neben starken Ornamenten auf diesen beeindrucken die Gesichter, mit ihren eindrucksvollen runden Augen und Fischmündern. Die Bedeutung dieser Skulpturen ist ungeklärt. Doch seitens unserer Archäologen wurde immer wieder versucht, die häufigen ornamentalen Wellenlinien auf ihnen, ihre fischartig verfremdeten Gesichter, in eine Verbindung mit „Donau“ und „Leben am Wasser“ zu bringen.

Interessant ist auch die Hinterlassenschaft an Tierknochen. Offensichtlich wurde zu jener Zeit in den dichten Wäldern der Donauschluchten am „Eisernen Tor“ intensiv gejagt, aber noch wichtiger als das Fleisch der Wildtiere war unstrittig der Fisch – gefangen in der Donau, in unmittelbarer Nähe unserer Fundstätten.

Die Lipenski-Vir-Kultur ist eine singuläre Kulturerscheinung, die sich von nirgendwo herleiten lässt. Sie endete, bevor dort zwischen 6.200 v. Chr. und 5.500 v. Chr. eine frühneolitische Kultur, die Starcevo-Kultur, Einzug hielt.

Diese Kultur stand, deutlich erkennbar, in nachhaltiger Beziehung zum Beginn sesshafter Lebensformen und bäuerlichen Wirtschaftens. Sie „startete" in dieser Region ohne „Präliminarien", verbreitete sich im Laufe nur weniger Generationen über ein riesiges Gebiet, plausibel erklärbar nur durch damaligen konzentrierten und zahlreichen Zuzug von bereits mit Viehzucht, möglicherweise auch schon mit Ackerbau befassten Migranten.

Gewiss waren auch diese Menschen immer noch geübte Jäger, doch sie alle züchteten bereits Schafe und Ziegen, gelegentlich auch schon Rinder, wie ihre Hinterlassenschaften belegen.

Unter diesen imponieren indessen besonders die vielen Reste von Tongefäßen und Statuetten, darunter sehr häufig Nachbildungen von Frauen mit einem langen Kopf-Hals-Bereich, sehr kleinem Oberkörper, weit ausladendem Gesäß und stummelartigen Beinen. Viele dieser Figurinen sind vermutlich absichtlich zerbrochen und als Scherben dann im Hausbereich verteilt worden. Die Sitte, Tonfigurinen in vermutlich kultischen Zusammenhängen zu zerbrechen, die derart gewonnenen Scherben aber nicht zu verwerfen, war dereinst in südosteuropäischen Kulturen weit verbreitet."

Der letzte der damaligen großen Züge aus Anatolien ging in eine östliche Richtung. Er endete im Norden des heutigen iranischen Staatsgebietes.

Nach James Scott haben die Nachkommen der einst – im frühen Neolithikum – aus dem anatolischen Raum nach Kerneuropa Eingewanderten einige Jahrtausende später, vor Beginn spätneolithischer Reiterstürme aus dem Osten, mehr als zwei Drittel der hiesigen Bevölkerung gestellt.

Das hat sich dann, kurz vor Beginn der Bronzezeit, durch verschiedene einschneidende Ereignisse wiederum grundsätzlich geändert.

Doch nach Aussage jüngster archäogenetischer Untersuchungen lässt sich nur für etwa ein Viertel der in den Hochzeiten der Megalithenkultur hier Lebenden eine Herkunft von bereits unmittelbar nach Eiszeitende in die Heimat ihrer Urahnen Zurückgekehrten belegen.

Natürlich wird durch diese Aussagen – in einem zeitlich sehr weit gestreckten Vergleich – die aus heutiger Sicht als unstrittig geltende Überlegenheit der sesshaften bäuerlichen Lebensgestaltung gegenüber einem „mit Streifen durch Wald und Flur, mit Jagen und Sammeln" verbrachten Leben untermauert.

Bereits ohne Kenntnis besagter paläogenetischer Erkenntnisse der letzten Jahre war mancher moderne Archäologe der festen Überzeugung, dass diese Überlegenheit bäuerlicher Sesshaftigkeit ohnehin ein selbstverständliches, keiner Hinterfragung wertes, wissenschaftlich als unabdingbar bewiesenes Resultat der steten Entwicklung des Menschen gewesen sei. Aber ist eine solche These in dieser absoluten Form wirklich haltbar? Denn wir wissen heute auch, dass die relativ starke Statik bäuerlichen alltäglichen Handelns schon bei auf nur wenige Jahrzehnte beschränkten, doch als erheblich einzuordnenden Witterungsveränderungen sesshaft gewordene Bevölkerungsgruppen dereinst viel öfter in sehr prekäre Situationen gebracht hat, als zeitgleich lebende Jäger und Sammler, mit ihrem in Hunderttausenden von Jahren erworbenen Erfahrungsgut variantenreicher Modulation der Lebensgestaltung.

Und in verschiedenen territorial umschriebenen Bereichen ist in ferner Vergangenheit die sesshafte Bauernschaft in Folge passagerer Klimaveränderungen tatsächlich wieder völlig verschwunden und für lange Zeit im „Orkus der Geschichte untergetaucht", während persistierende Jäger und Sammler kontinuierlich überlebten.

Die – im Vergleich zu ihren „jagenden und sammelnden Zeitgenossen" – tendenziell eher geringeren Hirnvolumina von generationenlang sesshaften vorzeitlichen Bauern korrespondieren mit vorstehender Aussage.

ES IST ZU KONSTATIEREN – AUCH IM GLOBALEN MASSSTAB GERIET DIE HUMANE GESAMTENTWICKLUNG GELEGENTLICH, INSBESONDERE IM ZUSAMMENHANG MIT BESTIMMTEN KRISEN, PHASENWEISE IN EINE SACKGASSE. DIESES ZUMEIST DESHALB, WEIL SIE IN DER BETREFFENDEN PHASE NOCH NICHT ZU HINREICHENDER KRISENSTABILITÄT GEREIFT

WAR. BISHER IST UNS IMMER DIE RETTENDE KORREKTUR GELUNGEN. DOCH AUCH „DIGNITATUS“ IST NICHT UNSTERBLICH!

Wir werden darauf zurückzukommen haben.

ÜBER DAS DOMESTIZIEREN VON WILDTIEREN IM NEOLITHIKUM

Das unverletzte Bergen von in menschliche Fallgruben geratenen wilden Schafen und Ziegen, ihr Durchfüttern bis in den anbrechenden Winter – im Sinne einer dann während der kargen Jahreszeit verfügbaren Frischfleischreserve – ist auch schon vor der radikalen Zäsur der letzten Eiszeit von altsteinzeitlichen Jägern und Sammlern praktiziert worden.

Die ersten geglückten Zähmungen dieser Wildtiere, das Erreichen von Nachwuchszeugung in Gefangenschaft, ihr Halten in zuverlässig kontrollierten, sich vermehrenden, domestizierten Herden – das gelang vermutlich Homo sapiens zuerst im anatolischen Raum, noch vor der langwährenden Ausbreitung jener Menschen in Europa, West-Asien und Nordostafrika. Später, während ihres Jahrtausende währenden Vordringens in weite Bereiche des eurasischen Blockes, gelang ihnen auch die Domestikation des Rindes und schließlich auch des Schweines.

Neben den von Tierart zu Tierart sehr unterschiedlichen Möglichkeiten menschlicher Physis, ein freiheitsgewohntes Wildtier zu bändigen, waren es insbesondere stark differenzierende artenspezifische Unterschiedlichkeiten betreffs Nahrungsbedarf und Verdauungsphysiologie, wodurch sich diese Reihenfolge erfolgreichen menschlichen Domestikationsbemühens ergab.

Schafe und Ziegen sind, beispielsweise, hinsichtlich ihres Futterbedarfes besonders genügsame Tiere, im Ausnutzen kalorisch unergiebiger, dürrer Pflanzennahrung außerordentlich effizient. Josef H. Reichholf hat sich hierzu wie folgt geäußert.

„Ziegen können zeitweise sogar vom Verzehr von Zeitungspapier leben, denn ihre Verdauung ist in der Lage, im Zeitungspapier enthaltene Zellulose enzymatisch aufzuschließen und zu verdauen. Letzteres bewirken sie m.H. spezieller Mikroben, die im sog. Pansen der Ziegen – einem Segment im komplizierten mehrkammerigen Magen der Wiederkäuer – leben.

Ähnlich wirkungsvoll verwerten Schafe auch solche Pflanzenstoffe, deren Dürftigkeit sie für die Ernährung der meisten anderen Tiere ausschließt.“

Solche Eigenschaften dürften somit entscheidend dazu beigetragen haben, dass Schafe und Ziegen jene Tiere waren, die schon sehr früh domestiziert werden konnten. Die Domestikation des Rindes gelang erst erheblich später, dem anspruchsvolleren Futterbedarf dieser Tiere geschuldet.

„Die mit ähnlichen Verdauungssystemen ausgestatteten Rinder benötigen für ihr Ernährungsgeschehen eine deutlich höherwertige Pflanzenkost – und weitaus mehr Wasser. Dennoch gehören auch die Rinder zu jenen Weidetieren, die sich durch eine beachtlich wirkungsvolle Verwertung der ihnen angebotenen Nährstoffe auszeichnen, was auch mit ihren besonderen Eigenschaften als Wiederkäuer zusammenhängt.

In Folge des im Maul erledigten Zerkleinerns der gefressenen Pflanzenstoffe entsteht ein Brei, der nachfolgend in den Pansen der Rinder gelangt. Dort wird dieser Brei durch die dortige Mikrobenflora mit einem – aus eigener Substanz gewonnenem – Mikrobeneiweiß durchsetzt, zudem auch mit bestimmten, im fermentativen Geschehen produzierten Fettsäuren veredelt.“

Mit anderen Worten – Rinder sind angesichts ihrer enzymatischen Potenziale und ihrer Symbiotik mit bestimmten Mikroben in der Lage, Kohlenhydrate in solche Eiweiße zu verwandeln, die vom Tier im Verlauf der diesem Geschehen sich anschließenden Stoffwechsel- und muskulären Aufbauprozesse verwendet werden können, seitens junger Muttertiere auch bei ihrer Milchproduktion.

Ein solches herausragendes Ergebnis der phylogenetischen Entwicklung des Rindes ermöglicht es ihm, seinen unerlässlichen Muskelaufbau und erforderlichen muskulären Ersatzstoffwechsel selbst dann zu vollziehen, wenn die Futterlage angesichts ihrer Kargheit für viele andere Wirbeltiere mit längerfristigem Überleben unvereinbar wird. Und Muttertiere können selbst bei diesbezüglichen Mangelzuständen über bestimmte Zeiträume hinweg ihrem Nachwuchs eine nahrhafte Milch anbieten.

Die erst recht spät – um etwa 7.000 v. Chr. – erfolgte Aufnahme des Schweines in den Normalbestand menschlicher Tierhaltung hatte, vor allem, mit den – durch seine spezielle Physiologie bedingten – ‚gehobenen Ansprüchen' an das vom Schwein akzeptierbare Futter zu tun. Bei Reichholf findet sich hierzu folgende Aussage.

„Das Ernährungsverhalten des Schweines kommt dem diesbezüglichen Verhalten des Menschen sehr nahe. Was zur Folge hatte, dass die Schweine einst in verschiedenen Kulturkreisen als potenzielle Futterkonkurrenten des Menschen angesehen, folglich insbesondere bei Verknappungen von Lebensmittelressourcen kulturmoralisch mit erheblicher Skepsis bewertet wurden.

In Folge des Fehlens spezieller Verdauungsmechanismen zur kalorischen Aufwertung von kalorisch dürftiger Ausgangsnahrung benötigt das Schwein ein Futter, das an Kohlehydraten reich ist, insbesondere ein an Stärke angereichertes Futter. Zur Zeit der Domestikation des Schweines waren die heutzutage dominierenden Schweinemastkomponenten Sojaschrot und Mais noch nicht verfügbar, weshalb sich sein einstiges Domestikationsgeschehen auf Grundlage einer bereits abfallreich gewordenen menschlichen Ernährung vollzogen haben dürfte."

Somit dürften Bemühungen zur Domestikation des Schweines so lange obsolet gewesen sein, wie es beim menschlichen Ernährungsgeschehen kaum nennenswerten Abfall gab.

Also gab es erfolgreiche Bemühungen zur stabilen Eingliederung dieser Tiere in den Normalbestand der zeitgemäßen Tierhaltung erst, nachdem durch die für ausschließlich menschliche Ernährung vollzogene Nahrungsmittelgenerierung tendenziell ein umfänglicherer Ertrag erbracht wurde, als es dem realen diesbezüglichen Bedarf der Menschen entsprach.

„Nur unter den Bedingungen von zumindest zeitweiligen Nahrungsmittelüberflüssen konnten nicht benötigte Ernährungsreserven – auch die täglichen Speiseabfälle – an nunmehr in Gefangenschaft gehaltene Schweine verfüttert werden.

In den Herbstmonaten waren zudem Eicheln und Bucheckern willkommene Ergänzung solchen Schweinefutters, wurde dadurch doch auch die geschmackliche Qualität des Schweinefleisches erheblich aufgebessert."

Keineswegs nachrangig für das damalige Domestikationsbemühen waren natürliche Verhaltenseigenschaften der zu domestizierenden Tiere. Beispielsweise gelang im Allgemeinen die Domestizierung relativ leicht, wenn es sich bei den hierfür vorgesehenen Tieren um Herdentiere handelte.

Nach Reichholf ging es bei solchen Bemühungen zunächst vorrangig darum, dass alle für eine Domestizierung vorgesehenen Tiere einer Art möglichst zusammenblieben und sich – ihrem genetisch vorgezeichneten Herdentrieb folgend – tatsächlich zu einer Herde zusammenfanden.

„Die Position des bei einer Herde von Wildtieren unerlässlichen Leittieres musste im Falle einer Herde von Domestikation unbedingt der Mensch einzunehmen bemüht sein. Die Tiere waren dazu zu bringen, sich seiner Obhut vertrauensvoll zu unterstellen. Auf Dauer war dies insbesondere nur dann zu gewährleisten, wenn er stets die Tiere auf noch nicht durch anderweitige Beweidung ausgebeutete, somit hinlänglich ertragreiche Weideflächen zu führen in der Lage war; was adäquate Lagekenntnis bedingte.

Dabei war dafür Sorge zu tragen, dass die geschlechtsreifen männlichen Tiere – z.B. die Schafs- oder Ziegenböcke – nicht zu unbeherrschbarer Dominanz in ihrer Herde gelangten. Gänzlicher Verzicht auf solche zu Brunftzeiten besonders schwierigen Herdenmitglieder war im Interesse der Nachwuchszeugung nicht möglich.

Am nachhaltigsten gelangen stabile Verankerungen des Menschen als ‚oberster Chef‘ einer Herde, wenn insbesondere die weiblichen Jungtiere recht bald nach Geburt ausschließlich durch menschliche Pflege aufgezogen, auf den Menschen als ihr absolutes ‚Leittier‘ geprägt werden konnten. Solche weiblichen Jungtiere können später zumeist ohne größere Schwierigkeiten in durch menschliche Hirten geführte Herden integriert werden.

Gelang es dem Hirten, seine Herde immer zuverlässig zu geeigneten, also ergiebigen Weideflächen in Nähe trinkbaren Wassers zu führen, gelegentlich – zur Absicherung des Kochsalzbedarfes der Tiere – an eine ‚Salzlecke‘ zu leiten, durch gelegentliche energische Intervention die Entwicklung einer inakzeptablen Dominanz des einen oder anderen Tieres zu verhindern, dann pflegte die Herde in ihrer Gesamtheit ihm zumeist stets willig zu folgen, sich – instinktiv – möglichst in seiner Nähe aufzuhalten, und dieses alles ohne jeglichen größeren äußeren Zwang.“

Die damalige Überführung eines gefangenen Wildtieres in eine seine bisherigen freien Bewegungsmöglichkeiten beendende Einpferchung, mit dem Ziel seiner Zähmung und dem folgender Nachwuchszeugung, beinhaltete immer eine massive Veränderung im Charakter der bisherigen Beziehungsstrukturen zwischen Mensch und Tier.

Nach James C. Scott gerieten alle diese Tiere unter einen „starken und stetigen Evolutionsdruck".

„Neben ihrer natürlichen Mobilität wurde durch die Gefangenschaft auch das bisherige Evolutionsspektrum dieser Tiere erheblich eingeschränkt. Jene Tiere, die sich den neuen Existenzbedingungen am schnellsten und nachhaltigsten anpassen konnten, besaßen dann auch am ehesten längerfristige Überlebens- ggf. auch Fortpflanzungschancen.

Die Maximierung der Fortpflanzung gefangener Tiere wurde dereinst bald ein Hauptziel menschlicher Domestikationsbemühungen. Fast alle männlichen Tiere und die weiblichen Tiere jenseits der gebärfähigen Altersjahre wurden folglich zumeist umgehend ausgemerzt. Es ging darum, domestizierte Herden zu schaffen, ausgestattet mit einigen ‚konkurrenzfreien', im Vollbesitz ihrer Zeugungskraft befindlichen männlichen Tieren, ansonsten bestehend aus vielen jungen weiblichen Tieren."

Nach ihrer gelungenen Domestikation waren solche Tiere von den vielfältigen Belastungen eines Lebens in freier Wildbahn auf Dauer befreit. Das galt in gleicher Weise für ihre Entlastung von der oft sehr intensiven Nahrungskonkurrenz unter Wildtieren, wie von den harten Auseinandersetzungen um Geschlechtspartner, der Bedrohung durch Raubtiere, u.s w.

Eine solche nachhaltige Veränderung in der Gesamtheit ihrer Lebensverhältnisse bewirkte, verständlicherweise, im Laufe der Zeit erhebliche, den neuen Gegebenheiten gemäße Veränderungen bei den domestizierten Tieren, den Domestikaten.

Sehr beachtenswert war ihre schnell nachlassende allgemeine Reaktionsfähigkeit und Reaktionsbereitschaft. Zudem zeigte sich bald eine Tendenz zu rückläufiger Körpergröße, auch zu schrumpfenden Volumina ihrer Gehirne und ihrer körpereigenen Verteidigungswaffen, d.h., ihrer Geweihe, Gehörne, Stoßzähne.

Des Weiteren relativierten sich in der Generationenfolge die zwischen männlichen und weiblichen Tieren gegebenen körperlichen Unterschiede erheblich.

Interessant ist die damals bei den Domestikation zunehmend früher eintretende Geschlechtsreife, mit der Folge einer entsprechend verlängerten individuellen Fertilitätsperiode weiblicher Tiere und ihrer tendenziell sich somit spürbar steigernden Gesamtfruchtbarkeit.

Andererseits ist für die Neugeborenen domestizierter Tiere jener Zeit eine zumeist wesentlich größere Sterblichkeit in der ersten Lebensperiode zu registrieren als für die zeitgleich in freier Wildbahn Geborenen der jeweiligen Art. Hierfür werden von Scott – u.a. – folgende Ursachen angeführt:

1. unzureichende Aktivierung der spezifischen Bemutterungsreflexe,

2. einseitige und dadurch erhebliche Nahrungsmitteldefizite bewirkende Ernährung,

3. immunologische Defizite in Folge ständiger relativer Isolation gegenüber der Außenwelt,

4. Inzuchtfolgen.

Eingehende anatomische Untersuchungen haben belegt, dass im Gehirn der Domistikate insbesondere das sog. „limbische System" im Laufe der Zeit – in Relation zu den Wildtieren – sich im Allgemeinen erheblich verkleinerte, also der Hippocampus, der Hypothalamus, die Hypophyse und der Amygdalakern.

Speziell der sich in Gefangenschaft radikal einschränkende Fluchtreflex der Domestikate erfährt hierdurch eine plausible anatomische Erklärung, des Gleichen das Schwinden der bei diesen Tieren in einer langen phylogenetischen Entwicklung angelegten generellen Gefahrenwitterung.

Eine andere Komponente der Domestikationsfolgen war die bei den Domestikation durchweg erheblich anwachsende Infektionsanfälligkeit. Nach Scott waren in vorzeitlichen Tierbeständen – in Folge schwerer Infektionen – aufgetretene Knochenkrankheiten bei unzureichend trainierten, sehr einseitig ernährten Tieren geradezu „charakteristisch“ gewesen.

Zur Erklärung solcher Gegebenheiten ist darauf hinzuweisen, dass domestizierte Tiere – oder ihre näheren Vorfahren – aus der vielfältig gestalteten natürlichen Umwelt ihrer Herkunft in ein relativ enges Milieu mit einer dichten und sehr speziellen Mikrobenwelt gelangt waren, welcher gegenüber sie dann lange Zeit verschiedene persistierende immunologische Defizite besaßen.

Und das wirkte sich gewiss nicht nur in Form der vorstehend zitierten hohen Sterblichkeit während der ersten Lebensperioden aus, sondern auch in Anfälligkeiten anderer Art.

Andererseits darf gleicherweise nicht übersehen werden, dass auch der Mensch durch die sich ergebende Mensch-Tier-Wohnnähe nunmehr neuen Infektionsgefahren ausgesetzt war – infolge des „Überspringens“ von bisher ausschließlich auf die animalische Welt orientierten Krankheitserregern auf Dignitatus.

Auch heute noch entstammen drei von vier beim Menschen neu auftretende Infektionskrankheiten dem tierischen Bereich. (Kai Kupferschmidt).

FRÜHES BROT, FRÜHES BIER

Nach dem fast eiszeitlichen Dryas-Jahrtausend war es in Europa recht schnell angenehm warm geworden. Und da es auch stets ausreichend regnete, war die damalige Steppenlandschaft zur Frühjahrs- und Sommerzeit allenthalben zu einer üppigen Graslandschaft erblüht. Im anatolischen Raum war solches in gleicher Weise geschehen.

Für die damaligen großen Pflanzenfresser war dieses Klima geradezu ideal. Und so vermehrten sie sich schnell, was ihren menschlichen Jägern unkompliziert zu erlangende reichhaltige Jagdbeute bescherte.

Pflanzenwelt, Mensch und Tier gediehen zu jener Zeit hierzulande geradezu prächtig. Vermutlich fielen damals gelegentlich den Jägern und Sammlern unter den diversen Pflanzen einige Arten auf, die regelmäßig im Spätsommer seitens der Vogelwelt besondere Beachtung fanden, denn zu dieser Jahreszeit fanden sich unsere gefiederten Freunde dort häufig ein und verspeisten mit Eifer das Samenkorn dieser Sommerpflanzen.

Also probierten dann vermutlich jene Menschen ihrerseits das Gleiche, fanden sicherlich diese Körner angenehm sättigend und auch ansonsten ihnen bekömmlich – wenngleich ihr Zerkauen gewiss als ziemlich beschwerlich empfunden wurde.

Und so blieb es damals wohl dabei, dass man zunächst nur gelegentlich auf diese Körner zurückgriff, im Sinne eines „Pausensnacks", ohne ihnen sogleich nachhaltige Beachtung zu schenken.

Doch dann gab es noch einmal, für die Dauer einiger Jahrhunderte, eine zwar nicht eisige, dennoch recht kühle Witterungsperiode – die sog. „kleine Dryas" – mit ungewöhnlich viel sommerlichem Regen, auch in Anatolien. Große Weidegebiete verwandelten sich in morastige Flächen, weshalb die großen jagdbaren Tiere dort zunehmend rar wurden.

Folglich sah sich Dignitatus gezwungen, sich mehr und mehr nach pflanzlichen Ergänzungen seiner gewohnten, gar geliebten Fleischkost umzusehen und auch den Pflanzen mit verspeisbarer Körnerfrucht vermehrt Beachtung zu schenken.

Dabei gelangte er zu folgenden Feststellungen. Holte man die verspeisbaren Körner vor ihrer völligen Ausreifung aus den Getreideähren, dann waren diese noch weichen Körner durchaus schon genießbar. Doch längere Zeit lagern, um – beispielsweise – auch im Winter eine Nahrungsreserve zu haben, konnte man sie nicht. Innerhalb von Wochen waren sie, besonders bei feucht-kalter Witterung, meistens verdorben, ungenießbar geworden.

Die ausgereiften, nur schwer zu zerkauenden und harten Körner, jedoch, blieben bei trockener Lagerung sogar bis zum nächsten Frühling genießbar. Zudem keimten sie dann bei Aussaat in feuchter Erde aus und ließen eine neue Pflanze ihrer Art entstehen.

Aber das Erlangen solcher begehrter fester Getreidekörner in größerem Umfang war deshalb schwierig, weil die Pflanzen ihre ausgereiften festen Körner nur sehr kurze Zeit in der Ähre hielten. Sie fielen dann alsbald auf das Erdreich neben dem Pflanzenstiel, wo sie manchmal von beliebigem Kleingetier gefressen wurden, oder aber – und das geschah wesentlich häufiger – durch Verscharren im Boden, gelegentlich in Folge von Windbewegungen, dem menschlichen Blick entzogen waren. Die Pflanze sicherte damit die Fortpflanzung ihrer Art, denn im nächsten Frühjahr konnte hieraus dann – mit großer Wahrscheinlichkeit – die nächste Getreidepflanze sprießen. Der lockere Sitz des gereiften Kornes war bei diesen bereits genetisch vorprogrammiert. Jene relativ wenigen Getreidepflanzen, bei denen solches Geschehen nicht ganz so schnell ablief, hatten zumeist unverzüglich „Besuch aus der gefiederten Welt“, von dem die nahrhaften Körner dann flugs verzehrt wurden.

Den damaligen Menschen Anatoliens ist es zu jener Zeit dann offenbar gelungen, sowohl den Futterkonkurrenten aus der Vogelwelt als auch dem baldigen Verschwinden des ausgereiften Kornes im Erdboden zuvorzukommen, also das nur sehr kurz geöffnete „biologische Zeitfenster“ zwischen Kornreife und seiner „andersartigen Verwendung“ zu nutzen, um speziell jene Ähren zu bergen, die ihre Körnerfrucht nicht allzu schnell nach Reifungsabschluss freizusetzen pflegten und somit auch Aussichten zur Nachzucht erntefreundlicher Getreidesorten eröffneten, auch wenn es aktuell dabei vermutlich vor allem um die Sicherung dieses Kornes als winterliche Ernährungsreserve ging.

Dennoch – die Nachzuchtidee ging keineswegs verloren, das Korn vorzugsweiser langer Ähren mit besonders reichhaltiger Körnerfrucht wurde bald nicht verzehrt, sondern nun als Saatgut für den nächsten Frühling separiert.

Damit war das Grundprinzip pflanzlichen Züchtungsbemühens entdeckt, vor etwa 9.000 Jahren.

Da Getreide einen relativ großen pflanzlichen Eiweißanteil enthält, konnte allmählich die in Anatolien während der Dyras-Zeit karg gewordene jagdliche Fleischbeute tatsächlich durch den langsam Systematik gewinnenden Getreideverzehr – mehr oder weniger – kompensiert werden.

Unterstützt wurde die Überführung des Getreides in das menschliche Ernährungsregime durch einige grundlegende biologische Eigenschaften dieser Pflanzen, insbesondere durch ihre speziellen Eigenschaften als selbst bestäubende Einjahrespflanzen.

Zudem gelang es bald, ihnen eine erhebliche Widerstandsfähigkeit gegenüber Kreuzungen mit ertragsarmen Vorgängervarianten anzuzüchten.

Für Weizen und Gerste gilt Letzteres in Besonderem. Der Roggen – indessen – weist besagte Widerstandsfähigkeit nur in erheblich niedrigerer Intensität auf; andererseits ist er viel genügsamer als Weizen oder Gerste (Scott).

Später erlangten die frühen Züchter weitere Erkenntnisse, z. B. hinsichtlich der Wirkungen von gezieltem Wässern und Düngen, der ertragssteigernden Wirkung von Auflockerungen des Bodens, der hierdurch möglichen Hemmung unerwünschten Unkrautwuchses usw.

Von archäologischer Seite wird heute die Auffassung vertreten, dass es bereits damals in Anatolien zu einer sehr bemerkenswerten Getreideökonomie gekommen ist.

„Noch heute gibt es in Anatolien große Bestände urtümlicher Weizensorten, bei welchen – wie moderne Feldversuche erwiesen haben – man mit einer Feuersteinsichel in drei Wochen genügend Korn ernten kann, um damit hernach eine Familie ein ganzes Jahr lang zu ernähren“ (Scott).

Es war ein langer Weg der Erkenntnis erforderlich, bis der Mensch die Fertigkeiten des bis heute sehr geschätzten Bäckerhandwerks erlangt hatte, um dann die kalorischen und sonstigen wertvollen Inhalte des Getreidekornes in der heute üblichen Brotform zu sich nehmen zu können.

Neben dieser harten Form der Zuführung des breiten Kanons biologischer Werte in den menschlichen physiologischen Verwertungsmechanismus gibt es auch – von alters her – eine flüssige Form durch das Herstellen und Trinken von Bier.

In verschiedenen Weltregionen, insbesondere in der westlichen Hälfte des gewaltigen eurasischen Blockes, gelang unseren fernen Vorfahren die Beherrschung dieses Verwertungsweges von Brotgetreide sogar früher als die Herstellung von festem und nahrhaftem Brot. Heute ist in Fachkreisen wohl unstrittig, dass – nach ihrer Entdeckung als potenziell seitens des Menschen gut verwertbares Nahrungsmittel – die Getreidekörner überraschend lange Zeit, Jahrtausende lang, zumeist vor dem Befördern in den menschlichen Magen im Munde mühsam zerkaut wurden, um schließlich – mit den Wirkstoffen des Speichels durchsetzt – als Brei hinuntergeschluckt zu werden.

Das war ein relativ anstrengendes und auch zeitaufwendiges Geschehen, das menschliche Gebiss erfuhr hierdurch eine schnelle und intensive Abnutzung. Die Zuführung der verschiedenen wertvollen Inhaltsstoffe des Getreides zur Verstoffwechselung im menschlichen Organismus in einer verflüssigten Form war somit, „einverleibungstechnisch" gesehen, ein unstrittiger zivilisatorischer Fortschritt der Menschen des Mesolithikums, der „mittleren Steinzeit".

Sicherlich, die Ergebnisse gelegentlicher spontaner Gärungsvorgänge in der freien Natur dürften dem Menschen bereits erheblich früher und mancherorts aufgefallen sein, den in Europa siedelnden Vertretern des Homo sapiens vermutlich schon vor den bitterkalten Jahrtausenden der letzten großen Eiszeit.

Wir können sogar mutmaßen, dass er auch gewisse Grunderfahrungen hinsichtlich bestimmter Folgen eines persönlichen Genusses spontan vergorener Beerenfrüchte bereits damals gesammelt haben könnte.

Angesichts der für Jäger- und Sammler-Gemeinschaften unerlässlichen sorgfältigen Naturbeobachtung kann aber dem damaligen Menschen insbesondere nicht das durchweg eigenartige Verhalten mancher Vögel im Zusammenhang mit der Aufnahme bestimmten „Futters" verborgen geblieben sein.

Bei Reichholf können wir hierzu Folgendes lesen.

„Alkoholische Gärung tritt in freier Natur sehr häufig auf, wenn es angemessen warm wird und vom Strauch oder vom Baum abgefallene Beerenfrüchte nicht allzu schnell in frischem Zustand von den diversen Vertretern der Tierwelt verzehrt werden.

Letztere hat sich indessen teilweise außerordentlich gut auf das Verdauen auch alkoholisch veränderter Frucht eingestellt. Bestimmte Vögel, für die zu Spätsommer- und Herbstzeiten das Verzehren solcher Früchte zur Ernährungsroutine geworden ist, haben eine geradezu extreme alkoholische Toleranz entwickelt, selbst gegenüber Blutalkoholwerten von 40 %. Bei uns Menschen besteht bereits bei einem Blutalkoholgehalt von einem Zehntel dieser Größe eine dramatische Lebensgefahr."

Analoge Gärungsgeschehnisse vollziehen sich – hin und wieder – in unmittelbarer Nähe von Wildgetreidepflanzen, wenn bereits reifes Korn in längere Zeit persistierende Regenwasserpfützen gefallen ist.

„In den Ähren der Wildgräser steckt das begehrte Getreide bekanntlich meistens ungewöhnlich fest verankert, um sich schließlich plötzlich aus der Ähre zu lösen, zu Boden zu fallen."

Welches spontane Gärungsgeschehen in der Natur dem Menschen einst das Geheimnis der alkoholischen Gärung vermittelt hat, wissen wir nicht. Wir wissen hingegen mit Sicherheit, dass die besagte spontane alkoholische Gärung kein absolutes „Privileg" diversen Obstes ist, beispielsweise auch die Körnerfrucht des Getreides sie gelegentlich erbringen kann. Es ist somit auch denkbar, dass unsere Urahnen dereinst ihre ersten alkoholischen Räusche sich unter Zuhilfenahme von Strohhalmen aus „alkoholschwangeren Regenwasserpfützen" in der Nähe frei wachsenden Wildgetreides angetrunken haben.

Wie auch immer – um derartiges frühes „natürliches Getreidebier" in einen kontrollierten Entstehungsmodus überführen zu können, um sich den menschlicherseits wahrgenommenen wundersamen Wandlungsprozess kontrolliert vollziehen zu lassen und hernach möglichst ungehinderten Zugang zum Resultat dieses Geschehens zu haben, war die Verfügung über ein hierfür unverzichtbares Instrumentarium unerlässlich. Es war vonnöten, über stabile und wasserdichte größere Behältnisse zu verfügen, in denen die gärende Substanz und ihr wässriges Medium über einen gewissen Zeitraum stabiler moderater Erwärmung zugeführt werden konnte.

Erst jetzt, im Mesolithikum, erlangte die Kunst der Töpferei und Keramikproduktion ein Niveau, das zur Herstellung derartiger Gefäße befähigte, insbesondere von hierfür geeigneten Töpfen und Krügen.

Und so hatte man nun die geeigneten großen irdenen Behältnisse, in denen man – beschienen von der spätsommerlichen, milden, immer noch wärmenden Sonne – die auf wundersame Weise sich vollziehende Wandlung von Wasser und Getreidekörnern zu einem nachher allseits eine angenehme Stimmung verbreitenden Getränk geschehen lassen konnte.

Der Genuss solchen „Brotes in flüssiger Form" hatte für den Menschen – neben einem völligen Umgehen der strapaziösen Kauprozedur – einen weiteren erheblichen Vorteil. Die hierdurch mögliche Nährstoffaufnahme per Saugstrohhalm ersparte ihm auch das mühselige Befreien des Kornes von „Spelz und Spreu", denn der Maische zu kalorienhaltigem Bier verwandelnde Gärungsprozess vollzog sich auch mit in „Spelz und Spreu" verbliebenem Korn.

Und die vor dem finalen Bierschluck des Menschen unerlässliche Separierung der Spelzen und der Spreu von diesem süffigen Bier, sein spleißenfreier Genuss, konnte schließlich mithilfe des bewährten Saugstrohhalmes in einer geradezu eleganten Manier bewirkt werden.

Neben der zumeist freundlich euphorisierenden Wirkung des im Bier enthaltenen Alkohols, des dezenten Sättigungsempfindens als Folge der Aufnahme im Bier enthaltener Nährstoffe, haben bereits in historisch sehr frühen Zeiten diverse Neben- und Ergänzungssubstanzen für aktuelle und Nachfolgewirkungen des individuellen Biergenusses eine erhebliche Rolle gespielt, desgleichen für das regelmäßige Biertrinken als gesellschaftliche Norm.

Besondere Beachtung in einer Rückschau verdienen in diesem Zusammenhang die in vielen Wildgetreidesorten häufig endemischen „Mutterkörner" – durch einen bestimmten Pilz befallene einzelne Getreidekörner einer Ähre – durch welche, u.a., halluzinogene Phänomene ausgelöst werden können. In noch früheren Zeiten zumeist wohl unbewusst vom Menschen gelegentlich verzehrt, kamen sie spätestens im Mesolihikum zunehmend bewusst als Halluzinogen zum Einsatz, auch als dosierter

Zusatz zu gelegentlich verabreichtem oder zum regelmäßig getrunkenen Bier.

Eine andere oft in diesem Sinne benutzte Quelle derart wirksamer drogenartiger Substanz war der Fliegenpilz, die ebenfalls vorzugsweise mit getrunkenem Bier appliziert wurde. Somit dürfte es wenig überraschend sein, dass sich das in der Nach-Eiszeit entwickelnde und qualifizierende frühe Schamanentum bei seinen diversen Heil- und Beschwörungspraktiken sehr bald in beträchtlichem Ausmaß auf speziell präparierte Biere stützte. Angesichts der allgemeinen Verfügbarkeit dieser Mittel und einer im Laufe der Zeit zunehmend präziseren Kenntnis ihrer Verwendungsmöglichkeiten konnte sich dann – als Teilinhalt des allgemeinen humanen Differenzierungsprozesses – die für das späte Neolithikum und die nachfolgenden historischen Perioden von Kupfer- und Bronzezeit typische duale tribale Herrschaftsform von „Heerführer plus Schamane" entwickeln. Für bestimmte Stufen menschlicher Entwicklung war sie wohl im globalen Maßstab üblich.

Gestützt auf mehrheitsfähige Entscheidungsfindungen m.H. mehr oder weniger demokratischer Leitstrukturen, übten hinfort Jahrtausende lang überdurchschnittlich tatkräftige, meist jüngere und männliche Führungspersönlichkeiten in ihrem Volksstamm die aktuelle politische Zentralgewalt aus, abgesichert durch ein mehr oder weniger zuverlässiges Kontingent unterschiedlicher Waffenträger.

Daneben existierte in der Regel eine durch ihren „Ältesten" repräsentierte Gruppe „älterer weiser Männer", die – formal gesehen – primär vor allem als verantwortlich für die Beziehungen ihres Stammes zu den als höherstehend eingeordneten außerirdischen Mächten angesehen wurden. Ihren Kern bildeten jene Spezialisten in solchen Angelegenheiten, die wir heute als „Schamanen" bezeichnen. Auch der an ihrer Spitze Stehende war im Allgemeinen ein solcher.

In der damaligen alltäglichen Lebenswirklichkeit fiel damals den Schamanen indessen eine breite, großenteils profane Aufgabenskala zu. Es waren dies Aufgaben einer breiten psychischen Betreuung ihrer Stammesmitglieder, insbesondere der individuellen und kollektiven Seelsorge. Zudem waren sie die frühen Ärzte und allgemeinen Nothelfer, zumeist auch Streitschlichter, oft auch Richter.

Aber sie dienten – in der Regel – auch der jeweiligen politischen Herrschaft als wichtiges Stimmungsbarometer, ihr Ältester dem Chef jenes Herrschaftszirkels als lebenserfahrener und vielseitig kundiger Ratgeber. Wohl jeder Häuptling wusste, dass er „gut beraten war", sich hinsichtlich wesentlicher Aktivitäten nicht mit seinen Schamanen zu entzweien, insbesondere nicht mit deren Oberhaupt. Er wusste um den Wert des speziellen Wissens- und Erfahrungsschatzes solcher „Thinktanks der Vorzeit" und war wohl zumeist auch im Interesse der Stabilität seiner eigenen Position grundsätzlich bemüht, die Sicht seiner „alten Männer" bei allem eigenen Tun immer angemessen zu berücksichtigen.

Der gesellschaftliche Wert der Schamanen beruhte weniger auf überdurchschnittlicher Tatkraft und Entscheidungsfreudigkeit, auf Frische und physischer Kraft, sondern auf der Verfügung über besondere außerordentliche Fertigkeiten und über ein besonderes spezialistisches Wissen. Dieses verstanden sie fast immer, der breiten Mehrheit ihrer Stammesmitglieder absolut vorzuenthalten und als Geheimwissen erst relativ kurz vor ihrem Ableben nur einem sorgsam ausgewählten Adepten anzuvertrauen.

Mithin war ihre spezielle gesellschaftliche Position im Stammesverband fast immer sehr stabil, weitaus stabiler als die der jeweiligen Inhaber des aktuellen politischen Entscheidungsrechts. Die an solche politischen Führungskräfte gestellten, oft mit extremen physischen Strapazen verbundenen Aktionsforderungen waren zudem nicht nur in seltenen Fällen mit einem sehr schnellen Kräfteverschleiß verbunden, oft mit ihrem frühen Tod.

Mithin ruhte die langfristige gesellschaftliche Kontinuität und Geschlossenheit der frühen Stammesgemeinschaften letztlich vor allem auf dem Potenzial ihrer Schamanen, zumal diese ihrerseits auch das Charisma verstorbener herausragender politischer Stammesführer für die allgemein stabilisierende Identitätswahrung ihrer Stammesgemeinschaft meist zu nutzen verstanden – und zur Festigung der eigenen Position in dieser.

Sicherlich, den Schamanen auch sehr früher Zeiten standen zunehmend wesentlich mehr und immer vielgestalterige Mittel und Methoden zur Verfügung als diverse Modifikationen vergorenen Getreidesaftes.

Dennoch – Bier war über Jahrtausende, nicht nur in Europa, ein dominierendes Medium sowohl der individuellen als auch der gesellschaftlichen Lebensgestaltung. Abschließend hierzu sei zumindest in Kürze darauf hingewiesen, dass „Mutterkorn-Bier“ lange Zeit auch als Zaubertrank gegen ungewollten Kindersegen galt, vorzugsweise durch Assistentinnen der Schamanen als Abortivum zum Einsatz gebracht, durch „weise Frauen“.

Nicht in allen Teilen der Welt hat Alkohol im Wirken der Schamanen einst eine derart zentrale Rolle gespielt wie in Europa und im vorderasiatischen Anatolien, was heute noch in bestimmten Gen-Differenzen spürbar ist. Wo sich heutzutage erhebliche regionale Unterschiede hinsichtlich individueller Alkoholtoleranz darstellen, liegt die Ursache dafür vor allem in genetisch begründeten unterschiedlichen Fähigkeiten der individuellen Alkohol-Dehydrogenase-Produktion.

Einwohner Europas haben – im Prinzip – vor sehr langer Zeit einen bestimmten, Alkoholtoleranz unterstützenden genetischen Selektionsprozess durchlaufen – die Bewohner der ost- und südostasiatischen Reiskulturgebiete hingegen kaum.

In Folge dessen sind Europäer im Bedarfsfall mehrheitlich leistungsfähige Produzenten der Alkohol abbauenden Alkoholdehydrogenase, Ost– und Südostasiaten dagegen eher nicht.

Familien, deren genetische Gegebenheiten sich in Europa dereinst nicht umgehend an einen häufigeren, gelegentlich auch sehr intensiven Genuss von alkoholhaltigem Bier anzupassen vermochten und sich nicht gegen das alkoholische Gift durch erhebliche Steigerung ihrer körpereigenen Produktion des biologischen Alkohol-Neutralisierers Alkoholdehydrogenase zu wappnen in der Lage waren, sind im Verlauf einer langen Generationenabfolge „ausselektiert“ worden (Reichholf).

Im Spätmittelalter der Neuzeit hat Bier im europäischen Raum auch deshalb eine große Rolle gespielt, weil hierdurch die Risiken einer Infektion durch bakteriell verunreinigtes Trinkwasser in verschiedenen, durch derartiges Trinkwasser stark belasteten Regionen erheblich reduziert werden konnte.

In Sonderheit traf dies für die sich allmählich entwickelnden städtischen Aglomerationen zu, z. B. für die Aglomerationen der zu Beginn der Neuzeit sich im Ostseeraum ansiedelnden „Hanse“.

Bestimmte, einst in Jahrtausenden – aus unterschiedlicher Veranlassung – entstandene, immer wieder aufgefrischte geschmackliche Prägungen haben sich auch im Falle des Getreidebieres im Lauf der Zeit weit verbreitet und bis heute erhalten.

Bekanntlich ist Bier immer noch in den meisten Teilen der Welt ein beliebtes, in großem Umfang konsumiertes Getränk.

EIN ZUSAMMENFASSENDER BLICK AUF DIE FRÜHE BÄUERLICHE SESSHAFTWERDUG

Die frühe Sesshaftwerdung war ein sich über Jahrtausende hinziehender, durch erhebliche innere Widersprüchlichkeiten charakterisierter, komplizierter Prozess. Gleichwohl gehört die frühe Sesshaftwerdung zu den die humane Entwicklung in ihrer Gesamtheit entscheidenden Geschehnissen.

Durch das Sesshaftwerden des neolithischen Homo sapiens fielen entscheidende Limitationen für die zeitgeschichtlich erforderlich werdende Konzentration seiner Lebensführung. Das gesamte Leben dieser Menschen erfuhr hierdurch – letztlich – einen großen Rationalisierungsschub, zumal sich mit dem Sesshaftwerden verschiedene grundsätzlich neue Facetten der Gestaltung ihrer Lebensführung ergaben.

Zum einen wäre hier, an erster Stelle, die erheblich gewachsene Planbarkeit allen Wirkens zur Sicherung der Ernährungsgrundlagen zu nennen – man war hinfort, durch seine Entscheidungsvollmacht bei Ackerbau und Viehzucht, spürbar weniger von den Zufälligkeiten des Geschehens in seinem natürlichen Umfeld abhängig als bisher.

Zum anderen erlangte man nun Möglichkeiten längerfristigen Lagerns verschiedener Lebensgüter – z. B. von Saatgetreide – als auch für den Vollzug bestimmter zeitlich ausgedehnter, notwendigerweise ortsgebundener Aktivitäten, beispielsweise für das Bierbrauen.

Auch die Aufzucht der Kleinkinder veränderte sich erheblich. Da diese nun nicht mehr alltäglich von ihrer Mutter bei deren Sammlertätigkeit mitgeschleppt werden mussten, konnte jetzt auch eine Mehrzahl von Kindern zeitgleich von dieser hinreichend versorgt werden.

Es gab auch ein drittes grundlegendes Motiv, sich im Verlauf der Jahrtausende zunehmend vom althergebrachten Jagen und Sammeln abzuwenden und sich der täglichen Plackerei des Bauernlebens zuzuwenden, trotz manch unstrittiger Attraktivität des Streifens und Wanderns in freier Natur während klimatisch angenehmer Zeiten des Jahres.

Zeitweilige enorme Verknappungen bei den in freier Natur erlangbaren Nährstoffen führten in jenen fernen Jahren zunehmend zu Konkurrenz um selbige und schließlich auch zu häufigem blutigen Kampf der Sippschaften um sie. Sesshaftwerden und Eigenproduktion von Nahrungsmitteln erleichterten es erheblich, solchen Auseinandersetzungen auszuweichen.

In der historischen Rückschau offenbaren sich uns also sogleich mehrere rationale Motive für das neolithische Sesshaftwerden. Für die damals lebenden Menschen hingegen dürften insbesondere zwei sich unmittelbar für sie durch ein Sesshaftwerden ergebende Vorteile entscheidend gewesen sein, diesen Schritt nach sehr langem, generationenübergreifendem Abwägen und manchem Vorversuch zu vollziehen – die Möglichkeiten der Vorratswirtschaft und das mittlerweile als unverzichtbar erachtete, nur im Falle der Sesshaftigkeit ständig zu gewährleistende Genießen von in eigener Regie gebrautem Bier. Letzteres Motiv war möglicherweise oft sogar absolut ausschlaggebend dafür, sich nunmehr einem erheblich disziplinierenden Bauernleben zuzuwenden.

Bei eingehender Betrachtung der damaligen Entwicklungen offenbart sich, dass die bäuerliche Wirtschaftsweise letztlich vor allem deshalb der Menschheit den Weg in die Zukunft öffnete, weil sie letzten Endes ein stetiges Wachstum der Bevölkerungszahlen ermöglichte und desgleichen bemerkenswerte Verdichtungen in den menschlichen Siedlungsstrukturen.

Das war – in breiter und tiefer Perspektive gesehen – entscheidend für das Entwickeln von angemessenen Fertigkeiten des interpersonellen verbalen Austausches, der intellektuellen Anregung.

Die langsam einsetzende Zunahme in der Qualität der materiellen Produktion dürfte hiermit in mancher Art Beziehung gestanden haben, wie auch die zunehmende mentale Öffnung für die sich einstellenden Anpassungserfordernisse des gesellschaftlichen Lebens, einschließlich seiner strukturellen Gestaltung.

Hierzu gehörte das Akzeptieren einer zunehmenden Spezialisierung in diversen Arbeitsbereichen, samt sich hierdurch ergebender sozialer Schichtungsphänomene.

Denn als sich in der Spätphase dieser humanen Entwicklungsetappe erstmalig eine systemisch etablierte „Surplus-Produktion“ ergab – d.h., ein gesellschaftliches Arbeitsergebnis, das spürbar über den existenzsichernden Grundbedarf der Gemeinschaften hinausging – stellten sich auch zunehmend Akzente einer bleibenden sozialen Schichtung ein. Sehr wesentlich hierfür war der von Spezialbereich zu Spezialbereich unterschiedliche gesellschaftlich relevante „Output“ der dort erbrachten materiellen Produktion.

Im Ergebnis solcher Entwicklung wurde das Etablieren von Herrschaftsstrukturen neuer Art unerlässlich, die trotz der sich jetzt zeigenden sozialen Unwuchten das Gemeinwesen in seiner Gesamtheit hinlänglich stabil hielten.

Augenscheinlich war es das Entstehen der vor allem in größeren Siedlungen sich zunehmend entwickelnden sozialen Ungleichheit, wodurch – vermittelt durch das nunmehr stabilisierte Prinzip einer „Surplus-Produktion“ – schließlich ein allgemeines Leistungsstreben angeregt wurde. Denn mit der sozialen Ungleichheit offenbarten sich auch die im Zusammenhang mit sozialem Abstieg stehenden persönlichen Risiken des einzelnen Individuums.

Durch persönliches Leistungsstreben konnte solchen Risiken am ehesten und nachhaltigsten begegnet werden, wie auch der alle persönlichen Entfaltungsmöglichkeiten unterstützende soziale Aufstieg am ehesten hierdurch erreichbar war.

DIESES GRUNDMUSTER GESELLSCHAFTLICHER FUNKTIONSSTABILITÄT HAT BIS HEUTE PRINZIPIELLEN BESTAND.

Kinderreichtum wurde nach der Sesshaftwerdung auch deshalb als Segen angesehen, weil Kinder bereits ab dem etwa achtem Lebensjahr als für bestimmte Arbeiten einsetzbare Arbeitskräfte angesehen wurden, geeignet insbesondere für das Hüten von Vieh und manchem Geflügel. Zumindest bis zum Beginn ihrer fertilen Altersjahre standen Kinder dann ihren Eltern immer als zunehmend breiter verwendbare Knechte und Mägde zur Verfügung.

Trotz zunehmend hoher Zahlen der von allen Frauen im Verlauf ihrer fertilen Altersjahre Geborenen nahmen die Bevölkerungen während der Jahrtausende des allmählichen Herausprägens sesshafter Daseinsformen nur sehr zögerlich zu. Nach Scott wuchs in der Zeit von 10.000 v. Chr. bis 5.000 v. Chr. die Weltbevölkerung lediglich von etwa 4 Millionen auf etwa 5 Millionen Menschen.

In der folgenden Hochphase des Neolithikums hingegen und in den dann folgenden Jahrhunderten von Kupfer-, Bronze- und beginnender Eisenzeit, also in der Zeit von 5.000 v. Chr. bis in die Jahre um Christi Geburt, verzwanzigfachte sich die Weltbevölkerung von etwa 5 Millionen auf etwa 100 Millionen Menschen.

Aus Vorstehendem ist zu folgern, dass vermutlich von 10.000 v. Chr. bis 5.000 v. Chr. immer noch – oder erneut – eine sehr hohe Säuglings– und Kleinkindersterblichkeit herrschte und auch die Adoleszentensterblichkeit beträchtlich war. Von Scott werden, beispielsweise, Säuglingssterblichkeitswerte von bis zu 50 % angenommen.

Es gibt gute Gründe für die Annahme, dass dieses Geschehen vor allem mit dem zunehmenden Aufkommen und der Verbreitung verschiedener für den Menschen gefährlicher Infektionskrankheiten erklärlich ist.

Wir werden darauf an anderer Stelle näher einzugehen haben.

Die Menschheit hat vermutlich damals mit ihrer „epidemiologisch tödlichsten Periode einen sehr gefährlichen demografischen Engpass“ (Scott) überstanden, der sich, paradoxerweise, dereinst mit der Hinwendung zu ihrer bis heute gültigen sesshaften Lebensweise ergab.

Dieses erst in der zusammenfassenden Rückschau sich in seiner ganzen inneren Dramatik uns offenbarende Geschehen konnte von unseren fernen Vorfahren – als Art – nur dadurch überlebt werden, dass in gelegentlichen mehrhundertjährigen Perioden eines in breiten Regionen relativ ruhigen Infektionsgeschehens ein den menschlichen Reproduktionsprozess in seiner Gesamtheit tendenziell begleitender exponentieller Wachstumsfaktor seine Wirksamkeit voll entfaltete.

Von Paläodemografen ist berechnet worden, dass bei einem in jeder Generation sich darstellenden solchen Faktor in der Größe von 1,4 die betreffende Bevölkerung sich üblicherweise schon innerhalb von 50 Jahren verdoppelt, Personengruppen von nur 100 Menschen gelegentlich im Verlauf weniger Jahrhunderte Millionenstärke erreichen konnten.

(Nach: Charles Redman „Human Impact on Ancient Environments“, 1999)

Auch bei Adoleszenten dürfte damals die Sterblichkeit übermäßig hoch gewesen sein, sowohl durch die direkte Wirkung diverser Infektionskrankheiten als auch durch ihr Zusammenwirken mit andersartig begründeten Gefährdungen. Bei heranwachsenden jungen Männern ist hierbei, u.a. an die zu jener Zeit kaum effektiv therapierbare „Blinddarmentzündung“ zu denken, bei jungen Frauen insbesondere an das spezielle Gefährdungspotenzial im Verlauf ihrer ersten Entbindungen.

Natürlich war im Falle des frühen Todes eines Heranwachsenden oder einer jungen Mutter die gesamte Sippe immer sehr daran interessiert, möglichst bald auf eine analoge nachwachsende Arbeitskraft zurückgreifen zu können, mithin grundsätzlich an möglichst vielen auszutragenden Schwangerschaften ihrer im fertilen Alter befindlichen weiblichen Population.

Auch egalitäre menschliche Gemeinschaften sind nicht gewaltfrei. Sie sind es nie gewesen, sie können es nicht sein.

Denn – wie auch in der Tierwelt – gibt es ebenfalls bei uns Menschen ein „ewiges Streitobjekt“, den potenziellen Sexual- und Lebenspartner. Insbesondere die meisten Vertreter des männlichen Geschlechtes befinden sich, bis hin zu ihrem Senium, in einem stetigen diesbezüglichen Wettbewerb, aber auch das weibliche Geschlecht ist keineswegs frei davon.

Von Harald Meller, Direktor des Landesmuseums für Vorgeschichte in Halle/Saale, ist auf ein bemerkenswertes Indiz für Härte und speziellen Charakter derartiger Auseinandersetzungen in grauer Vorzeit hingewiesen worden. In drei von vier aus ältester Vorzeit stammenden Massengräbern fehlten die Skelette junger Frauen völlig – sie waren offensichtlich für die kämpfenden Männer ein allzu kostbarer „Besitz“, um sie im Verlauf früher bewaffneter Auseinandersetzungen der Gefahr einer Tötung während ihrer steinzeitlichen Gemetzel auszusetzen.

Frauenraub war einer der wichtigsten Gründe solchen Streits, aber auch Blutfehden, Ängste, fremden Zaubers ausgesetzt zu werden. Insbesondere konnte jedoch zu blutigem Krieg ausartende Konkurrenz um – aus beliebigem Grund – sich verknappende lebensnotwendige Ressourcen immer wieder seitens der modernen Archäologie als Ursache von brutalster Gewalt wahrscheinlich gemacht werden, speziell der Kampf um die Voraussetzungen der Ernährungssicherung.

Im Zusammenhang mit der „Verbäuerlichung“ der Gesellschaft scheint es dann – zumindest zeitweise und regional – tatsächlich zu einer gewissen Rückläufigkeit dramatischer Auseinandersetzungen gekommen zu sein. Denn der sesshafte Bauer benötigte nur noch etwa den hundertsten Teil des flächenmäßigen natürlichen Lebensraumes eines Jägers und Sammlers bzw. ein Zehntel der Fläche, die ein „teilsesshafter" Hirte für seine Existenz in Anspruch nehmen musste.

Die ineinandergreifenden, unumgänglichen Tages- und Jahresroutinen ihrer Arbeit fesselten die frühen Landwirte an einen minutiös choreografierten Rhythmus. Das formte dann bald sowohl die physische Gestalt ihrer Körper als auch ihren mentalen Charakter und erbrachte letztlich bestimmte Muster von Kooperations- und Koordinationsverhalten. (Scott)

Im Vergleich zu einer solchen Existenz hatte der Jäger und Sammler ein weitaus weniger durch zwingende Arbeiten belastetes Leben. Im statistischen Mittel dürften ihm alltäglich etwa fünf Stunden Arbeit genügt haben, um alle Voraussetzungen für die tägliche Ernährung zu sichern.

Der neolithische Bauer, dagegen war – nach Reichholf – mit seinem strammen ganztäglichen Pensum für etwa neun Zehntel des Jahres fest an seine Scholle gebunden, in einem Leben voller Pflichten und harter Alltagsarbeit. Diese damals bewirkte grundsätzliche Prägung des Dignitatus dürfte bis heute gültig sein.

Vermutlich haben die Jahrhunderte und Jahrtausende, in denen unsere frühen Vorfahren unser heutiges Leben durch ihre fleißige bäuerliche Arbeit vorbereitet haben, uns für ein durchweg disziplinbewusstes Verhalten vorgeprägt.

In unseren innersten Tiefen, dagegen, lebt indessen wohl doch immer noch eine aus noch früheren Zeiten herrührende Sehnsucht nach dem relativ unbelasteten, freien, streifenden Leben der Jäger und Sammler in den Anfangsjahrtausenden der Menschheit.

Doch welches konkrete Bild können wir uns von den realen Lebensgegebenheiten der frühen europäischen Bauern in den ersten Jahrhunderten nach Erlangung der vollen Sesshaftigkeit machen, nach den langen etwa vier Jahrtausenden hierzu?

Es ist dies ein zutiefst widersprüchliches Bild, das sehr die Annahme unterstützt, dass der Weg zur vollen Sesshaftigkeit wohl kaum im vollen Bewusstsein seiner perspektivischen Sinnhaftigkeit beschritten worden sein dürfte, sondern – nach Deaton – eher unter dem zwingenden Wandlungsdruck sich drastisch verändernder Lebensgegebenheiten. Angus Deaton ist Nobelpreisträger und Princeton-Professor und hat sich sehr nachdrücklich in diesem Sinne geäußert.

Unter den sich nunmehr einstellenden Belastungsfaktoren und Risiken ragen die verschiedenartigen neuen Krankheitsgefährdungen heraus, vorrangig bedingt durch die teilweise extreme Mensch-Tier-Wohnnähe und die ständig zunehmende Siedlungsverdichtung der Menschen.

Scott weist jedoch nachdrücklich darauf hin, dass „die Krankheitsökologie des späten Neolithikums nicht eine bloße Folge der Konzentration von Menschen und ihren Domestikaten" – d.h., der von ihnen domestizierten Tiere – „in den festen Siedlungen war."

Des Weiteren äußert er sich hierzu wie folgt.

„Eher war diese Krankheitsökologie ein Effekt des gesamten Hauskomplexes als ökologisches Modul. Räumung und Rodung von Land für Ackerbau und für die Beweidung der neuen Domestikate schuf eine gänzlich neue Landschaft und gänzlich neue ökologische Nischen, mit mehr Sonnenlicht und mehr freiliegenden Böden, welche neue Arten von Flora, Fauna, Insekten und Mikroorganismen bezogen. Damit war das bisherige ökologische Muster stark gestört. Ein Teil dieser Transformation – etwa das Geschehen im Getreideanbau – war beabsichtigt. Bedeutender aber waren die vielen zweit– und drittrangigen Nebeneffekte, welche mit der Erfindung der Hausgemeinschaft einhergingen, z.B. der nunmehrige konzentrierte Anfall von Fäkalien."

Es waren also radikal veränderte Biotope und Soziotope, was wir im Auge haben sollten, um die oft in prekäre Gegebenheiten fallenden Lebensverhältnisse des sesshaft gewordenen Bauern im Neolithikum in ihrer Verursachung angemessen einordnen zu können, insbesondere die bei langdauernden Klimaschwankungen oft sich „gebündelt" ergebenden Einflüsse von Mangel– und Fehlernährung sowie von neuen Infektionsrisiken. Solches konnte für derart betroffene Populationen schnell dramatische Konsequenzen haben.

An „neuen Infektionskrankheiten" nennt Deaton die Tbc, des weiteren Pocken, Masern und Tetanus. Pocken und Masern, Krankheiten mit beim Menschen oft hochakutem Verlauf und erheblicher Letalität, werden von

Scott als Ergebnisse von Mutationen ursprünglich im Tierreich endemisch verankerter Keime angesehen.

Masern stehen im Verdacht, sich aus einem auch unter Schafen und Ziegen verbreiteten Rinderpest-Virus entwickelt zu haben. Pocken gingen aus den sog. „Kuhpocken" hervor, die jedoch vor allem über Zwischenwirte wie Nagetiere und domestizierte Kamele schließlich in die menschliche Population gelangten.

Ergänzend wird von ihm auf Folgendes hingewiesen.

„Die Erzeugung solcher neuer Speziesgrenzen überspringender Zoonosen wuchs in dem Maße, wie die Populationen von Menschen und Tieren anschwollen, die Kontakte von Mensch zu Mensch auch über größere Entfernungen zunehmend häufiger wurden."

Das hatte weitestgehend seine Ursache darin, dass der Prozess der frühen Sesshaftwerdung mit dem allmählichen Entstehen stabiler Handelsverbindungen verknüpft war und dabei schon in frühen Zeiten gelegentlich tatsächlich erstaunlich große räumliche Distanzen zurückgelegt wurden.

Wenden wir uns nun den Masern näher zu, zumal der spezielle Charakter ihres epidemischen Verhaltens auch die beachtliche Breite und Dichte der neolithischen interpersonellen Kontakte überzeugend belegt.

Für die Aufrechterhaltung seiner endemischen Verankerung in einer menschlichen Population benötigt nämlich das Masern-Virus verlässliche Infektionsketten einer sehr speziellen Art, die erst bei einer in ständigem gegenseitigem Kontakt befindlichen Bevölkerung von mindestens 300.000 Menschen gewährleistet sind.

Angesichts der zwar zunehmend clusterhaft verdichteten Siedlungsstruktur, bei dennoch sehr langer Zeit äußerst niedrigen Bevölkerungszahlen je Maßeinheit Bodenfläche, kann allein durch das epidemiologische Faktum der festen Verankerung des Masernvirus in der damaligen Homo-sapiens-Bevölkerung die unstrittig respektable Spannweite ihrer ständigen Kontaktbeziehungen als bewiesen gelten.

Erst bei einer Gesamtpopulation von besagten 300.000 Menschen ist es gesichert, dass alljährlich ein für die endemische Persistenz des Virus unerlässlicher Zugriff auf mindestens 3.000 bisher durch Masern noch nicht infizierte Personen gewährleistet ist, Jahr für Jahr.

Denn für chronisch längeres Verweilen in einem infizierten Menschen ist die Biologie des Masern-Virus nicht beschaffen – um als Art fortbestehen zu können, muss es ständig von dem einen frisch infizierten „Wirt“ zum nächsten übertragen werden.

Ein plastisches Beispiel für die epidemiologische Spezifik der Masern-Keime, für die hierin begründeten Risiken für menschliche Populationen, ist die jüngere Historie der Masern-Mortalität auf den im Nordatlantik gelegenen, relativ isoliert positionierten Färöer-Inseln.

Bei Scott ist hierzu Folgendes zu lesen.

„Eine durch auf den Färöern gestrandete Seeleute im Jahr 1781 dort eingeschleppte Masern-Epidemie verheerte die Inseln, und dann blieben die Inseln 65 Jahre lang frei von jeder Masernerkrankung. Die jene Katastrophe Überlebenden waren fast durchweg z.Z. der Epidemie Kinder oder junge Leute.

Im Jahre 1846 kehrte die Krankheit dann jedoch zurück, infizierte nun fast alle Inselbewohner, mit Ausnahme der durch ihre im Jahr 1781 überstandene Erkrankung immunisierten, inzwischen älteren Menschen. Die meisten frisch infizierten Erwachsenen starben.“

Bei einer dritten Epidemie, um 1875, war auf den Färöer-Inseln das Gleiche zu beobachten – außer den die jeweilige Vorepidemie überlebt habenden, dadurch nunmehr immunisierten Bewohnern infizierte sich immer fast die gesamte aktuelle Inselbevölkerung, von der dann die Menschen jenseits des Kindheits- und Jugendalters mehrheitlich die Infektion nicht überlebten. Die meisten Kinder und jungen Menschen, jedoch, überlebten und überstanden dank ihrer Immunisierung auch eine eventuell später von ihnen erlebte zweite Masernwelle.

Aus dem Vorstehenden darf gefolgert werden, dass die für den beiderseitigen Fortbestand als Art, also für den Arterhalt sowohl der Masern–Viren als auch der menschlichen „Wirte“, offensichtlich günstigste Variante der Gewährleistung von endemischer Persistenz des Virus im Topos einer fortbestehenden menschlichen Gesellschaft eine „in ewiger Kette“ von seitens jeder jungen Generation zu ihrer jeweils nächsten jungen Generation weitergereichte Infektion ist.

Auf den Färöern konnte das nicht geschehen, da auf Seite der Menschen das im Fall der Masern hierfür erforderliche Volumen von 300.000 Personen bei Weitem nicht gegeben war – die Infektionsketten zwischen den sich ablösenden jungen Generationen waren für einen sicheren Infektionstransfer des Masernvirus viel zu kurz, der in großen Populationen durch das übliche Überstehen der Erkrankung nach Infektion bereits in einem frühen Lebensalter sich entwickelnde breite Infektionsschutz konnte sich auf den Färöern nicht aufbauen.

Auch in Anbetracht solcher infektologischen Gegebenheiten wurde es im Neolithikum zunehmend wichtig, ausreichend große Kommunikationsräume zu entwickeln. Solches um so mehr, da in jener Zeit auch andere aus dem Tierreich auf die Menschheit „überspringende" Erreger ähnliche epidemiologische Verhaltenseigenheiten entwickelten, wie die Masern. Hierzu zählen die Erreger der Poliomyelitis, von Mumps und der infektiösen Hepatitis „A".

DIE MENSCHHEIT WAR SEIT JEHER GEZWUNGEN, MIT MANCHEN BIOTISCHEN ENTITÄTEN SYMBIOTISCHE KOMPROMISSE ZU SCHLIESSEN.

Nicht unerwähnt sollte bleiben, dass drastische epidemiologische Ereignisse tendenziell erheblich zur Festigung der Einflussmöglichkeiten der Schamanengilde beitrugen. Frühe Sachkunde, gepaart mit der Beherrschung elementarer Beschwörungstechnik und eindrucksvoll zitierter magischer Formeln stützten bei der Verzweiflung nahen Menschen die Position der Schamanen nachdrücklich, wie auch den herausgehobenen Status der sich am mystischen Zeremonialgeschehen oft aktiv beteiligenden Vertreter des aktuellen politischen Führungszirkels.

Nicht nur das domestizierte tierische Inventar des frühen sesshaften Bauern erbrachte neue Risiken für die menschliche Existenz, auch im Bereich der Pflanzenwelt gab es nach der Sesshaftwerdung keineswegs nur den züchterischen Erfolg in Form der Entwicklung ertragreicher Getreidesorten, sondern verschiedene Erreger von Pflanzenkrankheiten erhielten durch das Entstehen neuer Biotope ungeahnte Entwicklungsmöglichkeiten.

Bei Scott findet sich hierzu die folgende Aussage.

„Die Landschaft des neolithischen Ackerbaus war nicht nur zunehmend dicht besiedelt, sie konzentrierte sich hierbei überwiegend auf lediglich zwei Pflanzensorten, auf Gerste und Weizen. Viele Felder wurden, Jahr für Jahr, ausschließlich mit diesen beiden Getreidesorten bebaut.

Beim vorherigen Wanderfeldbau, noch typischer bei durch ursprüngliche Brandrodungen erlangtem Ackerland, wurden die Äcker jeweils nur ein Jahr bzw. zwei Jahre in Folge bestellt, lagen hernach ein Jahrzehnt oder länger brach. Mithin war ihre „lokale Ökologie“ einem ständigen Wechsel unterworfen, durch bunte Vielfalt charakterisiert.

Der nunmehr grundsätzlich jährliche Ackerbau, der stete Anbau der gleichen Pflanzen, das bot nunmehr auch stets für die gleichen Schädlinge und für die gleiche Krankheitserreger eine ständige Nahrungsquelle. Schädlinge und Krankheitserreger wuchsen folglich nun zu voluminösen Populationen heran. Derartiges hatte es vor der Einführung feldgebundener Monokulturen nicht gegeben.

Wir können davon ausgehen, dass viele Getreidekrankheiten, von denen die neolithischen Pflanzer nunmehr geplagt wurden, neue Erreger hatten.

Das waren unerwünschte Nebenresultate der von Menschenhand angeregten evolutionären Prozesse. Sie waren in die Wege geleitet worden mit dem Ziel, eine neuartige, einseitig – stabile, vor allem nährstoffreiche Agroökologie entstehen zu lassen, das in Weizen und Gerste angelegte biologische Entwicklungspotenzial voll auszuschöpfen. Was sicherlich auch gelang – nur, mit der Förderung der Getreidepflanze erfuhren auch manche andere biologische Wesen eine unerwartete Förderung.

Jedenfalls führte die zunächst durch den Anbau von Monokulturen radikal simplifizierte Landwirtschaft dazu, dass die frühen Bauern recht bald einen mühsamen und aufwendigen Kampf gegen eine „Rückeroberung des Ackerlandes durch die Natur“ zu führen hatten.“

Wir fügen hinzu – zusätzlich zum Widerstand, der gegen den sehr lange anhaltenden vielfältigen Druck seitens des immer noch beim „Jagen und Sammeln“ verbliebenen Teiles der damaligen Bevölkerung zu leisten war.

In der Bibel hat dieses Geschehen in Form der „Kain-und-Abel-Parabel“ seine Reflexion gefunden.

Hierzu sei Josef H . Reichholf zitiert.

„In vorbiblischen Zeiten schätzte Gott Jahwe die Früchte des Feldes geringer als die Leistung der Hirten.

Das Geteideopfer Kains gefiel dem HERRN nicht so sehr wie das Fleisch, das Abel – der Hirte – ihm zu bieten hatte. In blindem Zorn erschlug dann Kain seinen Bruder, den Vorgezogenen, der doch weit weniger im Schweiße seines Angesichts geschuftet hatte als er, der er ein ewig rackernder und sich mühender Ackerbauer war.

Kain und Abel vertreten in dieser Parabel sehr deutlich unterschiedliche Stämme im frühen Palästina, gegeneinander konkurrierende Ackerbauern und Viehzüchter. Der südwestliche Ausläufer des „fruchtbaren Halbmondes" erstreckte sich bis dorthin, keilförmig – spitz, mit typischem und gutem Weideland für Gazellen und Rindvieh.

Offensichtlich war dort vor 5.000 Jahren immer noch nicht endgültig entschieden, wer schließlich die Vorherrschaft erringen werde – der Ackerbauer oder die Viehzucht, die Sesshaftigkeit oder das weitaus ungebundenere Leben der Wanderhirten."

Im Zusammenhang mit den sich damals entwickelnden sozialen Schichtungsprozessen stellten sich dann auch weitere, neuartige gesellschaftliche Spannungen ein, auch hierfür dürfte das Finden eines angemessenen Umganges nicht komplikationslos verlaufen sein.

Hinsichtlich dieser Entwicklungen galt es vor allem, eine unvertretbare Eskalation der neuen Spannungen rechtzeitig wirkungsvoll zu unterbinden, sie andererseits durchaus als steten Impuls für individuellen Leistungswillen und Schöpfertum zu nutzen und nicht völlig im überkommenen sozialen Nivellierungsstreben verschwinden zu lassen.

Nicht nur die zeitlich sehr ausgedehnte Übergangsperiode von der Jägerei und Sammlerei zur sesshaften Landwirtschaft war mit großen Risiken und Spannungen verschiedener Art verbunden, auch noch nach vollzogenem allgemeinem gesellschaftlichem Durchbruch gab es immer wieder – insbesondere aufgrund der nunmehrigen riskanten Konzentration auf eine schmale Produktpalette – drastische regionale Rückschläge, mit nachhaltigen Folgen für die Existenzsicherheit der hiervon betroffenen Menschen.

In „guten Jahrzehnten" war der durch die bäuerliche Wirtschaftsweise erlangte Output sicherlich oft von beeindruckender Voluminösität und ermöglichte allenthalben „Ausbau und Erweiterung“, doch bei anhaltenden Wetterkapriolen – beispielsweise – geriet man wegen nunmehr kaum noch gegebenen „Manöverraumes“ sehr schnell in prekäre Verhältnisse.

Auch die letztlich dauerhaft sich erfolgreich auf ihrer Scholle Behauptenden haben zumeist Jahrhunderte lange Phasen mit sehr eingeengten Lebensverhältnissen überstehen müssen.

Durch moderne Archäologen belegte periodische Veränderungen der physischen Dimensionierung jener Bauern belegen dies. Die hierbei zutage getretenen zeitweiligen physischen Schrumpfungen, eine deutliche Reduzierung von durchschnittlicher Körpergröße und durchschnittlichem Körpergewicht der erwachsenen Bevölkerung verschiedener Territorien, müssen wir als Adaptationserscheinungen auf mittelfristig negativ veränderte Lebenswirklichkeiten ansehen, mithin als plastische Resonanzphänomene auf dem historischen Entwicklungsweg des Dignitatus.

Sicher – große Körpergröße und große Muskelkraft eines Menschen bescheren insbesondere seinen oberen Gliedmaßen eine große Aktionsweite und ein großes Leistungspotenzial speziell für die Bewältigung von solchen muskulären Anforderungen, die sich nicht in regelmäßiger und schneller Wiederholung stellen.

Bei zuverlässig unproblematischen Ernährungsverhältnissen erlangen körperlich große und physisch starke Menschen in ihrer gesellschaftlichen Umwelt häufig eine herausgehobene Position, der genetische Selektionsprozess bewirkt einen dem entsprechenden Entwicklungstrend für die Gesamtheit einer solchen Gemeinschaft.

Aber ein derartiges allgemeinförderliches Entwicklungsgeschehen kann bei zunehmend prekären Lebensbedingungen sinnwidrig werden, vor allem dann, wenn Fertigkeiten zur Bewältigung muskulärer Maximalforderungen zu eher nachrangiger Bedeutung gelangen.

Denn große und muskelstarke Menschen benötigen auch für körperlich leichte Arbeit spürbar mehr Kalorien als eine physisch kleiner dimensionierte Persönlichkeit. Beim großen und muskelstarken Menschen mobilisiert eine jede Bewegung ein großes Muskel- und Knocheninventar und ist bei ihm mit einer größeren Massenbewegung verbunden als bei einem weniger großen und schmächtigeren Mitglied seiner Gemeinschaft. In gebirgigem Terrain, bei den sich dort im Lebensalltag ständig stellenden

Anforderungen der Höhenbewältigung, zeigen sich die hieraus ergebenden Probleme mit besonderer Schärfe.

Selbst in totalem Ruhezustand, in ihrem Schlaf, verbrauchen die Großen und Starken – absolut gesehen – deutlich mehr Kalorien als die Kleinen und Schmächtigen.

Bei Fortdauer von eher für Letztere noch erträglichen Lebensverhältnissen bewirkt dann das genetische Regulativ, logischerweise, eine tendenzielle Verkleinerung in der physischen Dimensionierung der Angehörigen eines solchen Volkes.

Was jedoch keineswegs mit Reduzierungen seines gesellschaftlichen kognitiven Vermögens verbunden sein muss! Es ist sehr wichtig für Fortbestand und Fortentwicklung von Homo sapiens gewesen, dass einmal erlangte grundlegende Fertigkeiten und Erkenntnisse auch bei Eintreten extrem schwieriger allgemeiner Lebensbedingungen zumeist nicht verloren gingen und das gesellschaftliche Gedächtnis der Menschheit auch in der sehr langen Zeit vor Erfindung der Schrift sich als grundsätzlich stabil genug erwies, um nach Besserung ihrer Lage auf einstmals als erfolgreich Erkanntes wieder zurückgreifen zu können, wodurch zudem der Mensch sich keineswegs von der animalischen belebten Welt völlig unterscheidet – bei verschiedenen Tierarten konnte die moderne Forschung Analoges feststellen, sogar die Vererbung von differenzierten Gedächtnisinhalten im Sinne eines außergewöhnlich detaillierten Trieblebens.

Wenn man heutzutage das in diesem Kapitel zu Papier Gebrachte gedanklich Revue passieren lässt, dürfte einem sehr deutlich werden, dass unsere einstige Sesshaftwerdung, der lange Übergang vom Leben der Jäger und Sammler zum disziplinierenden Dasein des sesshaften Bauern, auch die Frühformen seiner neuartigen Existenz, ein strapaziöser Prozess von „höchst dialektischem Charakter“ gewesen ist, das letztendlich erfolgreiche Fortschreiten unserer Vorfahren durch Mühsale und Barrieren geprägt war und sich diese Prägung grundsätzlich bis heute erhalten hat.

Der lange und einen sehr speziellen Charakter tragende, etwa 4.000 Jahre währende Weg von nacheiszeitlicher Neubesiedlung Kerneuropas bis zur Verstetigung sesshaften Lebens, in welcher Zeit keineswegs durchgängig das Bauerntum sich gegenüber dem „Jagen und Sammeln“ als überlegen zeigte, ist von James C. Scott in einer beeindruckenden Skizze umrissen worden.

Sie sei, abschließend zu diesem Thema, hier in gestraffter Form vorgestellt.

„Die atemberaubende Lücke von vier Jahrtausenden zwischen dem ersten Auftreten von kultiviertem Getreide und dem Zusammenwachsen agro-pastoraler Gesellschaften, die wir mit der frühen Zivilisation verbinden, verdient unsere nachhaltige Aufmerksamkeit.

Die Anomalie einer derartigen historischen Zeitspanne, in der alle Elemente für eine klassische Agrargesellschaft vorlagen, doch keine Verbindung einzugehen vermochten, verlangt eine Erklärung.

Eine unausgesprochene Annahme des Standardnarrativs vom ‚Fortschritt der Zivilisation' besagt, dass, sobald kultivierte Getreidepflanzen und Viehbestände verfügbar sind, diese – mehr oder weniger – von selbst und rasch eine ausgebildete Agrargesellschaft hervorbringen.

4.000 Jahre, oder – grob gerechnet – 160 Generationen sind viel mehr, als man braucht, um sich aus Anfangsschwierigkeiten herauszuarbeiten.

Melinda Zeder, eine prominente Theoretikerin der Domestikation, hat die Hypothese vertreten, dass jene Populationen, die sich für den Großteil ihres Kalorienbedarfes eben nicht ausschließlich auf feldgebundene Getreidearten verließen, genau wussten, was sie taten.

„Anscheinend gab es zu jener fernen Zeit stabile und äußerst dauerhafte Subsistenzwirtschaften. Diese basierten auf der Nutzung von Ressourcen-Mischungen, d.h. auf der Nutzung sowohl von wild lebenden als auch von bewirtschafteten als auch von vollständig domestizierten Ressourcen; und solches schon etwa 4.000 Jahre vor der Herausbildung von jenen Agrarwirtschaften, die nunmehr primär auf den ausschließlichen Umgang mit domestiziertem Getreide und domestiziertem Vieh beruhten." (Zeder, „After the Revolution")

Melinda Zeder behauptet, dass öfters „kultivierte Pflanzen und domestizierte Tiere in den allgemeinen Reigen der Ernährungsstrategien aufgenommen wurden, manchmal jahrtausendelang, ohne dass deshalb ein größerer Bruch mit der traditionellen Lebensweise der Jäger und Sammler stattgefunden hätte".

Diese domestizierten Tiere und kultivierten Pflanzen dienten dann als zusätzliche Nahrungsmittel, die sich von den Ressourcen der Wildnis nur dadurch unterschieden, dass man sich bei ihnen etwas mehr um ihr Vermehrungsgeschehen kümmern musste.

Ebenso wie zuvor die Pionierarbeit für die frühe Sesshaftwerdung von jenen Jägern und Sammlern geleistet wurde, welche die vielfachen Optionen für den Lebensunterhalt dereinst für sich zunutze machten – jene Optionen, die sich ihnen seitens ihrer verschiedenartigen Feuchtgebiete anboten –, können wir den jetzt betrachteten langen, viertausendjährigen Zeitraum als Periode eines ständigen Experimentierens der damaligen Menschen im Umgang mit ihrer nunmehrigen Umwelt betrachten. Sie waren opportunistische Generalisten.

Statt sich auf eine nur geringe Bandbreite von Lebensmitteln zu verlassen, haben sie verstanden, eine breite Palette von Subsistenzmöglichkeiten zu nutzen, welche sich über mehrere Nahrungsnetze erstreckte.

Die Archäologen sind sich einig, dass es in den insgesamt etwa fünf Jahrtausenden nach 10.000 v. Chr. viele Wellen eines zeitweiligen Bevölkerungswachsens wie auch eines passageren Sesshaftwerdens gab, Perioden trocken-kühler Witterung, während welcher Zusammenballungen in den verfügbar gebliebenen Refugien zu Sesshaftigkeit führte, abgelöst von warmen Feuchtperioden, mit der Folge erneuter streuender Ausbreitung der Bevölkerung, mit erneutem Aufleben von partiellem Sammlertum und leidenschaftlichem Jagen.

Angesichts von zeitgemäßer Unbeständigkeit der Lebensgegebenheiten, des häufigen Wechselns in den Risikostrukturen, war es dereinst für die frühen Populationen offensichtlich kaum sinnvoll, sich ausschließlich auf einige wenige Subsistenzressourcen zu verlassen. Dennoch sind damals gelegentlich auch größere Populationen untergegangen, nicht immer völlig unverschuldet.

Manche einstige Katastrophe der Vorzeit ist bereits als „menschengemacht“ zu verstehen. Beispielsweise traf dies oft auf für ganze Gemeinschaften tödliche Ausmaße gewinnende Krankheiten zu, deren Verbreitung auf eklatantes Versagen hinsichtlich der Einhaltung elementarer Hygieneregeln zurückzuführen war oder auf totales Erschöpfen bestimmter spezieller, unverzichtbarer natürlicher Ressourcen im Ergebnis völlig unkontrollierten, gar explosiven Bevölkerungswachstums, oder auf unbeherrschbar gewordene soziale Konflikte. Dennoch – die zumeist gefundenen Auswege aus fatal werdenden Situationen belegen eine bemerkenswerte Wendigkeit und Anpassungsfähigkeit unserer frühen Ahnen, was von der modernen Wissenschaft lange unterschätzt worden ist. Wie man lange generell sehr dazu neigte, alles sich vor Jahrtausenden abwickelnde Geschehen mit den jeweils gültigen ideologischen Maßstäben unserer Zeit zu beurteilen.

So nahmen bisher die meisten Erörterungen von früher Pflanzenkultivierung und dauerhafter Besiedlung „stillschweigend" an, dass die frühen Völker „es gar nicht abwarten konnten", sich an jedem beliebigem Flecken endgültig niederzulassen. Wir sollten es endlich erkennen: Der soziale Wille zur frühen Sesshaftigkeit kann nicht als „gegeben" vorausgesetzt werden!

Letztlich war der Weg zur frühen Sesshaftigkeit eine stets korrigierbare Abfolge unterschiedlicher rationaler Reaktionen auf Gegebenheiten des jeweils erreichten humanen Entwicklungsstandes und auf unabänderlich gegebenes klimatisches Geschehen.

Eine Familie oder Dorfgemeinschaft, deren Ernte missraten war, konnte – beispielsweise – wieder ganz oder teilweise zum Hirtenwesen zurückkehren. Hirten, die ihre Herden verloren hatten, entschlossen sich möglicherweise, fortan Landanbau von Getreide und sonstigen Agrarerzeugnissen zu betreiben.

Sowohl während lange anhaltender Dürreperioden wie auch bei ausgedehnten Nässeperioden veränderten damals sogar territorial ausgedehnte Gebiete radikal ihre Ernährungsstrategie.

Würde man die mit diesen unterschiedlichen Tätigkeiten dereinst Beschäftigten als Angehörige wesensverschiedener Völker betrachten, von denen unterschiedliche Lebenswelten gestaltet wurden, würde man einer krassen Fehlannahme erliegen.

Man würde damit die historisch erheblich später durch Agrarstaaten erfolgte Stigmatisierung der Hirtenvölker in eine solche frühere Ära zurückprojizieren, in welcher sich ein solcher Differenzierungsprozess selbst ansatzweise noch nicht angedeutet hatte.

Eine eingängige Veranschaulichung dieser späteren Sichtverschiebungen und ihrer Interpretation in der frühen Mythenwelt findet sich in Anne Porters scharfsinniger Analyse verschiedener Varianten des mesopotamischen Gilgameschepos.

In seinen frühesten Fassungen ist Gilgameschs treuer Begleiter Enkidu noch ein einfacher Viehhirte, er steht für die Gesamtheit einer aus Pflanzern und Hirten zusammengesetzten Gesellschaft. In etwa 1.000 Jahre später entstandenen Versionen dieses Epos wird Enkidu als Untermensch geschildert. Er erscheint als ein unter wilden Tieren lebendes Wesen, das sich zunächst mit einer Menschenfrau geschlechtlich vereinigen musste, um zu einem Menschen zu werden.

In dieser Fassung des Epos ist er nun ein für die Gesellschaft potenziell sehr gefährlicher Barbar, der weder Getreide noch menschliche Behausungen, gar Städte kennt, auch nicht ‚das Knie zu beugen' weiß.

Dieser ‚späte Enkidu' ist als ein typisches Produkt der gängigen Ideologie des mittlerweile gereiften frühen Agrarstaates anzusehen.

Der Waldbeuter einer sehr ausgedehnten Zeit frühen Sesshaftwerdens sah in der ihn damals umgebenden Landschaft vermutlich einen riesigen und vielfältig ausgestatteten ‚Lebendspeicher', voll von Fisch, Weichtieren, Vögeln, Nüssen, Früchten, Wurzeln, Knollen, Amphibien, kleinen Säugetieren und Großwild. Wenn in einem bestimmten Jahr eine Nahrungsquelle ausfiel, mochten andere um so reicher gefüllt sein.

In Vielfalt und unterschiedlichen Zeitrhythmen des Lebens in diesem komplexen Lebendspeicher gründete die Lebensstabilität des im Umgang mit ihm geübten Wildbeuters.

Eine Darstellung des Jägers und Sammlers als ein – im Vergleich zum bäuerlichen Landwirt – unbedacht und impulsiv handelndes Geschöpf, durch die Landschaft stolpernd, getrieben von der Hoffnung, bald auf jagdbares Wild zu stoßen, oder zumindest auf Büsche, Bäume mit essbaren Früchten, ist radikal falsch.

Es sei darauf hingewiesen, dass die Wildbeuterei des vorstehend abgehandelten menschheitsgeschichtlichen Zeitabschnittes auf ein im Verlauf von vielen Jahrtausenden erlangtes spezielles Erfahrungswissen über das Leben in freier Natur zurückgreifen konnte, wir es also nunmehr mit „Großmeistern" in der Gestaltung dieser Lebensform zu tun hatten –

während die bäuerliche Landwirtschaft sich erst in den Anfangsstadien ihrer Entwicklung befand.

Jeder gelungene größere Fang der Jäger und Sammler beinhaltete eine wohlüberlegte, vorausschauende kooperative Vorbereitung. Es ging dabei, z. B., um den Bau von langen, sich verjüngenden ‚Treibjagd– Korridoren' zu einer Todeszone, den Bau von Wehren und Fallen, das überlegte Legen von Netzen, den Bau oder das Graben von Vorrichtungen zum Räuchern, Trocknen oder Pökeln der Beute.

Das alles setzte beachtliche Werkzeugsätze voraus, die Beherrschung verschiedener Techniken, auch weitaus intensivere Koordination und Kooperation als das damalige frühe landwirtschaftliche Treiben.

Zudem waren die Jäger und Sammler dieser Zeit auch bereits schon beachtenswerte Landschaftsgestalter. Beispielsweise rodeten sie gelegentlich Wald, um dort jagdbares Wild anlockendes Futter wachsen zu lassen, sie jäteten Unkraut an solchen bestimmten Stellen, an welchen begehrte essbare Knollen gut zu gedeihen pflegten, usw."

Allerdings – das Wanderleben setzte bekanntlich jeglichen Ansätzen einer Speicherwirtschaft sehr enge Grenzen, und gutes Bier zu brauen war dann auch kaum möglich.

Für den letztlich doch sich durchsetzenden Lebensstil des sesshaften Bauern dürfte indessen eine weitaus breiter und tiefer fassende Prozesskette entscheidend gewesen sein, es ist einleitend in diesem Kapitel etwas näher darauf eingegangen worden.

Resümierend sei nun festgehalten:

Es war das im Ergebnis bäuerlicher Existenzformen gegebene sich tendenziell immer weiterentwickelnde große demografische Revitalisierungspotenzial, wodurch Bevölkerungsgrößen und Bevölkerungsdichte entstanden, auf deren Grundlage schließlich ein gesamtgesellschaftliches Potenzial von jenem Niveau gegeben war, das letzten Endes auch die Entwicklung von Urformen metallurgischen Wissens hervorbrachte.

Das Lebensniveau der Jäger– und Sammlergemeinschaften schloss solche weiterführenden gesellschaftlichen Reifungsprozesse und Entwicklungen zu jener Zeit noch grundsätzlich aus.

Wenngleich dereinst deshalb sich die bäuerliche Produktionsweise gegenüber dem Nomadentum der Jäger und Sammler durchsetzte, hieß dieses noch keineswegs, dass sich im realen Lebenskampf stets der Bauer gegenüber dem Jäger als Individuum behauptete.

Recht oft bildete sich aus Letzteren die Basis des „militärischen Hintergrundes“ früher Stammesherrschaften, aus welchem Segment der Gesamtpopulationen lange Zeit die Stammesfürsten bevorzugt hervorgingen.

VIERTER TEIL

STEINZEITENDE

ZWISCHENBEMERKUNG

DIE LETZTEN JAHRTAUSENDE DER STEINZEIT WAREN DER VORABEND DES BEGINNS EINER NEUEN GENERALETAPPE IN DER MENSCHHEITSGESCHICHTE.

Die Steinzeit wurde dereinst durch die Entwicklung der vorgeschichtlichen Metallurgie abgelöst, durch einen Zeitabschnitt, für den die Bezeichnung „Bronzezeit" üblich geworden ist.

Über Zwischenetappen zunehmend voluminöser werdender Zusammenballungen des Menschen schließlich zu unterschiedlichen Organisationsformen eines „Staates" führend, zur Entwicklung und Perfektionierung der Schrift, zum Erscheinen der bis heute weitgehend akzeptierten großen Religionsgründer, dehnt sich die damals beginnende Generaletappe bis in unsere heutigen Tage.

Selbige scheint indessen derzeit ihr Ende zu finden, mit dem Zutagetreten einer neuen Generaletappe, gekennzeichnet durch Weltraumtechnik, Atomphysik, moderne Genetik und die – durch rasante Fortschritte der neuen Informationstechnik mögliche – Entwicklung künstlicher Intelligenz.

Diese Aussage wird inzwischen gegenwärtig vermutlich kaum eine generelle Ablehnung erfahren, sind doch die alltäglichen Konsequenzen des Geschehens bereits allgemein spürbar.

Die sich hierdurch als erforderlich ergebenden Veränderungen unserer mentalen humanen Grundlagen, die konkreten hiermit verbundenen Risiken, hingegen, werden mittlerweile zwar allgemein erahnt, jedoch meist dann wieder verdrängt und selten einer kühlen rationalen Diskussion unterzogen.

Die prähistorische Steinzeit der Menschheit begann, in unserer archäologisch fassbaren Retrospektive, mit der erlangten Beherrschung des Feuers durch Homo erectus.

Hierdurch erhielten seine Ernährungsgrundlagen eine erhebliche Stabilisierung, Homo erectus ernährte sich nunmehr – in Folge seines nunmehr enorm erleichterten Zugriffs auf tierisches Eiweiß – eiweißreich, sein Gehirn erfuhr eine permanente Volumenzunahme und innere Differenzierung, sein „händisches“ Handlungsvermögen zunehmend die in unserer heutigen manuellen Potenz gipfelnde Perfektion.

Entscheidend wichtig für die Prozess-Stabilität dieses Geschehens war die Aufrechterhaltung einer vermutlich schon in unseren animalischen Vorzeiten genetisch verankerten mentalen Grundeinstimmung eines arterhaltenden Altruismus.

Überlebt haben in der Abfolge einstiger Primatenwelten nur jene Gruppen, deren Individuen das Bedürfnis eines „Teilhabe-Lassens“ ihrer Artgenossen an individuell erlangter Nahrungsbeute in angemessener Grundsätzlichkeit besaßen.

Nur jene Gruppen überlebten auf Dauer die Fährnisse der Zeit, bei denen der Reflex des gegenseitigen Beistandes hinreichend zuverlässig ihr gemeinschaftliches Überleben sicherte.

Indessen erbrachte die sich dann mit dem Bronzezeitalter zunehmend durchsetzende soziale Schichtung eine zunehmende soziale Ungleichheit, damit auch das nunmehr über einem jeden Menschen stets schwebende „Damoklesschwert“ des sozialen Abstiegs bzw. – bei der jeweils untersten sozialen Schicht – das „innerlich rumorende” Dauergefühl einer schicksalhaft ungerechten Benachteiligung.

Heute wissen wir um die Dialektik des sich hierdurch ergebenden Spannungsbogens. Wir wissen von dem hierdurch angeregten allgemeinen Leistungsstreben des einzelnen Menschen, aber auch von den Impulsen für brutale gewaltsame Auseinandersetzungen, die durch diesen Spannungsbogen ausgelöst werden können und immer wieder ausgelöst wurden.

DOCH BISLANG HATTE SICH NOCH NIE AUS DIESEM SPANNUNGSBOGEN EIN DIE MENSCHHEIT IN IHRER GESAMTHEIT BEDROHENDES POTENZIAL ERGEBEN. ZUKÜNFTIG SOLLTEN WIR UNS ABER NICHT MEHR DARAUF VERLASSEN!

Während des Überganges von der Steinzeit in die bis heute andauernde „metallurgische“ Generaletappe waren Aktionen des Frauenraubes vermutlich immer noch ein sehr wesentlicher Anlass für brutale Gruppen-Auseinandersetzungen. Später waren es – und sind es – vor allem Auseinandersetzungen hinsichtlich des Zuganges zu lebenswichtigen Ressourcen.

In dem sich nunmehr anbahnenden Zeitalter faktisch kaum jemals versiegender Gewinnung der von menschlicher Seite nutzbaren Energie aus klimatischen Vorgängen, der solaren Energiezuführung und der Geothermie, sowie einer derzeit in ihren Konsequenzen noch überhaupt nicht überschaubaren zukünftigen „Informationswelt“ dürften – hingegen – sich auch die konkreten Inhalte der großen internationalen Konflikte erheblich ändern und einen grundsätzlich anderen Charakter gewinnen, als er derzeit zu beobachten ist.

Die bisher als „Ultima Ratio“, als letztmögliche Form einer Lösung zentraler Streitigkeiten menschlicher Großgruppen angesehene große kriegerische Auseinandersetzung dürfte schon heute als total inakzeptabel anzusehen sein und für alle Zukunft inakzeptabel bleiben.

DIE AKTUELLE LEBENSPRAXIS OFFENBART JEDOCH, DASS EIN FORMALES AKZEPTIEREN DIESER THESE KEINESWEGS EINE HINREICHENDE GEWÄHR DAFÜR BIETET, DASS DER GROSSE MILITÄRISCHE KRIEG HINFORT ALS METHODE DER KONFLIKTLÖSUNG TATSÄCHLICH EINER GENERELLEN ÄCHTUNG UNTERLIEGT.

HIERFÜR BEDÜRFTE ES OFFENSICHTLICH EINER GESAMTMENSCHHEITLICHEN, SEHR TIEFGEHENDEN MENTALEN UMSTIMMUNG. INSBESONDERE MÜSSTE ZUVOR GENERELL ERKANNT SEIN, DASS GRENZENLOSES MACHTSTREBEN MIT DER SICHERUNG DES MENSCHHEITSERHALTES INZWISCHEN ABSOLUT UNVEREINBAR GEWORDEN IST.

UNSER MACHTINSTINKT MUSS DURCH EINE ALTRUISTISCH MOTIVIERTE BEREITSCHAFT ZUR ÜBERNAHME VON FÜHRUNGSVERANTWORTUNG – IM GROSSEN UND IM KLEINEN – ZUVERLÄSSIG KONTROLLIERT WERDEN.

ES IST DER INZWISCHEN DURCH UNS ERREICHTE ALLGEMEINE MENSCHHEITLICHE ENTWICKLUNGSSTAND, WODURCH EIN DERARTIGES VERDIKT MITTLERWEILE SACHLICH ZUNEHMEND UNERLÄSSLICH GEWORDEN IST.

UNSER DERZEIT ERREICHTES GROSSES SELBSTVERNICHTUNGSPOTENZIAL ERLAUBT KEIN WEITERHIN ZÖGERLICHES DIESBEZÜGLICHES VERHALTEN.

FRÜHES BAUERNLEBEN

Etwa um 5.000 v. Chr. hatte sich die frühe Sesshaftwerdung im gesamten Zentrum Europas im Wesentlichen durchgesetzt, vom nördlichen Vorgebirge der Alpen bis zur Ostsee.

Die nun beginnenden letzten Jahrtausende vor dem Beginn einer langwährenden neuen, metallurgisch geprägten Generaletappe menschlicher Entwicklung – an deren Beginn dann unsere „Bronzezeit" stand – hatten ihre eigenen, internen Etappenschritte, wie vonseiten der modernen Archäologie an Hand der nun zunehmend reichlicher werdenden Hinterlassenschaften der damals lebenden Menschen erkundet worden ist.

Signifikant hierfür sind die heutzutage erkennbaren Reste des für diese einzelnen Etappenschritte typischen Siedlungs- und Baugeschehens.

Nach den beachtlich großen, bis zu 50 Meter langen Häusern (s. Rowley-Conwy), in denen offensichtlich große Sippschaften, eng zusammengedrängt, kühle und nasse Tage überlebten, folgte ein Etappenschritt mit relativ breit gestreuten Bauernhöfen, mit einem erheblich kleineren zentralen Haus und an Zahl wachsender kleiner Nebengebäude. Vermutlich hatten sich die Familien der Großsippen inzwischen voneinander separiert, auch um nunmehr in einer größeren räumlichen Nähe zu den speziell von der betreffenden Familie bestellten, sich flächenmäßig ständig ausbreitenden Äckern zu leben.

Zudem lebte jetzt nicht mehr alles domestizierte Getier mit den Menschen in der gleichen Baulichkeit, wodurch das bisherige große Risiko der Zoonosen-Übertragung spürbar gesenkt worden sein dürfte.

Derartiger Entwicklungsvollzug lässt auf durchgängige Rationalisierung und Qualifizierung des damaligen bäuerlichen Handelns schließen. Man kann davon ausgehen, dass insbesondere die Kindersterblichkeit nun spürbar zurückging und sich zunehmend nachhaltiges Bevölkerungswachstum einstellte. Wodurch sich dann vermehrt aber auch, immer wieder, örtliche Verknappungen bestimmter natürlicher Ressourcen eingestellt haben dürften und es vermehrt zu „Reibereien" zwischen einzelnen Familien, gelegentlich auch zwischen ganzen Volksstämmen kam. Denn seitens der Archäologie wurden, erstmalig, aus dieser Zeit stammende Spuren größerer gewaltsamer Zusammenstöße gefunden.

Jedenfalls setzte nun wieder ein Trend zu stärkerer Zentralisation bäuerlichen Siedelns ein. Die Einzelgehöfte verschwanden allmählich zugunsten dorfähnlicher Aglomerisationen, aus welchen sich oft ständig wachsende, schließlich relativ große, mit zeitgemäßer Infrastruktur und wehrhaften Umbauungen ausgestattete frühe Dörfer entwickelten. Und in solchen Dörfern entwickelte Dignitatus dann jene sehr bemerkenswerten menschlichen Fertigkeiten, aus denen sich – etwa um 4.000 v. Chr. – die Paläo-Metallurgie des Kupfers ergab.

Im Gesamtrückblick liefern die in der Endphase des Neolithikums entstandenen Örtlichkeiten ein beredtes Zeugnis zunehmender Arbeitsteilung sich hierbei qualifizierenden Produktionsniveaus, desgleichen einer hierdurch beschleunigten sozialen Schichtung.

Insbesondere die dabei – noch ohne jegliche Zugriffsmöglichkeit auf metallenes Werkzeug – erbrachten handwerklichen Leistungen der Steinbearbeitung sind auch aus heutiger Sicht höchst bemerkenswert.

Gehen wir etwas näher hierauf ein.

Sehr beachtlich ist, wie schnell sich manche größeren Dörfer flächenmäßig in dem Sinne ausbreiteten, dass durch geschlossene, kreisförmige Palisadenwände auch erhebliche unbebaute Areale in die funktionale Struktur des Dorfkörpers und dessen Schutz gegen äußere Bedrohung einbezogen wurden – und dann Jahrhunderte lang unbebaut blieben, mehrheitlich als Äcker bestellt oder als ständige Grünfläche beweidet wurden.

Was vermutlich auch im Zusammenhang damit stand, dass – vor allem im heutigen nördlichen deutschen Territorium – sich nunmehr die Rinderwirtschaft geradezu rasant entwickelte.

Es lässt sich erahnen, dass diese besondere Zuwendung zu Kuh und Bulle, in bestimmtem Sinn, ein Kompensationsreflex auf das ständige Schwinden der Hirsch– und Rehbestände in den immer noch sehr ausgedehnten, doch angesichts innerer Veränderungen zunehmend eher für Wildschweine geeigneten Waldbeständen gewesen ist. Im Gegensatz zu diesem konnte Rindfleisch ohne größere Geschmacksumstellungen als vollwertiger Ersatz für selten werdendes Hirsch– und Rehfleisch seitens der damaligen Menschen sofort voll akzeptiert werden.

Nach der gelungenen vollen Domestikation des Schweines änderte sich das erheblich, nun wurden Schweine zeitweise wichtigste Eiweißlieferanten der frühen zentraleuropäischen Bevölkerung.

Parallel zu diesem Prozess wandelte sich das Rind vom bevorzugten Schlachttier zur dominanten Quelle von Milch und deren dem Menschen bekömmlichen Folgeprodukten. Das konnte sich im stattgehabten Ausmaß nur deshalb vollziehen, weil sich inzwischen bei den im nördlichen Europa lebenden Menschen eine bestimmte Genvariante weitestgehend durchgesetzt hatte, die auch dem erwachsenen Homo sapiens nunmehr einen komplikationslosen Genuss roher Kuhmilch ermöglichte.

Bislang war Dignitatus nach seiner Kindheit auch in der nördlicheren Hälfte Europas meistens intolerant gegenüber dem Milchzucker der Kuhmilch, wie er es mehrheitlich südlich der Alpen bis zum heutigen Tag ist. Offensichtlich war eine im Erwachsenenalter fortgesetzte Toleranz gegenüber Milchzucker von spürbarem Vorteil bei einem Leben in kühleren Witterungszonen, sodass sich die weltweit nur gelegentlich zu registrierende lebenslange Laktulosetoleranz dort nach Aufnahme intensiver Bemühungen um das Rind recht schnell allgemein „durchmendeln" konnte und bis zum heutigen Tage dort bei den Menschen mehrheitlich existiert.

Manches unbebaute Areal in dem durch Gräben und Palisaden geschützten weiten Dorfgebiet erlangte dann bald auch eine völlig andere Funktion – die Funktion eines Versammlungs- und Zeremonialplatzes.

Wie aus den baulichen Resten einstiger dörflicher Zentren durch moderne Forschungsarbeit herausgelesen werden konnte, gewann das gesellschaftliche Leben in den großen Dörfern der letzten Steinzeit-Jahrhunderte immer deutlicher innere Struktur – neben Diversifizierung der menschlichen Arbeit auch zunehmende Spezialisierung, Stratifizierung und Hierarchisierung.

Auch wenn die nunmehr zu einem Dorf zusammengefassten Hofgemeinschaften sicherlich, nach wie vor, bestrebt gewesen sein dürften, ein möglichst autarkes alltägliches Wirtschaften aufrechtzuerhalten, lassen die von Hof zu Hof bald unterschiedlichen Hinterlassenschaften ziemlich unterschiedliche Präferenzen im alltäglichen Tun erkennen und eine unterschiedliche Qualität der erzeugten Produkte.

Bei Wolfgang Behringer können wir in seiner „Kulturgeschichte des Klimas“ hierzu Folgendes lesen. Stärker konzentrierte dörfliche Siedlung hat es nach seiner Aussage auf längere Dauer immer dann gegeben, wenn ein erheblicher Teil der arbeitsfähigen Bevölkerung im Zuge der Arbeitsteilung von den Prozessen der „Urproduktion“ freigestellt werden konnte und somit für die Wahrnehmung spezieller Aufgaben verfügbar war – in Wirtschaft, Kultur, Verteidigung. Zumeist hatten sich im Zusammenhang mit diesem Geschehen einer allgemeinen Arbeitsteilung auch in der Sphäre der „Urproduktion“ nun arbeitsteilige Leistungsformen durchgesetzt, eine Spezialisierung nach Ackerbauern, Fischern, Hirten usw.

Schließlich sollten wir das gemäß einer Zuordnung zum männlichen oder weiblichen Geschlecht erfolgte arbeitsteilige Verteilen der Aufgabenbereiche nicht außer Acht lassen. Wozu anzumerken ist, dass die zeitweise ausgesprochen matriarchale Züge tragende frühe Bäuerlichkeit nunmehr wieder deutlich patriarchaler wurde, was vor allem folgende zwei Ursachen gehabt haben dürfte: Zum einen gab es eine sehr bedeutende allmähliche Veränderung im Bereich der bäuerlichen Tierhaltung – das körperlich relativ große und starke Rind wurde damals für lange Zeit das „Haupttier“ menschlicher Lebensgestaltung. Auch in ihren damaligen teildomestizierten Formen war diesen muskelstarken Tieren ein muskelstarker Mann weitaus eher gewachsen als seine weibliche Partnerin.

Das galt insbesondere für jene spezielle Periode, in welcher das domestizierte Pferd hierzulande noch völlig unbekannt war und – bei Aufkommen eines Bedarfes an starken traktilen Kräften – zeitweise Rinder auch als Zugtiere zum Einsatz kamen. Solcher Bedarf war in Sonderheit für das Ziehen des Hakenpfluges auf den immer größer werdenden Ackerflächen der letzten Steinzeit-Jahrhunderte gegeben.

Zum anderen waren die zunehmend unvermeidlich werdenden bewaffneten Auseinandersetzungen durch geübte männliche Streiter eher erfolgreich zu bestreiten. „Amazonen“ sind nicht nur in Europa eher seltene Ausnahmen geblieben.

Außerdem gab es bestimmte handwerkliche Berufe, in denen sowohl der muskulär starke Mann als auch die geschickte Hand der Frau erfolgreich sein konnten, bei einer gewissen Präferenz des einen oder der anderen. Die Arbeitsleistungen des Bauarbeiters waren vermutlich eher durch

Männer zu erbringen, während das allmähliche Etablieren ursprünglicher Textilproduktion möglicherweise vor allem unseren Urmüttern zuzuschreiben ist. Wem der üblich werdende Henkelkrug eher zugeschrieben werden kann, bleibt offen.

Hermann Parzinger macht uns zudem auf neue Arbeitsfelder jener Zeit aufmerksam, die ebenfalls vorrangig den männlichen Leistungswillen herausgefordert haben dürften. Er verweist in diesem Kontext auf Bergbau und Brunnenbau. Schon Ende des 6. Jahrtausends v. Chr. sind bis zu 14 Meter tiefe Brunnen, gesichert durch in sich gestellte Holzkästen, geschaffen worden. Die Wasserentnahme bewerkstelligte man m.H. von Beuteln aus Rindenbast. Für die gleiche Zeitepoche ist auch ein Unter-Tage-Abbau einer bestimmten Feuersteinqualität mancherorts nachgewiesen worden. Ob allerdings hier tatsächlich der erprobte Bergmann stets der entscheidende Leistungsträger gewesen ist, muss angesichts bestimmter heute noch erkennbarer Details dieser Arbeit in Zweifel gezogen werden – manche Schächte sind derart schmal, dass wohl ausschließlich Kinder im heutigen Schulalter damals dort zum Einsatz gebracht worden sein können.

Es war also auch jene Zeit eine Zeit mit einer sehr speziellen Alltagsmoral, deren Glorifizierung immer völlig fehl am Platze war und auch heutzutage fehl am Platze ist.

Keineswegs übersehen werden darf bei einer Skizzierung damaliger Zeiten das Handelsgeschehen, das sich schon über sehr respektabel weite Distanzen dehnte.

Solcher Güteraustausch mochte – hinsichtlich seines Volumens – von minimaler Dimension sein. Doch jedes Produkt, jeder Gegenstand, der seinen Weg über Tausende Kilometer fand, war nicht nur Handelsgut, sondern auch Überbringer einer anregenden Botschaft. Er vermittelte die Kenntnis vom Stand menschlicher Schöpferkraft und Erfahrung an anderem Orte, dortiger handwerklicher Fähigkeiten, dortigen Erkenntnisstandes, was mit Sicherheit beim Käufer solch seltenen Handelsgutes meist neue Gedanken auszulösen pflegte und dem Versinken in allzu großer Selbstzufriedenheit hinsichtlich des bisher selbst Erreichten spürbar vorbeugte.

Beispielhaft sei auf Produkte hingewiesen, die offensichtlich aus dem Mittelmeerraum oder dem Karpatenbecken stammten und in den Resten zentraleuropäischer Großdörfer jener Zeit gefunden worden sind.

Nebenbei bemerkt – ausgehend von Mesopotamien begann damals bereits die küstenferne Seefahrt, durch welche Gewürze, Schildpatt, Elfenbein, frühe Seide aus Indien ihren Weg in den „fruchtbaren Halbmond" fanden, wie von Diwald in seiner Abhandlung über den „Kampf um die Weltmeere" beschrieben.

Zwei Phänomene jener Zeit sind indessen besonders zu beachten– das in fast jedem der in früher Vorzeit entstandenen Dörfer feststellbare, herausgehobene „HÄUPTLINGSHAUS" und ein zeitgleich mit dem Beginn der allgemeinen sozialen Schichtung entstehender spezieller TOTENKULT. Dieser Totenkult manifestierte sich insbesondere in der nunmehr sehr zeremoniellen Beisetzung der Toten in hierfür reservierten speziellen Arealen, den Friedhöfen.

Auslösende Ursache dieser Entwicklung waren vermutlich die zu wachsenden gesellschaftlichen Differenzierungen führenden Spezialisierungen im Arbeitsgeschehen. Insbesondere für Oberhäupter sehr erfolgreicher Sippen erhofften wahrscheinlich – auch im Eigeninteresse – ihre näheren Verwandten und Anhänger das Einnehmen herausgehobener Positionen ebenfalls in der „Nebelwelt des Jenseitigen", nach dem nunmehr erfolgten Ableben dieser Oberhäupter. Vermutlich wähnte man diese Imagination durch Ehrung und Ritus nach dem Tod solcher Persönlichkeiten angemessen unterstützen zu können, auch durch Grablege und Grabpflege.

Dieses Prozedere fand zunehmend Verbreitung, bis es in Zentraleuropa weithin Usus wurde, nicht nur Sippen- und Familienoberhäupter, sondern jedes Gemeinschaftsmitglied nach seinem Tod nicht mehr der Natur des Urwaldes zu überlassen, sondern auf dem Friedhof seiner Gemeinde beizusetzen. Hinsichtlich Qualität und Fülle der Grabbeigaben setzte im Lauf der Zeit oft ein regelrechter Wettbewerb ein – dokumentierte man schließlich doch auf diese Weise auch seinen Positionsanspruch im gegebenen sozialen Umfeld.

Im Zuge solchen Personenkultes entstandene personenbezogene Mythen um dereinst herausragende Männer und Frauen dürften, mehr oder weniger, Eingang in den Mythenmantel der betreffenden Gemeinschaften gefunden haben. Die Mythenmäntel unserer fernen Vorfahren reflektierten somit vermutlich stets auch die noch erinnerte spezielle Vergangenheit ihrer Gemeinschaften, aktualisiert durch das allgemeine „Geraune" um die zuletzt Verstorbenen und wurden so, allen an Intensität gewinnenden Schichtungserscheinungen zum Trotz, zu einem das gesamte Realgeschehen einer Gemeinschaft überwölbenden, einenden Dach.

Die entwicklungshistorische Leistung der sich gegen Ende der Steinzeit in Dörfern organisierenden Menschen ist von Parzinger mit folgenden Worten prägnant zusammengefasst worden.

1. Führungspersönlichkeiten,
2. befestigte Zentralorte,
3. erste Gemeinschaftsinstitutionen,
4. beginnendes Territorialdenken,
5. fortschreitende Arbeitsteilung und Arbeitsspezialisierung,
6. technische Innovationen,
7. organisierter Fernhandel." Man möchte dem hinzufügen:
8. „sich in regelmäßiger Grablege manifestierender Ahnenkult."

Für eine spezielle, im weiteren Verlauf der vorchristlichen Entwicklungsgeschichte Zentraleuropas jedoch relativ bedeutungsvolle Populationsgruppe, angesiedelt vorzugsweise im Westen und Südwesten Europas, ergab sich indessen nach ihrer frühen Sesshaftwerdung zunächst ein besonderer Weg. Dieser besondere Weg sollte von uns hier nicht außer Acht gelassen werden. Es geht dabei vor allem um Bewohner der ostatlantischen Küstenbereiche Portugals, Nordspaniens, Frankreichs, Irlands, Westenglands, der Niederlande und Südskandinaviens.

Vorweg sei daran erinnert, dass in der Zeit von etwa 6.000 v. Chr. bis 5.000 v. Chr. etwa die Hälfte des damaligen, nach der Eiszeit inzwischen wieder durchweg begrünten westeuropäischen Territoriums unter Wasser geriet – in Folge des beim fortgesetzten Abschmelzen der polaren Eiskappen ständig ansteigenden Wasserspiegel des Weltmeeres. Der Boden dieser neuen Schelfgebiete war im Ergebnis seines vorherigen langzeitigen, intensiven Wald- und Wiesen-Bewuchses sehr nährstoffreich, hatte nach seiner Überspülung schnell eine dichte, stark diversifizierte Besiedlung durch Pflanzen und Tiere der Wasserwelt erfahren.

Peter Rowley-Conwy hat einen lesenswerten Bericht zu der vorstehend aufgeworfenen Thematik geschrieben, auf welchem die nachfolgenden Aussagen weitgehend aufbauen. Vermutlich unter dem Einfluss von ursprünglich aus Anatolien stammenden bäuerlichen Zuwanderern entstanden in den Jahren der allgemeinen Sesshaftwerdung nahe der nunmehr neuen Küsten Baulichkeiten, Siedlungsstrukturen von großer Ähnlichkeit mit Häusern und Dörfern küstenferner Gebiete, jedoch ohne Übernahme von Ackerbau und Viehzucht. Das hatte seine Ursache im außerordentlich nahrhaften und unerschöpflich erscheinenden Nahrungsangebot des Meeres, speziell an Fischen und Austern. Wie Jahrtausende früher bei der nacheiszeitlichen wassernahen Neubesiedlung gewannen auch diese Menschen die erforderliche Nahrungsergänzung pflanzlicher Art in ausreichendem Umfang aus den küstennahen Wäldern.

Wir haben speziell von dieser Menschengruppe einen außergewöhnlich plastischen Eindruck hinsichtlich ihrer über ein Jahrtausend lang praktizierten Lebensweise erlangen können, da Jahrhunderte lang aufgehäufte Überreste ihrer üppigen Austern- und Muschel-Mahlzeiten sich als ein ungewöhnlich konservierend wirksames Medium erwiesen haben.

Das Kalzium der Muschel- und Austern-Schalen bewirkte in den bis heute überdauernden großen prähistorischen Schalenhaufen eine stabile nichtsaure Umgebung, in welcher aller organische Speisenabfall und Sonstiges dort „Entsorgtes“ ungewöhnlich lange überdauern konnte und keiner Zersetzung verfiel. Das galt in gleicher Weise auch für Knochen von Meeressäugern, wie für die Knochen von anderen erjagten Säugetieren – beispielsweise gelegentlich im Küstenwald erlegten Hirschen – und für die benagten Gerippe von Vögeln.

Die an der heutigen französischen Atlantikküste von der modernen Archäologie untersuchten Muschel- und Austernschalen-Haufen haben teilweise wahrlich gewaltige Dimensionen, sie erreichen mitunter Längen von bis zu 100 Metern, bei etwa 40 Meter Breite und einer durchgängigen Höhe von etwa 3 Metern.

Exakte Untersuchungen der Schichtungsgefüge in diesen überdimensionierten natürlichen „Konservierungsschränken" ließen bestimmte Zeitperioden deutlich werden, in denen die Jagd nach Tümmlern und Delfinen besonders erfolgreich gewesen war, desgleichen jene, in denen das jagdbare Schwarzwild eine bestimmte Rolle im Leben der Menschen zu spielen begann. Selbst das aufkommende Bemühen jener Atlantikfischer um den Pelz des Edelmarders ließ sich auf diese Weise verifizieren, sowie, welche Meeresfische – neben den Austern und Muscheln – in der tägtäglichen Ernährung jener Menschen dominiert haben.

Man hatte damals sicherlich sehr lange Zeit keinerlei ernsthaften Grund, seine erfolgreiche meeresorientierte Lebensweise zugunsten der ständigen Plackerei eines Weizen und Gerste anbauenden Bauern aufzugeben und perfektionierte im Laufe der Zeit seine Fähigkeiten früher küstennaher Bewegung auf der fast ständig aufgewühlten atlantischen Meeresoberfläche, speziell in der küstennahen Netzfischerei.

Das weitestgehende Vermeiden des im frühen Bauerntum sehr engen Zusammenlebens von Mensch und Tier bewahrte diese Menschen – von seltenen, kurzen Epidemien abgesehen – lange vor den bei den Bauern im Landesinneren grassierenden zoonotischen Gefahren.

Zusammen mit der sehr eiweißreichen und relativ fettarmen, insgesamt auch vitaminreichen Ernährung, dem alltäglichen Abenteuer des Meeresfischers, Gelegenheitsjägers und gelegentlichen Waldfrüchtesammlers bewirkten diese Lebensgegebenheiten, dass sich die frühen Bewohner der europäischen Atlantikküsten schnell zu außerordentlich stattlichen, fast durchweg kräftigen, geistig beweglichen Persönlichkeiten des letzten Steinzeitjahrtausends entwickelten – ähnlich wie Jahrtausende früher bei ersten nacheiszeitlichen Fischern geschehen. Dabei ist zu betonen, dass man sich wiederum keineswegs völlig gegenüber dem zunehmend durch landwirtschaftliche Bäuerlichkeit dominierten Hinterland isolierte. Die nach und nach auch in den Hinterlassenschaften solcher Bauerndörfer in jüngerer Zeit gefundenen Austernschalenhäufchen belegen das, wie mancher augenscheinlich aus dem bäuerlichen Hinterland importierter Gegenstand in den nahe der Atlantikküste gelegenen, bis heute existenten großen Austern- und Muschelschalen-Haufen.

Es waren vermutlich – vor allem – der große, durch frühe Sterblichkeit vergleichsweise wenig betroffene Kinderreichtum der Küstenfischer und ihre durchweg stabil wachsenden Bevölkerungszahlen, wodurch ihre frühe Ausnahmeexistenz – paradoxerweise – schließlich dann doch allmählich ein Ende fand.

Zudem bewirkte das fortdauernde Abschmelzen der polaren Eiskappen und die zunehmende Durchmischung des dort abfließenden Süßwassers mit dem Salzwasser des Atlantiks ein Absinken des dortigen Salzgehaltes, was dem Wachstumstempo in den Austernkolonien abträglich war.

Es kam jedenfalls an den europäischen Atlantikküsten zu harten Auseinandersetzungen um die noch verbliebenen Nahrungsressourcen mit einem zeitweise sehr hohen Anteil eines gewaltsamen Todes Verstorbener an der Gesamtheit der erwachsenen Verstorbenen jener Zeit.

Und so wurden schließlich – nach etwa einem Jahrtausend – aus den gelegentlich jagenden Fischern dieser Küstenregionen doch gelegentlich fischende Bauern. Sie blieben dennoch längere Zeit den mittlerweile dort alteingesessenen Bauern physisch deutlich überlegen. Vermutlich waren sie dieses auch in kognitiver Hinsicht, denn die in ihren Regionen, im Weichbild des Atlantiks, nun bald beginnende „Zeit der großen Steine" – mit kultischen Bauwerken von nie zuvor gesehener Mächtigkeit – wurde weitgehend von den Nachkommen der einstigen frühen Hochseefischer und Austernzüchter bestimmt.

Abschließend sei kurz erwähnt, dass auch sie – bereits in ihrer „hohen Zeit als Herren der belebten küstennahen Wasserwelt" – ebenfalls zu einer regelmäßigen Grablege ihrer Verstorbenen auf siedlungsnahen Friedhöfen gelangt waren.

Und Jahrtausende später, zu Beginn der aktuellen Neuzeit, sollte aus den dort lebenden Bevölkerungen das Gros der Mannschaften für die das Erdenrund erkundenden Entdeckerschiffe rekrutiert werden.

Hat damals tatsächlich ein „Genius Loci" so lange fortgelebt? Eine interessante Frage!

GROSSE STEINE UND STARKE GÖTTER

Mit wachsender Surplus-Produktion ergab sich – insbesondere für Angehörige von mittlerweile gehobenen Gesellschaftsschichten – gegen Ende der Steinzeit zunehmend ein Mehr an alltäglichen Freizeitstunden. Selbige regten zum Denken, Sinnen, zur Erweckung künstlerischen und gesellschaftsstrukturellen Handlungsbedürfnisses an.

In der südlichen Hälfte der damaligen europäischen Zivilisation förderte diese Entwicklung vor allem die kleinkünstlerische Produktion, die dann bald bemerkenswerte Qualität erreichte.

Auf der nördlichen Hälfte dagegen, wo rauere klimatische und gesellschaftliche Verhältnisse herrschten, ergab sich nun ein wachsendes Bestreben zum Errichten eindrucksvoller Manifestationen von nicht hinterfragbarem Flächenbesitz, d.h., von nunmehrigem Ressourceneigentum, was allerdings auch von mancherorts in südlicheren Regionen siedelnden Menschen zu berichten ist. Auch dort wurden gelegentlich große Steine aufrechtstehend in der Landschaft installiert, beispielsweise die Menhire in Nähe der iberischen Atlantikküsten.

Ideologiemethodisch stützten sich dabei die tonangebenden Schichten vorzugsweise auf die Erfüllung transzendentaler Aktionsbedürfnisse. Neben den relativ schlichten Grenzsteinen zur Verdeutlichung von definierten Besitzansprüchen wurden bald erheblich aufwendigere Bauwerke aus großen Steinen errichtet, mit deren Hilfe ein sich allmählich entwickelnder Bedarf auf weiteren Aktionsfeldern befriedigt werden sollte – Verteidigung, Sicherung jahreszeitlich angemessener bäuerlicher Aktionsbereitschaft, Aufbau eines gewissen Ahnenkultes durch adäquate Grablegung und gelegentlich auch „Arbeitsbeschaffung“ zur Abfederung bestimmter gesellschaftlicher Spannungen.

Dabei lässt jedes einzelne der damals errichteten Monumente seine speziellen Aufgabenschwerpunkte meist deutlich erkennen, sie variieren von Fall zu Fall beträchtlich. Standen – beispielsweise – zu Beginn dieser Epoche Grablegungen zumeist mehr oder weniger im Vordergrund der realen Zweckbestimmung eines Monumentes, war dies später häufig eine nachhaltig angestrebte Machtdemonstration.

Hermann Parzinger hat die territorial breite Streuung speziell der Megalithgräber mit folgenden Bemerkungen umrissen. „Die europäischen Megalithgräber sind in einem sehr weiten Gebiet zwischen Malta – wo zwischen 3.600 und 2.500 v. Chr. aus mächtigen Steinblöcken verschiedene ‚Tempelbauten' errichtet wurden – über einzelne Gräber auf der iberischen Halbinsel, weitaus häufigerer in West- und Nordfrankreich, in der norddeutschen Tiefebene, auf den Britischen Inseln – einschließlich der Orkneyinseln in ihrem äußersten Norden – bis nach Dänemark, Schweden, gar bis nach Polen.

Im nördlichen mitteleuropäischen und skandinavischen Kulturkreis entstanden allein in den etwa dreihundert Jahren zwischen 3.600 und 3.300 v. Chr. Tausende Megalithgräber. Es waren dies großenteils sog. Hünengräber mit einem einzigen großen und relativ flachen Findling aus der Eiszeit als Deckstein, gelagert auf etwas kleineren Fundamentsteinen."

Folglich wäre es historisch unkorrekt, wollte man die einstige europäische Megalithkultur ausschließlich den Nachkommen einstiger dortiger Meeresküstenbewohner zuordnen. Dennoch – im näheren und weiteren Hinterland von Atlantik, Irischer See, von Nord- und Ostsee finden sich die Reste einst imposanter Monumente der späten Steinzeit auch heutzutage in einer tendenziell größeren Dichte als andernorts. Die größten Megalithbauten, vollendet vorzugsweise in der Schlussphase dieses Geschehens, finden wir allerdings zumeist in den Zentralregionen des damaligen Siedlungsgeschehens.

Das derzeit als das bedeutendste aller Ensembles angesehene Ensemble von Stonehenge liegt z.B. in der Mitte einer damals außergewöhnlich dicht besiedelten, überdurchschnittlich ertragreiches Acker– und Weideland liegenden, weiten Talsenke, in einiger Entfernung von der Südküste der britischen Hauptinsel.

Gehen wir jetzt, in gestraffter Form, auf elementare Voraussetzungen für den Vollzug solchen, nunmehr erheblich über Bisheriges hinausgehenden Baugeschehens ein. Grundvoraussetzung für das gesamte Prozedere war die in der jeweiligen Gemeinschaft erfolgte tiefenpsychologisch feste Verankerung von zwei zentralen Überzeugungsinhalten.

Zum einen ging es darum, die in Jahrhunderttausenden gewachsene, sehr innige emotionale Beziehung zu „Stein und Fels als solchem“, insbesondere jedoch den konkreten Stein, fortan nicht nur zur Herstellung von mancherlei Gerät und Werkzeug „im Kleinen“ zu nutzen, sondern jetzt auch „im Großen zu bezwingen“, als ein zur Herstellung transzendentaler Brücken geeignetes Material wirken zu lassen.

Es ist dies eine humane Emotion, die bis heute im Gefühlsleben von Hochgebirgsalpinisten und Felsartisten – z.B. in der Sächsischen Schweiz – verankert geblieben sein dürfte.

Zum anderen ging es um eine inzwischen vermutlich hinreichend fest verankerte Überzeugung, schicksalbestimmende Mächte der „anderen Welt“, in welcher Gestalt auch immer selbige aufzutreten pflegen, aufgrund bei ihnen gewähnter menschlicher Charakterzüge durch angestrengtes eigenes Bemühen positiv beeindrucken zu können.

Neben den vorstehenden tiefenpsychologischen Voraussetzungen gab es auch einige grundlegende gesellschaftshistorische, die gleichfalls erfüllt sein mussten, sollten die großen Bauwerke gelingen.

Erstens musste die eingangs des Kapitels zitierte „Surplus-Produktion“ während des gesamten Baugeschehens stabil und ausreichend gewährleistet sein.

Zweitens mussten die gesellschaftlichen Strukturverhältnisse – in Sonderheit Produktions- und Gewaltenteilung – hinreichend ausgereift sein, um den organisatorischen Anforderungen eines erfolgreichen Bauens großer Objekte genügen zu können. Die Population musste hierfür durch ein belastbares Zusammengehörigkeitsgefühl geprägt worden sein und eine durchgehend anerkannte und stabile gesellschaftliche Führung besitzen.

Und drittens war bei großen Bauwerken zumeist unverzichtbar, dass alle am Bau aktiv Beteiligten durch ein spezielles Motiv geeint waren und sich dadurch besagtem aktuellen Projekt in einer außergewöhnlichen und besonderen Intensität verpflichtet fühlten. Solches war – nach Göran Burenhult – bei Bauten, für welche objektiv gegebene sachliche Erfordernisse nicht erkennbar waren, besonders nötig.

Nach Absicherung der Erfüllung aller soeben skizzierten mentalen und gesellschaftlichen Voraussetzungen war das konkrete Bauen auch von der

Erfüllung bestimmter apparativtechnischer und handwerklicher Unerlässlichkeiten abhängig. Im Vordergrund befanden sich damals hierbei die beiden folgenden Arbeitsbereiche – Steinbearbeitung und Steintransport.

Dignitatus standen zu jener Zeit von den fünf ursprünglichen Verfahren der Steinbearbeitung immerhin bereits zwei in einer vielseitig praktikablen Form zur Verfügung – das Behauen von Stein und das Schleifen desselben. Seine Bohr- und Sprengkünste, hingegen, standen erst an ihrem Anfang.

Für das aktuell eine dominierende Rolle bei der Steinbearbeitung spielende Sägen fehlten indessen damals noch alle elementaren materialtechnischen Voraussetzungen. Wie wurde gegen Ende der Steinzeit gehauen und geschliffen, gebohrt und gesprengt? Beim Behauen von Steinen dienten andere Steine sowohl als Meißel wie auch als Hammer. Statt der heutigen Stahlmeißel setzte also der den Stein Behauende zum Meißel geschlagene Steine als Meißel ein. Auch als Hammer fungierte ein Stein, ein in der Hand möglichst gut liegender, im wortwörtlichen Sinn „handlicher" Stein, durch Jahrhunderte des Beströmtwerdens in fließenden Gewässern mit glatter, hautschonender Oberfläche versehen.

Zum Schleifen benutzte man entweder feinkörnigen Kiessand oder durch Behämmern pulverisierten Steinstaub, der angefeuchtet als Schmirgelmasse mittels geeigneter Holzstücke in stetigem Scheuern auf dem bearbeiteten Stein manuell bewegt wurde.

Das Bohren war eine besonders mühselige Arbeit. Dennoch setzte man – insbesondere im kühlen Norden Zentraleuropas – gelegentlich den zum spitzen Bohrer geschlagenen Feuerstein zur Sommerzeit in bereits gegebene Gesteinsrisse, um eine Reihe möglichst tiefer und schräg nach unten führender Löcher in den gewachsenen Felsen zu bohren. Im Spätherbst wurden selbige sorgfältig mit Wasser verfüllt. Man hoffte, dass zur Winterszeit – dank der spaltenden Kraft des zu Eis gefrierenden Wassers – ein erheblicher Teil des Felsens aus diesem herausgesprengt werden möge. Was sich dann – einen tatsächlich strengen, lange anhaltenden Frost vorausgesetzt – gelegentlich tatsächlich ereignete.

Dort, wo mildere Klimata herrschten, frei von starkem Frost, hatte man zumeist inzwischen gelernt, dass starke Erhitzung von Felspartien und ein unmittelbar darauf folgendes „Abschrecken“ durch kaltes Wasser die gleichen Folgen zu erbringen vermag.

Die vollzogene Etablierung gigantischer Felsen in jene frühen Bauwerke, offensichtlich über große Strecken herbeigeschafft, erweckt – bis auf den heutigen Tag – immer wieder besonders große Bewunderung.

Felsblöcke mit Gewichten von bis zu 50 Tonnen sind nachweislich über Distanzen von bis zu 40 Kilometern transportiert worden, etwas kleinere – mit Gewichten bis zu 10 Tonnen – über Entfernungen von sogar über 250 Kilometern.

Die moderne Archäologie ist sich inzwischen einig, dass die Bewegung der überschweren, bis zu 50 Tonnen schweren Steine nur durch ihr Schleppen über Land vollzogen worden sein kann, während der Transport der etwas leichteren, doch über Hunderte von Kilometern bewegten Brocken vermutlich sich bei weitgehender Nutzung natürlicher Wasserwege abgespielt haben dürfte.

Im Einzelnen stellt man sich Folgendes vor: Die überschweren Steine mit Gewichten bis zu 50 Tonnen wurden vermutlich zunächst auf hölzernen Schlitten aufgebahrt, d.h., auf einen Verbund von geradlinigen und auf Gleichmaß zugerichteten, mitteldicken Baumstämmen.

Sodann richtete man zumindest zwei Paare fester Buchenstämme für ihre Nutzung als „Gleitschienen“ her. Anschließend deckte man sie mit aus der Natur gewonnenen Gleitmitteln ab. Nach dieser Vorbereitung wurden Schlitten und Stein auf das erste Gleitschienenpaar gehoben, und hinfort, Zug für Zug, die Gleitschienenpaare abwechselnd nutzend, auf diesen in Richtung Bestimmungsort bewegt, bis zum Erreichen desselben. Vermutlich war hierfür ein erhebliches Personalkontingent vonnöten, und wesentlich mehr als einen Kilometer hat man monatlich wohl auch nicht zurücklegen können.

Waren die Steinlasten nicht ganz so gewaltig und zudem natürliche Wasserwege vorhanden, war ggf. der Transportaufwand je Streckenkilometer erheblich niedriger.

Der „Einbaum“ – der zu einem bootähnlichen Gefährt ausgehöhlte Baumstamm – war zu jener Zeit schon allgemein gebräuchlich. Um schweres Gestein auf dem Wasser transportieren zu können, wurde vermutlich die für den anstehenden Transport erforderliche Anzahl solcher

„Einbäume“ zu einem Floß verbunden, der auch in solchen Fällen „aufgeschlittete“ Felsenstein auf das Floß verbracht, schließlich das gesamte Gefährt in unterschiedlicher Weise zu seinem Bestimmungsziel bewegt.

Die Landwege vom Gewinnungsort zum Wasserweg, wie von diesem zum Ort der Verwendung des großen Steines, dürften stets in gleicher Weise absolviert worden sein, wie vorstehend für die übergroßen Steinlasten geschildert. (Bernard Cornwell, Bernhard Jacobi)

Zur Veranschaulichung der bisherigen Aussagen zum Thema der „großen Steine“ seien zwei markante Beispiele damals entstandener Monumente kurz im Einzelnen vorgestellt, die Anlagen von Newgrange und Stonehenge.

Wir beginnen mit Newgrange und folgen weitgehend Ausführungen von Arnulf Krause in seiner Abhandlung „Von Göttern und Helden“.

„Etwa 3.000 v. Chr. entstand das berühmteste Monument der irischen Megalith-Kultur, der Grabhügel von Newgrange bei Dublin.

Aus 180.000 Tonnen Gestein und Lehm errichteten die urgeschichtlichen Iren einen Bau von 11 Metern Höhe, bei einem Durchmesser von 90 Metern. Ein 22 Meter langer Gang führt in eine kreisförmige Grabkammer, deren Gewölbe eine Höhe von 7 Metern erreicht.

Der heute teilweise rekonstruierte Kuppelbau wurde einstmals von einem Steinkreis begrenzt, was seinen mächtigen Eindruck damals zweifelsohne verstärkte.

Allerdings – nur etwa 5 Tote dürften dort dann bestattet worden sein, wahrscheinlich herausragende Stammesführer.

Die Erbauer der Grabhügel griffen – wie die Schöpfer der damaligen mitteleuropäischen Kreisgraben-Anlagen – auf ihr inzwischen erlangtes astronomisches Wissen zurück.

In Newgrange ließen sie über dem Eingangsportal eine Öffnung frei, durch welche zur Wintersonnenwende ein Strahl der aufgehenden Sonne – durch den Gang – bis in die innere Kammer drang.

Solches geschah mit derart erstaunlicher Präzision, dass sich der Gedanke aufdrängt – Bemühungen um ein stets verfügbares, präzises Instrument für die Bestimmung der jahreszeitlichen Rhythmik haben vermutlich bei der Konstruktion des Ganzen eine sehr große, möglicherweise bestimmende Rolle gespielt.

Allerdings kann man wohl Gleiches auch der großen, und durch vorstehend skizzierte Vorführung öffentlich wirksam werdenden Symbolik des Sonnenlichtes zuordnen.

Mit dem derart bestimmten kürzesten Tag des Jahres wurde – mit einer nicht anzweifelbaren Präzision – der Beginn eines neuen Sonnenjahres verdeutlicht.

Das Wissen um diese Bedeutung von Newgrange ging im Zusammenhang mit der Durchsetzung des Keltentums auf den Britischen Inseln verloren. In die keltische Mythologie fand Newgrange als „Heimstätte der Elfen“ Eingang, auch als ein geheimes Tor zur „jenseitigen Anderwelt“.“

Und nun zu Stonehenge, auf der britischen Hauptinsel südlich von London gelegen. Wir folgen hier im Wesentlichen verschiedenen Textaussagen von Bernard Cornwell und Bernhard Jacobi.

Während Newgrange eher für eine frühe Etappe der europäischen Megalithkultur steht, die erkennbar einen Bezug zum Bestatten herausragender Persönlichkeiten dokumentiert und ein nur mäßiges „Streben nach oben“ erkennen lässt, imponiert uns Stonehenge als Höhepunkt und Abschluss dieser Kultur, als demonstratives Zentrum und Statussymbol von erfolgreichem Menschentum und seiner Verbindung zu einer „höheren Welt“, zur Welt der Götter und Geister.

Die Geschichte von Stonehenge erstreckt sich über eine sehr lange Zeit, über länger als fünf Jahrtausende, mit Beginn im 8. Jahrtausend v. Chr. Zu jenem sehr fernen Zeitpunkt spielten „große Steine” bei der Gestaltung der Weihestätte, erklärlicherweise, noch überhaupt keine Rolle.

Stonehenge ist immer wieder umgebaut worden, erweitert, im Inneren ausgebaut.

Die für den heutigen Gesamteindruck von Stonehenge charakteristischen Monolithen, die gewichtigen großen Steine, fanden dabei erst in den letzten Jahrtausenden dieses überaus langen Gestaltungsprozesses Eingang in das Ensemble. Zu Beginn seiner Gestaltung, weit vor dem Entstehen bäuerlicher Gestaltungskraft, gab es in der heute berühmten Anlage „weder Kreise, noch Steine“, sondern nur eine Reihe riesiger hölzerner Pfähle, Totempfählen ähnlich. Sie waren zu groß, um dereinst Teil eines Gebäudes gewesen sein zu können.

Doch relativ bald begann dann eine Zeit, in welcher die Menschen ihre frühen Tempel großenteils in Form kreisförmiger Anlagen errichteten, und auch in Stonehenge geschah dann solches. Die großen Steine erschienen jedoch erst ab etwa 3.000 v. Chr. auf dem geweihten Gelände.

Zu jener Zeit ereignete sich dort wahrlich Außergewöhnliches. Die historisch ersten großen Beschaffungsaktionen dieses Steinmaterials richteten sich nämlich nicht auf die in der Nähe von Stonehenge verfügbaren – und bereits bekannten – Sandsteinvorkommen, sondern auf seltene Gesteinsformationen vulkanischen Ursprungs, die dereinst im heutigen walisischen Raum an die Erdoberfläche gelangt waren, immerhin etwa 250 Kilometer von Stonehenge entfernt. Es handelte sich um die in einstigen Vergangenheiten als mystisches Gestein angesehenen „Blausteine", heute in der Fachwelt als „Dolerit" geläufig.

Weit entfernt von Stonehenge entstand nun ein systematisch betriebener Steinbruch, in welchem etwa 1,90 Meter hohe, schlanke Steine aus massivem Fels herausgehauen wurden, jeweils zwischen etwa zwei und sieben Tonnen schwer.

Sie wurden, nach und nach, „aufgeschlittet", über die bereits beschriebenen hölzernen Gleitschienen jener Zeit an das Ufer eines ruhig fließenden Gewässers nahe des Steinbruches verbracht, dort – samt „Schlitten" – auf die ebenfalls vorstehend bereits skizzierten frühen flossartigen Verbindungen mehrerer „Einbäume" gehebelt und in Richtung Stonehenge abgeschleppt. Vermutlich mied man das bewegte Wasser von Irischer See und Atlantik und schleppte die auf das Wasser gebrachten Lastenfuhren über mehrere kleinere und mittlere Flüsse bis in die Nahe ihres Bestimmungsortes, die zwischen den Gewässern liegenden Landstrecken und die Schlussetappe bis zum geweihten Ort m.H. der mitgeführten Gleitschienen überbrückend. Die „Blausteine" – angesichts einer bei Lichteinfall beeindruckenden blaugrünen Färbung in ihrer Heimatregion bis heute so genannt – wurden dann in Stonehenge umgehend in einem Doppelkreis aufgestellt, umgeben von einem etwa zeitgleich aufgeschütteten Ring–wall. Kurz zuvor hatte man damals dort ein relativ neues Ensemble stabiler Holzpfähle entfernt.

Doch bald nach ihrer Aufstellung im Doppelkreis wurden die von weither geholten seltenen Blausteine wieder aus ihren Verankerungen im Boden gelöst, für lange Zeit umgekippt auf dem Boden liegend belassen, und die noch heute imponierende Ausstattung des Ensembles mit riesigen Sandsteinblöcken begonnen.

Das hierfür erneut erforderliche Anlegen eines Steinbruches geschah im bereits erwähnten, relativ nahe bei Stonehenge gelegenen Sandsteinvorkommen, nur etwa 25 Kilometer hiervon entfernt.

Dort schlug man nun Steine mit einer Mindestlänge von 4 Metern aus dem Felsen, jeweils etwa 2 Meter breit und 1 Meter tief. Das Gewicht solcher kolossalen Monolithen ist mit bis zu 50 Tonnen berechnet worden. Auch sie sind damals – ausschließlich über Land – auf hölzernen Gleitschienen bewegt worden, bis zu ihrem Bestimmungsort, bis Stonehenge. In neuerer Zeit vorgenommene Imitierungen damaligen Geschehens haben ergeben, dass für jene Transportleistungen der Einsatz von jeweils 1.100 ziehkräftigen Männern erforderlich gewesen sein dürfte, 22 Mann je Tonne Steingewicht. Die auf diese Weise täglich zurückgelegte Strecke dürfte maximal 1 Kilometer betragen haben, eher nur etwa 800 Meter.

Weil das Streckenrelief nicht einen Transport vom Ursprungs- zum Verwendungsort der schweren Steine gemäß Luftlinie erlaubte, waren von den Transportkommandos und ihrer Last nicht nur die 25 Kilometer Luftlinie zwischen Steinbruch und Stonehenge zurückzulegen, sondern reale Gesamtstrecken von mindestens 38 Kilometern.

Die Imitationen der damaligen Arbeit erbrachten, dass jeder dieser damaligen Steintransporte etwa zwei Monate gedauert hat.

Aus den hierdurch erlangten Werten ist schließlich errechnet worden – Gewinnung und Transport der 81 nach Stonehenge gelangten riesigen „Sarsen"-Kolosse aus Sandstein dürfte fünf Jahre in Anspruch genommen haben, mit dem ständigen Einsatz von insgesamt mindestens 1.500 Schleppknechten.

Allerdings weist Bernhard Jacobi in seiner Abhandlung „Verweht und ausgegraben" darauf hin, dass eine realistische Sichtweise auf dieses damalige Geschehen auch die Berücksichtigung von unerlässlichen Ruhepausen, der Pflichten hier eingesetzter Hirten hinsichtlich ihrer heimatlichen Herden, von Ruhephasen in Folge zeitweise – durch starke Regenfälle – grundlos gewordener Transportwege und anderer gelegentlicher Transporthemmnisse, angebracht erscheinen lässt. Deshalb geht er davon aus, dass das Brechen der Steine im Steinbruch und ihr Transport nach Stonehenge – alles in allem – mindestens zehn Jahre in Anspruch genommen haben dürfte.

Beachtlich ist die Konfiguration der Steine. Sie sind nicht von gleichbleibender Stärke, sondern ihnen ist eine nach oben gerichtete Verjüngungstendenz eigen, wodurch sie durchweg oben etwas schlanker sind als unten. Kreisstellend wurden sie etwa 1, 5 Meter tief eingegraben, die vom Steinmetz intensiver bearbeitete Seite nach innen.

Heute bilden diese Steine mit ihren aufgesetzten sog. Decksteinen den uns auch heute noch sehr beeindruckenden großen Außenring von Stonehenge.

Nach dem Errichten dieses überaus markanten Teils des gesamten Monumentes erinnerte man sich damals auch wieder der umgekippten Blausteine und stellte selbige erneut auf, nun innerhalb des großen Ringes der riesigen Sandsteine, und baute dann noch, außerhalb des Ensembles, eine auf die umgestaltete Tempelanlage zulaufende Prozessionsstraße. Letzteres geschah um etwa 2. 000 v. Chr.

Nur wenige Jahrhunderte später, um 1.550 v. Chr., wurde die gesamte Anlage als heiliger Tempel aufgegeben und dem Verfall preisgegeben. Die Bronzezeit hatte mittlerweile auch die Britischen Inseln erreicht.

Wie wurden die steinernen Monumente von der Bevölkerung ihrer Umgebung damals wahrgenommen?

Offensichtlich, vor allem, nachhaltig erhebend!

Bei Bernard Cornwell findet sich hierzu folgende Schilderung:

„Am Sonnenuntergang, am Tag der Wintersonnenwende, ergab sich für den Betrachter von einer bestimmten Position außerhalb des Tempels bei einem Blick durch das Monument gemäß der Hauptachse ein ungemein bewegendes Bild. Es war dies das Bild jener Viertelstunde, in welcher die letzten Sonnenstrahlen des Tages zunächst noch die gesamte Anlage umspielten, doch die Schatten der riesigen Steine sich zunehmend auf die Umgebung legten, sie dann schließlich vom allerletzten Strahl der Sonne passiert wurden, dieser Strahl schräg auf den zentral gelegenen Altarstein fiel, und gegen Ende der Lichtszene ausschließlich den Altar – im allgemein zunehmenden Dunkel – als Symbol einer fernen Verheißung hell leuchten ließ."

Zudem ist von Cornwell auf folgende spezielle Sachverhalte aufmerksam gemacht worden, sich seinerseits auf John North und seine Publikation „Stonehenge – neolithic man and the cosmos" stützend.

Um die Faszination von Stonehenge rational verstehen zu können, muss man Grundlegendes über die Konstellation des Monumentes im Bezug auf astronomische Phänomene wissen.

In Stonehenge geht – z.B. – die Mitsommersonne über dem nordöstlichen Horizont fast diametral entgegengesetzt zu jener Stelle auf, an welcher die Mitwintersonne am südwestlichen Horizont untergeht. Im Jahr 2.000 v. Chr. betrug der Unterschied zwischen den beiden Fluchtlinien weniger als einen halben Winkelgrad. Somit wird jede der errichteten Stelen, die nach einem dieser Vorgänge – Mitsommersonnenaufgang oder Mitwintersonnenuntergang – ausgerichtet ist, auch durch den anderen der beiden Vorgänge markiert.

Inzwischen waren die astronomischen Grundkenntnisse in den Führungsschichten der damaligen Menschen so weit entwickelt, um aus diesen beiden Terminen im jahreszeitlichen Kalender richtungsweisende Informationen für die Organisation des jahreszeitlichen Rhythmus ihres Alltagslebens zu erlangen. Man kann davon ausgehen, dass diese Termine alljährlich mit entsprechenden Riten feierlich begangen und als tragende Elemente eines sich herausprägenden Sonnenkultes genutzt wurden.

Nach Hartwig Hausdorf hat sich zudem das System der konzentrischen Anlage von Stonehenge in seiner Gesamtheit als „steingewordenes Abbild unseres gesamten Sonnensystems" erwiesen, in welchem sich auch die Bahndaten der damals bekannten Planeten darstellten – weitere Kenntnisse, die sich auch für okkulte Interpretationen seitens der Schamanenkaste nutzen ließen.

In wieweit haben die Resultate der prähistorischen europäischen Megalith– Baukunst ihren vermutlichen Zielstellungen entsprochen?

Begonnen hat bekanntlich dieses ganze Bemühen – großenteils – mit der Schaffung meditativ wirksamer Bestattungsstätten für herausragende Persönlichkeiten der aktuellen menschlichen Gemeinschaften.

Und in der ersten Etappe dieser Bauperiode haben die Ergebnisse solcher Bemühungen sicherlich besagter Zielstellung auch weitgehend entsprochen, doch gegen Ende der Periode des megalithischen Bauens scheint sie zwar nicht völlig verlassen worden, doch eher zweitrangig geworden zu sein.

Offensichtlich hatten inzwischen die spirituellen Glaubensinhalte sich zunehmend extraterrestrisch ausgerichtet, stimuliert durch den ständigen Zuwachs an astronomischem Wissen, z.B. der Erlangung präziser Kenntnisse über den Zusammenhang zwischen Sonnenlauf und dem Rhythmus des alltäglichen Lebensgeschehens. Insbesondere an Ufern von Gewässern mit erheblichem Tiden-Hub scheint sich – parallel zum Sonnenkult – damals auch ein Mond-Kult entwickelt zu haben.

Dennoch belegen sehr viele schlichte Grablegungen im näheren und weiteren Umfeld von Stonehenge, dass auch weiterhin eine gewisse Ahnenverehrung fortgesetzt wurde.

Die vielen Bestattungen auf dort sich zusammendrängenden kleinen Friedhöfen belegen die weiterhin bestehenden Erwartungen, den Ahnen durch ihre Beerdigung in unmittelbarer Nähe geweihter Stätte die Seelenwanderung in das Jenseits erheblich erleichtern zu können und somit nach dem eigenen Hinscheiden dort auf einen bereits gut etablierten und schützenden persönlichen Patron treffen zu können.

Nach Bernard Cornwell herrschte selbst noch im nachchristlichen mittelalterlichen Europa der Glaube, dass man durch seine Grablegung in einer möglichst großen Nähe zu Heiligen und ihrer Reliquien – am Tage von Auferstehung und jüngstem Gericht – bevorzugt in das ewige Leben des Himmels gelangen könnte, gewissermaßen „im Sog“ der diese Himmelsreise dann vermutlich als Erste antretenden Heiligen.

Diese durch den Bibeltext begründete Hoffnung ist auch eine Erklärung für die zumeist in unmittelbarer Kirchennähe erfolgte Anlage christlicher Friedhöfe.

Als „ernsthafte“ Verteidigungsbauten konnten die rund um die heiligen Stätten jener Zeit angelegten Gräben, Wälle und Palisadenzäune nur in den ersten Jahrhunderten der Megalithen-Periode angesehen werden.

Der auch später übliche kreisförmige, eher flache Graben um das mit Hilfe großer Steine gestaltete Heiligtum hatte nunmehr zumeist ausschließlich spirituelle Zwecke bzw. war als astronomische Hilfsanlage zu verstehen; wobei das eine mit dem anderen, in der Regel, auf das Innerste miteinander verwoben war.

Dennoch hatten auch diese Gräben eine vor mutwilligem Vandalismus schützende Funktion. Sie betonten die Erhabenheit des geweihten Bezirkes, waren mental wirkende Barrieren. Wer seinen Glauben an eine höhere spirituelle Gewalt fest verinnerlicht hat, fürchtet Bestrafungen für an ihren irdischen Insignien begangenem Frevel. Dieses gilt meist um so mehr, je enger die Wurzeln der spirituellen Grundlagen der beiden Konfliktparteien miteinander verflochten sind.

Insbesondere in den letzten Jahrhunderten der Megalithen-Periode wirkten die imposanten Tempelbauten – mit einiger Sicherheit – als überaus wirksame Podien der herrschenden Personen und der in engen symbiotischen Beziehungen zu ihnen am gesellschaftlichen Steuerungsgeschehen beteiligten Schamanenkaste.

Speziell Letztere dürfte damals hier die geeigneten Bühnen für die Entfaltung ihrer massenpsychologischen ideologischen Rhetorik gefunden haben, samt deren zeremoniellem Rahmen.

Je beeindruckender die bauliche Größe und ihre kosmologische Präzision, desto größer war meist auch die Reichweite des im betreffenden Tempel Verkündeten und Zelebrierten, zumal alle Vorhersagen allein ob der allseits erfahrenen Genauigkeit hinsichtlich kalendarischer Abläufe eine tendenziell zunehmende Wirkung gehabt haben dürften, allmählich weit über das Weichbild der Anlage hinausgehend.

In Anbetracht der durch die moderne Archäologie nachvollzogenen demografischen Entwicklungen darf man annehmen, dass auf diese Weise dereinst langfristige, auf einen sich ständig vergrößernden Personenkreis ausbreitende, selbigen einigende Identitätsinhalte vermittelt wurden, Grundlagen für die Schaffung von zunehmend breiter angelegten organisatorischen Strukturen des Dignitatus.

Man darf des Weiteren annehmen, dass damals auch schon seitens der Herrschenden die für alle späteren Herrschaftsschichten charakteristische präzise gegenseitige Abgrenzung der beiden unterschiedlichen mentalen Bereiche des „Glaubens“ und „Wissens“ erlangt war, als wesentlicher und erkannter Faktor aller langfristig stabilen Herrschaftsausübung.

Es ist fast immer eine in der breiteren Bevölkerung charakteristische Unschärfe bezüglich des Trennens zwischen „Glauben“ und „Wissen“ gewesen, weshalb man speziell in kritischen Situationen seine politische Führungsschicht – über kurz oder lang – nicht entbehren konnte und selbige sodann in der Lage war, sich gesellschaftlich „oben“ zu halten, langfristig und stabil. Und zumeist erst beim nächsten Epochenwandel gestürzt wurde oder durch die Invasion einer fremden Macht.

Im Detail sind uns die Mythen der Megalithperiode weitestgehend unbekannt. Die Dominanz des keltisch-germanischen Dualismus in Zentraleuropa im Verlauf der letzten Jahrtausende vor Christi Geburt hat alle diesbezüglichen Erinnerungsketten annähernd total gelöscht.

Nach Arnulf Krause, niedergelegt in seiner Schrift „Von Göttern und Helden“, waren die in Newgrange und andernorts archäologisch gesicherten Ritz-Symbole – d.h., Spiralen, Striche im Zick-Zack-Muster, als „Beil“ oder „Krummstab“ deutbare Einritzungen in große Steine der Monumente – ein Verweis auf bestimmte abstrakte Inhalte von Kreisläufen in der Natur. Es ist auch an Bemühungen um eine „Verbildlichung“ von „entmaterialisiert“ gedachten Heiligen zu denken, etwa an Vorstufen eines später deutlich gewordenen Sonnenkultes.

Mancherorts ist im Inneren von Megalithgräbern ein kopfloser steinerner Torso mit großen Brüsten und einem speziellen Halsschmuck gefunden worden. Vermutlich handelt es sich hierbei um Verbildlichungen einer weiblichen Gottheit, möglicherweise mit Doppelcharakter, einer Fruchtbarkeits- und Todesgöttin.

Vorstehend wurden in diesem Kapitel auch „Arbeitsbeschaffungsmaßnahmen“ als denkbares Motiv für den Beginn des Bauens mit großen Steinen genannt.

Im Lager der modernen Paläo-Ökonomie sind diesbezügliche nachhaltige Überlegungen insbesondere im Zusammenhang mit Erörterungen über die großen Massen für diese Arbeit zusammengezogener Menschen wiederholt ausgelöst worden. Dabei schälte sich insbesondere die folgende Erklärungsmöglichkeit heraus.

Vielleicht wurde dereinst der Anstoß für solche gewaltigen, doch „abstrakten“ Bauten öfters dadurch ausgelöst, dass nach langwierigen Kriegen und schließlichem Friedensschluss es schon damals gelegentlich große Schwierigkeiten gab, die bislang in den Operationen der kriegerischen Auseinandersetzung gebundenen Männerscharen wieder in eine zivile Gesellschaftlichkeit zurückzuführen.

Nach diesen, sich vorzugsweise mit dem nördlich der Alpen gelegenen Raum Europas befassenden Ausführungen ist hier ein kurzer Kommentar über eine von den vorstehend beschriebenen historischen Abläufen abweichende Entwicklung auf der iberischen Halbinsel angebracht. Nach Hermann Parzinger ereignete sich dort Folgendes.

„Die Spezialisierung und Arbeitsteilung, die Fernkontakte auf der iberischen Halbinsel erfuhren im späten 5. Jahrtausend v. Chr., insbesondere in dem ihm folgenden 4. Jahrtausend v. Chr. eine besondere und auffallende, frühe Blüte. Kennzeichnend hierfür war die dortige frühe Kupfermetallurgie. Sie beruhte auf relativ reichen und gut zugänglichen örtlichen Kupfervorkommen, eilte ihrer Zeit weit voraus.

Das alles spielte sich auf der Basis hochkomplexer Siedlungsstrukturen ab, teilweise in kleinen Burgen – z. B. Vila Nova de Sao Pedro – und in von mehreren stabilen Mauerringen umgebenen, nunmehr stadtähnlichen Zentren, wie Los Millares oder Zambujal.

Diese Zentralorte spielten eine Schlüsselrolle bei der regionalen Organisation der Kupferverarbeitung und der Distribution des gewonnen Metalls, besonders aber auch bei der Kontrolle der hiermit verbundenen überregionalen Handelsbeziehungen.

Ausgehend von diesen frühen metallurgischen Zentren bildeten sich dann nicht nur in Südwesteuropa, sondern auch in West- und Nordeuropa – im 3. Jahrtausend v. Chr. – die Kreise der ersten kupferzeitlichen Eliten.“

Sie waren die Vorfahren der Initiatoren einer neuen Zeitepoche, der Bronzezeit.

Abschließend seien zu diesem Kapitel noch einige Bemerkungen von Göran Burenhult zum historischen Stellenwert der bemerkenswerten südeuropäischen Kleinkunst-Plastiken zitiert.

„Die kleinen figürlichen Plastiken von teilweise sehr bemerkenswerter künstlerischer Ausdruckskraft fanden schnell zahlreiche ‚Mitläufer' in verschiedenen Regionen Europas, wo dieses künstlerische Schaffen wenig später vielgestaltige Fortsetzung und Entwicklung erfuhr, insbesondere im Südosten Europas.

Die Plastiken blieben überwiegend das Ergebnis des künstlerischen Schaffens Einzelner, erreichten, sehr wahrscheinlich, jeweils nur eine kleine Gruppe. Dennoch wurden sie prägend für manche Geschmacks–Akzente ihrer Zeit."

Zu guter Letzt sei auch noch ein Blick auf das südlich des Mittelmeeres gelegene Terrain geworfen, wobei wir hier uns speziell auf Wolfgang Behringer und seine „Kulturgeschichte des Klimas" stützen.

„Das nacheiszeitliche Klimaoptimum begünstigte durch Wärme und rückläufige Trockenheit auch das Gebiet der heutigen Sahara, bis in die Zeit der frühesten ägyptischen Dynastien um 5.000 v. Chr.

Die bislang eher steppenartige Sahara hatte sich im Verlauf jener Jahrtausende zu einem zeitweiligen ‚Garten Eden' entwickelt.

Um 5.000 v. Chr. dürfte jedoch der Gipfel dieses Optimums überschritten worden sein, insbesondere in der Sahararegion begann es erheblich trockener zu werden. Ihre zeitweise herausragende Fruchtbarkeit reduzierte sich, Regionen mit besonders spürbarem Feuchtigkeitsrückgang wurden von ihren Bewohnern verlassen.

Offenkundig siedelten sich viele dieser einstigen Sahara-Bewohner nunmehr im Niltal an. Die jetzt erfolgende Bewirtschaftung der Überschwemmungsflächen des Nils ergab bald deutlich überdurchschnittliche Erträge. So kam es dann bald zur Ausbildung kleiner Städte, von denen einige zu ersten kleinen Königreichen avancierten.

Um 3.200 v. Chr. gelang es einem dieser Herrscher, das Niltal südlich von Assuan politisch zu vereinen. Mit der folgenden Vereinheitlichung der diversen im Nilgebiet bereits entstandenen Kulturen wurde sodann die Zivilisation des alten Ägypten geboren."

Wenig später begann dort die Entwicklung einer Schrift.

„ÖTZI“

Im Spätsommer 1991 fand man durch Zufall im hochalpinen Ötztal – südlich des Gebirgskammes der Alpen – dic Übcrreste einer dort seit über 5.000 Jahren liegenden männlichen Leiche. Jener Mensch war offensichtlich in jener fernen Zeit dort noch vor dem Winter zu Tode gekommen, hatte dann aber keine Bestattung erfahren, wurde hernach durch das vorrückende Eis eines benachbarten Gletschers begraben, eingefroren und verblieb schließlich für mehr als 5.000 Jahre in seinem eisigen Sarg.

Es handelte sich somit um die älteste mumifizierte Leiche, die jemals bis in unsere heutige Jetztzeit überdauert hatte und sich uns nun präsentierte – dank eines aktuell begonnenen Klimawechsels des hierdurch ausgelösten Schwindens hochalpiner Gebirgsgletschers.

Dieser Fund war sogleich eine Weltsensation. Der in den Alpen entdeckte Tote war nämlich weitaus früher aus seinem Leben geschieden, als alle während der letzten beiden Jahrhunderte in den verschiedenen ägyptischen Königsgräbern entdeckten mumifizierten Pharaone.

Dieser Mann – recht bald unter dem sogleich gefundenen Titel „Ötzi“ allgemein bekannt – ist 1991 durch von italienischer Seite ausgehenden Alpenwanderern gefunden worden, in einem Teil eines Tiroler Tales, welcher beim Zerfall des einstigen österreichisch dominierten großen „K. u. K.“-Imperiums dem damaligen Königreich Italien zugesprochen worden war. Auf österreichische Initiative begann nun ein vielfältiges geodätisches Nachmessen der aktuellen, sich durch Tirol ziehenden italienisch-österreichischen Staatsgrenze. Doch selbst die für Österreich günstigste Variante verschiedener, leicht divergierender Ergebnisse moderner geodätischer Vermessungskunst legte den Verlauf der Grenze nördlich des nunmehr sehr bedeutenden Fundortes der Mumie fest, mindestens 100 Meter nördlicher.

Die Mumie ist somit letztendlich in italienischem Besitz verblieben.

Etwas später vorgenommene Radiocarbon-Untersuchungen führten zu einer exakteren Bestimmung des Todeszeitpunktes. Er liegt demnach zwischen 3.300 bis 3.100 v. Chr., also in der Periode des Überganges von europäischem Neolithikum zur sog. „Kupferzeit“, der Vorperiode der eigentlichen Bronzezeit.

Und recht bald wusste man auch – „Ötzi“ war keines natürlichen Todes gestorben. Wo er exakt – in der Nähe eines Passes in den Ötztaler Alpen, daher sein umgangssprachlicher Name – zu Tode gekommen ist, gilt in der archäologischen Fachwelt bis heute als nicht völlig geklärt.

Der Fundort der Leiche, ein Steinhöhleneingang 3.200 Meter über dem Meeresspiegel, lässt eine Mordattacke vermuten, der ein ruhender Mensch zum Opfer gefallen ist. Doch andererseits lässt die Art der ihm zugefügten Verletzungen eher auf einen plötzlichen Frontalangriff schließen, der das Opfer in aufrechter Körperhaltung überraschte, als ob man, beispielsweise, einem einsamen Wanderer in der Nähe der Kammhöhe seines engen Passweges durch die Hochalpen mit schlimmen Absichten aufgelauert hätte.

Relativ unstrittig ist heute, dass diese Attacke der Eliminierung einer Person galt und kein klassischer Raubmord hiermit eingeleitet wurde. Andernfalls hätte man gewiss nicht die komplette Reiseausstattung des Getöteten bei ihm belassen.

Wenden wir uns, zunächst Göran Burenhult folgend, den Untersuchungsergebnissen moderner Paläoforensik im „Fall Ötzi“ zu.

„Es handelt sich um die Leiche eines etwa 30-jährigen, blauäugigen Mannes von schlanker, sehniger Statur, mit einem Schädel, dessen Konturen auch heute für den Alpenraum charakteristisch sind.“

Und bei Hermann Parzinger ist hierzu das Folgende zu lesen.

„Besondere Aufmerksamkeit erregen die Tätowierungen – parallele Linien und kreuzförmige Zeichen im Lendenbereich, an den Fußknöcheln und am Knie. Von mancher Seite werden diesen Einstichstellen der Tattoos therapeutische Funktionen zugewiesen, aber auch die Aufgaben von ‚Unheil-Abhaltern‘.

Die bereits starke Abnutzung der Zähne rührt vermutlich von einem intensiven alltäglichen Verzehr von Getreide her, das zuvor durch Mahl–Steine zerkleinert worden war. Von hierbei abgeriebenen kleinen Steinchen dürften, da mitgekaut, die Zähne bald stark abgenutzt worden sein.

In der Leiche gefundene Gallensteine sowie deutliche Zeichen von Arteriosklerose mit hohem Cholesterinspiegel im Blut lassen darauf schließen, dass dennoch Fleisch zu Lebzeiten des Toten sein zentrales Nahrungsmittel gewesen war. Dieser Sachverhalt und eine relativ geringe

Abnutzung der Gelenke weisen auf eine ehedem eingenommene erhöhte soziale Stellung hin.

Auffällig ist eine relativ hohe Konzentration verschiedener Metalle in den Haaren des Toten. Vermutlich hatte er mit der damals erst vor Kurzem – und an wenigen Orten – begonnenen Kupfer-Verhüttung zu tun. Die in seinem Magen und weiteren Eingeweiden gefundenen Reste seiner letzten Mahlzeiten – insbesondere diverse Pflanzen-Pollen – belegen, dass er sich an den letzten Tagen seines Lebens weitgehend vegetarisch ernährt hatte, verschiedene Vegetationszonen des südlichen alpinen Vorlandes durchwandernd."

Doch nun zur detaillierten forensischen Befundung, im engeren Sinne dieses Wortes. Bei Google war Ende des Jahres 2020 eine vergleichsweise eingehende Skizze hierzu zu finden.

Bereits vor der eingehenden Untersuchung fielen den Gerichtsmedizinern vielfältige, tiefe und zum Todeszeitpunkt frische Kratzspuren auf dem Rücken des Getöteten auf. Hatte man ihn kurz vor seinem Tode eventuell gefoltert, beispielsweise den Schwerverletzten über grobes Gestein geschleift, mit dem Ziel, von ihm dadurch geheime Informationen zu erpressen?

Zudem musste es vor der Tötung ein Handgemenge gegeben haben, denn am linken Arm der Leiche fand man bald mehrere tiefe, damals frische Schnittwunden – typisch als Ergebnis von Abwehrhandlungen eines Rechtshänders gegen einen Angriff mit einer Dolchwaffe.

Erst bei näherer Untersuchung ergab sich die Feststellung, dass der Tote noch zu Lebzeiten einen sehr starken stumpfen Schlag auf seinen Schädel erhalten hatte, der sowohl einem Liegenden wie einem sich aufrecht Bewegenden oder Stehenden zugefügt sein konnte.

Der den einstigen Tathergang vermutlich schließende Bogen unterschiedlicher forensischer Befunde ergab sich indessen erst bei der abschließenden subtilen Detail-Untersuchung.

Unterhalb des linken Schlüsselbeins der Leiche wurde eine relativ kleine, von ihrem Schaft abgebrochene Pfeilspitze entdeckt, zudem – unmittelbar daneben – die Spuren eines damals frischen großen Blutergusses. Letzterer war mit sehr großer Wahrscheinlichkeit die Folge einer durch den Pfeil vermutlich bewirkten Durchtrennung der Arteria subclacia gewesen, unmittelbar unter dem Schlüsselbein verlaufend.

In seiner Gesamtheit lässt sich das vorstehend skizzierte Befundbild wie folgt „zusammenreimen". Der Überfall wurde durch einen gut gezielten Pfeilschuss auf das gehende oder stehende Opfer eröffnet, wodurch der Getroffene jedoch keineswegs aktionsunfähig gemacht wurde.

Es ist anzunehmen, dass er sich sofort den Pfeil aus seinem Körper reißen wollte, dabei aber den Schaft von seiner Spitze löste, hierbei womöglich die bereits verursachte Risswunde in der Arteria subclavia erheblich erweiterte und eine zunächst zögerliche Ausblutung aus dieser Wunde stark beschleunigte.

Dann versuchte er zu fliehen, vermutlich in Richtung des Leichenfundortes, der bereits zitierten Steinhöhle. Dort wurde er von seinem Verfolger – oder seinen Verfolgern – eingeholt, in einem Handgemenge durch einen oder mehrere Dolchstiche verletzt und dann möglicherweise gefoltert.

Schließlich wurde er – angesichts zunehmenden Blutverlustes stark geschwächt – durch einen oder mehrere sehr heftige stumpfe Schläge auf den Kopf getötet. Der – oder die – Mörder scheinen den Sterbenden unmittelbar hierauf verlassen zu haben. Jedenfalls raubten sie den Getöteten nicht aus.

Somit besitzen wir heute ein sehr präzises Bild von der typischen Ausstattung eines sich vor etwa 5.000 Jahren im Bereich der Alpen unterwegs befindlichen Einzelreisenden, in der Zeit des Überganges von der Steinzeit zur Vorstufe der Bronzezeit, zu der sog. Kupferzeit.

Beginnen wir mit seiner Kleidung. Sie bestand überwiegend aus Fellen bzw. aus Leder, sorgsam zusammengenäht m.H. von Sehnenmaterial verschiedener Tiere, was – nach Herbert Filser – bereits als ein „deutlicher Beleg für ein bereits in dieser sehr frühen Zeit vorhandenes Mode- und Status-Bewusstsein" anzusehen ist.

„Ötzis" enge Hosen waren aus feinem Ziegenleder gearbeitet, ihr Gürtel aus schmiegsamem Kalbsleder. Sein Mantel war aus dem Leder von Ziegen verschiedener Rassen „komponiert" – man hatte sorgsam hellere und dunklere Lederstreifen, von oben nach unten, zu einem unikalen, mit Sicherheit aufsehenerregenden Kleidungsstück zusammengeheftet.

Die Schuhe waren überwiegend aus Hirschfell hergestellt, die Schuhsohlen, allerdings, aus dem gut vor Kälte schützenden, kostbaren Bärenfell. Sie waren „weit“ gearbeitet, zwischen ihrer Lederhülle und der menschlichen Fußhaut war hinreichend Platz, um mit geflochtenem Stroh eine wärmende Polsterung unterzubringen. Verschnürt waren die Schuhe durch „Schnürsenkel“ aus Lindenbast.

„Und sein Haupt bedeckte eine warme Wolfsfellmütze.“

Dazu trug er einen speziellen, bis zu den Knien reichenden Lendenschurz.

„Ötzi“ führte verschiedene, unterschiedliche Utensilien mit sich – Lederschnüre, als Nähmaterial geeignete Tiersehnen, eine spitze Knochen-Ahle, Feuerstein-Schaber und Baumharz zum Feuergewinn, zwei Ersatz–Sehnen für die Fernwaffe der Zeit, den für Jagd und Verteidigung gleicherweise geeigneten Bogen. Alles dies war in einer Ledertasche verstaut, festgezurrt an einem leichten Tragegestell aus Lindenholz.

Von der modernen Archäologie wurde diese Ausstattung in ihrer Gesamtheit als charakteristisch für die damalige südalpine Remedello-Kultur eingeordnet.

Nun zu seiner Bewaffnung. Auch für sonstigen Gebrauch geeignet war ein dolchartiges Werkzeug aus einer Feuersteinklinge, stabil befestigt an ein handliches Holzstück.

Wehrhaft war „Ötzi“ jedoch vor allem durch seinen imposanten, 1,80 Meter hohen Bogen aus Ebenholz und die stattliche Zahl von 14 Pfeilschäften samt selbigen mit Birkenpech angeklebten Pfeilspitzen aus Feuerstein. Bemerkenswert ist, dass diese Pfeilspitzen erheblich anders gestaltet waren als jene, die in seiner ausgebluteten Leiche bei der kürzlichen forensischen Autopsie entdeckt wurde; weshalb man mutmaßen darf, dass der – oder die – Mörder keine Angehörige seines Stammes gewesen sind.

Für Auseinandersetzungen aller Art von ähnlich großem Wert dürfte seine Axt gewesen sein, deren Qualität bereits weit über steinzeitliches Standard–Inventar hinausging. Denn ihre scharfe Scheide bestand nicht mehr aus irgendeinem steinernen Material, sondern aus damals noch sehr neuem Metall, aus Kupfer.

Jeder Raubmörder des ausklingenden Neolithikums hätte sich nach der Tötung seines Opfers mit Sicherheit einer derartigen kostbaren Waffe bemächtigt – ein wichtiges Indiz dafür, dass es bei der Mordtat im Ötztal um die Person des Getöteten ging.

Abschließend sei in Kürze auf das Ergebnis einer Genom-Analyse des Mannes aus dem Ötztal eingegangen. Nicht überraschend war die Aussage der Genetiker zu seiner paternalen genetischen Linie. Sie wurde durch die Spezifik einer heute sehr seltenen, nur noch auf Sardinien etwas häufiger anzutreffenden genetischen Gruppe bestimmt. Ihr Ursprung dürfte – wie für viele heutige europäische genetische Gruppen – in Anatolien gelegen haben. Vermutlich hatten seine Vorfahren dereinst ihren Weg nach Europa nicht im Hauptzug der nacheiszeitlichen Wanderer über das Donautal gewählt, sondern über seine südliche Flanke, längs der Mittelmeerküsten Europas.

Ein sehr überraschendes Resultat erbrachte jedoch die Analyse der maternalen Komponente in „Ötzis“ Erbgut. Sie rechtfertigt die Annahme, zumindest teilweise aus Südskandinavien zu stammen, was gewiss zu mancherlei Spekulation anregt. Ist der erlangte Befund möglicherweise ein Indiz dafür, dass schon damals – wie für spätere Jahrhunderte belegt – es einen Handel mit blonden und blauäugigen jungen skandinavischen Sklavinnen in Richtung Süden gab und selbige dabei mit steigendem Handelserlös, von Handelsetappe zu Handelsetappe, „durchgereicht“ wurden? Lange Zeit stammten solche jungen Frauen ursprünglich meist aus Kriegsbeuten bei Auseinandersetzungen zwischen ihren heimatlichen Stämmen.

Immerhin – „Ötzi“ hatte blaue Augen!

Was und wer ist denn nun der „Ötzi“ wirklich gewesen? War er ein Händler? Oder ein Botengänger? Oder ein Spion? Oder gar in geheimer Mission der Führungsclique seines Stammes unterwegs? Oder „sowohl als auch“? WIR WISSEN ES NICHT!

Aber er hat uns Heutigen in seinem Ötztaler „Eissarg” einen detaillierten Einblick in das Leben der frühen „Europäer“ vor über 5.000 Jahren gewährt.

UND DIESER EINBLICK BESITZT EINMALIGKEITSWERT.

FÜNFTER TEIL

DIE INDOEUROPÄISCHE INFILTRATION ZENTRALEUROPAS

VORBEMERKUNGEN

Nach dem Eiszeitende vor knapp 20.000 Jahren stabilisierten sich auch die Zahlen der an den Küsten eines damaligen großen osteuropäisch-kleinasiatischen Binnenmeeres lebenden Menschen nach ihrem Überleben der eisigen Jahrtausende.

Die an seiner Nordküste siedelnden Jäger und Sammler dehnten dann ihre Streifgebiete von den Küstenregionen der Vorläufer von Schwarzem und Kaspischen Meer mehr und mehr aus, folgten den sich nunmehr, dem Eisrückgang folgend, in nördliche Richtung ausbreitenden dichten Waldgebieten, in eine sich zunehmend erwärmende, durch Flora und Fauna belebte neue Welt.

Im Verlauf von etwa zehn Jahrtausenden vollzog der dortige „Dignitatus“ eine ähnliche Entwicklung wie die Überlebenden in den westlich von ihm gelegenen Regionen Europas. Er lebte in einem großen flachlandigen und waldreichen Terrain mit viel stabiler Grasweide, in einer hinreichend feuchten Landschaft mit viel unterschiedlichem Kleinwuchs. Als jagdbares Wild boten – u.a. – ihm sich Pferde, Ziegen und Schafe an.

Nach der meso- und neolithischen bäuerlichen Sesshaftwerdung der meisten Menschen in der westlichen Hälfte des Kontinentes ergaben sich jedoch zunehmend Verschiedenheiten zwischen den Bewohnern des west- und zentraleuropäischen Raumes – einerseits – und den damaligen Osteuropäern – andererseits.

Inzwischen erheblichen äußeren Veränderungen verschuldete Lebensbedingungen in einer sich nun allmählich versteppenden Landschaft bedingten in Osteuropa ein Ausbleiben des bäuerlichen Sesshaftwerdens und die zunehmende Qualifizierung eines inzwischen entstandenen Hirten-Nomadentums.

Unterschiedliche Lebenswirklichkeiten haben damals auch das Entstehen morphologischer Unterschiedlichkeiten bei den Menschen in den beiden Hälften Europas erbracht, wie an den Funden der modernen Archäologie erkennbar.

In der Fachliteratur findet sich der Ausdruck des typischerweise „fast quadratischen Schädels“ von inzwischen durch eingewanderte anatolische Bauern dominierten Bewohnern Zentral- und Westeuropas und vom

„lang gestreckten Schädel" der von solchem Einwanderungsgeschehen zu damaligen Zeiten nie betroffenen Steppenhirten Osteuropas.

In den inzwischen vergangenen Jahrtausenden hat sich dieses Schädelbild bekanntlich sehr gewandelt, sowohl durch das nachfolgend beschriebene zentraleuropäische Infiltrieren der Indogermanen als auch durch wiederholte Wanderungsdriften in westliche Richtung im Verlauf der letzten beiden Jahrtausende, bei zunehmender Einbeziehung des sibirischen und des mittelasiatischen Raumes.

Die erst vor wenigen Jahrtausenden vonstattengegangene, von Ost nach West vollzogene indoeuropäische Infiltration Zentraleuropas ist in ihren Konsequenzen für Europa ein schicksalhafter Prozess gewesen, der unserem Kontinent jene demografische Grundstruktur vermittelte, die er bis zum heutigen Tag besitzt.

Zeitlich erstreckte er sich von den letzten Jahrhunderten des Neolithikums, über die zwischen Steinzeit und Bronzezeit liegende Zwischenzeit der Bearbeitung reinen Kupfers, bis in die erste Hälfte der Bronzezeit.

Die am stärksten herausragenden Elemente jenes Indoeuropäisierungsgeschehens waren eine gewisse Homogenisierung des gesamteuropäischen humanen Genpools und die Durchsetzung des die große Mehrheit der hiesigen Menschen umfassenden indoeuropäischen sprachlichen Ideoms.

Hinsichtlich der auslösenden Ursachen dieses Geschehens wissen wir heute Folgendes. In den Jahren von ca. 5.000 v. Chr. und 3.000 v. Chr. wurde das Klima im gesamten europäischen Raum durch eine relative Warmphase bestimmt, von der modernen Wissenschaft als „Atlantikum" bezeichnet.

Die Waldgrenze der Alpen – z. B. – lag damals etwa 200 Meter höher als zurzeit. Jenes Klima, in Mitteleuropa den heutigen Verhältnissen in der Gegend der italienischen Metropole Rom ähnelnd, dürfte von der nördlich des Alpenmassivs lebenden Bevölkerung jener Zeit durchweg als sehr angenehm empfunden worden sein.

Auch in den osteuropäischen Regionen stiegen die Temperaturen, doch parallel hierzu kam es dort zu drastischen Reduzierungen des alljährlichen Niederschlages.

In ihrer Gesamtheit lösten die Folgen dieser klimatischen Veränderungen jenen Prozess aus, der nachfolgend in seinen inneren Zusammenhängen skizziert wird, die indoeuropäische Infiltration Zentraleuropas, die ihren Abschluss erst durch Genesis und Ausbreitung des Keltentums finden sollte.

Nicht dabei völlig übersehen werden sollte eine etwas später von Osteuropa aus einsetzende andere Bewegung, eine Bewegung in Richtung Osten, die erst in den Randgebieten Chinas und auf dem indischen Subkontinent endete. Das indische Kastenwesen ist ein persistierendes Überbleibsel hiervon.

FRÜHE STEPPENHIRTEN

Aus Süd-, West- und Mitteleuropäern, hervorgegangen aus Eiszeit-Überlebenden – insbesondere auf südfranzösischen und iberischen Territorien – wurden noch in der Steinzeit unter dem Einfluss anatolischer Zuwanderer mehrheitlich sesshafte Bauern.

Dieses Geschehen ist vorstehend beschrieben worden.

Die Eiszeit-Überlebenden vom langen Nordufer eines bestimmten riesigen osteuropäisch-kleinasiatischen Binnensees befanden sich am Ende der eisigen Zeiten dagegen in einem etwas anderen Biotop, weshalb ihre Gegend dereinst bei den zu frühen Bauern gereiften Anatoliern auch kein besonderes Interesse fand.

Die Rede ist vom Vorläufer des Schwarzen und des Kaspischen Meeres, sowie von den einstigen Bewohnern seiner nördlichen Küste. Sein Anschluss an das Weltenmeer und die Separierung des Kaspischen Meeres sollten erst Jahrtausende später geschehen.

Jedenfalls entwickelten diese Menschen im Lauf der Jahrtausende nach Eiszeit-Ende eine dem frühen Bauerntum etwa gleichwertige Zivilisation auf der Basis eines Steppen-Nomadentums, das sich letztlich zu einem Halbnomadentum wandelte.

Einstweilen blieben sie allerdings nach der allgemeinen Klimaerwärmung, wie die erheblich weiter westlich lebenden Menschen, Jäger und Sammler, für lange Zeit und rückten als solche immer weiter nach Norden vor.

Um 12.000 v. Chr. erreichten sie den „Yoldia“-See, den Vorläufer unserer heutigen Ostsee, damals auch noch ein Binnensee, gelegen zwischen dem heutigen Schweden und den baltischen Staaten. Das geschah im Umfeld der heutigen Stadt Danzig.

Sie zogen sodann weiter nordwärts, um schließlich – etwa um 11.500 v. Chr. – in der Gegend des heutigen lettischen Riga anzulangen.

Beachtlich dürfte der zeithistorisch relativ schnelle Zugriff der Nachkommen jener einstigen osteuropäischen Wald- und Steppenbewohner auf die Nutzungsmöglichkeiten des „großen Wassers“ der Ostsee und des durch sie erschließbaren Weltenmeeres sein.

Auch aus ihnen sollten dereinst Wikinger hervorgehen, zu ihren Zeiten allseits gefürchtete Seekrieger, See- und Küstenräuber.

Als sich die menschlichen Gesellschaften Europas – etwa in der Zeit zwischen 7.000 v. Chr. und 5.000 v. Chr. – allmählich von einer ernährungssichernden Jagd und Sammlerei zu lösen begannen, basierte dieses Geschehen nach Haarmann nunmehr grundsätzlich auf zwei unterschiedlichen „sozioökonomischen Basismodellen“ – Sesshaftigkeit und Nomadentum. Nach gelungener Etablierung kam es bald zu nachhaltigeren ersten Kontakten zwischen den beiden auf ihnen gründenden, als gleichwertig anzusehenden Soziotopen.

Überraschenderweise waren diese Kontakte vermutlich vor allem durch ein gegenseitiges Interesse bestimmt. Auf beiden Seiten der Begegnungszone hatten sich inzwischen begabte Keramiker entwickelt; man tauschte nun gelegentlich besonders gelungene Stücke untereinander aus. Solches geschah um etwa 5.000 v. Chr..

Der Beginn des Übergangs von der seit Urzeiten praktizierten Lebensweise als Jäger und Sammler zum Steppen-Hirtentum hat einst in Osteuropa etwas früher eingesetzt, als die Übernahme von Sesshaftigkeit und Bauerntum in westlichen Teilen Europas, im Zusammenhang mit dem einstigen Anatolier-Zuzug. Es war ein sich über länger als drei Jahrtausende hinziehender, schleichender klimatischer Umstellungsprozess, der damals von der Südost-Ecke des weiten pontischen Raumes, nordöstlich des heutigen Kaspischen Meeres, begonnen hatte, weshalb dort die einstige Waldsteppe um 7.000 v. Chr. bereits so stark gelichtet und ausgetrocknet war, dass ihre schwindende Flora und Fauna den menschlichen Bewohnern kaum noch das Fortsetzen ihrer bisherigen Lebensweise ermöglichte.

Im Verlauf der erwähnten drei Jahrtausende nach etwa 7.000 v. Chr. bewirkte dann ein immer trockener werdendes regionales Klima im osteuropäischen Bereich die permanente Fortsetzung des Umstellungsprozesses vom Jäger- und Sammlerdasein zum Hirtenleben, vom Südosten des pontischen Raumes permanent fortschreitend in Richtung Westen und Nordwesten.

Als einziges weiterhin hinreichend häufiges und jagdbares größeres Tier war den dortigen Menschen in ihren kargen Steppen nur noch das Wildpferd verblieben.

Auch nach der etwa zwei Jahrtausende später erfolgten Kontaktaufnahme mit den frühen Bauern des westlichen und zentralen Europas wurde von den osteuropäischen Hirtenvölkern die Pflanzenkultivation nicht übernommen – die klimatischen und darauf gründenden ökologischen Verhältnisse in Osteuropa ließen zu jenen Zeiten eine entwicklungsökonomisch sinnvolle Verbäuerlichung ihres Lebens nicht zu.

Später kam es, noch in vorgeschichtlichen Zeiten, dort in einigen Gegenden zu Ansätzen einer bescheidenen Gartenwirtschaft, die vorzugsweise vom nicht an den sommerlichen Herdenzügen teilnehmenden weiblichen Teil der mittlerweile zu einem Halbnomadentum gewandelten Hirtengemeinschaften unterhalten wurde. Sie gewährleistete einen gewissen pflanzlichen Ernährungsanteil an der weiterhin extrem eiweißreichen Fleisch- und Milchproduktekost der Steppenhirten.

Bleibendes Problem für den Erfolg solcher Nahrungsergänzungsbemühungen war die stets unsichere Konstanz einer für den Kulturpflanzenanbau ausreichenden Bodenfeuchtigkeit.

Interessant ist die langzeitig relativ straffe Abgrenzung des „europoiden“ Steppen-Nomadentums gegenüber den genuin asiatischen Völkerschaften auf der östlichen Seite von Ural-Fluss und Ural-Gebirge, deren Wirtschaft eines „asiatischen“ frühen Steppen-Nomadentums sich zudem erst mit erheblichem Zeitverzug gegenüber der europäischen Seite entwickelte.

Genetische Untersuchungen der humanen ossalen Hinterlassenschaften haben diese Fakten eindeutig belegt.

Erst im 4. Jahrtausend v. Chr., als das Pferd auf der europäischen Seite der Ural-Grenze bereits domestiziert war, kamen gelegentliche Handelsaktivitäten an dieser „Völkerpforte“ im Süden des Ural-Gebirges allmählich in Gang. Daraus ergab sich schließlich eine gewisse Synchronisierung des Entwicklungsgeschehens auf den beiden Seiten des mittlerweile im Osten bis weit nach Zentralasien reichenden durchgängigen Steppengürtels, der auf seiner Westseite zeitweise bis zum Vorland der Karpaten reichte.

Und an der „Völkerpforte“ entstand letztlich, für lange Jahre, eine beide Seiten kulturell und ökonomisch bereichernde Kontaktzone.

Ein gegenseitiges genetisches Infiltrieren nennenswerten Ausmaßes der durch Jahrtausende eiszeitlicher strikter Trennung mittlerweile phänotypisch deutlich unterschiedlichen Menschen ist hingegen durch die moderne paläogenetische Forschung nicht zu erkennen gewesen.

Diese östlichen Nachbarn der einstmals in osteuropäischen Steppenlandschaften nomadisierenden Viehhirten sind von der modernen Wissenschaft als „Proto-Uralier“ eingeordnet worden. Sie sind dereinst von der Indoeuropäisierung auch später nicht erfasst worden, wie die „Proto-Kaukasier“, ihre südlichen Nachbarn, Bergvölker des Kaukasus.

Für einige von ihnen, insbesondere für die Armenier, trifft allerdings diese Aussage nicht zu, Armenisch gehört zu den indoeuropäischen Sprachen.

Aus den „Proto-Uraliern“ gingen, u. a., nach langen Nord- und Nordwest-Wanderungen, die Finnen, die Samen und die Esten hervor, sowie – heute nur noch eine kleine Restgruppe in Lettland – das Fischervolk der Lieven. Diese Nachbarn der „Ur-Indogermanen“ sind gemäß dieser Systematik „Ur-Europäer“.

Bei allen Überlegungen zur Urheimat der Indoeuropäer geht es stets auch um die Grundbeziehungen zwischen Mensch und Tier, in Sonderheit um die Beziehung der prähistorischen Hirtennomaden zum Pferd.

Die nachfolgenden Ausführungen hierzu basieren überwiegend auf Überlegungen von Harald Haarmann, von ihm dargelegt in seinem 2016 erschienen Buch mit dem Titel „Auf den Spuren der Indoeuropäer – von den neolithischen Steppennomaden bis zu den frühen Hochkulturen“.

Es war vermutlich die durch das Hirtenleben angeregte ständige aufmerksame Beobachtung allen Geschehens in „Flur und Wald“, wodurch speziell das immer noch ziemlich reichlich vorhandene Wildpferd in neolithischen Zeiten ein allgemein zunehmendes Interesse seitens der Menschen des osteuropäischen Raumes erweckte.

„Insbesondere den Hirten offenbarte sich die Erkenntnis – Wildpferde bevorzugen bestes Gras, und dieses wächst bevorzugt in Gegenden mit reichlich Wasserreserven.“ (Haarmann).

Vermutlich deshalb haben Pferde einen speziellen, außerordentlich sensiblen Instinkt entwickelt, Quellen trinkbaren Wassers auch übergrößere Entfernungen mit sicherem Gespür auszumachen, nicht nur Bäche und Teiche mit sauberem Wasser, sondern auch feuchte Niederungen mit frischem Gras.

„In freier Wildbahn werden sie durch diesen Instinkt – selbst in ausgetrockneten Steppenregionen – von einem Wasserplatz zum nächsten, von einer Graswiese zur nächsten geleitet." (Haarmann).

Die frühen Hirten Osteuropas lernten damals bald, Wildpferde gelegentlich unbedrängt zu verfolgen und sie als „Scouts" beim ständigen Suchen nach ausreichenden Wasserquellen und Grasinseln für ihre durch karge Steppen streifenden Herden zu nutzen. Diese Erkundungsmethode setzte sich auch deshalb allenthalben bald allgemein durch, weil Pferde zumeist nur den obersten, frischsten Teil eines Grasbüschels zu verspeisen pflegen und die tieferen Partien des geweideten Grases nur bei aktuellem Mangel an Nahrhaftem zu fressen bereit sind. Wenn sich also einst wilde Ziegen oder Schafe den instinktsicheren Pferden bei der Suche nach frischem Grün und Wasser beigesellten, entstand kaum eine Nahrungsrivalität mit den beim Suchen die Richtung vorgebenden Pferden. Ziegen und Schafe akzeptieren jede Qualität von verwertbarem Weidegras.

Solches galt in gleicher Weise für durch menschliche Hirten geführte domestizierte Tiere dieser Art.

Die vorstehend skizzierten, für die Praxis der frühen Herdenwirtschaft wichtigen Modalitäten einer archaischen „Weideordnung" haben sich irgendwann völlig unabhängig von jeglicher menschlichen Einflussnahme entwickelt. Schon in Zeiten der Jäger und Sammler ist mancher Waldläufer einer Rotte wilder Pferde ausnahmsweise nicht deshalb gefolgt, um eines von ihnen zu erlegen, sondern um sich von ihnen den Weg zu verschwiegenen, von grünem Gras bedeckten Waldwiesen zeigen zu lassen, auf denen manch anderes, für ihn als Jäger interessantes jagdbares Großwild seinen Hunger stillte.

Wir können zusammenfassen – es gab verschiedene Erfahrungsquellen, aus denen die frühen Indoeuropäer unverkennbar viel Inspiration erhielten, um in ihrer Kultur zahlreiche Elemente zu integrieren, die mit dem Pferd als „Schicksalstier" ihrer Zeitepoche assoziiert waren.

Etwas später sollte das Pferd auch in der speziellen Symbolik der dann entstehenden hierarchischen Clanordnung eine sehr prominente Position erlangen.

Mit der „Ernennung zum Wasser- und Weiden-Scout“ erschöpfte sich dereinst die Beziehungsentwicklung der Menschen zu den Pferden des osteuropäischen Steppenmilieus keineswegs.

Es entstanden letztlich sehr enge Beziehungen zwischen jenen Steppennomaden und den Pferden ihres Milieus, ein Prozess, der heute unter dem Oberbegriff der „Transhumanz“ zusammengefasst wird. Nach Haarmann kann man dieses, sich in drei Etappen vollziehende Geschehen wie folgt beschreiben.

1. Etappe: Bereits nacheiszeitliche Jäger und Sammler verfolgen das Wildpferd, um von diesem Tier zu jenen Wasserstellen geführt zu werden, an denen für sie die Jagd auf andere Großtiere besonders erfolgreich zu sein verspricht. Für die Jahrtausende nach 11.000 v. Chr. gilt solches als erwiesen.

2. Etappe: Die frühen Vieh-Nomaden folgen dem Wildpferd vor allem deshalb, um hierdurch zu ergiebigen Weiden für ihr domestiziertes Herdenvieh zu gelangen. In schneereichen Wintern sind ihnen die Pferde auch deshalb wichtig, weil sie für ihre eigene Notweide dort harsche Schneedecken mit ihren harten Hufen zerschlagen und somit dem Herdenvieh ebenfalls einen Zugang zu rettenden Grasresten in Bodennähe verschaffen können. Solches gilt als für die Jahrtausende ab 8.000 v. Chr. als belegt.

3. Etappe: Das Pferd wird domestiziert und schließlich zum Reittier. Letzteres geschah erstmalig etwa um 5.600 v. Chr. Vor der kompletten Domestizierung des Rindviehs, seiner Prägung zu einem durch den Menschen leitbaren Herdentier, waren für ihn die Stuten auch als Milchgeberinnen von Interesse, neben den in dieser Hinsicht ebenfalls recht ergiebigen Ziegen. Durch die Entwicklung bestimmter Vergärungstechniken gelang den Menschen jener Zeit sogar die Herstellung begehrter alkoholischer Substanzen aus Stutenmilch.

Gehen wir nun auf die im Ergebnis der verschiedenen Domestizierungserfolge entstandenen Mensch-Tier-Lebensgemeinschaften – speziell des

Nomadentums, bzw. des Halbnomadentums im frühen Osteuropa – in ihrer Gesamtheit näher ein.

Der bevorzugte diesbezügliche Zugriff auf Schaf und Ziege erfolgte auch dort vor allem deshalb, weil diese Tiere hinsichtlich ihrer Haltung äußerst anspruchsarm sind, geradezu minimalistische Anforderungen an ihre Ernährung stellen. Insbesondere im trockenen Steppenmilieu mit seiner kargen Pflanzenwelt kommt solchen Eigenschaften eine große Tragweite zu. Außerdem sind sowohl Schafe als auch Ziegen von Natur aus Gruppentiere, die sich in kleinen Herden besonders wohlfühlen und folglich bei Herdenwanderungen relativ leicht zu führen und zusammenzuhalten sind.

Das Rind, dessen protein- und fettreiche Milch von menschlichen Kleinkindern fast immer gut vertragen und von den Muttertieren in erheblich größeren Mengen geliefert wurde als die Milch der wesentlich früher domestizierten Ziegen, gesellte sich erheblich später zu der vom Menschen jener Zeit domestizierten Tierwelt.

Rinder sind physisch starke Tiere, die männlichen Stiere verfügen über eine beachtliche Wehrhaftigkeit. Die Regie einer Rinderherde bedarf deshalb eines erfahrenen und physisch kräftigen Hirten. Zudem sind sie hinsichtlich ihrer Ernährung keineswegs anspruchsarm, sondern wesentlich anspruchsvoller als Schafe oder Ziegen. Sie benötigen ausreichende Mengen höherwertiger Pflanzenkost und auch wesentlich mehr tägliches Trinkwasser als diese. Aus diesen Gründen muss ein Viehtrieb mit Rindern an jedem Tag die Möglichkeit einer ausreichenden Wasseraufnahme bieten.

Dessen ungeachtet sind Rinder – als Wiederkäuer – dennoch relativ effektive Nahrungsverwerter.

Die Verdauungseffizienz des Pferdes ist in ihrer Gesamtheit – im Vergleich zu den vorgenannten Tieren – relativ niedrig, weshalb wohl ernsthafte Domestikationsbemühungen ihm gegenüber, historisch gesehen, relativ spät unternommen wurden. Das Pferd ist für den Menschen sehr lange Zeit ein ausschließliches Jagdtier, ein Fleischlieferant geblieben.

Pferde haben eine erheblich andersartige Verdauung als die Wiederkäuer.

Im Rahmen der durch sie vollzogenen Nahrungsverdauung erzeugen Bakterien aus gefressenen Pflanzenstoffen erst im Verdauungsbrei des Enddarms in größerem Umfang flüchtige Fettsäuren, von denen jedoch bei Bedarf schnell – und zunächst relativ anhaltend – beträchtliche Volumina an Energie für Bewegung und sonstige muskuläre Leistungen freigesetzt werden können.

Doch für langwährende muskuläre Leistungen ohne längere Erholungspausen – und in Sonderheit für den Muskelaufbau – sind Proteine erforderlich, die im üblichen Verdauungsprozess dieser Tiere in nur mäßigem Ausmaß anfallen.

Insgesamt benötigt das Pferd zur Erlangung aller für Selbsterhalt und Leistung erforderlichen Nahrungskomponenten erheblich größere Volumina an Futter als die Wiederkäuer mit ihren mikrobiellen „Nährstofffabriken“, etabliert in Systemen variantenreich funktionierender Eingeweide.

Vermutlich erfolgte die Domestizierung des Pferdes auch deshalb zunächst nur mit der speziellen Absicht, auf den Herdenwanderungen in der Steppe fortan stets über einen verlässlichen Führer zu Wasserstellen und ergiebigen Grasinseln verfügen zu können.

Als es vor heute etwa 7.000 Jahren den Steppennomaden Osteuropas jedoch gelang, das einstige Wildpferd zum Reittier zu dressieren, avancierte das Pferd zum langzeitig wichtigsten tierischen Lebensgenossen des Menschen. Seine räumliche Aktionsweite erlangte hierdurch neue Dimensionen.

Die Ausgangsrasse menschlicher Domestikationsbemühungen des Pferdes war der Tarpan, relativ eng verwandt mit dem noch kürzlich in der Mongolei anzutreffenden Pzewalkski-Wildpferd, sich immer noch auch in der aktuellen osteuropäischen „Konj“-Rasse spiegelnd.

Einzelheiten zu Vorstehendem sind in der von Reinhard Schmoeckel herausgebrachten Publikation „Die Indoeuropäer“ nachzulesen.

Sicherlich, auch in West- und Mitteleuropa gab und gibt es den Viehauftrieb zur Sommerweide, z. B. in den Dörfern der Alpen und in manchen europäischen Mittelgebirgsregionen. Doch die einstigen alljährlichen Tierwanderungen der protoeuropäischen Nomaden und Halbnomaden in den steppenartigen Territorien auf der Ostseite unseres Kontinentes waren damals von unvergleichlich größerem räumlichem Ausmaß.

Die Steppenhirten zogen damals mit ihren Herden fast unablässig, monatelang, von einem Weideplatz zum nächsten, mit meist nur kurzem Verweilen an grünen Grasinseln und Wasserstellen, Jahrhundert für Jahrhundert einen weiteren Weg.

Das hatte seinen Grund in der zwar langsam, doch unübersehbar zunehmenden Kargheit der dortigen Vegetation, der Dürftigkeit des gesamten Milieus, verursacht durch die zu jener Zeit ständig wachsende Niederschlagsarmut des osteuropäischen Raumes.

In der heutigen wissenschaftlichen Fachliteratur wird die Meinung vertreten, dass dereinst ein Jahrespensum von einigen Hunderten an jährlichen Wanderschaftskilometern üblich gewesen sein dürfte. In neuerer Zeit sind aus Zentralasien sogar nomadische jährliche Wanderungszyklen dortiger Nomaden und ihrer Tierherden von über 1.000 Kilometern bekannt geworden. (Haarmann)

Das vorzeitliche Nomaden- und Halbnomadenleben erbrachte also während der wärmeren Monate für die einstigen Steppenhirten ein fast ständiges, viel Energie und unablässige Aufmerksamkeit abverlangendes, sich im Laufe der Zeit immer weiter ausdehnendes Bewegen.

Das sich nunmehr zeigende Bemühen, das bislang als „Scout“ dienende Pferd zum Tolerieren reiterischer Bemühungen zu bringen und es schließlich zu einem Reittier zu erziehen, hing sehr wahrscheinlich mit der Notwendigkeit der immer weiter auszudehnenden Jahrestouren zusammen, die aber dann von fußläufig agierenden Hirten allmählich physisch kaum noch bewältigt werden konnten.

Als die Dressur des Pferdes zum Reitpferd endlich gelungen war, erlangten gute reiterische Fähigkeiten sehr schnell einen sehr hohen individuellen Wert und hoben den guten Reiter bald deutlich aus der Gesamtheit seiner Gemeinschaft hervor – denn die bewältigten erweiterten Touren ermöglichten auch größere Herden, ermöglichten mithin einen steigenden Lebensstandard für die gesamte Gemeinschaft. Und solches trotz tendenziell wachsender Trockenheit.

Letztlich ergab sich aus dieser Entwicklung ein völlig neues Anforderungsprofil an den Steppenhirten. Dieses war von ihm nur dann zu erfüllen, wenn er sich während der warmen Monate völlig auf die Wahrnehmung seiner Wanderhirtenaufgaben konzentrieren konnte, ständig fern von seiner Familie lebend.

Frauen und Kinder verblieben in der Regel in den Stammlagern von Familie und Clan, wo die Mütter und Großmütter „Kind und Kegel“ versorgten und erzogen und insbesondere auch nachwachsenden weiblichen Nachwuchs in die Wahrnehmung seiner späteren Rollen einwiesen.

Zur Selbstversorgung während der wärmeren Monate wurde vermutlich, nach und nach, das Betreiben einer kleinen gärtnerischen Nebenwirtschaft üblich, mit Milchkuh und Gemüsegarten.

Das volle Familienleben der Steppennomaden, aber auch die Verrichtung der meisten obligatorischen allgemeinen handwerklichen Arbeiten war damals in Osteuropa auf die kühle oder kalte Hälfte des jahreszeitlichen Zyklus konzentriert. Wobei vermutlich die sommerliche straffe Arbeitsteilung der beiden Geschlechter im Wesentlichen aufrechterhalten wurde. Weshalb sich in jenen frühen Jahrtausenden im Osten Europas – gemäß heutigem Wissensstand der Fachwelt – vermutlich nie ein länger währendes Matriarchat entwickelt hat.

Die von den jungen, in den Hirtendienst ab etwa 4.500 v. Chr. eintretenden Männern abverlangte Fertigkeit, auf den damals noch unbesattelten Rücken von flinken Pferden reiten zu können, verstärkte bei ihnen – mit Sicherheit – durch den Umgang mit rauen erfahrenen Männern vermittelte Überlegenheitsgefühle gegenüber dem weiblichen Geschlecht beträchtlich, wobei natürlich den eigenen Müttern und Großmüttern Sonderpositionen zugebilligt wurden.

Auch gegenüber anderen jungen Männern, die aus irgendwelchen Gründen nicht zum Hirtendienst zugelassen worden waren, fühlten sich Junghirten, allein in Anbetracht ihrer Reitfertigkeiten, zudem aufgrund verschiedener überstandener Gefahrensituationen in ihrer sommerlichen Männerwelt, zumeist als „Herren und Meister“.

Hinsichtlich aller seitens der Steppenhirten während der Herdenzüge zu leistenden vielfältigen, dann auch im Winterlager fortzusetzender Arbeiten wurden die Männer sicherlich dort teilweise von Partnerinnen und heranwachsenden Töchtern entlastet, z.B. beim Melken von Kühen und Ziegen oder bei der Pflege von neu geborenen Jungtieren.

Das meiste andere, und insbesondere die Pflege und Versorgung der Pferde, blieb jedoch – in aller Regel – „Männersache“. Das traf auch auf die Rinderzucht zu. Der Umgang mit den nur sehr schwer und „bedingt“ domestizierbaren Stieren blieb deshalb aus einsichtigen Gründen durchweg in den Händen von kräftigen Männern.

Und wer in alten Zeiten hinsichtlich der heimischen Großtiere das Sagen hatte, blieb damals ohnehin zumeist unbestrittener „Herr der Szene“ – so lange er dieses Sagen hatte. Indessen – fest verankerte Lebensmuster haben auch nach erheblichen Veränderungen der humanen Existenzgegebenheiten meist eine große Übertragungszähigkeit!

Die Fähigkeit, auf dem Rücken des schnellen Pferdes sicher reiten zu können, zudem im Galopp auch noch zur Handhabung von Gerätschaften wie dem Lasso, gar von Kriegswaffen fähig zu sein, vermittelte einem solchen Volk vor 7.000 Jahren nicht nur neue Optionen zur Bewältigung seiner existenziellen Lebensaufgaben, sondern vermittelte ihm auch eine neue reale Überlegenheit gegenüber allen anderen, noch ohne diese Fähigkeit lebenden Völkern jener Zeit (nach Schmoeckel).

Beispielsweise erbrachte die – dank Reitpferd – erhebliche Ausweitung der Herdenwege für die osteuropäischen Steppenhirten nunmehr Kontakte zu sehr viel mehr anderen Sippen und Clans, als es bei der bisherigen fußläufigen Absolvierung der deshalb viel engeren Herdenbewegungen gegeben war. Solches vermittelte neue und interessante Einblicke in die Nuancen des Lebensgeschehens auch bei entfernter lebenden Nachbarn, bot Chancen zur Anbahnung nachhaltigerer Kontaktpflege mit diesen, erhöhte aber auch die Risiken konflikthafter Auseinandersetzungen.

Denn bei der nunmehrigen Inanspruchnahme bisher nicht frequentierter Wasserstellen und Weideflächen tangierte man recht oft die althergebrachten Nutzungspraktiken der in jenen Gegenden Alteingesessenen, beispielsweise.

Reitergemeinschaften implizierten dank ihrer Bewegungsschnelligkeit somit nicht nur erhebliche Vorzüge, sondern deren Ausschöpfung setzte auch die erfolgreiche Umstellung der Reiter auf alle durch ihre neue Existenzform ausgelösten neuartigen Bedrohungsszenarien voraus.

Reitergemeinschaften, die diese Erfordernisse nicht schnell genug zu erfassen vermochten bzw. sich außerstande sahen, die jetzt geforderten neuen Konfliktlösungsstrategien zu finden, sind damals – ungeachtet teilweise überragender Leistungspotenziale – sehr schnell in existenzielle Nöte geraten.

Sehr schnell erkannte man sicherlich, dass reitende Krieger gegenüber zu Fuß Kämpfenden grundsätzlich eindeutig überlegen waren, jedoch nur so lange, wie sie sich auf den Rücken ihrer Pferde halten und somit ihre Hiebwaffen ständig „von oben" einsetzen konnten.

Der Kampf als Reiter erbrachte selbigem aber auch noch einen anderen wichtigen grundsätzlichen Vorteil, der in kritischen Momenten für ihn oft lebensrettend gewesen sein dürfte – die ggf. schnelle Flucht auf dem Rücken des Pferdes, in Sonderheit im Fall des Ausfalls der eigenen Reaktionsfähigkeit.

Ein in Folge beträchtlicher Verwundungen seines Reiters sich führungslos wähnendes Pferd wendet sich, in der Regel, spontan zur rettenden Flucht und rettet auf diese Weise auch seinen Reiter vor dem Todesstoß durch die Keule oder Klinge seines Gegners.

Solche Optionen der reiterlichen Auseinandersetzung milderten dann allmählich grundsätzlich die bisherige Unerbittlichkeit des radikalen individuellen, mit Hieb– oder Stichwaffe ausgetragenen Zweikampfes.

Der Wandel in den Lebensumständen brachte es also mit sich, dass die herdenbegleitenden Reiter in hohem Ausmaß konfliktbereit sein mussten, aber im Falle einer unausweichlichen bewaffneten Auseinandersetzung auch über neue Möglichkeiten ihrer Selbstrettung verfügten, was damals im Laufe der Zeit vermutlich zu einem generellen Wandel in der Sicht auf die Sinnhaftigkeit von Konfliktlösungen mit absoluter Waffengewalt erheblich beigetragen hat.

Die klassische Optionentrias des Siegers eines in grauer Vorzeit ausgetragenen bewaffneten Konfliktes gegenüber dem darniederliegenden Unterlegenen – Tötung oder Versklavung oder Akkumulation – wurde angesichts des gewandelten Zeitgeistes zunehmend seltener in Form der Ausführung des Todesstoßes genutzt. Seine Versklavung zum Melksklaven erschien wohl dem siegreichen Hirtenkrieger zumeist als die für ihn und seine Hüterkameraden sinnvollere Alternative.

Ein in jeder Hinsicht volatiles Leben erzieht erheblich zu geistiger Beweglichkeit.

Die zunehmend tiefgründigen Erfahrungen der jetzt immer weiter schweifenden Herdenwanderungen erbrachten immer deutlicher auch eine andere, wichtige und grundlegende Erkenntnis – das Bewusstwerden, in einer Welt plurizentraler Interessenballungen zu leben, mithin es angebracht war, absolute Konfrontationen möglichst zu meiden. Denn das verbissene Kämpfen mit einem bestimmten Gegner lief oft darauf hinaus, dass letztendlich nicht nur der unterlegene Clan, sondern auch der schließlich die Oberhand gewinnende derart geschwächt waren, dass eine dritte Interessengruppe sich des „Zankapfels", beispielsweise einer bestimmten natürlichen Ressource, bemächtigen konnte.

Derartige in der Steppe nun bald Allgemeingut werdenden Erkenntnisse ließen damals bei vielen nunmehrigen Reitervölkern solche Charaktereigenschaften wie „Resilienz" und „Kompromissdenken" breiten Raum gewinnen – so selbige tatsächlich abgerufen wurden.

Versprach aber die „beherzte Attacke" bleibenden Gewinn, zögerte man, „selbstverständlich" keineswegs, auch eine solche nun beherzt zu reiten, ggf. brachialste Gewalt zu entfalten.

Bei Fortbestand plurizentraler Interessenballungen in einem Milieu annähernder gesellschaftlicher Gleichrangigkeit dominierte damals jedoch meist ein Klima der Bereitschaft zur Konsensfindung – und des Bedürfnisses zum Zusammenschluss mit Gleichinteressierten zu größeren und mächtigeren Handlungsgemeinschaften.

Was dann – bei längerem Bestand – die Veranlassung zur Entwicklung neuer Identitätsinhalte lieferte, zu Inhalten, die neben den Identitätsinhalten von Familie und Clan ihren Platz finden mussten.

Und solches Geschehen führte des Weiteren dazu, dass im Laufe der Zeit auch ein diffuser, wenngleich spezieller Identifikationsnebel entstand, die gesamte Gemeinschaft der damaligen östlichen Steppe überwölbend, verbindend.

Man kann eine solche Identifikationsentwicklung auch im Sinne des Entstehens von „Identitätsschichtungen" interpretieren, wobei von den Menschen ihrer Zeit jene Schicht von ihnen als die für sie verbindlichste empfunden wird, die mit ihrem konkreten Sein als einzelner Mensch den nachhaltigsten Bezug besitzt.

Im prähistorischen Europa sollte dieses Phänomen seinen Gipfel vermutlich im Keltentum, während der letzten Jahrtausende vor Christi Geburt, finden.

Einstweilen, ab etwa 4.000 v. Chr., ergaben die maßgeblich durch das Aufkommen der reiterlichen Fortbewegung stimulierten Entwicklungen in Osteuropa eine nachhaltige innerregionale Intensivierung von Kulturaustausch und Handelstätigkeit, mit dem Ergebnis, hierdurch gegenüber dem analogen west- und zentraleuropäischen Entwicklungsgeschehen eine gesamtgesellschaftliche Ebenbürtigkeit zu erlangen – trotz persistierenden Fehlens jeder nennenswerten sesshaft-bäuerlichen Strukturkomponente.

Einen erheblichen Unterschied zu diesen gab es jedoch hinfort in Bezug auf grundlegende charakterliche Wesensmerkmale.

Reinhard Schmoeckel hat sich hierzu zusammenfassend wie folgt geäußert.

„Völker, deren Männer gute Reiter waren, wurden – oft sehr schnell – selbstbewusster, herrischer, schließlich kriegerischer."

Wobei hiermit, „indirekt", auch gesagt worden ist, dass die kriegerische Aktion dieser Völker speziell im europäischen Raum dadurch professionelle Züge anzunehmen begann – im guten wie im schlechten Sinn aller damit verbundenen besonderen Moralität.

Die vorstehend skizzierten Folgen der gelungenen Dressur des Reitpferdes erbrachten damals für Dignitatus auch in den Steppen Osteuropas eine „Surplus-Produktion", was der bereits begonnenen Hierarchisierung in den dortigen Nomaden- und Halbnomadenstämmen erhebliche neue Impulse vermittelte.

Bislang wurde von den Männern eines anstehenden Herdenzuges der erfahrenste und umsichtigste von ihnen zum zeitweiligen „Bestimmer" gewählt, der hinfort die Bewegungen und das Verweilen des ganzen Herdenzuges an Wasserstellen und Grasweiden mit seinen Weisungen kommandierte. Im Versagensfall wurde er durch einen anderen „Bestimmer" abgelöst.

Aus mehrfach bewährten „Bestimmern" erwuchsen – gefördert durch die Möglichkeiten der Zuteilung zusätzlicher Anteile aus überschüssigen Ergebnissen von inzwischen stabilen „Surplus-Produktionen" – im Lauf der Zeit „Chefs“, Männer mit zeitlich längeren, inhaltlich wesentlich umfassenderen Kompetenzen.

Die damit verbundene höhere Verantwortung und organisatorische Arbeit honorierte die Gemeinschaft den „Chefs“ nun mit solchen, tendenziell wachsenden zusätzlichen Anteilen an den Ergebnissen ihres gemeinschaftlichen Gesamtproduktes.

Kristiansen hat die Aufgabenskala solcher „Chefs“ wie folgt umrissen.

1. Sicherung der Wasserreserven und des Weidelandes,
2. Regelung des Tauschhandels, von Vererbungen und Brautkäufen,
3. Organisierung der durchgängigen Herdenbeaufsichtigung,
4. Vermittlung elementarer Kampftechniken an den männlichen Nachwuchs,
5. Pflege religiöser Praktiken, speziell der Initiationsrituale.

Der zu jener Zeit sich festigende „Brauthandel“ war Ausdruck eines damals aufkommenden frühen Merkantilismus. Die Sippe der Braut wollte für die durch sie geleistete Aufzuchts- und Erziehungsarbeit von der Sippe des Bräutigams angemessen vergütet werden.

Erst nachdem diese patriarchale Sichtweise Jahrtausende später in Europa sich grundsätzlich gemildert hatte, vollzog sich dort in dieser Sache eine „Drehung“ – fortan erhielt die Braut im Zusammenhang mit der Eheschließung eine Mitgift, vonseiten ihrer Sippschaft.

Zurück zur Besprechung der Hierarchisierung, zur Erörterung des sozialen Differenzierungsgeschehens.

Aus den Familien einiger der vorstehend skizzierten „Chefs“ hatten sich einige Jahrhunderte später veritable regionale Fürstendynastien entwickelt, wie aus den Ausstattungen der mittlerweile von der bemerkenswerten, aus Litauen stammenden Archäologin Gimbutas untersuchten Fürstengräber jener Zeit, den „Kurganen“, gefolgert werden kann.

„Kurgane“, selbst heute noch speziell im südlicheren Bereich der russischen Steppenlandschaft in erheblicher Anzahl zu finden, sind etwa 10 bis 15 Meter hohe Erdenhügel, aufgeschüttet über der eigentlichen Grabkammer eines einst sehr bedeutenden Mannes, dem fast immer umfängliche Beigaben für einen „guten Weg in die andere Welt" beigelegt wurden. Nicht selten mussten persönliche Dienerschaft und die Lebenspartnerin ihn in seinem Tod begleiten, desgleichen auch sein Streitross.

Die prächtigsten dieser unter mächtigen Erdhaufen verborgenen Fürstengräber stammen aus der Schlussphase des frühen osteuropäischen Nomadentums im letzten Jahrtausend vor Christi. Die moderne Wissenschaft bezeichnet sie als die „Skythischen Königsgräber".

Bei Hermann Parzinger findet sich hierzu folgende plastische Schilderung, die hier auszugsweise zitiert sei.

„Auf Ergebnisse der Untersuchungen einiger skythischer Königskurgane im 19. Jahrhundert gründete sich in der Folgezeit der Ruf von ihrem sagenhaften Goldreichtum. In den Königsgrüften von Certomlyk, Solocha, Ryzanovka, Tolstaja Mogila und vielen anderen Orten war das Totengewand einiger Bestatteter über und über mit aufgenähten Goldblechen bedeckt.

Bei den Frauen wiesen auch Schleier und Hauben solchen Goldschmuck auf. Diese Schmuckbleche aus dünner, gepresster Goldfolie waren oft figural verziert, überwiegend mit Tierdarstellungen. Auch Pfeilköcher und Dolchscheiden waren derartig geschmückt. Halsringe und Armreife bestanden oftmals aus massivem Gold."

Mit der Infiltration Mitteleuropas durch indoeuropäische Reiter, Ideen, Fertigkeiten und sonstige Potenziale zu einem wesentlich früheren Zeitpunkt, etwa ab Ende des vierten Jahrtausends vor Christi Geburt, „wanderten" auch die Kurganbestattungen in Richtung Westen, wo in neueren Zeiten den erheblich kleiner werdenden Kurganen die Bezeichnung „Kegelgräber" zuteilgeworden ist.

Auch die dort beigelegten Beigaben reduzierten sich erheblich – die Machtfülle der Reiterführer war in den für sie neuen Landschaften Zentraleuropas offensichtlich nunmehr bei Weitem nicht mehr so groß, gar absolut wie vermutlich ehedem in den Weiten des russischen Raumes.

Eines dieser Hügelgräber befindet sich auch derzeit noch im Stadtwald des mecklenburgischen Ostseebades Kühlungsborn, etwa 30 Kilometer westlich der Hansestadt Rostock. Es war lange Zeit der winterliche Rodelhügel der örtlichen Jugend. „Oh, quae mutatio rerum!"

Die Gesamtentwicklung zu Zeiten der scheinbar fast absoluten Regionalfürstenmacht in den osteuropäischen Steppen erbrachte dann am „Vorabend der Bronzezeit“ für einen Teil der zumeist noch nomadisierenden männlichen Bevölkerung eine neuartige berufliche Differenzierung und spezialisierte Arbeitsteilung und somit auch Ansätze größerer sozialer Schichtung. Ein Ergebnis dieser Veränderungen im sozialen und produktiven Bereich war eine handwerkliche Produktion von zunehmender Qualität und die Produktionsaufnahme neuartiger Erzeugnisse.

In den letzten Jahrhunderten vor den beginnenden Einfällen junger Steppenreiter in zentraleuropäisches Bauernland dehnten sich ihre jährlichen Herdenzüge im heimatlichen Steppenraum immer weiter aus, was eine wachsende gegenseitige mentale Durchdringung, eine gewisse allgemeine Angleichung der in Osteuropa lebenden indoeuropäischen Stammesgemeinschaften nach sich zog, die dort alle und alles überwölbende oberste Identifikationsdecke begann sich immer stärker zu verdichten. Und das proto-indoeuropäische sprachliche Ideom begann sich immer klarer herauszufiltern.

Seine Entwicklungsgeschichte – als sich über etwa ein Jahrtausend hinziehender Prozess voneinander abreibender und angleichender Zusammenfassung erheblich divergierender sprachlicher Verständigungselemente eines ausgedehnten Steppenterritoriums – hatte schließlich mit dem Proto-Indoeuropäischen eine nutzerfreundliche, gleichwohl für ständiges Erweitern und Differenzieren angelegte „Gebrauchssprache von großer Handlichkeit“ entstehen lassen.

Es enthielt mit a, e, i, o und u nur jene gut unterscheidbaren Vokale, die auch heute in den indoeuropäischen Sprachen dominieren, sowie, nach Beekes, mit knapp 30 Konsonanten ein gut überschaubares Lautsystem. Spezifische Kombinationsregeln erlaubten Häufungen von maximal drei Konsonanten zu Lautclustern. Die Sprache gestattete ihre Intonation in stabil bleibender Tonhöhe, wie auch eine diesbezügliche Modulation.

Beachtliche acht Kasus-Formen verdeutlichten die in ihr angelegte Präzision der Beziehungsbestimmung eines Substantivs – Nominativ, Vokativ, Akkusativ, Genitiv, Ablativ, Dativ, Lokativ, Instrumental. (Haarmann) Rezente Nachfolgesprachen haben meistens nur eine Auswahl dieser „Fallspezifikationen“ übernommen, ggf. auf Kosten erweiterter Formulierungen.

Auffallend ist die für alle bekannten Varianten des Proto-Indoeuropäischen belegte absolute Gleichheit des speziellen Vokabulars für Viehhaltung und Weidewirtschaft, d. h., für die zentralen Aktionsinhalte der das Indoeuropäische dereinst tragenden Steppenbevölkerung.

Ähnliches entstand in kürzerer Zeit – wenngleich in sehr viel kleinerem Format – im sog. „Matrosen– Englisch“, gesprochen im 19. Jahrhundert in der globalen Ozean-Schifffahrt.

Jene beiden rezenten Sprachen, in denen derzeit das Proto-Indoeuropäische noch am nachhaltigsten reflektiert wird, sind das moderne Litauisch sowie Sanskrit, im indischen Raum als Nischensprache überdauernd.

Die mit den Wellen gen Westen reitender junger Steppenkrieger beginnende indoeuropäische Infiltration Zentraleuropas hatte eine längere Vorgeschichte, beginnend in der Zeit des dortigen bäuerlichen Sesshaftwerdens, d. h., um etwa 6.000 v. Chr.

Damals stießen aus den nördlich des Schwarzen Meeres gelegenen Steppen nomadische Viehhirten mit ihren Tieren – noch absolut „fußläufig“ – frisches Weidegrün für ihre Herden suchend, auf kürzlich ansässig gewordene Bauern.

Solches geschah in einer Gegend, die uns jetzt allgemein unter der Bezeichnung „Dobrutscha“ bekannt ist, auf dem fruchtbaren Territorium südlich des Donau– Mündungsdeltas.

Vermutlich arrangierte man sich recht bald, denn wenig später hatte sich dieser Landstrich in eine Örtlichkeit mit beeindruckender Kunst- und Kultursymbiose entwickelt, in dieser Hinsicht zunehmend nach Nord und Süd ausstrahlend. Jenes gegenseitig befruchtende Zusammenleben setzte sich über einige Jahrhunderte fort, auch die sich allmählich konstituierende frühe „Metro-Region“ um die heutige bulgarische Hafenstadt Warna dürfte davon profitiert haben. Und sie war auch der Ausgangspunkt erster osteuropäischer Infiltrationsbemühungen in Richtung Zentraleuropa, längs der Donau, flussaufwärts. Man erreichte bei diesen ersten Anläufen schließlich die nunmehr ebenfalls schon durch allgemeine bäuerliche

Sesshaftigkeit geprägte „Donauzivilisation“ auf derzeit österreichischem und süddeutschem Boden.

Solche Erfolge ihrer Stammesverwandten wurden vermutlich bei in ihrer östlichen Heimat verbliebenen Hirtennomaden bald bekannt. Jedenfalls erfreuten im Osten Zentraleuropas gelegene Handelsplätze sich fortan zunehmend der Besuche aus der osteuropäischen Steppe.

Im Ergebnis solcher Entwicklungen war man in den nächsten Jahrtausenden in Osteuropas Steppenregionen meistens recht gut über seine westlichen Nachbarn informiert, insbesondere über dortige Entwicklungen neuer Handelsprodukte und schließlich auch über die Arbeitsmethoden bei ihrer Erzeugung.

Aber auch über die als weitaus angenehmer anzusehenden dortigen klimatischen Verhältnisse war man mittlerweile im Osten gut orientiert, sowie – zunehmend Gegenstand vieler Sagen und Mythen – über die „geradezu ungewöhnlich“ erscheinende Fruchtbarkeit der dortigen Erde.

Letzteres wurde damals, von Jahrhundert zu Jahrhundert, von immer größer werdendem Interesse im Osten Europas, weil es in der eigenen Heimat immer trockener wurde, und auch innerhalb der weiten Steppenlandschaft die einzelnen Regionen unter diesem Prozess um so mehr zu leiden hatten, je weiter sie südöstlich gelegen waren und der eigene Nordwesten dabei immer noch am wenigsten in Mitleidenschaft gezogen wurde.

Sicherlich galt besagter Kenntnisreichtum vor allem für die zwischen beiden Großflächen gelegene Grenzregion, aber keineswegs nicht nur für diese. Und als man endlich das bisherige Wildpferd zum Reitpferd gewandelt hatte, dürfte das Steppenland Osteuropas durchweg viel besser über das Leben jenseits seiner Westgrenzen informiert gewesen sein als Zentraleuropa über seine östlichen Nachbarn.

Denn dort gab es nun eine bestimmte hocheffiziente „Informationsorganisation“, über welche man auf der westlichen Hälfte Europas wohl niemals verfügt hatte – den „ubiquitären informellen Nachrichten-Austauschdienst des osteuropäischen Hirten– Nomadentums“. Bei ihren immer weiter ausholenden, sich immer weiter von ihren Familien entfernenden Herdenzügen begrüßten die sehr selbstsicher, doch einsam gewordenen Reiternomaden sicher mit großer Gastfreundschaft jeden Gast aus einem zufällig in ihre Nähe geratenen anderen Herdenzug zu einem intensiven Gedanken- und Informationsaustausch.

So ist es auch zu erklären, dass – z. B. – die Kunst des Bronzegusses den osteuropäischen Steppennomaden früher geläufig war, als den mittlerweile langjährig sesshaft gewordenen Bauern Mitteleuropas, bei denen das selten gewordene Wildpferd immer noch ein ausschließliches Jagdobjekt geblieben war. Das Bronzegießen kam nur deshalb bei den Steppenreitern in ihrer Heimat nicht zu einer sonderlichen Blüte, weil die hierfür erforderlichen Ausgangsstoffe – insbesondere Kupfer und Zinn – in ihren Steppenregionen extrem seltene Güter waren.

Die damals langfristig immer weiter zunehmende Trockenheit im Süden Osteuropas ist weitgehend durch eine paläometeorologisch zuverlässig erforschte klimatische Veränderung belegt. Zwischen 7.000 v. Chr. und 4.500 v. Chr. stellte sich in den Steppengebieten nördlich von Schwarzem und Kaspischen Meer regelmäßig, jedes Jahr zur gleichen Zeit, ein feuchter, ergiebiger, ostmediteraner Monsum ein. Um 4.500 v. Chr. begann seine Ergiebigkeit leicht zurückzugehen, ab 4.000 v. Chr. begannen sich diese Rückgänge in der Vegetation deutlich nachteilig auszuwirken, um 2.300 v. Chr. ist er vollkommen und auf Dauer verschwunden. (Schmoeckel)

In Übereinstimmung hiermit stellten russische Wissenschaftler durch die Analyse der jährlich in einem See auf der Krim-Halbinsel abgelagerten Schlammschichten einen ständigen Rückgang des jährlichen Niederschlages für den Zeitraum von 2.400 v. Chr. bis 2.100 v. Chr. fest.

Es ist somit nicht erstaunlich, dass „der Westen“ immer mehr zum Sehnsuchtsort der osteuropäischen Hirtennomaden wurde, zum „Land ihrer Träume“.

Gerhard Herm hat diese Wunschvorstellungen und ihre Begründung plastisch – und vermutlich sehr realitätsnah – in seiner Monografie über „Die Kelten“ zusammengefasst:

„Es stellt sich die Frage, weshalb schließlich immer wieder einzelne Reitergruppen – und dann auch größere Verbände – des in den Steppenregionen zwischen unterer Wolga und der heutigen Ostukraine lebenden Volkes ihre zähen kleinen Pferde aufzäumten und sich westwärts auf den Weg machten.

Vermutlich hatte es sich inzwischen auch bei diesen Menschen herumgesprochen, dass in den Gegenden ihres alltäglichen Sonnenunterganges eine mit erheblich weniger klimatischen Belastungen, Gefahren und Alltagsmühen aller Art verbundene menschliche Existenz möglich war als in ihrer damaligen Urheimat.

Der westliche Vorsprung der eurasischen Landmasse, also Mittel- und Westeuropa, konnte im Vergleich zu der östlich des Karpatengebirges bald beginnenden südrussisch-ostukrainischen steppenähnlichen Landschaftszone, in der Tat, wie ein sprichwörtliches Paradies erscheinen.

Dieses ‚Land der Träume', durch niedrige, mühelos zu durchquerende Mittelgebirge in überschaubare, soziale Sicherheit unterstützende Reviere geteilt, war weitgehend frei von sich periodisch wiederholenden klimatischen Katastrophen."

VARNA

Der Ausfall aus der Dobrutscha-Exklave seitens aus ihrer ukrainisch–südrussischen Steppenheimat nachgerückter Hirtenkrieger, ihr weiteres zügiges Vordringen nach Süden längs der westlichen Schwarzmeerküste, ihr relativ friedliches Eindringen in die damals sehr reiche „Wirtschafts- und Freihandelszone von Varna“, die weitgehende Erlangung einer Dominanz im Sinne zunehmender Handelsherrschaft und schließlich auch der politischen Macht, parallel zum durch Einheiraten stimulierten Verschmelzen mit althergebrachten dortigen Führungsclans – all das lieferte die „Blaupause“ für die spätere hartnäckige indoeuropäische Infiltrierung Mitteleuropas.

Deshalb sei hier, in einem kurz gehaltenen Kapitel, im Speziellen auf dieses Geschehen vor etwa 7.000 Jahren eingegangen.

Das heutige Varna – oder auch „Warna“ geschrieben – ist die drittgrößte Stadt Bulgariens, mit etwa einer halben Million Einwohner, gelegen etwa 150 Kilometer südlich der rumänischen Hafenstadt Constanta.

Es ist eine Hafen-, Hochschul- und Verwaltungsstadt, desgleichen ein gefragter Kurort mit einer großen Strand- und Flanierpromenade, mit gefragten Badestränden.

Varna ist Sitz der bulgarischen Admiralität, hat eine Medizinische Universität und einen Internationalen Flughafen.

Im Hafen befindet sich ein großes Terminal für den Umschlag von Flüssigchemikalien. Seine durchschnittliche Tageshöchsttemperatur wird mit knapp 18 Grad Celsius ausgewiesen, der Zahl der jährlichen Regentage liegt bei 103.

International wird der Ort insbesondere als Badeort beworben. Als solcher war er vor dem Jahr 1990 in den Staaten des damaligen sog. „Ostblocks“ sehr beliebt.

Natürlich fragt man sich, was gerade diese Gegend einst dafür prädestiniert hat, sich zu einem überregional wichtigen, zeitweise geradezu „Metropolen-Charakter“ gewinnenden Handels- und Wirtschaftsplatz zu entwickeln und diese Position dann etwa zwei Jahrtausende lang halten zu können.

Der Hauptgrund hierfür war vermutlich, dass die Gegend des heutigen Varna dereinst an einem sich geografisch anbietenden Knotenpunkt des allmählich Konturen annehmenden Fernhandelsgeschehens gelegen hat.

Landseitig war der breite Küstenstreifen gegen unangenehme Überraschungen durch mittelgebirgige Strukturen hinlänglich abgesichert. Neben den beiden meeresufernahen Zugängen von Nord und Süd sowie dem offenen Meereszugang von Osten gab es auch einen vierten. Es war dies ein Zugang aus westlicher Richtung, trotz der dort nahen bergigen Strukturen.

Diese wurden und werden dort durch den Lauf eines kleinen Flusses durchschnitten, ausreichend Platz für fußläufige Passagen nach und von der Küste bietend. Von Varna kommend konnte man so auf relativ kurzem Wege bis zur letzten großen südlichen Donauschleife gelangen, und dieser stromaufwärts folgend bis in heutige österreichische und süddeutsche Landschaften nördlich des Alpenmassivs. Und auf dem verbliebenen kurzen Donauende stromabwärts konnte man sich auf einem Floß bis in das Delta des Flusses treiben lassen und schließlich nordostwärts wandernd die Steppenlandschaften nördlich des Schwarzen Meeres erreichen.

Das frühe Hauptattraktivum jenes Küstenstreifens, auf welchem das heutige Varna erbaut ist, war in jenen fernen, fünf und mehr Jahrtausende zurückliegenden Zeiten das ungewöhnlich große lokale Goldangebot. Es stammte überwiegend aus vielen Tälern kleinerer und größerer rumänischer Flüsse, die zu jenen Zeiten frühen Goldwäschern ihre Mühen reichlich dankten. Dem meeresnahen, von verschiedenen Seiten gut erreichbaren Handelsplatz Varna zugeführt wurde das Gold vermutlich großenteils über seinen engen westlichen Zugang.

Das zielstrebige Bemühen der aus der Dobrutscha-Exklave aufgebrochenen jungen Männer aus den Familien der einstigen Steppenbewohner, möglichst schnell mit ihrem Vieh in die Varna-Region zu gelangen, hatte sicherlich viel mit den mittlerweile auch zu ihnen vorgedrungenen Mythen über den dortigen Goldreichtum zu tun.

In der Tat sind – nach Harald Haarmann – „nirgends in der Welt bei archäologischen Grabungen derart große Mengen an Gold zum Vorschein gekommen wie in der Region um Varna – insgesamt sechs Kilogramm!"

Die meisten von ihnen stammten aus den Zeiten zwischen 4.500 v. Chr. und 3.200 v. Chr.

Näheres hierzu berichtet Vladimir Slavchev in seiner interessanten Abhandlung über „Das älteste Gold der Welt". Demnach handelte es sich bei den in jüngster Vergangenheit bei Varna gefundenen goldenen Grabbeilagen überwiegend um verschiedenartige Schmuckstücke, insbesondere um Ohrringe unterschiedlicher Größe, und um Armringe.

„Aber auch ziemlich ‚delikater' Goldschmuck fand sich. Beispiele hierfür sind goldene Piercing-Ringe in den Mundlippen der Verstorbenen, oder mit schmalen goldenen Ringen ‚verzierte' Schneidezähne. Offenbar betonten insbesondere männliche Vertreter der einstigen Oberschichten auf diese Weise gerne demonstrativ ihr außerordentliches ökonomisches und politisches Potenzial. Aber auch manches Grab einer Frau war sehr reichhaltig ausgestaltet.

Ein anderer Ausdruck des Reichtums einzelner gesellschaftlich herausgehobener Personen war das reichhaltige Schmücken ihrer Gräber mit Spondylus-Muscheln, dem im Balkanraum in jenen sehr frühen Zeiten üblichen Zahlungsmittel."

In einem bereits zwischen 4.750 v. Chr. und 4.700 v. Chr. angelegten Grab fanden sich 31 besondere Goldperlen. Das in ihnen verarbeitete physische Gold gilt gegenwärtig als das weltweit erste verarbeitete Gold.

Am Ort ihres Begehrens angelangt, verhielten sich die Nachkommen der osteuropäischen Steppenhirten gemäß des von ihren Groß- und Urgroßvätern in der Dobrutscha praktizierten Musters.

Sie verständigten sich schnell mit der ortsansässigen Obrigkeit von Varna, keinerlei nachhaltige Eingriffe in die von ihnen vorgefundenen Gegebenheiten und Strukturen vorzunehmen, gar Ausraubung, Verwüstung und Brandschatzung zu verüben – unter einer einzigen, jedoch unverhandelbaren Bedingung! Und diese war eine sofortige Zuweisung ausreichenden Raumes für ihre eigne bleibende Niederlassung vor Ort. Selbiger wurde stattgegeben.

Die weitere Entwicklung hat sich inzwischen aufgrund kürzlicher intensiver Grabungen in unmittelbarer Nähe des heutigen Varna – oder „Warna" – relativ detailliert rekonstruieren lassen, dank moderner Methoden exakter zeitlicher Zuordnung, präziser genetischer Analytik der in den Gräbern gefundenen Leichenreste, zuverlässiger kulturhistorischen Zuordnungsverfahren hinsichtlich der diversen Grabbeigaben, ergänzt durch die Entdeckung von Resten einstiger Baulichkeiten und deren wissenschaftlicher Bearbeitung.

Fassen wir die Resultate dieses umfänglichen archäologischen Bemühens der letzten Zeit in Kürze zusammen. Die Zugewanderten behielten ihre innere straffe, patriarchalisch geprägte soziale Struktur bei, passten sich in ihrem alltäglichen Wirtschaften jedoch schnell an die vorgefundenen sesshaften bäuerlichen Strukturen an.

Sehr bald gelang ihnen dann aber auch eine Teilhabe an dem für ihre neue Heimat charakteristischen diversen Handelsgeschehen, wobei ihnen die Aufrechterhaltung ihrer – meist über die Dobrutscha-Region laufenden – Kontakte in die osteuropäische Steppenregion zugutekam. Es entwickelte sich langsam eine ökonomische Dominanz der Zugezogenen.

Zugleich setzte ein nachhaltiges Bemühen ein, durch Einheirat in gesellschaftlich lange gut etablierte Familien der Varnaer Ursprungsbevölkerung zu verstärktem politischem Einfluss auf die Geschehnisse der gesamten Region zu gelangen, zudem das patriarchalische Modell des gesellschaftlichen Lebens allgemein durchzusetzen, insbesondere die hiermit verbundenen disziplinarischen Normen.

Sodann vollzog sich eine zunehmende soziale Differenzierung, bei gleichzeitiger zunehmender Verschmelzung der beiden ethnischen Bevölkerungsanteile. Dabei erlangten jedoch vermutlich generell aus den osteuropäischen Steppen stammende gesellschaftliche Normen eine allgemeine Dominanz.

In Gräbern aus den letzten Jahrhunderten der „Großen Zeit des Alten Varna“ als Grabbeigaben gefundene Pferdekopf-Szepter – mittlerweile Herrschersymbole der Hirten-Fürsten Osteuropas –, umfasst durch Ummantelungen aus purem Gold, sprechen jedenfalls sehr dafür.

Ihren Höhepunkt erreichte die „Große Zeit des Alten Varna“ während der Übergangsperiode von der Steinzeit zur Bronzezeit, in der sog. „Kupferzeit“. In aus jener Zeit stammenden dortigen Gräbern sind kupferne Beigaben mit einem Gesamtgewicht von 4.700 Kilogramm geborgen worden. (Haarmann)

Damals breitete das alte Varna, getragen vorzugsweise von – genetisch gesehen – jungen Männern osteuropäischer Herkunft, seinen Einflussbereich durch Landnahmen erheblich aus, speziell in südwestlicher Richtung, bis in den Norden des heutigen Griechenland.

Noch vor Beginn der eigentlichen Bronzezeit fanden „Glanz und Gloria“ jenes bemerkenswerten Landstriches recht schnell ein Ende. Vermutlich hatte das Gold aus den rumänischen Flusstälern andere, lukrativere Aufkaufmärkte gefunden. Das dürfte in irgendwelchen Zusammenhängen mit der nunmehr bald beginnenden „Langzeitepoche des Metalls“ gestanden haben.

Bronzene Gegenstände haben sich jedenfalls auf den intensiv durchforschten, ausgedehnten Gräberfeldern des „Großen Altern Varna“ kaum finden lassen. Vielleicht lag das auch daran, dass man sich dort nicht zur rechten Zeit einen verlässlichen Zugang zu Zinnvorkommen hatte sichern können, der – neben Kupfer – unerlässlichen zweiten Metallkomponente beim Bronzeguss. Doch Letzteres ist Spekulation.

Möglicherweise findet die moderne Wissenschaft auch darauf bald eine verlässliche Antwort.

„JUNGE REITER AUS DEM OSTEN“

Am Beginn der Indoeuropäisierung Mitteleuropas standen nicht junge Reiter, sondern gewitzte Händler.

Nachdem sich die Verhältnisse in den Grenzregionen zwischen dem Land der Steppenhirten und der Territorien der inzwischen sesshaften Bauern – in etwa das heutige westliche Weißrussland – hinreichend konsolidiert hatten, begann ein dezentes gegenseitiges „Beschnuppern“ der beiden unterschiedlichen Soziotope.

Dabei wurde sicherlich gelegentlich einiges an Erfahrenem und Praktiziertem ausgetauscht, und nicht immer dürfte es dabei friedlich zugegangen sein.

Doch dann bildeten sich allmählich einige Orte in jenen Grenzregionen heraus, an denen man sich regelmäßig für den Austausch von geistigen und materiellen Gütern traf. Wofür es umgehend auch Spezialisten gab, von denen nicht nur das eigene sprachliche Ideom beherrscht wurde, sondern auch das der Gegenseite, „mehr oder weniger“.

Letztlich ergaben sich dort Sippschaften, die sich vornehmlich dem Handel mit der „anderen Seite“ widmeten, auch Sitten, Gebräuche, Anschauungen der Partner auf der anderen Seite gut genug kannten, um als „Fernhändler der Vorzeit“ ein Leben in zeitgemäßem Wohlstand führen zu können.

Und schließlich gab es auch gelegentliche Eheschließungen zwischen Partnern aus den beiden Seiten, quasi „Mischehen ihrer Epoche“, die forthin hinsichtlich einer „kundengerechten Handelsgut-Beschaffung“ ihre hierdurch sich ergebenden speziellen Vorteile vermutlich gut zu nutzen verstanden.

Was wurde interregional besonders häufig gehandelt?

Vermutlich, erstens, solche Güter, die es grundsätzlich zwar auf beiden Seiten in erforderlicher Menge gab, die sich aber in Details ihrer Nutzbarkeit oder in ästhetischen Details unterschieden. Darunter waren derzeit vor allem Keramikerzeugnisse zu verstehen, aber auch frühe textile Erzeugnisse und Schmuck – für Mann oder Frau – aus beliebigen Materialien der frühen Jahrtausende.

Zudem gab es, zweitens, solche Produkte und solches natürliches Material, welche in größerem Umfang nur auf einer der beiden Seiten verfügbar war.

Aus osteuropäischen Steppenregionen dürften damals, vor allem, gutes Rindsleder und Felle verschiedener Art bei westlichen Partnern gefragt gewesen sein, fielen doch bei einer sich bevorzugt durch Fleischverzehr ernährenden Gesellschaft Tierhäute und Tierfelle in weitaus größerem Ausmaß an als bei den nunmehr stark durch pflanzliche Ernährung geprägten Menschen des mittleren Europas.

Und was versuchten die Leute aus dem Osten von den Leuten aus dem Westen vorrangig zu erlangen? Sicherlich – vor allem – Salz, dessen es in der Steppe immer sehr ermangelte, sowie Kupfer, das „Material der Epoche", in der Steppe ebenfalls kaum vorkommend.

Vermutlich wurde auch gutes Bier sehr gerne akzeptiert, denn das Brauen jenes bis heute sich in jenen Gegenden großer Sympathien erfreuenden Getränkes war mit den ständigen Bewegungen des Nomadenlebens kaum zu vereinbaren, und hierfür benötigte Gerste war in der Steppe keineswegs im Übermaß verfügbar.

Ein erfolgreiches Leben als Fernhändler setzte und setzt stets und immer eine erhebliche geistige Beweglichkeit voraus. Deshalb hat man sicherlich in den mit Fernhandel längerfristig befassten Sippen den elementaren Zusammenhang zwischen der Preisgestaltung und der Relation zwischen Angebot und Nachfrage dereinst sehr bald erkannt. Solches darf man sowohl für die westliche, als auch für die östliche Seite der hier erörterten frühen bilateralen „Kaufmannsgilde" annehmen.

Wie auch das Erkennen der wachsenden Gewinnspannen im Falle der Verlagerung seines Geschäftsfeldes aus der Grenzzone, möglichst weit in das Territorium „auf der anderen Seite", und dem dortigen Offerieren seiner Waren, wobei dann die Handelsleute aus den Steppenregionen erheblich erfolgreicher gewesen sein dürften als ihre Kollegen mitteleuropäischer Herkunft. Und solches aus mehreren miteinander verknüpften plausiblen Gründen.

Im innersten Kern war diese Unterschiedlichkeit der Erfolgschancen in unterschiedlichen Bevölkerungsdichten und Produktionsweisen der beiden Kontinent-Teile begründet.

In Mitteleuropa – mehrheitlich durch sesshafte Bauern besiedelt – war die Bevölkerungsdichte inzwischen seit Langem erheblich größer als im versteppten europäischen Osten, mithin – aus kaufmännischer Sicht – schon allein aus diesem Grund mit einem weitaus dichteren Netz potenzieller kaufbereiter Kunden „assoziiert".

Wer sich damals aus der „überschaubaren" mitteleuropäischen merkantilen Szene auf den Weg machte, um im Osten Europas – jenseits der Grenzzone – neue Geschäftspartner zu finden, dürfte sich – dagegen – in der Weite der dünn besiedelten Steppe sehr bald sehr einsam gefühlt haben, auch wenn ihm die extrem geweiteten Wege sicherlich schon vorher bekannt gewesen waren. Und wenn er tatsächlich gastfreundliche Nomaden getroffen haben sollte, war es damit keineswegs ausgemacht, dass diese – ein karges Leben gewohnt, einem straffen jahreszeitlichen Lebensrhythmus unterworfen – auch aktuell liquide und interessierte Handelspartner waren.

Der Kaufmann aus dem Osten jedoch dürfte gegenteilige Empfindungen gehabt haben, wenn es ihm gelungen war, tief in ein zeitgemäß recht gut bemitteltes, zu fast jeder Jahreszeit liquides mitteleuropäisches Bauernland „einzutauchen".

Man muss zudem bei der Besprechung dieser Sachverhalte auch die folgende Problemlage beachten. Allgemein anerkannte Zahlungsmittel gab es damals auch im europäischen Raum selten, die große Mehrheit aller Handelsvorgänge spielte sich im Rahmen eines Tauschhandels ab. Der Käufer bezahlte dem Verkäufer die von ihm erworbene Ware mit einer anderen Ware, von welcher der Verkäufer der Ausgangsware hoffte, sie andernorts vorteilhaft wieder veräußern zu können.

Das Leben eines erfolgreichen Fernhändlers spielte sich somit – in toto genommen – zumeist als eine endlose Kette geschäftlich lukrativen Tauschhandels ab. Es ging also nicht nur darum, dem potenziellen Käufer ein für diesen interessantes Angebot zu machen, sondern der Verkäufer musste sich auch schnell ein zuverlässiges Urteil darüber bilden können, ob ein solcher Käufer die ihm angebotene, dann möglicherweise akzeptierte Ware auch mit einem für ihn, dem Verkäufer, akzeptablen Äquivalent zu bezahlen in der Lage war, d. h., mit einer andernorts handelbaren anderen Ware.

Das erfolgreiche Händlerleben setzte also in frühen Zeiten präzise Sachkenntnis nicht nur des örtlichen Bedarfes, sondern auch der örtlichen Verfügbarkeit über andernorts mit Gewinn absetzbare Ware voraus.

Jeder Fernhändler war deshalb zu jenen Zeiten bemüht, stabile und immer wieder ansprechbare Kontakte aufzubauen, sowohl zu potenten Lieferanten als auch zu zuverlässig hinsichtlich weiter veräußerbarer Bezahlware solventer Käufer. Die Nutzung solcher Optionen wurde gewiss damals von mitteleuropäischen Händlern in gleicher Weise angestrebt wie von ihren osteuropäischen Kollegen, mit ihnen gemeinsam etabliert in den Grenzregionen zwischen Bauernland und Steppenland.

Doch hinsichtlich tatsächlicher Möglichkeiten der realen Nutzung solcher Optionen gab es zwischen den beiden Händlergruppen große Unterschiede. Sie war insbesondere für die Handelsleute aus dem Westen erschwert.

Der Kaufmann aus dem Westen hatte – wie bereits ausgeführt – bei seinen Handelsreisen im Osten grundsätzlich den wesentlich weiteren Weg zurückzulegen als der Kaufmann aus dem Osten bei seinen Reisen im Westen. Und dort hatten sich inzwischen schon mancherorts Plätze eingerichtet, an denen regelmäßig freier Markthandel getrieben wurde – im Osten dagegen kaum. Was bedeutete, dass in den Westen reisenden Handelsleuten aus dem Osten sich dort bestimmte Sonderoptionen eröffneten, auf welche ihre westlichen Kollegen bei ihren Ostreisen kaum hoffen durften.

Solche, auch in östlicheren Regionen des mitteleuropäischen Bauernlandes zunehmend etablierte offene Verkaufsmärkte hatten meist einen regelmäßigen Zulauf potenzieller Käufer in erheblicher Anzahl, wodurch sich einem Fernhändler immer wieder Chancen eröffneten, lukrative spontane Sofortgeschäfte abzuwickeln und dann im Verlauf einer längeren Zeit zu einer Verstetigung solcher Beziehungen zu dem jeweiligen Marktpublikum zu gelangen, auf der Basis entsprechend spezialisierter Sortiments seines Warenangebotes.

Letztlich dürften die Händler aus dem Osten bei diesem Geschehen auch deshalb bevorteilt gewesen sein, weil sie mittlerweile über das domestizierte Pferd verfügten, als Reittier und als Lastenträger. Die dereinst durch osteuropäische Steppennomaden erreichte Domestikation des

Wildpferdes war eine für alle Art weiträumiger menschlicher Bewegung revolutionäre Leistung, mithin auch für den sich in den Übergangsjahren zwischen Jungsteinzeit und Bronzezeit zunehmend entwickelnden Fernhandel.

Aus historischer Sicht empfindet man es wohl zunächst als überraschend, dass diese revolutionäre Neuerung damals für einen relativ langen Zeitraum nur sehr zögerlich in anderen Regionen ebenfalls genutzt wurde und domestizierte Pferde vermutlich jahrhundertelang fast ausschließlich für Menschen aus dem osteuropäischen Steppenmilieu verfügbar blieben. Letzteres gilt insbesondere für die Nutzung des domestizierten Pferdes als Reitpferd. Gehen wir deshalb in Kürze auf die Domestikation des Pferdes um 4.000 v. Chr. ein, auf seine nachfolgende Dressur zum Reittier, als welches es für mindestens fünf Jahrtausende zu einem entscheidenden Zivilisationsträger der Menschheit wurde.

Die einst zögerliche Übernahme des Pferdes als Reittier andernorts hat sicherlich vor allem daran gelegen, dass diese Tiere dereinst von ihren Züchtern – und dann auch noch jahrhundertelang von ihren jeweiligen Haltern – grundsätzlich ohne Sattel und Steigbügel geritten wurden, ausschließlich m.H. des in sein Maul gelegten Geschirrs gelenkt.

Und um ein galoppierendes Pferd ohne Sattel und Steigbügel zu reiten und zuverlässig als Reiter zu beherrschen, bedarf es erheblichen speziellen Geschicks und langwährender Übung.

Auch heute noch kann man derartige Fertigkeiten bei bestimmten sportlichen Vergleichen in der Mongolei staunend beobachten – die dort im sportlichen Wettkampf um den Sieg streitenden, oft noch sehr jungen Reiter aus dem Hirtenmilieu waren schon als Kleinkinder auf das Pferd gesetzt worden, konnten als Dreijährige öfters besser auf einem Pferd reiten, als sich zu Fuß zu bewegen. Solches wurde vermutlich damals von „westlicher Seite“ gelegentlich staunend registriert, doch eine selbstständige Entwicklung derartiger Fertigkeiten gelang dort zunächst kaum.

War es einmal gelungen, in den Besitz eines dressierten Pferdes zu kommen, konnte man es deshalb noch keineswegs als schnelles Reitpferd beim Streifen im Osten einsetzen. Aber als Packpferd war es wohl dann dennoch seinem Besitzer zumeist von Nutzen.

Für den Gang des historischen Verlaufes von ausschlaggebender Bedeutung war indessen ein zunächst eher als Nebeneffekt jener Einkaufstouren angesehenes Geschehen, welche von östlichen Fernhändlern bei ihren heimischen Stammesmitgliedern – zur Beschaffung der hernach jenseits der Grenzgebiete zwischen Steppennomaden und Ackerbauern im Westen zu veräußernden Waren – alljährlich absolviert werden mussten.

Im strengen kaufmännischen Sinn war der tragende Inhalt auch dieser Besuche – wir wissen es – ein Tauschhandel, zumeist mit viel persönlicher Emotionalität und Wärme abgefedert. Und so wurde nach Erlangung der Übereinkunft über Wert und Umfang aller durch das abgeschlossene Geschäft erfassten Waren zumeist ausgiebig über das Neueste von „Gott und der Welt" geredet, wobei die Schilderungen über das „Märchenland des Sonnenunterganges im Westen" seitens des welterfahrenen Fernhändlers bei den Vertretern der alteingesessenen Nomaden- oder Halbnomadenfamilien gewiss mit einer besonderen Aufmerksamkeit bedacht wurden.

Und diese Erzählungen pflegten im Verlauf der nächsten Monate in der weiten Steppe weitergereicht und eifrig erörtert zu werden.

Hauptvermittler war hierbei der auf dem allabendlichen Gedankenaustausch basierende informelle Buschfunk jener frühen Zeit, ein „Nachrichtendienst des Hirtenlebens" – nicht sonderlich schnell, doch letztlich ziemlich ausführlich und zuverlässig.

So geschah es, dass es im Laufe der Jahrhunderte zum Allgemeinwissen schon junger Hirtennomaden gehörte, zumindest in groben Zügen über das Leben in den „westlichen Ländern" informiert zu sein und dass selbiges Wissen bei den alljährlichen Herdenzügen Erweiterung und Aktualisierung erfuhr und anlässlich aktueller Mangelsituationen in ihrer Heimat junge Reiter immer häufiger zu ausgedehnten Erkundungs- und „Einkaufs"-Ausflügen in des westliche „Wunderland" ritten.

Langzeitfolge solcher Entwicklungen war, dass sich allmählich immer nachhaltiger Gedanken hinsichtlich des Übersiedelns auf Dauer in diese attraktiven Gefilde einnisteten.

Bei der Erörterung aller ein großes Auswanderungsgeschehen letztlich definitiv auslösenden Motive, eines das radikale Verändern des ständigen

Lebensmittelpunktes zur Folge habenden Handelns, sind stets zwei Motivgruppen zu beachten.

1. Eine spezielle aktuelle Pression der Betreffenden in ihrer angestammten Heimat
2. Eine spezielle aktuelle Sogwirkung des nunmehr avisierten Zieles der Auswanderung

Phasen eines wachsenden Emigrationsdruckes haben sich in landwirtschaftlich dominierten Ökonomien immer auch dann ergeben, wenn eine generationenübergreifend lange Periode außergewöhnlich hohen Ertragsreichtums – z. B., im Ergebnis besonders günstiger zeitweiliger klimatischer und / oder gefährdungsarmer äußerer Bedingungen – ihr Ende fand und sich wieder eine epochentypische Normalität einstellte.

Der in den besonders fruchtbaren Jahren zumeist eintretende überdurchschnittliche Bevölkerungszuwachs überforderte dann oft die wieder auf „Normalniveau“ geschrumpften Produktionsergebnisse, mit der Folge von Ernährungsproblemen und / oder diversen gesellschaftlichen Eingliederungsschwierigkeiten für die aktuell nachwachsende Generation.

Diese wurde durch das Eintreten diverser Disproportionalitäten in ihren individuellen Entfaltungsmöglichkeiten nunmehr außergewöhnlich eingeengt und begegnete in Sonderheit nach erlangter Volljährigkeit diesen Einengungen mit einem wachsenden Emigrationswunsch, der sich bis zu einem extremen Drängen zur Auswanderung steigern konnte.

Neben dem steten Sog aller gesamtgesellschaftlichen „Wunderländer“ mit einem außergewöhnlich hohen Lebensniveau haben sich in ferner Vergangenheit starke Sogwirkungen immer auch dann entwickelt, wenn es durch bestimmte dramatische Ereignisse zu einer drastischen Dezimierung der Wohnbevölkerung gekommen war, jedoch die Ursachen besagter Katastrophen inzwischen nicht mehr von Belang waren. Solche Ursachen konnten klimatische Ausnahmezustände gewesen sein, oder auch kriegerische Ereignisse oder seuchenhafte, aber inzwischen zuverlässig abgeklungene Geschehnisse.

Beträchtlich gesteigert wurde in solchen Fällen der Bevölkerungssog, wenn durch die nunmehr überstandene Katastrophe natürliche Ressourcen von beachtlicher Dimension brach gelegt worden waren und nunmehr nicht genutzt wurden. Das betraf häufig insbesondere jetzt spontanen Renaturierungsvorgängen ausgesetzte landwirtschaftliche Nutzflächen, aber auch öfters ein erschlossenes, jedoch nunmehr nicht mehr abgebautes Erzlager usw.

Die gleichzeitige Intensivierung von Motiven beider vorgenannter Motivgruppen pflegte sich in der Vergangenheit als ein besonders wirksamer Schub für die finale Entscheidung zum endgültigen Aufbruch in eine neue Zukunft in einem neuen Land auszuwirken, für ein endgültiges Verlassen der angestammten Heimat.

Wie auch immer – das endgültige Aufgeben des vertrauten Lebensmilieus ist immer eine extrem drastische Zäsur im Leben eines Menschen, sei „Druck und Sog“ auch noch so stark.

Einwanderungen mit dem Ziel friedvoller Etablierung in einem neuen Land hatten selten den Charakter eines unvermittelten Dammbruches. Denn es bedarf zumeist des konkreten Vorbildes, der Kenntnis einer gelungenen Bewältigung aller in der Fremde zu erwartenden Unwägbarkeiten, durch Menschen aus dem eigenen Milieu.

Es hat – vor inzwischen 5.000 bis 6.000 Jahren – einige Zeit gedauert, bis derartiges Detailwissen durch den seitens der Fernhändler mit stetem Informationsfluss versorgten, speziell während der sommerlichen Herdenwanderungen wirksamen Buschfunk, vor allem aber dann durch Erkundungsritte junger Männer des eigenen Stammes, schließlich durch Rückmeldungen erster gen Westen aufgebrochener Trecks, sich tatsächlich derart weit in der Steppenwelt Osteuropas verbreitet hatte, dass die ständig trockener werdende Lebensumwelt den großen, sich in Wellen vollziehenden Wanderungsstrom in das verheißene Bauernland – in der Gegend des alltäglichen Sonnenunterganges – langsam in Gang setzte, was letztendlich eine massive, die mitteleuropäische Lebenswelt in ihrer Gesamtheit erheblich verändernde Infiltration des größten Teils von Mitteleuropa durch Indoeuropäer aus den östlichen Steppen des Kontinents ergeben hat.

Wie gestaltete sich nun jenes infiltrative Geschehen der Indoeuropäisierung, insbesondere des nördlich der europäischen Mittelgebirge gelegenen Raumes im Einzelnen?

Sowohl Reinhard Schmoeckel als auch Harald Haarmann haben den Aufbruch großer Gruppen östlicher Hirtennomaden in ihren Büchern beschrieben. Die im Zusammenhang mit den frühen Geschehnissen in der Gegend des heute bulgarischen Warna in diesem Text geschilderten charakteristischen Aktionsfolgen damaliger Immigranten werden durch beide Autoren dort im Wesentlichen bestätigt.

Der Start eines solchen Unternehmens begann stets in den ersten Frühlingswochen, mit dem Ausritt einer sehr beweglichen, nur leicht bewaffneten kleinen Vorhut, deren ausschließliche Aufgabe darin bestand, eine für zumindest zeitweise Ansiedlungen geeignete Örtlichkeit zu finden, um die aktuelle Etappe des Marsches gen Westen beenden, den erreichten territorialen Bereich näher erkunden zu können.

Dabei war jegliche Art von Auseinandersetzungen mit altangesiedelten Bauern möglichst zu vermeiden. Nachdem diese Reiter einen ihnen zusagenden Bereich von kaum, gar überhaupt nicht frequentierten Weideflächen gefunden hatten, kehrten sie wieder zum Ausgangspunkt ihres Ausrittes zurück, wo dann alle Vorbereitungen zur Inbesitznahme jener Weideflächen zum Abschluss gebracht wurden.

Zunächst waren, in wehrhafter Begleitung, die Platzhalter zu den begehrten Örtlichkeiten zu bringen – konfliktgewohnte und erfahrene Hirtennomaden – begleitet von einem Kontingent quasiprofessioneller berittener Krieger.

Nach Besetzung besagten Gebietes ging es um das Aushandeln eines die nunmehr geschaffenen Fakten tolerierenden Konsensus mit den bäuerlichen Autoritäten des jeweiligen Territoriums – „machtpolitisch" gedeckt durch die einstweilen ebenfalls verbleibende Kriegereskorte.

Erst nach erfolgreichem Abschluss einer diesbezüglichen Verständigung wurde der bislang im Grenzgebiet zurückgehaltene Haupttreck aller zur Aussiedlung entschlossenen jungen Männer mit der ihnen zugeteilten Rinderherde in Gang gesetzt. Zumeist begleiteten diesen auch einige junge Frauen, während des Treckens mit der Versorgung von Kälbern und deren Mutterkühen beschäftigt.

Es ist damals den indoeuropäischen Invasoren – trotz grundsätzlich zahlenmäßiger Unterlegenheit – zumeist tatsächlich gelungen, sich auf den von ihnen besetzten Weideflächen auf Dauer zu halten. Das, im Vergleich zu den Gegebenheiten in den heimatlichen Steppengebieten, sehr üppige Nahrungsangebot der neu erbeuteten Weideflächen bot für ihre Pferde und für ihre Rinder fast immer eine ausreichende Ernährungsgrundlage, um auf ihnen ständig stationär verweilen zu können und auf die bislang übliche Herdenwanderung zu verzichten, was gewiss zu einer weiterhin anhaltenden Beruhigung nachbarschaftlicher Bauern beitrug.

Offensichtlich ging es den Neuankömmlingen wirklich nicht um eine Verdrängung, gar Auslöschung, der alteingesessenen bäuerlichen Bevölkerung, sondern um ein dauerhaftes Assimilieren in dieser, welchem dann – nach erfolgreich gelungenem Absolvieren bestimmter Zwischenphasen – eine ökonomische Dominanz gegenüber der vorgefundenen Bauernschaft folgen sollte und schlussendlich auch die politische Dominanz.

Mit derartigem, offenkundig langfristig geplantem Agieren folgte man vermutlich bestimmten, in einer patriarchalen und hierarchisch strukturierten Nomadenwelt gewachsenen Traditionen, gemäß welchen – angesichts grundsätzlichen Ressourcenmangels in der Steppe – es bei strittigen Auseinandersetzungen zumeist nicht um die Vernichtung der Opponenten und deren Potenziale ging, sondern um ihre Unterordnung und Ausnutzung.

Je weiter die „Surplus-Produktion“ gediehen war, desto größer dürfte der machtpolitische Sinn – und Erfolg – einer solchen Strategie gewesen sein. Meist ging die Rechnung auf.

Nach einer Reihe von Jahren vorstehend skizzierter Koexistenz – oft etwa eine Generation später – nahm dann diese Avantgarde der Neusiedler zumeist ihre nächste Etappe des gen Westen ausgerichteten Infiltrationsgeschehens in Angriff.

Die für eine nunmehr erfolgreiche fortdauernde und autarke Existenz auf dem in Beschlag genommenen westlichen Weidegebiet unerlässlichen Haupttrecks mit existenzsichernden Rinderherden, mit einem ausreichenden Kontingent weiblicher Stammesangehöriger, wurden nun – mehrheitlich aus der osteuropäischen Urheimat der Indoeuropäer – nachgezogen. Diese Handlungsabläufe wiederholten sich offensichtlich damals immer wieder.

In den ersten Jahrhunderten jenes Infiltrationsgeschehens gab es indessen manchmal dennoch massive kriegerische Auseinandersetzungen mit alteingesessener Bauernschaft, später kaum.

An Ortschaften im Bereich östlichster früher europäischer bäuerlicher Ansiedlung durch die moderne Archäologie mittlerweile entdeckte Häufungen prähistorischer Pfeilspitzen und sog. „Wurfsteine“ belegen derartige Vorkommnisse.

Die im kriegerischen Gefecht unbestreitbare Überlegenheit der östlichen Steppenreiter dürfte sich damals sehr schnell herumgesprochen haben. Ausgerüstet nicht nur mit Pfeil und Bogen, sondern auch mit einer handlichen neolithischen Streitaxt, bereits oft versehen mit scharf geschliffener kupferner Schlagkante, konnten sie ihre Waffen vom galoppierenden Pferd aus mit großer Präzision einsetzen.

Vermutlich gingen die Häuptlinge der dörflichen Gemeinschaften fortan ohne jedes längeres Zögern auf die Koexistenz-Angebote der zu ihnen vorgedrungenen Steppenkrieger ein.

Die speziell für Mitteleuropa bedeutendsten Wellen des osteuropäischen Auswanderungsgeschehens starteten vor etwa 5.000 Jahren, um das Jahr 3.000 v. Chr., zu Beginn der vorbronzezeitlichen „Kupferzeit“.

Man kann davon ausgehen, dass die Ersten dieser damals Mitteleuropa infiltrierenden Indogermanen sich vor ihrem Einmarsch in die durch bäuerliches sesshaftes Wirken geprägten Gebiete zumeist in ihrer westlichen Grenzregion gesammelt hatten, auf dem Territorium des heutigen Weißrussland. Dann ging es vorzugsweise nördlich entlang der europäischen Mittelgebirgskette weiter, zunächst bis in den belgisch-niederländischen Raum, größere Flüsse zumeist noch vor ihrem Eistau im Vorfrühling überquerend. Etwas später überwand man dann auch den Ärmelkanal m.H. schwimmender Hilfsmittel und besetzte den Süden Englands.

Einige weitere Jahrhunderte später setzten sich einige, etwa auf der Mitte dieses Weges schon sesshaft gewordene Leute aus der Steppe erneut in Bewegung, nunmehr mit einem strikten Nordkurs, und siedelten sich schließlich im Süden Skandinaviens an. Nach Otto Schertler war jenes Geschehen ein länger als ein Jahrtausend andauernder Prozess von besonderer Spezifik. Denn immer wieder lösten sich größere oder kleinere mehr oder weniger geschlossene Gruppen auch aus mittlerweile gefestigten Neuansiedlungen der einstigen Nomaden.

Johannes Krause hat folgendes plastisches Bild der gen Westen dringenden Indoeuropäer gezeichnet.

„Das Beeindruckendste an den vielen jungen Männern aus dem Osten waren sicherlich ihre bisher nie gesehenen Reitkünste, die durchweg meisterhafte Beherrschung ihrer Waffen.

Zum anderen waren auch sie selbst im Allgemeinen physisch beeindruckende Gestalten – durchweg groß gewachsen, ausgestattet mit eher länglichen Schädeln, scharfem Profil. Zuvor hatte sich in den meisten Gebieten Mitteleuropas ein eher rundlicher Schädel durchgesetzt.

Beeindruckend war für die hiesigen Alteingesessenen, mit Sicherheit, dass manche Neuankömmlinge bereits die hohe Kunst des Bronzegusses beherrschten, wenngleich sie – vermutlich in Folge des Mangels an dem hierfür unerlässlichen Zinn in ihren östlichen urheimatlichen Gefilden – diese Kunst einstweilen nur selten praktizierten.“

Etwa ab zweiter Hälfte ihres sich lange hinziehenden Infiltrierens begannen die Trecks aus dem Osten zweirädrige Karren mitzuführen, damals noch überwiegend durch Ochsen gezogen.

Die frühesten Reste jemals durch den Menschen gefertigter zweirädriger Gefährte sind allerdings in der Nähe der südöstlichen Grenze der einstigen pontischen Steppe nördlich des Kaukasusgebirges gefunden worden, stammend aus der Zeit um 4.500 v. Chr., also aus einer deutlich vor hier erörtertem Geschehen liegenden historischen Epoche.

Der Bau solcher Gefährte setzte ein ausreichendes Verfügen über stabiles Hartholz voraus, im Piemont des Kaukasus ausreichend verfügbar – in der Steppe, hingegen, nicht.

Man darf vermuten, dass sich diese spezielle Kunst deshalb bei den Hirtennomaden in ihrer Gesamtheit dereinst nur sehr zögerlich durchgesetzt hat, wenngleich der harte Steppenboden für die Nutzung der Karren geradezu ideal war. Zu Beginn ihrer großen Wanderung gen Mitteleuropa waren sie vermutlich deshalb bei den am weitesten westlich von ihnen lebenden Stammesmitgliedern noch nicht in Gebrauch gewesen, weshalb von manchen Archäologen die These vertreten wird, dass später eine mitteleuropäische analoge „Parallelerfindung“ auch den Leuten aus westlicheren Steppengebieten die Kunst des Karrenbaus vermittelt hat. Das für solches Tun erforderliche Hartholz stand ihnen nach ihrem Einzug in hiesige Gegenden zweifelsohne zur Verfügung.

Erst in der Gegend des heutigen nördlichen Frankreichs ist damals der langdauernde Infiltrationstrend aus den Steppen Osteuropas zum Stillstand gekommen, was mit einer anderen Infiltrationsbewegung in Richtung Mitteleuropa zusammenhing. Diese war nicht ganz so mächtig, auch zeitlich nicht derart ausgedehnt, wie die Wanderung aus dem Osten, dennoch – speziell für die westliche Flanke Mitteleuropas – nicht unbedeutend. Es handelte sich hierbei um den Zug der sog. „Glockenbecherleute". Er ging – stets „zu Fuß"– von der iberischen Halbinsel aus, erfasste schließlich fast das ganze gegenwärtige Frankreich und auch den Südwesten des heute deutschsprachigen Raumes. Ausgangspunkte waren damals relativ erzreiche Gegenden im heutigen Spanien, in welchen zu sehr frühen Zeiten die Kunst des Bronze-Gießens ein sehr hohes Niveau erreicht hatte, was vermutlich der entscheidende Grund dafür war, dass ihr Zug in Richtung Norden und Nordosten auf ähnlich wenig Widerstand stieß wie der Zug der einstigen Nomaden des Ostens in Richtung Westen. Im Nordosten des heutigen Frankreich prallten diese beiden Züge aufeinander und neutralisierten sich sodann auf Dauer.

Abschließend zur soeben dargestellten vorbronzezeitlichen europäischen Wanderungsszene sei erwähnt, dass sich ab 3.000 v. Chr. von der westlichen Hauptstoßrichtung der Hirtennomaden dereinst recht bald ein kleinerer Seitenstrom in Richtung Süden abzweigte und schließlich bis in die Balkangebiete und auf den heute italienischen „Stiefel" gelangte.

Von allen dort bislang schon siedelnden Bauernvölkern konnten – im Wesentlichen – sich nur die Griechen und die in der Frühphase des Römischen Imperiums noch eine erhebliche Rolle spielenden Etrusker einer Infiltration durch die Indoeuropäer entziehen.

Kehren wir zurück nach Mitteleuropa. Von paläobotanischer Seite ist inzwischen eruiert worden, dass die große „Bevölkerungsinfiltration" Mitteleuropas ihrem Höhepunkt zuzustreben begonnen hat, als dort ausgedehnte Areale einen kurzzeitig extremen Bevölkerungsrückgang erfahren hatten. Insbesondere traf solches für den zentralen Kern des Kontinentes zu. Parallel zu der Migration aus der Steppe stiegen dann – gleichzeitig mit der sich wieder belebenden landwirtschaftlichen Produktion – auch die Bevölkerungszahlen schnell wieder an, in manchen Regionen in einem außergewöhnlich schnellen Tempo, was die aktuelle Wissenschaft dank ihrer heute verfügbaren Untersuchungsmethodik m.H. einer subtilen Analyse quantitativer und qualitativer Veränderungen im über Jahrtausende archivierten pflanzlichen Sporenmaterial in prähistorischen Bodenproben sichern konnte.

Die damaligen Neulinge aus dem Osten haben – mit einer sehr großen Wahrscheinlichkeit – nicht nur die landwirtschaftliche Produktion und die existenzstabilisierende Wehrkraft des mitteleuropäischen Raumes wiederhergestellt, sondern auch das vermutlich zeitweise dezimierte männliche Reproduktionspotenzial der gesamten Großregion wieder normalisiert, teilweise wohl sogar schnell erheblich gesteigert, was sich dann auch in einer damaligen rasch zunehmenden Bevölkerungsdichte im gesamten nördlich der Alpen gelegenen Gebiet Europas darstellte, insbesondere im breiten Flachlandgürtel nördlich der europäischen Mittelgebirge.

Das hierdurch belegte enorme generische Potenzial vor Jahrtausenden vermutlich eingegangener partnerschaftlicher Verbindungen osteuropäischer Männer und mitteleuropäischer Frauen ist selbst heutzutage detailliert in der genetischen Struktur aktueller europäischer Bevölkerungen erkennbar.

Etwa drei Viertel aller zu Beginn des 21. Jahrhunderts n. Chr. in Europa lebenden Knaben und Männer besaßen nämlich den im männlichen „Y“-Chromosom angesiedelten Hapto-Marker „R“, den Marker der prähistorischen Hirten Nomaden Osteuropas. Im heutigen Norddeutschland besaßen zu jenem Zeitpunkt sogar etwa 90 Prozent der männlichen Bevölkerung besagten Hapto-Marker „R“.

Und diese Aussagen hinsichtlich der durch die Männerwelt weitergereichten Erbsubstanz erfahren eine eindrucksvolle Ergänzung durch die nachfolgende Aussage zum analogen Geschehen bei ausschließlich von weiblicher Seite übertragenen Erbmaterialien – noch vor wenigen Jahrzehnten stammten hierzulande fast alle der sich nur in weiblicher Linie vererbenden genetischen Potenziale der Mitochondrien von urzeitlichen Müttern mitteleuropäischer Herkunft.

Diese Fakten, deren detaillierte Kenntnis wir erst durch im Verlauf der letzten Jahrzehnte verfügbar gewordene Methodik erlangt haben, stützen maßgeblich zuvor schon von archäologischer Seite erarbeitete diesbezügliche Hypothesen über die mitteleuropäische Infiltration seitens osteuropäischer Indoeuropäer und über Abwicklung und Folgen Jahrtausende zurückliegenden Geschehens.

Die Integration der eingewanderten einstigen Steppennomaden in die mittlerweile fast durchgängig bäuerlichen Gesellschaften Mitteleuropas gelang wohl tatsächlich vor allem dank sehr häufigen Eindringens von jungen und tatkräftigen Reitern in etablierte lokale Bauernfamilien. Das mehrjährige Leben in relativ naher Nachbarschaft bisheriger Steppenhirten und schon seit Langem ortsansässiger Bauern hat offensichtlich nicht nur in Einzelfällen die jungen Vertreter der beiden Geschlechter einander mental immer nähergebracht, wobei die jungen Reiter aus dem Osten auch aus anderen, noch näher zu besprechenden Gründen oft attraktive Kandidaten für eine lebenslange Partnerschaft junger Bauerntöchter waren und andererseits selbige sich ihrer besonderen „Alleinstellungsmerkmale“ sehr bewusst gewesen sein dürften.

Nach neuester archäologischer Erkenntnis hatte von den „Dauercampern“ auf den okkupierten saftigen Wiesen mit den vielen mitgeführten Rindern und Pferden nur etwa jeder fünfte junge Mann die reale Chance, eine Lebenspartnerin aus seinem eigenen Hirtenvolk zu erlangen. Wodurch sich die Attraktivität der weiblichen lokalen jungen Bäuerlichkeit für die wehrhaften Hirten aus „natürlichen Gründen“ im Laufe der Zeit zunehmend intensiviert haben dürfte.

Aber auch für die Mütter und Väter der jungen Bauerntöchter gab es zumindest einen speziellen, besonderen Grund, sich anbahnenden Intimbeziehungen zwischen jungen Leuten aus beiden unterschiedlichen Milieus nicht grundsätzlich entgegenzustellen. Vermutlich wurde, in aller Regel, im Falle seiner Einheirat in eine ortsansässige Bauernfamilie es dem Bräutigam aus dem Hirtenmilieu gestattet, einige aus dem Osten stammende Hochleistungsrinder für eine Eingliederung in den Tierbestand seiner neuen Sippe mitzunehmen. Er hatte dann die Chance, hieraus im Verlauf einiger Jahre für sich und seine junge Familie eine eigene kleine Herde von Rindern mit herausragenden Milchleistungen aufzubauen. Oft gestattete man ihm auch, sein Pferd zu behalten.

Die Ursache für die hohen Milcherträge der damals nach Mitteleuropa mitgeführten Kühe aus dem Osten dürfte wohl in exzellenten biologischen Futterverwertungsmechanismen gelegen haben, „herausgemendelt“ in Jahrtausenden kargen Steppenlebens. Der Aufbau einer solchen Rinderherde setzte spezielle Kenntnisse, die Beherrschung spezieller Pflegepraktiken, voraus, was wohl kaum in originären Bauernfamilien Mitteleuropas abgerufen werden konnte. Also überließ man dann – mit einiger Sicherheit – diese Arbeiten dem neuen Schwiegersohn. Und wenn ihm dann nach etwa einem halben Jahrzehnt tatsächlich der Aufbau einer neuen familieneigenen Herde von Hochleistungsrindern gelungen war, überließ man ihm vermutlich im Bedarfsfall gerne auch die Verantwortung für andere Arbeitsbereiche und sein allgemeiner gesellschaftlicher Status in seiner neuen Sippe gewann zunehmend an Kontur.

Aus solchen einstigen Steppennomaden wurden durchweg recht bald vollwertige Landwirte. Ihre häuslichen Aktivitäten umfassten schließlich die gesamte breite Palette zeitgemäßen bäuerlichen Tuns, die Gesamtheit aller Funktionsabläufe auf ihren bäuerlichen Gehöften. Engagiert beteiligten sie sich an deren Umsetzung und taten meistens noch einiges mehr. Dignitatus bewies, wieder einmal, seine enorme Lernfähigkeit.

Besondere Anforderungen an das Lernvermögen des Dignitatus ergaben sich aus den mittlerweile vielfältigen Varianten des Ackerbaus. In Folge einer nun beginnenden gewissen bäuerlichen Schwerpunktverlagerung auf Viehhaltung und Viehzucht, insbesondere auf Rinderzucht und Milchwirtschaft, büßte der Ackerbau zwar jetzt seine zeitweise absolute Dominanz im bäuerlichen Leben ein, doch ein generelles Verarmen an der inzwischen erreichten Vielfalt des Pflanzenanbaus in Folge dieser Entwicklung ist seitens moderner paläobotanischer Forschung bislang nicht festzustellen gewesen.

Der Gerste-Anbau wurde allein deshalb nicht eingeschränkt, um das allseits sich einer großen Beliebtheit erfreuende Gerstenbier in guter Qualität auch fürderhin genießen zu können.

Auch ein Analogon zur züchterisch entwickelten mitteleuropäischen damaligen Schweinehaltung hat es – zumal in ihrem inzwischen hiesigen beträchtlichen Ausmaß – in der Weite der osteuropäischen Steppe damals nicht gegeben. Sie wurde nun – speziell in den nördlicheren Regionen Mitteleuropas – zwar zweitrangig gegenüber Rinderzucht und Milchwirtschaft, aber keineswegs grundsätzlich aufgegeben.

Sehr beachtlich ist, dass das Pferd jetzt auch in Mitteleuropa vom jagdbaren Wildtier zum vielseitig einsetzbaren Traktions- und Verkehrsmittel avancierte. Ausgangspunkt dieser Neuerung waren damals sicherlich die von den Eingeheirateten in die bäuerlichen Betriebe eingebrachten Reitpferde aus dem Osten.

Da jedoch die hiesigen wilden Pferde – vermutlich in Folge ihres auch in freier Natur hierzulande durchweg recht üppigen Nahrungsangebotes – erheblich größer und stärker waren als die aus dem Osten mitgebrachten Tiere der „Konji"– Rasse und mithin speziell für gelegentliche militärische Einsätze als erheblich geeigneter erachtet werden mussten, wurden sie nunmehr zügig domestiziert und lösten sodann die relativ kleinen Ost-Pferde auch im bäuerlichen Wirtschaftsleben ab – mit manchen überraschenden Effektivitätssteigerungen auf verschiedenen Aktionsfeldern.

Waren – beispielsweise – die kleinen „Konji"-Pferde aus dem Osten kaum ein gleichwertiger Ersatz für träge, gar widerwillig ihren Pflug durch die Ackerkruste ziehende starke Ochsen gewesen, eigneten sich die durch einstige Steppenhirten domestizierten einstigen Wildpferde der eigenen mitteleuropäischen Regionen hierfür zumeist sogar vorzüglich. Sie ließen sich vor dem Pflug weitaus besser führen, arbeiteten spürbar zügiger als die Ochsen – mit gleichem Zeitaufwand schaffte der den Pflug führende Bauer den Umbruch einer erheblich größeren Ackerfläche als bisher.

Und nach dem Erlangen aller erforderlichen Kenntnisse hinsichtlich Anfertigens zweirädriger Karren wurde das domestizierte Wildpferd auch hier als Zugtier ein zunehmend siegreicher Konkurrent des Ochsen.

Im Laufe der Zeit stellte sich zudem eine spezielle, auf lange Sicht sehr bedeutende genetische Besonderheit des genuin mitteleuropäischen Pferdebestandes heraus – in Folge einer erst vor relativ kurzer Zeit eingetretenen genetischen Mutation waren diese Tiere durchweg gegen pasteurella pestis immun, gegen den Erreger der Pest.

Bei den im Abstand von einigen Jahrhunderten sich später hier lange Zeit wiederholenden Seuchenzügen der Pest war diese genetische Besonderheit der hiesigen Pferde ein wichtiges Element für eine jeweilige relativ schnelle Erholung aller humanen Potenziale.

Die bis heute persistierenden Nachkommen jener einstigen mitteleuropäischen Pferderassen besitzen diese Immunität auch heutzutage noch.

Sehr wichtig für die Stabilisierung der neuen Familienstrukturen, für den Wandel vom Matriarchat zum Patriarchat, dürfte es gewesen sein, dass die neuen Schwiegersöhne ihren männlichen Nachwuchs – ähnlich, wie dereinst in der Steppe selbst erlebt – unverzüglich zu passablen Reitern erzogen, hierdurch die neu entstehende Dominanz des männlichen Geschlechts in den neuen Familien nachdrücklich unterstützend. Zudem ist die große Mehrheit der Bauernsöhne Mitteleuropas dereinst auf diese Weise zu in allen militärischen Konfliktlagen sehr respektierten Kavalleristen herangewachsen, was allerdings keineswegs immer dem friedlichen Charakter des historischen Prozesses dienlich war. Noch zu Cäsars Zeiten genoss die germanische Reiterei in römischen Diensten allseits großen Respekt und absolute Anerkennung – auch seitens der damaligen imperialen Herrschaft Roms unterworfener Völkerschaften.

Es war somit viel Neues auf jene bäuerliche Gehöfte zugekommen, in welche junge Männer aus dem Osten Eingang gefunden hatten, und von diesen musste gleichfalls viel Neues erlernt werden. Es ging hierbei vor allem um zahlreiche, großenteils streng standardisierte Routinen, und dieses in weitaus größerer Anzahl, als es die analogen Erfordernisse einst für sie in den osteuropäischen Steppen nötig gemacht hatten. Man darf dabei nicht verkennen – in ihrer Aktionsdiversität, auch in der Gestaltung des bäuerlichen Alltagslebens, waren die mitteleuropäischen Bauern den Leuten aus dem Osten weit überlegen, doch in bestimmten, aktuell entscheidenden Belangen nicht!

Es sollte auch nicht übersehen werden, dass nach ihrer Einbettung in örtliche Bauernfamilien die einstigen Steppennomaden alle Verbindungen zu ihren östlichen Ursprungsclans nur sehr selten bald abreißen ließen, sie somit fast immer eine gewisse „Rückendeckung“ im Fall von ernsthafteren Konflikten mit dem für sie neuen bäuerlichen Milieu hatten.

Es gab also verschiedene Gründe dafür, dass nach einem natürlichen Ableben von Schwiegermutter und Schwiegervater recht oft ausgerechnet der Schwiegersohn aus dem Osten zum Chef der Familie aufstieg, die dann meist weitere patriarchale Züge annahm.

Trotz des zahlenmäßig nicht unbeträchtlichen Abganges junger Männer – im Zusammenhang mit ihrer Verpartnerung mit jungen Frauen aus ortsansässigem bäuerlichem Milieu – verblieben alle anderen Angehörigen des einstigen Trecks aus dem Osten mittelfristig auf dereinst okkupiertem Weideland, als weiterhin sehr stabiler sozialer Topos, was beinhaltete, dass dort alle ursprünglichen patriarchalen Hierarchie-Verhältnisse unangetastet bestehen blieben, mit der Aufrechterhaltung zuverlässiger Kontakte zu weiteren, andernorts siedelnden Gliederungen ihrer weiteren Stammesgemeinschaft, sogar mit deren in der fernen östlichen Urheimat verbliebenen Teilen. Was in seiner Gesamtheit eine beträchtlich ausgebautere politische Struktur ergab, als sie bislang von den bäuerlichen Gemeinschaften ihres Territoriums erlangt worden war.

Das generationenübergreifende, durchweg gegebene Fortbestehen enger Kontakte der in die örtliche Bauernschaft Abgewanderten, zumeist nunmehr mit selbiger Versippten mit ihren jetzt meist in stabiler Häuslichkeit auf dereinst okkupiertem Weideland lebenden Stammesbrüdern vermittelte vermutlich zunehmend eine ausreichende mentale Basis dafür, dass man seitens der dortigen Führungszirkel zunehmend Kontakte zu tonangebenden Persönlichkeiten der alteingesessenen Bauernschaft suchte und selbige schließlich großenteils in die eigene Stammeselite integrierte .

Und dann entwickelten sich – in historisch kurzer Zeit – aus hierdurch entstandenen Gemengelagen die Gesamtheiten aller in einem Rayon Siedelnder erfassende, relativ große Gemeinschaften mit speziellem, überwölbendem, eigenem Identitätsbewusstsein, mit einer sich aus beiden ethnischen Wurzeln ergebender, ausgeprägte regionale Züge tragenden Mischkultur.

So entstand dereinst in Mitteleuropa eine gesellschaftliche Grundstruktur, die in diesem Raum für die gesamte, nunmehr bald folgende Bronzezeit charakteristisch bleiben sollte – mit deutlicher sozialer Schichtung, mit innerer Differenzierung, mit bemerkenswertem territorialen Identitätsverständnis, verbunden bereits mit einem beachtlichen gesellschaftlichen Normengefüge sowie mit einer beachtlichen gesellschaftlich durchgesetzten Normendisziplin.

Selbstverständlich ist nicht davon auszugehen, dass die vorstehend in ihren cardinalen Elementen skizzierte, Mitteleuropa für Jahrtausende vorprägende Entwicklung durchgängig ein von „Sympathie und Altruismus“ bestimmter Prozess gewesen ist.

Gleitender Machtverlust wurde und wird wohl kaum jemals ohne Widerstand, Protest und Klage hingenommen. Er wird dann dennoch letztlich um so eher toleriert, je zeitlich gedehnter er sich vollzieht, sich dadurch Möglichkeiten seiner Milderung ergeben, besagtes Änderungsgeschehen – z. B. – über den Zeitraum einiger Generationswechsel gedehnt werden kann. Und wenn es sich nicht in Form von „absoluten“ Veränderungen vollzieht, alte Machteliten keine brutale totale Verdrängung erfahren und selbigen ein ausreichender Zeitraum für ihre innere Neuorientierung eingeräumt wird.

Seitens der nach Mitteleuropa vorgedrungenen osteuropäischen Steppennomaden sind solche Maximen im Zusammenhang mit ihrer Erlangung der hiesigen Dominanz vermutlich meistens ausreichend berücksichtigt worden, dank analoger Erfahrungen aus dem einstigen Steppenleben und unterstützt durch eine zeitgleich beginnende, dann lange anhaltende klimatische Optimierung in weiten Teilen Mitteleuropas.

Beachtenswert ist indessen auch, wie die Leute aus dem Osten Europas nicht nur ihre machtpolitische und ökonomische Dominanz in den durch sie infiltrierten Gebieten zu sichern verstanden, sondern sie dominierten auch andere wichtige gesellschaftliche Bereiche. Insbesondere gilt solches für spirituelle und umgangssprachliche Belange.

So war jenes Geschehen auch durch massive Veränderungen in der allgemeinen religiösen Orientierung in Mitteleuropa charakterisiert – weg vom bislang dominierenden Fruchtbarkeitskult, hin zu einem aus den osteuropäischen Steppen stammenden Sonnenkult und durch das Einstellen jeglicher megalithischer Bautätigkeit.

Als langfristig bedeutendste, bis zum heutigen Tage fortwirkende kulturelle Leistung der indoeuropäischen Zuwanderer ist das Durchsetzen eines fortan für den größten Teil Europas gültigen gemeinsamen Sprachentypus gewesen, des Typus der indoeuropäischen Sprachen.

Hierzu sei Harald Haarmann mit einigen Auszügen aus seiner im Jahr 2016 herausgebrachten Monografie „Auf den Spuren der Indoeuropäer“ zur Sprache gebracht, mit minimalen Kürzungen bzw. Erweiterungen.

„Von den ersten Kontakten der Steppennomaden mit den Ackerbauern des Westens bis zur vollen Wirkung der Fusionsprozesse vergingen mehrere Jahrtausende. In dieser Zeit vollzog sich aufseiten der alteuropäischen Populationen ein fundamentaler Sprachwechsel – wahrscheinlich über längere Perioden einer Zweisprachigkeit – zu lokalen Varianten des Indoeuropäischen, die sich dann entsprechend ihrer regionalen Kontaktbedingungen mehr und mehr als eigene Sprachen ausgliederten.“

„Dieses Prinzip der Indoeuropäisierung ist nicht als Überlagerung vorexistenter ‚primitiver‘ Kulturen misszuverstehen, denn einige vorindoeuropäische Zivilisationen waren bereits zuvor zeitgemäße Hochkulturen, wie beispielsweise die alte Donauzivilisation. Auch der Beginn aller Metallverarbeitung ist prinzipiell als eine alteuropäische Errungenschaft anzusehen, als Leistung bestimmter europäischer Regionen, lange vor dem schließlichen allgemeinen Heimischwerden von Indoeuropäern.“

„Ältere Sprach- und Kulturschichten wurden dabei nicht einfach überdeckt, sondern es wurden vielfältige Transformationsprozesse in Gang gesetzt, die eine der Vielfalt, nicht aber ihre Auflösung bedingt haben.

Die Kulturen Europas und Asiens, die in Folge der Indoeuropäisierung dort entstanden sind, sind Mosaikkulturen, die vorindoeuropäische und altindoeuropäische Elemente in sich vereinigen.“

In einer detaillierten linguistischen Übersicht gliedert Haarmann die unter dem Einfluss des Altindoeuropäischen entstandenen Sprachen in insgesamt zwölf Gruppen auf. Im Hinblick auf das aktuelle Europa dürften insbesondere hiervon die Sprachen der germanischen, der italischen, der slawischen und der baltischen Gruppe von Interesse sein sowie bestimmte, maßgeblich durch das dereinst in Halbeuropa gesprochene, jedoch untergegangene Keltische geprägte Sprachen, des Weiteren das aus dem Hellenischen hervorgegangene Neugriechische und das Albanische.

Die derzeit wichtigsten Sprachen aus dieser Vielzahl gehören indessen einer der folgenden drei Sprachgruppen an – der germanischen, der italischen, der slawischen. Fast alle aktuellen und diesen drei Gruppen zuordenbare Verkehrssprachen lassen auch heute gemeinsame verbale und grammatikalische Wurzeln erkennen, in erheblicher Zahl.

Fassen wir zusammen. Die einstige Infiltration seitens der osteuropäischen Steppenhirten hat zu jener Zeit dem mitteleuropäischen Raum nicht nur verschiedene bedeutende Neuerungen für das alltägliche Leben gebracht und durchgreifende Impulse für die Entwicklung unerlässlich gewordener gesellschaftlicher Strukturen ausgelöst, sondern auch entscheidende Voraussetzungen für ein bis heute fortbestehendes gesamteuropäisches kulturelles Grundempfinden geschaffen.

Nach Otto Schertler hat die indoeuropäische Infiltration an der Schwelle zur Bronzezeit „Europa viel mehr und viel stärker ausgeprägte Gemeinsamkeiten vermittelt, als es zuvor sich jemals in Folge irgendwelcher anderer Geschehnisse ereignet hatte“.

AUNJETITZ UND DIE „HIMMELSCHEIBE“ VON NEBRA

Wenige Kilometer nordwestlich von Prag – nahe des Dorfes Aunjetitz, auf Tschechisch Unetice – wurden zu Beginn des letzten Jahrhunderts, um 1900, zwei prähistorische Grabfelder vom tschechischen Arzt und Archäologen Cenek Ryzner ausgegraben. Wie es sich im Nachhinein herausgestellt hat, stammten diese Gräber aus der Zeit kurz nach 2.500 v. Chr., mithin aus der Frühphase der Bronzezeit. Es waren Gräber, die angesichts ihrer Ausstattung auf ausgesprochen egalitäre gesellschaftliche Verhältnisse der einstmals dort Bestatteten schließen ließen.

Heute – dank moderner hoch qualifizierter Genetik – wissen wir, dass wir es bei ihnen mit einer Mischpopulation zu tun haben, nur wenige Jahrhunderte früher hervorgegangen aus ethnischen Verschmelzungen. Insbesondere war es damals zu einem solchen symbiotischen Geschehen zwischen einer mittelgroßen Gruppe von aus dem iberischen Raum weit nach Nordosten vorgedrungener sog. „Glockenbecherleute“ mit den Nachkommen einstiger indoeuropäischer Bewohner osteuropäischer Steppen gekommen. Mit diesen waren auch ihre Reitpferde und Hochleistungsrinder erstmalig in die Gegend von Aunjetitz gelangt.

Sowohl die aus Osteuropa stammenden schmalschädeligen Steppenreiter wie auch die eher rundschädeligen Nachkommen der iberischen Fußwanderer waren schon vor ihrem das Wanderungsgeschehen beendenden Zusammentreffen auf heute tschechischem Boden im Besitz der Geheimnisse der Bronzeherstellung gewesen, wobei die Iberer augenscheinlich die spürbar größere Erfahrung auf diesem Gebiet besaßen.

Auch die Reste verschiedener vor dem Eintreffen dieser Zuwanderer aus dem Südwesten und aus dem Osten bereits in besagter Gegend lebender anderer Volksstämme sind im Zuge jenes Verschmelzungsgeschehens in jenen frühen Jahren durch selbiges adsorbiert worden.

Es dürfte sich bei diesen ungewöhnlich zügigen Verschmelzungen um ein echtes symbiotisches Geschehen gehandelt haben, denn aus den ursprünglich gesprochenen Sprachen dieser in verschiedener Hinsicht erheblich unterschiedlichen, sich aber in ihren Handlungsoptionen fast ideal ergänzenden Ausgangspopulationen ist in wenigen Jahrhunderten eine neue gemeinsame Sprache entstanden, das Keltische.

Das Keltische sollte sich später im Verlauf eines Jahrtausends in weiten Teilen Mittel-, West- und Südeuropas ausbreiten, selbst in Teilen Vorderasiens; und mit ihm auch eine neue „keltische“ Kultur, in einem farbenfrohen Variantenreichtum.

Markantes Symbol einer gleichermaßen stilistisch sehr neuen Keramik jener „Ur-Kelten“ wurde die bereits in den Gräbern von Aunjetitz regelmäßig als Grab-Beigabe gefundene „Tasse von Aunjetitz“.

Sie hat ein dunkles und poliertes Aussehen, besitzt stets einen zierlichen seitlichen Henkelgriff und drei kleine Standfüße. In ihrer Gesamtheit mutet sie nicht als Exponat prähistorischer Töpferkunst an, sondern als Ergebnis der stilistischen Bemühungen moderner Designer.

Wohl aufgrund dieses zu jener frühen Zeit offensichtlich schon in Serie produzierten keramischen Spitzenproduktes hat jener später sich weit, bis in das heutige Niedersachsen ausbreitende spezielle keltische Keramikstil die heutige Fachbezeichnung „Aunjetitz-Keramik“ erhalten.

Das Zentrum des sich fortan dynamisch entwickelnden „Ur-Keltentums“ verlagerte sich bald in nordwestliche Richtung, wo es dann im heutigen Süden Sachsen-Anhalts für die Dauer eines knappen halben Jahrtausends eine Heimstatt fand, im westlich von Leipzig gelegen östlichen Harzvorland um die altehrwürdige Chemiestadt Schkopau.

Unweit von Schkopau fand man in den 1990er-Jahren ein aus der Hochphase jener frühen urkeltischen Kultur stammendes, wissenschaftlich hochinteressantes Objekt, die heute weltberühmte „Himmelsscheibe von Nebra“.

Zu Zeiten der Erschaffung jener Scheibe besiedelte die einst von Aunjetitz ausgegangene Gemeinschaft ein ausgedehntes Gebiet zwischen Magdeburg und Prag, zwischen Ost-Thüringen und dem Süden der Mark Brandenburg. Auch im Landstreifen beiderseits von Oder und Neiße, etwa auf der Strecke zwischen Frankfurt / Oder und Görlitz, hatten damals die „Fürsten von Nebra“ lange Zeit das Sagen.

Ihre Gemeinschaft hatte sich inzwischen zu einem straff geführten, nachhaltig hierarchischen, staatsähnlichen gesellschaftlichen Körper entwickelt, wenngleich immer noch völlig schriftfrei.

Etwa kurz nach 1.600 v. Chr. ist er dann, relativ plötzlich, als politisch selbstständige Einheit wieder von der Landkarte verschwunden.

Vermutlich ist das einstige „Reich von Nebra“ damals vom zügig „Halb-Europa“ vereinnahmenden, strukturell lange Zeit sehr diffusen und vom Narrativ einer vorgeblich „absoluten Freiheit“ getragenen Großmacht-Keltentum schlicht „aufgesogen“ worden.

Das Fehlen jeglicher schriftlichen – oder schriftähnlichen – Dokumentation hat zur Folge gehabt, dass erst die hoch entwickelte archäologische Forschungsmethodik der letzten Jahrzehnte die Details dieses zwischen auslaufender Jungsteinzeit und beginnender Bronzezeit angesiedelten gesellschaftlichen Phänomens detaillierter zu entschlüsseln vermochte.

Die nachfolgende, in gedrängter Kürze zusammengefasste Interpretation der neuen Ergebnisse des wissenschaftlichen Bemühens um das „Reich von Nebra“ folgt weitgehend von Harald Meller und Kai Michel in ihrer Monografie über „Die Himmelsscheibe von Nebra“ vermittelten Überlegungen und Gedanken.

Weite Territorien des schließlich uns als „Reich von Nebra“ imponierenden weiten Areals waren schon vor den Tagen der frühen Aunjetitzer Kultur als ein hochattraktiver mitteleuropäischer „Garten Eden“ erkannt worden. Sowohl in der Frühphase des Nebra-Reiches wie in seinen späteren Jahren erfuhren diese weiterhin Zuwanderungen seitens unterschiedlich großer Segmente anderer Völkerschaften.

Allein für die Zeit zwischen dem 40. und dem 23. Jahrhundert v. Chr. ist inzwischen durch Rolf Schwarz und andere Wissenschaftler das Erscheinen von 15 verschiedenen Kulturgruppen allein auf dem Terrain des heutigen deutschen Bundeslandes Sachsen-Anhalt gesichert worden.

Es war eine bemerkenswerte geografisch-geologische Faktoren-Trias, die in jenen frühen Zeiten diesem Land außergewöhnliche Attraktivität verliehen hat. Es waren dies, erstens, landwirtschaftlich außerordentlich fruchtbare Böden. Zweitens gab es dort angrenzende Mittelgebirgsformationen mit sehr großem Erzreichtum in einer bereits zu jener Zeit dem Menschen zugänglichen Form. Und, drittens, handelte es sich um eine geografische Lage, die sich zusehends als „Drehkreuz“ von frühen transregionalen Fernstraßen erwies.

Heute wissen wir, dass jene übermäßig fruchtbare, zudem fast steinfreie Ackerkrume ein Ergebnis der Eiszeit und bestimmter, ihr unmittelbar folgender geologischer Prozesse gewesen ist. Sie ergaben bis heute außergewöhnlich fruchtbare Lössböden bzw. Löss-Folgeböden. Sich im Verlauf der Eiszeit aus dem Norden bis an den Rand der mitteleuropäischen Gebirgskette schiebende Gletscherformationen haben damals – im Verlauf ihres Jahrtausende währenden Vordringens – verschiedenes Felsgestein, gar ganze Berge, zu Steinmehl zermahlen, oft auch zu außerordentlich feinem Staub.

Während der trockenkalten Übergangsperiode zwischen abklingender Eiszeit und allmählicher allgemeiner Erwärmung sind die auf diese Weise entstandenen mineralischen Mehle und Stäube in großem Ausmaß durch damalige häufige und starke Steppenwinde verweht worden und legten sich schließlich in erheblicher Dimension in jenen Gebieten ab, die im Windschatten der zunehmend eisfreien Mittelgebirge lagen – z. B. in der Magdeburger Börde.

Ähnliche Phänomene in Folge analogen Geschehens sind aus China und aus Nordamerika bekannt, wie auch hinsichtlich des europäischen Karpatenbeckens und mancher weiterer, westlicher gelegener deutscher Landschaften.

Für die hier erörterte deutsche Szene dürfte von Interesse sein, dass auch die sog. „Leipziger Tiefland-Bucht“ – bis in das Thüringer Becken hinein – von jenen Geschehnissen erheblich profitiert hat.

Im Verlauf der folgenden etwa zehntausend Jahre hat sich der einstige Löss zu tiefgründigen Schwarzerden gewandelt, in Mächtigkeiten von mancherorts über einem Meter.

Eine in der ersten Hälfte der 30er-Jahre des letzten Jahrhunderts reichsweit durchgeführte Erfassung der Bodenwertigkeiten des damaligen Deutschen Reiches hat erbracht, dass die bei der Ortschaft Eickendorf gewonnene Bodenprobe aus der Magdeburger Börde den höchstmöglichen Bodenwert besaß.

Meller und Michel zitieren in diesem Zusammenhang ein in Halle / Saale seit dem Jahr 1878 laufendes Dauerexperiment. Es handelt sich um eine Versuchsreihe mit dem Titel „Ewiger Roggen“. Seit fast 150 Jahren wird dort auf einer bestimmten, konsequent ungedüngt gehaltenen Ackerfläche mit absolut ursprünglich belassenem Boden aus dem Bereich der Magdeburger Börde alljährlich Roggen gesät und geerntet.

Ungeachtet der während der gesamten Laufzeit des Versuches verstrichenen langen Zeit absolut unterbliebener Zufuhren jedweder Nährstoffe erbringt dieser Boden bis in die Gegenwart jährliche Roggenerträge von etwa 1,5 Tonnen Roggen pro Hektar Bodenfläche.

Einen weiteren landwirtschaftlichen Vorteil bot dereinst insbesondere das östliche Vorland des Harzes, dank seiner relativen Trockenheit in Folge seiner speziellen Lage im Windschatten des westlich von ihm gelegenen Mittelgebirges.

Manche von einstigen Steppenbewohnern aus sehr wasserarmen Trockengebieten mitgeführte Futterpflanze fand gerade dort ihre besten Existenzbedingungen. Wenn in den Windschattenflächen gelegentlich dennoch reichlicher Regen fiel, wurde dieses Wasser von der Schwarzerde wie von einem Schwamm aufgesogen, was den minimalen Wasserbedarf jener Pflanzen auch für den Fall nachfolgender trockenerer Wochen sicherte. Zudem erfreuen sich solche Bodenabschnitte eines typischerweise sehr niedrigen Pilzbefalls der auf ihnen angebauten landwirtschaftlichen Pflanzen.

In ihrer Gesamtheit ermöglichten diese speziellen Gegebenheiten, dass hinfort sowohl der Ackerbau – bald mit dem Pferd als allseits eingesetztem Traktionsmittel – als auch die jetzt „teilstationär“ betriebene Viehwirtschaft – mit den aus osteuropäischen Steppen eingeführten Hochleistungsweiderindern – mit sehr guten Ergebnissen aufwarten konnten.

Trotz des beständigen Bevölkerungszuwachses und einer sich steigernden Bevölkerungsdichte wurde damit fast durchweg eine zumindest ausreichende Ernährung der gesamten Bevölkerung des eigenen Gebietes gesichert, zudem mit einem relativ hohem Eiweißanteil.

Relativ oft sich einstellende landwirtschaftliche Produktionsüberschüsse konnten dann dem Export in landwirtschaftlich weniger effektiv wirtschaftende Gebiete zugeführt werden.

Diese durchweg stabil gesicherte allgemeine Ernährung erwies sich als eine absolute Grundvoraussetzung für das gesamte ständige, außerordentliche Prosperieren des Nebra-Reiches.

Bei der nunmehr bald gegebenen, weitestgehend auch im Fall von „Klimakapriolen“ abgesicherten Ernährung von Mensch und Tier war es nunmehr die schnelle Entwicklung einer schließlich vorindustrielle Produktionsformen erreichenden Metallgewinnung und Metallverarbeitung, die dann den raschen Aufstieg des „Reiches von Nebra“ zu einer vorzeitlichen Großmacht in Mitteleuropa bewirkte.

Insbesondere das Erzgebirge, außerdem das östliche Harzvorland, spielten hierbei mit ihren reichen, oft relativ leicht zugänglichen Vorkommen an Kupfererzen, zusammen mit einem zunächst für die Bronzeproduktion ausreichenden erzgebirgischen Zinnvorkommen, eine entscheidende Rolle.

Kurze Zeit früher – während der in Nordwestböhmen sich vollziehenden Verschmelzung von Indoeuropäern und Glockenbecherleuten – hatte es erhebliche Fortschritte in den Verfahren der Bronzemetallurgie und Bronzeverarbeitung gegeben, auch speziell im Ergebnis der bekannten Experimentierlust frühhistorischer Glockenbecher-Populationen.

Angesichts des nun „vor der Haustür liegenden“ Überflusses an allen Ausgangserzen für die Bronzeherstellung und des bislang unberührten Holzreichtums der Gebirge kam es jetzt zu einem schnellen quantitativen und qualitativen Entfalten von metallurgischen Talenten des sich aus Nordwestböhmen in heute sächsische und anhaltinische Terrains ausbreitenden neuen Volkes.

Nicht außer Acht gelassen werden sollte bei der Erörterung des Zusammenspiels der vorstehend skizzierten Gegebenheiten, dass im Zuge des Eindringens jener Ur-Kelten aus Nordwestböhmen offensichtlich auch schon sehr kenntnisreiche Erz-Prospektoren zuwanderten. Das waren Leute, die in alle zeitgemäße Erkenntnisse des Erkundens ertragreicher Erzlagerstätten nachhaltig eingeweiht waren. Anders kann das nachweislich außerordentlich schnelle Finden von Zugängen zu den Erzschätzen im Erzgebirge und im Harzvorland kaum erklärt werden.

Dem erfahrenen Erz-Prospektor erschließt sich eine in oberirdischen Regionen austretende Kupfererzader durch bestimmte Einfärbungen des dort anfallenden Geröllgesteins.

Allgemein bekannt ist das aus Oxidationsprozessen mit Kupfer– Atomen resultierende Grün. Heutzutage bekanntestes Resultat solchen Oxidationsgeschehens ist der als Halbedelstein angesehene Malachit, in alten Zeiten als „Sesam-öffne-dich“ für die Aufspürung ergiebiger Kupfererz–Adern sehr geschätzt.

Aber auch der bläuliche Azurit offenbart durch seine Modifikationen wesentliche Anhaltspunkte für den Kupfer suchenden Prospektor.

Aufschlussreich für die Geschichte der Bronzefabrikation ist das Faktum, dass man gezielten Kupfererzabbau auf dem Balkan bereits für die Mitte des 5. Jahrtausends v. Chr. nachweisen konnte, während Derartiges für Mitteleuropa erst seit der frühen Bronzezeit erkennbar ist – etwa seit dem Infiltrieren dieser Gegend durch das Ur-Keltentum aus dem nordwestböhmischen Raum. Zuvor war dort – für die sog. „Kupferzeit" charakteristisch – lediglich oberflächig liegendes Kupfermaterial gesammelt und hernach verarbeitet worden.

Das für die Produktion echter Bronze unerlässliche Zinn kommt – in einer für uns Menschen erreichbaren Form – in der Natur wesentlich seltener als Kupfer vor.

In vorgeschichtlichen Zeiten den damaligen Menschen bereits zugängliche Zinn-Lagerstätten in Europa mit erheblichen Zinnmengen sind uns lediglich aus dem britischen Cornwall, der französischen Bretagne und der iberischen Halbinsel bekannt, sowie – wie bereits ausgeführt – dem deutschen Erzgebirge (Parzinger). Inzwischen gilt allerdings das einstige dortige Zinnvorkommen als total erschöpft.

Es war dann die wechselseitige Begünstigung von vielfältiger Surplus-Produktion und sich gleichermaßen für multiples Handelsgeschehen anbietender geostrategischer Positionierung des mitteldeutschen Raumes, was dann – parallel zum allgemeinen Aufblühen dieser Gegend – das „Reich von Nebra" zu einem europaweit wichtigen Produktions-, Stapel- und Umsatzraum von damaligen Handelsgütern verschiedener Art werden ließ.

Zu jener Zeit war der europäische Fernhandel über sehr große Distanzen vorzugsweise ein Nord-Süd-Handel, bzw. ein Süd-Nord-Handel.

Fernhandel in West- Ost-, bzw. in Ost-West-Richtung vollzog sich selten über wirklich weite Strecken, war eher ein Handelsaustausch zwischen miteinander benachbarten Regionen. Eine Ausnahme machte hierbei das später über die gesamte Bronzezeit anhaltende Bemühen um britischen Zinn aus Cornwall.

Kupfervorkommen waren in Kontinentaleuropa mancherorts in beachtenswerten Volumina existent. Das für die Bronzeherstellung ebenfalls unerlässliche Zinn war dagegen recht selten und auch an diesen wenigen Fundstellen Kontinentaleuropas zumeist in einer nur sehr „überschaubaren“ Dimension verfügbar.

Auch im „Reich von Nebra“ wurde die bald zunehmende Erschöpfung der im Erzgebirge befindlichen Zinnlager zu einem ernsthaften Problem für seine Bronze-Produktion. Weshalb dann das ihm aus dem britischen Cornwall über seine Westhandelsstrecke zufließende Zinn für die eigene Verwendung behalten und nicht weitergehandelt wurde.

Während die Westverbindung Nebras ihm vor allem für eine ausreichende Zinnzufuhr wichtig war, wurde der Großteil seiner Handelsgewinne jedoch durch seine quasi-staatliche Kontrolle fast allen Handels zwischen Skandinavien und dem östlichen Teil Mitteleuropas mit Europas südlichen Regionen erreicht. Der Handel zwischen „Nord“ und „Süd“ wurde also nicht unterbunden, sondern „nur“ kontrolliert und abgeschöpft.

Wie kam diese Totalkontrolle zustande?

Alles Flachland zwischen Harz und böhmischem Fichtelgebirge war damals unter die Kontrolle der damals staatsähnliche Qualität gewinnenden Nebra-Gemeinschaft gelangt.

Somit kontrollierte sie einen breiten, dank zunehmender Bevölkerungsdichte unbeobachtet bald kaum noch passierbaren territorialen Querriegel.

Im Einzelnen handelte es sich um eine den Skandinaviern, des Weiteren dem gesamten östlichen Norddeutschland – und weitestgehend auch Nordpolen – fast jeglichen direkten Kontakt mit dem großen Balkanraum, samt dessen Fernbeziehungen nach Vorderasien – unterbindende Sperre, was dann auch den handelspolitisch damals sehr interessanten Alpenraum betraf, schließlich sogar die beiden großen südlichen Halbinseln Europas.

Damit übte man insbesondere eine absolute Kontrolle über die für „long-distance“-Geschäfte damals sehr wichtigen Verkehrsverbindungen auf verschiedenen schiffbaren Flüssen dieses Terrains aus, auch auf Elbe und Oder. Die Oder wurde auf einem hierfür ausreichend langen Teilstück ihres mittleren Abschnittes von einer lang gestreckten Exklave der Nebra-Herrschaft umschlossen.

Im Allgemeinen entstand außergewöhnlicher Reichtum in den sehr frühen Zeiten vor allem dort, wo sich Knotenpunkte der spontan entstandenen Handelsmagistralen ergaben, weniger in jenen Bezirken, in denen die großen Gewinn abwerfenden Handelsgüter generiert wurden. Nebra ist der in der Frühgeschichte seltene Fall gewesen, in welchem auf einem insgesamt nicht allzu ausgedehnten Raum beides zusammentraf und zudem eine monopolartige Verhältnisse herausbildende Handelskontrolle etabliert werden konnte.

Basierend auf der Permanenz seiner großen agrarischen Fruchtbarkeit prädestinierte seine geografische Lage auch Jahrtausende nach dem Untergang des „Reiches von Nebra“ diese Gegend für Handelstätigkeiten aller Art, auch für den Fernhandel in alle Himmelsrichtungen.

Noch im Mittelalter führten sowohl die „Via regia“ vom Rhein nach Schlesien als auch die alte „Via imperii“ von Stettin nach Rom durch jenes Terrain und kreuzten sich auf ihm.

Schließlich ist die lange Handelstradition der Leipziger Messe im Zusammenhang hiermit zu sehen.

Bevor näher auf die damals gehandelten Güter im Warenverkehr des Fernhandels zwischen Nord und Süd, Süd und Nord eingegangen wird, sei darauf hingewiesen, dass damals die sich vereinigenden Vertreter von Glockenbecherkultur, von osteuropäischem Hirtentum und von anatolischer Bauernschaft bei der Entwicklung ihrer Handelsaktivitäten auf eine bis heute meist unbeachtet bleibende, spezielle und keineswegs unbedeutende Ressource zurückgreifen konnten – auf den Zugang zu einem im Neolithikum durch Glockenbecherleute während ihres frühen Zuges durch Europa dort aufgebauten vielgliedrigen und kleinteiligen Handelsnetz. Hierdurch hatte man nun langfristig gültige, präzise Kenntnisse darüber, „was man wo zu welcher Zeit“ gewinnbringend absetzen bzw. preisgünstig erwerben konnte.

Mit dem leicht langfristig lagerbaren, aus baltischen Regionen stammenden Bernstein, dem „Gold der Ostsee“, ging man im „Reich von Nebra“ bald mit bemerkenswerter handelspolitischer Raffinesse um. Bei zeitweise reichlichem Aufkommen wurde er von den baltischen Anbietern möglichst komplett und preisgünstig aufgekauft und dann gelagert, bis er zu hohen Preisen im Süden wieder zu veräußern war – gelegentlich Jahrzehnte später.

Einen besonderen Umgang erfuhren grundsätzlich Zinn – in jeder Form – und alle Waren aus Bronze, geleitet von übergeordneten grundsätzlichen politischen Interessen. Eingeführtes Zinn wurde nur dann weitergeleitet, wenn der Bedarf der eigenen Bronzegießer sicher gedeckt war und auch dann fast niemals direkt in eine nördliche Richtung. Auch fertige Bronzeware unterlag strikt einem Ausfuhrverbot in diese Richtung – es ging offensichtlich darum, die dort siedelnden Germanen hinsichtlich zeitgemäßer Bewaffnung mit bronzenem Kriegsgerät maximal zu behindern, im Interesse größtmöglicher Sicherheit des eigenen Territoriums. Wir erinnern uns – das gesamte Gebiet nördlich des Nebra-Reiches war damals durchweg Germanenland geworden, d.h., von Volksstämmen bewohnt, bei welchen die überlegenen kampftechnischen Traditionen der einstigen östlichen berittenen Hirtennomaden zumindest eine gleichwertige Pflege erfuhren wie im „Reich von Nebra".

In gewissem Gegensatz zu ihnen hatte sich Nebra jedoch schnell zu einer außergewöhnlichen Wohlstandszone entwickelt – dank seiner imponierenden Bronzeproduktion. Es war somit für alle weniger durch die Schicksalsläufe begünstigte Nachbarn mit Sicherheit ein Ort ständiger Verlockungen und Sehnsüchte geworden.

Es liegt nahe, dass insbesondere nun die nördlich von Nebra siedelnden jugendlichen Nachkommen der waffengewandten Reiter aus dem Osten dereinst immer wieder mit schnellem Überfall versuchten, dort Beute zu machen, um mit sonst nicht Erlangbarem z.B. die von ihnen umworbene heimatliche Weiblichkeit zu beeindrucken und zu beglücken.

Aus südlicher Richtung drohte solche Unbill den Bewohnern des Nebra-Reiches weit weniger, denn dort gab es noch längere Zeit kaum kampfstarke Kavallerie. Folglich bestanden wenig Bedenken, interessante Güter aus dem Süden auch mit guten Bronzewaffen aus eigener Produktion zu bezahlen.

Eine bislang ungenannte „Warenkategorie" wurde – neben dem Zinn – ebenfalls zumeist für den „Eigenbedarf" zurückgehalten – als Sklaven angelieferte männliche Gefangene, in Gefangenschaft geraten bei kleineren kriegsähnlichen Konflikten zwischen verschiedenen Stämmen der näheren oder ferneren Nachbarschaft. Man konnte speziell die noch sehr jungen und schlanken unter ihnen gut für die Arbeit in den engen Schächten des Erzgebirges gebrauchen.

Gelegentlich „angelieferte“, zumeist bei Kämpfen vorstehend benannter Art erbeutete junge Frauen mit blondem Haar und blauen Augen wurden hingegen fast immer umgehend in den Süden weiterverkauft, in der Regel mit maximalem Handelsgewinn.

Aber woran war man aus dem Angebot des Südens in Nebra besonders interessiert, außer dem fast immer und von unterschiedlichsten Handelspartnern gefragten Zinn? Sicherlich an hochwertigem Schmuck, frühen Kosmetika, manchen Spezereien und Galanteriewaren verschiedener Art, in Sonderheit jedoch an physischem Gold, in jeder Form.

Das Goldaufkommen auf Nebras eigenem Territorium war und blieb minimal, doch immerhin groß genug, ein allgemeines Bewusstsein hinsichtlich der Seltenheit und des unzerstörbaren Glanzes dieses Metalls entstehen und beibehalten zu lassen. So war Gold auch dort in den Rang eines edlen, mythenumrankten Metalls mit hoher Statussymbolik aufgestiegen.

Auf die Rolle des Goldes bei der Ideologiebildung in der sich später zu einem staatsähnlichen Gebilde qualifizierenden Gesellschaft von Nebra wird noch kurz einzugehen sein.

Selbstverständlich hatte man – zudem – schon seit Langem erkannt, wie wertstabil das reine Gold als Zahlungsmittel bei jeglichem Fernhandel war, dass durch seinen Einsatz sogar manches erlangbar wurde, was ansonsten als „unverkäuflich“ galt.

Abschließend zu den Erörterungen frühen Handelsgeschehens im „Reich von Nebra“ seien noch drei Warengruppen erwähnt, die damals sowohl in seinem Fernhandel als auch im dortigen vielfältigen grenzüberschreitenden Nachbarschaftshandel meist eine wesentliche Rolle gespielt zu haben scheinen.

Zum einen verdienen die diversen hochklassigen Keramikerzeugnisse der im Nebra-Reich lebenden Menschen auch hier eine würdigende Erwähnung, zweitens der Zwischenhandel von Edelpelzen aus Europas Norden und Nordosten sowie, drittens, der Salzhandel.

Salz war zwischen Harz und Fichtelgebirge – dank diverser natürlicher Lagerstätten – im Allgemeinen zumeist in ausreichenden Mengen verfügbar, wurde dennoch gelegentlich eingeführt.

Die dereinst in der Gegend von Auntjetitz erfolgte Populationssymbiose – im Ergebnis einer Durchmischung von indoeuropäischen Hirtenkriegern aus dem östlichen Europa mit kurz vor ihnen dorthin zugewanderten Glockenbecherleuten – hatte eine egalistisch geprägte Gesellschaft ergeben. Augenscheinlich hatte sich in diesen Belangen damals die Glockenbechergruppe durchgesetzt, vermutlich dank der exzellenten metallurgischen Fertigkeiten ihrer Bronzegießer. Im Zusammenhang mit ihrer sich dann in Richtung Nordwest ausbreitenden Dominanz entwickelte sich jedoch nicht nur aus ihren beiden Ursprachen eine gemeinsame neue Sprache – das Keltische –, sondern es gab auch noch einen anderen, wesentlichen Veränderungsprozess – auch der zunächst egalistische Charakter ihrer inneren Beziehungen änderte sich nun, und schwand allmählich.

Das Erringen der Vorherrschaft über ein schließlich großes Territorium fiel den Invasoren aus dem nordwestlichen Teil Böhmens damals offensichtlich nicht allzu schwer. Gegen eine von versierten Kämpfern auf dem Rücken schneller Pferde angeführte Allianz, ausgerüstet mit den neuen scharfen und gut handhabbaren bronzenen Waffen aus Gießereien von Nachfahren des Glockengießervolkes, waren die bislang auf besagtem Territorium siedelnden Bauern machtlos. Vermutlich ließen sie sich ohne lange Gegenwehr von der neuen Macht absorbieren.

Bei diesem urkeltischen Ausdehnungsgeschehen war wohl vor allem das von den ursprünglichen Indoeuropäern in die neue historische Gemeinschaft eingebrachte überlegene Kriegertum gefragt gewesen und galten vor allem spezielle, durch Kommandos geprägte Handlungsabläufe. Somit erscheint es nachvollziehbar, dass – parallel zu jener territorialen Machtausdehnung – nunmehr sich bei der Gesamtheit der Ur-Kelten jene hierarchischen Gesellschaftsstrukturen durchsetzten, die lange zuvor in den osteuropäischen Steppen entstanden waren. Sie sollten dann dem jetzt entstehenden „Reich von Nebra“ sein gesamtes Gepräge geben, während seiner gesamten, ein knappes halbes Jahrtausend währenden Existenz. Aber dann erwiesen sie sich als eine wesentliche Wurzel seines strukturellen Untergangs.

Zunächst erbrachte diese Verabschiedung urdemokratischer gesellschaftlicher Verhältnisse beim neuen Volk der Ur-Kelten eine sehr milde Herrschaft seitens seiner Führungskaste, mit relativ geringen Unterschieden in sozialen Belangen.

Der sich bald allgemein offenbarende vielfältige Ressourcenreichtum auf dem Territorium des in Beschlag genommenen großen Gebietes gestattete allen nunmehr entstandenen Schichten eine langzeitig befriedigende Entfaltung ihrer Lebenswelten.

Diesbezüglich sehr aussagekräftige Fakten sind in der jüngsten Vergangenheit durch radiologische Untersuchungen hinsichtlich der Isotopenstruktur von in ossalen Hinterlassenschaften einstiger Bewohner des „Reiches von Nebra" gefundenen Kohlenstoff- und Stickstoffverbindungen gesichert worden. Aus Ergebnissen jener Messungen zu ziehende Aussagen belegen durchweg jahrhundertelang gewährleistete lebenslang gute Ernährungszustände aller damaliger dortiger Menschen, selbst in späteren Phasen der sich schließlich zu einer totalen Diktatur entwickelnden Gesellschaft von Nebra.

Nach der gelungenen Invasion aus dem nordwestböhmischen Raum veränderte sich, des Weiteren, die äußere Physis der gesamten Gesellschaft erheblich – die Menschen wurden spürbar größer und erlangten einen erheblich robusteren Körperbau, was indessen mit einem allmählich wachsenden Anteil indoeuropäischer genetischer Substanz am genetischen Gesamtpool der damaligen Ur-Kelten zusammengehangen haben dürfte.

Die insgesamt gute physische Verfassung der Nebra-Bevölkerung wird auch durch nähere Aussagen zu ihren einstigen Körpergrößen verdeutlicht. Mit Größen zwischen etwa 1,62 m und etwa 1,68 m waren ihre damaligen erwachsenen Männer erheblich größer als ihre damaligen Altersgefährten in benachbarten Gebieten. Gleiches gilt für die im „Reich von Nebra" mit Körpergrößen zwischen etwa 1,50 m und etwa 1,57 m aufwartenden erwachsenen Frauen.

Solche im Vergleich zu heutigen europäischen Populationen eher bescheiden wirkende Körpergrößenwerte waren für die bronzezeitliche europäische Bevölkerung Spitzenwerte. Auch hinsichtlich des Eiweiß–Konsums, oder hinsichtlich der mittleren Lebenserwartung, hat die archäologische Forschung für die einstigen Bewohner des Nebra-Reiches herausragend günstige Werte belegen können, im Vergleich zu analogen Aussagen über zeitgleich lebende Menschen andernorts.

Vorstehende, für das „Reich von Nebra" in seiner Gesamtheit vergleichsweise sehr günstige Aussagen sind grundsätzlich für die Gesamtdauer seiner Existenz gültig. Dennoch erbringt das diffizilere Eindringen in die Materie interessante Aufschlüsse hinsichtlich zunächst sich schleichend, dann immer schneller differenzierender Lebenswirklichkeiten in einer sich immer deutlicher und schließlich extrem schichtenden dortigen Gesellschaft. Je höher der gesellschaftliche Status des Einzelnen in dieser Gemeinschaft war, desto körperlich größer wurden seine Kinder, desto länger währte sein Leben.

Die Anthropologin Corina Knipper konnte durch diffizile Analyse der Stickstoff-Isotope in geborgenen Skelettresten belegen, dass speziell die frühen „Fürsten von Nebra" nicht nur eine sehr proteinreiche Ernährung gehabt hatten, sondern dass ihnen vermutlich ausschließlich sehr frisches und bekömmliches Lamm- und Kalbfleisch vorgesetzt wurde. Denn durch das Stillen seitens seines Muttertieres weist das Fleisch des Jungtieres besonders hohe Stickstoffwerte auf, bei einer bestimmten Isotopenstruktur dieser Stickstoffatome. Das spiegelt sich dann in der biologischen Substanz des ein solches Fleisch Verzehrenden wider.

Abschließend hierzu sei bemerkt, dass Langzeitvergleiche mit seitens Bernd Zich vorgelegten Ergebnissen bestimmter Untersuchungen an Fürsten-Leichen aus der gegen Ende des ersten nachchristlichen Jahrtausends gelegenen Merowingerzeit ein fast unverändert beibehaltenes Ernährungsregime in der absoluten politischen und sozialen Spitzenschicht offenbarten – über den sehr langen Zeitraum von weit über 2.000 Jahren!

Nicht nur an den Details der Ernährung kann man die allmähliche Stratifizierung und die Hierarchisierung im „Reich von Nebra" erkennen. Grabfunde lassen solches auch an Hand der gefundenen Reste von Leichen-Bekleidungen erkennen.

Meller und Michel schreiben hierzu Folgendes.

„Beleg für die nunmehr stratifizierte Gesellschaft sind goldene Gewandnadeln, welche Fürsten in ihr Grab gelegt wurden. Jeder, der die filigranen und exakt gearbeiteten Nadeln, mit denen – mittels Faden – ihre Gewänder dereinst allmorgendlich verschlossen worden sein dürften, aus der Nähe betrachtet, ist fasziniert von der hervorragenden Goldschmiedearbeit.

Im Fall ihrer Beigabe in das Grab eines Fürsten wurde vermutlich ein exakt festgelegter Kodex beachtet – je nach Ranghöhe des Bestatteten wurde er mit einer größeren oder kleineren Anzahl solcher Goldnadeln auf die ‚Reise in das Jenseits' geschickt.

Untere Ränge wurden nach ihrem Tod mit Bronze– Nadeln ausgestattet.

Und der schlichte Mann – wie auch alle Frauen ‚aus dem Volke' – durften nur eine einzige der heute berühmten ‚Auntjetitzer Tassen' auf ihre letzte Reise mitnehmen. Diese, allerdings, fast immer, vermutlich als unerlässlich erachtete ‚Standardausrüstung'."

Solches galt für die gesamte 400– jährige Zeit des „Reiches von Nebra".

Während die unteren sozialen Schichten – wie einst jedermann – weiterhin in einfachen Erdgräbern bestattet wurden, erhielten die Vertreter der „besser gestellten Kreise" zunehmend komfortabler ausstaffierte sog. „Steinkastengräber", im Fall besonderer Ehrungserfordernis mit einem Holzeinbau.

Neben Gold erlangte auch Silber – Nebenprodukt der Bronzemetallurgie – schon in jener Zeit allmählich allgemein den Ruf eines Edelmetalls, allerdings deutlich nachgeordnet gegenüber dem leuchtend strahlenden Gold, dem „wahren göttlichen Metall". Zunehmend wurde – wesentlich unterstützt durch das sich differenzierende Zeremoniell der Grablege – das gesamte gesellschaftliche Hierarchisierungsgeschehen ein Prozess allmählicher Sakralisierung des Goldes.

Als für reale funktionale Zwecke eingesetztes Metall erlangte Gold den Status einer obersten fürstlichen, inzwischen als „götternah" erklärten Elite vorbehaltenen, als fast heilige Substanz.

Mithin hob es bereits jeden solches „Metall der Götter" Besitzenden, es sodann sorgsam Hütenden, aus seinem alltäglichen Umkreis erheblich heraus. Parallel hierzu avancierte es zu einer sich aus allen rationalen Mechanismen der ökonomischen Wertbestimmung lösenden, nur durch sein spirituelles Gewicht erklärbaren Handelswährung, wodurch sein

Besitz in größerem Umfang bald einen besonderen alltageswirksamen ökonomischen Reichtum bedeutete.

Und da selbst der profanste ökonomische Reichtum – stets und immer, sogar in puristischem Egalitarismus ideologisch verpflichteten Gesellschaften – unweigerlich eine bestimmte gesellschaftliche Relevanz erbringt, hat Dignitatus – nach Erlangen eines gewissen „Basisreichtums" – seit Urzeiten unablässig nach „immer mehr Reichtum " gestrebt.

Was nun auch im „Reich von Nebra" geschah, stimuliert durch die beeindruckende ideologische Karriere des Goldes.

Mit der Folge, dass die „ökonomische Schere" zwischen „Arm" und „Reich" sich immer weiter öffnete, zum Nachteil eines stetig wachsenden Teils der Gesamtbevölkerung und in Folge dessen schließlich zu einem der wesentlichsten Faktoren in einem zum Untergang des „Reiches von Nebra" führenden Prozess wurde.

In der zweiten Hälfte seiner 400-jährigen Existenz scheint das Hierarchisierungsgeschehen im „Reich von Nebra" in dem Sinne eine Zuspitzung erfahren zu haben, dass sich nunmehr alle dortigen Fürsten zu einer Zentralisierung aller Macht bei einer einzigen Person entschlossen und quasi ein frühes Königtum errichteten, was vermutlich damit zusammenhing, dass sich sein außergewöhnlicher materieller Wohlstand inzwischen auch bei weiter entfernt siedelnden Nachbarn herumgesprochen haben dürfte und die Phalanx der mehr oder weniger bedeutsamen Mächte mit durch diesen Wohlstand ausgelösten Begehrlichkeiten mehr oder weniger, doch in Permanenz bedrohlich geworden war. Gegen diese half nur eine zuverlässige und stets handlungsfähige Macht. Und im historischen Geschehen haben sich Prozesse der organisatorischen Zentralisierung in der Regel als Prozesse der Kräfteballung, mithin der Machtballung erwiesen.

Je mehr Häupter ein König unter seiner Führung vereinte, umso größer war der Anteil jener Menschen an der Gesamtheit seiner Gefolgschaft, für welche er zu Zeiten seiner Herrschaft eine sehr ferne, in gewissem Sinne abstrakte Größe blieb, bleiben musste.

Um insbesondere an der Basis der betreffenden Bevölkerungspyramide eine hinreichende Gefolgschaftstreue zu sichern, machte sich somit eine besonders überzeugende Inszenierung der Besonderheit einer solchen königlichen Person erforderlich, beispielsweise seiner vorgeblichen Gottnähe, gar Gottähnlichkeit.

Als geeignet hierfür erwiesen sich eindrucksvolle Zeremonien, sehr bewusst mit einem beeindruckend großen materiellen Aufwand betrieben, wozu sich Grablegungen solcher Könige nach ihrem physischen Ableben im Besonderen eigneten. Der etwa acht Meter hohe Grabhügel von Leubingen – etwa 30 Kilometer entfernt von Nebra gelegen – ist ein eindrucksvoller Beleg hierfür. Der Kern der Grabanlage ist ein etwa 20 Meter breiter und 2 Meter hoher Steinkegel. Sein Material sind roter Sandstein vom Kyffhäuser und weißer Sandstein aus der Umgebung von Nebra. Das Gesamtvolumen des Grabhügels ist auf 370 Kubikmeter geschätzt worden.

Bei Meller und Michel findet sich hinsichtlich der im Inneren des Hügels befindlichen Grabkammer die folgende Schilderung.

„Die innere Grabkammer war auf einer mit Steinplatten gepflasterten Fläche errichtet worden. Insgesamt 18 jeweils 20 Zentimeter dicke Eichenbalken wölbten sich – zeltartig – über den Innenraum der Kammer, verkeilt in die Steinplatten der Grundfläche. Oben fasste ein Dachfirstbalken diese Eichenbalken zusammen, der dann mit einer dicken Schicht Schilf abgedeckt worden war.

Im Inneren war der Boden der zeltartigen Kammer über seiner Steinplatten-Grundierung mit einem hölzernen Dielenboden belegt worden, 3,90 Meter lang und 2,10 Meter breit. Ausgestreckt auf diesem Dielenboden wurde ein männliches Skelett gefunden, eines Greises mit stark abgenutzten Zähnen, gichtverformten Knochen. Quer über seine Hüfte gelegt, fand man die Skelettteile eines offensichtlich noch sehr jung gewesenen Menschen.

Aufsehenerregend waren die in der Kammer gefundenen Grab-Beigaben. Neben den Scherben eines Tongefäßes mit Resten einst für die Totenreise mitgegebener Speisen schimmerte Gold. Besonders auffällig waren, des Weiteren, ein etwa 30 Zentimeter langer Hammer, außerdem zwei Bronzedolche und zwei Bronzekeile sowie diverses weiteres Bronzewerkzeug. Was sofort goldig schimmernd aufgefallen war, waren etwa 10 Zentimeter lange Nadeln aus Gold, zudem eine Spirale aus Golddraht, ein schwerer goldener Armring, zwei kleine Golddrahtringe.

Die Jahresringe der verbauten Eichenbalken erlaubten die Bestimmung ihres Fällungsjahres. Es war dieses das Jahr 1. 942 v. Chr.; d. h., z. Z. der Schlussphase der ‚Auntjetitzer Kultur'. Ein zweites großes Grab aus jener Zeit von ähnlicher Dimensionierung hat noch bis zum Jahr 1906 n. Chr. in der Umgebung von Helmsdorf existiert, jener Ortschaft, die in den Jahren der deutschen Teilung durch ihren altbundesdeutschen Grenzbahnhof allgemein bekannt war. Das dortige prähistorische Königsgrab aus den Zeiten des ‚Reiches von Nebra' musste in besagtem Jahr 1906 dem Ausbau der Werksbahn einer ‚Mansfelder Kupferschieferbauenden Gesellschaft' weichen."

Die inzwischen hoch entwickelte heutige genetische Untersuchungsmethodik hat kürzlich im Ergebnis intensiver Forschung an inzwischen verfügbarem genetischem Material aus der Zeit der vorstehend besprochenen Gräber auch einen sehr speziellen, „sehr delikaten" Sachverhalt aufgedeckt.

Insbesondere für das „Reich von Nebra" ist inzwischen unzweideutig etwas im Detail belegt, was möglicherweise für das gesamte Hierarchisierungsgeschehen im Indoeuropäertum damaliger Zeiten charakteristisch gewesen war – ein immer größer werdender Anteil an der Gesamtheit aller erwachsenen Männer war von einer sehr kleinen, offensichtlich selektierten Vätergruppe gezeugt worden. Man darf vermuten, dass zu dieser zu einer „grenzenlosen Männerzeugung" berufenen kleinen Gruppe insbesondere zeugungskräftige Angehörige der gesellschaftlichen Eliten gehörten. Doch von den vielen „obrigkeitlich gezeugten Knaben" gelangten später nur sehr wenige in die jeweils nächste Führungsschichtengeneration, ihre große Mehrheit sortierte sich dann im „sonstigen Volk" ein.

Entwicklungsgeschichtlich interessant hierbei ist, dass es in unserer eigenen frühen humanen Geschichte zeitweise vermutlich Perioden gab, in welchen mittlerweile für die Haustierzucht entwickelte Züchtermethoden auch im persönlichen Reproduktionsgeschehen der damaligen Menschen weiten, gesellschaftlich augenscheinlich akzeptierten Eingang gefunden hatten.

Als in den 90er-Jahren des letzten Jahrhunderts die „Himmelsscheibe von Nebra" in der Welt wissenschaftlich betriebener Archäologie, in der Welt wissenschaftlicher Analytik angelangt war – nach zeitweise sehr verschlungenen Wegen zwischen Altertumsräubern und Antiken-Schwarzhändlern – und es zudem tatsächlich gelungen war, ihre verschlüsselten Botschaften zu decodieren, löste sie bald weltweites Interesse und Erstaunen aus. Dem folgte – erstmalig – ein nachhaltiges und breit angelegtes Befassen mit dem bislang nur marginal beachteten, im Allgemeinen als eher „nebensächlich“ angesehenen „Reiches von Nebra“.

Erst jetzt entpuppte es sich – auch dank erst kürzlich entwickelter, absolut neuartiger naturwissenschaftlicher Methodik – als ein entwicklungshistorisch außerordentlich bemerkenswertes europäisches Zwischenreich, zwischen dem mitteleuropäischen Neolithikum und der ihm nachfolgenden Bronzezeit. Eine besondere Rolle spielte hierbei die durch Hochleistungscomputer möglich gewordene außerordentliche analytische Effizienz der aktuellen genetischen Forschung.

Aus verschiedenen Fakten – Ergebnisse älterer und neuester Forschung – lässt sich folgern, dass die „Himmelsscheibe von Nebra“ vor ihrem einstigen existenzsichernden Vergraben, geschehen dereinst kurz vor dem Zerfall des „Reiches von Nebra“, ihrer Schöpfungsmacht, nur etwa 150 bis 200 Jahre „gelebt“ hatte.

Ihr Erschaffen lässt sich auf die Zeit zwischen etwa 1.800 v. Chr. und 1.750 v. Chr. datieren, mithin auf jene Zeitperiode, in welcher das „Reich von Nebra“ den entwicklungsgeschichtlichen Höhepunkt seiner Existenz erreicht gehabt haben dürfte.

Dem in ihre kryptischen Aussagen Eingeweihten vermittelt die Himmelsscheibe sowohl Informationen über die Gegebenheiten des stellaren Geschehens als auch über die Konstellationen von Sonne und Mond.

Mit ihrer Hilfe konnte z.B. der eingeweihte prähistorische Astronom bereits zu Beginn eines neuen Sonnenjahres erkennen, ob die Einfügung eines „Zusatztages“ in den Ablauf des sonst üblichen 365-tägigen Kalenderjahres angebracht war, also ein „Schaltjahr“ begonnen hatte.

Zu ihrer Zeit dürfte die Himmelsscheibe ihre Zeitgenossen jedoch wohl vor allem deshalb beeindruckt haben, weil von den Kundigen unter ihnen mithilfe dieser Scheibe manches Geschehnis im Sternenhimmel für Vorhersagen betreffs des irdischen Geschehens genutzt werden konnte. Was dann den Nimbus des Schamanen als kundigen Himmelsbotschafter erheblich stützte.

Gemeinsam mit solchen Menschen leben zu dürfen, die offensichtlich in Kontakt zu den höheren Mächten der Götterwelt treten konnten, gab gewiss den meisten Angehörigen eines solchen Stammes viel Lebenssicherheit und wirkte zugleich identitätsstiftend, jedwedes Mitglied des Stammes nunmehr einer Gemeinschaft Auserwählter zuordnend, beförderte aber auch die Unterordnungsbereitschaft des schlichten Mannes und der schlichten Frau gegenüber den Ansprüchen ihrer „Oberen" – ihren mit erkennbarer Halbgöttereigenschaft ausgestatteten Fürsten, und deren wichtigsten Helfern, den himmelskundig zaubermächtigen Schamanen.

Gewiss trug der stetig erfahrene besondere Ressourcenreichtum des heimatlichen Territoriums das Seinige dazu bei, Überzeugungs- und Glaubensinhalte von einem Leben in einer besonders gesegneten Heimat zu verfestigen. Der Ruf der Himmelsscheibe als einmaliges und sakrales Instrument konnte bei alledem nur profitieren.

Uns Heutigen stellt sich angesichts vorstehend skizzierter Zusammenhänge vermutlich die Frage, weshalb speziell die Sternenwelt in der damaligen Mentaltitätsentwicklung eine zeitweise wahrscheinlich überragende Rolle spielen konnte. Zur Erlangung eines hinreichenden Verständnisses hierfür muss man sehr weit in die Vergangenheit der Menschwerdung zurückblicken. Vor allem ist zu beachten – das grundlegende zentrale Phänomen bei der großen gesellschaftlichen Wirkung antiker stellarer Beobachtungsinstrumente war dereinst die generell gewaltige mentale Macht des Glaubens an einen realen Götterkontakt.

Im Konkreten wurde ein solcher allerdings immer wieder in Zweifel gezogen. Als bewiesen sah man ihn jedoch in jedem Fall dann an, wenn man meinte, ihn persönlich leibhaftig erlebt zu haben, beispielsweise angesichts der erlebten Gültigkeit aller mittels der Himmelsscheibe erlangter Voraussagen.

Die Richtigkeit der Prophezeiung war der Beweis der Gottesnähe, und damit zugleich der Berechtigung des Herrschaftsanspruches von Fürst und Schamane.

Seit Beginn dieses langen, länger als eine Million Jahre währenden Prozesses wurde der Mensch in mondfreien, weder durch Wolken bedeckten noch durch Nebel verhüllten Nächten mit einem ihn überwölbenden, als große schwarze Kuppel wirkenden dunklen Himmel konfrontiert, der ihm durch ein Meer blinkender Sterne die Imagination einer fernen, unerreichbaren, einer „anderen “ Welt vermittelt haben dürfte. Es sei in diesem Zusammenhang daran erinnert, dass die uns mittlerweile seit Kindheitstagen vertraute „Lichtverschmutzung“ des Nachthimmels durch die vielen künstlichen Lichtquellen des modernen Lebens ein Phänomen der allerletzten Jahrhunderte ist, die klare Nacht bis dato den Menschen als „stille Nacht der hohen Sterne“ umfing – fern, unerreichbar, geheimnisvoll, ein sich dem realen Sensorium stellendes, doch sächlich unerklärlich bleibendes Wunder. Und was in klaren Nächten als blinkende Verheißung einer rätselhaften Welt möglicherweise den Kontakt zu einem suchte, stellte sich bei Tageslicht immer wieder als in unerreichbarer Höhe angesiedelte, vielschichtige Plattform des Witterungsgeschehens dar.

Die Anmutung einer sich in breitem Panorama entfaltenden tatsächlichen Macht hinter all solchem Geschehen dürfte auch uns heutigen Menschen somit erklärlich sein – das Wirken einer mit menschlichen Zügen ausgestatteten Welt schicksalsbestimmender Mächtiger, denen man, im ureigensten Existenzinteresse, in respektvoller Demut begegnen sollte.

Meller und Michel geben hierzu die folgende präzisierende Erläuterung.

„Vor allem die Frühaufgänge der Sternenbilder, also die im Jahresrhythmus erstmalig – oder letztmalig – sichtbaren Aufgänge von Sternenbildern in noch anhaltender Morgendämmerung nach – oder vor – monatelanger Unsichtbarkeit, das alles war schon den Menschen vor dem Neolithikum bekannt. Diese kosmischen Vorgänge galten schon zu sehr frühen Zeiten als ‚himmlische Fingerzeige‘, als Hinweise darauf, dass nun ‚die rechte Zeit gekommen‘ sei – für das Sammeln von Ameisenpuppen oder für den alljährlichen Marsch in das Winterlager oder dafür, dass nunmehr das Ende der Regenzeit gekommen sei, usw.“

Nun, bekanntlich ist es dignitatuseigen, dass seine reale Personifizierung sich grundsätzlich in Form recht unterschiedlicher Typisierungen vollzieht und es beispielsweise immer Menschen gegeben hat – wie es sie auch heute gibt –, die ein größeres, tiefer grundiertes Vermögen der Realitätserfassung besitzen als die meisten ihrer Mitmenschen und daraus dann auch für ihre subjektive, individuelle Existenz gewisse Vorteile zu gewinnen verstehen, was nicht immer von Nachteil für die Gesamtheit sein muss und gelegentlich sogar erheblichen Gewinn für selbige erbringt.

Die Schamanen der frühen Zeiten dürften dereinst zumeist zu den Menschen dieser Kategorie gehört haben.

Und da sie – in ihrer aktuellen Gesellschaft zumindest immer noch rudimentär verwurzelt – mit der fortwährenden starken Beeindruckung ihrer Mitmenschen durch das Phänomen des Sternenhimmels immer wieder konfrontiert gewesen sein dürften und wohl auch die ständige Sehnsucht derselben nach einem guten Einvernehmen mit den dort sesshaft gewähnten höheren Mächten spürten, erkannte diese Kaste sicherlich schon sehr früh sowohl das mittlerweile objektiv gegebene gesellschaftliche Erfordernis des „Brückenbauers" zu selbigen Mächten als auch bestimmte für sich selbst daraus ergebende Chancen hierarchischen Avancements.

Was im „Reich von Nebra" das Grundmotiv dafür gewesen sein dürfte, nach wahrscheinlich generationenlangen internen Debatten und Erörterungen, m.H. höchster weltlicher Herrscher den fähigsten Handwerkern den Auftrag zur Erstellung der auch uns heute in Erstaunen versetzenden Himmelsscheibe zukommen zu lassen und vermutlich auch die für diese Arbeit benötigten exakten Gestaltungsvorgaben zu liefern.

Soviel zur mentalen Mächtigkeit des nächtlichen Himmels und seiner vermutlichen Rolle in der sicherlich recht langen Entstehungsgeschichte der Himmelsscheibe von Nebra.

Mit der Erlangung der Sesshaftigkeit, dem lebenslangen Verharren auf dem gleichen Platz, gewann die Sonne ihre volle kalendarische Bedeutung, machten die jahreszeitlichen Veränderungen des Sonnenlaufes sie zum „zuverlässigen Taktgeber für das verschiedenartige menschliche Tun." (Meller und Michel)

Erst jetzt erschien die Sonne jedes Jahr den Menschen am gleichen Tag eines jeden Jahres am gleichen Punkt des Horizontes, wurden ihnen hierdurch die im Ergebnis langer Stammeserfahrung ermittelten günstigsten Termine für den Vollzug bestimmter Handlungen offenbart.

Der im Neolithikum allgemein aufblühende spezielle Sonnenkult hatte diese realhistorische Basis – die „Sonne als solche" wurde nun zumeist zur bedeutendsten Gottheit. Schon vor den etwa vier Jahrhunderten des „Reiches von Nebra" war er in jener Landschaft stabil verankert worden, er hatte sodann dort fortdauernden Bestand.

Für die kleinteiligere allgemeine zeitliche Orientierung im Sonnenjahr blieben die Mondphasen – und damit der „Mond als solcher" – wichtig.

Die „Himmelsscheibe von Nebra" war nun Ausdruck des Bemühens, diesen Dreiklang menschlich wahrnehmbaren kosmischen Geschehens zu universalgültigen Aussagen zu vereinen und Sonne, Mond und Sterne als „himmlische Gemeinsamkeit" zu interpretieren.

Das hierauf zielende Signalement der kreisrunden Scheibe ist auf ihr durch die nachfolgend beschriebenen Symbole und Markierungen verankert. An den Rändern des Scheibenkreises befinden sich – durch aufgetragene Goldstreifen hervorhebend deutlich – die Markierungen einiger Winkelstrecken des Kreises. Auch die anderen symbolischen Aussagen der Scheibe werden durch die Aufbringung reinen Goldes nachhaltig verdeutlicht – z.B. die große goldene Sonne auf ihrem Planum in gleicher Weise, wie die goldene Mondsichel. Einzelne Sterne werden durch kleine Goldscheiben interpretiert.

Positionen, Formatierungen und innere Proportionierungen aller dieser Elemente des von der Scheibe in ihrer Gesamtheit getragenen Signalements interpretieren bestimmte verschlüsselte Botschaften.

Durch die kleinen Goldscheiben z.B. wird offensichtlich das Sternenbild der Plejaden reflektiert, welches interessanterweise schon in den südfranzösischen Höhlenmalereien der Eiszeit frühe künstlerische Reflexion gefunden hat. Erscheinen und Schwinden der Plejaden signalisieren bestimmte Phasen des jahreszeitlichen Verlaufes.

Doch wie war ggf „gebrauchspraktisch" mit der Himmelsscheibe umzugehen? Wir erlauben uns noch einmal ein Zitat.

„In einer sternenklaren Nacht auf dem Rücken an einer geografisch hinlänglich präzise definierten Stelle liegend, vermochte der in die Geheimnisse der Himmelsscheibe von Nebra Eingeweihte durch einen optischen Vergleich zwischen ihr und dem sich ihm direkt offenbarenden Sternenhimmel hinsichtlich des aktuellen kosmischen Geschehens so manchen Schluss zu ziehen, derartiges Wissen für sein reales Agieren zu nutzen – nicht nur hinsichtlich eines eventuell anstehenden Schaltjahres.

Besagte Schlüsse über kosmische Gegebenheiten wurden zu jenen Zeiten immer wichtiger für eine zeitgerechte Festsetzung der zunehmend magisch aufgeladenen Großfeiertage des Jahres, deren spezielle Mystik meistens an präzise Termingenauigkeit und hiermit gekoppelte besondere kosmische Phänomene gebunden war.

Solches war deshalb für die gesamtgesellschaftliche Stabilität von erheblichem Belang, weil durch die Präzision der Planung von Festivitäten das Fortbestehen der Gültigkeit von vorgeblich engen Beziehungsstrukturen zwischen den Führungspersönlichkeiten des „Reiches von Nebra" und den höheren Mächten der Götterwelt gegenüber allen schlichten Bürgern als bestätigt verkündet werden konnte.

Was ist – neben ihren spirituell wichtigen Inhalten – von der Scheibe ansonsten zu berichten? Ihr heutiges äußeres Erscheinungsbild ist stark durch die intensive malachitgrüne Farbe der korrodierten Bronze geprägt. Ursprünglich lieferte sie, mit Sicherheit, ein erheblich anderes äußeres Erscheinungsbild. Von den Schmieden der Scheibe ist zu ihrer Zeit, mit Gewissheit, viel unternommen worden, um ihr eine heraushebende ästhetische Ausstrahlung zu geben.

Ammoniak war auch schon zu jener Zeit im Milieu der Schamanen nicht unbekannt, als wesentlicher Bestandteil abgestandenen Urins, mit speziellen Verwendungsmöglichkeiten bei Färb– und Gerbarbeiten an Textilien oder abgezogenen Tierhäuten. Und eine zinnarme Bronze, die mit einer Lösung aus gegorenem Urin und Kupferverbindungen behandelt wird, erlangt dadurch schwarz–blaue bis schwarz–violette Überzüge.

Wird das Metall dann sorgfältig poliert, erhält eine solche künstlich erzeugte Patina einen imponierenden, wenngleich düster wirkenden Glanz.

Die aus Gold bestehenden Applikationen der Himmelsscheibe blieben dereinst nach dieser, ihr einstmals zuteilgewordenen Behandlung ohne jede erkennbare Veränderungen, stachen somit auf ihrem dunkel–violett glänzenden Untergrund mit ihrem satten und warmen goldigen Glanz besonders hervor.

Man darf wohl davon ausgehen – derartig behandelt funkelten dereinst Sonne, Mond und Sterne im violetten Nachtblau ihres verfremdeten Grundmetalls geradezu betörend unter den milden Abendstrahlen einer untergehenden Sonne, aber auch im Fackelschein einer nächtlichen Feier, der Scheibe das Odium des Entrückten, des Außergewöhnlichen und des Geheimnisvollen gebend.

Neben den überhöhenden ästhetischen Effekten hat das Bronzemetall der Himmelsscheibe dereinst durch die geschilderte Nachbehandlung auch einen sehr lange wirksam gewesenen und qualitätsvollen Korrosionsschutz erlangt.

Die beschriebene feierlich-düstere Ausstrahlung der damals neuwertigen Himmelsscheibe von Nebra entfaltete sich sicherlich gegenüber dem schlichten Volk des Nebra-Reiches in einer besonderen Intensität. Jeder Mann, jede Frau, jedes Kind fühlte sich vermutlich in den Augenblicken solchen Erlebens mit ihren Fürsten, den mit den höheren Mächten offenkundig in engem, in sie schützendem Kontakt Stehenden, in dankbarer Gemeinsamkeit verbunden.

Hinsichtlich der Details des codierten Inhalts der Scheibe wahrte man indessen – mit Sicherheit – ihren absoluten Geheimnis-Charakter.

Wäre der astronomische Umgang mit der Himmelsscheibe allgemeines Wissensgut geworden, wären – selbstredend – auch die Grenzen ihres tatsächlichen Aussagevermögens allgemein publik geworden. Das wäre der mit ihr assoziierten Mystik sehr abträglich gewesen und damit der Stabilität des gesamten mythenumwobenen gesellschaftlichen Herrschaftssystems. Allein deshalb war die gesamte Herrschaftskaste außerordentlich daran interessiert, diesbezügliches Wissen unbedingt nur für einen sehr engen Zirkel verfügbar zu halten.

Die Himmelsscheibe von Nebra war zugleich ein handwerkliches Mittel zur praktischen Orientierung im jahreszeitlichen Verlauf, als auch ein tragendes Element der allgemeinen sozialpsychologischen Disziplinierung."

Das letzte der uns bis jetzt bekannt gewordenen Königsgräber des Nebra-Reiches wurde – nach Aussage der Jahresringe im Holz der für seine Gestaltung verwendeten Eichenbalken – im Jahr 1. 829 v. Chr. errichtet.

Etwa zu dieser Zeit muss – nach gegenwärtigem archäologischem Wissensstand – eine enorme Beschleunigung des Niederganges jener bemerkenswerten, für damalige Gegebenheiten großräumig gewordenen, letztlich einen annähernd staatlichen Charakter gewinnenden menschlichen Gemeinschaft mittlerweile eingetreten ein.

Nach einhelliger Meinung der mit diesem Thema befassten wissenschaftlichen Kreise ist hierfür ein breit gefächertes Faktoren-Bündel als ursächlich anzunehmen.

Wie bei manchen anderen erheblichen Statusveränderungen der menschlichen Existenz spielten auch in diesem Fall klimatische Veränderungen eine erhebliche Rolle. Sie wirkten offensichtlich als Initialzündung für ein ohnehin entwicklungsgeschichtlich anstehendes Veränderungsgeschehen.

Es war dereinst das vergleichsweise warme Klima mit ausreichendem feuchtem Niederschlag gewesen, wodurch die mit außergewöhnlichem Potenzial für ein zügiges Absolvieren der damals seitens Dignitatus zu bewältigenden Entwicklungsetappe ausgestattete mitteldeutsch-westböhmische Landschaft sich zu einem zeitweisen hiesigen „Garten Eden“ entfalten konnte. Doch relativ hohe Lebenserwartung, stetiger Geburtenüberschuss, aber auch eine durch den Wohlstandsnimbus dieser Gegend angelockte stetige diffuse kleinteilige Zuwanderung begannen – angesichts zudem dezent einsetzender klimatischer Abkühlung – zu Beginn des zweiten Jahrtausends v. Chr. alle landwirtschaftlichen Produktionsüberschüsse im „Reich von Nebra“ zu senken, langsam aber sicher.

Wenngleich dadurch dort kaum ein nennenswerter Mangel an Nahrung eingetreten zu sein scheint – für den Warenaustausch mit den Nachbargebieten stand nun immer weniger Korn zur Verfügung. Und die Bevölkerung wuchs weiter. Es wuchsen vor allem die in zwar existenzsichernden, doch spartanisch-schlichten allgemeinen Verhältnissen lebenden unteren Populationsschichten, während die Vertreter gesellschaftlicher Spitzenmilieus zunehmend einem luxuriösen Lebensstil verfielen. Ungeachtet der damals sich allmählich einstellenden allgemeinen Ressourcenverknappung – nicht nur der Lebensmittel-Ressourcen – erlangten die Produkte verschiedener handwerklicher Zweige damals im Nebra-Reich qualitativ ein zeitgemäßes Spitzenniveau. Das gilt für Keramiker, Kürschner und verschiedene Kategorien der Holzverarbeiter gleicherweise. Insbesondere trifft das jedoch für Bronzegießer und Kupferschmiede zu.

Mit anderen Worten – die „soziale Schere öffnete sich stetig“, wenngleich echte Notzustände auch in den unteren Bevölkerungsschichten kaum sichtbar wurden.

Sozialhistorisch beachtenswert dürfte sein, dass sich eine nennenswerte sozialpolitische Mittelschicht bei diesen gesellschaftlichen Differenzierungsprozessen kaum gebildet zu haben scheint, wenn man von den Spitzenvertretern der Bronzegießergilde absieht. Selbigen wurde gelegentlich durch die höchsten gesellschaftlichen Ränge eine offenkundige erhebliche Protektion zuteil.

Insgesamt entwickelte sich jedoch eine immer größer werdende Kluft zwischen dem zunehmend bevölkerungsstarken „tief unten“ , und „hoch oben“, repräsentiert durch einen tendenziell immer elitärer werdenden kleinen Spitzenzirkel.

Und da zudem in dieser zunehmend erstarrenden gesellschaftlichen Statik des „Reiches von Nebra“ es kaum noch soziale Aufstiegschancen für besonders fähige junge Leute der unteren Gesellschaftsschichten gegeben zu haben scheint, dürfte sich dann dereinst – ungeachtet des dort allgemein relativ lebenssicheren Milieus – ein permanent wachsender gesellschaftlicher Spannungszustand eingestellt haben, was – u.a. – mit großer Wahrscheinlichkeit die Abwanderung mancher relativ junger handwerklicher Spitzenkönner in benachbarte Gegenden zur Folge hatte. Dort wurde ihnen vermutlich weit mehr gesellschaftliche Anerkennung zuteil als in ihrer sozial verkrusteten Heimat.

Es ist sehr bemerkenswert, dass – nach heutiger Fundlage – die hoch qualifizierte Bronzeproduktion des Nebra-Reiches jetzt zunehmend ihr Alleinstellungsmerkmal verlor, zudem das im Nebra-Reich entstandene Keltisch auch außerhalb des Machtbereiches der Nebra-Könige zur „lingua franca“ avancierte, allerdings auch weiterhin konsequent schriftfrei blieb.

Was in seiner Gesamtheit nunmehr zur Folge hatte, dass fast ein jeder beliebige Landesfürst in der weiten Umgebung von Nebra die Qualitätswaffen seiner Krieger, teuer bezahlt, sich jetzt nicht mehr von dort importieren musste, sondern sie – nach Bedarf – von den aus Nebra stammenden Bronzegießern und Schmieden seines eigenen Landes herstellen lassen konnte, was diesen Stammesführern natürlich für ihre ständige diplomatische Auseinandersetzung mit den Mächtigen Nebras ein erheblich gesteigertes Eigengewicht gab.

Mit solchem Eigengewicht auf der Seite von Nebra ging es ohnehin zunehmend bergab. Denn der sehr lange, meistens bemerkenswert stabil, aufrecht gehaltene Boykott hinsichtlich jeder Ausfuhr von Metallwaren oder Metallerzen in Richtung Norden wurde zu gleicher Zeit allmählich zwecklos. Man hatte inzwischen neue, den „Nebra-Riegel" weiträumig umgehende Süd-Nord-Handelswege gefunden, unter Nutzung der Warthe und ihrer Nebenflüsse sowie des Unterlaufes der Oder. Und auf diesen Wegen gelangten nun in Sonderheit die im Norden Mitteleuropas und in Skandinavien sehr gefragten Metallerze ohne jede Kontrolle durch das „Reich von Nebra" zu den bald ein beachtliches handwerkliches Niveau erlangenden dortigen Bronzeproduzenten und Waffenschmieden. Dieser Weg war sicherlich erheblich weiter als der geografisch mögliche direkte Pfad aus Nebra und somit gewiss auch spürbar kostenaufwendiger, doch die im Norden sehr starke Nachfrage und ein daraus sich für die Fernkaufleute ergebendes attraktives Preisniveau wogen vermutlich derartige Mühen gänzlich auf.

Die Bewohner von Nebra sollten den facettenreichen allmählichen Verfall der realen Macht ihres Reiches, die Konsequenzen der rückläufigen überregionalen Machtausstrahlung, sehr konkret dadurch zu spüren bekommen, dass die insbesondere aus ihren nördlichen Nachbarregionen drohenden „Erkundungsritte" – nunmehr mit bronzenem Gerät bewaffneter Plünderer und Räuber – sich zusehends zu häufen begannen.

Ungeschützter Wohlstand hat auch schon in früher Zeit stets Begehrlichkeiten ausgelöst.

Als entscheidend für den ziemlich schnellen und – alles in allem – „geräuscharmen" Untergang des einst blühenden „Reiches von Nebra" sieht die aktuelle akademische Welt eine zu einem bestimmten Zeitpunkt dieses Niederganges einsetzende Zerrüttung der über Jahrhunderte stabilen Vertrauensbeziehung zwischen dem Volk und seiner politisch–spirituellen Führung an. Sicherlich – der damalige klimatische Witterungsumschwung, der allmählich unstrittige Rückgang aller landwirtschaftlichen Erträge, dürften dereinst die ersten allgemeinen Zweifel an der Gottähnlichkeit seiner obersten Chefs ausgelöst haben, was dann vermutlich neue Nahrung erhielt, als der Führungskaste gravierende funktionale Fehler unterliefen. Ständig laufendes demografisches Infiltrationsgeschehen hatte es mit sich gebracht, dass gelegentlich der eine oder andere Führer einer Immigrantengruppe seine Aufnahme in den Spitzenrängen der Gesellschaft erfahren hatte, wo er indessen – in Folge einer dereinst sehr andersartigen persönlichen Sozialisierung – nicht nur oft als „sehr vulgär“ aufgefallen sein dürfte, sondern vermutlich der von ihm erwarteten aktiven Teilhabe an staatstragenden zeremoniellen Prozeduren meistens kaum voll entsprechen konnte.

Es sei nochmals betont – das Reich von Nebra ist immer absolut schriftfrei geblieben, was dem elitären Charakter seines prägenden Herrschaftszeremoniells gewiss sehr entgegengekommen ist – waren doch somit die diversen Zaubersprüche, Formeln, heiligen Redewendungen usw. über Jahrhunderte absolut geheim zu halten gewesen. Und dem früh auserwählten Führungsnachwuchs, durchweg bestimmten Söhnen von Männern der Führungsspitze, wurden – mit einiger Sicherheit – diese speziellen Anteile des Führungswissens sehr bald von berufenen speziellen Erziehern durch ständiges verbales Memorieren eingebläut.

Doch war von einem in die gesellschaftliche Spitze Gelangten diese besondere „Kenntnis-Vermittlungskette“ in seiner frühen Jugend nicht absolviert worden – und bei Immigranten musste damit, logischerweise, immer gerechnet werden – drohte bei zeremoniellen Vorgängen schnell eine illusionsschädigende Unordnung einzukehren. Was letztlich wohl auch allgemein auffiel und manche unangenehme Frage zur Folge gehabt haben dürfte.

Derartiges Manko war von den betreffenden Versagern kaum schnell zu korrigieren – denn die heiligen Texte und heiligen Formeln konnten nirgends unverzüglich nachgelesen werden.

Charakteristisch für eine schließlich auch in gesellschaftlichen Spitzen entstandene Atmosphäre zunehmender existenzieller Unsicherheit war der nunmehr wieder häufigere Rückgriff auf das längere Zeit unterlassene zeremonielle Menschenopfer. Unter den Gegebenheiten eines zunehmenden Verlustes des Glaubens an die Gottähnlichkeit der Personen an der Spitze des „Reiches von Nebra“ verloren auch solche zeremoniellen Morde mehr und mehr die erhoffte tiefenpsychologische, insbesondere ihre im Sinne der herrschenden Ideologie wirkende mentale Impressionskraft, ihre düstere Magie stimulierte dagegen jetzt eher das Bedürfnis zum anschließenden Rachemord an zu Verbrechern gewordenen vorgeblichen Schutzpatronen.

Das Bild zunehmenden Herrschaftsversagens hatte zudem verschiedene weitere, im Einzelnen sicher nachrangige, doch im Kontext mit anderen Erscheinungen nicht völlig nebensächliche Facetten.

Beispielsweise war im Zusammenhang mit „Produktionseffizienz" aufgekommenes serielles, fast schon industriemäßiges Herstellen sakraler metallener Gegenstände für die Wahrung ihres „Heiligkeitsnimbus" sehr abträglich.

Was sollte man vor der „Einmaligkeit" eines Taufbeckens halten, wenn man bei dem nächsten Festbesuch an anderem Ort ein gleiches zweites erkennen konnte und wenig später, an einem dritten Ort, gar ein gleiches drittes sehen musste? Ein emotional fest verankerter, in tiefster Seelentiefe eingebetteter Überzeugungsglaube wird niemals in Folge eines einzigen Erlebnisses, auch kaum jemals in Folge einer überschaubaren Anzahl verschiedener Geschehnisse mit schweren psychischen Belastungen und schmerzlichen Traumen seinen Nimbus völlig einbüßen.

Nun – dem beharrlichen Tropfen harten Wassers kann bekanntlich auch der härteste Stein sicherlich auf Dauer kaum widerstehen – auch wenn er oft erstaunlich lange solchen lästigen Schlägen trotzt.

Doch wenn das beharrliche Tropfen immer stärker wurde und über Jahre, Jahrzehnte, gar Jahrhunderte sich zu steigern vermochte, waren die „Stunden des betropften Steines" – in der Perspektive menschlicher Zeitgebundenheit – dann doch eines Tages unweigerlich gezählt.

Es war schließlich ihre in der Gesamtheit gewandelte Lebenswirklichkeit, es waren die durch den historischen Prozess veränderten inneren und äußeren Gegebenheiten verschiedener Art, wodurch die Gemeinschaft der im „Reich von Nebra" Lebenden eine schließlich derart massive innere Aushöhlung erfuhr, dass ihr Glaube an die Gottähnlichkeit ihrer obersten Herren zusammenbrach und damit ihre staatstragende, jahrhundertelang geübte straffe Disziplin und Ordnung.

Und so geschah es, dass auch dieses Volk, seine Fesseln brechend, sich dem unter dem Narrativ der „Freiheit" bildenden großen Strom des Keltentums anschloss und in ihm aufging und damit als eine eigenständige historische Entität endgültig verschwand.

Die Fragwürdigkeit eines überhöhten Freiheitsbegriffs sollte sich erst viel später offenbaren.

INDOEUROPÄISCHES BEMÜHEN IN ÖSTLICHE, SÜDÖSTLICHE UND SÜDLICHE RICHTUNGEN

Nach der vorstehenden Skizzierung der indoeuropäischen Infiltration Europas und der Bewegungen einstiger pontischer Steppennomaden und Halbnomaden in westliche Richtung seien nachfolgend – in Kürze – die Bemühungen dieser Osteuropäer in andere Himmelsrichtungen angesprochen.

Auch wenn das Streben jener Stämme in die Ferne sich vorzugsweise auf das westlich von ihnen gelegene europäische Kernland richtete, waren insbesondere ihre Bemühungen in Richtung Südosten, in das südlich des gewaltigen Himalaja-Gebirgsmassivs gelegene indische Terrain keineswegs völlig nachrangig.

Es ist hier nicht der Platz, auf alle außereuropäischen Siedlungsansätze pontischer Steppenreiter und ihr Schicksal einzugehen. Das für alles spätere Entwicklungsgeschehen des indischen Subkontinents – bis heutzutage – bedeutsame einstige Infiltrieren des indischen Nordens bedarf indessen einer angemessenen Erläuterung.

Exemplarisch für verschiedene Vorstöße in die Weiten des westasiatischen Raumes sei jedoch zunächst der in grauer Vorzeit am weitesten in die östliche Richtung gelangte Zug von Nachkommen pontischer Reiter in einer sehr kurz gehaltenen Betrachtung vorgestellt.

Wesentliches Motiv für dieses sehr gewagte Experiment scheint gewesen zu sein, in direkten Kontakt zu den Produzenten im westlicheren Raum gefragter exotischer Produkte mongolilischer oder chinesischer Herkunft zu gelangen.

Später fanden die bereits damals entstehenden Handelswege aus Ostasien in Richtung Europa die Bezeichnung „Seidenstraße".

Dank moderner genetischer Analytik gilt inzwischen als absolut gesichert, dass es dereinst tatsächlich für längere Zeit indoeuropäische Siedlungen im heute uigurischen Tarim-Becken gegeben hat, jetzt zum äußersten Nordwesten des chinesischen Staatsgebietes gehörig.

Dieses Tarim-Becken ist eine der kargsten und niederschlagsärmsten Landschaften unserer Erde, etwa 1.200 Kilometer lang und 600 Kilometer breit. In seinem Zentrum liegt die extrem trockene Taklamakan–

Wüste. Die regelmäßig über längere Zeit herrschende fast totale Niederschlagsfreiheit erklärt sich durch Gipfelhöhen bis über 7.000 Meter auszeichnende Gebirgsketten in seinem Norden, Westen und Süden – den Tienschan im Norden, den Pamir im Westen und durch nördliche Randgebirge der tibetanischen Hochebene in seinem Süden. Lediglich sein östlicher Auslauf in den zu China gehörigen Teil der Wüste Gobi ist erheblich passierfreundlicher, geprägt durch einige Hügelketten.

In frühhistorischen, selbst auch noch in neueren Zeiten vollzogen sich die Tarim-Passagen mutiger Karawanen zumeist längs des nördlichen Beckenrandes, also südlich des Tienschan. Auf der anderen Seite dieses Gebirges liegt eine relativ fruchtbare Gegend, heutiges Hauptgebiet der überwiegend turkstämmigen und islamischen Uiguren, mit Urumschi, ihrer Millionenmetropole. Zwischen ihm und dem Tarim-Becken gibt es einige hinlänglich begehbare Gebirgs-Passagen.

Auf seiner Westseite ist das Becken am ehesten an dessen südlicher Ecke zu verlassen. Über Pamir-Pässe gelangt man von dort relativ bald in das lang gestreckte, fruchtbare usbekisch-tadschikische Fergana-Tal, von welchem sich dann die Wege in das nördliche Afghanistan und in den nördlichen Iran eröffnen.

Bemerkenswert ist der Tarim-Fluss, ein im nördlichen Drittel des Beckens von West nach Ost fließendes Gewässer ohne Abfluss, am nordöstlichen Ende des Tales versickernd, mit jahreszeitlich extrem variierender Wasserführung – analog zum nachwinterlichen Schmelzwasserabfluss aus dem Tienschan und dem nördlichen Pamir.

Erdgeschichtlich hat es in größeren Abständen immer wieder – für einige Jahrhunderte – günstigere Feuchtigkeitsverhältnisse durch gelegentlichen leichten, oder auch mittleren Regen im Tarim-Becken gegeben, wodurch dann im Verlauf der letzten Jahrtausende zumeist ein kurzzeitiges Aufleben von Weidewirtschaft ausgelöst wurde.

Auch heute gibt es vermutlich noch Reste von landwirtschaftlicher Oasenwirtschaft an den Ufern des Tarim-Flusses, die indessen neuerlich wohl stark vom aktuellen Klimawandel in Mitleidenschaft gezogen wird.

Ein in der Entdeckerliteratur vor dem Ersten Weltkrieg gelegentlich zitiertes spezielles Biotop, der Lop-Nor-See, einstmals gelegen in der Nordost-Ecke des Beckens, gilt seit den 1920er-Jahren als total ausgetrocknet. In kürzlicher Vergangenheit diente sein Terrain als Experimentierfeld der chinesischen Atomwaffenproduktion.

Neueste wissenschaftliche Erkundungsexpeditionen von chinesischer Seite sollen angeblich große Erdgas- und Erdöl-Vorkommen im Tarim-Becken entdeckt haben, insbesondere im mittleren Abschnitt der Taklamakan-Wüste.

In dieser, sicherlich auch vor etwa 5.000 Jahren nicht sonderlich angenehmen Wohngegend ließen sich zu jener Zeit Abkömmlinge südosteuropäischer Steppenbewohner nieder, mindestens 1.000 Kilometer von allen anderen Vorposten des indoeuropäischen Entdeckerdranges entfernt. Es waren Menschen mit einem vergleichsweise weit entwickelten allgemeinen Kenntnisstand. Denn in ihren Hinterlassenschaften an der Nordostecke des Tarim-Beckens sind auch bronzene Geräte gefunden worden – aus einer Zeit, zu welcher derartige Metalllegierungen in China noch völlig unbekannt waren.

Nicht bei allen Mumien aus dem Tarim-Becken erlauben ihre Hinterlassenschaften exakte zeitliche Zuordnungen.

In der von Harald Haarmann verfassten Monografie „Auf den Spuren der Indoeuropäer" finden sich hierzu und zu Fragen der Herkunft jener Menschen die folgenden Textpassagen.

„Mehr als 100 Mumien hat man dort inzwischen ausgegraben. Die ‚ältesten' – d.h., die ältesten der zeitlich exakt datierbaren Mumien – datieren in die Zeit um 2.000 v. Chr.; vermutlich sind aber auch noch ältere unter ihnen."

„Die individualisierten Merkmale einiger von ihnen – insbesondere der außerordentlich gut erhaltenen – sind so eindrucksvoll, dass die Forscher ihnen individuelle Namen gegeben haben. Einige männliche Mumien heben sich durch Gesichtsbemalungen mit abstrakten Motiven ab. Dieses trifft, z. B., auf den Cherchen-Mann zu, zu dessen Körpermerkmalen außerdem ein mittelbraunes Haar, ein kurzer Kinnbart und ein Schnurrbart gehörten."

„Als die berühmteste weibliche Mumie gilt die ‚Schöne von Lovlan' mit ihrem kunstvoll geflochtenen schulterlangen Haar. Ihre Gesichtszüge lassen noch im Tod ein ruhiges Lächeln erkennen."

„Die materielle Hinterlassenschaft der ‚Leute von Ürümchi' beruht nicht auf einem bestimmten regionalen Kulturkomplex der Steppennomaden. Vielmehr findet man Parallelen zu verschiedenen Regionalkulturen Europas, so etwa zu den Textilmustern der frühen Kelten, während andere Eigenschaften manche Anklänge an frühgermanische Traditionen erkennen lassen.

So unterschiedlich die Ergebnisse der Kulturvergleiche auch sein mögen – sie alle weisen auf Affinitäten mit dem Westen hin."

Einige Gräber aus jener Zeit mit europäischen Kulturmerkmalen sind auch am Südrand des Tarim-Beckens entdeckt worden, im Piemont der nordtibetanischen Gebirgsketten, mit einer dank extremer Trockenheit dortiger Landschaft erstaunlich gut erhaltener Körperlichkeit der Leichen.

In gewisser Analogie zur frühen Donauzivilisation hat sich im Zuge der einstigen menschlichen Sesshaftwerdung auch in der Nordwestecke des indischen Subkontinentes, am Unterlauf des Indus, eine bemerkenswerte frühe autochthone Zivilisation entwickelt.

Dabei wurde der Indus sowohl als Wasserreservoir als auch als Fischereirevier und Transportader genutzt.

Insbesondere hinsichtlich der Nutzung von Wasserstraßen aller Art waren jene Menschen schon zu sehr frühen Zeiten bemerkenswert aktiv, unterhielten durch küstennahen Seeverkehr – über den weiten Weg längs der iranischen Südküste – auch schon einen ständigen Güterverkehr mit den frühen Kulturen Mesopotamiens; wie bereits andernorts angemerkt.

Bei der frühen Induskultur handelte es sich um eine bereits stark arbeitsteilige, aber nur sehr mäßig hierarchisierte Gesellschaft.

Von der modernen Archäologie ist dort eine erhebliche Anzahl einstiger dorfähnlicher Siedlungen unterschiedlicher Größe festgestellt worden, vorzugsweise bestehend aus relativ lockeren Verbänden einzelner bäuerlicher Kleinbetriebe, durchmischt von einer bunten Vielfalt sehr unterschiedlicher handwerklicher Werkstätten.

Hinterlassenschaften von Baulichkeiten, denen man zentrale Leitungs-, gar Herrschaftsfunktionen hätte zuordnen können, sind hingegen kaum gefunden worden. Das alles weist auf eine – ungeachtet ihres beachtlichen materiell-produktiven und kulturellen Niveaus – in relativ egalistischen gesellschaftlichen Strukturen verbliebene Gesellschaft hin, mit einer vermutlich gewalt- und konfliktarmen Lebensweise. Der offensichtlich erhebliche Anteil handwerklicher Produktion am materiellen gesellschaftlichen Gesamtprodukt ist ein wichtiges Indiz erheblicher Surplus-Produktion, somit – in Anbetracht von fortbestehendem allgemeinen Egalismus – eines allgemeinen materiellen Wohlstandes.

In sinnhafter Übereinstimmung hiermit stehen Niveau und Charakter der damaligen dortigen landwirtschaftlichen Produktion.

In Nähe des Indus und seiner Nebenflüsse hatte man weite Landflächen mit kunstvoll betriebenen Bewässerungskanälen versehen, was angesichts der subtropischen warmen Witterung mit einiger Gewissheit ständig außergewöhnlich hohe Ernteerträge sicherte.

Allerdings ist auch die alte Indus-Zivilisation in der gesamten Zeit ihres Bestandes schriftfrei geblieben, und auch eine Domestikation des Pferdes ist durch sie nicht geschehen. Vermutlich hatte man weder für die Schrift, noch für eine Pferdezähmung irgendein drängendes Erfordernis gesehen.

Harald Haarmann hat sich prägnant zu den vorstehend angerissenen Fragestellungen wie folgt geäußert.

„Die Einführung domestizierter Nutzpflanzen in dieses Gebiet datiert – nach Parzinger – in das 4. Jahrtausend v. Chr. Hierzu gehörten Weizen, Gerste, Linsen, Erbsen, auch Flachs.

Und als dort im 3. Jahrtausend v. Chr. die urbanen Zentren der Induszivilisation – Harappa und Mohenjo-Daro – aufblühten, waren Gartenkultur und Ackerbau im Nordwesten Indiens bereits allgemein verbreitet (nach Fuller)."

„Der Zusammenhalt der Siedlungen in dieser Hochkultur hing von den Verkehrsverbindungen über die großen Wasserstraßen ab, vom Indus und seinen größeren Nebenflüssen. Neben den beiden Zentren Harappa und Mohenjo-Daro waren etwa 50 weitere größere Siedlungen direkt am Indus angelegt, eine noch größere Zahl von ihnen im Tal des Sarasvati, eines einst respektablen Nebenflusses des Indus.

Harappa und Mohenjo-Daro ragten mit einer Einwohnerzahl zwischen 30.000 und 40.000 Menschen und einem eher frühstädtischen Charakter sehr deutlich aus einer solchen Vielzahl dörflich gestalteter Ansiedlungen samt landwirtschaftlicher Bewässerungssysteme heraus."

„Alle diese Siedlungen waren offensichtlich in ein dichtes Netzwerk innerer Handelsbeziehungen integriert, mit einer absoluten Nordost-Südwest-Ausdehnung von über 1.000 Kilometern. Nicht nur die beiden Metropolen dieser alten Zivilisation, sondern auch die größeren der vielen Siedlungen waren vorzugsweise durch Handwerk und Handel geprägt. Mit solchen Prägungen wies die alte Indus-Zivilisation beträchtliche Ähnlichkeit mit der alten Donau-Zivilisation in Südosteuropa auf, die ebenfalls ohne erkennbaren staatlichen Überbau längere Zeit funktionierte."

In den Jahrhunderten des Überganges vom Neolithikum zur Kupfer– und Bronzezeit hat es dann jedoch erhebliche klimatische Veränderungen mit einer Abfolge klimatisch ausgelöster Katastrophen im nordindischen Raum gegeben.

Wiederholte kürzere feuchtkühle Witterungsphasen mit extremen Niederschlägen und viel sturmartigem Wind hatten immer wieder weiträumige Zerstörungen verursacht, zu durchgängigen Überschwemmungen der kunstvoll gepflegten Ackerflächen geführt und massive Versandungen in den Mündungsbereichen des Indus bewirkt. Der Haupthafen des frühen indischen Seeverkehrs, Mohenjo-Daro, wurde dadurch zunehmend unbrauchbar.

Zwischen diesen Phasen extremer Feuchte gab es zumeist längere Perioden extremer Dürre mit gleicherweise nur noch rudimentären Erträgen auf den nunmehr sehr trockenen Feldern, denen das dringend benötigte Wasser aus den Bewässerungskanälen jetzt fehlte.

Und als im Zusammenhang mit einer sich über Jahrzehnte hinziehenden massiven Dürre der Sarasvati total trockenfiel, drohte zeitweise sogar der gesamten Indus-Zivilisation ihr baldiger Untergang.

Letzten Endes überforderte dieses Geschehen die Kompensationsmöglichkeiten der frühen Indus-Zivilisation, es gab nachhaltige Nahrungsmittelverknappungen und – in deren Folge – in der ansonsten sehr friedlichen Indus-Gesellschaft zunehmend gewaltsame „Reibereien“, vor allem zwischen Bauern von benachbarten Dorfkomplexen.

Zu selbiger Zeit – um 1.700 v. Chr.– tauchten in der Region verschiedene kleinere Reiterverbände auf, aufgebrochen in nördlicheren und seit Langem stets relativ trocken gewesenen Gebieten. Es handelte sich um zu kriegerischem Tun sehr bereite Abkömmlinge pontischer Steppenhirten des südöstlichen Europas.

Und nun geschah etwas, was sich – in zeitgemäßer Variation – immer wieder erneut wiederholt hat. Die Führungen einzelner Dorfgemeinschaften der frühen Indus-Zivilisation meinten, durch ein Engagieren solcher offensichtlich kampferprobter berittener Bogenschützen ihre aktuellen Konflikte mit benachbarten Dorfgemeinschaften umgehend zu ihren Gunsten entscheiden und sodann die Bogenschützen – angemessen entlohnt – wieder verabschieden zu können.

Die nunmehr folgenden Geschehnisse haben dereinst ihren Eingang in „heilige Gesänge“ gefunden. Sie beschreiben, gefasst in heroischer Tonlage, folgenden Handlungsablauf.

Jeder der großgewachsenen und körperlich sehr kräftigen Krieger mit den pontischen Wurzeln nahm es – nach Aussage dieser Dokumente – problemlos mit etwa zehn zu Fuß, mit Speer oder Kampfkeule antretenden, körperlich kleinen einheimischen Bauernkriegern auf; solches vor allem dank schnellem Pferd und der sicheren Beherrschung von Pfeil und Bogen seitens der Hirtenkrieger.

Jedenfalls entledigten sie sich ihrer übernommenen Kampfespflichten angeblich mit einer derart außergewöhnlichen Geschwindigkeit, dass sie anschließend zur Überzeugung gelangten, zur Übernahme der Führung solcher schwacher bäuerlicher Kulturträger berufen zu sein.

Wenngleich in diesem „Heldengesang“ die Arroganz des historischen Siegers zu einseitiger Übertreibung geführt haben mag – unstrittiger Fakt ist, dass die als Kriegsknechte angeheuerten Reiter sich nach Erlangen der militärischen Oberhoheit über das Terrain der Induszivilisation keineswegs verabschieden ließen, sondern sich nun auch ihre „Arbeitgeber“ unterwarfen und fortan ihre Herrschaft immer weiter auszubauen verstanden, sodass ihre Nachkommen bis heute „Herren der indischen Szene“ geblieben sind. Sie nannten sich damals „Arier“.

Dieses vorstehend skizzierte Geschehen wies sicherlich manche Ähnlichkeiten mit der indoeuropäischen Infiltration Kerneuropas auf. Zu einem physischen Verschmelzen der alteigesessenen Bauern – den Invasoren in vielen entwicklungshistorischen Belangen überlegenen – mit Letzteren ist es indessen nicht gekommen. Stattdessen kam es zu einer sich bis in die Gegenwart auswirkenden Unterwerfung der in Indien damals bereits seit langem Ansässigen durch die Hirtenkrieger mit südosteuropäischen Wurzeln.

Möglicherweise waren die verschiedentlichen interpersonellen Differenzen zwischen Individuen der beiden unterschiedlichen Ethnien zu groß für eine ethnische Symbiose. Vermutlich betraf dies insbesondere auch das Fehlen von ausreichend tiefenpsychologisch verankerten „Schnittmengen".

Stattdessen entstand nunmehr recht schnell das bis zum heutigen Tag existente gesellschaftspolitische indische Kastensystem, wobei – neben der ethnischen Herkunft des einzelnen Menschen – die Hautfarbe bald ein entscheidendes Kriterium für seine Positionierung im neuen Kastensystem werden sollte.

Je dunkler die Haut eines Menschen war, desto gesellschaftlich niedriger war – und ist weitgehend bis heute – lebenslang seine Position in einem schicksalsbestimmenden, sehr starren, sehr speziellen gesellschaftlichen System. Und grundsätzlich ist später auch seine gesamte Nachkommenschaft an diese Kaste gebunden, bis heute.

Bezeichnenderweise waren dereinst die sprachlichen Bezeichnungen für „Farbe" und für „Kaste" absolut gleich.

Inzwischen hat sich dieses, uns außergewöhnlich fragwürdig erscheinende gesellschaftspolitische System in Indien seit über drei Jahrtausenden gehalten. Auch deshalb dürfte es lohnend sein, einen etwas tiefer gehenden Blick hierauf zu werfen.

Ungeachtet jeglicher ethischen Wertung bleibt zu konstatieren – das vor über 3.000 Jahren entwickelte Indische gesellschaftspolitische Kastensystem hat sich als geeignet erwiesen, eine zahlenmäßig starke Bevölkerung sehr lange in einer relativ stabilen gesellschaftlichen Verfasstheit zu halten.

Offensichtlich erbrachte es bisher den Führungskasten die Möglichkeit, durch routiniert geschickte Handhabung unvermeidbarer Dauerkonflikte zwischen den definierten Kasten und Gruppen besagte Konflikte zum ständigen Austarieren jedweder bedenklicher werdenden gesellschaftlichen Unwucht zu nutzen.

In Reinhard Schmoeckels Monografie „Die Indoeuropäer" finden wir eine präzise Beschreibung dieses Kastensystems, unter Bezug auf die „Heiligen Urtexte" der Arier, die „Veden".

„Die Priester, die Brahmanen, waren die angesehenste Kaste; sie galten als der „Mund des Menschen".

In steter Rivalität mit ihnen standen die Kschatryas, die Krieger. Auch jene arische Adelsfamilien, aus denen die Fürsten und Könige kamen, stammten aus dieser Kaste. Als dritte Kaste der „Freien" nennen die Veden die Vaischyas, die Handwerker, Händler und Bauern. In Kriegen stellte diese Kaste das Fußvolk. Eine merkwürdige Zwitterstellung nahm die vierte Kaste ein, die Schudras. Das waren Menschen, die man als „Hörige" bezeichnen kann. Sie waren zumeist entweder Angehörige der unterworfenen Vorbevölkerung oder solche Arier, die aus irgendwelchen Gründen eine Deklassierung erfahren hatten und gar in eine persönliche Abhängigkeit zu einem „echten Arier" gelangt waren. Schudras waren von gehobenen religiösen Zeremonien – mit Opferungen und Rezitationen heiliger vedischer Hymnen – ausgeschlossen, sie hatten eigene religiöse Bräuche.

Dennoch – auch die Angehörigen dieser vierten Kaste gehörten zu den sozialen Systemen arischer Fürstentümer und Königreiche. Ausgestoßene, Parias, waren dagegen außerhalb dieses Kastensystems stehende Menschen. Sie mussten die niedrigsten Berufe – z. B. Henker oder Fleischer – ausüben und durften ihr Wasser nicht aus den gleichen Brunnen schöpfen, aus denen das Wasser für die Angehörigen der vier nominellen Kasten entnommen wurde. Auch heute noch gibt es in Indien Millionen solcher „Unberührbaren".

Vor etwa 1.000 Jahren machte sich ein Teil dieser Menschen auf den Weg nach Europa, die Vorfahren der später als „Zigeuner" bekannt gewordenen Volksgruppe. Sie sprechen bis heut– zutage eine mit dem alten indischen „Sanskrit" verwandte Sprache."

Es gibt also im indischen Kastensystem zwei Herrscherkasten, Brahmanen und Krieger, die in wechselseitiger Konkurrenz und Abhängigkeit voneinander an der Spitze der Gesellschaft stehen. Dabei ist zu beachten, dass die Brahmanen dereinst nicht nur spirituelle und mentale Begleiter der Menschen waren, sondern auch „Heilen und Lehren“ ihnen unterstand.

Die dritte Kaste – die Kaste der Handwerker, Händler und Bauern – war den beiden obersten Kasten eindeutig nachgeordnet. Dennoch verkörperten sie – als in gewissem Sinne „mittlere konfessionelle Rangträger“ – eine bedeutsame Ebene im gesamten Kastensystem. Sie waren die breite zeitgemäße Mittelschicht, sehr deutlich abgehoben gegenüber den beiden gesellschaftlichen Unterschichtengruppen.

In diesem Punkt unterschied sich das indische Kastensystem deutlich von den im „Reich von Nebra“ gegen Ende seiner Existenz entstandenen gesellschaftlichen Verhältnissen, wo es nur das „Unten oder oben“ gab.

Die beiden gesellschaftlich untersten Volksgruppen waren – und sind – gegenüber den drei Hauptkasten sehr deutlich nachgeordnet, aber auch gegenseitig keineswegs gleichrangig.

Die Angehörigen der vierten, der „Quasi-Kaste“, waren – und sind – zumindest durch das System der Kasten erfasst, jeder von ihren hatte – und hat – gesellschaftlich ein weitaus größeres Gewicht als jeder Paria.

Gleichwohl erkannte man im Allgemeinen auch in diesen Parias einen unverzichtbaren Teil der frühen indischen Gesamtheit. Zugleich waren sie nachhaltige lebende Mahnmale hinsichtlich der bitteren Konsequenzen eines statuarischen gesellschaftlichen Abstieges.

Ein erheblicher Grund für die außergewöhnliche Langlebigkeit des indischen Kastensystems dürfte gewesen sein, dass Indien – von zwischenzeitlichen Phasen einer zentral gesteuerten Fremdherrschaft abgesehen – bis zu seiner durch England bestimmten kolonialen Periode kaum jemals durch eine eigene zentrale Macht regiert wurde. Dadurch waren die vielen herrschenden Maharadschas zumeist für das gesamte Volk ihres zumeist sehr überschaubaren Staates durchweg „persönlich erlebbare, zumeist auch gelegentlich sichtbare Herrscher“. Bei einer insgesamt positiven Grundeinstellung zu einer staatlichen Autoritätsperson trägt ihre

„konkrete und lebendige Bildhaftigkeit“ zumeist stark zur emotionalen Verfestigung einer solchen Grundeinstellung bei, was dann letztlich auch die langdauernde Stabilität des Gesamtsystems sehr konkret gestützt haben dürfte.

Führungstechnisch lief die relativ kleinteilige Herrschaft der indischen Maharadschas vermutlich vor allem auf ein ständiges Regulieren vielseitiger und konkurrierender Machtbalancen zwischen den einzelnen Mittelschicht-Kategorien hinaus. Diese verschiedenen Kategorien konnten dadurch offensichtlich zumeist in einer gewissen Hörigkeit gegenüber den maßgeblichen Persönlichkeiten der herrschenden Clique aus Brahmanen und „Kriegern“ gehalten werden, insbesondere in unterordnungsbereiter Ergebenheit gegenüber dem aktuellen Maharadscha an der Spitze des Staates.

Bemerkenswert ist das beachtliche theokratische ideologische Gebäude, durch welches die frühe indische Kastenherrschaft gestützt wurde.

Seine Grundlage waren – und sind – die Veden, ein 1.028 Verse umfassender Kanon. Sie sind ein gewaltiger Fundus „heiliger Gesänge“, deren subtil wortgetreues Zitat zu magischen Zwecken ein zentraler Teil des rituellen Wirkens eines Brahmanen ist.

Bei Haarmann findet sich hierzu der folgende Kommentar.

„Die Entstehung der Textkomposition lässt sich in die Zeit zwischen 1.700 und 1.100 v. Chr. datieren. Länger als ein Jahrtausend wurden die Verse ausschließlich memoriert, bevor sie dann zwischen dem 4. und 6. Jahrhundert nach Christi Geburt schriftlich aufgezeichnet wurden. Die Sprache dieser schriftlichen Fassungen ist das auch heute noch als eine interne Brahmanen-Sprache gebrauchte Sanskrit. Die Texte der Veden sind in 10 Büchern – „Mandalas“ – fixiert. Sie sind zu unterschiedlichen Zeiten entstanden, wurden erst im Prozess ihrer Tradierung von Generation zu Generation zusammengefügt. Bei den „Mandalas“ mit den Nummern 2 bis 7 handelt um Bücher mit ältesten Texten, bei den „Mandalas“ mit den Nummern 1 und 10 um die beiden mit den jüngsten. Dabei gibt es eine präzise Zuordnung der einzelnen Texte für ein Zitieren zu unterschiedlichen Opferritualen. Ähnlich den in der Bibel fixierten Weissagungen der christlichen Propheten werden die vedischen Hymnen 7 „großen Weisen“ zugeschrieben, die dereinst ihre Texte dank „göttlicher Inspiration“ konzipierten.

Der Heldengott Indra, sodann der durch das Opferfeuer symbolisierte Agni, und der Mondgott Soma – welche Bezeichnung dereinst auch das bei Opferritualen verabreichte halluzinogene Getränk besaß – bilden die Führungsgruppe der in den vedischen Hymnen angerufenen Gottheiten. Indra ist Heros, Dämonentöter und Weltretter in einem. Auch die „heiligen Kühe“ sind mit Indra verbunden. Es handelt sich dabei um „Wolkenkühe“, die Indra vor dem Drachen Ahi rettet, dem Dämonen der Dürre. Ahi verschluckte alles Wasser, weshalb das Vieh verdurstete.

Fast ein Viertel aller Hymnen sind an Indra gerichtet, sie spiegeln die kriegerische Natur der aus dem Norden gekommenen Nomaden wider. Indra wird dabei nachdrücklich als heroischer Gott gepriesen, der nicht nur Drachen tötet, sondern auch seinen fast ebenbürtigen Feind Vita erschlägt. Später ging Indra auch in den hinduistischen Pantheon ein, wurde dort zu Svarja „umfunktioniert“, zum Gott des Paradieses (Coleman).“

Im Grundsätzlichen waren die Veden vor allem das Rüstzeug der Brahmanen für ihr spirituelles Wirken. Aber auch dem „gemeine Hausvater“ aller anderen in das Kastensystem direkt eingebundenen Schichten war seine Beteiligung an den auf den „Heiligen Büchern“ fußenden Bemühungen um gesellschaftliche Stabilität zugewiesen, sei es im Zusammenhang mit besonderen Ereignissen im Familienkreis, mit Zäsuren im individuellen Leben von Angehörigen der Familie, mit sich ergebenden Entscheidungssituationen usw. Ein relativ kleiner, quasi „alltagstauglicher Komplex“ des großen Veden-Inventars ist deshalb einst der Handhabung insbesondere dieser Persönlichkeiten überantwortet gewesen.

Bei den Opfergaben der frühen indischen Kastengesellschaft handelte es sich vorzugsweise um solche Tiere, die in der vorherigen Indus-Zivilisation nicht verbreitet waren, um Schafe, Ziegen und Pferde, also um Tiere aus den Beständen der zu Herren der Szene avancierten indoeuropäischen Viehnomaden.

Von zu opfernden Agrarprodukten ist in den Veden noch nirgends die Rede (Anthony).

Für die zeitweise sehr nachrangig gewordene gesellschaftliche Position des Ackerbaus spricht auch, dass im heutigen, vor allem aus einstigem indoeuropischen Sprachgut hervorgegangenen Hindi-Vokabular insbesondere alle Wörter mit Bezug auf diesen landwirtschaftlichen Produktionszweig sich als aus vorindoeuropäischen Sprachquellen entlehnt erwiesen haben, deren Träger dereinst die für sie kritische Phase zu überdauern vermochten, was zudem – im Zusammenhang mit dem neu entstandenen, ethnisch streng separierenden Kastensystem – darauf schließen lässt, dass sich dereinst tatsächlich wohl kaum geschichtsbestimmende Geschehnisse einer physischen Symbiose zwischen den Alteingesessenen der Induszivilisation und den Invasoren aus dem Norden ereignet haben, im Verlauf der Jahrhunderte sich aber dann dennoch später zumindest eine gewisse Kultursymbiose zwischen den beiden sehr unterschiedlichen Volksgruppen des indischen Raumes vollzog.

Nachdem die Folgegenerationen der pontischen Steppenreiter, die „Arier", unter größtmöglicher Schonung von deren innerer Substanz die gesamte alte Indus-Zivilisation unterworfen hatten, dabei die wichtigsten Grundlagen des vorstehend kurz beschriebenen gesellschaftlichen Kastensystems geschaffen und schließlich das Ganze zu einem staatsähnlichen Gebilde geformt hatten, setzten sie ihr Eroberungswerk fort – stromaufwärts, längs des Indusflusses.

Dabei wurde nicht das zum Fürstentum erhobene Gebiet der alten Induszivilisation durch Okkupation der neuerlich unter die Gewalt der „Arier" gebrachten Territorien ständig erweitert, sondern während der nächsten 500 Jahre – in der Zeit zwischen 1.500 und 1.000 v. Chr. – entstanden nun fortlaufend neue Fürstentümer, zeitweise fast im „Generationentakt".

Im Gegensatz zu der eher flutartigen, eher diffusen und dem Narrativ einer „absoluten Freiheit" verpflichteten Ausbreitung des Keltentums in Europa behielten die indoeuropäischen Eroberer Indiens ihre strenge hierarchische innere Disziplin aus pontischen Zeiten bei und bauten hierauf das in seiner apodiktischen Strenge historisch neue Kastensystem auf, bei ständiger „Unterdifferenzierung" desselben.

Statt unsystematischen Flutens vollzog sich damals im Norden Indiens ein „metastasienartiges Okkupieren" durch eine von außen kommende

Herrscherschicht, mit Etablieren einer Vielzahl überschaubarer Herrschaftsbereiche mit gleichartigem straffen Ordnungssystem.

Nach Erfassung des gesamten Indusgebietes setzte sich solches Geschehen – im Verlauf der nächsten 500 Jahre, bis etwa 500 v. Chr. – ostwärts weiter fort, nunmehr längs des Gangesflusses und stromabwärts.

Im Verlauf von etwa 1.000 Jahren ist damals der gesamte Norden Indiens in ein brahmanisch geprägtes, von Kriegsfürsten beherrschtes großes Gebiet mit einer Vielzahl sich als selbstständig verstehender, meist eher kleiner staatenähnlicher „arischer" Herrschaftsbereiche verwandelt worden.

Moderate „genetische Durchmischungsgeschehnisse" ließ man auch während des gesamten Verlaufes dieses Jahrtausends bei den beiden obersten Kasten fast niemals zu, allenfalls, aus gelegentlichen politischen Opportunitätsgründen, in den breiten Mittelschichten der dritten Kaste, der „Vaischya-Kaste".

Eine gegen alle Normierung durchgesetzte individuelle partnerschaftliche Verbindung von Angehörigen verschiedener Kasten hatte prinzipiell die Verstoßung des Kasten-Höheren aus seiner Kaste zur Folge. Sie war auch für Nachkommen aus solchen Verbindungen irreversibel.

Nach gelungener „arischer" Unterwerfung des gesamten indischen Nordens drang man schrittweise in die Mitte Indiens ein.

Schließlich ist auf diese Weise etwa die Hälfte des gesamten indischen Subkontinentes unter die Oberhoheit von Abkömmlingen einstiger Invasoren aus dem Osten Europas gelangt.

Zu „allerletzt" setzte sich dann das von ihnen entwickelte System gesellschaftlicher Verfasstheit, das rigide „Kastensystem als solches", mehrheitlich selbst in jenem tropisch heißen südlichen Rest Indiens durch, auf welchen die immer noch recht hellhäutig gebliebenen „arischen" Herren mit nördlichen Wurzeln offensichtlich kaum Anspruch erhoben hatten. Was eine organisationshistorische angemessene Wertung verdient, ungeachtet aller Ethik.

Exemplarisch für die Ergebnisse der diversen Vorstöße südosteuropäischer Hirtenkrieger in südliche Richtungen, auf heute dem iranischen oder dem türkischen Staat zugehörige Gebiete, sollen an dieser Stelle die

Leistungen des dereinst auf nunmehr türkischem Territorium zu zeitweiser beachtlicher Mächtigkeit gelangten hethitischen Volkes in einer kurzgehaltenen Skizze betrachtet werden.

Das Hethiter-Reich war länger als ein halbes Jahrtausend – von etwa 1.800 v. Chr. bis etwa 1.200 v. Chr. – einer der beachtlichsten Staaten unserer Erde.

Die Hethiter waren – zunächst einen anderen Namen tragende – ursprüngliche Indoeuropäer, die um das Jahr 2.000 v. Chr. aus ihrer Ur-Heimat im Mündungsbereich der Wolga aufbrachen, um in einem langen Zug entlang des Kaspischen Westufers in südliche Richtung zu marschieren. Nach Erreichen der Vorgebirge des Kaukasus schwenkten sie in eine westliche Richtung, zogen am Nordrand dieses Gebirges bis zum Schwarzen Meer und schließlich dann wieder gen Süden, bis in die heutige Türkei, wo sie sich die dort seit langem siedelnden Hattier unterwarfen. Deren Stammesnamen übernahmen sie, leicht abgewandelt, um als Hethiter in die Weltgeschichte einzugehen.

Die bekannten kriegerischen Qualitäten der einstigen Steppenreiter, insbesondere ihre Perfektion im Umgang mit Pfeil und Bogen auf dem Rücken zäher flinker Pferde, ließen sie damals nicht nur im einstigen „fruchtbaren Halbmond“ stabil Fuß fassen, sondern nach den Hattiern vermochten sie schnell auch verschiedene andere dort lebende kleinere Völkerschaften unter ihre Botmäßigkeit zu bringen.

Jedenfalls beherrschten sie etwa 100 Jahre nach ihrem Einmarsch in Kleinasien ein fast die gesamte heutige östliche Türkei und die Nordostecke des heutigen Syriens umfassendes Territorium, in Süd-Nord- und West-Ost-Ausdehnungen von jeweils über 600 Kilometern.

Dies war offensichtlich eine vergleichsweise tolerante Herrschaft, mit einem sich von den diesbezüglichen Gepflogenheiten jener Zeit erheblich unterscheidenden Herrschaftsstil. Sie tolerierten die von ihrer eigenen Sprache sehr verschiedenen Sprachen der unterworfenen Völker, nahmen in der Regel deren Hauptgötter in den Pantheon ihrer eigenen Gottheiten auf. Auch an den lokalen Herrschaftsstrukturen änderten sie wenig und beließen die unterworfenen Fürsten und deren Machtstrukturen kaum verändert.

In einem bestimmten Punkt waren sie allerdings unnachgiebig – die militärischen Potenziale der Unterworfenen unterstanden hinfort dem Oberkommando der obersten hethitischen Heerführer. Widerständiges Verhalten in dieser Sache hatte strengste Strafen zur Folge, insbesondere den Vollzug der sonst kaum praktizierten Todesstrafe.

Bemerkenswert ist die historisch bereits sehr früh erfolgte Übernahme der sumerischen Keilschrift im gesamten Hethiter-Reich, womit das bislang ausschließlich verbale Kommunizieren eine für die Präzision von Administration und Verwaltung eminent wichtige Ergänzung erfuhr.

Auch das Rechtswesen des ganzen Reiches erhielt dann bald eine präzise Vereinheitlichung, basierend auf in ausreichender „Auflagenhöhe" produzierten Tontafeln, welche die einzelnen, nunmehr in hethitischer Keilschrift fixierten und im gesamten Reich gültigen Paragrafen enthielten.

Reinhard Schmoeckel hat dazu Folgendes geschrieben.

„Unter König Telepino – etwa 1525 bis 1500 v. Chr. – wurde das hethitische Straf- und Zivilrecht kodifiziert, d.h., gesammelt und auf den neuesten Stand gebracht. Vor ihm hatte das in Babylonien der berühmte König Hammurabi getan. Aber im Unterschied zu dem grausamen Recht Hammurabis, wo auf einfachen Diebstahl schon die Todesstrafe stand, erscheint uns das hethitische Recht weitaus menschlicher.

Hier kam es darauf an, den Missetäter zu angemessenem Schadensersatz zu zwingen, dem Geschädigten und dessen Familie jegliche Gedanken an eine Privatrache zu nehmen.

Ein Brandstifter, z.B., wurde zum Wiederaufbau des von ihm durch Brandstiftung absichtlich zerstörten Hauses verurteilt, bei Androhung wesentlich härterer Bestrafung im Falle einer Verweigerung dieser Leistung."

Für die Dauer eines halben Jahrtausends war das Hethiter-Reich ein stabiles und prosperierendes Gemeinwesen. Doch im Verlauf der zweiten Hälfte des vorletzten Jahrtausends vor Christi Geburt erfuhr die gesamte mediterane Zone – einschließlich Kleinasiens – eine erhebliche klimatische Umstellung. Und in Folge dieser klimatischen Umstellung trat dort nun überall eine deutliche Verknappung hinsichtlich der für die Ernährung der Menschen erforderlichen Lebensmittel ein, wodurch das Vertrauen der Bevölkerung in spirituelle Kraft und Führungsqualitäten ihrer Obrigkeiten eine zunehmende und schließlich dauerhafte Erosion erfuhr und Not und Zukunftsungewissheit eine allgemeine Labilisierung der gesellschaftlichen Verhältnisse erbrachten, Auflehnungen und Räubereien um sich griffen.

Das Reich der Hethiter scheint längere Zeit ein „Fels in aufgewühltem Meere" gewesen zu sein. Was sich nicht nur in seiner näheren, sondern auch in seiner weiteren Umgebung herumsprach, sodann – nachweislich – vielerorts zunehmende Begehrlichkeiten auslöste.

Seine Randgebiete wurden nun immer stärker durch verschiedenartige Räuberbanden heimgesucht, auch durch zu jener Zeit bis nach Kleinasien vorgedrungene „Gallier", d.h., auch durch Angehörige bestimmter keltischer Stämme mit indoeuropäischen Wurzeln.

Als sich aber auch diverse kleine Königreiche und Fürstentümer an solchen Aktionen zu beteiligen begannen, es gar auf sicherlich noch überschaubare, dennoch zunehmend kriegsähnliche Entwicklungen gegen das große Hethiter-Reich ankommen ließen, wuchs sich die Gesamtsituation allmählich dort zu einer bedrohlichen Staatskrise für das Reich der Hethiter aus. Zumal inzwischen im kleinasiatischen Raum, wie im gesamten vorderen Orient, auch Krieger verschiedener anderer Völker mit der Kriegstauglichkeit domestizierter Pferde ausreichende Erfahrungen gesammelt hatten, um den Nachkommen der einstigen Steppenhirten erfolgreich entgegentreten zu können, und bronzene Schwerter mittlerweile in dieser Gegend an recht vielen Orten in beachtlicher Qualität hergestellt werden konnten.

Jedenfalls erwies sich das zwar ordentlich bewaffnete und auch gut trainierte „Vielvölker-Heer" der Hethiter jetzt dennoch zunehmend weniger seinen Aufgaben einer erfolgreichen allseitigen Landesverteidigung gewachsen. Das auch deswegen, weil die in ihm versammelten nicht-hethitischen Kontingente zunehmend jeden Gehorsam verweigerten und ihre Kämpfer sich gar um Assimilation in verwandtschaftlich nahen Truppensegmenten der „anderen", der feindlichen Seite bemühten. Kurz nach 1.200 v. Chr. muss es dann zum völligen, relativ sehr schnellen Zusammenbruch der hethitischen militärischen Potenziale gekommen sein.

Die moderne Archäologie hat an den Orten der damals wichtigsten hethitischen baulichen Agglomerationen die Spuren sehr großer dortiger Brände in jener Zeit sichern können, Hinweise auf Brandschatzung und ausgedehnte Plünderei. Ethnische Hinweise auf den Verbleib der überlebenden Hethiter gibt es kaum, vermutlich assimilierten auch sie sich schließlich in verschiedenen umliegenden Völkerschaften.

Ihre heute uns zugängliche Hinterlassenschaft besteht vor allem in einem erheblichen Fundus von in Keilschrift beschriebenen kleinen Tontafeln. Die Paläolinguistik hat sie entziffern können – ihre Texte sind in einer unzweifelhaft indoeuropäischen Sprache verfasst, in einer damals durch diverse semitische Dialekte geprägten Umwelt.

SECHSTER TEIL

BRONZEZEIT

„KUPFER“ PLUS „ZINN“ ERGIBT „BRONZE”

Bevor Dignitatus den Zugang zur goldigen Bronze finden konnte, musste er den Zugang zum edlen Kupfer beherrschen. Dieser gestaltete sich schwierig, besagtes Bemühen zog sich über fast drei Jahrtausende hin.

Die Beantwortung der Frage, wodurch der Mensch einst überhaupt auf die Idee kam, durch Erhitzen von in „gediegenem“ Zustand gefundenen Kupferklumpen schließlich „flüssiges“ Kupfer zu gewinnen, wird wohl für alle Zeiten der wissenschaftlichen Spekulation überlassen bleiben, dem spekulierenden rationalen Überlegen.

Vermutlich waren es sich über lange Zeiträume hinziehende, von Generation zu Generation weitervermittelte Gedankenketten, ausgelöst durch bestimmte Beobachtungen – durch stetes Behämmern mittels Hammerstein zu flachen Metallscheiben sich umformende Brocken gediegenen Kupfers vollzogen solchen Gestaltwandel an heißen Sommertagen viel schneller als an frostigen Wintertagen.

Diese Erkenntnis wachsender Geschmeidigkeit des Kupfers im Fall deutlich steigender Temperatur dürfte die Elementarbasis für Entstehen und Wachsen eines umfassenden Wissensgebietes über die Temperaturabhängigkeit der Metallfestigkeit gewesen sein, erlangt durch jahrtausendelanges mühseliges Experimentieren in einer schriftfreien Zeit, in welcher solches zunehmend wachsendes Wissen nur durch sorgfältig-exakte mündliche Weitergabe vor dem Vergessen bewahrt werden konnte.

Erst als das Schmelzen von Kupfer und seine Verarbeitung in geschmolzener Form hinlänglich beherrscht wurde, gelangten unsere frühen Vorfahren durch die Einbeziehung des bisher als „unschmelzbar“ geltenden Zinns in ihre Experimente zu jener Metalllegierung, die den Übergang zu unserer bis heute währenden Metall-Epoche unumkehrbar machte – zur Bronze.

Auch wenn Bronze „schon“ nach etwas länger als einem Jahrtausend fast völlig durch das Eisen verdrängt werden sollte – die in jener Zeit bewirkten gewaltigen Erweiterungen des menschlichen Erfahrungshorizontes liefern, bis zum heutigen Tage, in besonderem Umfang die mentalen Grundlagen unseres menschlichen Tuns und Trachtens.

Bemühen wir uns nun um eine Skizzierung jenes vor langer Zeit beginnenden Geschehens.

Vermutlich waren es damals die an heißen Sommertagen an den Ufern kaum noch Schmelzwasser führender, schnell fließender Gebirgsbäche zu findenden kleinen, meist kugelähnlichen Gebilde unterschiedlich schweren, in jedem Fall besonderen Materials, die immer wieder menschliches Nachdenken auslösten und frühe Ästhetik anregten.

Ein besonderes Interesse weckten hellgelb glänzende, aber extrem seltene goldene „Nuggets", die wegen ihres besonders großen spezifischen Gewichtes fast nur unter verschiedenem Geröll an den Ufern der Gebirgsbäche gefunden werden konnten.

Dennoch – auch erheblich häufigere, rötliche, nicht ganz so gewichtige kleine Kupferkugeln lernte man allmählich zu schätzen. Auch sie waren keineswegs nach jeder Schneeschmelze zu finden und auch keineswegs an den Ufern eines jeden Gebirgsbaches.

In seiner frühsteinzeitlichen Phase hat Dignitatus sicherlich immer wieder allerlei Art von Gestein und sonstigem Geröll ob seiner Verwendbarkeit für „menschliche Zwecke" erprobt und dabei erfahren, dass jene, auch recht schweren rötlichen, zumeist kugelförmigen Brocken durch ausdauerndes Behämmern verformbar waren, im Gegensatz zu aller Art echter Steine.

Jedenfalls hat unsere heutige Archäologie in sehr früher Zeit durch kunstvolles Behämmern zu Reifen und Ringen geformte einstige Klumpen „gediegenen" Kupfers finden und eingehender Analysen unterziehen können. Wobei sich herausstellte, dass solche Arbeiten zunehmend an einem erhitzten Ausgangsmaterial vorgenommen worden waren.

Als man – vor etwa 8.000 Jahren – es gelernt hatte, durch sauerstoffarmes Verkohlen von Holz zu einem Brennstoff zu gelangen, der nunmehr das Erreichen von bisher unerreichbaren Verbrennungstemperaturen ermöglichte, gelang es in der heutigen Türkei – erstmalig – gediegenen Kupfer zu verflüssigen, durch seine Erhitzung auf 1.083 Grad Celsius.

Das war ein mithilfe von Holzkohle erreichter epochaler Durchbruch!

Ihm folgte ein Jahrtausende langer mühevoller „Weg der Ebenen", bis unsere menschlichen Vorfahren Kupferschmelze und nachfolgende Kupferverarbeitung hinreichend beherrschten, um nicht mehr bei ihren Verhüttungsbemühungen nur in Ausnahmefällen, sondern nunmehr in der Regel verarbeitbares flüssiges Kupfer zu erlangen und selbiges anschließend tatsächlich zu solchen Gegenständen gießen zu können, deretwegen die Mühen der Kupferschmelze hingenommen worden waren.

Dennoch gab es auch dann immer noch herbe Rückschläge – selbst perfekt verhütteter Kupfer ergibt keine elegant fließende Substanz, sondern eine zähflüssige Brühe mit einer erheblichen Neigung zu qualitätsmindernder Blasenbildung.

Durch Hinzufügung von etwas bleihaltigem Material konnte man solcher Brühe zwar etwas bessere Fließeigenschaften vermitteln, dennoch erforderte das erfolgreiche Kupfergießen auch weiterhin immer sehr viel Feingefühl, in langer Arbeit erworbene spezielle Erfahrung des vorzeitlichen „Kupferkochers“ (Burenhult).

Um so entscheidender blieb die langzeitig gesicherte Verfügbarkeit über erfahrenes Personal für die Aufrechterhaltung und fortwährende Qualifizierung der Kupfer-Verhüttung. Das war gewiss ein ausschlaggebender Faktor dafür, dass sich dereinst schon in den Jahrtausenden der „Kupferzeit“ die Kupferverhüttung an geeigneten Orten zu konzentrieren begann und sich Frühformen einer regelrechten Kupferverhüttungs- und Kupferverarbeitungsindustrie allmählich herauszuschälen begannen.

Verständlicherweise lagen solche Orte oft in unmittelbarer Nähe der Fundstätten des Kupfers, wobei allmählich nicht mehr gelegentliche sommerliche Funde gediegenen Kupfers an den Ufern von Gebirgsbächen den Ausschlag gaben, sondern die Ergiebigkeit sog. „Kupferseifen“. Solche „Seifen“ bestehen aus Sedimenten, aus diversen Schwebstoffen, die von bislang sehr schnell strömenden Gewässern im Zusammenhang mit nachhaltiger Beruhigung ihrer Fließgeschwindigkeit abgesondert werden, insbesondere an den Ufern von Flussschleifen.

Bei einem Ursprung derartiger Gewässer in kupferhaltigen gebirgigen Gesteinspartien enthalten ihre Sedimente zumeist auch feinkörniges Kupfermaterial, gemischt mit verschiedenartigem Sand. Als „Seife“ abgelagert ergibt sich hieraus eine „Kupferseife“.

Frühe Kupfersucher begannen im Zusammenhang mit der zunehmenden Erschöpfung aller Fundstellen gediegenen Kupfers sich verstärkt solchen „Seifen“ zuzuwenden. An „kupferhöffigen“ Uferabschnitten wurde nun, in neuzeitlicher „Goldgräbermanier“, die Substanz der „Seifenablagerungen“ so lange in schalenartigen Behältnissen gewaschen, bis fast nur noch die relativ schweren Metallkörner des Kupfers auf dem Boden besagter Waschschalen verblieben waren – Ergebnisse einer über lange Zeit erfolgten, durch Witterung und Fließgeschehen bewirkten Zerkleinerung von kupferhaltigem Gebirgsgestein.

Es hat damals seine Zeit gedauert, bis man nicht nur aus gediegenem Kupfer, sondern auch aus kupferhaltigem „Seifensand“ flüssiges Kupfer gewinnen konnte; wie schließlich auch aus solchem kupferhaltigen Gestein, welches man mithilfe bergmännischer Methoden aus seinen festen Verankerungen zu brechen lernen musste.

Über die Tendenzen der räumlichen Verbreitung von früher Kupfergewinnung und Kupferverarbeitung in Mitteleuropa werden wir von Harald Haarmann mit folgender Aussage informiert.

„Das Kerngebiet der Metallverarbeitungstechnologie lag schon vor der allgemeinen Indoeuropäisierung unseres Kontinents in der karpatisch-balkanischen Region, hatte sich dann allmählich in Richtung der östlichen Waldsteppe ausgebreitet. Die hernach nach Griechenland eindringenden Indoeuropäer-Gruppen hatten zuvor schon durch ihre Kontakte mit alteuropäischen Bevölkerungsteilen der an ihr Ur-Terrain grenzenden nördlichen Balkanregion – insbesondere des heutigen Transsilvaniens – Kenntnisse vom Schmiedehandwerk und dessen Schöpfungsresultaten gehabt.“

Auch im nördlichen Vorland der Alpen konnte man Kupfer erlangen, auf der iberischen Halbinsel, in verschiedenen Gebieten des Erzgebirges und seiner Ausläufer, auch in Nähe des Harzes. In den Ausführungen über das Nebra-Reich kam Letzteres bereits zur Sprache.

Besonders bemerkenswert ist die intensive Ausbeutung der natürlichen Kupfervorräte einiger europäischer Hochseeinseln. Hier ist, vor allem, Zypern zu nennen, dessen Kupferreichtum ihr sogar ihren bis heute gültigen Namen gegeben hat. „Kypros“ ist die griechische Bezeichnung von „Kupfer“.

Das heute deutsche Helgoland sollte in diesem Zusammenhang nicht übersehen werden. Insbesondere in der späteren Bronzezeit, vermutlich aber schon in den Jahren der allmählichen Entwicklung der Kupfer-

Metallurgie im nördlichen Mitteleuropa stammte das dort verwendete Ausgangsmaterial zum großen Teil von Helgoland.

„Die dereinst erheblich größer gewesene Felseninsel in der Nordsee war – neben Zypern – ein weiteres küstenfernes Zentrum früher europäischer Kupfergewinnung. Der Terminus ‚Helgoland' ist Ergebnis linguistischer Eindeutschung eines alten friesischen Inselnamens mit der inhaltlichen Aussage ‚Heiliges Land'. Die für den Abtransport des dortigen Kupfers benutzten großen Ruderboote waren Vorläufer der zwei Jahrtausende später sehr gefürchteten wikingischen ‚Drachenboote', die man dann allerdings schon mit Segeln ausgestattet hat" (Schmoeckel).

Hierzu abschließend sei darauf verwiesen, dass somit der Beweis küstenferner Seefahrt auch im Bereich der Nordsee zu jener frühen Zeit gegeben ist. Küstenferne Seefahrt setzt seit eh und je beachtliche nautische Kenntnisse voraus – beispielsweise das Vermögen, den Sternenhimmel für unerlässliche Positionsbestimmungen auf hoher See zu nutzen. Andernfalls wären sichere Anfahrten zur vergleichsweisen kleinen Nordseeinsel über das oft sturmgepeitschte Meer zwischen den Küsten Nordwestdeutschlands und Südskandinaviens keineswegs zu bewerkstelligen gewesen.

Im Laufe der Zeit wurde der bergmännische Abbau kupferhaltiger Erzlager zur Hauptquelle der Kupfergewinnung. Zunächst geschah solches dort, wo tief gelegene erzhaltige Bodenschichten nach oben stießen, bis zur Erdoberfläche, und das Erz somit zunächst im Tagebau gewonnen werden konnte. Mittels geeignetem steinernem Schlagwerkzeug löste man die erzhaltigen Brocken aus dem Boden, immer dem „Erzgang" folgend, immer tiefer eindringend. Die dadurch entstehenden Gruben entwickelten sich auf diese Weise zu Schächten, einstige Tagebaue zu bergbaulichen Stollenanlagen. Je tiefer diese getrieben waren, desto weniger verwittert war zumeist das begehrte Kupfererz, desto fester war es im umgebenden Milieu eingebettet, desto mühsamer gestaltete sich in der Regel seine Gewinnung.

Nach Ulrich Zimmermann lag das zu jener Zeit schließlich „weltweit bedeutendste Revier der Gewinnung von Kupfer aus sog. ‚Kupferkies' südlich von Salzburg, am Mitterberg nahe des österreichischen Bischofshofen. Auf einer Gesamtlänge von etwa 10 Kilometern erstrecken sich hier zahlreiche unterirdische Erzgänge, aus welchen im Verlauf von 7 Jahrhunderten Kupfer intensiv abgebaut worden ist. Man hat diese Stollen dereinst meistens schräg abwärts in den Berg getrieben, drang in bis zu 300 Meter langen Abbaustrecken bis in 100 Meter Tiefe unter die Erdoberfläche ein."

Wie auch schon an anderer Stelle zur Sprache gebracht.

Einer der bedeutendsten Werkstoffvorteile des Kupfers gegenüber dem Stein war – so man hinlänglich reinen Kupfer zu erlangen vermocht hatte –, dass man aus einem Kupferrohling den erwünschten Schmuck, das angestrebte Werkzeug, ein ersehntes Kultgerät in einer viel kürzeren Arbeitszeit herstellen konnte als aus einem hierfür geeigneten Stein. Denn schon recht bald nach Entschleierung der hüttentechnischen Geheimnisse des Kupfergusses hatte Dignitatus den „Kokillenguss" entwickelt.

Bei Otto Schertler finden wir – in seiner Monografie „Die Kelten" – hierzu die folgenden Sätze.

„Die schlichteste Art der frühen Gusstechnik kann wie folgt skizziert werden. Eine aus Ton, oder auch nur aus feuchtem Sand geschaffene offene, die äußere Umhüllung des angestrebten Gussproduktes reflektierende Form wurde mit dem flüssigen Metall gefüllt. Nach Abkühlung und Erstarrung des Metalls wurden Form-Ton oder Form-Sand entfernt, und das Gussprodukt lag vor.

Ein entscheidendes Manko solcher Produktionstechnik bestand darin, dass die Produkte nicht auf allen Seiten ausgeformt werden konnten. Durch die Entwicklung des „Kokillengusses" konnte es behoben werden. Aus dem relativ leicht zu bearbeitenden Sandstein wurden zwei exakt auf einander abgestimmte Formhälften modelliert und m.H. von Stiftmaterial leicht miteinander verbunden.

Wichtig war das Verbleiben einer kleinen Öffnung im obersten Bereich des auf diese Weise entstandenen Form-Mantels. Durch diese Öffnung wurde das verflüssigte Metall eingegossen. Nach seiner Abkühlung und Erstarrung wurden die Verbindungsstifte gelöst, das Gussprodukt aus seiner Kokillenumhüllung entnommen und schließlich gemäß seinem Erfordernis präzise geformt. Bei vorsichtigem Umgang mit den Kokillen-Hälften blieben selbige meist für wiederholte Nutzungen erhalten."

Für die Balkanregion ist erfolgreiche Kupfer-Verhüttung schon um 4.500 v. Chr. archäologisch belegt, für Mitteleuropa – nach Schertler – erst für die Zeit etwa 1.000 Jahre später.

Kupfer wurde damals auch deshalb ein nachhaltig gefragtes Handelsgut, weil es in Barrenform unbegrenzt lange haltbar war und sich bald in einer solchen Form als verlässliches Zahlungsäquivalent im gesamten frühzeitlichen Handelsgeschehen Europas etablieren hatte.

Abschließend zum kurzen Exkurs über den Eintritt des Kupfers in den Lebenszyklus unserer frühen Vorfahren sei noch einmal Ulrich Zimmermann mit einem Auszug aus seinen „Die Bronzezeit" getitelten Ausführungen in der von Hildegard Hogen herausgegebenen „Welt- und Kulturgeschichte" zitiert, mit Details der sehr viel Wissen und Erfahrung erfordernden Kupferverhüttung jener Zeit.

„Bei der Verhüttung von sulfidischen Kupfererzen bereiten, u.a., das im Kupferkies ebenfalls meist vorhandene Eisen und der den Kupfer bindende Schwefel besondere Schwierigkeiten. Folglich müssen die Kupfererze zunächst oxidierend behandelt werden, um den Schwefel – zumindest teilweise – ‚abzurösten', als Schwefeldioxid in die Atmosphäre abzugeben. Entsprechend temperierte Erhitzung dabei vorausgesetzt, werden hierbei gleichzeitig Teile des Eisens in Eisenoxide umgewandelt.

In vorgeschichtlichen Zeiten wurden für diesen Arbeitsgang offene Holzkohlenfeuer in sog. „Röstbetten" veranstaltet, über welche durch natürlichen Windzug oder Blasebälge ausreichend frische Luft bewegt wurde.

Anschließend wurde der derart vorbehandelte Kupferkies in Schachtöfen einem sog. „reduzierten Schmelzen" zugeführt.

Bei geschickter Handhabung dieses Vorganges, d.h., bei einer Zugabe von relevanten Quarzanteilen in richtiger Proportionierung, konnte man – mit Glück und Geschick – anschließend zu Eisensilikat-Schlacken gewandelte Eisenoxide als Heißprodukte abfließen lassen, also vom im Schachtofen verbleibenden Kupfer endgültig trennen. Dennoch verblieben dabei restliche Schwefel- und Eisenpartien weiterhin beim Kupfer.

Solches im Schachtofen nunmehr verbleibendes Substrat wird heute in seiner Gesamtheit mit ‚Kupferstein' tituliert. ‚Kupferstein' ist zu einem sehr viel höheren Anteil ‚kupfrig' als zuvor der Kupferkies, enthält, wie gesagt, aber immer noch nennenswerte Anteile von Eisen und Schwefel. Um jetzt auch diese vom Kupfer zu lösen, stand nunmehr den Paläo-Metallurgen die Bewältigung des mühseligen Prozesses des ‚Totröstens' bevor. Das ‚Totrösten' war ein ständiges, auf- und abschwellendes Erhitzen, bei welchem der letzte Schwefel in Gasform entwich, man zum Schluss nun letzte Eisenreste als heiße Eisenschlacke abfließen lassen konnte.

Diese schwierige Trennprozedur erforderte besondere Erfahrung, Ausdauer und Geschicklichkeit; Letztere vor allem beim Vollzug des Abfließ-Geschehens. War es tatsächlich gelungen, auf die vorstehend beschriebener Art und Weise das Eisen, den Schwefel und die zwischenzeitlich zugefügten Quarze vom Kupfer zu trennen, hatte man im Schachtofen immer noch keineswegs reines Kupfer, sondern ein Kupferoxid.

Wollte man zu im Nachhinein verarbeitbarem Kupfer gelangen, war noch der Vollzug eines letzten Arbeitsganges vonnöten. Hierfür wurde das Kupferoxid erneut in den Schachtofen verbracht.

Nun ging es darum, durch neuerliches, jetzt ‚sehr sauberes' Erhitzen das Kupferoxid zu sog. ‚Schwarzkupfer' zu reduzieren, zu 94%- bis 96%-igem, verarbeitbarem Kupfermetall."

Besonders kritisch war dereinst bei der Kupferkies-Verhüttung stets die Phase des „reduzierenden Schmelzens".

Läuft dieser Prozess nicht optimal ab – wobei Ofentemperatur, Qualität der Holzkohle, Art und Menge der Quarzzuschläge, Zeitdauer der einzelnen Arbeitsschritte wichtig sind – bildet sich kein Kupferstein, sondern das Kupfer „verschwindet" in der eisenhaltigen Schlacke.

Da Kupferkies öfters über 30 % Eisen enthält, konnte es auch zu einer unbeabsichtigten Entstehung von metallenem Eisen kommen.

Betreffs der frühgeschichtlichen Zeiträume, in denen sich die soeben beschriebenen Szenarien „vom Erz zum Metall" abspielten, sind folgende einstige Gegebenheiten besonders zu würdigen:

Als Brennstoffe waren lediglich Holz oder Holzkohle verfügbar. Für Arbeiten an den Blasebälgen konnte nur die Arbeitskraft von Mensch oder Tier eingesetzt werden. Für Fertigung von Öfen, Tiegel und Balg-

Düsen stand ausschließlich mineralischer Rohstoff zur Verfügung – Felsgestein, Ton, Sand, Kies.

Unter diesen Umständen lagen maximal erreichbare Temperaturen zwischen 1.250 und 1.350 Grad Celsius.

Gewiss, der gelungene Kupferguss wurde im Verlauf der Jahrhunderte allmählich die Regel. Dennoch – geschmolzener, auch hinreichend „reiner" Kupfer war und blieb eine keineswegs „schmiegsame Substanz", sondern eine zähflüssige heiße Brühe, was hinsichtlich des Kokillen-Gusses von Kupferbarren – bei gleichbleibender Dimensionierung, gleichbleibendem Gewicht – meistens keine ernsteren Probleme nach sich zog. Aber die Fertigung solcher Kupfer-Rohlinge, welche hernach zur Anfertigung filigraner Werkzeuge geeignet waren, wollte auch in den letzten Jahrhunderten vor dem Anbruch der eigentlichen „Bronzezeit" nur gelegentlich gelingen. Zudem setzte mangelnde Härte von aus reinem Kupfer gefertigtem Werkzeug seiner Alltagstauglichkeit enge Grenzen.

Nehmen wir zur Verdeutlichung des soeben Ausgeführten, beispielhaft, als „Pars pro Toto", die Nutzungstauglichkeit der Klinge eines Messers.

Es ist natürlich unbestreitbar – im Unterschied zu dem kaum über Längen von mehr als 5 cm verfügenden Feuersteinmesser ließen sich nun bis zu 20 cm lange, schlanke kupferne Rohlinge durch einen geglückten Kokillenguss herstellen. Anschließend konnten diese – mit vergleichsweise wenig Zeitaufwand – zu etwa gleich langen Messerklingen geschmiedet werden. Und schließlich waren selbige, nach ausreichend langem Schleifen, auch für die Gestaltung von zunächst bemerkenswert scharfen Dolchen verwendbar. Derartige Dolche waren im Fall seltener Verwendung eine wertvolle scharfe Waffe. Wir sind der Kupferklinge eines solchen Messers im vorliegenden Text bereits im Zusammenhang mit der Erörterung der unter dem Namen „Ötzi" bekannt gewordenen prähistorischen Gletscherleiche aus Südtirol begegnet.

Im lebensentscheidenden Kampf von „Mann gegen Mann, um alles oder nichts" konnte es von starker Männerhand mit einem harten Stoß, von schräg unten nach oben in den linken Oberbauch getrieben, letztlich auch das Herz des Attackierten erreichen und so eine erbitterte Auseinandersetzung schnell und radikal entscheiden.

Aber für eine ständige Nutzung im Alltagsleben war ein derartiges kupfernes Schneidinstrument dennoch nicht sonderlich geeignet.

Kupfermesser wurden sehr schnell stumpf und mussten ständig nachgeschliffen werden, wodurch sie in kurzer Zeit erheblich an Masse verloren. Vom prachtvollen Messer war dann bald nur noch ein dünner, gebrechlicher Kupferstab übrig geblieben.

Derartige Sachverhalte hatten zur Folge, dass – neben den als Zahlungsmittel mancherorts üblich werdenden Kupferbarren – verhüttetes Kupfer vor allem zur Anfertigung edelrot glänzenden Schmuckes sowie rituellen und zeremoniellen Gerätes Verwendung fand und im Küchenalltag das robuste Feuersteinmesser noch sehr lange Zeit das übliche Gerät blieb.

Die Metallurgen jener frühen Zeiten waren damals nachweislich unermüdlich bemüht, derartigen Mankos des reinen Kupfers erfolgreich entgegenzuwirken. In jener jahrtausendlangen hüttentechnischen Experimentierphase forschte man ausdauernd, durch welche Zusätze, durch welche sonstigen Modifikationen des Verhüttungsgeschehens man zu solchen Produktionsergebnissen gelangen könnte, die sich durch ein Material von erheblich verbesserter Fließfertigkeit und deutlich größerer Endhärte auszeichneten. Zeitweise glaubte man, durch Beimischung von Arsen enthaltenden Erzen den Kupferprodukten die gewünschten Eigenschaften geben zu können.

Arsen ist aber ein chemisch dem Phosphor verwandtes sog. „Halbmetall“ mit großer Giftigkeit für den menschlichen Organismus. Im nachchristlichen Mittelalter, in der Renaissancezeit, spielte es im Kriminalgeschehen bei tödlichen Vergiftungsdelikten eine sehr beachtliche Rolle.

Vermutlich haben dereinst auch die frühen metallurgischen Experimentatoren sich durch ihren Umgang mit Arsen gesundheitlich oft schwer geschädigt, weshalb die Suche nach einem geeigneten, im Verhüttungsgeschehen wirksamen anderen „Zauberzusatz“ zum Kupfererz beharrlich fortgesetzt wurde – mit offensichtlich deutlich erweitertem Forschungsansatz.

Solches geschah, bis eines Tages die Bronze erfunden wurde.

Es sei, noch einmal, Ulrich Zimmermann zu diesem Thema ausführlich zitiert.

„Die Erfindung der Bronze war gleichsam die Krönung des unermüdlichen Spürsinns frühgeschichtlicher Metallurgen. Die entscheidende Vorleistung hierfür war die Entwicklung der bereits skizzierten Verhüttungsmethodologie sulfidischer Kupfererze. In grauer Vorzeit muss es wie Vollzug eines geheimnisvollen Zaubers, einer Magie, erschienen sein, wenn, nachdem zu einem bestimmten Zeitpunkt des Verhüttungsgeschehens eine relativ kleine Menge an zermahlenem Zinngestein in die flüssige heiße „Kupfer-Suppe“ geschüttet worden war, das als „unschmelzbar“ geltende Zinn nun dennoch mit dem Kupfer zu einem neuen Metall legierte und diese Legierung bisher nie gesehene, außerordentliche Fließeigenschaften entwickelte.

Damit war hinfort die Herstellung filigranster metallischer Gegenstände möglich, welche sich zudem gegenüber allem aus reinem Kupfer Produziertem als erheblich fester erwiesen. Außerdem war hierdurch das rötliche Kupfer in ein Metall mit erheblich anderem Farbton verwandelt worden, in ein Metall mit geheimnisvoll gelblicher Ausstrahlung. Es war sicherlich nicht derart hellstrahlend wie das seltene Gold, das überaus edle Metall der aufgehenden Sonne, doch immerhin ähnlich diesem, also ein Metall der Abendsonne.

Um das Überraschende solchen Wandlungsgeschehens richtig verstehen zu können, sollte man sich folgende elementare physikalisch – chemische Parameter „en detail“ verdeutlichen.

Der „eigentliche“ Schmelzpunkt des Zinns liegt bei 1.900 Grad Celsius, durch Holzkohlefeuer unerreichbar.

Für das bei 1.093 Grad Celsius erfolgende Schmelzen von Kupfer reichten hingegen die m.H. von Holzkohle erreichbaren Höchsttemperaturen um 1. 200 Grad Celsius aus.

Doch im Falle seiner unmittelbaren Nachbarschaft mit flüssigem Kupfer legiert Zinn tatsächlich schon bei Temperaturen um 1.200 Grad Celsius mit dem Kupfer zur Bronze. Diese Reaktion ist ein metallurgisches Wunder! Allerdings – ein solches Wunder vollzieht sich nur dann, wenn auf zwei Teile Zinn exakt acht Teile Kupferkommen. Es hat einst sehr lange gedauert, bis diese geheimnisvolle Proportionierung entdeckt war.“

Am Rande sei hierzu bemerkt – die damaligen Glaubensgewissheiten hinsichtlich der Mächtigkeit des Transzendentalen erfuhren durch jene „Offenbarung“ nachhaltige Bestätigung!

Abschließend zu der Kommentierung der nunmehr für Dignitatus zugänglich gewordenen epochebahnenden neuen Legierung sollte nicht unerwähnt bleiben, dass schon recht bald nach der Entdeckung des zentralen Geheimnisses der Bronzegewinnung weitere Möglichkeiten seiner metallurgischen Qualitätssteigerung erkannt wurden.

„Durch das Schmieden von kurz unter den Siedepunkt nochmals erhitztem Halbzeug konnten, z.B., Bronzeprodukte eine weitere Härtung erfahren, was das Schärfen von Schneidwerkzeugen zu auch heute akzeptablen Qualitätsprodukten ermöglichte.“ (Parzinger)

Fassen wir zusammen.

Durch das Erfinden der Bronze um 3. 700 v. Chr. wurde das Gestalten einer grundsätzlich neuen Produktpalette möglich, in bisher ungeahnten zahlenmäßigen Dimensionen und bei zunehmend reduziertem zeitlichen Aufwand. Dieses Geschehen ist zweifelsohne zu den entscheidenden Grundbedingungen des nunmehrigen allmählichen Entstehens einer „neuen Welt“ zu zählen.

Christian Strahm ist in einer Abhandlung – in der von Hildegard Hagen herausgegebenen „Welt- und Kulturgeschichte“ – zu dieser, mit Verfügung über metallene Waren, entstehenden „neuen Welt“ näher eingegangen.

Er weist insbesondere auf den sich jetzt ereignenden Ausbau verschiedener, in der langen Kupferzeit im Ansatz entstandener „Nebenfelder“ des hüttentechnischen Prozesses hin, z.B. auf die Bewirtschaftung des Grubenwassers in den Abbaustollen, die Absicherung der große Ausmaße annehmenden Holzkohleproduktion, auf Probleme und Folgen einer unablässigen Beschaffung der hierfür benötigten gewaltigen Massen geeigneten Holzes. Zudem geht er auf solche, nur in großflächiger Organisation absicherbaren Voraussetzungen laufender qualitätsgerechter Metallproduktion ein, wie die – oft nur über sehr weite Wege mögliche – Beschaffung des zu verhüttenden Kupfer- und Zinnerzes, die Sicherung eine ökonomische Rentabilität gewährleistenden Absatzes der Produktionsergebnisse usw.

Schließlich galt es auch, das ganze Geschehen gegen feindliche Aktionen von außen stabil abzusichern und das effektive personelle Zusammenwirken aller an der Bronze-Produktion Beteiligten zu gestalten, was Aufbau und Pflege subtiler Entlohnungs-, Würdigungs- und Bestrafungssysteme unerlässlich machte und desgleichen sachkundig kompetente Konfliktlösungsinstitutionen.

Mit anderen Worten – stabiles Bronze-Produzieren gelang nur im Zusammenhang mit einer weit fortgeschrittenen, situationsgemäßen Differenzierung und Hierarchisierung des gesamten gesellschaftlichen Lebens.

Es war die Bronze, wodurch dereinst die erste, etwa tausendjährige Phase einer fortan bis heute währenden Großepoche menschlichen Seins geprägt wurde.

Sie ergab den endgültigen Abschied von einem bislang durch „Feuer und Stein“ geprägten Leben des frühen Dignitatus – nach mehr als einer Million Jahren.

Seither waren und sind es insbesondere verschiedene Metalle, die den Weg der Menschheit weitgehend bestimmt haben. Nicht nur Kupfer, Zinn und Eisen gehören zu dieser chemischen Gruppe, sondern auch das Uran und andere „Radioaktivisten“. Und „seltene Erden“ werden – „irgendwie“ – von der Fachwelt ebenfalls dazu gezählt.

Diese letzten Sätze sollten uns sehr nachdenklich stimmen – jene Substanzen unter ihnen, die von uns Menschen erst in jüngster Zeit verwertet worden sind, haben sowohl den Atomkrieg als auch die moderne Elektronik ermöglicht und sind Vorboten einer neuen Großepoche. Sie mahnen baldigste radikale Differenzierungen unserer Einstellungen auch zu ihnen an, was aber keineswegs als ein Aufruf zu ihrer Verdammung missverstanden werden sollte – über Reaktionen auf Ergebnisse seines Schöpferdranges entscheidet nur Dignitatus. Nur wenn er seine jetzige Verantwortung voll erkennt, dürfte seine Fortexistenz sicher sein.

BRONZEZEITLICHES GERMANENLEBEN

Für das Verständnis des frühen germanischen Kulturkreises und seine Entwicklung bis zur Eisenzeit ist eine hinlängliche Kenntnis der klimatischen Prozesse des mitteleuropäischen Raumes im Verlauf der letzten fünf vorchristlichen Jahrtausende unerlässlich und ihres direkten Einflusses auf alles dortige Entwicklungsgeschehen.

Deshalb sei den textlichen Ausführungen hierzu eine straff gefasste diesbezügliche chronologische Tabelle vorangestellt.

Die dortigen Jahresangaben beziehen sich – mit einer einzigen, im Speziellen markierten Aussage – auf die Zeit „vor Christi“.

7.200 – 3.000
Klimatisches Optimum des sog. „Atlantikums“.
In Europa sind die Temperaturen fast durchweg höher als heute; die Niederschlagsmengen entsprechen, in etwa, den heutigen Gegebenheiten.

1.700
In einigen wenigen Teilen Nordeuropas gelingt den frühen Metallurgen der Bronzeguss, vermutlich nach Kontakten mit dem anatolischen Raum Kleinasiens.

3.500 – 1.500
In diesen beiden Jahrtausenden vollzieht sich die mittel– und westeuropäische Infiltration durch das „pontische Potenzial“, die Durchdringung seitens indoeuropäischer Hirtenkrieger, d. h., von der Endphase des Neolithikums bis in die frühe Bronzezeit.

3.500
Der Mensch hat sich aus der allmählich zur Wüste wandelnden, austrocknenden Sahara völlig zurückgezogen.

3.400 – 2.800
Die energetische Sonneneinstrahlung reduziert sich allmählich, Europa kühlt sich etwas ab. Nach Ende des langjährigen Klima-Optimums, um

3.000, senken sich die europäischen Temperaturen um etwa 2 Grad Celsius. (Nicolussi, Patzelt)
Die Ernteergebnisse sind auch in Europa mittelfristig deutlich rückläufig. Die Nachfrage nach Ackerland steigt, was ausgedehnte Waldrodungen zur Folge hat.
Im nordafrikanischen und vorderasiatischen Raum sind sehr viel stärkere negative Auswirkungen dieser klimatischen Veränderungen zu registrieren.

3.000 – 800
Diese Zeit wird vonseiten der historischen Fachwelt als ein – in seiner Gesamtheit – für die menschliche Entwicklung auf dem europäischen Kontinent optimaler Zeitabschnitt angesehen. In den Alpen liegt die Waldgrenze immer noch etwa 200 Meter höher als gegenwärtig.

2.800 – 1.500
Das europäische Klima stabilisiert sich zunehmend auf einem für menschliches Tun und Wirken sehr förderlichen Niveau, mit durchweg moderaten Temperaturen, ausreichender Sonneneinstrahlung und befriedigenden Niederschlagsmengen. Nach diesem Zeitabschnitt folgen mehrere Jahrhunderte mit erneut spürbar intensivierter Sonneneinstrahlung.

1.700
Im Nil-nahen Ägypten beginnt die Bronzezeit, die kurze Zeit später dort voll erblüht ist.

2. 300
Nachdem der Bronzeguss in Nord-, Ost- und Mitteleuropa schon seit Längerem bekannt ist, beginnt er sich jetzt auch im restlichen Europa durchzusetzen.

2. 000
Das inzwischen überwiegend indoeuropäisch geprägte Terrain Europas gelangt zu einer führenden entwicklungskulturellen Position. Das hier-

durch nur mäßig tangierte Griechenland folgt dem erst Jahrhunderte später.

1.900 – 1.500

Dieser Zeitraum wird seitens der historischen Wissenschaft als „frühe Bronzezeit“ definiert – als eine Zeitspanne, in welcher ein allgemeiner Zugang zu den Geheimnissen des Bronzegusses gegeben war, die nachfolgende Bearbeitungstechnik sich jedoch noch auf einem relativ niedrigen Niveau befand. Dennoch hatte auch damals schon die Beherrschung des Bronzegusses zu einer erheblichen Intensivierung des europäischen Distanzhandels geführt, was indessen aber auch damit zusammenhing, dass sich in Folge der Indoeuropäisierung eine paternalistische Gesellschaftsstruktur und Vorstellungswelt fast überall in Europa durchgesetzt hatte, mit Stabilisierung, Straffung und Differenzierung eines Clan–überschreitenden Gruppenbewusstseins.

Insgesamt ergab dieses alles ein vergleichsweise störungsarmes und entwicklungsfreundliches Zusammenleben; auch weil für recht lange Zeit kaum solche Ressourcenverknappungen entstanden, die zu ernsten, in militärischen Kriegen ausgetragenen Konflikten führen konnten.

Die frühe Bronzezeit wird von unserer heutigen historischen Wissenschaft fast durchweg als eine der machtstrategisch friedlichsten Epochen Europas angesehen.

„Die Bronze war zum entwicklungsbestimmenden Metall des kulturellen, züchterischen und produktionstechnischen Fortschritts geworden.“ (Reinhard Schmoeckel)

1.700 – 1.300

In Europa hat sich dank eines relativ dichten Netzes schiffbarer Flüsse und der Stabilisierung eines breiten Netzes landgebundener Wege – auch über die Alpenpässe – ein reges Handelsgeschehen entwickelt. Neben Kupfer und Zinn – in reiner und Erzform –, Salz, verschiedenen Gebrauchs- und Nahrungsmitteln, werden zunehmend zeitgemäße Luxuswaren gehandelt, z.B., Edelpelze, Bernstein, Schmuck, edles Trink- und Tafelgeschirr.

Fast jeder „Nordmann“ hat inzwischen ein zeitgemäßes „Weltbild“, vermittelt durch die weit reisenden Handelsleute seines Stammes.

1.600
„Das Europa nördlich der Alpen ist ein Großterritorium der Bronzezeit“ (Ernst F. Jung)

1.500 – 1.200
Mittlere Bronzezeit, mit zunehmender Entwicklung von Verarbeitungstechniken von gegossener Bronze, insbesondere von durch den Schmied vollzogener Treibarbeiten, z.B. Herstellung von Bronze-Blechen unterschiedlicher Stärke und Konfiguration. Zunehmend finden Wagen mit Speichenrädern eine Verwendung für Transporte über kurze oder mittlere Distanzen. (Otto Schertler)

1.500 – 1.100
Passagere Klima-Depressionen lösen erhebliche regionale Bevölkerungsbewegungen aus.

1.500 – 800
Dieser Zeitabschnitt wird im Allgemeinen von der aktuellen frühhistorischen Wissenschaft als „Goldene Periode“ des nördlich der Alpen gelegenen Europas angesehen, mit einem relativ beständigen, freundlich warmen und ausreichend niederschlagsreichen Klima. Der in diese Zeit – um 1.600 v. Chr. – fallende gewaltige Vulkanausbruch des Santorin im östlichen Mittelmeer, mit jahrzehntelang währenden erheblichen globalen Staubbelastungen im Bereich seiner Breitengrade, insbesondere der mediterranen Szene, tangiert die nordalpinen Räume kaum. (Frank Sirocko)

1.400
Seetüchtige Ruderschiffe der Nordländer bewegen sich bis zu südeuropäischen Atlantikküsten.

1.200
Ungeachtet des Fortbestandes eines in Europa dominierenden insgesamt günstigen, freundlich-warmen Großklimas – regional macht sich ein dezenter Niederschlagsrückgang dennoch in dem Sinne bemerkbar, dass auch nördlich der Alpen die in höheren Lagen urbar gemachten Ackerflächen auszutrocknen beginnen. Was zu einem Siedlungstrend in Form zunehmender Bevorzugung von Neuansiedlungen in Fluss- bzw. Seenähe führt. In südlicheren Regionen, indessen, haben diese Niederschlagsrückgänge teilweise katastrophale Folgen. (Wolfgang Behringer)

1.200
Der eiszeitliche niedrige Meeresspiegel ist immer noch nicht völlig ausgeglichen. Sylt ist immer noch Teil des jütländischen Festlandes, desgleichen verschiedene Inseln des heutigen Dänemark. (H. Kehl)

1.200 – 750
Späte Bronzezeit, deutliche Zunahme kriegerischer Auseinandersetzungen auf Stammesebene, Hochblüte des frühen Burgenbaues. Elitekrieger und Stammesfürsten tragen auf Feldzügen durchweg Helme und Panzerungen aus Bronze.

950 – 350
„Homer‘sches Minimum“, die Periode mit den – bis jetzt – niedrigsten nacheiszeitlichen Temperaturen in Europa; Umschlag zeitweiser Niederschlagsknappheit in gelegentlich katastrophale Ausmaße annehmende Niederschlagsüberflüsse. Fluss- und Seen-nahe Siedlungen werden aufgegeben, erhebliche Ernteausfälle; auffällige Verflachung von kultureller und gesellschaftlicher Entwicklung.

800
Das Klima in der nördlichen Hälfte Europas wird ebenfalls zunehmend extrem feucht, bleibt zunächst aber noch relativ warm. Doch dann folgt auch hier ein massiver Temperaturabfall und die volle Ausprägung des „Homer‘schen Minimums“.

800 v. Chr. – 1.000 nach Christi
„In der Region nördlich der Alpen hört die Gemütlichkeit auf!“ (Wolfgang Behringer) Das „Homer‘sche Minimum“ – im engeren Sinne – findet zwar um 350 v. Chr. sein Ende, doch die Tendenz einer allgemein stark unterkühlten Witterung in Europa bleibt weiter, bis zum Ende des ersten nachchristlichen Jahrtausends, bestehen. Der entscheidende Faktor hierfür ist eine zeitweilige beträchtliche Reduzierung der solaren Energieeinstrahlung.
Die Hochalmen in den Alpen müssen aufgegeben werden. Die meisten Alpenpässe werden zeitweise völlig unpassierbar, in Folge extremer Schneefälle und nachfolgender Vergletscherung. Die Baumgrenze in den Alpen sinkt um 300 bis 400 Meter.
Der gesamte Zeitabschnitt ist durch starke gesellschaftliche Unruhe gekennzeichnet, beispielsweise durch die Bevölkerungsbewegungen im Rahmen der sog. „Völkerwanderung“.

750 – 450 v. Chr.
Frühe Eisenzeit.
Die vorstehende chronologische Aufstellung erfolgte auf der Grundlage verschiedener schriftlicher Aussagen folgender Autoren: Otto Schertler, Reinhard Schmoeckel, Frank Sirocko, Wofgang Behringer, Ernst J. Jung, H. Kehl, Margaret Oliphant.

Der hier vermittelte geraffte bronzezeitliche Überblick gestattet folgende Annahmen. Großklimatische Veränderungen vollziehen sich grundsätzlich als ein prozessuales Geschehen, mit auf- und abschwellenden Zyklen und mit regionalunterschiedlichen Konsequenzen. Sind besagte Unterschiede erheblich, werden meist deutliche Populationsverschiebungen hierdurch ausgelöst, deren Reibungspotenzial dann mittelfristig Konsequenzen verschiedener Art nach sich zu ziehen pflegt. Je massiver dieses Geschehen ist, desto gewaltgeprägter ist es in der Regel. Dennoch eintretende positive Ergebnisse derartiger Berührungen unterschiedlicher humaner Erfahrungswelten werden dann zumeist erst zeitversetzt deutlich.

Bei der nachfolgenden Ausleuchtung verschiedener menschlicher Aktionsbereiche auf germanisch besiedelten Territorien während der Bronzezeit wird hierauf – im Interesse gestraffter Darstellung jeweiliger zentraler Problemstellungen – nur gelegentlich eingegangen werden.

Als jener Stoßkeil der „Westlandreiter“ pontischen Ursprungs, der sich inzwischen für die spezielle nordwestliche Richtung seiner Bewegung entschieden hatte, bis zu der Südostecke der Ostsee gelangt war, teilte er sich. Ein beachtliches Kontingent löste sich vom nunmehr strikt in nördliche Richtung, in das Baltikum, reitenden Hauptteil. Dieser abgespaltene Teil, der dann – über Jahrhunderte – erhebliche Nachschubunterstützung aus seinen heimatlichen Gefilden erhalten sollte, arbeitete sich damals an der Südküste der Ostsee in westliche Richtung weiter.

Mit dem Erreichen des westlich der Odermündung gelegenen Raumes gelangten jene Reiter in ein Gebiet, welches sich spürbar von dem bisher durch sie durchquerten Terrain unterschied. Es war reich an Gewässern verschiedener Art, belebt durch unterschiedliche Fische in großer Zahl, allseits bekömmlich für den menschlichen Verzehr.

Es war überaus reich am wichtigsten Rohstoff für neolithisches handwerkliches Schaffen, an Feuerstein gut handhabbarer Art. Es war vergleichsweise dicht besiedelt von verschiedenen Stämmen ähnlichen Charakters, doch mit unterschiedlichen, z.T. erheblich divergierenden Sprachen und Kulturen.

Es handelte sich dabei um Menschen von recht stattlicher Statur, die als Alltagsspeise insbesondere die Fische ihrer Region bevorzugten.

Die Neuankömmlinge infiltrierten nunmehr recht schnell diese Region in ihrer Gesamtheit, angefangen mit den Ostseeinseln Usedom und Rügen, bis hin zur Trave, dann den ganzen jütländischen Raum und die dänische Inselwelt und schließlich auch die Südspitzen Schwedens und Norwegens.

Mit den dortigen Alteingesessenen hat sich dann ein besonders intensives Durchmischen der Reiter pontischen Ursprungs vollzogen, was dazu führte, dass sich die nunmehr „neu sortierenden“ Stämme einander sehr ähnelnde Sprachen zulegten, in denen aus der südosteuropäischen Steppe stammendes Sprachmaterial dominierte. Nach Haarmann enthielten die schließlich sich dann verfestigenden neuen protogermanischen Sprachen schließlich nur noch zu etwa 30 % aus den Sprachen der Alteingesessenen stammendes Material, dagegen spiegelten durchweg etwa 70 % der Bestandteile aller dieser neuen Sprachen indoeuropäische Verständigungsmuster der pontischen Steppe.

Solche neue sprachliche Nähe trug dann zum Entstehen eines gemeinsamen Identitätsempfindens dieser später von ihren Nachbarn als „Germanen“ titulierten, dereinst neu organisierten Stämme des westlichen Ostsee- und östlichen Nordseegebietes erheblich bei.

Zudem einte alle diese Menschen später dann auch noch ein weiteres Faktum – ihr Wissen um das stattgehabte „Wunder der Bronzegewinnung“. Dieses Wissen war zu ihnen vermutlich sowohl durch pontische Infiltratoren gelangt als auch durch einzelne Handelsleute der von der iberischen Halbinsel entstammenden Glockenbecherkultur.

Zu einer nennenswerten Entwicklung früher Bronzemetallurgie auf nunmehrigem germanischem Boden ist es für lange Zeit dennoch nicht gekommen. Kupfer war im gesamten westlichen Ostseeraum kaum zu finden, auf der Nordseeseite dieses Gebietes war lediglich die „Heilige Insel“ Helgoland als Fundstätte gediegenen Kupfers bekannt. Und das für den Bronzeguss außerdem unerlässliche Zinn war den Germanen in ihren gesamten damaligen heimatlichen Gefilden überhaupt nicht zugänglich.

Dennoch – auch gemeinsam getragene bedeutende Wissensinhalte, die noch keineswegs zeitgemäßes allgemeines Wissensgut sind, können eine gewisse emotionale Bindewirkung entfalten.

Ernst J. Jung hat sich zur Entwicklung der bronzezeitlichen Germanenstämme in seiner bereits 1963 erschienen Monografie „Die Germanen“ wie folgt geäußert.

„Im Ergebnis der sich über Jahrhunderte hinziehenden allgemeinen Durchdringung seitens der unternehmungsfreudigen Reiter und Hirtenkrieger aus dem Osten, ihrer schließlichen Verschmelzung mit der alteingesessenen Bevölkerung, des Weiteren historischen Prozesses, ergab sich im Land der Germanen dereinst eine ‚ethnische Einheitlichkeit in gegliederter Vielfältigkeit‘. Selbige war folglich nicht homogen, doch sie war und blieb lange Zeit angeglichen.“

Anschließend zitiert Jung den schwedischen Paläo-Ethnologen Graf Oxenstierna.

„Das Erbe einstiger enger bronzezeitlicher Verbundenheit hat lange nachgewirkt, etwa drei Jahrtausende lang, obwohl den verschiedenen germanischen Völkern beiderseits der Ostsee sehr unterschiedliche Schicksale bestimmt waren.

Die zwischen Stettin und Cuxhaven siedelnden Urgermanen Norddeutschlands schoben schon im Verlauf der jüngeren Bronzezeit ihre Grenzen bis an die Weichsel, bis zum Harz und bis zum Niederrhein vor; und dann – beim Übergang zur Eisenzeit – noch ein weiteres gutes Stück in Richtung Süden. Dabei befanden sie sich in einem steten Kampf gegen Kelten und Illyrer, sodass der heutige deutsche Raum über eine lange Zeit zwischen drei mächtigen Völkerfamilien aufgeteilt war. Es sollte das Schicksal Zentraleuropas werden, für eine lange Zeit ständiger Schauplatz von Auseinandersetzungen verschiedener Völker und Kulturen zu sein, das Spannungsfeld politischer und geistiger Kräfte, während die Menschen Skandinaviens seit Steinzeitende ohne nachhaltige Auseinandersetzungen ihr Leben gestalten durften.“

Ernst J. Jung resümiert, dass „mit der Trennung zwischen skandinavischem Raum und dem südlich von ihm gelegenen Kern von Kontinentaleuropa noch vor Christi Geburt die Einheitlichkeit des einstigen ‚nördlichen Kreises‘ verloren gegangen ist, abgelöst durch die zitierte, nunmehr Jahrtausende währende ‚germanische Einheitlichkeit in gegliederter Vielfältigkeit‘“.

Wir konzentrieren uns hier zunächst auf das Geschehen im „Kern von Kontinentaleuropa“.

Halten wir fest – zur Mitte des letzten vorchristlichen Jahrtausends, gegen Ende der Bronzezeit, waren die meisten Bereiche der norddeutschen Tiefebene und das Hinterland der südöstlichen Nordseeküste sowie die südliche Ostseeküste samt deren Hinterland bis zur Weichsel nachhaltig durch germanische Völkerschaften dominiert. Im heutigen Baltikum gab es sogar germanische Kontakte mit den nicht-indoeuropäischen Ostsee-Finnen.

Und im Westen dieses relativ ausgedehnten Raumes wurden die dort ansässigen keltischen Stämme ständig weiter westwärts zurückgedrängt.

Diese räumliche Streckung hatte – im Zusammenspiel mit dem allmählichen Verlust des ehedem engen Kontaktes mit den Germanen Skandinaviens – eine deutliche Differenzierung der einstigen protogermanischen Sprachenfamilie bewirkt. Es hatten sich bis zu diesem Zeitpunkt drei Hauptgruppen germanischer Sprachlichkeit herausgeschält und Differenzierungen des Germanischen in eine ostgermanische, in eine nordgermanische und in eine westgermanische Sprachenfamilie ergeben.

Harald Haarmann hat hierzu in seiner Abhandlung „Auf den Spuren der Indoeuropäer" nähere Ausführungen gemacht.

„Das Nordgermanische war zunächst beschränkt auf Norwegen und Schweden, während in Dänemark Sprecher des Westgermanischen siedelten. Doch nach Abwanderung von Angeln, Jüten und Sachsen nach Britannien, auch der von dort stammenden Langobarden nach Norditalien, war das dänische Territorium zeitweise fast entvölkert. Das änderte sich erst lange Zeit nach Christi Geburt, in der zweiten Hälfte des ersten Jahrtausends n. Chr., als Nordgermanen aus Schweden in diesen Raum nachrückten und ihn erneut bevölkerten.

Die germanischen Territorien südlich von Nord- und Ostsee waren damals schon seit Längerem von Ost- oder Westgermanisch sprechenden Volksstämmen bevölkert.

Die dortige Grenze zwischen diesen beiden Hauptgruppen entsprach in etwa der nunmehr als deutsche Staatsgrenze gegenüber Polen festgelegten Oder-Neiße-Linie. Die heutzutage noch gesprochenen germanischen Sprachen sind – ausnahmslos – Folgesprachen von Nord- oder Westgermanen.

Die einst östlich der Oder lebenden Ostgermanen wurden sämtlich Opfer späterer historischer Geschehnisse. Am längsten scheint von ihren Sprachen das Altgotische überlebt zu haben. Noch lange nach Chrisi Geburt wurde es in einigen Siedlungen auf der Schwarzmeer-Halbinsel mit dem heute immer wieder die politischen Schlagzeilen beherrschenden Namen „Krim" gesprochen, wohin die Goten in der nachchristlichen Völkerwanderungszeit gelangt waren.

Im Hochmittelalter, im Jahr 1.253 n. Chr., berichtete – nach Stearns – der weltreisende Franziskanermönch Wilhelmus de Rubruk von den ‚Goti' auf der Krim und von ihrer Sprache, dem ‚ydioma Teutonicum'.

Eine Eigentümlichkeit der germanischen Stammesgruppen bestand darin, dass sie sich zumeist schon sehr kurze Zeit nach ihrer Bildung recht fest strukturiert und organisiert haben, späteren Königreichen ähnlich, allerdings mit ständig umkämpften inneren und äußeren territorialen Grenzen.

Einen besonders langen Bestand hatte das von ihnen gegründete Reich der Franken – Frankreich und Deutschland begründen bis heute einen erheblichen Teil ihrer Identität hierauf."

Ungeachtet seiner frühen inneren Organisiertheit blieb das weite Land der Germanen seinen verschiedenen südlichen und westlichen Nachbarn, insbesondere aber den Völkern Südeuropas, für sehr lange Zeiten ein sehr befremdliches Land, barbarisch und furchtbar. Bei Lektüre des bekannten altrömischen Schriftstellers Tacitus wird das überaus deutlich. Das nachfolgende Zitat aus seinen Schriften belegt diese Sicht mit plastischer Prägnanz.

„Das Land der Germanen weist zwar im Einzelnen beachtliche Unterschiede auf, in der Gesamtheit wirkt es jedoch durch seine Wälder unheimlich, durch seine Sümpfe abstoßend. Für den Westen, nach Gallien hin, sind die Niederschläge bezeichnend, für den Osten, dagegen, sind dies Stürme und dadurch bedingte Trockenheit. Nur selten wagt sich aus unserer Welt ein Schiff in das sich unermesslich ausdehnende Meer im Norden Germaniens.

Wer hätte – abgesehen von der Fahrt über jene grauenvollen und unbekannten Gewässer – noch Lust, unsere Provinzen in Kleinasien, in Nordafrika, oder gar unser Italien zu verlassen, um nach Germanien auszuwandern, in jenes unwirtliche Land, mit einem trostlosen Leben, allzeit nur trostlos anzuschauen?"

Unklar ist bis heute, wie die nicht von den Germanen gefundene namentliche Bezeichnung dieses Volkes entstanden ist, d.h., die Entstehung des Wortes „Germane".

S. Fischer-Fabian hat sich mit dieser Frage näher auseinandergesetzt. U. a. bietet er hierfür die folgenden beiden Deutungen an.

Bei Ableitung aus einer Vokabel des Alt-Illyrisch-Thrakischen, aus dem Wort „germos" – auf Deutsch „warm" –, könnte damit auf die den Germanen nachgesagte „Hitzköpfigkeit im Gefecht“ verwiesen worden sein, die schließlich bei ihren Nachbarn den Germanen in ihrer Gesamtheit diesen Namen gegeben hat.

Eine völlig andere Entstehungsdeutung ergibt sich unter Hinzuziehung einer altenglischen Pflanzenbezeichnung. „Geormenleaf“ war dort dereinst der Name einer bestimmten Malvenart, einer Pflanze mit großen und zackigen Blättern. Daraus entwickelte sich etwas später das inzwischen kaum noch umgangssprachlich gebrauchte Wort „germana“, eine Bezeichnung für „hervorragend groß“. Angesichts der für germanische Männer in der althistorischen Literatur wiederholt bezeugten überdurchschnittlichen Körpergröße spräche manches für diese Quelle ihrer sich schließlich einbürgernden Titulierung als „Germanen“.

Doch nun zum Alltagsleben der bronzezeitlichen Germanen in Kerneuropa, wobei wir uns weitgehend auf die Ausführungen von S. Fischer – Fabian in „Die ersten Menschen“ stützen. Um es bereits einleitend bemerkt zu haben – dies scheint dereinst sehr stark durch einen vom Alltag geprägten Realismus bestimmt gewesen zu sein. Solches auch in einem gewissen Unterschied zum damaligen Leben anderer Völker, beispielsweise im südlicheren Bereich des Kontinentes.

Beginnen wir mit der Gestaltung der Häuslichkeit jener fernen Vorfahren von uns. Im Verlauf der bronzezeitlichen Entwicklung hat sich damals auch in den germanisch besiedelten Gebieten das sog. „Blockhaus“ zunehmend als der dominante Haustyp aller von Menschen persönlich bewohnten Gebäude durchgesetzt, insbesondere als seine schützende Behausung während der nächtlichen Ruhe und des Schlafes.

Für verschiedene Nebengebäude – z. B. Ställe oder Wirtschaftsräume – war es aber immer noch bei den für die spätere Steinzeit üblich gewesenen Lehmbauwerken geblieben, mit Wandungen aus hölzernem Flechtwerk, wiederholt mit feuchtem, hernach dort trocknendem Lehm beworfen.

Hinsichtlich ihrer abschließenden Bedachung griff man bei allen Haustypen jener Jahre fast immer noch auf Stroh oder Schilf zurück und beschichtete sie nun allherbstlich mit irgendwelchem wärmeisolierenden Material, z.B. mit Rinderdung.

Der große Vorteil des Blockhauses gegenüber allen Varianten von Lehmbauten war seine Witterungsbeständigkeit.

Gut gebaute und hinlänglich gepflegte Blockhäuser konnten mehreren Generationen einer Familie lebenslange Geborgenheit nicht nur gegenüber Witterungsunbilden geben, sondern sie auch vor Attacken diverser Wildtiere schützen und zugleich den Erhalt überlebenswichtiger Vorräte sichern, z. B. des Saatgetreides für die nächste Frühjahrsaussaat.

Der bei Errichtung eines Blockhauses erforderliche Arbeitseinsatz war jedoch erheblich größer als bei der Erstellung von Lehmbauten.

Zunächst mussten die für ein Blockhaus benötigten Holzstämme beschafft werden, mindestens 40 ausreichend dicke Stämme sehr gerade gewachsenen Holzes, frei von Holzkrankheiten oder Schädlingsbefall. Bereits das Fällen solcher Bäume und ihr Transport zum Bauplatz waren eine harte, sich damals sicherlich über Monate hinziehenden Arbeit einer ganzen Gruppe kräftiger Männer.

Sicherlich ist damals, im Verlauf der bronzezeitlichen Jahrhunderte – früher oder später – die Mehrzahl auch der germanischen Haushalte in den Besitz einer Bronzeaxt gelangt.

Doch solches kostbares Inventar blieb zumeist dann lange Zeiten ein behütetes liturgisches Gerät, gelegentlich wohl als Kampfwaffe benutzt, doch auch solches nur im Fall sehr ernsthafter Konfrontationen.

Das im Alltagsleben zur groben Holzbearbeitung eingesetzte Gerät war jedenfalls – nicht nur in den Übergangsjahren der Kupferzeit, sondern zumindest auch in der frühen Bronzezeit – immer noch die aus Feuerstein-Material geschlagene Steinaxt. Denn an Feuerstein gab es im heutigen Norddeutschland niemals jenen Mangel wie an Kupfer oder gar an Zinn, dort fast nirgends in natürlicher Form verfügbar.

Doch das Arbeiten mit derartigen Steinäxten war wahrlich ein sehr strapaziöses, nur sehr langsam zu den angestrebten Ergebnissen führendes Tun.

Russische Forscher haben den Energieverbrauch zwischen mit Steinäxten vorgenommener Baumfällarbeiten und analogen Tuns unter Zuhilfenahme moderner Stahläxte verglichen, auf der Basis von Gas-Analysen der ausgeatmeten Atemluft hierbei eingesetzter Arbeiter. Dabei stellte sich heraus, dass im Fall der Arbeit mit archaischen Steinäxten ein Fünffaches an Energie aufzuwenden war, in Relation zu gleichem Arbeitsergebnis mithilfe der Stahlaxt.

Das eigentliche Erbauen des Blockhauses lief dann auf viel Behauen, Einkanten, Verkeilen, Verdübeln der dicken Baumstämme hinaus, auf ihr gelegentliches Umflechten. Denn selbst der zuverlässige Eisennagel war zu jenen frühen Zeiten bekanntlich noch nicht verfügbar. Erheblichen Einsatz menschlicher Muskelkraft benötigte insbesondere das Aufeinandersetzen der mindestens 40 Baumstämme zu den vier Außenwänden des zukünftigen Gebäudes.

Nachfolgend war dann noch das Dach zu erstellen und hier viel spezielles Geschick gefragt. Die abschließende Verstopfung der Ritzen zwischen den Stämmen konnte sicherlich als der am wenigsten strapaziöse Teil des Hausbaus erachtet werden.

Während das fertig erstellte Blockhaus von seiner Bauernfamilie dann recht lange Zeit nur einen mäßigen Erhaltungsaufwand abverlangte, war ihre Feldarbeit eine alljährlich anfallende Plackerei, in Sonderheit im Zusammenhang mit der Bestellung der Äcker im Frühjahr.

Bei Fischer-Fabian findet sich hierzu der folgende Text.

„Im Gegensatz zu den erst um die Zeit von Christi Geburt allmählich aufkommenden schweren Räderpflügen war der bronzezeitliche Hakenpflug nicht in der Lage, den Boden zu wenden. Der Hakenpflug konnte mit seinem als Pflugschar dienenden Haken den Boden nur oberflächig aufreißen. Damit bei seinem Einsatz die Ackerkrume dennoch hinlänglich gelockert wurde, pflegte man den Boden nicht nur durch stets parallel gezogene Furchen der heutigen Bodenbearbeitung zu ‚beackern', sondern man pflügte ‚kreuz und quer'. Immer wieder geriet das Gerät aus der Furche. Hinlänglich gerade Furchen setzten voraus, dass jedes der beiden Zugtiere speziell geführt wurde. Dieses waren zumeist Ochsen, manchmal auch sehr kräftige Kühe, denn man verfügte kaum schon über die großen und starken Pferde heutiger Tage in solchem Ausmaß, um sie bereits für profanes Pflügen einzusetzen."

Wie an anderer Stelle bereits erörtert, waren die indoeuropäischen Hirtenkrieger auf den eher kleinwüchsigen Pferden der besonderen „Konji-Rasse" nach Kerneuropa gelangt. Das uns jetzt geläufige stattliche Reittier ist Ergebnis von Nachzüchtungen hiesiger Wildpferde.

Imitationsexperimente in neuerer Zeit haben ergeben, dass es bei diesen Bodenbearbeitungsbemühungen einen ungemein hohen Verschleiß an Gerätschaften gab. Jeder Hektar eines auf vorstehende Weise zur Aussaat vorbereiteten Ackers zerstörte zumeist weit mehr als nur einen der in mühsamer Arbeit gefertigten prähistorischen Hakenpflüge.

Neben Hafer, Roggen, Weizen und Hirse wurde seitens unserer germanischen Vorfahren insbesondere Gerste angebaut. Das geschah vermutlich vor allem deshalb, weil beim Anbau von Gerste eine hohe Zuverlässigkeit hinsichtlich eines zumindest befriedigenden Ernteertrages am ehesten gewährleistet war.

Folglich war dann auch viele Jahrhunderte lang der Brei aus gemahlenem Gerstenkorn der wichtigste Kalorienträger in den meisten germanischen Volksstämmen. Zudem bewährte sich die Gerste als Grundlage der im Lauf der Zeit ständig zunehmend Beliebtheit erlangenden Bierbrauerei. Geschmacklich verfeinerter Weizenbrei war wohl als Delikatesse besonderen Lebenshöhepunkten vorbehalten.

Bemerkenswert ist die erst seit einigen Jahren gesicherte gelegentliche Beimischung verschiedenen „Unkrautsamens“ zu den bis heute gängigen Getreidekörnern des einstigen täglichen Mahles. Derartiges Tun kann in zeitweiligen Notlagen begründet gewesen sein, aber auch in Bemühungen um geschmackliche Abwechselung. Vermutlich haben tatsächlich beide Deutungsrichtungen ihre sachliche Berechtigung.

Bei Fischer-Fabian findet sich eine Notiz über diesbezügliche Experimente der britischen Archäologen Mortimer Wheeler und Glynn Daniel. Diese beiden Männer stellten im Ergebnis ihrer Versuche abschließend folgendes originelles und interessantes „Kochrezept á la Germania“ zusammen. Vermutlich handelt es sich um die Adaptation eines Notrezeptes – oder lediglich um einen banalen britischen Scherz.

„Man nehme die sorgfältig gereinigten und getrockneten Samenkörner von Emmer, Spelz, Wollgras, Gänsefuß, Ranunkel, Raigras, Sinau, Schwarzem Nachtschatten, Schafgarbe, Kamille, Wiesenpippau, Huflattich, Windenknöterich und Hundskamille, vermenge sie mit Leinsamen, Roggen–, Hirse– und Gerstenkörnern, lasse das Ganze in 1 Liter kaltem Wasser quellen, anschließend bei schwacher Hitze 1 Stunde kochen.

Dieser Brei schmeckt nicht viel anders als unser allmorgendlich verspeister Porridge.“ Porridge besteht aus in Salzwasser gekochten Haferflocken, abschließend verrührt mit etwas Butter.

Ungeachtet der vor allem durch pflanzliche Kohlenhydrate geprägten Alltagskost waren die Germanen auch immer ausgeprägte Liebhaber eiweißreicher Fleischkost. Abgesehen von den vielfältigen Fischgerichten der in Wassernähe siedelnden Stämme und der bei fast allen Germanen sehr beliebten Kuhmilch wurde in der Bronzezeit insbesondere verschiedenes Schweinefleisch zu einem durch sie regelmäßig verspeisten Eiweißlieferant. Inzwischen hatte das Wildschwein seine Domestikation erfahren, wurde jetzt hieraus, Schritt für Schritt, das weitaus weniger aggressive Hausschwein gezüchtet.

Über die Winterzeit hielt der germanische Bauer nur die für die Reproduktion der für den nächsten Schlachte-Jahrgang erforderlichen Sauen und den hierfür gleichfalls unerlässlichen Eber und versorgte dieses Überwinterungsvieh vorzugsweise mit verschiedenem häuslichen Abfall.

Im Frühjahr wurden dann diese Sauen mit ihren Frischlingen auf die Waldweide getrieben. Kerneuropa war zu jenen Zeiten großenteils durch Eichenwälder bedeckt, und auch mittlerweile domestizierte Schweine hatten es keineswegs verlernt, sich in einem solchen Biotop nach Manier ihrer wildgebliebenen Verwandten zu ernähren. Hier bot sich insbesondere die sommerliche Eichelsaat der großen Bäume an.

Ein reicher Eichelverzehr seitens der Bachen und ihrer im allseits gesunden Milieu des Waldes heranwachsenden Frischlinge garantierte eine vorzügliche Geschmacksqualität des nach der herbstlichen Schlachtung der meisten dieser Tiere anfallenden Fleisches. Insbesondere galt dieses für ihre hernach sorgfältig geräucherten Schinken.

Den zumeist nur „bedingt zivilisierten“ Eber behielt man in der Regel auch während des Sommers in seinem Stall, was einerseits das Hüten der weiblichen Tiere und ihres Nachwuchses während der sommerlichen Waldweide erheblich erleichterte, andererseits im Frühherbst die immer noch als Leittiere fungierenden Muttertiere leichter wieder in ihre beengten Stallungen treiben ließ – ihrem Lebenszyklus gemäß waren selbige inzwischen durchweg wieder „läufig“ geworden.

Und der Tross der inzwischen Herangewachsenen trottete dann, mehrheitlich für letzte Lebenstage, fast immer ebenfalls willig in die enge Zwangsverwahrung durch den Menschen.

Zu einer anderen Spezialität „germanischer Fleischproduktion“ entwickelte sich damals die sog. „Mastgans“. Im Verlauf der Bronzezeit wurde die germanische Mastgans sogar ein im südlichen Europa stark nachgefragter Exportartikel.

Sicherlich wurden damals im eiweißhungrigen Germanenland nicht nur Fische, Schweine und Gänse verzehrt, Kuhmilch getrunken, sondern auch manch anderes Getier wurde dort, in Nähe der Küchen oder direkt in selbigen, gerne für seinen baldigen Verzehr zubereitet.

Fischer-Fabian zitiert in diesem Zusammenhang die Ergebnisse osteologischer Analysen von archäologisch gesicherten Funden an ehemaligen germanischen Siedlungsorten. Neben Schweinen, Fischen, diversem Geflügel sind demnach dort auch einst Rinder, Schafe, Ziegen und Pferde verspeist worden; überwiegend domestizierte Tiere.

Der Anteil hinterlassener Knochen erjagter Wildtiere bewegte sich im Fundmaterial der verschiedenen Orte zwischen 0,6 Prozent und 3,3 Prozent.

Hierzu scheinen einige Bemerkungen hinsichtlich damals üblich gewordener Konservierungsmethoden angebracht zu sein. Auf das zunehmend kunstvoll beherrschte Räuchern – unter gestaltendem Zusatz von zu verräucherndem speziellen Pflanzenmaterial, z.B. Wacholderstrauchwerk – ist bereits hingewiesen worden. Aber das Räuchern ist eine vergleichsweise zeitaufwendige Konservierungsmethode und setzt zudem spezielle räumliche Gegebenheiten voraus. Quantitativ bedeutungsvoller war zu Bronzezeiten das Pökeln, das Einlegen des ausgebluteten rohen Fleisches in mit ausreichender Salzlake gefüllte Gefäße, was die Verfügung über ausreichende Salzmengen voraussetzt.

Und Solquellen standen in Kerneuropas Binnenland zu jenen frühen Zeiten keineswegs im Überfluss zur Verfügung. Sie waren oft heiß umstritten, auch weil solcher Besitz seinem Eigentümer meistens einen zeitgemäßen Wohlstand zu bringen versprach.

Der damalige allerorten bestehende Salzbedarf hatte indessen durchaus auch weiterreichende positive handelspolitische Wirkungen. Denn es war zu erheblichen Anteilen dieser spezielle Beschaffungsbedarf, weshalb bereits zur Steinzeit entstandene Handelspfade auch in der Bronzezeit zumeist intakt blieben und z.T. Jahrtausende lang begangen wurden und dabei manch anderem fruchtbaren Austauschgeschehen ebenfalls dienten. Solche Netze der Handelspfade boten sich speziell in friedvollen Zeiten n für kontinuierliche Erweiterung an, nutzbar für diverse Zwecke, langfristig unverzichtbar für den menschlichen Entwicklungsprozess in seiner Gesamtheit.

Nach Fischer-Fabian gewannen die Küstenbewohner von Nord– und Ostsee in der Bronzezeit das für ihre Fischkonservierung benötigte Salz dadurch, dass sie salziges Meerwasser über brennende Reisighaufen gossen. Dieses Meerwassersalz fand sich dann in der Asche des Brandes, durch den Ruß des Feuers schwärzlich eingefärbt, und durch würzigen „Rauchgeschmack“ aufgewertet.

Zusammen mit zerkleinertem frischem Rettich soll sich dadurch eine einstmals sehr gefragte Geschmacksnuance ergeben haben. Als weitere Würzmittel waren Zwiebel und Poree allgemein bekannt.

Abschließend zu diesen Notizen über „altgermanische Küche“ sei auf die breite und vielseitige Verwendung von Äpfeln und diversem Beerenobst hingewiesen. Der hiesige Apfelbaum ist vermutlich ein Ergebnis eigenständiger altgermanischer Züchtungsarbeit, quasi ein echtes „Germanikum“.

Die verspeisten Beeren hingegen wurden als Wildobst in den damaligen riesigen Wäldern geerntet, oft in erheblichem Umfang – Vogelbeeren, Hagebutten, Brombeeren, Holunderbeeren. Skorbut, die Mangelkrankheit in Folge einer unzureichenden Deckung des vital erforderlichen Vitamin-C-Bedarfes, hat sich gemäß der Ergebnisse archäologischer Forschung bei den bronzezeitlichen Germanen jedenfalls nur sehr selten entwickelt.

Während die tägliche Speiseneinnahme damals in allen Teilen Kerneuropas zumeist ein sehr rational geprägtes Geschehen in nüchterner Atmosphäre gewesen sein dürfte, auch bei den Germanen, spielte das Trinken eines wohlschmeckenden, zumeist leicht berauschenden Getränkes bei ihnen vermutlich seit jeher eine beachtliche gesellschaftliche Rolle, besonders nach der abendlichen Beendigung des strapaziösen Tageswerkes.

Jedenfalls wird eine solche Annahme durch die außergewöhnliche Sorgfalt gestützt, die von ihnen augenscheinlich der Herstellung ihrer Trinkgefäße geschenkt wurde.

„Wenn schlichte germanische Krieger sich auch kaum kostbares Essgeschirr leisten konnten – etwas anderes besaßen sie stets und immer – ein schönes Trinkgefäß! Selbst die einfachsten dieser Gefäße waren aus sorgfältig gedrechseltem Ahornholz hergestellt worden, reich verziert mit mannigfacher Schnitzerei. Die ‚besseren' Trinkhörner waren aus Bronze, gar aus Silber, die wertvollsten von ihnen sogar aus Gold. Sehr beliebt als Ausgangsmaterial für das hochgeschätzte Trinkgefäß war auch Rinderhorn, wobei man den Trinkrand gerne mit Silberblech ausschlug.

Andererseits neigten die Germanen dazu, auch ihren metallenen Trinkgefäßen eine Hörnerform zu geben, nachgebildet dem gewaltigen Horn des Auerochsen. Was den Nachteil hatte, dass man diese Art von Gefäß nicht auf Tisch oder Beibank absetzen konnte, gezwungen war, den im Horn bei guter Füllung enthaltenen halben Liter in einem Zug auszutrinken. Allein hieraus sich ergebende Trinksitten dürften sehr bedenklich gewesen sein.

Getrunken wurde aus dem edlen Horn vorzugsweise eher alkoholarmes Bier, an Feiertagen oder zu besonderen Anlässen gelegentlich der mit einem erheblichen Fertigungsaufwand aus gegorenem Honig hergestellte Met.

Die speziellen Trinkgewohnheiten des Germanen sind vermutlich dereinst auch Tacitus aufgefallen. Jedenfalls widmet er sich in seinen Niederschriften teilweise sehr ausführlich ihrer, ihn erheblich befremdenden besonderen Trinkneigung, z. B. mit der folgenden Aussage.

‚Ihre Speisen sind einfach, ohne umständliche Zubereitung, doch den Hunger stillend. Im Trinken halten sie jedoch weniger Maß. Böte man ihnen die Möglichkeit, stets so viel zu trinken, wie sie begehren, könnte man sie durch die Befriedigung dieser Charakterschwäche eher zugrunde richten, als durch die Gewalt unserer römischen Waffen.'" (Fischer-Fabian)

Insbesondere an „langen" Wintertagen, an denen die anstehende Tagesarbeit ziemlich „überschaubar" zu bleiben pflegte, zog es die jüngeren

Männer – oft auch bereits etwas ältere – weg von ihren germanischen Gehöften, zur Jagd auf verschiedenes Wild, zur Bereicherung der täglichen Tafel durch wohlschmeckendes Wildbret.

Wobei hier auch das Schützen von Feld und Flur, Haus und Hof vor Wild verschiedener Art eine wesentliche Rolle spielte, z.B. der Schutz bäuerlicher Haustiere vor hungrigen Wölfen.

Ein anderes, ebenfalls großes diesbezügliches Problem war häufig der durch Wildschweine verursachte Flurschaden – nach mühsamer Frühlingsbestellung und mittlerweile gut aufkeimender Saat konnte eine Wildschweinrotte mit ihren zahlreichen Frischlingen durch eines frühen Morgens überfallartig durchgezogene Verwühlung aller Äcker für die Bewohner des betreffenden Gehöftes eine sich einem realen Überlebensdrama nähernde Situation bewirken – umso wichtiger war es, die Vermehrung besagter fortpflanzungsfreudiger „Schwarzkittel“ möglichst unter Kontrolle zu halten.

Ein Sonderfall war „Meister Petz“, der Bär. Sehr beliebt war und blieb damals das ungemein wärmende Bärenfell, und Bärenfleisch galt als ein besonderer Leckerbissen. Folglich war der Bär zu jenen Zeiten eine allseits gefragte Jagdbeute. Doch Bären waren zu Bronzezeiten in den germanischen Wäldern nicht mehr sonderlich zahlreich, andererseits musste ein erwachsener Bär auch als erheblich wehrhaft angesehen werden. Es war also keineswegs leicht, ihn aufzuspüren – und dann auch zu erlegen. Weshalb der bäuerliche Jäger jener Zeit ihm – nach erfolgtem Aufspüren – mithilfe listenreich angelegter Fallgruben zu Leibe zu rücken trachtete. Wobei hierdurch gleichzeitig allen „Schwarzkitteln“ der Gegend sehr wirksame Schranken gesetzt wurden. Waren diese – und gelegentlich auch andere – Wildtiere in solche tiefen Gruben gestürzt, konnte man mithilfe langer Lanzen die in der engen Tiefe nunmehr sehr bewegungsgehemmten Tiere relativ gefahrarm töten.

Pfeil und Bogen wurden bei der Jagd des Bauern und seines männlichen Gefolges fast nur für das Erlegen von Wildgeflügel und Kleinwild eingesetzt.

„Waidgerechte Jagd“ auf Hirsch, Reh und Wisent war – zeitökonomisch gesehen – extrem aufwendig und allein deshalb inzwischen bald zu einem absoluten Privileg von „Leuten mit viel Zeit“ avanciert, d.h., von Angehörigen der inzwischen sich herausschälenden obersten Gesellschaftsschichten. Und je deutlicher sich diese Differenzierung vollzog, desto prestigeträchtiger wurden die hierbei zu erlangenden Jagdtrophäen.

Der weibliche Teil der Bewohner eines bäuerlichen Gehöftes nutzte solche Tage mit relativ weniger Alltagsarbeit vorzugsweise für gemeinsames Werkeln an Bekleidung verschiedener Art, für Spinnen, Weben, Nähen, Stricken, Sticken, Schustern usw.

Größere Gehöfte erhielten im Laufe der Zeit zumeist eine spezielle kleinere Baulichkeit, in welcher dann die großen Mädchen sowie Frauen jüngeren und auch bereits mittleren Alters sich nach dem Mittagsmahl zusammenfanden, um bei fröhlich – gelöstem Geplauder mit gelegentlichen Gesangseinlagen ihre zumeist als entspannend empfundenen Heimarbeiten zu verrichten. Solche „Frauengemächer" wurden nicht selten zugleich auch als Vorratsräume genutzt, in denen sich ebenfalls der allseits interessierende Prozess des ganzjährig betriebenen Bierbrauens abspielte.

Wenden wir uns nun dem bronzezeitlichen Familienleben im Lande der Germanen etwas eingehender zu. Einleitend sei bemerkt, dass die germanischen Gemeinschaften zu jener Zeit fast ausnahmslos durch die aus den pontischen Weiten induzierte Rückkehr patriarchalisch geprägter Strukturen bestimmt waren, doch ohne dass dieses Entwicklungsgeschehen nun alle Ergebnisse der im Zusammenhang mit der ursprünglichen Sesshaftwerdung und Jahrtausende lang währenden weiblichen Dominanz im sozialen Mikromilieu vollkommen verdrängt hatte.

Sicherlich – das „letzte Wort" hatte inzwischen, stets und immer, der Hausherr, der Vater, der männliche Lebensgefährte der Bäuerin.

Die ihm gemäß gesellschaftlichem Ritus verbundene Lebensgefährtin jedoch war damals bei den Germanen keineswegs sein „williges Werkzeug", sondern ein weitgehend gleichrangiger Partner, und dies nicht nur bei der Gestaltung des aktuellen Zusammenlebens. Sie war dieses auch hinsichtlich aller Planung und Festlegung zukunftsorientierten Strebens, aufrichtig bemüht, den Lebensweg ihrer gesamten Familie gemäß obwaltender Gegebenheiten sicher und erfolgreich zu gestalten.

Grundvoraussetzung für das Gelingen eines solchen Gesellschaftsmodells war die Festlegung prinzipieller Verantwortlichkeiten sowohl für den männlichen, als auch für den weiblichen Partner in einer familiären Gemeinschaft.

„Der Mann" hatte – zu allererst – eine möglichst große Lebenssicherheit seiner Familie zu gewährleisten und vor allem äußere Gefahren aller Art abzuwehren – mutig, hartnäckig, verantwortungsbewusst. Im Alltagsleben fielen ihm die „Arbeiten außer Haus" zu – die Feld- und Weidearbeit, der Erhalt aller Baulichkeiten, ggf. ihre Erweiterung oder Erneuerung. Bei welchem Tun ihm indessen im Bedarfsfall Hilfe und Unterstützung seitens der „weiblichen Komponente" seiner Familie gesichert war, beispielsweise bei diversen Hüte- und Erntearbeiten.

Hinsichtlich der Verantwortlichkeiten für Versorgung und Pflege von in Stallungen gehaltenem Vieh gab es im Allgemeinen eine Arbeitsteilung der Art, dass der Umgang mit Pferden und Rindern grundsätzlich als „Männersache" angesehen wurde, während für Geflügel und sog. „Kleinvieh" zumeist die Frauen zu sorgen hatten.

Allerdings wurden zum alltäglichen Melken der Kühe oft auch Frauen verpflichtet, wie das alljährliche Scheren der Schafswolle im Laufe der Zeit zunehmend „Männerarbeit" wurde, wie auch die Umsorgung von Schafen und Ziegen während deren Sommerweide.

Letzteres hing vermutlich auch damit zusammen, dass Ziegen sehr gerne auf der Weide eine symbiotische Beziehung mit den in ihrer Nähe weidenden und stets von Männern versorgten Pferden eingingen und diesen öfters den Weg zu besonders schmackhaftem Futter wiesen. Auch der Umgang mit dem ständig im Schweinestall eingepferchten Zuchteber war grundsätzlich Männersache.

Sehr wichtig für ein stabiles Funktionieren des bäuerlichen Familienverbandes war und blieb, dass die lebenslange Partnerin des Hausherrn eine unangefochtene autoritäre Herrschaft über „Feuer und Vorrat" besaß und in der gesamten häuslichen Gemeinschaft diese Autorität niemals unterlaufen wurde – auch nicht vom Hausherrn und „Chef" einer solchen Gemeinschaft.

Natürlich fiel den Müttern die sorgende Pflege ihrer Kleinkinder zu, die Erziehung von Knaben und Mädchen in ihren ersten Lebensjahren. Spätestens nach Vollendung ihres zehnten Lebensjahres wurden die Jungen indessen unter die „Fittiche der Männerwelt“ genommen und in Sonderheit durch ihre Väter und älteren Brüder auf ihr späteres Leben vorbereitet.

Keineswegs unerwähnt dürfen bei einer solchen Pflichtenauflistung die vielen sog. „kleinen Arbeiten“ bleiben, deren Verrichtung fast ausschließlich den Frauen aufgetragen war, wobei insbesondere auf die Zubereitung von „Speis und Trank“ hinzuweisen ist.

Wenngleich körperlich relativ wenig belastend und gleichwohl mit großem Zeitaufwand verbunden war die ebenfalls überwiegend durch den weiblichen Teil der Familie zu leistende Herstellung und Gebrauchspflege von Kleidung und Schuhzeug für alle Familienmitglieder, desgleichen der meisten für die Haushaltsführung erforderlichen Gebrauchsartikel.

„Sie hatten dereinst die Schuhe aus anfallenden Rinderhäuten zu fertigen, Decken und Tücher zu weben und auch den Kleiderstoff für alle Kleidung anzufertigen. Sie formten zumeist das Tongeschirr auf der Töpferscheibe und sorgten für angemessene Vorratshaltung, brauten das Bier und den Met.“ (Fischer-Fabian)

In der Summe war der alltägliche Arbeitsaufwand für die in vollem Leistungsalter stehenden damaligen Frauen hinsichtlich zeitlicher Ausdehnung deutlich größer, als im Ergebnis der von ihren Männern alltäglich abgeforderten, wenngleich oft viel strapaziöseren Arbeit.

Diese Bewältigung ausschließlich dank des überlegenen männlichen körperlichen Vermögens vollziehbarer Arbeitsaufgaben durch den männlichen Familienteil trug dann sicherlich auch erheblich zu der stetig patriarchalischer dominierten gesamtgesellschaftlichen Ausrichtung in allen germanischen Völkern bei.

Gehen wir nun etwas näher auf die von der gesamten Stammesgemeinschaft getragenen rechtlichen Gegebenheiten in den damaligen eheähnlichen Beziehungen der beiden Partner einer Lebensgemeinschaft ein. Auch hierzu seien uns Auszüge aus Fischer-Fabians Werk über „Die ersten Deutschen“ gestattet.

„Verliebtheit spielte – wie zumeist bei den frühen Völkern – kaum eine Rolle, wenn es um das Verheiratetsein ging. Speziell die Mädchen hatten zumeist keinerlei Einfluss auf die Wahl ihres Partners. Es ging um die bei Bauernvölkern zumeist dominierenden Fragen: ‚Was hat er?‘, ‚Was bringt sie mit?‘, ‚Wie angesehen ist sie?‘, ‚Was hat er bereits geleistet?‘.

Man war allgemein der Meinung, dass die Heirat eine viel zu ernste Sache sei, um sie der Entscheidung der betreffenden jungen Leute zu überlassen. Folglich kamen, nach manchem tastenden Geschehen, schließlich die Familienoberhäupter zusammen, um eine detaillierte vertragliche Absprache zu treffen. Ein zähes Feilschen um diese Einzelheiten war dereinst auch in Germanien üblich.

Auch wenn es Usus war, dass die Familie des Bräutigams an die Brautfamilie einen Obolus für den nun eintretenden Verlust der Arbeitskraft der jungen Frau entrichtete, meist in Form der Überführung einer bestimmten Anzahl von Rindern, wurden immer öfter gleichzeitig auch Verabredungen darüber getroffen, welche Geschenke von beiden Seiten an das junge Paar zu überführen waren.

In der Summe war es deshalb keineswegs immer sicher, welche der beiden Familien aus solchem ‚Brautgeschäft‘ als ‚ökonomischer Gewinner‘ hervorging. Erst mit dem Vollzug aller vereinbarten Sachleistungen gewannen die vertragsähnlichen Absprachen zur Ehe des jungen Paares eine zeitlich nicht befristete Rechtskraft.

Durch die Frau war die durch derartigen Vertrag geschlossene Ehe grundsätzlich niemals zu scheiden. Dennoch gab es bei den meisten Stämmen der Germanen einen öffentlich tolerierten Ausweg bei nachhaltigem Ehelösungsbegehren der Frau – die ‚Entführung‘ durch ihren aktuellen Geliebten. Allerdings gebot die gesellschaftliche Duldung derartigen Geschehens eine hohe materielle Entschädigung des von seiner bisherigen Partnerin verlassenen Gatten.“

Geradezu grotesk benachteiligt – im Vergleich zu ihrem männlichen Partner – war die verheiratete Germanin hinsichtlich Forderungen nach Einhaltung des gegenseitigen Treueversprechens, wie auch hinsichtlich der Einhaltung verschiedener anderer auf Festlegungen des Ehevertrages basierender Verhaltensvorgaben.

„Während die Frau eine reguläre Aufhebung bestimmter Festlegungen des Ehevertrages niemals einleiten konnte, war der Mann berechtigt, sie bereits durch einen ersten ‚Willensakt‘ zu verstoßen, mit der Begründung einer ihr unterlaufenen ‚schimpflichen Verfehlung‘ , was auch immer man darunter verstehen mochte. Die Ehre des Mannes hingegen nahm keinerlei Schaden, wenn er sich sexuell außerehelich betätigte.

Unter germanischen Bauern wurde es tatsächlich geübter Brauch, sich ‚Kebsen‘ zu halten – von ihm beschäftigte Frauen, die ihm auch sexuell zur Verfügung standen. Das Wort ‚Kebse‘ ist vom altgermanischen ‚Kebisa‘ abgeleitet, worunter man auf einem Bauernhof beschäftigte Mägde aller Art verstand.“

Nach der Geburt eines Kindes musste bei den allermeisten germanischen Stämmen sich die junge Mutter einem speziellen Zeremoniell unterziehen, im Verlauf dessen der Vater des Kindes das Neugeborene als sein Kind öffentlich anerkannte.

Beispielsweise lief dieser formelle Akt in der Form ab, dass die Mutter, unter angemessenen Zeugen, ihr Kind zu Füßen seines Vaters legte und diesen um Aufhebung des Kindes bat. Erfüllte er ihr diese Bitte, waren – aus Sicht der Gemeinschaft – hinfort sowohl seine Mutter, als auch er für das Wohl des Neugeborenen verantwortlich. Solche Verweigerungen konnten durchaus auch gegenüber zweifelsohne den ehelichen Verbindungen entstammenden Kindern ausgesprochen werden, z.B., wenn selbige erhebliche körperliche Mängel aufwiesen. Verweigerte der als Vater erachtete Mann besagte „Erhebung“, lag hinfort die Verantwortung für das Kind ausschließlich bei seiner Mutter. Bei manchen Stämmen konnte die Verweigerung der Vaterschaftsanerkennung indessen auch die unmittelbare Aussetzung des betreffenden Kindes zur Folge haben, somit, in der Regel, seinen umgehenden Tod.

Wir halten fest – in Germanien war der männliche Dignitatus zumeist berechtigt, mit kühlem Herzen die Verantwortung für von ihm gezeugte Kinder allein deren Müttern „zuzuschieben“.

Auch in anderen Belangen waren Frauen erheblich benachteiligt. Z. B. hatten sie in den Beschlussorganen ihres Stammes weder Sitz noch Stimme, waren nur beschränkt – oder überhaupt nicht – erbberechtigt usw.

„Dennoch – in der Regel verstanden es die Germaninnen, durch Klugheit und Energie in ihren Familien beachtliche Anerkennung und Respekt zu erlangen – hing doch von ihrer Umsicht und ihrem Fleiß das Wohlergehen aller auf ihrem Gehöft Lebenden erheblich ab. Auch in Darstellungen verschiedener antiker Schriftsteller wird das immer wieder deutlich."

Bereits im späten Neolithikum marschierte der germanische bäuerliche Kämpfer mit einem Schutzschirm in das Gefecht. Und der Schutzschirm, der „Schild", blieb dann bis zum Ende des neuzeitlichen Mittelalters eine gefragte Schutzwaffe, bis zum Aufkommen der auf Basis des sog. „Schwarzpulvers" funktionierenden Feuerwaffen.

Neuerdings sehen wir solche Schilde wieder öfters bei Einsätzen moderner schutzpolizeilicher Einheiten.

„Damals bestand der Schild aus Holz, war mit Leder bezogen, später mit Bronze oder Eisen eingefasst. In der Mitte befand sich zunächst ein aus knorrigem Holz, später aus Metall gefertigter „Buckel", der die an der Innenseite – mittels der Schildfessel – den Schild haltende Hand vor gelegentlich das Holz durchdringenden Speeren oder Pfeilen schützte. Später wurde aus diesem „Buckel" ein lang gezogener metallener Dorn, wodurch der Kämpfer über eine zusätzliche Stoßwaffe verfügte. Zudem diente der Schild als Lautverstärker des Schlachtrufes – von einem dumpfen Murren schwoll der Schlachtruf mit der Hitze des Kampfes zu gewaltigem Getöse an.

Kam es in der Schlacht zu Auflösungserscheinungen, schloss man sich meistens zu verzweifelt kämpfenden Schildburgen zusammen, zu igelförmigen Gebilden, die nur schwer zu sprengen waren." (Fischer-Fabian)

Der Hauptzweck solcher Schilde war jedoch der individuelle Schutz des Kämpfers, und hierfür fand er in frühen Jahrhunderten eine ständige Veränderung. Zu nennen sind hier ständige bronzezeitliche qualitative Verbesserungen seiner Lederbespannung, die Fütterung des zwischen Leder und Holz liegenden Zwischenraumes mit Dämmstoffen verschiedener Art – um die auf ihn durch Schwert oder Keule prasselnden gegnerischen Schläge etwas abzufedern und sie nicht in ihrer vollen Wucht auf die den Schild tragende Hand einwirken zu lassen.

Durch diese Schilde wurde den bereits im Mesolithikum üblich gewordenen gelegentlichen Pfeilattacken viel von ihrem zeitweiligen Schrecken genommen. Wenn nicht aus dem Hinterhalt für die Zielperson völlig unerwartet abgeschossen, blieb solchem Menschen meist ausreichend Zeit, um den Pfeil in schneller Reaktion mit dem Schild aufzufangen. Wenn nicht mit Hilfe aus östlichen Weiten übernommener spezieller Qualitätsbögen abgeschossen, drangen zur Bronzezeit kaum noch die damaligen Pfeile durch die nun relativ dicken und aus stabilem Hartholz gefertigten Schilde.

Besagte Qualitätsbögen aus dem europäischen Osten waren jene Meisterstücke handwerklicher Kunst, in welche man eine enorme Stemmkraft erfordernde Rinderhornteile eingefügt hatte. Ihre zielsichere Handhabung erforderte vom Schützen sowohl eine sehr große Arm-, Brust- und Rückenmuskelkraft als auch eine lange Schießübung.

Dann jedoch konnten die von solchen Bögen abgeschossenen Pfeile weit über 100 Meter fliegen und auf kürzere Distanzen eine enorme Durchschlagskraft besitzen.

Dennoch wurde bei den häufigen internen Auseinandersetzungen im bronzezeitlichen Germanenland nicht völlig auf gut ausgebildete Bogenschützen verzichtet, denn kurze Pfeilhagel – unmittelbar vor dem Kampf „Mann gegen Mann“ geschossen – konnten durch das „Festnageln“ der Pfeile auf den Schilden der gegnerischen Formation diese Männer im nunmehr anstehenden eigentlichen Kampf „Mann gegen Mann“ erheblich behindern, in Folge hierdurch bewirkter Minderungen ihrer Wendigkeit.

In den letzten Jahrhunderten der Steinzeit, auch in den langen Jahren des allmählichen Überganges in das Metallzeitalter, war in Kerneuropa der einzelne Krieger zumeist – neben seinem Schild – entweder mit einer scharfspitzigen Lanze, oder mit einer wuchtigen Schlagkeule ausgestattet gewesen; dazu, als Reservewaffe, mit einem Feuersteindolch.

Ausgesprochen kräftige und körperlich überdurchschnittlich große Männer bevorzugten meist die Schlagkeule – mit einem Schlaghammer aus Hartholz oder aus Stein –, die Mehrzahl der anderen, insbesondere die relativ Kleinen, die Lanze.

Die damals fast immer zusätzlich mitgeführten Feuersteindolche sind später, nach Beginn der Bronzezeit, in vielen Bauernfamilien noch über lange Jahre griffbereit gehalten worden. Kunstvoll aus einem geeigneten Stein geschlagen, zumeist mit zwei sehr scharfen Klingen, einer gleichfalls sehr scharfen Spitze, zählen sie zu den handwerklichen Spitzenprodukten aus den Jahrtausenden vor dem Gewinnen des Zugangs zu Metallerzeugung und Metallverarbeitung.

In den neolithischen Gefechten waren die Lanzenträger bemüht, ihre Waffe in den Körper des Gegners zu stechen, vorbei an dessen Schild; am ehesten gelang dieses mit einem tiefen Stich in seinen Unterleib. Einen kräftigen Stich auf den Schild versuchte man tunlichst zu vermeiden – denn die Lanze konnte in selbigem stecken bleiben und dadurch jeder weiteren Handhabung seitens ihres Besitzers im Kampfgeschehen entzogen sein. Diesem blieb dann nur noch die Notlösung eines Griffes zu seinem Feuersteindolch.

Keulenschwinger konnten hingegen nur durch ihre wuchtigen Schläge von oben erfolgreich werden, wozu – natürlich – insbesondere die körperlich besonders großen Männer besonders prädestiniert waren. Diese Kämpfer droschen also mit aller Kraft auf die schützend nach oben gehaltenen Schilde ihres Gegners ein, in der Hoffnung, dass dessen Haltearm dem ständigen Aufprall des schweren Gerätes bald nicht mehr gewachsen ist und dann die finale „Ausschaltung“ gelingt, durch einen harten direkten Schlag auf seinen Kopf.

Insbesondere bei zahlenmäßiger Überlegenheit im Gefecht konnten Duos von Lanzenstecher und Keulenschwinger, in gegenseitig unterstützendem Zusammenwirken, ihrem Gegner sehr gefährlich werden.

Der bedrängte Kämpfer konnte bei synchronem Eindringen der beiden mit seinem Schild nur entweder seinen Kopf oder Oberkörper und Unterleib schützen. Es bedurfte dann außerordentlicher kämpferischer Gewandtheit, den von unten zum Stich bereiten Lanzenträger mit eigener Lanze in Schach zu halten und gleichzeitig mit dem Schild die Keulenschläge von oben abzuwehren.

Auch im Fall unterlegener Kopfzahl im Gefecht fanden sich oft Vertreter beider Kämpfertypen zu einem Duo zusammen, meistens auf Initiative des starken Mannes mit der gewaltigen Keule – denn während des Ausholens zum Keulenschlag war sein Körper stets für einen Moment schutzlos einer schnellen Stechattacke ausgesetzt.

Bei den Auseinandersetzungen zwischen verschiedenen Germanenstämmen dominierten Kampfszenen vorstehend beschriebener Art, zeithistorisch gesehen, überraschend lange, auch noch in den Jahrhunderten des Überganges zur Bronzezeit.

Aus antiken Quellen ist gut bekannt, dass „die rauen Männer aus dem Norden“ vorzugsweise „Cuneus-Formationen“ im Gefecht bildeten. Ihre Anführer und Kampfstärksten traten an der Spitze einer solchen keilförmigen Formation an, hinter ihnen alle anderen, gestaffelt gemäß ihrer persönlichen Kampferfahrung und Körperkraft. Das Innere des Keiles wurde seitens der „Ersatzreserve“ gefüllt, von Kämpfern, welche zunächst möglichst alle schwer Verwundeten aus der unmittelbaren vorderen Gefahrenzone zu bergen und notdürftig zu versorgen bemüht waren. Bei zeitlicher Ausdehnung des Kampfes rückten dann auch sie, nach und nach, in die vorderen Gefechtsreihen, entstandene Lücken schließend.

Überraschend ist, dass bislang hinsichtlich bemerkenswerter Kavallerieformationen bei den sehr frühen Germanenheeren – weder in den frühen schriftlichen klassischen Quellen noch in den Fundergebnissen der modernen Archäologie – berichtende Notizen oder andere Hinweise sich kaum befunden haben. Und dies trotz reiterlicher Beherrschung des Pferdes.

Gegen Ende der Bronzezeit hingegen hatte die Germanenkavallerie – wie in althistorischen Quellen wiederholt zur Sprache gebracht – im Umfeld des Germanenlandes einen respektablen Ruf erlangt.

Möglicherweise hatten die zunächst in der Landschaft des nördlichen Kerneuropas noch sehr dominierenden dichten Wälder zum zeitweisen Versiegen der einst seitens indoeuropäischer Invasoren mitgebrachten kavalleristischen Fertigkeiten geführt, denn im dichten Wald waren die Kampfmethoden der pontischen Steppe tatsächlich nur eingeschränkt praktikabel.

Gegen Ende der Bronzezeit war jedoch die Domestizierung der hiesigen, relativ groß gewachsenen Wildpferdrassen gelungen, hatten diese das einstmals aus der Steppe eingeführte kleine „Konji“-Pferd weitgehend verdrängt. Und beim kavalleristischen Einsatz in einem durch das infanteristische Element dominierten Kampf „Mann gegen Mann“ sind physisch große Rösser – gegenüber den kleinen „Konjis“ – sicherlich von erheblichem Vorteil, was dann vermutlich zur Entwicklung von solchen kavalleristischen Kampftaktiken geführt hatte, die auch in waldreichen Gebieten Erfolg versprachen.

Es ist in der Fachliteratur kaum bestritten, dass insbesondere die frühe bronzezeitliche Expansion germanischer Stämme mit ihrer ständigen Bereitschaft zu kriegerischen Auseinandersetzungen in recht enger Beziehung gestanden hat, auch wenn in dieser Zeit extrem verlustreiche Großkonflikte sich eher selten ergeben haben dürften.

Es dürfte somit von Interesse sein, gesellschaftlichen Ursachen und Konsequenzen eines solchen Gemeinschaftscharakters nachzugehen.

Beachtenswert ist hierbei insbesondere, dass die frühen Germanen vorzugsweise in Formationen kämpften, in welchen ihr Anführer ein Vorbild an Kampfesmut und Kampfeskraft sein musste, sich in besonderem Ausmaß den Risiken einer Schlacht aussetzte, in einer solchen nicht nur in Ausnahmefällen sein Leben verlor. Was sich dann ändern sollte.

Die sich in der Bronzezeit einstellende Verfügung über Waffen und Gerät verschiedener Art aus Metall, die sich hiermit verändernden Kriegs- und Kampfwaffenarsenale, der jene Veränderungen begleitende Wandel von gesellschaftlichen Strukturen und Normen, der Gesamtheit von Lebensformen und Anschauungen – all dieses sollte dann im Verlauf weniger Jahrhunderte auch das Instrumentarium stammübergreifender Konfliktlösungen erheblich umprägen und Konsequenzen hinterlassen, die teilweise bis in die heutigen Tage wirksam sind.

Betrachten wir zunächst die konkreten Veränderungen in den Waffenarsenalen jener lange zurückliegenden Zeit, beginnend mit der „Krone“ bronzezeitlicher Waffenproduktion – geradezu eine Revolution in der kriegerischen Waffenausstattung symbolisierend, mit dem nun erfundenen Bronzeschwert, zusammengefasst von Göran Burenhult.

„Das Bronzeschwert war wesentlich handlicher als Steinaxt oder Holzkeule, besaß dennoch für das immer noch übliche Zerdreschen der Lederschilde zu Beginn des Kampfes eine ähnliche Eignung wie diese. Aber es verfügte auch noch über weitere, sehr wesentliche Wirkungsmöglichkeiten. Insbesondere ermöglichte seine beidseitig scharf geschliffene Klinge den raffinierten Schlagschnitt, mit dem regelmäßigen Resultat breit klaffender und stark blutender Schnittwunden. Derart getroffene Krieger verloren häufig dann sehr bald ihre Kraft infolge der erheblichen Blutverluste, konnten deshalb dann schnell zu Opfern der wüsten Kampforgie werden."

Und bei Ernst F. Jung sowie bei Otto Schertler finden wir hierzu die folgenden, ergänzenden Bemerkungen.

„Diese, vom ungarischen Raum ausgehend, den vorzeitlichen Waffenmarkt fast schlagartig erobernde Waffe, das Schwert, stieg dann schnell zu einem Mythos auf. Nicht nur für den üblichen Schlagschnitt geeignet, sondern auch als Hieb- und Stichwaffe nutzbar, vereinte das Schwert somit zusätzlich Wirkmöglichkeiten von Speer oder Lanze, von Axt oder Keule.

Noch vor dem Höhepunkt der Bronzezeit, schon um 1.400 v. Chr., gehörte das Schwert im damaligen germanischen Raum zu der Standardausrüstung des freien Mannes." (Jung)

„Die ersten Schwerter waren relativ kurz, hatten Längen von etwa einem halben Meter. Doch die Länge der Schwerter wuchs ständig, und kurz vor dem Übergang zur Eisenzeit war das Schwert zu einem für weitreichende Hiebe geeigneten Kampfmittel geworden, mit langen blattförmigen Klingen, nicht nur tiefe, sondern auch lange Wunden reißend, somit viele Blutgefäße trennend, besonders heftige Blutungen auslösend." (Schertler)

Parallel hierzu gab es im Verlauf der Jahrhunderte aber auch eine völlig andere Modifikation der ursprünglich „halblangen" Schwerter – einige schrumpften zu handlichen, sehr scharfen Bronzedolchen und lösten so allmählich dann doch die kunstvollen, jedoch wesentlich unhandlicheren Feuersteindolche als stets „am Mann geführte" Reserve– und Notwaffen ab.

Ungeachtet aller Dominanz von Bronzeschwertern und Bronzedolchen in den Waffenarsenalen jener Zeit verschwanden Speere, Lanzen, Pfeil und Bogen dort keineswegs völlig. Auch bei ihnen ersetzte man allmählich die scharfen Feuersteinspitzen nunmehr durch Spitzen aus Metall.

Mit einer dieser Modernisierung der Angriffswaffenarsenale völligen Gleichrangigkeit in gesellschaftlicher Hinsicht, gar einer noch größeren diesbezüglichen Tragweite, war die jetzt ebenfalls ein völlig neues Niveau erlangende Qualität des sog. „passiven" Waffeninventars sowie das Ersinnen und ständige Weiterentwickeln von neuartigen, sehr effektiven persönlichen metallenen Schutzmitteln für den in der Schlacht kämpfenden Krieger. Es sind hier insbesondere die verschiedenen, historisch völlig neuen Helme, Harnische und Beinschienen zu nennen.

Gesellschaftskritisch ist anzumerken, dass diese Ergänzungen in der Ausstattung von Kampfformationen im Gefecht nunmehr gewisse spezielle Konsequenzen hinsichtlich zunehmender Ungleichstellung der einzelnen Kämpfer zur Folge hatten.

Insbesondere die Produktion der Harnische, aber auch die Produktion von Helmen und der diversen Beinschienen setzte das Verfügen über beachtliche Mengen kostbarer Bronze voraus und die eigentliche Gestaltung dieser metallenen Schutzmittel einen sehr zeitaufwendigen Einsatz hoch qualifizierter Schmiede, womit sie für die Mehrheit der Bauernkrieger kaum, oder überhaupt nicht erschwinglich waren und ihr Besitz sich zu einem Privileg von sich nun immer deutlicher herausschälenden Oberschichten gestaltete.

Fortan war es der „gemeine Mann", der im Gefecht den Waffen des Gegners in besonderem Ausmaß ausgesetzt war, während die Repräsentanten der gesellschaftlich gehobenen Schichten nunmehr zunehmend hoffen konnten, zumindest bei kleineren Scharmützeln relativ unbeschadet davonzukommen.

Solches galt auch deshalb, weil die Schutzwirkung von Harnischen, Helmen und Beinschienen besonders nachhaltig war, wenn die Träger dieser kostbaren Schutzmittel sich nicht mehr – im Gegensatz zu der Masse ihrer Mitstreiter – zu Fuß in das Schlachtengetümmel stürzen mussten, sondern dies auf dem Rücken möglichst großer und starker Rosse tun konnten. Während Harnisch, Helm und Beinschienen recht zuverlässig den Oberkörper, den Kopf und die Beine vor schweren Verletzungen bewahrten, gab dem gefährdeten Unterleib des Reiters nun der Hals seines Pferdes einen gewissen Schutz. Und das Schwert ließ sich aus hohem Sitz fortan kräfteschonend wirksam schwingen. Doch solches Pferd hatte nicht jedermann. Ein Sitz auf stolzem Streitross stellte sich zudem sehr bald nicht nur für das weitgehende Verhindern schwerer Kampfverletzungen und als große Erleichterung im eigentlichen Kampf mit dem Schwert als sehr vorteilhaft heraus, sondern auch als sehr geeignet für die Ausübung der Kommandogewalt seitens des Anführers der Kämpferschar.

Was aber nun auch wiederum Probleme neuer Art heraufbeschwor. Göran Burenhult hat hierzu die folgende Notiz zu Papier gebracht.

„Es ist keineswegs überraschend, dass im Verlauf der Bronzezeit die Harnische anerkannter Schlachtenführer gelegentlich mit prangendem Gold belegt wurden. Einerseits wurde es im Kampfgetümmel so der eigenen Mannschaft erheblich erleichtert, alle Kommandos ihres Anführers in erforderlicher Deutlichkeit und ohne Zeitverzug zu erkennen, andererseits wurde hierdurch es aber auch dem Gegner erleichtert, den Überblick über das Kampfgetümmel in seiner Gesamtheit zu behalten.

Und das Tragen eines vergoldeten Harnischs in der offenen Feldschlacht zwang einen solchen Schlachtenführer in besonderer Nachhaltigkeit zu selbstverleugnender persönlicher Standhaftigkeit – jede irritierende Bewegung von ihm konnte von der Masse seiner Krieger als Fluchtansatz fehlgedeutet werden, in zugespitzter Situation verheerende Wirkung auf deren Durchhaltewillen auslösen."

Dennoch, von der für den Gegner schnell erkennbaren extrem exponierten Position des zentralen Schlachtenlenkers abgesehen – das Tragen der bronzenen Schutzmittel, das Bewegen auf dem Rücken eines starken und schnellen Pferdes waren sehr wichtige Komponenten jenes erheblichen Situationsvorteils im Gefecht, der den wohlhabenden Vertretern oberer gesellschaftlicher Schichten bei bewaffneten Auseinandersetzungen durchweg eine weit überdurchschnittliche Überlebenswahrscheinlichkeit sicherte.

Dessen ungeachtet bot auch der frühe Rittersmann, in der Gesamtheit mit seinem Schlachtenross, jedem ihm zu Fuß begegnenden Gegner eine kaum vermeidbare Schwachstelle an – den sich Stichwaffenattacken relativ schutzlos offerierenden Körper seines Pferdes. Brach das Pferd aufgrund seiner Verletzung zusammen, war ein solcher Reiter nun durch das viele Metall an seinem Körper meist erheblich, nicht selten sogar verhängnisvoll behindert.

Insbesondere aus diesem Grunde waren die Vertreter dieser sich zunehmend als gesellschaftliche Schicht konstituierenden Ritterschaft bald sehr bemüht, eine überschaubare Schar von ihnen im Besonderen verpflichteten Knappen an sich persönlich zu binden, von zumeist noch jungen Männern, die ihnen auch bei kriegerischen Aktionen stets und widerspruchsfrei zur Seite standen. Diese nahmen für die Jahre ihres Knappendienstes auf dem Hof ihres Dienstherrn Quartier, wurden von ihm verpflegt und mit zeitgemäßer Bewaffnung ausgestattet.

Von profanen Arbeitsleistungen waren sie freigestellt, in friedlichen Zeiten widmeten sie sich vorzugsweise dem Waffentraining und – gemeinsam mit ihrem Herrn – der herrschaftlichen Jagd.

Im Lauf der Zeit zog ein Ritter offenkundig nur sehr ungern in ein Gefecht, wenn er dabei nicht von mindestens zwei seiner Knappen begleitet wurde, die sich im Fall der Konfrontation mit bewaffneten Gegnern konsequent links und rechts zu Fuß neben seinem Pferd hielten. Herrschaften höherer Rangstufen begnügten sich nur selten mit der Begleitung von lediglich zwei Knappen, wobei allerdings mehr als sechs von ihnen auch kaum akzeptiert wurden. Nach Jürgen Knabe reflektieren derartige Gegebenheiten das zahlenmäßige Optimierungsstreben sog. „verschworener Gemeinschaften“, deren innerer Zusammenhalt bei zahlenmäßigem Überschreiten von sechs bis sieben Mitgliedern erfahrungsgemäß grundsätzlich brüchig zu werden droht.

Auch schon zur Bronzezeit war eine Verinnerlichung als „verschworene Gemeinschaft“, als ihrem Herrn bedingungslos verfügbare Gruppe junger Männer, vermutlich nur bei Einhaltung dieses zahlenmäßigen Rahmens erreichbar.

Im Gegensatz zu ihrem Herrn waren diese Knappen im Fall einer militärischen Auseinandersetzung einem relativ hohen Verletzungs- und Sterberisiko ausgesetzt, war es doch nun ihre oberste Pflicht, ihn und sein Schlachtross vor möglichst jeder Verwundung zu bewahren.

Im vorstehend Geschilderten sind interessante Nuancen des Entstehens bestimmter frühfeudaler Beziehungsstrukturen zu erkennen.

Als „Jetztzeitmensch“ fragt man sich wohl, wie es schon in so frühen Zeiten zu derartig festen Beziehungsverhältnissen zwischen jungen Männern und einem in „Prunk und Pracht“ in den Krieg ziehenden Harnischträger kommen konnte.

Sicherlich hat es derartiges ansatzweise und gelegentlich auch schon in den noch stark egalistisch geprägten Zeiten des Neolithikums gegeben, doch vermutlich ließ erst die fortschreitende gesellschaftliche Hierarchisierung der Bronzezeit das Entstehen von Ansätzen frühfeudaler Hofhaltung zu – des klassischen Quellsoziotops für einen gelegentlichen Aufstieg aus mittleren in höhere Gesellschaftsschichten.

Vermutlich waren die Knappen der frühen Feudalfürsten übermäßig oft nachgeborene Söhne wohlhabend gewordener Bauern, deren ferneres Lebensschicksal auf dem elterlichen Hof den Charakter eines nur leicht privilegierten Knechtes anzunehmen drohte. In ihrer Jugend hingegen hatten sie zumeist eine ähnliche Erziehung und Prägung wie der erstgeborene Hoferbe erfahren, vielleicht auch öfters an erregenden Jagden auf verschiedenes Wildgetier teilgenommen oder sich auf andere Weise auf ein lebenslanges Engagement in kriegerischem Milieu einzustimmen bemüht – um eben nicht letzten Endes ihr Leben als Knecht ihres ältesten Bruders fristen zu müssen.

Zudem waren sicherlich auch sie – wie fast alle jungen Leute ihrer Zeit – durch die seitens Priester, Schamanen und anderer Respektspersonen ständig zitierten, referierten und interpretierten Heldengeschichten emotional stark gefesselt, wenn nicht gar ideologisch völlig vereinnahmt und geblendet worden. Denn das Leben jener gottähnlichen Heldengestalten war durchweg nicht nur durch extreme, mit ungewöhnlichem Mut und großer Klugheit gemeisterte Gefahren bestimmt. Ihr Leben war zumeist auch ein Leben voller interessanter Abenteuer gewesen.

Und, vor allem – dieses Agieren hatte den Helden sehr viel Respekt, gar höchste Ehrungen eingebracht sowie oft auch höchstes Liebesglück und sozialen Aufstieg, manchmal sogar die Eheschließung mit einer liebreizenden Fürstentochter.

In der traditionellen deutschen Märchenwelt wird die Komplexität dieser Taten, Sehnsüchte und Träume bis zum heutigen Tage vielfältig und eindrucksvoll reflektiert. Eine Knappschaft auf dem „richtigen“ Hofe konnte schon zu jenen frühen Zeiten tatsächlich der erste Schritt einer realen beeindruckenden Karriere sein, wenngleich solches doch eher selten geschah. Der Tod in jungen Jahren auf einem Schlachtfeld oder bei einem der häufigen kleinen Scharmützel dürfte weitaus öfters das schlussendliche Ergebnis ihres aufopfernden Dienstes für hohe Herren – oder auch kleinere Granden – gewesen sein.

Der erhoffte soziale Aufstieg – soweit er nach einer stattlichen Anzahl von Knappschaftsjahren überhaupt erlangt wurde – fiel dann fast immer eher bescheiden aus. Aber die wenigen Ausnahmen hiervon boten ausreichend Anlass, dass ein jeder junger Knappe davon träumen konnte, dass vom Schicksal eine solche seltene Ausnahme ausgerechnet für ihn bereitgehalten werde.

Und so fanden sich, angemessene alltägliche Existenzbedingungen auf dem Hof des jeweiligen Patrons vorausgesetzt, meistens ausreichend viele eher jüngere, manchmal auch schon ältere Burschen aus dem zeitgemäßen Mittelschichtenmilieu der etablierten Bauernschaft dort ein, um dem Herrn dieses Hofes eine jahrelange bedingungslose Gefolgschaft zu leisten. Diese sich schon zur Bronzezeit hierzulande fest im Verhaltensinventar junger Männer aus bestimmtem sozialem Milieu verankernden Reaktionsketten haben sich – im Prinzip – mancherorts bis in die jüngste Vergangenheit erhalten. Noch in den letzten beiden Weltkriegen fieberte ein erheblicher Teil der deutschen männlichen Jugend ihrem persönlichen Fronteinsatz und dem ersehnten „Eisernen Kreuz" entgegen.

Im Zusammenhang mit der bronzezeitlichen Hierarchisierung bewirkte auch die zunehmende Merkantilisierung gewisse spezifische Einfärbungen alles damaligen militärischen Kampfgeschehens – denn der „Mensch an sich" wurde nun zu einem möglichen Handelsgut, im umfassenden Sinne dieses Wortes.

In Sonderheit bei kleineren bewaffneten Auseinandersetzungen mied man hinfort den „Kampf bis zum letzten Atemzug" und ließ sich bei unstrittiger Unterlegenheit und fehlenden Fluchtmöglichkeiten lieber in Gefangenschaft nehmen, um möglichst bald von seiner Sippschaft gegen angemessene Löseentgeltungen wieder freigekauft werden zu können.

Falls das unterblieb, musste man sich allerdings mit einem nunmehr sklavenähnlichen Leben abfinden. Gesunde junge Menschen mit blondem Haar und blauen Augen erzielten bei ihrem Verkauf in südlich der Alpen gelegene Gegenden Höchstpreise, wie schon an anderer Stelle zur Sprache gebracht.

Ungeachtet dessen gab es gelegentlich Entscheidungsschlachten mit außerordentlich hohem Blutzoll.

Angela Franz hat in einer bündigen Abhandlung eine um 1.250 v. Chr. im Tal des mecklenburgischen Tollenseflusses geschehene dramatische Auseinandersetzung geschildert. Sie wurde von Tausenden Männern ausgetragen und wird als die zeitlich erste der uns heute bekannten größeren kriegerischen Schlachten im nördlicheren europäischen Raum angesehen.

Jenes Schlachtfeld lag im südöstlichen Zipfel Mecklenburgs, kurz vor der Einmündung des kleinen Tollenseflusses in den etwas größeren Peenestrom, in Nähe der heutigen Kleinstadt Demmin.

Bemerkenswert ist, dass jenes Geschehen dereinst in der frühen klassischen Geschichtsschreibung keinerlei Reflexion gefunden hat – was auf erhebliche „weiße Flecken" in jenen Dokumentationen hinweist, speziell hinsichtlich des nordöstlichen Sektors von Kerneuropa.

Das bislang im Tollensetal archäologisch geborgene Fundmaterial lässt auf mindestens 1.000 in jener Schlacht um ihr Leben gekommene Menschen schließen, fast ausnahmslos Männer.

Angela Franz zitiert in ihrer Arbeit den Archäologen Jörg Orschiedt, der an den dortigen Ausgrabungen beteiligt war.

„Wir sehen hier ein großes Waffenarsenal, quer durch unterschiedliche Zeiten. Einige Waffen sind uralt, andere entsprechen dem damaligen höchsten Niveau. Wir fanden Holzwaffen, z.B. alte Lanzen, aber auch Bronzeschwerter, für damalige Zeiten hochmoderne Pfeilspitzen aus Bronze usw.."

Von archäologischer Seite wird – basierend auf Untersuchungen diverser Skelettreste – angenommen, dass damals eine angreifende auf eine verteidigende Formation gestoßen ist, ohne dass aus den Funden auf einen eindeutigen Sieger jener bronzezeitlichen Auseinandersetzung geschlossen werden kann. Bei der heute dort ansässigen Bevölkerung gilt jener Ort immer noch als eine von schaurigen Mythen umwobene Gegend, die möglichst zu meiden sei.

Mit Aufnahme der Bronzeproduktion ergab sich die Möglichkeit, zur Fertigung gänzlich neuartiger, unkompliziert handhabbarer und sehr stabiler Fixierungshilfsmittel zu schreiten, z.B. von bronzenen Nägeln und bronzenen „Klammereisen".

Eine der frühzeitlichen Produktionsbranchen, die von solchen speziellen Entwicklungen sehr profitiert heben dürften, war die damalige Fertigung von Wasserfahrzeugen. Und so seien hier zum Thema „Bronzezeitliches Schiffbau- und Schifffahrtsgeschehen" zwei spezielle Zitate aus monografischen Publikationen von Ernst F. Jung und Ernst Probst eingefügt.

„Dass man bereits gegen Ende der Bronzezeit Hohlschiffe besaß – und nicht nur Einbäume –, also Schiffe mit Spanten und Planken, darüber gibt es bereits seit dem Jahr 1921 keinen Zweifel mehr. Damals fand man bei Hjortspring auf der dänischen Insel Alsen in einem Moor ein Schiff, das die Fach– und Laienwelt in Aufregung versetzte – ein Spantenschiff aus der Zeit um 400 v. Chr. Dieses Schiff ist 13 Meter lang und fast 2 Meter breit, besteht aus halbmeterbreiten Planken aus Lindenholz. Zum beidseitigen Anlanden besitzt es an Bug und Heck einen Sporn und einen Steven. Es ist ein Ruder- oder Paddelschiff mit gut erhaltenen Ruderbänken.

Abgedichtet waren die Holzteile mit einer Harpixmasse.

Das Hjortspringschiff enthielt Waffen aller Art – Speerspitzen, Schwerter, Ringbrünnen, Holzschilde, u.a.m.. Mit seiner Tragfähigkeit von 530 kg dürfte es zu seiner Zeit etwa um 20 Krieger getragen haben.

Wenig später wurde dieser Fund durch den Bootsfund bei Nydam – nordöstlich von Flensburg gelegen – ergänzt. Dort fand man nicht nur ein Boot, sondern mehrere Boote, von denen das größte eine Länge von fast 23 Metern besaß. Es war wenig später als das Hjortspringboot gebaut worden, doch wesentlich seetüchtiger als dieses, sein Vorläufer. Bei seiner Fertigung hatte man nicht mehr Lindenholz, sondern wesentlich stabilere Eichenplanken verwendet. Seine Bootswände waren zudem erheblich höher, wodurch das Schiff nun auch relativ rauem Seegang gewachsen gewesen sein dürfte.

Segel und Kiel – allerdings – fehlten auch bei ihm, wenngleich man seine Kielplanke auffällig verstärkt hatte. Es bot 36 Ruderern ausreichend Raum, desgleichen ihren Waffen, auch einem beträchtlichen Proviantvorrat." (Jung)

„Der Distanzhandel spielte sich in Europa während der Bronzezeit überwiegend bei Nutzung natürlicher Wasserwege ab. Bemerkenswert ist die wagemutige Seefahrt jener frühen Zeiten, in nördlicheren Breiten vollführt auf tüchtigen Wasserfahrzeugen mit zunehmender Ähnlichkeit mit dem späteren ‚Drachenschiff' der Wikinger.

Allerdings gibt es keine Hinweise auf schon damals erlangte seglerische Fertigkeiten. Die Schiffe wurden wohl tatsächlich fast ausschließlich durch die Muskelkraft starker Männer bewegt." (Probst)

Hierzu darf ergänzt werden, dass zumindest die recht großen und zunehmend seetüchtigen Boote der späteren Bronzezeit wohl keineswegs ausschließlich friedlichem Warenhandel dienten, sondern auch schon damals „die Wege zwischen redlichem Handelsgeschehen und der Plünderfahrt, gar der rabiaten Seeräuberei oft ziemlich kurz geraten" waren.

Wie auch immer – die Teilhabe an solchen Unternehmungen setzte in jedem Fall viel Mut, Entbehrungsbereitschaft und vielseitige körperliche Strapazenduldsamkeit voraus.

Es dürften vor allem die potenziellen Gewinne gewesen sein, die als entscheidendes Motiv für das Eingehen derartiger hochriskanter Wagnisse wirksam waren – das angebrochene Zeitalter der „Surplus-Produktion" beflügelte zunehmend Fantasie, Erlebnisdrang und Besitzwünsche, Dignitatus war nicht mehr gewillt, sich mit dem Erlangen des Lebensnotwendigen zufriedenzugeben.

Ungeachtet des sich damals offenkundig allgemein steigernden Dranges nach Selbstverwirklichung und Weltentdeckung wollten – und konnten – die bronzezeitlichen Germanen auf die mittlerweile seit Jahrtausenden gewähnten Unterstützungsmöglichkeiten seitens übermächtiger „jenseitiger Kräfte" nicht verzichten.

Zudem bot auch in diesem Fall der Glaube an „höhere Mächte" sich als wichtiges mentales Ventil an, als Zugang zu Möglichkeiten, „bislang Ungedachtes denken zu können" und damit den Menschen neues realschöpferisches Potenzial zu eröffnen.

Es dürfte die gewonnene Erfahrung hinsichtlich derart gefundener schöpferischer Lösungen in schwierigen Situationen gewesen sein, die transzendental motiviertes Streben für lange Perioden der Menschheitsgeschichte zu einem integren Bestandteil menschlichen Lebens werden ließ; beispielsweise in aussichtsloser Position ein Überdecken des nüchternen

Kalküls durch religiöse Trance, mit tatsächlichem Erlangen eines rettenden Gedankenansatzes.

Bemühungen magischer Zukunftsdeutung gehörten schon sehr früh hierzu.

Über diesbezügliche Gegebenheiten bei den alten Germanen kann man schon bei Tacitus einiges lesen. Und von T. E. Karsten findet sich folgender Kommentar, in seiner „Die Germanen" betitelten Monografie.

„Das herkömmliche Verfahren bei der Wahrsagung war bei den Germanen ein sehr einfaches. Der Zweig eines wilden, fruchttragenden Baumes wurde abgeschnitten, in Stäbchen zerteilt. Diese versah man mit besonderen Zeichen und verstreute sie auf das Geratewohl über ein weißes Laken. Der Priester oder Familienvater hob nun – den Blick gen Himmel gerichtet – je einen Stab dreimal in die Höhe und deutete dann die darauf eingeritzten Zeichen."

Die ältesten materiell fixierten Aussagen hinsichtlich Germaniens „Welt der übersinnlichen Mächte" finden sich in den sog. „Nordischen Felsbildern". Sie stammen aus den bronzezeitlichen Jahrhunderten um 1.000 v. Chr. Ihre folgende Erörterung beruht vorzugsweise auf den Ausführungen von Arnulf Krause in seinem Buch „Von Göttern und Helden".

„Im zweiten und – hierauf folgend – ersten Jahrtausend v. Chr. entstanden in zahlreichen Regionen Skandinaviens Felsbilder, die Gesamtzahl der 100.000 weit überschreitend. Insbesondere im Gebiet um den mittelschwedischen Mälarsee sowie im äußersten Süden Schwedens schufen die damaligen Menschen ihre beeindruckenden Kunstwerke. Sie suchten sich dazu senkrechte oder leicht geneigte Felsflächen nahe der Küste aus, in welche sie dann ihre Bilder einschlugen oder einritzten – Abertausende von menschengestaltigen Figuren, teilweise von über zwei Meter Größe. Dazu kommen zahllose Tiere – Pferde, Elche, Rentiere, Eber, Schlangen –, aber auch Schiffe, zwei- und vierrädrige Wagen, Pflüge.

Des Weiteren finden sich die seltsamen ‚Schalengruben' auf den Kunstwerken, aber auch die Abbildungen einzelner Hände, Füße; schließlich von Beilen und Äxten, sowie von Kreisen in vielfältiger Form. Die Figuren treten immer als Handelnde auf, werden in Szenen zusammengefasst. Oftmals sind sie mit Schwert, Axt, Hammer, Speer bewaffnet, gelegentlich auch mit Pfeil und Bogen. Sie scheinen oft miteinander zu kämpfen, teilweise mit Speer und Schild auf Pferden stehend. Andere Figuren lenken Wagen, stehen hinter ihrem Pflug, bewegen sich tanzend, stellen sich als Akrobaten vor. Keineswegs selten blasen sie eine germanische Lure oder scheinen sich im Gebet an höhere Mächte zu wenden. Manches Mal sind sie zu einem Brautpaar vereint.

Man hat diese Bilder zumeist als Darstellungen kultischer Feiern gedeutet, bei welchen ein facettenreicher Fruchtbarkeitskult im Vordergrund gestanden zu haben scheint. Hierfür sprechen die dargestellten Schiffsprozessionen mit Sonnenscheiben und Bäumen, womit wohl an das pflanzliche Wachstum und die alljährliche Wiedergeburt der Pflanzen erinnert werden sollte. Ebenso dürften das Pflügen der Äcker, die rituelle Vereinigung von Paaren und die recht häufige Darstellung phallischer Männerfiguren auf diese Aspekte verweisen.

Des Weiteren finden auf manchen Schiffen Kultfeiern statt, mit Musikanten und Akrobaten, auch mir Waffen schwingenden Kriegern. Das Thema vieler Felsbilder ist also eine verschiedenartige Verehrung der Sonne, die Verehrung weiterer göttlicher Mächte, welche um Fruchtbarkeit – im weitesten Sinne des Begriffes – angefleht werden."

„Für die Menschen der nordischen Bronzezeit dürfte sich das Entstehen der Felsbilder mit einer Heiligung ihrer Orte verbunden haben. Vermutlich war die Tätigkeit des Einschlagens oder Einritzens der Bilder ihnen wichtiger als das fertige Bild, wurde ihr Entstehungsprozess als rituelle Handlung verstanden. Diese Überlegung stützt sich besonders auf die zahlreichen eigentümlichen ‚Schalengruben', tief in das die Bilder tragende Gestein geschlagene Aushöhlungen – möglicherweise hoffte man, beim Ausschlagen dieser Höhlungen ‚geheiligten Steinstaub' gewinnen zu können."

Oskar Almgren, ein schwedischer Hochschullehrer, hat sich schon in den 20er und 30er-Jahren des letzten Jahrhunderts intensiv mit einzelnen Figuren der vorstehend skizzierten Felszeichnungen befasst. Ernst F. Jung textete hierzu Folgendes.

„Heute zweifelt die Forschung kaum mehr daran, dass es sich bei den durch ihre Größe herausragenden dortigen Riesengestalten um Götter handelt. Die über zwei Meter große Figur eines speerschwingenden Mannes mit Ohranhängern auf dem Felsplateau von Litsleby – Tanum weist auf einen Vorgängergott Odins hin, oder gar schon auf diesen selbst. Ebenso nahe liegt es, in dem Axtgott von Kinnekulle in Västergotland einen Gott wie Thor-Donar zu sehen – Thor in nordischer, Donar in kontinentaleuropäischer Version.

Bei aufmerksamem Hinsehen wird es indessen überdeutlich – er ist ein Gott, die schwere Axt in seiner Linken haltend, seine Rechte ausstreckend, eine Riesenhand von überdimensionaler Größe. Andernorts wird er auch in seinem Bocksgespann über den Himmel fahrend dargestellt, wie es Jahrtausende später in der ‚Edda' beschrieben werden wird. Wo Thor – Donar deshalb auch die Benennung ‚Wagen-Thor' erfährt. Später sind seine Attribute Eisenhandschuhe, mit denen er seinen Blitz-Hammer fasst, und ein Kraftgürtel, der seine göttliche Kraft noch weiter zu steigern, zu verdoppeln vermag.

Mit seinem Hammer erzeugt Thor nicht nur den Gewitter-Blitz, sondern er gebraucht ihn auch zur Einsegnung von Ehen – in welchem Aktionsdualismus sich dereinst vermutlich ein Zusammenhang zwischen dem Kindersegen einer glücklichen Ehe und der aus dem Gewitterregen ersprießenden Fruchtbarkeit von Wald und Flur reflektierte.

In der großen Gestalt der Felszeichnungen von Backa-Brastad, die auf zwei Stangen ein riesiges Radkreuz emporhält, lässt sich der Himmels– und Sonnengott Tyr-Tiu-Ziu vermuten. Später wird er auf die Funktion des Schwertgottes reduziert sein, als solcher allerdings der Gott auch allen Geschehens im ‚Thing' bleiben, im altgermanischen Entscheidungs- und Gerichtsorgan. Unter der Wochentagsbezeichnung „Diensttag" hat sich die Erinnerung an die Arbeit jenes Elementes uralter germanischer Stammesdemokratie und ihres Schutzgottes Tiu bis zum heutigen Tag erhalten.

Odin war in dieser Trias der obersten germanischen Götter – Odin, Tiu, Thor – der ‚Chef', galt schlechthin als ‚Vater der Schöpfung'."

Ernst F. Jung weist abschließend darauf hin, dass eine oberste Götter-Trias auch bei vielen anderen Kulturen des Altertums existierte, z.B. bei den Phöniziern. Hinsichtlich der „individuellen göttlichen Verantwortungsbereiche" der einzelnen Mitglieder solcher göttlicher Triumvirate gab es allerdings zwischen den verschiedenen Kulturen erhebliche Unterschiede, gemäß konkreter Lebensgegebenheiten der betreffenden Völkerschaften. Neben speziellen Aktivitäten zur Ernährungssicherung konnten das die merkantile Handelstätigkeit in ihrer Gesamtheit, oder auch das eine oder andere dramatische Witterungsgeschehen sein. Ein Fruchtbarkeitsgott oder eine Fruchtbarkeitsgöttin fehlten hierbei allerdings kaum jemals.

Typisch für die damalige mentale Verfasstheit der Germanenvölker dürfte es gewesen sein, dass es bald neben dem Schöpfergott Odin einen ihm kaum nachstehenden zweiten Kraftgott gab – Thor, verantwortlich für „Fruchtbarkeit aller Art“, aber auch für alles Kampfgeschehen.

Auch das profane altgermanische Kunsthandwerk vollzog im bronzezeitlichen Jahrtausend eine beachtliche und weitgehend autonome Entwicklung. Der perspektivisch unausbleibliche Einfluss von südlich der Alpen aufgeblühten Hochkulturen machte sich in diesen Belangen erst gegen Ende der Bronzezeit stärker bemerkbar.

Ernst F. Jung ist auf diese schöpferischen Leistungen und ihre alltagskulturellen Wirkungen während der Hochphase des durch die Bronze gekennzeichneten Zeitabschnittes näher eingegangen, u.a. mit den folgenden Aussagen.

„Die handwerkliche Übung mit der Bronze beförderte die Fertigkeiten der Metallbearbeiter generell, ihr Formgefühl und ihren Schönheitssinn, was auch in der frühen Goldschmiedekunst der Germanen erkennbar ist.

So sind auf unsere Gegenwart kostbare, ästhetisch voll überzeugende, dünnwandig getriebene Goldschalen überkommen, mit ihren konzentrischen Kreisen, Strahlen und minutiös wirkenden kleinen Wölbungen an Sonnenscheiben erinnernd, von denen auf aufmerksame Betrachter selbige oft völlig einfangende ‚sonnenhafte‘ suggestive Wirkungen ausgehen.

Genannt seien in diesem Zusammenhang die goldenen Schalen von Gönnebeck bei Segeberg, aus der mittleren Bronzezeit stammend. Als am berühmtesten gilt bis heute der in Folge des Zweiten Weltkrieges verloren gegangene Goldfund von Eberswalde in der Mark Brandenburg, der aus über 70 goldenen Einzelstücken bestand, insgesamt 2,5 kg wog. Seine auffälligsten Stücke waren hochkarätige goldene Schalen und sehr exakt bearbeitete Armbänder.“

Bemerkenswert sind auch die Entwicklungen der Germanenvölker hinsichtlich ästhetischer Körperpflege und Körperhygiene, ihre diesbezüglichen speziellen Vorbereitungen auf das Begehen festlicher Ereignisse. Auch die Germanen hatten zu dieser Zeit die enorme gemeinschaftsfördernde Wirkung von in festlichem Milieu gemeinsam begangenen Feierlichkeiten nach gemeinsam erreichten anspruchsvollen Leistungszielen voll erkannt.

„Feiern bekräftigt nicht nur das Erreichte, es motiviert auch dazu, etwas Neues zu erreichen."

(Jürgen Kaube)

Hierauf bereitete man sich dann in Germanien angemessen vor.

Gehen wir nun auf einige Details der allgemeinen und der speziellen Körperpflege hiesiger Menschen jener fernen Zeiten näher ein.

Nicht nur bei den damaligen Germanen, auch bei anderen frühen Völkern lösten Defizite hinsichtlich der bei ihrer Ethnie charakteristischen Körpermerkmale meist für die Träger solcher Normabweichungen nachteilige emotionale Empfindungen in ihrer Umgebung aus, was jene allgemein belastete, speziell in der lockeren Stimmung ausklingender Feierlichkeiten sich atmosphärisch besonders störend artikulieren konnte.

Da bei den Germanen im Allgemeinen eine blonde Haarfarbe dominierte, bemühte man sich folglich generell, insbesondere aber in Vorbereitung festlicher Ereignisse, um ein möglichst helles und strahlendes Blond seiner Haarpracht. Hierfür sind von den Germanen schon zu sehr frühen Zeiten verschiedene Bleichmittel entwickelt worden. Nach Fischer-Fabian bestand eines dieser Bleichmittel aus Ziegenfett, Buchenasche, gemischt mit diversen Pflanzenextrakten; ein anderes aus Hammeltalg, Holzaschenlauge, Ätzkalk. Männer richteten im Zusammenhang mit derartigen Bleichprozeduren zumeist auch ihre Bärte sorgfältig aus. Selbige waren in Germanien dereinst in erheblicher Vielfalt gängig – Backenbärte, Kinnbärte, Schnurrbärte, u.a..

Bezeichnend hierfür ist die steigende Häufigkeit des Fundes von Rasiermessern in den archäologisch untersuchten Gräbern aus jener Zeit. (Probst)

Es sollte auch nicht unerwähnt bleiben, das unser in der deutschen Sprache geläufiges Wort „Seife“ seinen Ursprung in den damals üblichen Prozeduren der germanischen Körperpflege hat.

Zunächst verstand man dort unter „Saipon“ die vorstehend benannten Haarblondierungsmittel, woraus sich allmählich, „Schritt für Schritt“, die feste Natronseife und die bis heute gültige Wortprägung ergab.

Göran Burenhult würdigt an seinen „Menschen der Urzeit“ die komplizierten Frisuren der jungen weiblichen Schönheiten aus dem frühbronzezeitlichen Norden Europas. Über eine im dänischen Skrystrup gefundene Leiche äußerte er sich mit den folgenden Worten.

„Das Mädchen war im Alter von 18 Jahren verstorben, schlank, etwa 1,70 m groß. Ihr Haar war etwa 60 cm lang, aufwendig frisiert, m.H. eines Haarnetzes und eines Stirnbandes zusammengehalten. In ihrem Haar – nahe den Ohren – lagen goldene Ohrringe. Aus ihren Gesichtszügen können wir erraten, dass sie einst eine Schönheit gewesen sein muss. Ihre Leiche war mit einem ungewöhnlich langen Hemd bekleidet, von 1,45 m Länge. Die komplizierte Frisur der jungen Frau war möglicherweise Zeichen eines herausgehobenen sozialen Ranges und ihres unverheirateten Standes.

In dänischen Mooren gefundene Zöpfe menschlichen Haares, sorgfältig geflochten, haben unsere heutigen Prähistoriker zu der Annahme veranlasst, dass in der Bronzezeit dänische junge Mädchen ihre schönen langen Zöpfe der Jugendzeit im Zusammenhang mit einer Eheschließung einem Opferritual zu überantworten hatten.“

Gegen Ende dieses Kapitels seien zwei besonders hervorzuhebende kulturbezogene technische Erzeugnisse bronzezeitlicher Handwerkerkunst des frühen Germaniens vorgestellt – die Luren und die legendenumwobenen hohen, schlanken Goldhüte mit ihren zahlreichen, immer noch sehr rätselhaften Informationsaussagen.

Die in diesem Text bereits andernorts erwähnten Luren waren Blasinstrumente, deren Töne durch die Lippenstellung des Bläsers moduliert wurden, wie dieses auch bei unseren heutigen Fanfaren und Alpenhörnern geschieht. Luren waren vermutlich die ersten metallenen Musikinstrumente der Menschheit. Für die Erzeugung von Tönen in hohen Lagen waren die meisten Luren wenig geeignet, die Tonhöhen durch sie reproduzierter Melodien bewegten sich vorzugsweise in mittleren und tieferen Bereichen, doch durchweg in einer angenehmen, warmen Tonfarbe.

Einen besonders nachhaltigen emotionalen Eindruck bewirken die sehr tiefen, gleichwohl vollen Bässe bestimmter Luren. Luren waren in der späten Bronzezeit – um 1.000 v. Chr. – vor allem auf dem Territorium des heutigen Dänemark weit verbreitet. Insgesamt sind bis einschließlich 2019 n. Chr. allein dort von der modernen Archäologie 39 Exemplare gefunden worden.

Nach Ernst Probst ähnelte die Tonalität der Lure grundsätzlich stark den sich beim Musizieren mit der modernen Tenorposaune ergebenden Tonfärbungen. Zusammenfassend zum Instrument und seinen musikalischen Modulationsmöglichkeiten finden wir bei ihm die folgenden Worte.

„Die Lure wurde stets aus mehreren Teilen zusammengesetzt – ihr Gesamtguss schloss sich aus, weil der metallurgisch anspruchsvolle Röhrenguss zu jener Zeit noch nicht praktikabel war. Diese vorzeitige Fertigungsweise eröffnete aber auch besondere Möglichkeiten, dem neuen Instrument hinsichtlich seiner ‚individuellen' Klangfarbe einen speziellen, besonderen Charakter zu vermitteln. Auf dieser Grundlage konnten dann orchestrale Klangkörper mit in ihrer Tonalität aufeinander abgestimmten Luren zusammengestellt werden. Wurden in diese dann auch noch Flötenspieler und Trommelpauker eingefügt, war emotional tief bewegende Musik zu erwarten."

Luren wurden vermutlich, gleicherweise, sowohl für „Unterhaltungsmusik" als auch bei rituellem Geschehen zum Einsatz gebracht sowie als Fanfareninstrumente im Zusammenhang mit kriegerischen Handlungen.

In der derzeit aktuellen archäologischen Literatur wird eine Diskussion darüber geführt, ob auf Luren auch zur Unterstützung parapsychologischer Bemühungen zurückgegriffen worden sein könnte, beispielsweise bei Bemühungen zum Erreichen tranceähnlicher Zustände – bei sehr unterschiedlicher Zielrichtung selbiger.

Solches wird im Rahmen medizinischen Agierens als denkbar gehalten, aber auch im Rahmen der spirituellen Vorbereitung einer speziellen rituellen Selbstaufopferung.

Die vorzeitliche bronzene Lure des nördlichen europäischen Raumes ist bis zu 2,25 m lang, hat ein Gewicht von etwa 3 kg. Sie besteht aus Mundstück, einem aus mehreren Röhren zusammengesteckten Mittelteil – oft zu einem Kreis gebogen – und aus einer abschließenden Zierplatte am Ende des Mittelteiles, in der Regel verschiedenartig ornamentiert.

Eine ähnliche besondere Aufmerksamkeit wie den Luren gebührt den sehr seltenen, ungewöhnlich hohen goldenen Hüten der Bronzezeit. Die moderne Archäologie geht davon aus, dass sie dereinst eine herausgehobene rituelle Zweckbestimmung besessen haben, zudem ein beachtliches Potenzial damaligen Geheimwissens durch die auf ihnen eingravierten Symbole gespeichert worden ist.

Anhand des sog. „Berliner Goldhutes“ soll hier eine kurze Erläuterung zu Vorstehendem gegeben werden, unter Hinzuziehung des Inhaltes eines redaktionellen Artikels im Journal „P. M. History, 7; 2019“, und von bei „Wikipedia“ im Internet zu findenden Informationen.

Der „Berliner Goldhut“ ist 74 Zentimeter hoch, 490 Gramm schwer.

Er wurde als Treibarbeit aus einem einzigen genuinen Stück annähernd reinen Goldes in ungewöhnlich sorgfältiger, sehr viel spezielles Wissen und außerordentliche manuelle Fertigkeiten des einstigen Goldschmiedes offenbarender Treibarbeit hergestellt. Nur so ist die schließlich erreichte, extrem dünne durchgängige Wandstärke des Hutes von lediglich 0,06 Zentimetern erklärbar, bei dennoch gegebener ausreichender innerer Stabilität. Höchstwahrscheinlich diente er in der späteren Bronzezeit als äußere Schmuckverkleidung einer langschaftigen Kopfbekleidung aus organischem Material.

Aus dem Zustand seines Goldbleches ist von archäologischer Seite gefolgert worden, dass er im Zusammenhang mit dem Untergang des ihn dereinst als hochrangiges Zeremonialgerät nutzenden Kultes vergraben worden war, aufrechtstehend, verfüllt mit Erde und Asche.

Die fachwissenschaftliche Auseinandersetzung aller mithilfe diffiziler Punz-Arbeit an ihm etablierten Ornamentik hat zu der heute dominierenden Meinung geführt, dass er gegen Ende der Bronzezeit von den Priestern eines sich damals in weiten Teilen Mittel– und Nordeuropas zeitweise etablierenden speziellen Sonnenkultes getragen wurde. Diese Vermutung wird besonders durch die bildliche Darstellung eines ähnlichen Kegelhutes auf einer Steinplatte aus dem Grab von Kvik bei Schonen in Südschweden untermauert.

Der „Berliner Goldhut“ ist mit Rillen, Ringen, Kreisornamenten, auch mit liegenden Mondsicheln verziert, die – u.a. – einen hochkomplexen Kalender darstellen. Aus diesem kann man auch den Rhythmus der vollen Mondfinsternisse herauslesen, in ihrem Wiederholungsabstand von 18 Jahren und 10 Tagen.

Die Kegelspitze des „Berliner Goldhutes“ wird durch einen achtstrahligen Stern bekrönt.

Der – alles in allem – nüchterne Rigorismus des alten Germanentums wird uns „Heutigen“ plastisch durch aus sehr fernen Zeiten überlieferte Modalitäten eines Regierungswechsels in einem schwedischen Großstamm jener Epoche verdeutlicht.

Dort wurde damals ein „König“ stets für den exakt bemessenen Zeitraum von neun Jahren gewählt. Nachdem er seinen Stamm besagte neun Jahre weitgehend autokratisch geführt und geleitet hatte, wurde er noch einmal im Rahmen einer großen Zeremonie gefeiert, ihm für Einsatz und Arbeit gedankt.

Doch dann wurde er – mit seinem Einverständnis, den Stammesregeln gemäß – getötet. Nach Vollzug dieses Aktes wurde der nächste oberste Stammesführer bestimmt, mit der „Königswürde“ bedacht, für den nächsten Zeitabschnitt von neun Jahren.

Damit wurde, erstens, weitgehend abgesichert, dass kaum jemals ein charakterlich schwacher „König” an die Spitze des Stammes gelangte, und, zweitens, dass jeder absoluten „Versippung“ der obersten Stammesgewalt ein starker Riegel vorgeschoben wurde.

Über bachantisch – orgiastische, sich wochenlang hinziehende, ausschweifende Feierlichkeiten des Dignitatus in Zusammenhang mit derartigen Herrschaftswechseln in Skandinavien ist nichts bekannt geworden.

Angesicht des skizzierten besonderen Charakters jenes Geschehnisses erscheint solches ohnehin als sehr unwahrscheinlich.

ILLYRER

Die Gebirgsbäche Transsilvaniens waren vermutlich in den Jahrtausenden vor Christi Geburt in Europa jene Gewässer, in denen nicht nur dunkelrot glänzende genuine Kupferbrocken, sondern auch die besonders verführerischen „Goldnuggets“ am ehesten zu finden waren.

Goldpartikeln haben dereinst bei den Menschen der Vorzeit schon sehr bald eine besondere Aufmerksamkeit erweckt, denn mit ihrem steten warmen Glanz konnten selbst die meisten funkelnden Mineralien – auch solche, die wir heute als „Edelsteine“ ansehen – kaum mithalten.

Folglich erfreute sich das Gold aus den transsilvanischen Gebirgsbächen im weiten Umfeld dieser Gegend schon in den ersten nacheiszeitlichen Jahrtausenden allgemeiner Beliebtheit.

Im allmählich aufkommenden Tauschhandel konnte man dann schon für ein recht kleines Stück dieses Metalls sogar ein besonders hübsches Fell eines schwer zu erlegenden Tieres eintauschen. Denn in den Bächen des flachen Landes war Gold kaum jemals zu finden – und was sowohl schön war als auch selten, galt damals schon als wertvoll.

Jedenfalls lernte man dereinst in allen Teilen der Welt sehr früh, mit gefundenem Gold sehr sorgsam umzugehen.

Mit den vielen Kupferbrocken ihrer Gebirgsbäche gingen die Menschen Transsilvaniens dagegen weitaus unbefangener um. So fand man bald heraus, dass man mit dafür geeigneten handlichen Steinen selbst größere Kupferbrocken zu flachen „Pfannkuchen“ breitschlagen konnte und kleinere Brocken auf diese Weise sogar zu metallenen „Blättern“ zu formen waren. Und derartige Bemühungen gelangen insbesondere zur Sommerzeit um so eher, je länger der grobe Kupferbrocken zuvor in der prallen Sonne gelegen hatte, was dann zu der Idee führte, solche Hammer-Arbeiten nach vorherigem Erhitzen des Kupfers in einem Holzfeuer zu erledigen.

Schließlich erbrachte das auf jene Erkenntnisse aufbauende hartnäckige Experimentieren unserer frühen Vorfahren die frühe Kupfermetallurgie, auch in den Bergen Transsilvaniens.

Diesen Bemühungen schloss sich damals das Entwickeln einer frühen Goldmetallurgie sehr bald an. Vermutlich führten diese dann sogar recht bald zu allgemein praktikablen Verfahren diffiziler Goldverarbeitung, zeitlich vor dem Erlangen allen speziellen Wissens um die Gewinnung reinen Kupfers aus Kupfererz. Mit 1.064 Grad Celsius liegt der Schmelzpunkt des Goldes etwas niedriger als der Schmelzpunkt des Kupfers, mit 1.085 Grad Celsius.

Zudem geht Gold keinerlei chemische Verbindung ein und ist aus seinen gelegentlich in freier Natur entstandenen Legierungen relativ schnell zu lösen.

Harald Haarmann hat hierzu den folgenden Text verfasst.

„Das Kerngebiet der europäischen Metallverarbeitungstechnologie lag schon vor der ‚Indoeuropäisierung' unseres Kontinents in der karpatisch-balkanischen Region, hat sich dann allmählich in der östlichen Waldsteppe ausgebreitet. Die hernach nach Griechenland eindringenden Indoeuropäer-Gruppen hatten zuvor schon durch ihre Kontakte mit alteuropäischen Bevölkerungsteilen der an ihr Urterrain grenzenden nördlichen Balkanregion – insbesondere des heutigen Transsilvaniens – Kenntnis vom Schmiedehandwerk und dessen Schöpfungsresultaten gehabt.

Transsilvanische Gewässer lieferten zudem vermutlich erhebliche Anteile des damals insgesamt gewonnenen Rohgoldes.

Nachgewiesen ist diese spezielle Verarbeitung von Gold etwa seit 4.500 v. Chr.."

So viel an dieser Stelle zu der durch ihre Goldvorkommen und deren Verarbeitung begründeten Komponente eines frühen natürlichen Reichtums des späteren Illyriens.

Dieses Gebiet hatte nach dem Ende der Eiszeit eine analoge Entwicklung absolviert, wie die meisten anderen Gebiete Kerneuropas, insbesondere die frühe Sesshaftwerdung und die sog. neolithische Revolution. Heute gehört es überwiegend zu Rumänien, Bulgarien und zu jugoslawischen Staaten.

Es war eine nicht nur an verschiedenen metallischen Rohstoffen reiche Gegend, sondern sie besaß auch inzwischen große Flächen fruchtbaren Ackerbodens und üppiger Weiden, wozu sich im Verlauf der ersten Hälfte der Bronzezeit ein sehr günstiges Klima eingestellt hatte, mit beachtlicher Besonnungsintensität und geradezu optimalen jährlichen Niederschlagsmengen.

Mithin ging es den dort lebenden Menschen in jener „goldenen Periode“ der Menschheitsentwicklung in Europa durchweg gut. Man erfreute sich – quantitativ und qualitativ – fast immer einer ausreichenden Lebensmittelversorgung und eines steten Bevölkerungswachstums.

Erheblich trugen zu solchem Wohlergehen die vielfältigen Handelsbeziehungen bei, die von ihnen – auch dank relativer Nähe sich damals entwickelnder früher Hochkulturen – schon zu historisch sehr frühen Zeiten hergestellt wurden. Ihr lokaler Goldreichtum eröffnete ihnen spezielle Möglichkeiten der Teilhabe am dortigen allgemeinen Innovationsgeschehen.

Und dann drangen die jungen und energischen Reiter aus der pontischen Steppe, aus den fernen Gebieten nahe des Kaspischen und des Schwarzen Meeres, – noch vor deren Infiltration des nördlich der Alpen gelegenen Raumes von Kerneuropa – in ihre transsilvanische Welt ein, wodurch auch das Leben der Transsilvanier schicksalhafte Veränderungen erfuhr. Reinhard Schmoeckel hat sich hierzu zusammenfassend geäußert.

„In den über 1.000 Jahren, die dann nach der Einwanderung indoeuropäischer Kurganstämme in die nördliche Balkanhalbinsel vergingen, mischten sich diese Eindringlinge mit den dortigen Ureinwohnern, in einer überwiegend ruhigen Entwicklung.

Wie fast überall haben sie dann ihnen im Laufe der Zeit ihre Sprache, ihre Glaubensvorstellungen und ihre patriarchalische Gesellschaftsordnung aufgedrängt – natürlich nicht, ohne auch ihrerseits viele Anregungen von der Urbevölkerung zu empfangen.“

Was besagt, dass sie die überlegenen ackerbäuerlichen Fertigkeiten der Alteingessenen übernahmen, sowie – und dieses insbesondere – ihre Kenntnisse und Fertigkeiten der frühindustriellen Metallgewinnung und Metallverarbeitung, wodurch dann der Fernhandelsumsatz erheblich zu steigern war und das ganze Land zu einer zeitgemäßen Wohlstandsoase avancierte.

„Die Bevölkerung wurde wohlhabend, wuchs rasch an – allmählich schneller, als die zur Verpflegung der Bevölkerung benötigten Ernteerträge.“

Vermutlich gingen Letztere schließlich sogar zurück. Denn es ist uns bekannt, dass schon im mittleren Abschnitt der Bronzezeit die jährlichen Niederschlagsmengen auf der nördlichen Globushälfte geringer wurden, mit teilweise drastischen Folgen für das menschliche Leben.

Gerhard Herm zitiert in diesem Zusammenhang, in seinem Buch „Die Kelten“, die vom altklassischen römischen Schriftsteller und Poeten Ovid verfassten „Metamorphosen“.

„Ovid behauptet, dass Nil, Euphrat, Don und Ganges damals zeitweilig ausgetrocknet waren. Die wissenschaftlich belegte Tatsache, dass das nordafrikanische Libyen – bis zu dieser Zeit noch ein mit Savannen bedecktes Land – nun ständig Wüste war und ist, scheint Ovids Aussagen zu bestätigen.“

Des Weiteren weist Herm darauf hin, dass der Wiener Althistoriker Fritz Schachermeyer ein Bemühen manches vor heimatlicher Dürre in Kleinasien flüchtenden Volkes um Aufnahme im italischen Umbrien nachgewiesen hat.

Beispielsweise begannen die dortigen Grundwasserspiegel um bis zu 7 Meter zu sinken, viele Brunnen fielen trocken, die Getreideernten verkümmerten auf dem Halm.

Die aus der Verschmelzung der pontischen Reiter mit der transsilvanischen Urbevölkerung hervorgegangenen Illyrer des nördlichen Balkans spürten jene Entwicklungen in mindestens gleichem, eher größeren Ausmaß als die Bewohner der inzwischen germanisch besiedelten Territorien nördlich der Alpen.

Zudem waren im transsilvanischen Raum besonders große Waldgebiete durch den massiven Holzeinschlag zur Gewinnung der für die frühe Metallurgie unerlässlichen Holzkohle kahlgerodet worden, was die natürliche Wasserspeicherung der Waldböden stark dezimiert hatte.

Vermutlich litt dort noch kaum jemand elementaren Hunger, doch die Nahrungsmittelüppigkeit der „Goldenen Jahre“ war mittlerweile geschwunden.

Der klassische Handlungsreflex auf eine spürbare Ressourcenverknappung bestand schon damals in der Intensivierung des Bemühens eines jeden der betroffenen Volksstämme, seine Kopfzahl möglichst schnell zu erhöhen, um in der nunmehr sich forcierenden Konkurrenz um die knapp gewordenen Ressourcen gegenüber den anderen Volksstämmen die Oberhand zu gewinnen, was zu einem typischen „circulus vitiosus" zu führen pflegte, zu einem „Teufelskreislauf", in welchem die Güterverknappung – bei einer ausbleibenden Steigerung des Ressourcenaufkommens – infolge nunmehr wachsender Bevölkerungszahlen bald zu einer schließlich dramatische Formen annehmenden Konkurrenz zu führen drohte und nicht selten in einem mit zunehmender Brutalität ausgetragenen bewaffneten Konflikt endete.

Selbiges Geschehen bahnte sich dereinst nun auch in der bislang durch ihre natürlichen Gegebenheiten stark bevorzugten transsilvanischen Region an, wobei man sich dort gegen die wachsenden Bedrückungen von außen durchaus erfolgreich zu wehren verstand.

Charakteristisch hierfür war der nun einsetzende Bau sehr großer burgartiger Anlagen seitens der Illyrer, von Flucht- und Verteidigungsanlagen, teilweise von gigantischer Dimension.

Jan Berndorf geht in einer speziellen Abhandlung mit dem Titel „Burgen in der Bronzezeit" hierauf im Einzelnen ein.

Nach seiner Aussage hat Rüdiger Krause von der Universität in Frankfurt drei einstige Burgen im heutigen Rumänien näher untersucht, alle gelegen im Einzugsbereich des Karpatenflusses Mures. Die größte von ihnen war die bronzezeitliche Anlage von Cornesti.

„Ihre Mauern waren weder aus Stein, noch aus gebrannten Lehmziegeln gefertigt, sondern sie bestanden aus mit Erde gefüllten Holzrahmenwerken, von einer Pallisade gekrönt. Der innere Kern der Anlage war von nicht weniger als vier Wallkreisen geschützt, deren höchster 6 Meter hoch und 3,7 Meter breit war. Bemerkenswert ist eine komplexe Toranlage am äußeren Wall. Die dortige Zugangsgasse verjüngte sich von 6 Metern auf etwa einen Meter, vermutlich zur Sicherung verlässlicher Passantenkontrollen.

Wie sehr ein solcher Schutzaufwand durchaus seine Berechtigung hatte, wird durch Spuren einst erbitterter Auseinandersetzungen um jene Festungen belegt. Beispielsweise war man vermutlich auch damals schon in der Lage, mithilfe entsprechender Schleudervorrichtungen faustgroße gebrannte Lehmkugeln in glühend heißem Zustand zu verschießen, mit der Absicht, die in den Festungswerken befindlichen Holzbauten damit in Brand zu setzen. Es gibt genügend archäologisch gesicherte Indizien, dass solches Unterfangen öfters durchaus erfolgreich war."

Leider hat der Verlauf der Menschheitsgeschichte es immer wieder bestätigt – je größer ihr allgemeiner Wohlstand geworden war, desto ungehaltener pflegte eine Bevölkerungsgruppe zu reagieren, wenn sich hinsichtlich ihrer Lebensführung ungewohnte Beschränkungen einstellten, insbesondere Beschränkungen hinsichtlich ihrer konsumptiven Gewohnheiten.

Doch nachdem derartige Stimmungen sich bei „gehobenen" Gesellschaftsschichten fest verankert hatten, drohten sie auch umgehend die ökonomisch weniger gut gestellten Cluster einer Gesellschaft zu erfassen, für welche zudem die neuen Entbehrungen tatsächlich evident waren.

Nach dem Ende der „Goldenen Jahre" spürten auch die bronzezeitlichen Führungsschichten des transsilvanischen Raumes zunehmend das Aufkommen solcher Stimmungen in der Breite ihrer Bevölkerung. Sie begannen eine allmähliche Erosion ihrer Machtpositionen zu befürchten, eine allmählich wachsende Brüchigkeit ihres spirituellen Dogmengebäudes, was sich auch z.B. in zunehmend häufigeren Grabschändungen und Grabräubereien andeutete.

Und da der sich zunehmend verdeutlichende, schleichende gesellschaftliche Niedergang vor allem die Alltagsgestaltung und die Lebensperspektive jüngerer Bevölkerungsanteile objektiv zu belasten begann, begannen die gesellschaftlichen Führungsspitzen mit vielen jungen Menschen „spezielle Probleme" zu bekommen; auch solche, die sehr ernster, grundlegender Art waren. Es gab hin und wieder sogar Äußerungen, in denen die Berechtigung der aktuellen hierarchischen Ordnung infrage gestellt wurde – nicht nur in Gesprächsrunden der Jugend.

Ein beträchtlicher Teil der alteingeführten Geistlichkeit machte administrativen Führungskräften und den Chefs des metallurgischen Sektors zunehmend bittere Vorwürfe hinsichtlich von ihnen verübter oder tolerierter „Schändung der heiligen Natur", womit man insbesondere Kahlschläge weiter Waldflächen im Interesse der Holzkohlegewinnung meinte.

Wir können wohl davon ausgehen, das die gesellschaftlichen Spitzen des nördlichen Balkan – angesichts ihrer weitverzweigten Handelskontakte – mit bestimmten Angehörigen der sich damals herausbildenden südlicheren Hochkulturen in ständigem Kontakt und gelegentlichem Gedankenaustausch standen. Dabei wird mit Sicherheit auch das angemessene Reagieren auf gelegentliche gesellschaftliche Zuspitzungen thematisiert worden sein. Was nunmehr unerlässlich werdende interne Führungsdiskussionen der transsilvanischen Elite erheblich befruchtet haben dürfte.

Es war das spezielle Gebiet des heutigen „Siebenbürgen" in Rumänien, wo die örtliche gesellschaftliche Führungsgruppe nun – sicherlich nach sehr langer interner Diskussion – eine „kontrollierte und konzertierte soziale Revolution von oben" erdachte und auf ihrem Territorium auch erfolgreich umzusetzen vermochte.

In ihrem Kern handelte es sich dabei um eine erhebliche Reduzierung der im Verlauf des letzten Jahrtausends entstandenen vielschichtigen hierarchischen Differenzierung, desgleichen bestimmter sozialer Differenzierungstendenzen infolge der beruflich bedingten Stratifizierung der Bevölkerung während der letzten Jahrhunderte. Hauptzweck war eine Stabilisierung der gesellschaftlichen Machtpotenziale in den Händen der aktuellen Führungsspitzen, bei Erhalt der speziellen sozialen Herausgehobenheit dieser Spitzen. Durch Letzteres sollte die gegebene gesellschaftliche Grundstruktur gewährleistet bleiben.

Das in den meisten europäischen Stammesgemeinschaften nach ihrer „Indoeuropäisierung" bestehende Dogma einer „Gleichheit aller freien Männer" erfuhr jetzt dadurch eine soziale Unterfütterung, dass alle „Surplus-Ergebnisse" der Güterproduktion nunmehr in etwa gleichem Anteil einem jeden von ihnen zuteilwerden sollte, bei Wahrung der Ausnahmeposition des engen Kreises der obersten gesellschaftlichen Führungsspitze.

Insbesondere die Familie des Mannes an der obersten Spitze des Stammes sollte ein auch sozial herausgehobenes Leben führen dürfen – als Kompensation für das Tragen einer besonderen Verantwortung für den

Stamm in seiner Gesamtheit, samt aller sich hierdurch für sie ergebenden beträchtlichen speziellen Lebensrisiken sowie zur Absicherung der im Stammesinteresse liegenden persönlichen „Manöverfreiheit“ ihres obersten Chefs.

Als sichtbarer Ausdruck des Wandels in den Lebensgegebenheiten wurden – ohne Zeitverzug – alle Erdbestattungen Verstorbener verboten, mit Ausnahme der Feierlichkeiten im Zusammenhang mit dem Ableben einer Persönlichkeit aus der Fürstenfamilie.

Für alle anderen Verstorbenen wurde eine Leichenverbrennung festgelegt, mit der anschließenden Beisetzung der Leichenasche in einer Urne, ohne jegliche Grabbeigabe.

Aller Grabräuberei gingen hierdurch ihre materiellen Grundlagen, im Wesentlichen, verloren.

Der Rückgriff auf den steinzeitlichen schlichten Egalitarismus scheint damals tatsächlich ein probates Mittel zur Besänftigung der allgemein gärenden Unzufriedenheit gewesen zu sein, denn die quasi „gesetzlich“ durchgesetzte „totale materielle Solidarität“ festigte offensichtlich das generelle Gemeinschaftsempfinden des auf dem Territorium des heutigen „Siebenbürgen“ lebenden Illyrer-Stammes erheblich. Sich dieser Stimmung demonstrativ zu widersetzen, war mithin für Angehörige der einstigen Mittelschichten – zumindest zeitweise – vermutlich bald zu einem existenziell bedrohlichen Unterfangen geworden. Also unterließ man solches.

Das vorstehend skizzierte gesellschaftspolitische Manöver wäre möglicherweise auch ohne jede wesentliche Modifikation im „spirituellen Unterbau“ früher Gemeinschaft für einige Zeit durchsetzbar gewesen, hätte aber dann wohl kaum die Inauguration eines bestimmten Dogmas zur Folge haben können, das – in modifizierten Formen – bis heute Gültigkeit hat.

Es war dies die damals synchron mit der gesellschaftspolitischen „Umpolung“ im heutigen „Siebenbürgen“ bewältigte „Erfindung der menschlichen Seele“, eines neuen mentalen Faktors von wahrhaft gewaltigem und revolutionärem spirituellem Potenzial.

Bei Ernst F. Jung finden wir in seinem Buch über „Die Germanen“ hierzu folgende Bemerkungen.

„Das Verhältnis zur Natur war mit dem Ende des Neolithikums ein anderes geworden. Der Wandel vom Steinwerkzeug zum Metallwerkzeug bezeichnet diesen Prozess, steht mit ihm in Wechselwirkung.

Zudem greift der Mensch erstmalig zerstörend in seine Umwelt ein. Er rodet die Wälder und dezimiert die Tierwelt, die vordem unerschöpflich schien. Man entfernt sich immer weiter vom unbewussten Eingebettetsein in das Naturganze.

Der beginnende Raubbau an der Natur, die Eingriffe in das ökologische Umfeld – all das führt zur Entfremdung, zur Entfernung. Eine Folge hiervon ist ein Umsichgreifen, schließliches Durchsetzen von realitätsenthebenden Vergottungen der nunmehr abstrakt personifiziert ‚erdachten' Naturelemente, die damit ihre bislang angenommene konkrete, gewissermaßen ‚unmittelbare' Heiligkeit verlieren.

Im Rahmen des gängigen Glaubens an die animistische Allbeseelung war selbige ihnen bislang gegeben, im Glauben an die Beseelung von allem und jedem.

Es ist kaum etwas anderes vorstellbar, als dass dem Übergang von der Erdbestattung zur Leichenverbrennung nunmehr eine völlig neuartige Seelenvorstellung zugrunde lag, eine neue Auffassung vom gesamten Beziehungskomplex ‚Körper – Seele – Geist'.

Es ist jetzt die Seele – altgermanisch später ‚Fylge' genannt – die gemäß dieser neuartigen Seelenvorstellung sich trotz – oder gerade wegen– der Vernichtung des Körpers durch den Leichenbrand vom Körper des Toten löst, sodann weiterlebt. Demnach muss die ‚Geistseele' damals als eine vom Leib trennbare, nur zeitweilig mit ihm verbundne Substanz gedacht worden sein."

Fassen wir zusammen. Mit dem Begriff der dem Sterbenden substanziell entweichenden Seele wurde der physisch prinzipiell unsichtbare Kosmos des Transzendentalen durch einen für die menschliche Mentalität hinfort sehr wichtigen, quasi „halbmaterialisierten" Begriff bereichert.

Diese spirituellen Entwicklungen ließen das körperliche Verwesungsgeschehen nach dem Tod eines Menschen zu einem für die Hinterbliebenen psychisch eher nachrangigen Vorgang werden.

Die Erfüllung der ewigen Hoffnung von Dignitatus auf ein Weiterleben nach dem Tod wurde hierdurch auf ein deutlich höher gewähntes „Wahrscheinlichkeitslevel“ gehoben. Wodurch, letzten Endes, der neue Seele-Begriff sich dann in relativ kurzer Zeit sehr fest in der großen spirituellen Welt des homo sapiens etablieren konnte.

Die menschliche Seele war fortan als tragendes Element der nunmehr als unsterblich angesehenen individuellen Identität eines jeden einzelnen Menschen von großer Wichtigkeit für die Kontinuität des menschlichen Entwicklungsprozesses in seiner Gesamtheit.

Bewusste Akzeptanz von persönlicher Verantwortung, Ehrlichkeit, Zuverlässigkeit, Verständigungsbereitschaft und andere Verhaltenselemente haben ihr tiefenpsychologisches Fundament im nunmehr erheblich aufgewerteten individuellen Identitätsbewusstsein des Menschen. Die menschliche Seele ist dann – relativ unabhängig von den Details ihrer unterschiedlichen konfessionellen oder sonstigen weltanschaulichen Einbettung – ein zentrales spirituelles Element der Menschheit geworden und geblieben.

Wobei es nicht übersehen werden darf, dass die dereinst in Transsilvanien ausgelösten diesbezüglichen mentalen Entwicklungen – unabhängig hiervon – in manchen anderen Bereichen unseres Globus ihre gleichwertigen historischen Pendants hatten.

In den durch das hier beschriebene Ritual der Totenverbrennungen in der späteren Bronzezeit erfassten europäischen Gebieten wurde dieses Ritual im Allgemeinen nach einigen Jahrhunderten wieder aufgegeben – doch der Glaube an die individuelle menschliche Seele blieb dem hiesigen Dignitatus dennoch erhalten.

Dieser Glaube an die menschliche Seele hat in unterschiedlichen Formen dann auch in den gegenwärtig aktuellen Religionen seinen Eingang gefunden, z. B. im Christentum.

Kehren wir zu den Illyrern zurück, zu ihren vielseitigen Bemühungen um eine nachhaltige Stabilisierung ihrer labil gewordenen gesellschaftlichen Verhältnisse in Transsilvanien.

Einige Zeit nach den gelungenen Umstellungen in Siebenbürgen begann man, das neuartige Gesellschaftsmodell in ganz Transsilvanien zu übernehmen. Vermutlich sind dann die komplizierten Reformmanöver den Illyrern damals tatsächlich in ihrem ganzen Land nur deshalb gelungen, weil sich die autokratischen Führer der einzelnen Stammesverbände an die Spitze der neuen „Bewegung“ stellten und einzelne wandlungsunwillige unter ihnen mittels strukturwahrender Palastrevolutionen durch wandlungswillige Nachfolger ersetzt wurden.

Es sei betont – es ging um einen die Mittelschichten nicht völlig entmachtenden, doch erheblich belastenden, modifizierten, somit die grundsätzliche Gesellschaftsstruktur möglichst bewahrenden moderaten Egalitarismus. Angesichts der mit dem vorstehend skizzierten Umbau erheblich in die gesellschaftlichen Gesamtstrukturen gehenden Einschnitte dürfte das Ergänzen aller ökonomisch relevanten Maßnahmen durch verschiedene tiefgreifende spirituelle Korrekturen eine für den Erhalt der Gruppenstabilität entscheidende Handlungskomponente aktueller Machteliten gewesen sein – der genialische Schöpfungsakt der „Menschlichen Seele“ vollzog sich unter Orchestrierung durch altgediente und erfahrene gesellschaftliche Führungsschichten. Ansätze eines sich anbahnenden Revoltismus wurden somit hierdurch langfristig neutralisiert.

Es bleibt als Fazit: Die transsilvanischen Illyrer konnten in ihren angestammten Kernlanden die Grundstrukturen vertrauter gesellschaftlicher Verfasstheit noch weitere Jahrhunderte bewahren.

Natürlich waren in Transsilvanien die eigentlichen Ursachen für das Entstehen eines zeitweise angespannten gesellschaftlichen Klimas mit dem hier skizzierten Umsetzen einer mehrschichtigen, meisterhaft orchestrierten Reform keineswegs beseitigt. Insbesondere das Missverhältnis zwischen schwindenden natürlichen Ressourcen und einer weiterhin wachsenden Bevölkerung war durch besagtes Reformgeschehen keiner substanziellen Lösung zugeführt worden.

Den an der Führungsspitze des Landes verbliebenen Persönlichkeiten war das sich daraus perspektivisch wieder zuspitzende Dilemma offensichtlich durchaus bewusst.

Einige Zeit später wurde jedenfalls der erneut allmählich anschwellende spezielle Forderungsdruck der jüngeren Bevölkerung von ihnen dadurch „bedient“, dass jene sehr agilen jungen Familien, die nunmehr „ihr

Glück“ in fernen Ländern finden wollten, ausdrückliche Unterstützung durch sie erfuhren – als Missionare der illyrischen spirituellen Verhältnisse sollten sie „menschheitsrettend“ dort tätig werden, wo sie bei ihrem Wandern in die Ferne Aufnahme und Anerkennung fanden.

Vermutlich sollten sie nach erfolgter Vermittlung von „friedenstiftender sozialer Gleichheit“, Seelenglauben und Urnenfeldbestattung an ihr Wirtsvolk eine dortige bleibende Ansiedlung anstreben, dabei jedoch den Kontakt zu ihrer „alten“ Heimat keineswegs aufgeben, wobei die letztgenannte Orientierung sicherlich auch die perspektivische Ausdehnung der merkantilen Beziehungen Transsilvaniens im Auge hatte.

Die weitere politisch stabile Fortexistenz der illyrischen Gemeinschaft auf den von ihr seit Langem besiedelten balkanischen Territorien spricht sehr dafür, dass mit jenen „Missionarswellen“ tatsächlich nur „demografische Druckausgleichsventile“ bedient werden sollten und keineswegs die Auslösung einer totalen „Völkerwanderung“ beabsichtigt war.

Wie auch immer – die ab etwa 1.300 v. Chr. einsetzenden Auswanderungsströme junger Illyrer waren genügend stark, um die Urnenfeldkultur in weiten Teilen Europas durchzusetzen. Eine „Illyrisierung“ dieser Gebiete – in Analogie zu der stattgehabten „Indoeuropäisierung“ – erfolgte jedoch nicht.

Nach Reinhard Schmoeckel „gingen die Stoßrichtungen dieser Auswanderer in alle Himmelsrichtungen.“ Nach Aussage der archäologischen Forschung in jüngster Zeit wurden dabei zwei „Himmelsrichtungen“ besonders bevorzugt – längs der Donau in Richtung Nordwesten, in den nördlich der Alpen gelegenen Raum, und in die direkte westliche Richtung, bis hin zur Adria.

Man bewegte sich dabei – fast ausnahmslos – in Räumen, in denen damals bereits vorzugsweise indoeuropäische, mit dem Illyrischen verwandte Sprachen gesprochen wurden.

Die sich in Richtung Nordwesten vorarbeitenden, zahlenmäßig „eher überschaubar“ besetzten Gruppen junger illyrischer Missionare nebst engerer Familie, oft begleitet von kleinen Trupps kampferfahrener und verteidigungsbereiter Reiter, stießen kaum auf nachhaltige Gegenwehr. Angesichts des in Kerneuropa inzwischen weit verbreiteten brutalen Waldrodungsgeschehens hatten sich auch dort mannigfache schwelende mentale Belastungen eingestellt – der „Siegeszug der Bronze“ hatte viele Landschaften erheblich verändert und den Menschen entfremdet.

Und die klimatisch bedingte, sich allmählich steigernde Trockenheit und die hiermit verbundenen rückläufigen Ernteerträge, lösten ihrerseits auch in Kerneuropa immer wieder manche spezielle Unruhe aus.

Bei den Menschen der Wirtsländer und den ihnen zuwandernden illyrischen Missionaren gab es folglich viel Deckungsgleichheit hinsichtlich erlebter Lebenserfahrung und allgemeiner Stimmungslage. Kritisch konnten die Gespräche jedoch wohl immer wieder dann werden, wenn es um die konkreten Elemente der angestrebten „sozialen Gleichheit“ ging.

Es war vermutlich eine Reaktion hierauf, dass man sich seitens der Missionare in seinem Werben damals zunehmend auf „Seele und Urnenfeldbestattung“ konzentrierte und hierbei, im Laufe der Zeit, nördlich der Alpen tatsächlich sehr großen Erfolg hatte. Gegen eine „Leichenverbrennung als solche“ gab es seitens der maßgeblichen dortigen Autoritäten kaum jemals entscheidende Einwände, einige der „Naturheiligkeit“ besonders verbundene Priester ausgenommen. Doch selbige setzten sich nur selten durch, zumal die Leichenverbrennung gegenüber der bislang üblichen Erdbestattung auch einige unbestreitbare lebenspraktische, realpolitisch nicht zu unterschätzende Vorteile erbrachte. Der die spirituellen Grundlagen jeder menschlichen Gemeinschaft ungünstig tangierende Grabraub wurde hierdurch „gegenstandslos“, die epidemische Verbreitung infektiöser Krankheiten spürbar gehemmt.

Schließlich gelangten diese nunmehr in eine direkte nördliche Richtung sich bewegenden Missionare auch in die inzwischen germanisch besiedelten Territorien, wo fast überall Leichenverbrennung und Urnenbestattung „Usus“ wurden und dann jahrhundertelang blieben.

Erst als um 800 v. Chr. die „Zeit der zwanzigjährigen kühlen Feuchte“ begann, es nur noch selten etwas längere hinlänglich trockene Witterungsperioden gab und es zunehmend schwierig wurde, ausreichende Mengen trockenen Holzes für Leichenverbrennungen zu erlangen, wurde allmählich auch in germanisch besiedelten Landstrichen wieder eine Erdbestattung der Verstorbenen üblich.

Die illyrischen Missionare des ursprünglichen Nordwestzuges haben sich fast immer in den vorgefundenen Strukturen ihrer Wirtsländer assimilieren können und schließlich dann auch deren Sprache und Lebensform angenommen.

Auf heutigem sächsisch – böhmisch – anhaltinischem Gebiet engagierten sich die bis dorthin vorgestoßenen Illyrer – wie bereits angemerkt – an der Zerschlagung des „Reiches von Nebra“ und lösten sich als eigenständige Gemeinschaft, letzten Endes, im Strom des sich dort entwickelnden Ur-Keltentums auf.

Wenden wir uns jetzt der illyrischen Missionsbewegung Richtung Adria zu. Vorweg sei gesagt – sie gewann damals sehr schnell einen erheblich andersartigen Charakter, als der analoge Missionseinsatz der Illyrer längs der Donau. Was vermutlich – letztlich – darin begründet war, dass diese nun von den Missionsleuten aufgesuchten Landstriche durch die sich allgemein steigernde Niederschlagsarmut erheblich stärker betroffen waren als der nördlich der Alpen liegende Raum. Auch eine zunehmende Konzentration auf die spirituelle Komponente der Missionsarbeit hatte nicht jenen positiven Effekt, wie z.B. in den erheblich weiter nördlich gelegenen, inzwischen von germanischen Stämmen besiedelten Gebieten.

Alle Bemühungen der Illyrer, ihr „neues Denken“ im westlich ihres Stammgebietes liegenden balkanischen Territorium zu verbreiten, fanden vermutlich deshalb kaum eine nennenswerte Resonanz, gar Akzeptanz, weil das Auftreten der Leute aus Transsilvanien die bereits dort sehr angespannte Konkurrenz hinsichtlich ständig schrumpfender Ernährungsressourcen weiter verschärfte und zunehmend „Kämpfe um das wenige vorhandene Brot“ entfachte.

Sehr wahrscheinlich verlegten die hierdurch sich dann ergebenden, großenteils gewaltsamen Auseinandersetzungen den dortigen Menschen jeden Zugang zu dem von den Missionaren ihnen offerierten neuen spirituellen Gedankengut.

Die nachfolgenden Ausführungen hierzu stützen sich weitgehend auf die fachkundigen Aussagen von Reinhard Schmoeckel in seiner lesenswerten monografischen Publikation über „Die Indoeuropäer“.

Auch Schmoeckel begründet den bald gewaltsamen Charakter der illyrischen Missionsbemühungen auf dem Westbalkan mit einer – für damalige Gegebenheiten – relativ hohen dortigen Bevölkerungsdichte und sich hierdurch ergebende „Dominoeffekte“.

Kleinere Gemeinschaften dort alteingesessener Bevölkerung können bereits das Auftauchen der keineswegs völlig unbewaffneten, möglicherweise gelegentlich auch erheblich „überdimensionierten“ illyrischen Missionsgruppen, angesichts ihrer bereits aktuell äußerst angespannten Ernährungssituation, als letzten Anstoß für einen ihre Gemeinschaft hoffentlich rettenden Auszug aus der bisherigen Heimat angesehen haben.

Solches geschah jedenfalls immer öfter. Doch wirklich „freien Raum“ fand man kaum. Und so entwickelte sich das Ganze nun zu einem großen Drama.

„Ein Stamm nach dem anderen wurde nun jeweils von schon länger ‚auf dem Marsch Befindlichen‘ ausgeplündert, dann zum weiteren Mitmarsch gelockt, genötigt. Dem man dann sich oft beugte – offensichtlich waren jetzt Zeiten angebrochen, in denen man andernfalls mittelfristig kaum eine Überlebenschance hatte, dagegen ein ‚Verhalten gemäß dem Charakter der Zeit‘ einem möglicherweise neuen Lebensraum, gar Reichtum verschaffen konnte.“

Die Missionarsgruppen aus Transsilvanien wurden nun meistens „mitschwimmender Teil“ dieses unruhigen Milieus, nicht selten sogar der Kern neuer gemeinschaftlicher Gruppen.

„Manche Gruppen – in Sonderheit einstige Illyrer – haben dann sich zunächst an der Adriaküste festgesetzt, haben sich dort mit dem Meer, mit dem Schiffbau, mit der frühen Seefahrt vertraut gemacht. Die hierbei erlangte Beherrschung der zeitgemäßen Navigation erbrachte eine enorme Erweiterung des geografischen Horizonts dieser Menschen.“

Zudem kam es jetzt vermehrt zu zeitweiligen aktionsbezogenen seemännischen Assoziationen – insbesondere zu speziellen, illyrisch geführten Zusammenschlüssen – mit unterschiedlichen anderen Gruppen, auch aus jenen Völkerschaften, die bereits seit Langem an der Adriaklüste oder in deren Hinterland gesiedelt hatten.

„Es wäre somit falsch, die gesamte sich damals entwickelnde Seevölkerbewegung den Indoeuropäern, gar allein den Illyrern zuzuschreiben.“

Über den Weitergang des Geschehens findet sich bei Schmoeckel der folgende Text.

„Später haben sich diese Männer, ‚einmal hier, einmal dort‘, auf verschiedenen Inseln des östlichen Mittelmeeres festgesetzt. Bei längerem

Verweilen konnten Frauen und Kinder ziemlich schnell mittels geeigneter Schiffe nachgeholt werden.

Besonders angezogen fühlten sich diese eher kleinen, doch sehr kampfkräftigen Gruppen insbesondere von den reichen zivilisierten Königreichen und Städten an Ufern und auf Inseln des östlichen Mittelmeeres. Doch auch ein rascher Angriff auf frühe Häfen Dalmatiens brachte in jenen Gegenden mit ihrer inzwischen begonnenen Geldwirtschaft oft erheblichen zeitgemäßen Reichtum.

Innerhalb weniger Jahrzehnte dürfte damals die Seeräuberei in ihren verschiedenen Facetten zur Haupttätigkeit jener Abkömmlinge verschiedener Volksstämme geworden sein. Mancher Mann aus diesen Verbänden trat etwas später – wenn guter Lohn geboten wurde und reiche Beute winkte – als Söldner in fremde Dienste, beispielsweise in ägyptische oder hethitische. Dort wurden sie vorzugsweise zur Fußbegleitung der in Vorderasien inzwischen üblich gewordenen Streitwagenkolonnen verwendet. Als Bewaffnung dienten ihnen die von ihnen mitgeführten langen mitteleuropäischen bronzenen Schwerter, von den zuständigen Heeresausstattern durch einen Satz leichter Wurfspeere ergänzt.

Es zeigte sich bald, dass solche Fußsoldaten die Kampfbesatzungen der prächtigsten Kampfwagen ihrer Gegenseite relativ schnell total ‚ausschalten' konnten, wenn ihre Anzahl und die Zahl der ihnen mitgegebenen Wurfspeere ausreichend groß waren. Selbiges galt indessen auch dann, wenn man sich nach der Schlacht, unmittelbar nach dem Endsieg über den Gegner, gegen den eigenen Schlachtenlenker wandte, um sich von diesem einen angemessenen Anteil an der zu erwartenden Siegesbeute zuweisen zu lassen. Jedenfalls haben – nach verschiedenen antiken Quellen – aus dem „Seevölkermilieu" geworbene Söldner sich nach Erledigung ihrer Kampfaufträge oft gegen ihre zeitweiligen Dienstherren gewandt. Wenn es sich bei diesen nur um sog. ‚Kleinkönige' handelte, um Herrscher eines kleinen Stadtstaates, kam es sogar im Falle von ‚Unwilligkeit' dieser Herren gegenüber den Forderungen ihrer auch der Seefahrt kundigen Söldnerschar keineswegs selten vor, dass selbige, kurz entschlossen, die nur schwach befestigte Residenzstadt des betreffenden Potentaten stürmten und plünderten."

Es dauerte nicht sehr lange, und die oft unter illyrischem Kommando stehenden antiken ‚Marineinfanteristen' von der Ostküste der Adria hatten in ihrem gesamten Aktionsbereich den Ruf gefährlicher Unzuverlässigkeit erlangt. Hinfort wurden sie zumeist nur in kleiner Anzahl engagiert und dann vorzugsweise zur Füllung von entstandenen Lücken bei als unbedingt zuverlässig geltenden Formationen verwendet." Was nun zur Folge hatte, dass selbige sich wieder verstärkt ihrem „Hauptberuf" zuwendeten, der Seeräuberei.

In Griechenland hat man damals relativ lange von einem Anwerben derart zwielichtigen Personals Abstand genommen.

„Doch als aller friedlicher Handel im gesamten Mittelmeer infolge übermächtig werdender Seeräuberei zusammenzubrechen drohte, nahm man schließlich dann doch ein scheinbar günstiges Angebot seitens einer Gilde kriegstüchtiger Männer nicht völlig geklärter Herkunft an. Das Ergebnis dieses Leichtsinns war eine Brandschatzung der meisten griechischen Burgen."

Erst gegen 1.150 v. Chr. wurde diese, den gesamten Mittelmeerraum sehr belastende, sehr schlimme Periode beendet.

„Um das Jahr 1.180 v. Chr. wälzte sich durch Syrien und Palästina eine ‚Walze der Vernichtung' auf das pharaonische Ägypten zu, getragen durch eine Vereinigung verschiedener kleinerer, durch kriegerische Unruhen der Zeit entwurzelter Kleinvölker, seeseitig unterstützt durch Nachkommen der ursprünglich von Dalmatien aus operierenden Seeräuber illyrischen Ursprungs.

Pharao Ramses III. mobilisierte seine gesamte Streitmacht, und im Jahr 1179 v. Chr. kam es dann zu einer gewaltigen Land- und Flussschlacht im Bereich des östlichen Nilarmes, östlich des heutigen Port Said.

Ramses siegte, und die etwa 100 Jahre lang herrschende große Unsicherheit und Unruhe im mediterranen Raum, insbesondere in der östlichen Hälfte des Mittelmeeres, fand nun ihr Ende.

Dennoch belasteten die Folgen jener Zeit noch lange das gesamte dortige Entwicklungsgeschehen, mit nachteiligen Konsequenzen auch für das nördlichere Europa. Nicht nur Kunst und Handel rund um das Mittelmeer erholten sich nur langsam, auch die erst kurz vorher dort entwickelte Form der schriftlichen Dokumentation kam zu einem zeitweisen Erliegen.

Eine vollwertige, vielseitige Kultur begann im östlichen Mittelmeerraum erst wieder mit den Phöniziern zu erblühen.“

Das illyrische Kernland konnte sich noch recht lange behaupten. Im 5. Jahrhundert v. Chr. waren – nach Herodot – die Illyrer zudem nicht nur in ihrem transsilvanischen Kernland, sondern auch immer noch in der Weite aller Landschaften zwischen den Flüssen Etsch und Morava dominant. Erst um 100 v. Chr. hat das Imperium Romanum sich jenes Gebiet als Provinz einverleibt.

Fortan kam ein erheblicher Anteil der laufenden humanen Ergänzungen für die militärischen Legionen Roms von dort. Und verschiedenen Illyrern gelangen beachtliche römische Karrieren, einige von ihnen erlangten sogar die Kaiserwürde, z. B Diokletian und Justinian.

Von den dereinst an die Breite der heutigen kroatisch-albanischen Adriaküste gelangten Illyrern und deren Nachkommen verblieb schließlich nur eine illyrisch dominierte Exklave auf dem heutigen Staatsgebiet Albaniens. In der modernen albanischen Sprache ist immer noch ein erhebliches Kontingent des einstigen illyrischen Wortschatzes zu erkennen (Wikipedia).

EIN KURZER BLICK IN DEN VORDEREN ORIENT

Die Entwicklung des nacheiszeitlichen Europas stand immer in einer gewissen Beziehung zum Geschehen im vorderen Orient. Damals verliefen dort die humanen Entwicklungsprozesse tendenziell deutlich schneller, bedingt durch vorteilhafte klimatische Bedingungen und gewisse territoriale Eigenheiten. Auch in Richtung ferner Osten strahlte der vordere Orient als eine Quelle von Ideen und praktikabler Neuerungen verschiedener Art ständig aus, bis hin zum indischen Teilkontinent.

Lange Jahrtausende nach Ende der letzten Eiszeit erfreute sich diese Gegend zumeist nicht nur einer steten überreichen Zufuhr von Sonnenenergie, sondern auch ausreichender feuchter Niederschläge, um dort den frühen Menschen angenehme zeitgemäße Lebensbedingungen zu bieten.

Doch ausgangs des Neolithikums, dann im Verlauf der Bronzezeit, änderte sich dieses insofern, als dass der lebensspendende Frühsommerregen allmählich deutlich spärlicher wurde.

Während des hier von uns näher zu betrachtenden Zeitabschnittes, der Bronzezeit, wurde die Landschaft des vorderen Orients zunehmend durch ein schleichendes Versteppungsgeschehen geprägt sowie durch die Fortexistenz unterschiedlich breit ausgeprägter Schwämmbodenniederungen an den Ufern aus gebirgigen Gegenden stammender, nunmehr beruhigt fließender Gewässer.

Diese Böden konnten bei geschicktem ackerbäuerlichem Umgang mit ihnen sehr ertragreich sein und grenzten sich meist relativ abrupt von zunehmend versteppenden Weidegebieten ab. Das Siedlungsverhalten der dort lebenden Menschen hatte sich mittlerweile hierauf eingestellt.

Auf den als potenziell sehr fruchtbar erkannten Schwämmlandböden bemühten sich die dort ansässigen Bauern um ein möglichst landsparendes, räumlich sehr enges Zusammenleben, in Baulichkeiten mit möglichst geringem Bodenbedarf. Denn der kostbare Schwemmlandboden sollte möglichst vollständig dem ergebnisträchtigen ackerbäuerlichen Bemühen erhalten bleiben.

Solche räumliche Konzentration führte dann auch zu insgesamt sehr kurzen Arbeitswegen, zu ständiger Nähe von Arbeitsort und Wohnstatt – von erheblichem Vorteil für Kleinkindbetreuung und -erziehung.

Ein anderer entscheidender Effekt mit enormer Wirkung für das dortige Entwicklungsgeschehen in seiner Gesamtheit war sicherlich die sich jetzt ergebende ungemein dichte alltägliche Kommunikation dieser, für damalige Zeit, außergewöhnlich kopfzahlstarken Bevölkerungscluster.

Das alles hatte dann nicht nur eine zunehmend qualifizierte ackerbäuerliche Arbeit zur Folge, sondern auch ein allgemeines Aufblühen aller Art handwerklicher Kunst, sowie zunehmende berufliche Stratifizierung in den engen Gemeinschaften, was dann mit zunehmendem Warenhandel einherging und schließlich auch mit einer zunehmend straffer werdenden Hierarchisierung der fast durchgängig immer bevölkerungsstärker werdenden, allmählich Formen einer Stadt annehmenden Siedlungen.

In Kerneuropa spielte sich die analoge Entwicklung erheblich später ab – die lange Zeiten dort damals fortbestehende eher gestreute Siedlungsweise mit großen Freiräumen um die einzelnen Gehöfte ergab ein wesentlich schwächer ausgeprägtes Kommunikationsgeschehen, aber auch kaum zwingende Erfordernisse ständigen Abstimmens aller Vorhaben und Handlungen innerhalb des Clusters, gar in der gesamten Siedlungsgemeinschaft.

Und auch das berufliche Stratifizieren verlief sehr moderat – das einzelne Gehöft blieb hier, teilweise bis in die junge Vergangenheit, weitgehend autonomer „Universalversorger".

Aber nicht alle Bewohner dieser Gebiete hatten sich auf den ungemein fruchtbaren Landstreifen in Flussnähe, eng gedrängt, ansiedeln wollen – oder können – und lebten weiterhin als Halb- oder Vollnomaden in den zunehmend weniger Vegetation bietenden, zunehmend einen steppenartigen Charakter annehmenden Weiten Vorderasiens, zumeist weit zerstreut.

Die Bewohner der vergleichsweise volkreichen Siedlungen in den flussnahen Feuchtgebieten waren ursprünglich durchweg Ackerbauern.

Doch bald begann diese Bevölkerung, sich zu differenzieren. Es erfolgte nicht nur eine bleibende Hierarchisierung in ein soziales „Oben" und „Unten", sondern, hierzu parallel, eine durchgängige Stratifizierung gemäß verschiedener, sozial unterschiedlich bewerteter handwerklicher und sonstiger Berufsgruppen.

Existenzielle Hauptgrundlage jener sich dann allmählich zu den ersten Städten entwickelnden flussnahen Bevölkerungsaglomerationen blieb jedoch sehr lange dennoch der bäuerliche Ackerbau, wobei man neben einigen Getreidearten auch manche Hülsenfrüchte anbaute.

In der Regel waren jährlich zwei Getreideernten möglich, Hülsenfrüchte reiften fast während des ganzen Jahres. Jede Familie separierte in einem kleinen Raum seiner Baulichkeit einen bestimmten Teil der beiden jährlichen Getreideernten für ihre Ernährung in der Zeit zwischen diesen, sowie als Saatgut. Zumeist lagerte man auch einige Hülsenfrüchte, zu gleichem Zweck.

Das Getreidesaatgut wurde im Rahmen des streng periodisierten Produktionszyklus der verschiedenen Getreidearten stetig erneuert. Auf Hülsenfrucht-Saatgut hingegen wurde im Verlauf des gesamten Jahres beliebig zurückgegriffen, nach dem jeweiligen aktuellen Bedarf.

Dieses archaische Saatgut-Regime in den Feuchtgebieten des Nahen Ostens, praktiziert in lange zurückliegenden Zeiten, war der modernen Archäologie bereits seit Längerem bekannt.

Doch dann offenbarten neuere Ausgrabungen unserer modernen Archäologie, dass in den nunmehr zu Städten gereiften größeren agrarischen Siedlungseinheiten regelmäßig auch relativ große, siloartige Baulichkeiten dereinst errichtet worden waren, offensichtlich nicht zur Zwischenspeicherung von Grundnahrungsmitteln für hinsichtlich ihrer Kopfzahl überschaubare Familien oder Sippschaften angelegt, sondern für die Speicherung einer „Risikorücklage“ der gesamten Siedlungsgemeinschaft, was durch die Ergebnisse eingehender Analysen aller dort aufgefundener Getreidereste – sortiert nach Getreideart und Erntejahr – untermauert wurde.

Allein – es waren dort stets nur Reste von Getreide verschiedener Art auszumachen, niemals auch Reste von Hülsenfrüchten. Was unsere modernen Forscher nachdenklich zu machen begann.

Und dann fand man – sogar in recht großer Zahl – im Umfeld solcher Siloreste kleine, standardisierte Tontafeln, versehen mit den historisch ersten eindeutigen Schriftsymbolen, eingeritzt in sie in Form früher Keilschrift. Es dauerte einige Zeit, doch dann hatte man herausgefunden, dass es sich bei diesen Aufzeichnungen mit sehr großer Wahrscheinlichkeit um Notizen in Bezug auf bestimmte Mengen von Getreide bestimmter

Art handelte – es schien fast immer tatsächlich stets um Getreide zu gehen, kaum jemals um Hülsenfruchtbestände.

Schließlich offenbarte subtile Analytik, dass die besagten Tontafelnotizen und die Einlagerung der Getreidereserven vermutlich immer zur gleichen Zeit vollzogen worden waren. Andere Befunde legten nahe, dass alle diese Prozesse dereinst in einer Periode zunehmender Hierarchisierung und organisatorischer Straffung des Gemeinschaftslebens ihren Anfang genommen hatten, was in der modernen Archäologie beachtliche Nachdenklichkeit auslöste.

Man begann zu ahnen, dass zwischen alledem ein bestimmter Zusammenhang bestehen dürfte, zumal Forschungsergebnisse zur Frühgeschichte anderer Erdregionen analoge Deutungsprobleme mit sich brachten.

Manfred Dworschak, ein geschichtswissenschaftlicher Journalist, hat in einer 2018 publizierten Niederschrift hierzu die folgende Frage gestellt.

„Die frühen Stadtstaaten beruhten also allesamt auf dem Anbau von Getreide, sei es die Hirse, sei es der Weizen, sei es Mais oder Reis. Warum gab es – weltweit – keine Kichererbsen-Staaten, auch keine Sago- oder Süßkartoffel-Staaten? “

Er gibt die Antwort hierauf selbst:

„Teilweise liefern diese Feldfrüchte mehr verzehrbare Kalorien pro Quadratmeter Anbaufläche als jegliche Art von Getreide – doch stabile Stadtstaaten entwickelten sich einst nur dort, wo Getreide zur vorherrschenden Lebensgrundlage geworden war. Denn aus Sicht jener Staaten, die mittlerweile staatliche Einnahmequellen suchten, konnte es damals tatsächlich nichts ‚Besseres' geben, als Getreidewirtschaft. Korn reift auf den Feldern zu vorhersehbaren Zeiten, der zu erwartende Ernteertrag ist somit vorab taxierbar – damit auch die steuerliche Belastbarkeit eines jeden Abgabepflichtigen. Zur Erntezeit konnte somit der Staat seinen Anteil mit einer einmaligen Aktion einkassieren.“

James C. Scott, Autor des Standardwerkes „Against the Green – a deep History of the Earliest States”, äußerte sich hierzu zusammenfassend.

„Der Schlüssel für den Nexus zwischen ‚Getreide' und ‚Staat' liegt in der Tatsache, dass nur Ceralien damals als Besteuerungsgrundlage dienen konnten. Denn sie sind besonders gut sichtbar, speicherbar, transportierbar, rationierbar.”

Anschließend führte Scott aus:

„Die oberirdische und gleichzeitige Reifung von Getreidepflanzen hat den unschätzbaren Vorteil, dass hierauf fußende staatliche Steuereinnahmen leicht im Voraus berechnet, sodann nach der Ernte gemäß bereits vorliegender Berechnung zügig eingetrieben werden können.

Es sind diese Eigenschaften, die Weizen, Reis, Hirse, Mais zu den ersten ‚politisierten' Früchten werden ließen. Getreidekörner dienten desgleichen im frühen Handel als standardisierte Maß- und Werteeinheiten, mit Hilfe welcher der Wert anderer Waren berechnet werden konnte, einschließlich des Wertes der geleisteten Arbeit."

Es gibt z. B. konkrete Anhaltspunkte dafür, dass im mesopotamischen Uruk – damals mit etwa 5.000 Einwohnern der im Weltmaßstab bevölkerungsreichste Ort – im späten Neolithikum einem einfachen Arbeiter für seinen Einsatz bei Tempelbauten, oder bei Erhaltung und Pflege von Anlagen der Bewässerungsregulierung, täglich zwei Liter Gerste vom Staat zugeteilt wurden.

„In den Überresten von Uruk sind Tausende standardisierte Tongefäße gefunden worden, die zur Auszahlung solchen Sachlohnes dienten." (Dworschak)

Aus all dem ist zu resümieren, dass die Sicherung der Ernährungsgrundlagen schon sehr früh in Regionen mit einer relativ weit fortgeschrittenen Gesamtentwicklung zur Schaffung einer staatlichen „Getreideregie" geführt hat, was dann der Verfestigung des gesellschaftlichen Zusammenhaltes, insbesondere der „Staatlichkeit an sich", außergewöhnlich dienlich gewesen sein dürfte.

Damals, vermutlich, eher als Nebeneffekt dieser Errungenschaft gewertet, in der Perspektive jedoch von eminenter Bedeutung, war die dabei zur Kontrolle staatlichen Handelns gefundene Möglichkeit präziser dauerhafter Fixierung von „des Merkens werten Sachverhalten", die Erfindung der „Schrift als solcher".

Im globalen Vergleich dürfte es die „allerersten Schriftgelehrten" wohl tatsächlich im vorzeitlichen Mesopotamien gegeben haben, mit seinen fruchtbaren Gebieten rechts und links von Euphrat und Tigris, heute gelegen im Irak.

Nach Emmanuel Todd sind – nach heutiger Kenntnis erstmalig – dort, etwa um 3. 300 v. Chr., Informationen m.H. einer Schrift fixiert worden. Das geschah gleichzeitig mit dem Entstehen stadtähnlich strukturierter und somit vermutlich auch stadtähnlich organisierter Siedlungen.

Diese sog. „mesopotamische Schrift" hat in letzter Zeit viel Aufmerksamkeit der modernen wissenschaftlichen Welt auf sich gezogen. Deshalb wissen wir jetzt um ihre einstige schrittweise Entwicklung, die – letztlich – auf eine zunehmende Vereinfachung und hiermit sich ergebende zunehmende Praktikabilität hinauslief.

Sie verbreitete sich dann relativ schnell, speziell innerhalb des sog. „Fruchtbaren Halbmondes", aber auch außerhalb desselben, vor allem in westliche Richtungen.

Es handelte sich bei ihr um eine sog. „Proto-Keilschrift", mit besonderer Eignung für einstige Buchhaltungszwecke. Doch schon um 3.100 v. Chr. begann man sich zu bemühen, mit ihrer Hilfe auch „das Wort des Herrschers für die Ewigkeit" zu erhalten. Etwa tausend Jahre später erfuhr die mesopotamische Schrift durch die am Ostufer des Mittelmeeres lebenden Phönizier – die dominierende Handlungsmacht der Zeit – eine wesentliche Qualifizierung, nämlich ihre Weiterentwicklung zur Konsonantenschrift.

Weitere 400 Jahre später schufen dann die Griechen hieraus die griechische Alphabetschrift. Ungeachtet ihres beeindruckenden West-Driftes wurde die mesopotamische Schrift auch östlich ihres Entstehungsgebietes durchaus wahrgenommen.

Etwa um 300 v. Chr., also ein Jahrhundert nach Entstehen des griechischen Alphabets, qualifizierte sich aus den ursprünglich mesopotamischen Anregungen eine spezielle altindische Schrift, das „Brahmani". „Brahmani" ist eine sog. „halbanalphabetische" Schrift.

Die Schriften Chinas und Japans haben ihre eigene Entwicklungsgeschichte.

„Die lateinischen und kyrillischen Alphabete sind Weiterentwicklungen des griechischen Systems." (Todd)

Vor allem von den Phöniziern vorangetriebene besondere Qualifizierungen der Schreibschrift, so die von ihnen etwa um 2.000 v. Chr. erschaffene Konsonantenschrift, kamen bald insbesondere dem Handel zugute, beispielsweise durch nunmehrige Qualifizierungs- und Sicherungsmöglichkeiten von Handelsvereinbarungen.

Echte Missverständnisse von sehr unterschiedliche Muttersprachen sprechenden, weit voneinander lebenden Fernhandelspartnern reduzierten sich, tendenziell wachsende Vertragstreue unterstützte das Austauschgeschehen über große Distanzen spürbar.

Dies erlebte in den Jahrhunderten zwischen 2.000 v. Chr. und 1.000 v. Chr. auch deshalb eine deutliche Belebung, weil die zunehmende Benutzung von Segeln zur Unterstützung von durch menschliche Muskelkraft bewirkten Schiffsbewegungen inzwischen die Wege zum Entstehen einer total neuen, dem Menschen das Erschließen völlig neuer Horizonte ermöglichenden Form von Schifffahrt öffnete, zur „ Segelschifffahrt als solcher".

Vor allem das Reisen über das Meer erfuhr hierdurch im Laufe der Zeit eine enorme kaufmännische Rationalisierung – man konnte durch die Erlernung immer neuer Segeltechniken, und durch die ständige Verbesserung der segeltechnischen Ausstattung der Schiffe Kosten sparen und vor allem den gewaltigen personellen Aufwand für die Besetzung der Ruderbänke immer stärker reduzieren. Und statt des Körperwichtes der vielen Ruderer konnte man nun mit seinem Schiff außerdem verschiedene zusätzliche Handelsware von gleichem Gewicht transportieren.

Schließlich ergaben sich durch das Segelsetzen auch Möglichkeiten einer erheblichen Verlängerung der täglichen Schiffsbewegungszeiten. Günstige Wind- und Lichtverhältnisse vorausgesetzt, war es nun mitunter sogar möglich, mithilfe der Segel ohne jegliche Unterbrechung tagelang über das Wasser eines Meeres zu gleiten und Hunderte Kilometer „am Stück" zurückzulegen.

In historischer Rückschau erscheint die Einführung der Segelschifffahrt als vergleichsweise zügiges prozessuales Geschehen, obwohl die Menschheit dereinst die hierfür erforderlichen Fähigkeiten und Fertigkeiten sich in einem über Jahrhunderte hinziehenden Lernen mühsam erarbeiten musste.

Von Kurt Scheuerer finden sich in seiner Abhandlung „Segelschiffe der Antike" (Ingolstädter „Wissensspeicher der Geschichte") hierzu die folgenden Ausführungen.

„Bilder der ersten seegehenden Fahrzeuge fand man im Grabtempel des Pharao Sahure, der um 2.500 v. Chr. regierte. Der Doppelmast mit dem hohen schmalen Rahsegel stand weit vorne im Schiff, wodurch ein Segeln nur bei achterlichem Wind möglich war. Das Boot diente hauptsächlich dem Handel Ägyptens mit dem Land ‚Punt' in Ostafrika, und mit Syrien."

„Die Segelschiffe, welche die Königin Hatschepsut um 1.500 v. Chr. aussandte – im Rahmen des ägyptischen Handels mit ‚Punt' – hatten, bei 25 m Länge und 5 m Breite, erstmals ein Kiel. Der Mast stand nun mittschiffs, wodurch ein Halbwindsegeln möglich wurde. Mithilfe der Riemen konnte wahrscheinlich auch ein schwacher Am-Wind-Kurs erreicht werden. Das niedrige, aber breite Segel besaß eine Fläche von 130 Quadratmetern."

Natürlich profitierten von diesen Entwicklungen insbesondere jene damaligen Städte des „Fruchtbaren Halbmondes" am meisten, die am offenen Meer lagen.

Durch die nunmehr erfolgende besondere Ausweitung des Fernhandels, der die Kontakte des „Fruchtbaren Halbmondes" mit handelspolitisch interessanten Gebieten außerhalb dieses Gebietes nachhaltig intensivierte, beispielsweise in Form nunmehriger ständiger Direktkontakte, kamen bislang nur selten auf „Halbmondmärkten" angebotene Waren jetzt regelmäßig auf den dortigen Markt.

Verständlicherweise wurden die Schlüsselpositionen bei diesem Entwicklungsgeschehen meist von Seestädten erlangt, vorzugsweise von jenen unter ihnen, die an Mündungen relativ weit in das Hinterland führender, dabei auch schiffbarer Flüsse lagen.

Obrigkeit und Kaufleute dieser Städte hatten den ersten Zugriff auf die von weither angelandeten verschiedenen Waren und konnten – angesichts der begrenzten zeitlichen „Fenster" der Seeleute – selbige zumeist preiswert erwerben und dann ausreichend lange horten, um sie schließlich mit erheblichem Handelsgewinn wieder zu veräußern.

Bald lief zusätzlich ein in gewissem Sinne erweiterter, lukrativer Zwischenhandel auch in die „andere" Richtung. Aus preiswertem, von „Barbaren" der Umgebung günstig erworbenem Leder wurden in städtischen Werkstätten stilvolle orientalische Lederwaren produziert, welche sodann über den eigenen Seehandel „in aller Welt“ mit erheblichem kaufmännischem Gewinnen als dort sehr seltene Ware ihren Absatz fanden.

Es waren auch damals schon beidseitig selektive Marktzugänge, welche durch eine privilegierte Lage ausgezeichnete Handelsstädte relativ schnell zu Zentren einer zeitgemäßen Kapitalakkumulation und damit auch politisch mächtig werden ließen.

Wenn man klug war, übertrieb man mit seinen Preisforderungen für die auf fernen Märkten als „Exotenware“ angebotenen Stücke aus der eigenen Produktion nicht – die Muster sollten doch bleibende Begehrlichkeiten bei den fernen Kunden auslösen.

Die Phönizier haben dereinst offensichtlich sehr schnell die Wichtigkeit des geschickten handelspolitischen Verhaltens erkannt. Ihre Produkte dominierten zeitweise geradezu den sich allmählich aufbauenden Luxuswarenmarkt im gesamten mediterranen Raum und waren dabei sehr wirksame „intime Hefe“ für die allseitige Durchsetzung der dortigen Hierarchisierungsprozesse – denn der Zugang zu ihrer, von weither mit überdurchschnittlichem Aufwand angelieferter Ware musste schon aus logistischen Gründen immer auf die kleinen Eliten jener fernen Länder beschränkt bleiben.

Andererseits festigte sich auf diese Weise der lange Zeit anhaltende Nimbus einer generellen Höherwertigkeit phönizischer Waren, sehr zum Vorteil der Gewinnspannen dortiger Kaufmannschaft und der betreffenden Handelsstädte in ihrer Gesamtheit. Und man hatte stets hinreichend Anlass, sich um die stete Perfektionierung seiner Segelschifffahrt zu kümmern.

Die Entwicklung der Segelschifffahrt ergab verständlicherweise eine erhebliche Beeinträchtigung des Über-Land-Transportgeschehens, wovon insbesondere alle jene städtischen Agglomerationen betroffen waren, die ihr Wachstum überwiegend einer günstigen Lage an bodengebundenen Ferntransportwegen verdankten.

Anschauliches Beispiel für solche Potenzialverschiebungen sind auch die drastischen Veränderungen hinsichtlich der für die Sicherung der Alltagsversorgung Roms bevorzugten Getreideanbaugebiete. Handelte es sich hierbei, sehr langer Tradition folgend, bis etwa Mitte des letzten vorchristlichen Jahrtausends durchweg um Regionen in der italischen

Nachbarschaft der Stadt Rom, wurde in den letzten Jahrhunderten vor Christi Geburt dieses Getreide zunehmend im Norden Afrikas aufgekauft. Es wurde dann mit inzwischen offensichtlich sehr effektiven Segelschiffen über weitaus weitere Wegesstrecken nach Rom transportiert, als restliches italisches Getreide per Ochsenkarren auf Landwegen dorthin gelangte. Der weite Seeweg war mittlerweile ökonomisch meist günstiger als die kurzen Landwege.

Ungeachtet der Entwicklung des Seehandels blieb auch für die Mehrheit der aufblühenden Seestädte ihr Handel mit dem sie umgebenden Gebiet der barbarischen Hirten und Halbnomaden wichtig. Es gab manche Artikel, die seitens der immer noch auch eine starke agrarische Basis besitzenden Handelsstädte am günstigsten über diese Quellen erlangbar bzw. dort absetzbar waren, wie diese Nachbarschaft auch als gelegentlicher Abnehmer der handwerklichen Eigenproduktion und mancher teurer Importware keineswegs nun völlig uninteressant wurde.

Das klassische Warenangebot der Barbaren bestand zumeist aus Leder verschiedener Art, Edelpelzen, Wildfleisch- und Wildfischspezialitäten. In immer noch auch über Waldflächen verfügenden Gebieten dominierten oft Angebote von Rohholz bestimmter Qualität, geeignet für Haus- und Schiffbau sowie die klassischen „Waldwaren“ – Teer, Holzkohle, Bienenwachs und bestimmte Harze.

Von den letztgenannten Produkten wurden einige für die Dominatoren des Seehandels im Laufe der Zeit immer wichtiger. Um 1.500 v. Chr. wuchs dann die seestädtische Nachfrage speziell nach Bienenwachs und Teer derart schnell, dass sie durch übliche lokale Angebote nicht befriedigt werden konnte (Scott). Auch das Mastenholz für die Segelschiffe wurde rar. Teer galt inzwischen als unverzichtbar für die verlässliche Abdichtung von Schiffskörpern, für das Segelsetzen waren stabile Masten unerlässlich.

Das Ergebnis dieser sich bedenklich zuspitzenden Mangelsituation war nun ein zunehmender Raubbau an den wenigen küstennahen Wäldern, mit teilweise bis heute fortdauernden fatalen Folgen und erheblichen Beschleunigungen im Versteppungsgeschehen.

Die Hauptware der Barbaren, von den Städten und ihren Bürgern fast permanent nachgefragt, waren indessen Sklaven. In der Mehrzahl waren das Menschen, die in der Umgebung stadtnaher Barbarenstämme von diesen eingefangen worden waren, als fortan „handelbare Ware".

Worin bestand die Nachfrage der Barbaren? Das waren vor allem bestimmte, von ihnen ständig benötigte Gebrauchsgüter. Dabei handelte es sich zumeist vorrangig um das für die menschliche Existenz grundsätzlich unverzichtbare Kochsalz sowie um in der Steppe nur spärlich gedeihendes, für die allgemeine Ernährung von Mensch und Haustier mittlerweile eine zentrale Rolle spielendes Getreide bestimmter Sorten.

Ein angemessener Verzehr von Getreide war für die Steppenbewohner deshalb sehr wichtig, weil ihre ansonsten durch Fleischverzehr dominierte Ernährung keine ausreichende Deckung allen Bedarfes an verschiedenen Nahrungszusatzstoffen gewährleistete.

Das Verfügen über Salz in ausreichendem Umfang war für die meisten Steppenbewohner auch für das zeitweilige Konservieren von Fleisch- und Fischreserven von erheblicher Wichtigkeit. Nur wenige von ihnen verfügten über eigene, natürliche Salzquellen.

Doch auch andere Erzeugnisse der städtischen Zivilisationen hatten bei jenen Menschen einen zunehmenden Anklang gefunden – von Kämmen zur Haarpflege bis hin zu scharfen metallenen Messern.

In den ersten Jahrhunderten ihrer agrarischen Agglomeration hatten die Großgemeinschaften des Orients erheblich unter den sich kontinuierlich wiederholenden Plünderattacken und Brandschatzungen seitens der in ihrer näheren Umgebung lebenden Hirtenstämme zu leiden, seitens der sog. „Barbaren". Doch dann fand man nach und nach zu einem ertragbaren „Modus Vivendi" zwischen „Stadt und Steppe".

Und im Verlauf der Bronzezeit entwickelten sich daraus zumeist eigenartige „symbiotische Lebensgemeinschaften" zwischen sich zunehmend ergänzenden und stützenden Soziotopen. Es ergaben sich rational gesteuerte Kooperationen zwischen jeweils einer nunmehr relativ stabilen urbanen Siedlung mit fortbestehender eigener agrarischer Produktionsebene und ihren „steppengebundenen" Hintersassen, den bei einem Hirtenleben verbleibenden Stämmen jener Steppenregion, in welcher die zur Stadt reifende urbane Siedlung lag. Zur Kenntlichmachung ihrer Besonderheiten wurden – und werden – diese Menschen dem Oberbegriff der „Barbaren" zugeordnet. In gewissem Sinne tendierten die beiden Teile einer solchen Symbiose meistens dazu, sich schließlich aneinander zu assimilieren. Kennzeichnend hierfür waren zunehmend üppiger werdende jährliche „Geschenke" der wohlhabenden städtischen Autoritäten an die Stammesfürsten ihrer Nachbarschaftsstämme, mit dem politökonomischen Charakter freiwilliger Tributzahlungen.

Da die nachfolgende Verteilung solcher „Freundschaftsgaben" an die einzelnen Sippschaften regelmäßig in den Händen der primär beschenkten Stammesfürsten lag, wertete die städtische Geschenkpolitik die Position der Stammesfürsten in ihren Stämmen erheblich auf, was ihnen die Unterbindung jeglicher zeitweilig aufkommender Plünderungsgelüste einzelner Sippenchefs erheblich erleichterte, bzw. derartige Begierden in Richtung nachbarschaftlicher oder auch entfernter siedelnder Hirtenstämme richtete. Jedenfalls scheint der jeweilige Ergänzungsbedarf der jungen Städte an Arbeitssklaven in der Regel durch die „Belieferung" seitens spezieller „Geschäftsfreunde" aus dem Hirtenmilieu ausreichend gedeckt worden zu sein, „natürlich" gegen sehr angemessene besondere Honorare.

Die derart „ihrer" Stadt zunehmend „gutnachbarschaftlich" verbundenen Barbaren wurden auf diese Weise an der Fortexistenz und dem Gedeihen ihrer urbanen Zentren gesellschaftlich nachhaltig interessiert und waren hinfort auch bemüht, diese Stadt – und ihre nunmehr durch sie dort erlangte eigene privilegierte Position gegen alle anderen Stämme zu verteidigen.

Fortan wurde deshalb von ihnen das Verhalten ihrer in der weiten Steppe siedelnden entfernten Verwandten sorgfältig beobachtet und jeglichem Expansionsbestreben derselben in Richtung „ihrer" Stadt mit Widerstand begegnet, von ernsteren dortigen diesbezüglichen Vorbereitungen den städtischen Autoritäten umgehend berichtet, womit der von loyalen Nachbarn besiedelte Steppengürtel einer solchen Stadt zunehmend den Charakter einer zuverlässig schützenden Pufferzone annahm.

Solche kooperierenden Steppengürtel waren indessen für die meisten frühen Städte im vorderen Orient auch aus einem anderen Grund im Laufe der Zeit überlebensnotwendig geworden. Dank zunehmend stabiler funktionaler Verlässlichkeit des vorstehend skizzierten Kooperationsmodells waren sie nämlich in der Lage, ihre sich im Zuge zunehmender Hierarchisierung einstellenden, dann bald wachsenden demografischen Defizite zu kompensieren. Und solches trotz der heute kaum strittigen Tatsache, dass die Kinderzahl je Familieneinheit in den Städten tendenziell deutlich größer war als in den Steppenregionen – städtisches Leben erleichterte das gleichzeitige Aufziehen von in geringem Geburtenabstand geborenen Kindern erheblich.

Doch die fortschreitende hierarchisierende und stratifizierende Entwicklung in den sich nun zu Handelsstädten entwickelnden vormaligen Ackerbürgerstädten differenzierte erheblich die definitive Realisierungswahrscheinlichkeit der generalisierten, sich steigernden lebensinhaltlichen Erwartungen der jeweiligen jungen Generation.

In den Mittelschichten gab es zumeist erheblich mehr Absteiger von Generation zu Generation als Aufsteiger – nur der älteste Sohn durfte tatsächlich hoffen, die Position des gesellschaftlich arrivierten Vaters erben zu können.

Man darf annehmen, dass – z. B. – in den phönizischen Städten dereinst in der Jugend fast aller Schichten ein ständig „gärendes“ gesellschaftliches Klima herrschte, stimuliert von wachsendem gesellschaftlichem Reichtum und einem hiervon durchgängig „befeuerten“ allgemeinen Anspruchsdenken.

Die Folge war, dass erhebliche Teile der Mittelstandsjugend sich früher oder später um eine individuelle Lebensperspektive außerhalb ihrer engeren Heimat bemühten, vorzugsweise in Seefahrt und „überseeischen“ kolonialen Niederlassungen ihrer Stadt, aber auch als „Handelsagenten“ oder „Spezialhandwerker“ im weiten Hinterland der Steppen ihres Geburtsortes.

Die hierdurch den Städten unweigerlich ständig verlustig gehenden realen Leistungspotenziale wurden dann vorzugsweise durch den Einkauf von Sklaven gedeckt, von Menschen, welche zuvor von den „Barbaren“

ihrer Pufferzone entweder selbst „erbeutet“ worden waren oder zuvor von anderen Stämmen „günstig abgekauft“ werden konnten.

Für die Entwicklung belastbarer Zusammenschlüsse der Steppenhirten über Stammesgrenzen hinaus war natürlich diese „Sklaveneintreiberei“ ein schlimmes Gift! (Scott)

Charakterisierend und ergänzend hat sich James C. Scott zu Vorstehendem mit folgendem Kommentar geäußert.

„Wenn behauptet wird, dass der städtische Charakter der damaligen städtischen Staatlichkeiten seinerzeit die umliegend siedelnden Bevölkerungen deshalb nachhaltig angezogen habe, weil das dort angebotene städtische Leben vorgeblich eine grundsätzlich größere Existenzsicherung versprach, so ist dem entgegenzuhalten, dass nach einem solchen Schritt dem neuen Städter auch umgehende Hinzuziehung zum staatlichen Kriegsdienst und im Fall unbewältigter Adaptation an die neue Situation sogar Versklavung drohten, wie auch – angesichts oft fehlender persönlicher Immunität – massiv gesteigerte Infektionsrisiken.“

Man kann diese Wertung als einseitig ansehen – als gesicherte Tatsache gilt aber heute tatsächlich, dass jene frühen Städte kaum jemals nennenswerte Gruppen von Hirtennomaden zu einem bleibenden Übersiedeln verlocken konnten.

Es sind damals im Nahen Osten Beziehungsstrukturen entstanden, die in weiten Gebieten des Orients – grundsätzlich gesehen – Jahrtausende überdauern sollten, selbst noch, in modifizierten Formen, nach dem Ende offiziell akzeptierter Sklaverei.

Obwohl sich die Beziehungen der frühen Städte mit den sie umgebenden Hirtenstämmen – politologisch gesehen – auf „Augenhöhe“ abgespielt zu haben scheinen, verschloss sich „die Steppe“ zunehmend weniger den Anregungen „ihrer“ Stadt und die städtische Seite in diesem Beziehungsverhältnis gewann allmählich die Oberhand.

Insbesondere bestimmten Stadt und städtische Entwicklungen zunehmend den Entwicklungsprozess in ihrer gesamten Region.

Zwar boten selbst die bedeutendsten damaligen Stadt-Staaten den „Barbaren“ ihrer Umgebung nur selten einen überzeugenden Anlass für ein ständiges Übersiedeln zu ihnen, doch spätestens gegen Ende der Bronzezeit dürften zeitweise Stadtbesuche für das raue Steppenvolk ein erhebliches Attraktivum gewesen sein.

Dort bot sich dem „Dignitatus aus der Steppe“ nicht nur buntes Markttreiben und Hafenleben, sondern die ganze Vielfalt des damals erblühenden orientalischen Lebens, als da waren Tavernen, Bäder, sportliches Treiben – und die Vielfalt sehenswerter handwerklicher Fertigkeiten, handwerklichen Arbeitens.

Nicht übersehen werden sollte in diesem Zusammenhang die spirituelle Ausstrahlung der verschiedenen Tempelbauten, das mit ihnen verbundene musische und Geistesleben und die ersten Anfänge einer dann epocheprägenden Architektur.

SIEBTER TEIL

DIE ZEIT DER KELTEN UND DIE EISENZEIT

„FREIHEIT“ UND „GLEICHHEIT“ – DAS KELTENTUM ENTSTEHT

Hinsichtlich der Entstehung des Keltentums, der „Keltogenese“, sieht sich die moderne Archäologie immer noch vor einige Rätsel gestellt. Manches spricht für einen „mehrquelligen “ Ursprung.

Es gibt verschiedene Argumente dafür, dass die vermutlich wichtigste besagter Quellen sich aus dem Zusammenbruch des einstigen „Reiches von Nebra“ gespeist haben dürfte, wie auch schon an anderer Stelle angesprochen.

Demnach entstammte später zumindest ein erheblicher Anteil des späteren Keltenvolkes jenen Vorfahren, die einstmals auf dem Territorium des heutigen Sachsens und Sachsen-Anhalts gelebt hatten. In der Tat haben dort noch immer manche Stätten kommerzieller Gastlichkeit solche Namen wie „Zum Kretscham“, was weder germanischen noch slawischen Altsprachen mit ausreichender Sicherheit zugeordnet werden kann. Gleicherweise finden wir auch heute noch analoge Einrichtungen auf der irischen Insel mit Namen wie „Cretcham Hotel“, womit im Alt-Gälischen – einem Nachfolge-Ideom des Keltischen – auf Orte mit Gerichtssitz oder Richtstätte hingewiesen wurde.

Die ältesten figürlichen Hinterlassenschaften einer speziellen und charakteristischen keltischen Kultur, aus welchen sich die Charakteristika der dann zeitweise in „Halb-Europa“ verbreitenden keltischen Kunstwerke verschiedener Art ableiten lassen, fanden sich hingegen nicht im heute sächsischen bzw. sächsisch-anhaltinischen Raum, sondern in der Gegend dereinst großer Salzlagerstätten um das österreichische Hallstatt.

Die Annahme einer einst dort – auf der ökonomischen Grundlage großer Salzvorkommen, des „weißen Goldes der menschlichen Frühzeit“ – entstandenen Vorkultur des Keltentums erscheint somit keineswegs abwegig.

Also – wer war nun der „Urahn“ des Keltenvolkes?

Möglicherweise eine menschliche Gemeinschaft, die aus einer Verschmelzung einstiger Nachfahren von Bewohnern heute sächsischer und sächsisch-anhaltinischer Gebiete mit „frühen Österreichern“ hervorgegangen war, wobei die erhebliche räumliche Distanz zwischen Sachsen und Österreich – derzeit verkörpert durch den sehr respektablen deutschen „Freistaat Bayern“ – diese vorstehende These sogleich wieder erheblich infrage stellt.

Um einer Lösung der damit aufgeworfenen Probleme näherzukommen, sollten wir uns daran erinnern, dass Entstehung, Verweitung und Hochzeit der Kelten sich zeitgleich mit Entwicklung und Verbreitung der Eisenmetallurgie in Europa vollzogen hat, basierend auf damals hier sehr weit verbreitetem Raseneisenstein.

Die dadurch bewirkte Gewinnung schmiedbaren Eisens in zunehmend großem Umfang war der Beginn eines Jahrtausende währenden, maßgeblich auf der Eisennutzung beruhenden menschlichen Entwicklungsprozesses.

Es erscheint angebracht, der Verquickung dieser beiden prozessualen Entwicklungslinien angemessene Beachtung zu schenken, insbesondere damals vermutlich hiermit verbundenen intensiven Wanderungsbewegungen, teilweise über beträchtliche räumliche Distanzen vollzogen.

In den ersten Jahrhunderten des letzten vorchristlichen Jahrtausends litt zudem die südliche Hälfte des nördlich der Alpen gelegenen Teils von Europa – d.h., auch das Terrain der „Keltogenese“ – unter nachhaltigen klimatischen Verschlechterungen. Viele Völkerschaften, oder Teile von ihnen, hatten sich damals aus diesem Grunde auf streifende Wanderschaften begeben, vorzugsweise in südliche Richtung, der Sonne und der Wärme entgegen.

Solches ist, beispielsweise, ebenfalls für erhebliche Teile der ursprünglich aus dem Nebra-Reich stammenden Sippschaften durch die moderne Archäologie belegt worden, was wohl die Schließung des Kreises hypothetischer Gedanken erlaubt – die Annahme, dass solche Menschen dereinst tatsächlich bis in das heutige Österreich gelangt sind, auch in die dortige wohlhabende Hallstatt-Region. Und dass selbige dann mit den dort bereits ansässigen Bewohnern eine Symbiose eingingen, in welcher sie schließlich zur Dominanz gelangten und ihre Sprache – das Keltische – als allgemeine Verkehrssprache durchsetzten.

Spezielle lebenspraktische „Mitbringsel“ aus dem Nebra-Reich dürften dabei wesentliche Unterstützung gegeben haben, vor allem exzellente Fertigkeiten in der Bronzeproduktion und Bronzeverarbeitung, was ihnen auch einen schnellen Zugang zu der neuen Eisen-Metallurgie eröffnet haben dürfte.

Zudem ist wahrscheinlich, dass ihre militärischen kavalleristischen Qalitäten den im Voralpenraum damals gegebenen diesbezüglichen Fertigkeiten überlegen gewesen waren – dort hatte sich bislang noch niemand mit den in diesen Belangen sehr gefürchteten Germanen herumschlagen müssen.

So ergaben sich schließlich kumulativ wirkende Potenziale, die sich in globalhistorisch kurzer Zeit vermutlich letztendlich in der Genese des Keltentums verdichteten und länger als ein halbes Jahrtausend Europas Geschichte erheblich mitbestimmten.

„Freiheit“ und „Gleichheit“ degenerierten nun allerdings bald zu hohlen Metaphern.

HALLSTATT – UND DIE WEITERE „KELTENREIFUNG“

Für ein näheres Verständnis des „Hallstatt-Phänomens“ ist es wichtig, kurz auf die spezielle Geschichte Hallstatts vor dem dortigen Zusammentreffen mit den Nachfahren des Nebra-Reiches einzugehen.

Vergleichsweise kurze Zeit vor diesen hatte sich dort eine Illyrer-Gruppe eingefunden. Belegt ist dieses u.a. dadurch, dass danach jahrzehntelang auch in dieser Gegend alle Leichen verbrannt wurden und die Asche der Verstorbenen in Urnen beigesetzt wurde. Derartige wesentliche Verhaltensänderungen sprechen sehr dafür, dass vor den Nachfahren der Nebra-Bewohner eine Illyrer-Gruppe in Hallstatt die Oberhand gewonnen hatte, dann aber ihrerseits die Überlegenheit der Ur-Keltisch Sprechenden akzeptieren musste.

Es spricht vieles dafür, dass bei den diesen Dominanzveränderungen vorausgehenden vermutlichen Auseinandersetzungen die Bronze-Schwerter geschickt schwingende Nebra-stämmige Kavallerie den Ausschlag gab und diese dann die neu errungene Dominanz ihrer Sippschaft auch dadurch sicherte, dass sie fortan jeglichen von außen geführten räuberischen Anschlag auf den gewiss sehr lockenden Hallstatt-Wohlstand im Keime erstickte.

Jedenfalls verstetigten sich nun die Hallstatter Einnahmen aus dem Salzgeschäft, wodurch die dortigen Salzbarone reicher und reicher wurden, das gesellschaftliche Potenzial von Hallstatt in seiner Gesamtheit spürbar zunahm und der ökonomische Egalismus der einstigen Nebra-Revolutionäre allerdings mehr und mehr sein Ende fand.

Auch wenn Ur-Keltisches damals in Hallstatt grundsätzlich „tonangebend“ geworden sein dürfte – wir sollten nicht übersehen, dass zumindest gewisse Teile des speziellen illyrischen Spiritualismus sicherlich ihre Reflexion im späteren Intellektualismus der keltischen Druiden fanden.

In gewissem Gegensatz zum „sich bald verlierenden“ Narrativ des ökonomischen Egalismus aus dem untergehenden Nebra-Reich bemühte sich die keltische Gesellschaft, dessen Narrativ einer möglichst grenzenlosen persönlichen Freiheit – zumindest formal – symbolisch – aufrechtzuerhalten, bis zum Untergang des großräumigen Keltentums in den letzten Jahrzehnten vor Christi Geburt. Beispielsweise blieb das individuelle Waffenrecht der freien Kelten auf Dauer unangetastet, verbunden mit einer starken inneren Bindung insbesondere an sein wichtigstes Kampfgerät, sein bronzenes bzw. eisernes Schwert.

Diese Ideologie einer Überwertigkeit der individuellen Freiheit sollte sich dann im Verlauf des gesamten halben Jahrtausends der keltischen Dominanz in weiten Teilen Europas als stabile mentale Basis für den Fortbestand einer ständigen allgemeinen Widerborstigkeit gegen jegliche sich auf Stammesbasis etablierende übergeordnete Autorität erweisen, bei lediglich bedingter Akzeptanz des Unterordnens gegenüber Führungscliquen der jeweiligen eigenen Sippschaften, was sich in der Spätphase des Groß-Keltentums als fatal erwies, beispielsweise bei den Auseinandersetzungen mit den militärischen Kohorten des Imperium Romanum.

Für die zügige kleinteilige Durchdringung neu infiltrierter Gebietsteile waren hingegen diese Gegebenheiten möglicherweise sogar von Vorteil, etwa bei dem fast überall erfolgreichen Durchsetzen der keltischen Sprache als allgemeine Umgangssprache. Um die Ursachen der beindruckenden Dynamik des keltischen Entwicklungsprozesses in ihrer Komplexität erfassen zu können, bedarf es der Skizzierung weiterer, diesen Prozess ermöglichender bzw. bestimmender Sachverhalte.

In seiner Gesamtheit ist dieses Geschehen mit seiner inneren Widersprüchlichkeit als einer der bemerkenswertesten Vorgänge in der Menschheitsgeschichte einzuordnen. Denn zu einem staatsähnlichen Charakter haben die Kelten ihre Gemeinschaft niemals entwickelt, ungeachtet aller Dominanz, die sie als neue Ethnie sehr schnell erlangten.

Über Jahrhunderte blieben sie eine ständig in innere Streitereien zerfallene, doch gegenüber großen äußeren Mächten zeitweilig zu beeindruckend einheitlichem Handeln fähige Gemeinschaft gleicher Ideologie – gleich sowohl in spirituellen als auch in alltäglichen Belangen. Vermutlich sind manche derzeit gültige ideelle Grundlagen des „Europa von heute“ zu erheblichen Anteilen bereits damals durch das einstige Keltentum vorgeprägt worden.

Die moderne Archäologie und frühgeschichtliche Wissenschaft ist sich grundsätzlich darüber einig, dass das „Phänomen von Keltentum und Keltenheit“ hinsichtlich seiner Entstehung, seines Bestandes und seines schließlichen Unterganges nicht losgelöst von zeitgleichen Entwicklungen in der vorderasiatischen Räumlichkeit gesehen werden darf.

Die Absolvierung der ersten Schritte einer neuen Entwicklungsetappe von Homo Sapiens wurde sehr oft in Vorderasien vollzogen, auch die ersten Erfolge gelungener Bronze- und Eisenschmelze gab es dort.

Nach dem Abklingen der letzten großen Eiszeit war der europäische Kontinent für die dortigen Populationen zu einem gelegentlich gefragten Reserveraum geworden, wodurch Exilanten von dort immer wieder als Impulsgeber für die humane Entwicklung in Europa wirkten.

Zusammen mit anderen Faktoren löste indessen, zu Zeiten des via Bosporus sich nunmehr zügigen europäischen Übernehmens der in Vorderasien entwickelten neuen Eisenmetallurgie, die Umstellung von Bronze auf Eisen bei den avantgardistischen Völkerschaften des voderasiatischen Raumes nachhaltige Umbrüche aus.

Für weite dortige Teilgebiete war dieses prozessuale Umbruchgeschehen mit erheblichen Rückschlägen in produktiven und strukturellen Belangen verbunden. Europa erhielt dadurch eine Chance, hinsichtlich seines Entwicklungspotenzials „aufzuholen“.

Angesichts nun mittelfristig fast völligen Fehlens jedweder größerer südlicher Konkurrenz und des vielerorts reichlich vorhandenen Raseneisensteins konnten jetzt insbesondere im Europa nördlich der Alpen die Eisengießerei und das Eisenschmieden sich zügig entfalten – sowohl in Bezug auf die Mengen, als auch in Bezug auf die Qualitäten der erzeugten Produktion.

Das keltische Hallstatt verstand, die entstandenen Gegebenheiten in besonderem Ausmaß zu nutzen.

Die Ladung eines um 1.350 v. Chr. – also noch vor den durch das frühe Eisen in Vorderasien ausgelösten breiten Umbrüchen – nahe der anatolisch-türkischen Küste gestrandeten Handelsschiffes dokumentiert uns plastisch den damals, vor Beginn europäischer Eisenproduktion, im vorderasiatischen Raum gegenüber Europa erlangten Entwicklungsvorsprung.

Dank ausgereifter moderner Konservierungs- und Bergungstechnik konnte gegen Ende des letzten Jahrhunderts die Gesamtheit jener aus einem weiten frühzeitlichen Handelsraum stammenden Güter jenes Schiffes fast komplett gerettet werden.

Das Schiff war offensichtlich in einem der frühen Levante-Häfen an der Ostküste des Mittelmeeres beladen worden und nunmehr in Richtung Westen unterwegs.

Simon Price und Peter Thonemann haben im Einzelnen diese durch qualifizierte Archäologen geborgene Ladung in ihrer 2018 erschienenen Publikation „Die Geburt des klassischen Europa“ beschrieben.

„An Bord waren mindestens 490 Barren Rohkupfer aus Zypern mit einem Gesamtgewicht von 10 Tonnen, und eine weitere Tonne Zinn aus einem anderen Ort im Nahen Osten. Aus diesem Kupfer und Zinn hätte man etwa 11 Tonnen Bronze herstellen können. Weiterhin befanden sich 175 Barren Glas in Kobaltblau, Türkis und Lavendel im Laderaum, die zu kostbaren Gegenständen verarbeitet werden sollten, 24 Stämme Ebenholz aus Ägypten, Elfenbein in Form von Elefanten- und Nilpferd-Stoßzähnen, als Ganzes oder in Teilen. Auch Schildkrötenpanzer befanden sich in der Ladung, die dereinst als Resonanzkörper von Musikinstrumenten Verwendung fanden, sowie Schalen von Straußeneiern und Schmuck aus der Gegend von Ugarit, nebst Schmuck aus Ägypten.

Zur Ladung gehörten außerdem 149 Krüge, die möglicherweise ebenfalls aus Ugarit stammten, von denen einige mit Glasperlen gefüllt waren. Andere Krüge waren mit Oliven gefüllt.

Die meisten Krüge enthielten jedoch Harz von Terebinthen aus Regionen westlich des Toten Meeres, das wahrscheinlich als Räucherwerk dienen sollte.

Kurz gesagt – die Ladung stammte aus den gesamten Nahen Osten, d.h., von Zypern, aus Nubien, aus Syrien und wesentlichen Teilen Mesopotamiens.“

Es ist kurz zusammenzufassen – bevor die Kelten sich als eigenständige Ethnie der Historie in voller Breite zu präsentieren begannen, bevor das Eisen als multipotentes Grundmaterial für die Menschheit verfügbar geworden war, hatte sich im westlichen Teil des terrestrischen Europa-Asien-Blockes sein vorderasiatischer Raum eindeutig als der hier am weitesten entwickelte positioniert.

In den Jahren um 1.000 v. Chr. sollte er gegenüber dem nun weitgehend keltisch werdenden Europa erheblich an Vorsprung verlieren, und dieses nicht nur wegen der Umbrüche in direkter Folge seines „Umstiegs von Bronze zum Eisen".

Um das alle gesamtgesellschaftlichen humanen Entwicklungen in Europa und Vorderasien lange Zeit divergierende Geschehen in seiner Gesamtheit erfassen zu können, ist ein Blick auf die großklimatischen Gegebenheiten in den letzten Jahrhunderten des vorletzten, und in den ersten Jahrhunderten des letzten vorchristlichen Jahrhunderts sehr angebracht sowie auf die großregional stark unterschiedlichen phänomenologischen Reaktionen hierauf.

Als zentraler ursächlicher Faktor für die damals in erdgeschichtlich kurzer Zeit sich mehrmals verändernden großklimatischen Verhältnisse im eurasischen und nordafrikanischen Raum wird von der modernen Wissenschaft das solare Verhalten angesehen. In vergleichsweise wenigen Jahrhunderten ergaben sich nämlich wiederholt beträchtlich unterschiedliche Intensitäten der solaren Einstrahlung auf die Erdoberfläche – die Zeit des vorderasiatisch-europäischen Überganges von der Bronze zum Eisen war eine Periode außergewöhnlicher solarer Volatilität.

Ab etwa 1.300 v. Chr. begannen der gesamte vorderasiatische Raum, alle östlich von ihm auf den gleichen Höhengraden gelegenen Großregionen, auch Nordafrika, erheblich unter einer außergewöhnlich starken Sonneneinstrahlung zu leiden, unter heißem und zunehmend niederschlagsarmem Wetter.

In den nördlich der Alpen gelegenen Regionen Europas waren die klimatischen Konsequenzen dieser solaren Iritation weitaus weniger dramatisch. Zwar reduzierte sich auch dort der Niederschlag ein wenig, er blieb jedoch durchweg ausreichend für angemessene landwirtschaftliche Erträge. Von den dortigen Menschen wurde das nunmehrige warme, zeitweise fast mediterrane Klima als sehr angenehm empfunden. In der Erinnerung blieb diese Periode – die europäische Bronzezeit erlebte ihre Hochphase – als „das Goldene Zeitalter".

Im ersten Jahrhundert des letzten vorchristlichen Jahrtausends begannen sich diese Verhältnisse in Folge einer rapiden Reduzierung solarer Strahlungsintensität jedoch „zu drehen"– die terrestrische Sonneneinstrahlung ging immer weiter zurück und sank schließlich erheblich unter die langjährigen Durchschnittswerte.

Die zuvor unter Trockenheit und Hitze sich allmählich auf die Eisenproduktion einstellenden südlichen Regionen erholten sich zusehends, während nun die nördlich der Alpen liegenden Regionen unter ständiger Feuchte und Kühle zu leiden begannen, unter ständig verregneten, kurzen und sehr kühlen Sommern und unter langen, kalten und extrem schneereichen Wintern.

Von Wolfgang Behringer sind hierzu im Einzelnen in seiner „Kulturgeschichte des Klimas“ folgende Sachverhalte benannt worden.

„Zwischen 1.300 und 900 v. Chr. müssen die Erträge der Monsunregen im indischen Radjastan um etwa 70 % zurückgegangen sein. Pollen-Analysen lassen das damalige Ende einer ersten indischen Hochkultur erkennen.“

„In China wurde die über länger als ein halbes Jahrtausend regierende Shan-Dynastie im Zusammenhang mit erheblichen klimatischen Turbulenzen und daraus resultierenden großen Hungersnöten im Jahr 1.122 v. Chr. gestürzt.“

Auch auf dem nordamerikanischen Halbkontinent sind heute noch Folgen der zu jener Zeit reduzierten Sonneneinstrahlung nachweisbar. „Dendrologische Untersuchungen kalifornischer Borstenkiefern haben ergeben, dass seit 1.200 v. Chr. das jährliche Wachstum der Bäume Jahrhunderte lang sehr kümmerlich war.“

In Vorderasien spielte sich damals das ab, was sich bei extremer Reduzierung der Ernährungsressourcen üblicherweise zu vollziehen pflegte. Die Bevölkerungen der damals mittlerweile dort entstandenen vielen kleinen und kleinsten Herrschaftsgebiete wurden jetzt zunehmend „unruhig“, gewaltsame Wechsel innerhalb der Führungsschichten begannen sich zu häufen – wie bei analogen Situationen immer wieder auch andernorts geschehen.

Gelegentlich konnten sich kurzzeitlich egalistische Leitungsformen etablieren, die sich jedoch bald als ebenfalls machtlos gegen die zunehmende Trockenheit und das ständige Verknappen der Ernährungsressourcen erwiesen, was dann zunehmend zu zwischenstaatlichen Reibereien, vielen kleinen Kriegen und einem insgesamt räuberischen sozialen Klima führte.

Schließlich begannen viele Völker und Stämme sich auf die Suche nach neuen, ihre Fortexistenz ermöglichenden Siedlungsplätzen zu begeben. Am ehesten fanden sie solche in der Nähe von großen Gewässern.

Doch oft blieben solche Bemühungen lange Zeit ohne befriedigendes Ergebnis, woraus dann tendenziell an Ausmaß und Brutalität eskalierende und nicht selten lange währende Kriege von sich zu immer größeren Formationen zusammenschließenden Kriegergemeinschaften erwuchsen.

In Vorderasien hatten am Ende der langen Trockenphase sich hieraus einige Großreiche mit nachhaltig militärisch geprägtem Charakter herauskristallisiert.

Nach Abschluss ihres Umstieges von der Bronze zum Eisen – auf der Basis von in eigenen Regionen gewonnenem Raseneisenstein – bemühten sich die Herrscher der neuen vorderasiatischen Großreiche zumeist um ein Wachsen des „Nationalproduktes" durch schnell zunehmende Eigenproduktion in ihrem Herrschaftsgebiet.

Es dauerte einige Zeit, bis der Fernhandel in seiner Gesamtheit wieder Volumen und Vielfalt in der Zeit vor der Dürreperiode erreicht hatte – die Produktion der Metallhütten in den nördlich der Alpen gelegnen Terrains, insbesondere der inzwischen von Kelten betriebenen, brauchte nun lange Zeit kaum die Konkurrenz qualitativ überlegener „Südware" zu fürchten.

Allerdings begann sich just zu dieser Zeit der vorstehend zitierte Klimawandel zu übermäßiger und kühler Feuchte im Sommer, zu starker Kälte und sehr viel Schnee im Winter in der nördlichen Hälfte Europas allmählich sehr unangenehm bemerkbar zu machen.

Doch ausgerechnet hierdurch ergaben sich für das Keltenzentrum Hallstatt jene entscheidenden Impulse, wodurch das ihn umgebende, heute österreichische Salzkammergut zunächst zu einer ökonomisch-kulturell außerordentlich prosperierenden Region, etwas später zu einem das Keltentum in seiner Gesamtheit zunehmend mobilisierenden Impulsgeber wurde.

Das Keltentum nahm diese Impulse auf und konnte sich schließlich zu jener Halb–Europa etwa 500 Jahre lang massiv mitprägenden gesellschaftlichen Bewegung entwickeln, als welche es uns Heutigen imponiert.

Es war wohl tatsächlich vor allem das nördlich der Alpen allgemein unfreundliche Klima jener Zeit, das damals den Bewohnern des Salzkammergutes, insbesondere den Salzbaronen von Hallstatt, „in die Karten spielte“ – die Nachfrage nach Salz stieg erheblich, während das allgemeine Marktaufkommen an Salz sich zeitgleich stark rückläufig verhielt.

Mithin wurden Hallstätter Salzgewinnung und Hallstätter Salzhandel zu einem außerordentlich profitablen Geschäft.

Wenden wir uns diesen merkantilen Phänomenen näher zu.

Die Nachfrage nach Salz stieg – einerseits – deshalb, weil Salz für die durch das veränderte Klima gleichermaßen veränderte menschliche Ernährung weitaus stärker zu einem unerlässlichen Bestandteil der Lebensführung geworden war und dabei – andererseits – aus gleichem Grund andere Verfahren der Salzgewinnung als der bergmännische Abbau von Steinsalz jetzt kaum noch praktikabel geblieben waren.

In den nunmehr vergangenen „goldenen“ sonnenreichen Jahren war in der nördlichen Hälfte Europas die Methode der Fleischkonservierung durch dosierte Besonnungstrocknung zu einer absoluten Perfektion entwickelt worden. Im Frühherbst wurden alljährlich Großschlachtungen vorgenommen und das viele Fleisch wurde durch qualifizierte herbstliche Besonnungstrocknung für seinen Verzehr in der kalten Jahreszeit präpariert. Nur die Zuchttiere wurden durch Verabreichung von im Sommer geborgenem und getrocknetem pflanzlichem Reservefutter durch den Winter gebracht.

Dieses bewährte Prozedere hatte man nun aufgeben müssen – die Sommer waren hierfür zu kurz, zu kühl und zu feucht geworden. Als fast einzige praktikable Methode zuverlässiger Konservierung der im Herbst anfallenden großen Fleischmengen verblieb den damaligen Menschen in Europas Mitte und Norden lediglich das Pökeln des Fleisches in Salzlake.

Dabei wurde nicht nur die Aufrechterhaltung, sondern ein permanentes Steigern alljährlich gesicherter Fleischreserven zunehmendes Überlebenserfordernis – die pflanzlichen Erträge der Landwirtschaft gingen ständig zurück, auch eine Folge kühl und kalt gewordenen Klimas.

So erlangte Fleisch – wieder einmal – nördlich der Alpen eine dominierende Position in der zeitgemäßen menschlichen Ernährung und das herbstliche Fleischpökeln in Salzlake wurde immer wichtiger.

Zeitgleich reduzierte sich jedoch das bisherige hiesige Handelsaufkommen an Salz deshalb immer mehr, weil die im Verlauf der Bronzezeit an verschiedenen Orten entwickelte Produktion der Salzgewinnung durch eine kontrollierte Salzwasserverdunstung, die frühe „Salinen-Produktion", jetzt mehr und mehr zum Erliegen kam – die für ein effektives Verdunstungsgeschehen des in die flachen Salinenbecken eingelassenen Salzwassers, mit dem Ergebnis eines gut handelbaren Salzes, unabdingbar erforderliche intensive und zeitlich ausgedehnte sommerliche Sonneneinstrahlung ging Jahr für Jahr zurück und fiel schließlich fast völlig aus.

Zudem kam der schon im Zusammenhang mit den vorstehend geschilderten Problemen des vorderen Orients geschrumpfte transalpine Handel im Ergebnis jetzt ganzjähriger tiefer Verschneiungen fast aller Alpenpässe zu einem annähernd totalen Erliegen. Die Folge war, dass auch gelegentliche Salzimporte aus dem Süden nunmehr weitestgehend ausblieben.

Also verblieb das durch frühen Bergbau gewonnene Steinsalz als de facto einziges im Raum nördlich der Alpen in größerem Umfang verfügbares Fleischkonservierungsmittel und Steinsalz wurde zu einer viel gefragten Mangelware. Es wurde zu einem Handelsgut, das dessen Produzenten und Anbietern Jahrhunderte lang gewaltige Profit- und Gewinnmargen bescherte.

Die Hallstätter Salzbarone wurden und blieben im Ergebnis dieser Gegebenheiten für sehr lange Zeiten die großen Gewinner der durch den damaligen Klimawandel und die fast gleichzeitig aufkommende großflächige Eisenverhüttung sich nördlich der Alpen ergebenden Gesamtsituation, denen das Schicksal im Zusammenhang hiermit dann auch die Rolle vermutlich entscheidender Impulsgeber für den allgemeinen Aufstieg des Keltentums zugespielt hat. Dabei war es nicht unwesentlich, dass Hallstatt damals recht bald einen regen speziellen Tauschhandel mit Etruskien entwickelte, durch welchen in beachtlichem Umfang zu jener Zeit beispielgebendes gegenständliches etruskisches Kulturgut in das Salzkammergut gelangte.

Angesichts der ganzjährig hohen Verschneiung fast aller Alpenpässe war dies wohl nur deshalb möglich, weil einer der wenigen transalpinen Passpfade, die zumindest gelegentlich in den Hochsommermonaten für einige Wochen begangen werden konnten, seinen nördlichen Einstieg im Salzkammergut hatte und von den Hallstätter Herren relativ gut kontrollier- und nutzbar war.

Die italischen Etrusker – wenig später erbitterte Gegner ihres erste Großmachtansätze entwickelnden römischen Nachbarn – waren in den Jahrhunderten des Überganges von der Bronze zum Eisen eine der kulturell und sozial am weitesten entwickelten Ethnien in der westlichen Hälfte des eurasischen Raumes. Bei ihnen hatte sich viel „ursprüngliche Demokratie“ erhalten und nur eine mäßige – vorzugsweise merkantil begründete – gesellschaftliche Hierarchie eingestellt. Allerdings hatte sich – vermutlich vor allem deshalb – eine straffe Staatlichkeit dennoch nicht entwickelt.

Gleichwohl ist den frühgeschichtlichen Quellen zu entnehmen, dass in diesem Volk eine beachtliche Bevölkerungsschicht mit gehobenen intellektuellen Bedürfnissen entstanden war, von welcher ein lebhafter zeitgenössischer Kunstbetrieb ökonomisch abgesichert wurde. So hatten sich auch ein etruskisches Alphabet entwickeln können, desgleichen Ansätze eines etruskischen Schrifttums. Das einst schließlich zu allgemeiner Dominanz gelangende griechische Alphabet hat eine deutliche „etruskische Wurzel“.

Der Beitrag, den dereinst die Etrusker für die Entstehung einer spezifisch keltischen figürlichen Kultur während derer „Hallstätter Periode“ leisteten, ist wahrlich beachtlich.

Die unter dem fortdauernden Einwirken der importierten etruskischen Kunstwerke im Salzkammergut sich entwickelnde keltische Kultur gewann zunehmend einen sehr charakteristischen Eigencharakter, ihr künstlerisches Niveau war schließlich dem Niveau ihrer etruskischen Vorbilder zumindest ebenbürtig.

Hermann Parzinger hat in seinem Beitrag in der von Akita Iriye und Jürgen Osterhammel herausgegebenen „Geschichte der Welt“ hierzu die Generalaussage getätigt: „Europa hat sich in der Hallstatt-Zeit grundsätzlich gewandelt, insbesondere in seinem Rezeptionsverhalten.“

DAS ERLANGEN EINES SOLCHEN BREITEN REZEPTIONSVERSTÄNDNISSES WAR EIN WESENTLICHER SCHRITT IN DER BEWUSSTSEINSREIFUNG DES DIGNITATUS!

Besonders auffällig an den zunehmend in der gesamten „Keltenheit”, in einem speziellen keltischen Stil, erschaffenen Kunstgegenständen und Zeremonialgerätschaften ist die nunmehr dominierende Darstellung des Augenpaares bei der künstlerischen Interpretation von menschlichem oder gotthaftem Wesen – relativ große, ebenmäßig runde Kreise, dicht nebeneinander im Gesicht angeordnet.

Bei längerer Betrachtung fühlt sich auch manch „Jetztzeit-Mensch“ durch den eigenartigen, hypnotische Suggestion ausstrahlenden Blick dieser Fantasie-Gesichter „mental angefasst“.

Im einstigen spirituellen Leben der Kelten spielten solche Resultate hohen künstlerischen Ausdrucksvermögens vermutlich eine wichtige Rolle und trugen insbesondere erheblich zu ihrem Identitätsbewusstsein und gesellschaftlichem Zusammenhalt bei.

Zum Abschluss der Charakterisierung der frühen Hallstätter Periode des entstehenden Keltentums erscheinen einige würdigende Sätze zur einstigen bergmännischen Salzgewinnung im Salzkammergut angebracht – zu einer Arbeit, die damals Avantgardecharakter trug und als Vorbild für folgendes bergmännisches Bemühen in Europa angesehen werden kann.

Siebo Heinken geht in seiner Publikation „Das Schicksal der Kelten“ auf dieses Geschehen näher ein.

„Salzbergbau war aufwendig und eine große Investition, die Wohlstand einer auch politisch durchsetzungsfähigen ‚Investorengruppe‘ voraussetzte. Wenn der Abbau in den bis zu 300 Meter quer in das Gestein getriebenen Stollen begonnen hatte, mussten die im Stollen mit ihren Salzhacken arbeitenden Bergleute ausreichend mit Frischluft versorgt werden, was erhebliche technische Fertigkeiten und auch einen spürbaren materiellen Aufwand erforderlich machte.“

Nach Gerhard Herm gab es auch damals schon im Salzkammergut in die Tiefe gehende Schächte, in welche die Bergleute „auf gekerbten

Bäumen hinabstiegen, um das ‚Haselgebirg‘ abzubauen – eine Gesteinsschicht aus Ton, Gips und Steinsalz.“

Hinsichtlich der erlangten Arbeitseffektivität des in der Zeiteinheit geschaffenen Arbeitsergebnisses war der bergmännische Abbau von Steinsalz zu jener Zeit gewiss die ertragreichste Methode der Salzgewinnung und ermöglichte auch bei „normalen“ Marktverhältnissen den Herren dieser Produktion das Erlangen eines beträchtlichen Wohlstandes.

Und unter den besonderen Bedingungen der nasskalten klimatischen Verhältnisse zu Beginn des letzten vorchristlichen Jahrtausends war das in Hallstatt und Umgebung erst recht der Fall.

Indessen öffnete sich jedoch dabei die „soziale Schere“, mehr und mehr. Da aber der aktive Salzhauer weiterhin ein zeitgemäß erträgliches Leben führen konnte, blieb die politische Situation im Revier Jahrhunderte lang relativ stabil – und Hallstatt Zentrum des Keltentums.

Schon früh ist von unserer modernen Archäologie erkannt worden, welchen großen wissenschaftlichen Wert die sorgsame Analyse sog. „Fürstengräber“ für unsere Kenntnis des zu gegebenem Zeitpunkt erreichten Niveaus der materiellen Produktion hat. Wohl nirgends spiegelt sich dieses, ggf. auch über Jahrtausende, so detailliert wie in der Ausstattung letzter Ruhestätten von herausragenden Persönlichkeiten ihrer Zeit.

Hermann Parzinger hat diese Gegebenheiten während der Hallstattperiode durch seine Beschreibung des Grabes eines hochrangigen Vertreters der damaligen keltischen Gesellschaft sehr plastisch dargestellt.

„Ein besonders eindrucksvolles Beispiel eines keltischen Fürstengrabes bietet der Komplex ‚Hochdorf‘ nahe Stuttgart, da er in den bisher verstrichenen Jahrtausenden von Plünderungen verschont geblieben war.

Der Verstorbene mittleren Alters lag in einer Grabkammer aus Holz, die man – bevor man den mächtigen Grabhügel aufschüttete – mit einer Steinpackung umbaut hatte.

Im Inneren hatte man die Kammer mit Stoffen ausgekleidet und mit Blumen geschmückt. An den Wänden hingen neun golden verzierte Trinkhörner sowie der Pfeilköcher des Toten.

Der Verstorbene war in feingewebter Kleidung auf einem bronzenen Prunk-Sofa gebettet, auf welchem man zuvor Polster aus Dachs-Haar und Gräsern ausgelegt hatte. Seine Rücklehne zierten Darstellungen von

Schwerttänzern und Wagenlenkern. Unten ruhte diese Liege auf relativ dünnen Beinen, die in Form von Figurinen weiblicher Personen gestaltet waren.

Sehr beachtlich ist die von den Totenbestattern vollzogene Herrichtung der Leiche. Auch als Toter stellte sich der ‚Fürst von Hochdorf' als ein ‚Mann von Welt' dar. Seine Schnabelschuhe folgten der damals auch in gehobenen keltischen Kreisen aktuellen italischen Mode. Sein konischer Hut aus Birkenrinde, dagegen, demonstrierte lokale Verbundenheit.

Halsring, Dolch, Gürtelblech – der gesamte Schmuck und die Beläge seiner Schuhe waren aus Gold gearbeitet, Kennzeichen eines sehr hohen Ranges.

Zu seinen Füßen stand ein Bronzekessel aus Unteritalien, der einst mit vierhundert Litern Honigmet gefüllt gewesen war. Zum Schöpfen diente eine beigelegte goldene Schale. Daneben hatte man einen vierrädrigen Prunkwagen mit Schirrung für zwei Pferde platziert. Auf diesem Wagen waren Schlachtgerätschaften und Bronzegefäße deponiert, wohl gedacht für ein Gastmahl mit bis zu neun Teilnehmern. Und am Rande des großen Schlachtgrabes fanden sich die Reste eines Podiums, von welchem aus vermutlich dereinst die Totenfeier zelebriert worden war."

Um etwa 700 bis 600 v. Chr. schwächte sich die „kühle Phase" des nördlich der Alpen gelegenen europäischen Raumes spürbar ab. Die sommerlichen Witterungen wurden intensiver, währten zeitlich länger und die Winter wurden schneeärmer, weniger kalt, was auch dazu führte, dass die Alpen wieder zunehmend passierbarer wurden und die Gewinne der Hallstätter Salzbarone vermutlich zunehmend rückläufig wurden.

Wie auch immer – das Keltentum hatte inzwischen den gesamten süddeutsch-österreichischen Raum fest in seiner Hand und zudem weite Territorien des heutigen französischen Staates. Zudem hatte man bereits begonnen, auch den Nordosten der iberischen Halbinsel zu infiltrieren.

Angesichts dieser territorialen Schwerpunktverlagerung des Keltentums in westliche Richtung geriet Hallstatt nun in eine gewisse Randlage, in Folge der klimatischen Entwicklungen auch in eine ökonomisch weitaus weniger dominante Position. Das machte sich letztlich ebenfalls in politischen und kulturellen Belangen bemerkbar. Jedenfalls wird derzeit von der heutigen Geschichtswissenschaft nicht mehr Hallstatt, sondern das Gebiet um die heutige schweizerische Ortschaft La Tene als in der zweiten Hälfte des letzten vorchristlichen Jahrtausends für weitere keltische kulturelle Entwicklungen richtungsweisender Schwerpunkt angesehen.

Der vorderasiatisch-mediterrane Raum hatte inzwischen die Langzeitfolgen der großen Dürre und die spezifischen gesellschaftlichen Turbulenzen im Zusammenhang mit der Umstellung des gesamten Lebens auf die Neuerungen im Ergebnis der sich immer weiter qualifizierenden Eisenmetallurgie überwunden und füllte seine dominierende Position im westlichen Teil des eurasischen Blockes wieder mit Nachdruck aus.

Die Griechen hatten mittlerweile ein Netz von Kolonien an den Ufern von Schwarzem und Mittelmeer installiert und konkurrierten heftig mit dem wiedererstarkten Phönizien. Letzteres beschränkte sich bei seinem Agieren zumeist explizit auf den Handelsaustausch, baute seine ausländischen Faktoreien selten derart breit aus, wie zumeist die Griechen ihre Kolonien. Dieses traf insbesondere auf jene griechische Kolonie zu, die sie auf dem Territorium der heutigen französischen Mittelmeermetropole Marseille angelegt hatten.

Über die dort in das Mittelmeer mündende Rhone und deren Nebenflüsse hatten schließlich wagemutige griechische Händler ihre Kontakte bis tief in das heute französische Kernland ausgebaut, wodurch es damals erstmalig zu direkten und nachhaltigen Beziehungen zwischen größeren Kontingenten aktionsbereiter Griechen und Kelten kam.

Gute griechische Weine haben vermutlich sich damals als sehr bewährte diplomatische „Türöffner" bewährt, denn recht bald tauschte man nicht nur materielle Handelsware aus, sondern auch gesellschaftliche Erfahrungen und politische Ideen. Jedenfalls gelangte auf diese Weise hellenistisches Denken recht bald in die Diskussionskreise der gesellschaftlich arrivierten keltischen Schichten, in Sonderheit zu der Jugend dieser Cluster. Und belebte dort manche fast vergessenen „Freiheitsfantasien" und manchen ungebremsten Machttraum.

Es wird heute seitens der einschlägigen Wissenschaft als belegt erachtet, dass damals erhebliche Anteile der keltischen Oberschichtjugend – zu Freunden Griechenlands geworden – sich auf diese Weise mit den Diskussionsinhalten früher philosophischer Zirkel des antiken Griechenlandes vertraut gemacht haben. In der antiken klassischen griechischen Literatur soll es einige Passagen geben, wonach junge Kelten bei ihren Gesprächen mit griechischen Händlern oft durch ein „eigenartiges Glühen" erfasst wurden.

Jedenfalls ging damals schließlich vom Rhone-Tal ein große Teile der keltischen Jugend in ihrer Gesamtheit erfassendes Sendungsbewusstsein aus, das sich schließlich zu einem breite Kreise der Kelten mobilisierenden Sendungswahn steigerte.

Und als erneut, etwa in der Mitte des letzten vorchristlichen Jahrtausends, sich dann nochmals wiederholt, jeweils ein oder mehrere Jahrzehnte lang, recht niedrige Temperaturen und weitflächig heftige winterliche Schneefälle einstellten, erbrachten unerwartete Nahrungsdefizite und allgemeine Wärmesehnsucht das Brechen letzter aktionshemmender rationaler mentaler Barrieren. Vermutlich erfasste nun ein ethnischer Größenwahn die gesamte keltische Ethnie und blieb Jahrhunderte lang zentrales Axiom ihres allgemeinen Identitätsbewusstseins. Ihre männliche Jugend war dem zumeist im Besonderen verfallen, denn große Teile stürzten sich nun – in Intervallen – in gewaltige territoriale Expansionsabenteuer, was ihrem Volk zwar einen für einige Jahrhunderte währenden Großmachtstatus einbrachte, letztendlich jedoch seinen fast totalen Untergang als eigenständige Ethnie.

Reinhard Schmoeckel hat in seiner „Indoeuropäer"-Monografie das damalige keltische Expansionsgeschehen im Verlauf des letzten vorchristlichen Jahrtausends in seiner Gesamtheit detailliert aufgelistet, mit Angabe der jeweiligen Ereignisjahre v. Chr.

„Bereits im 7. und 6. Jahrhundert v. Chr. dürften keltisch sprechende Stämme über Westfrankreich in die Pyrenäenhalbinsel eingedrungen sein, sich in Nordwestspanien und Portugal festgesetzt haben. Dort waren seit Jahrtausenden die – nicht indoeuropäisch sprechenden, vermutlich einst vom Süden des Mittelmeeres gekommenen – Iberer ansässig. Heute sind sie als Basken die einzigen ‚ursprünglichen' Europäer, die keine indoeuropäische Sprache benutzen. Andere Teile der Iberer vermischten sich indessen mit den eingedrungenen Kelten zu den ‚Kelto-Iberern' der Römerzeit.

Ähnlich war die Lage auf den Britischen Inseln. Auch hier gab es eine Urbevölkerung, die einen eher mittelmeerischen Charakter hatte – kleiner Wuchs, brünette Hautfarbe, schwarze Haare. Hierzu waren immer wieder Zuwanderer von Skandinavien und der französischen Küste gekommen, zunehmend indoeuropäisch sprechende Gruppen. Doch in der Zeit wischen dem und 7. Und dem letzten Jahrhundert v. Chr. setzten in mehreren Schüben keltisch sprechende Menschen aus Frankreich und Belgien nach den Britischen Inseln über und machten sich zu ihren Herren. Sie bestimmten schließlich die Kultur dieser Inseln so gründlich, dass Irland, Schottland und Wales nun die einzigen Gebiete Europas sind, in denen keltische Sprachen lebendige Sprachen sind.

Frankreich war in den letzten 500 Jahren vor der Zeitenwende fast ausschließlich von Kelten beherrscht. Nur die Südwestecke Frankreichs, südlich der Garonne – auch heute noch von Basken bewohnt –, blieb iberisch bestimmt.

An seiner Mittelmeerküste hielten sich Reste der – wahrscheinlich nicht indoeuropäisch sprechenden – Ligurer, z.T. früh vermischt mit Kelten, aber auch mit den Nachkommen griechischer Kolonisten, die schon um 600 v. Chr. dort ‚Massilia' (Marseille) und andere Städte gegründet hatten.

Das heutige Deutschland war in jener ‚keltischen Epoche' von den Alpen bis an den Nordrand der deutschen Mittelgebirge von keltischen Stämmen bewohnt, bis nach Thüringen hin. Nördlich schlossen sich die ursprünglichen Wohngebiete der Germanen an, nordöstlich die Reste der ‚Lausitzer Kultur'.

Auch Südböhmen und Südmähren wurden spätestens im 4. Jahrhundert v. Chr. von den keltischen Bojern besiedelt. Unsere heutigen Bayern haben das Gedächtnis an diesen keltischen Stamm aufrechterhalten und ihren Namen – leicht gewandelt – von ihm übernommen.

Oberitalien war in jenem 4. Jahrhundert v. Chr. bereits von den Kelten überschwemmt gewesen.

Aber die keltischen Wanderungen gingen zu jener Zeit in noch ganz andere Richtungen. Beispielsweise wurde schon zuvor das dereinst von den Illyrern beherrschte Gebiet im östlichen Alpenraum von keltischen

Stämmen erobert. Auch die im heutigen Ungarn damals siedelnden Stämme waren bereits keltisch bestimmt.

Zwischen 400 und 250 v. Chr. durchzogen keltische Scharen dann die gesamte Balkanhalbinsel, bedrohten Griechenland, versuchten die Schätze des griechischen Heiligtums in Delphi zu plündern (279 v. Chr.) und gründeten keltische Königreiche in Belgrad und im heutigen Südbulgarien.

Größere keltische Heerscharen setzten im Jahr 278 v. Chr. nach Kleinasien über und schlugen sich mit diversen, dort damals herrschenden und griechisch sprechenden Kleinkönigen. Sie waren zumeist Erben des zerfallenen, einst von Alexander dem Großen eroberten Reiches.

In der Mitte der kleinasiatischen, heute türkischen Halbinsel gründeten sie das keltische Reich der Galater. Auf gleichem Territorium hatten 1.500 Jahre vor ihnen die ebenfalls indoeuropäisch geprägten Hethiter geherrscht.

Ankara, die heutige türkische Hauptstadt, ist eine Gründung dieser Galater. Noch um das Jahr 400 nach Christi sprachen die dort lebenden Menschen Keltisch – zu jener Zeit hätten sie sich ohne größere Probleme mit den Einwohnern des deutschen Trier verständigen können. Die Römer hatten sich inzwischen vom Schock der vorübergehenden keltischen Eroberung ihrer Stadt im Jahr 386 v. Chr. erholt und begannen jetzt ihre zähen Kämpfe zur Erlangung der Römischen Herrschaft über ganz Italien. Die inzwischen seit langen Jahren in Oberitalien siedelnden speziellen Keltengruppen konnten sie erst um 150 v. Chr. endgültig besiegen."

Das Ende des damaligen großen keltischen Abenteuers in Vorderasien hat in der aktuellen deutschen Museumslandschaft eine beeindruckende Reflexion gefunden. Bei Otto Schertler finden sich hierzu in seiner Monografie „Die Kelten" die folgenden Zeilen.

„Die kleinasiatische Invasion der Kelten endete für sie schließlich in einem Fiasko. Entscheidend hierbei, im Sinne eines ‚Anfangs vom Ende', dürfte der um 230 v. Chr. durch Attalos I. – dem griechischstämmigen König von Land und Stadt Pergamon auf heute türkischem Terrain – erfochtene Sieg über das Hauptkontingent der kleinasiatischen keltischen

Streitmacht gewesen sein, in der Nähe der Hauptstadt seines kleinen Reiches.

Diesem Sieg zum Gedächtnis wurde von Attalos I. auf dem Schlachtfeld ein beeindruckender Altar errichtet. Dieser wurde nach über zwei Jahrtausenden, noch vor Beginn des Ersten Weltkrieges, d. h., zu Zeiten des letzten deutschen Kaiserreiches, in das damals kürzlich auf der Berliner Museumsinsel neu erbaute ‚Pergamonmuseum' transferiert, wo er seither als Glanzstück europäischer Museumslandschaft gilt."

Welchen Einfluss hatte der Höhenflug des Keltentums im letzten vorchristlichen Jahrtausend auf die damalige Situation der Germanen?

Heute hat sich in geschichtswissenschaftlichen Kreisen weitgehend die Meinung durchgesetzt, dass – einerseits – die damals rasanten Entwicklungen auf keltischer Seite durchaus ihren fruchtbaren Abglanz auch in der Welt germanischer Völkerschaften erfahren haben, in Sonderheit hinsichtlich mancher neuer materieller Erkenntnisse und Nutzungen derselben. Andererseits jedoch erbrachte der sich lange Zeit verfestigende „Keltenriegel", die keltische Dominanz, später Herrschaft der Kelten auf den Territorien des heutigen Süddeutschlands und des heutigen Österreichs – bald dann auch des heutigen Nordfrankreichs – eine mehrere Jahrhunderte lange, fast totale Isolation der Germanen von dem damals den humanen Fortschritt im westlichen Eurasien bestimmenden Länderkreis Vorderasiens und Nordostafrikas.

Zunächst betraf dies insbesondere alle im Zusammenhang mit Weiterentwicklungen bei Produktion und Nutzung von Bronze stehenden Sachverhalte, später dann – vor allem – die sich bei der Bewältigung des historischen „Überganges von der Bronze zum Eisen" ergebenden Probleme, bei einer verschärften Unterbindung aller Kontakte nunmehr auch zu Griechenland und Rom.

Als man dann aber doch – gegen Ende jenes Jahrtausends – in Europas Norden in den Besitz aller Geheimnisse von Eisenproduktion und Eisennutzung gelangt war, gelang dort ein beeindruckend zügiger Aufholprozess, zumal der nun erforderliche Grundstoff in Form von Raseneisenstein auch in Nordeuropa allenthalben in ausreichenden Mengen zur Verfügung stand, was letztlich zu einem allmählichen „Drehen" der bisherigen Machtrelationen im Verhältnis zwischen den Germanen und den

Kelten führte und der bislang mächtige „Keltenriegel“ zu einem unter wachsenden zweiseitigen Druck stehenden „Schlauch“ mutierte – in seinem Süden bedrängt durch das übermächtig werdende Imperium Romanum, im Norden durch die militärisch immer stärker werdenden Germanen.

Schlussendlich waren es vor allem innerkeltische Gegebenheiten, insbesondere die unter dem Narrativ „totaler individueller Freiheit“ von der keltischen Gesamtheit hartnäckig verweigerte Schaffung von historisch unverzichtbar gewordenen Elementen universeller Staatlichkeit, dann aber auch die konsequente Machtpolitik seitens Roms, der Supermacht jener Zeit, welche – unterstützt von anderen mittlerweile antikeltisch orientierten Kräften, z. B. den Germanen – das Ende des einst gesamtpolitisch mächtigen Keltentums als wesentlichen Faktor des westlichen Eurasiens besiegelten.

Die große Mehrheit der verbliebenen Kelten assimilierte sich jetzt in anderen Volksgruppen, vorzugsweise in der großen damaligen „Römischen Community“.

DER KELTISCHE KRIEGER UND SEINE WAFFEN

Ein sehr wesentlicher Faktor bei den europäischen machtpolitischen Veränderungen im letzten vorchristlichen Jahrtausend war der frühere oder spätere Übergang von bronzenen zu eisernen Metallprodukten in den verschiedenen damaligen Volksgruppen des Kontinentes, insbesondere die Ablösung von bronzenen Waffen durch entsprechendes eisernes Gerät.

Obwohl große Teile der Kelten – im Vergleich zu anderen nördlich der Alpen siedelnden Völkern – relativ früh und relativ nachhaltig Zugang zu den im Süden Europas zunehmend Platz greifenden metallurgischen Neuerungen der Zeit hatten, spielte sich bei ihnen der nun anstehende Wandel von einem zum anderen Metall dann vergleichsweise zögerlich ab, zudem in sehr unterschiedlichen Tempi von Ort zu Ort.

Nach Meinung der modernen Historiografie hatte diese überraschende Zögerlichkeit mehrere in engem Zusammenhang stehende Ursachen. Die wichtigste dieser Ursachen dürfte ihr langzeitiges Dominieren im kontinentaleuropäischen Zinnhandel, der Jahrhunderte lang währende vorzugsweise Zugriff des innerkeltischen Marktes auf die Exporte britischen Cornwall-Zinns gewesen sein. Während im Verlauf der ersten Hälfte des letzten vorchristlichen Jahrtausends das Zinnaufkommen der meisten, eher kleinen Zinn-Lagerstäten auf der westlichen Seite des eurasischen Festland-Raumes sich zusehends erschöpfte, konnten die britischen Lagerstätten ihren Produktionsausstoß noch lange in gewohnten Volumina erbringen und ihren Zinnexport weiterhin aufrechterhalten. Auch wenn solches zunehmend zum Nachteil des britischen Eigenbedarfes geschehen sein dürfte – die Zinn-Barone von Cornwall bemühten sich unverändert, ihre Exportvolumina weiterhin zu erbringen und gar möglichst zu vergrößern; ihre wachsenden Handelsspannen waren allzu verlockend.

In Folge des zunehmenden kontinentalen Zinnmangels erlangte Zinn schließlich den Charakter eines im Fernhandel sehr gewinnträchtigen Handelsproduktes, zumal Versuche eines „Recycelns“ der Bronze von nicht mehr einsatzbaren Bronze-Gerätschaften, d.h., eines Einschmelzens solcher Bronze und ihres erneuten Gusses, nicht die erhofften Resultate erbrachten – die Ergebnisse dieser Experimente erbrachten nur Gerätschaften mit einer indiskutabel geringen Festigkeit.

Der keltische Binnenmarkt hatte sich das vorrangige Zugriffsrecht auf den für die Bronzeproduktion unerlässlichen Zinn durch die ständige Westausdehnung des keltischen Dominanzraumes sichern können, bis hin zur heute französischen Atlantikküste.

Da zu jener Zeit fast der gesamte britische Warenexport – nach Überquerung des Ärmelkanals – seinen Weg in das Innere des europäischen Kontinentes über das heute französische Territorium finden musste, damals inzwischen durchweg keltisch dominiertes Gebiet, war es für jene Herren der Szene nunmehr nicht allzu schwer, einen Vorzugsanspruch auf solche Handelswaren durchzusetzen, auch auf primär für den Transit vorgesehene Handelsgüter, was aber zur Folge hatte, dass im groß gewordenen und ständig weiter wachsenden Keltenland lange Zeit kaum ein nennenswertes Bedürfnis entstand, sich um einen Ersatz für die ansonsten auf dem gesamten Kontinent rar und zunehmend teurer werdenden bronzenen Artikel zu bemühen, zumal solche Einstellungen durch weitere Sachverhalte Unterstützung erfuhren.

Bei seiner frühen Westausdehnung hatte das Keltentum die Dominanz über ein Terrain erlangt, welches relativ kurz zuvor durch die iberischen Glockenbecherleute samt deren exzellenten Bronze-Metallurgen und Bronze-Verarbeiter infiltriert worden war, weshalb es uns heute auch nicht überraschen sollte, dass die Ergebnisse der keltischen Bronzewaren jener Zeit – insbesondere hinsichtlich ihrer ästhetischen Ausstrahlung – zu den damaligen Spitzenprodukten gehören. Sie blieben im transnationalen Fernhandel gefragt, tendierten sogar immer höhere Gewinne einzubringen – auch weil Bronze „an sich“ zunehmend seltener im Angebot der Händler zu finden war.

Mit dem Ausgangsmaterial Eisen waren derartig filigrane Erzeugnisse, wie sie geübte Kunsthandwerker inzwischen auf Bronzebasis verfertigen konnten, noch Jahrhunderte später grundsätzlich nicht erreichbar – scheinbar ein Grund mehr, sich nicht allzu sehr um die eigene Entwicklung von Eisenverhüttung und Eisenbearbeitung zu kümmern.

Der Eisenguss – heute eine elementare Grundlage der modernen metallverarbeitenden Industrie – konnte erst sehr viel später von Dignitatus entwickelt werden. Jahrtausende lang blieb die Eisenverarbeitung das fast ausschließliche Werk des extrem kräfteraubenden Schmiedehandwerks.

Und das war für die Welt der Kelten dereinst sehr lange auch ein weiterer Grund, lieber bei der „vertrauten Welt der Bronze“ zu bleiben und das harte und dunkle Eisen jenen zu überlassen, die offensichtlich nicht mehr in der Lage waren, ihren diversen Warenbedarf m. H. der edlen Bronze zu decken.

Schmiedearbeit war nicht nur physisch viel anstrengender als die Arbeit mit Bronze, sie war auch durch unangenehme, gar giftige Ausdünstungen während des Arbeitsgeschehens belastet sowie durch die große Hitze der Schmiedeglut.

Es hat damals sehr lange gedauert, bis die zeitweise einem extrem konservativen Denken verfallene keltische Welt realisierte, in welche prekäre gesellschaftliche Lage sie sich durch eine solche Sicht der Dinge gebracht hatte, insbesondere in militärischer Hinsicht, speziell in Bezug auf eine zeitgemäße waffentechnische Ausstattung.

Dennoch ist es angesichts des vorstehend Erörterten keineswegs angebracht, die Kelten als ein generell zunehmend erneuerungsunfähiges Volk anzusehen. Im Gegenteil – im Rahmen des von ihnen offensichtlich verinnerlichten Dogmengebäudes erwiesen sie sich als geistig bemerkenswert agil.

Die von ihnen entwickelte Siedlungsstruktur ihrer „Opida“ war beispielsweise eine beachtliche zeitgemäße Neuerung – Ausdruck des Bemühens, aktuellen Verteidigungserfordernissen in Übereinstimmung mit damaligen Aspekten einer bestandsichernden landwirtschaftlichen Produktion zu genügen.

Diese „Opida“ waren präurbane Großdörfer, die sich mit beachtlichen Befestigungsanlagen gegen räuberische und kriegerische Attacken von außen gewappnet hatten und zudem dank großflächiger Anlage den Aufbau einer weitgehend autonomen ökonomischen, insbesondere auch landwirtschaftlichen Grundstruktur ermöglichten, was gleicherweise mit einer erheblichen Verdichtung der humanen Wohnverhältnisse verbunden war – förderlich der Alltagskommunikation, der Festigung gemeinschaftlichen Denkens und Fühlens, der sozialpsychologischen Voraussetzungen für gemeinschaftlich geschlossene und effektive Abwehr jeglicher feindlicher Attacken von außen.

Nach gefasstem Gründungsbeschluss wurde in der Regel zunächst um das Terrain des geplanten Großdorfes ein Graben nebst begleitendem Erdwall angelegt, später gekrönt durch eine etwa zwei Meter hohe Holzwand. Dabei ging man „weitflächig" vor und stellte in Rechnung, dass später durch Wohn- und Stallungsbebauungen oder durch handwerkliche Werkstätten insgesamt maximal ein Drittel der umwallten Fläche in Anspruch genommen werden durfte. Mindestens zwei Drittel von ihr waren unbedingt unbebaut zu lassen, für ein ständiges Nutzen als Acker- oder Weidefläche, womit im Falle zeitweiliger Belagerung einem Totalausfall der Nahrungsmittelversorgung vorgebeugt wurde.

Aber auch in sonstigen Belangen waren voll ausgebaute Opida bemerkenswert autark. Neuere archäologische Grabungen haben ergeben, dass man damals sehr bemüht gewesen ist, möglichst alle Arten zeitgemäßen Handwerkertums in einer Opida in ausreichendem Umfang anzusiedeln. Das galt im Speziellen für die einstigen Gewerke der Waffenproduktion. In den Hinterlassenschaften fast jeder keltischen Großsiedlung fanden heutige Archäologen auch Reste von metallurgischen Werkstätten sowie solche von Schmieden unterschiedlicher Spezialisierung und Qualifikation.

Ungeachtet der zunächst nur schleppend vollzogenen allgemeinen keltischen Umstellung von Bronze auf den historisch neuen metallenen Grundstoff Eisen hatte sich dieser Prozess bei großen Teilen der Kelten bis zur Mitte des letzten vorchristlichen Jahrtausends dann doch – im Großen und Ganzen – abgewickelt. Gemeinsam mit der „Omnipräsenz" des Ausgangsmaterials für die Eisenproduktion, der Raseneisensteins, hatten dann die letztlich überlegenen Nutzungseigenschaften des Eisens, der Realitätssinn des keltischen Handwerkertums, der Geschäftssinn der keltischen Händler hierfür gesorgt. Zudem hatten die charakteristischen Umstände eines Kampfausganges in den ständigen innerkeltischen Auseinandersetzungen eine unstrittige Überlegenheit der eisernen Waffe gegenüber der nunmehr altgewohnten bronzenen Waffe immer wieder belegt und auch dafür gesorgt, dass bei den Kelten der Waffenproduktion eine ständig größer werdende gesellschaftliche Beachtung zuteilwurde und schließlich ein wahrer Waffenkult entstand. In erheblichen Teilen der großen keltischen Gemeinschaft war man allerdings immer noch dem Eisen weitgehend fremd geblieben.

Wie auch immer – als die Kelten etwa zu Beginn der zweiten Hälfte der letzten tausend Jahre vor Christi Geburt zu ihren Sturmläufen in Richtung Süden aufbrachen, bis hin auf das heute türkische Territorium Kleinasiens, war ein Großteil dieser Elitetruppen dann doch schon mit eisernem Kriegsgerät ausstaffiert, hergestellt in ihren Opida.

Bei Gerhard Herm finden wir in seiner Publikation „Die Kelten" über keltische Waffen folgende Aussagen.

„In der Hochphase der Hallstatt-Zeit waren die Schwerter der Kelten noch größere spitze Dolche, mit denen sie zustachen, falls ihr Lanzenangriff im Handgemenge stecken geblieben war.

150 Jahre später, etwa um 350 v. Chr., waren die Schwerter schon erheblich größer, auch zum Zuschlagen geeignet. In dann folgenden großen Schlachten um Oberitalien war das Keltenschwert eine massive Hiebwaffe geworden, keine Stichwaffe mehr, gelegentlich sogar an ihrem Ende abgerundet.

Die keltischen Schwertkämpfer scheinen sich damals auf die Wucht ihres ersten Angriffs verlassen zu haben. Sie hieben – mitunter hoch zu Ross vom Pferd aus – auf ihren Gegner ein, vertrauten im Falle des Fußkampfes auf ihre in Auseinandersetzungen mit Südkämpfern meist tatsächlich gegebene überlegene Körpergröße.

An qualitätsgerechten Schildern mangelte es dagegen keltischen Einheiten meistens, selbst dann, wenn ihre Anführer sich durch wahre Meisterwerke heimischer Schmiede schützen durften."

Ergänzend seien hierzu einige Bemerkungen von Otto Schertler angefügt, die er in seinem gleichfalls „Die Kelten" getitelten Buch getätigt hat.

„Archäologische Funde zeigen uns, dass die Kelten schließlich auch die Kunst des Damaszierens, gar der Umwandlung des Eisens in Stahl, hervorragend beherrscht haben.

Das bis in das 16. Jahrhundert nach Christi Geburt gebräuchliche Kettenhemd ist höchstwahrscheinlich von den Kelten erfunden worden, um dann auch von den Römern zur Ausrüstung ihrer Legionen in großer Anzahl verwendet zu werden.

Sehr erfindungsreich zeigten sich die Kelten auch bei der Entwicklung anderer Kriegsgerätschaften, beispielsweise bei der Entwicklung geeigneter Schutzhelme.

Ein kriegstauglicher Helm darf weder zu sparsam in Bezug auf die für seine Herstellung aufgewendete Metallmenge sein, noch zu ‚großzügig'. Ist das Helmblech zu dünn, dann fällt seine Schutzfunktion allzu mäßig aus. Ist hingegen der Helm in Folge dicker Panzerung zu schwer, dann kann er vom Kämpfer nur eine allzu kurze Zeit auf dem Kopf getragen werden. Ein nach langer Tüftelei entwickelter spätkeltischer Helmtyp entwickelte sich zur römischen Kaiserzeit zum Standardhelm der römischen Legionäre.

Sehr effektiv zeigte sich das weitläufige Keltenland hinsichtlich verschiedener Neu- und Weiterentwicklung von solchen Massenbedarfsartikeln, die sowohl im zivilen Leben als auch militärisch bedeutsam waren. Das betraf – z.B. – Pferdetresen, Sägen, Äxte, Beile, Scheren sowie weitere Bearbeitungsgerätschaften für die Bearbeitung von Holz, Metall und Stein.

Während der jüngeren Eisenzeit erfuhr dann auch das Rad seitens der Kelten eine wesentliche Weiterentwicklung. Aus dem bronzezeitlichen Vier-Speichen-Rad wurde allmählich jenes Rad entwickelt, das noch um die Mitte des neuzeitlichen letzten Jahrhunderts vielerorts an den Bauernwagen mitteleuropäischer Landwirtschaftsbetriebe im Einsatz war – das vielspeichige Holzrad mit dem „aufgezogenen" Eisenreifen.

Es waren einst europäische keltische Schmiede und Wagenbauer, die auf die Idee kamen, den als Umfassungsreifen des Rades gedachten Eisenreifen ein wenig kleiner als den hölzernen, die Speichen haltenden Holzkranz zu halten. Dieser Eisenreifen wurde nun erheblich erhitzt, dehnte sich folglich auf einen zum Holzrad passenden Umfang aus, wurde in diesem Zustand dem – des Flammenschutzes wegen – erheblich feucht gehaltenen Holzkranz übergestülpt, zog sich, im Verlauf seiner Abkühlung, nun wieder zusammen und saß fortan – mit großer Zuverlässigkeit – fest auf dem neuen Rad."

Wesentlicher Faktor der lange Jahrhunderte währenden, allgemein gerühmten Kampfstärke bewaffneter keltischer Formationen war die nachhaltige frühe Prägung des männlichen Nachwuchses seitens der jeweiligen lokalen Druidengruppe, im Sinne einer stabilen Verankerung absoluter Überzeugungen hinsichtlich eines gesellschaftlich gehobenen „jenseitigen“ Weiterlebens voller Freuden und Annehmlichkeiten im Falle des Heldentodes auf dem Schlachtfeld.

Die sich hierin ausdrückende enorme mentale Macht der keltischen Druiden beruhte vor allem auf deren Kenntnisreichtum hinsichtlich der Bewältigungsmöglichkeiten diverser lebenspraktischer Anforderungen, beispielsweise von schweren Erkrankungen.

Hinzu kamen subtile astronomische Kenntnisse und den Druiden sich hierdurch eröffnende Möglichkeiten der Voraussage kosmischer Phänomene, wie bereits an anderer Stelle erörtert, im Zusammenhang mit einstigem Schamanenwirken gegen Steinzeitende.

Durch geschickte Verknüpfungen ihres Realwissens mit spirituell wirksamem Agieren hatten in der Hochphase des Keltentums seine Druiden eine sehr geschlossene und stabile gesellschaftliche Dominanz in ihren Stammesgemeinschaften erlangt und konnten diese dann über historisch bemerkenswert langen Zeiträume aufrechterhalten, wozu gewiss eine absolute Sekretierung ihres Wissens gegenüber allen anderen Angehörigen der Stammesgemeinschaft erheblich beitrug.

Hinsichtlich der solche Verhältnisse unterstützenden Gegebenheiten ist auf die damals wieder sehr stark patriarchal geprägte gesellschaftliche Gesamtsituation zu verweisen, auf die sehr unruhigen Zeitenläufe mit starken „Klimakapriolen“, mit viel „Krieg und Räuberei“. In derart geprägten Zeiten wird „erfolgreichen Kriegern“ meist zumeist außerordentliche gesellschaftliche Beachtung zuteil, was sich einst auch in den kostbaren Grabesbeigaben für solche gefallene Krieger ausdrückte.

Wenn sich das Erfordernis des ersten Waffenganges für die heranwachsende männliche Generation abzuzeichnen begann, mussten in den keltischen Gemeinschaften die betreffenden jungen Männer sich einem speziellen Vorbereitungsritual unterziehen. Und vor dem Gang in das Gefecht gab es dann auch noch spezielle mentale Vorbereitungen hierfür.

In der modernen Fachliteratur findet sich hierzu das folgende interessante Zitat.

„Junge Krieger hatten sich vor ihrem Sturz in das Kampfgetümmel in ritualen Einweihungskämpfen quasi ‚aufzuladen', bis sie ausreichend ‚glühend' waren für den alsbaldigen Kampf um Leben und Tod – wie der altirische Sagenheld Cu Chulain, den man angeblich nach jedem seiner siegreichen Gefechte in drei mit eiskaltem Wasser gefüllte Zuber, nacheinander, stecken musste, ehe seine Körperglut hinreichend abgekühlt war, um die Körperblöße wieder mit normaler Kleidung bedecken zu können.

Im Zusammenhang hiermit sei auf eine Aussage in den römischen ‚Analen' des Livius verwiesen. Danach vollzogen die Kelten vor einem jeden realen Waffengang ‚Tanzsprünge', in deren Verlauf sie schließlich ihre Waffen aufnahmen. Man steigerte sich zunächst in eine hitzige Ekstase und überwand dabei mental weitestgehend die tiefenpsychologisch fest verankerte Todesfurcht, bis man in den tatsächlichen Kampf eintrat, der dann zumeist bis zum Sterben eines der beiden Kontrahenten auszufechten war." (Herm).

Es ist „trainingsmethodisch" interessant, dass, gemäß vorstehender Aussagen, vermutlich die generelle, von allen Kämpfern, vor jedem realen Kampf zu leistende mentale Umstellung bei den Kelten als vorangehender spezieller Einübungen bedürftig angesehen wurde. Zudem ist grundsätzlich festzuhalten, dass die Kelten prinzipiell nicht auf sich spontan erfolgendes Einstellen des „Wutreflexes" bei ihren Kämpfern vertrauten, sondern die Ausschaltung aller rationalen Schutzreflexe durch im Tiefenbewusstsein verankerte mentale „Umstellungsprogramme" absicherten.

Ohne eine solche Präparierung der dem möglichen baldigen Tod sich Entgegenstürzenden für von ihnen abverlangtes „heroisches Verhalten in der Schlacht" war offensichtlich den „Chefs" das Risiko individueller Fluchten aus dem Kampfgetümmel – mit kaum kalkulierbaren Folgereaktionen in der gesamten Phalanx – zu groß.

Aus diesen Gegebenheiten ist zu folgern, dass jene präzise Methodik zur Vorbereitung junger Krieger auf das reale Kampfgeschehen dereinst von Druiden und Militärführern der Kelten in „enger fachlicher Zusammenarbeit“ im Laufe der Zeit erarbeitet worden war.

Wozu nachweislich das Verabfolgen bewusstseinseinengender Substanzen kurz vor dem Eintritt in den Kampf um Leben und Tod gehörte. So wie es auch in den beiden letzten Weltkriegen üblich war, das Realbewusstsein zum Sturm antretender Krieger durch eine angemessene Portion Alkohol zu reduzieren.

Abschließend hierzu seien einige Bemerkungen von Gerhard Herm zitiert.

„Je nach ideologiekultureller Einbettung können wir unter ‚Wut‘ unterschiedliche mentale Konnotationen einordnen, von einer Vorbereitung zu selbstloser Aufopferung, bis hin zu einem verbrecherischen Verlust jeglicher Selbstkontrolle.“

Die auf Vorstehendem aufbauenden Überlegungen und Aktionen der mit kühler Rationalität vorgehenden gesellschaftlichen Dominatoren in den Keltenstämmen haben sicherlich weitgehend im realen Kampfgeschehen die von ihnen bezweckten Reaktionen des „real kämpfenden Personals“ tatsächlich bewirkt – der Tod wurde in den gegebenen hitzigen Kampfsituationen weitestgehend verdrängt und in kurzen Erschöpfungsphasen meist vom Fantasiebild eines sich gegebenenfalls anschließenden zweiten, zwangfreien Lebens überspielt.

Auch Cäsar und der römische Dichter Lukan verstanden das Kampfverhalten der Kelten in diesem Sinne. Die Druiden – so erzählt Cäsar – lehrten, dass „Seelen niemals vergehen“, sondern nach dem Tod des Körpers in andere Körper einer anderen Welt wandern. Und Lukan ruft ihnen in einem Vers-Epos zu: „Wenn wir Eure Gesänge richtig deuten, dann ist der Tod für Euch nur eine Pause bei einem sich in anderer Form fortsetzenden Leben!“ Möglicherweise wurde jedoch gelegentlich ein Vollzug der Fortsetzung des Lebens von Verstorbenen in Form der Lebensverankerung in Körpern von erst noch zu Gebärenden „offengelassen“, oder auch in Form eines Umzuges der Seele in den Körper eines anderen, bereits lebenden Menschen. Manchem Menschen mit ängstlichem Gemüt mag eine solche „Lösung des Problems“ der Fortsetzung seines Lebens nach dem Tod als erstrebenswerter erschienen sein, im Vergleich zu den vielen Ungewissheiten einer völlig neuen Umgebung, wobei die Seelenwanderungstheorie sich keineswegs völlig widerspruchsfrei mit ansonsten verkündeten Thesen vom paradiesischen jenseitigen Leben der im Krieg gefallenen Helden deckte.

Wie auch immer – entscheidend für die Mächtigen war, dass jeder Kämpfer sein Leben im kriegerischen Kampf bedingungslos aufs Spiel setzte.

Wie war nun tatsächlich im Detail das individuelle Verhalten der Gesamtheiten keltischer Kämpfer in größeren militärischen Auseinandersetzungen typischerweise beschaffen? Otto Schertler hat dies plastisch in seiner Beschreibung eines solchen Schlachtenverlaufes skizziert.

„Was verursachte eigentlich jenen großen Schrecken, den – z. B. – die Römer bereits bei ihren ersten Begegnungen mit den Heerscharen der Kelten spürten? Es war vermutlich vor allem das völlig Ungewohnte, dem sie sich konfrontiert sahen. Es war die völlig andersartige Form von Kriegsführung, verbunden mit einer bisher nie erlebten archaischen Wildheit, einer äußeren Erscheinung von derartiger Befremdlichkeit, dass allein diese schon die rauesten Krieger erschauern ließ.

Die antiken Schriftsteller berichten übereinstimmend von der ungewöhnlichen Körpergröße der Kelten, von ihren durch Kalkmilch gefärbten blonden oder roten Haaren, die dann steif in die Höhe ragten, jeden Mann in einen fürchterlichen Riesen verwandelnd.

Manche keltischen Stämme zogen völlig nackt in den Kampf, nur mit Schild und Schwert bewaffnet. Dazu beherrschte ein bis zur Raserei gesteigertes Schlagen der flachen Schwertklingen gegen die Schilde, die Szene der Verhöhnung der Gegner durch wilde Gesänge, das widerliche, quakende Dröhnen der mehrere Meter in den Himmel ragenden, durch scheußliche Kopfplastiken gekrönten Kriegstrompeten.“

Selbige waren große, klobig wirkende und extrem laute Blasinstrumente mit einer ausgesprochen disharmonischen, sehr unangenehm empfundenen Tonlage.

„Dieser extrem laute, nervige Kriegslärm forderte bereits eine stabile nervale Robustheit, um nicht schon vor Beginn der eigentlichen Kampfhandlungen panische Verunsicherungen auszulösen. Hinzu kam die demonstrative Zurschaustellung von den erschlagenen Gegnern sofort abgetrennter Köpfe.

Straffe Strategie und Taktik scheint den Kelten fremd gewesen zu sein. Nicht die Disziplin war ihre Stärke, sondern diese ergab sich aus dem Mut des Einzelnen. Oft gehorchten sie keinem Befehl, sondern bemühten sich vor allem um eine ihrer persönlichen Stimmungslage gemäße Beeinflussung des Schwarmverhaltens, dem sie sich allerdings dann zumeist anschlossen, mehr oder weniger willig.

Dabei war die Größe des Einflusses auf solche Meinungsentwicklungen allerdings erheblich von der gesellschaftlichen Position ihrer Initiatoren abhängig. Clanführern und Druiden wurde auch hier besondere Beachtung geschenkt, man hütete sich insbesondere davor, im eigenen Clan in eine Außenseiterrolle zu geraten.

Dennoch – straffe und rigide Kommandos wurden in der Hitze des Gefechtes nur in bestimmten Ausnahmesituationen strikt befolgt, und auch dann zumeist nur für einen vergleichsweise kurzen Zeitraum.

In Erwartung des Aufeinandertreffens großer Heerhaufen zelebrierte man die umständlichen Vorbereitungsprozeduren auf das große Schlachten mit besonderer Sorgfalt. Die Haare wurden dann ausgiebig gekalkt, die Körper – mehr oder weniger – entkleidet, gelegentlich auch angemalt, ein halluzinogener Trunk eingenommen. Und dann begann auch schon das große Lärmen, bis man sich, in wilde Raserei gesteigert, auf den Gegner stürzte."

Im Folgenden geht Otto Schertler auf spezielle Kampf-Konstellationen in den Auseinandersetzungen der Kelten mit den Legionen des Römischen Imperiums ein.

„Zumeist erkannten die Römer bald die Schwachstellen in der Kampfeshandlung ihrer keltischen Gegner, erholten sich schnell von den Schocks erster Kampfeshandlungen mit ihnen. Der zentrale Punkt war dabei die absolute mentale Konzentration auf die Abwehr eines durchschlagenden Erfolges der ersten, in rasender Wildheit vollzogenen Angriffswelle der Kelten.

Gelang es, durch zäh verteidigendes leichtes Zurückweichen diese Welle zum Stehen zu bringen, verlor das gesamte keltische Kampfgeschehen bald seine ungeheure Wucht und barbarische Geschlossenheit. Jeder Kelte begann nun, individuelle kämpferische Fähigkeiten einzusetzen, ohne nennenswerte Rücksichtnahme auf das Kampfverhalten seiner Nebenleute.

Den weiterhin in geschlossener Phalanx kämpfenden römischen Legionären eröffneten sich nun zunehmend Möglichkeiten zum tödlichen Stoß in die weitgehend ungeschützten Leiber ihrer zunehmend unkoordiniert kämpfenden keltischen Gegner.

Die Römer rannten niemals in wilder Entschlossenheit in das Kampfgetümmel, sondern ihre Legionen marschierten in eng geschlossener Schlachtreihe in den Kampf. Im Normalfall war jeder Legionär durch Helm und großen Schild geschützt, später auch durch das Kettenhemd. Seine Angriffswaffen waren Kurzschwert, Dolch und Wurfspeer.

Den nötigen Flankenschutz bildeten sog. „leichte", d.h., „bewegliche" Truppen, also etwa Bogenschützen und Steinschleuderer, vor allem jedoch die besonders wichtige Kavallerie.

Die römische Eröffnung des Kampfes bestand in einem sich geordnet vollziehenden Gefecht in einem einleitenden Pfeil- und Steinhagel, wodurch bereits mancher anstürmende Kelte der ersten Reihe niedergestreckt wurde.

Kurz vor dem Aufbranden des Keltensturms an der römischen Phalanx schleuderten die dortigen Legionäre ihre Wurfspeere auf die Kelten, auf Kommando, gezielt und synchron. Ziel dieser Wurfattacke kurz vor Beginn des körpernahen Kampfes Mann gegen Mann war vor allem, die Kelten durch nunmehr in ihren Schilden steckende Speere bei der nun sofort zu vollziehenden Aufnahme dieses Schwertkampfes möglichst stark zu behindern.

Bei einem für die Römer erfolgreichen Schlachtenverlauf wurde das Ende der Kämpfe meist durch einen zangenartigen, den Gegner beidseits umfassenden Doppelschwenk der breiten Phalanx eingeleitet, sodann die Reiterei im Rücken des inzwischen von drei Seiten umfassten Gegners eingesetzt, was dann in der Regel zur völligen Auflösung der keltischen Kampfstrukturen führte, dann meist in eine ungeordnete Flucht der überlebenden und noch fluchtfähigen Kelten überging.

Der vorstehend skizzierten Bewaffnung, Kampfdisziplin, straffen militärischen Struktur in den Armeen des Imperium Romanum waren die –

alles in allem – doch noch sehr archaisch beschaffenen keltischen Kriegerhaufen auf Dauer keineswegs gewachsen.

Außerdem dürfen unterschiedliche Qualitäten der für Schild und Schwert keltischer Kämpfer genutzten Ausgangsmaterialien sowie die teilweise stark differierenden Meisterschaften ihrer handwerklichen Schöpfer bei Überlegungen über die Ursachen des letztlichen militärischen Unterganges der Kelten nicht außer Acht gelassen werden.

Keltische Adelskrieger, auch ihre unmittelbare Gefolgschaft, verfügten zumeist über qualitativ gute, gelegentlich sogar über vorzügliche, in ihrer Qualität gar über dem allgemeinen römischen Standard liegende Waffen, vor allem vorzügliche Schwerter und Dolche.

Beliebige, in Vorbereitung auf einen speziellen Waffengang angeworbene Kämpfer dagegen verfügten nicht selten nur über unverkennbar minderwertiges Kampfgerät. Ihre Gruppen entwickelten sich auch aus diesem Grunde oft zu von den Römern zumeist schnell erkannten, sodann von diesen mit besonderer Vehemenz attackierten Schwachstellen in leidenschaftlich, doch glücklos fechtenden keltischen Formationen – denn, wie so oft auch anderswo, wurden gleichfalls diese Auseinandersetzungen häufig durch das in der Widerstandskraft des jeweiligen schwächsten Punktes in den Reihen der beiden Kontrahenten entschieden. Der Bruchpunkt lag dann nur sehr selten irgendwo in den Reihen der Römer. Vermutlich waren solche Schwachstellen ihrer Reihen keltischen Kommandoführern sogar oft bewusst – allein, sie fanden keine praktikable Handhabe für deren Behebung. Denn kein keltischer Krieger durfte in Dingen seiner persönlichen Waffen bevormundet werden!

Der bei den Kelten bis zu ihrem Ende aufrechterhaltene Freiheitsmythos ließ diesbezüglich keinerlei Laxheit zu!“

Ein „Kapitel für sich“ ist „der keltische Söldner“. Hierzu gibt es interessante zusammenfassende Bemerkungen von Venceslas Kruta.

„Vermutlich war schon im 5. Jahrhundert v. Chr. der Einsatz keltischer junger Männer in den Heeren fremder Herrscher – gegen einen guten Lohn – keineswegs mehr eine Seltenheit. Bekannt sind aus jenen Zeiten keltische Einheiten in militärischen Diensten der Etrusker und Karthager. Später waren sie – u. a. – wiederholt für Syrakus im Einsatz.

Große Wirtschaftsmächte der Zeit waren damals am häufigsten ihre ‚Arbeitgeber', d.h. Mächte, deren eigene militärische Kräfte sich in einem Missverhältnis zu den strategischen Visionen besagter einstiger wirtschaftlicher Großmächte befanden.

Die Kelten hatten also schon seit Längerem zu den wichtigsten Anlaufpunkten für fremdes militärisches Engagement regelmäßigen Zugang gefunden, als – etwa 200 Jahre nach diesen ersten Engagements – unmittelbar nach dem Tod Alexanders des Großen nunmehr seine Erben in erbittertster Rivalität um seine Nachfolgeschaft stritten, die Kerne der einstigen mazedonischen Welterobererarmee nicht mehr als ausreichend stark für erfolgversprechende Fortführungen des Kampfes angesehen wurden. Mit sehr großer Wahrscheinlichkeit beteiligten sich Kelten dann immer wieder an den Fortsetzungen der langwierigen Diadochenkämpfe."

An Planung und Start der Ausbreitung des keltischen Aufbruchs in den thrakischen und griechischen Raum waren vermutlich auch Kämpfer dieser kampferfahrenen Formationen maßgeblich beteiligt.

„Diese Unternehmung war viel zu subtil geplant und organisiert, um ihre eindrucksvolle Entwicklung mit der arroganten Titulierung eines ‚spontanen, blindwütigen Sturmlaufes von Abenteurern ohne präzise Zielvorstellungen' abtun zu können.

Man heuerte Kelten recht gerne an, in Sonderheit angesichts ihres bedingungslosen Einsatzes im Schlachtengetümmel; aber auch, weil sie selbst bei relativ niedrigen Soldangeboten die Einstellungsofferten neuer Kriegsherren meistens akzeptierten.

In einigen näher bekannt gewordenen Kriegszügen wurden z.B. die teilnehmenden keltischen Kämpfer jeweils nur mit einem einzigen makedonischen „Gold-Stater" für ihre gesamte Teilnahme an einem Feldzug belohnt, während griechische Söldner einen solchen Lohn allmonatlich erhielten.

Ungeachtet solchen eher kargen Söldnerlohnes wurden diese Goldmünzen von den keltischen Kämpfern recht oft aufgespart, um später im heimatlichen Milieu als Zahlungsmittel Verwendung zu finden, was spürbar geholfen hat, in der keltischen Ökonomie – im Laufe der Zeit – eine geldwirtschaftliche Komponente zu etablieren."

Aus heutiger Sicht enthielt das einstige keltische Kriegsgebaren sicherlich manche Komponente, die bei uns Heutigen ein nachhaltiges widerwärtiges Schaudern auslöst. Die Gewohnheit, dem persönlich getöteten Feind seinen Kopf abzuschneiden, abzuhacken, ihn in die heimatliche Wohnstatt mitzunehmen, gehört hierzu – man hoffte, durch die Aufbewahrung dieser Leichenteile in seiner Wohnung makabre gedankliche Impulse seiner einstigen Gegner erlangen zu können.

Dass den getöteten Gegnern oft auch die Hoden abgeschnitten und dann mitgenommen wurden, hing damit zusammen, dass auf diese Weise die Größe des persönlichen Kampferfolges belegbar wurde.

Heute erfüllen solche Handlungen selbstverständlich den Tatbestand des Kriegsverbrechens. Indessen sind dennoch selbst in jüngerer Vergangenheit ähnliche Geschehnisse im Zuge kriegerischer Auseinandersetzungen wiederholt publik geworden – und fanden keineswegs immer ihre angemessene Ahndung.

GESELLSCHAFTSSTRUKTUR UND RECHTSWESEN DER KELTEN

Da uns von keltischer Seite heute keinerlei schriftliche Hinterlassenschaften vorliegen, ist es außerordentlich schwierig, an solche Informationsquellen zu gelangen, die uns detailliertere Einblicke in die gesellschaftlichen Leistungs- und Beziehungsstrukturen erlauben.

Glücklicherweise haben einige Autoren lateinischer Notizen über ihre diesbezüglichen Beobachtungen in der Schlussphase des klassischen Keltentums berichtet. Solches betrifft insbesondere Römer, die im letzten vorchristlichen Jahrhundert an der Eroberung der südlichen Hälfte des Territoriums der britischen Hauptinsel durch das Imperium Romanum direkt oder indirekt beteiligt waren.

Auf der zweitgrößten britischen Insel, dem heutigen Irland, existierte damals noch eine unverfälschte altirisch-keltische Gesellschaftsstruktur, über welche jene römischen Autoren verschiedene schriftliche Aufzeichnungen hinterlassen haben. Seitens der modernen Archäologie ist es inzwischen gelungen, hieraus verschiedene präzise Aussagen hinsichtlich dieses Fragenkreises rekonstruktiv zu erlangen.

Von Gerhard Herm und Otto Schertler sind hierzu zusammenfassende Erläuterungen formuliert worden, auf die wir nun auszugsweise zurückgreifen.

„Die irische Gesellschaft gliederte sich damals in etwa 200 sog. ‚Völker', von denen jedes seinen ‚König' hatte, seinen ‚Ri'. Keine dieser bäuerlichen Gemeinschaften dürfte indessen mehr als 2.000 bis 3.000 Mitglieder umfasst haben, bei einer damaligen irischen Gesamtbevölkerung von höchstens einer halben Million Menschen.

Innerhalb dieser kleinsten politischen Einheiten existierten soziale Gruppierungen von clanähnlichem Charakter, Großfamilien, denen alle männlichen Abkömmlinge ihrer ‚Urväter' angehörten – meist bis in die fünfte oder eine noch weiter zurückliegende Generation.

Ihnen – und nicht einzelnen Individuen – gehörte alles von einem solchen Clan bewirtschaftete Land, nur die Gemeinschaft des Clans in ihrer Gesamtheit war gegenüber anderen vertragsfähig. Und auch nur der Clan war – demzufolge – kreditfähig, in Höhe seines Gesamteigentums.

Je nach Opportunität unterstellten sich verschiedene ‚Ri‘ einem Oberkönig. Dieser konnte dann seine ‚Völkergruppe‘ in noch stärkere Föderationen einbringen, deren es längere Zeit insgesamt 5 in ganz Irland gab. Eine hiervon war bereits damals ‚Ulaid‘, das heutige Ulster im Nordosten der Insel.

Interessant ist die alte keltische Formel ‚Jeder Mann ist besser als seine Geburt‘. Ihr gemäß waren sogar Sklaven im Falle sehr guter Fertigkeiten und Leistungen – z. B. gute Harfinisten, Ärzte oder Schmiede – umgehend aus der Sklaverei zu entlassen, zu ‚freien Männern‘ zu erklären.

Andererseits gab es auf der irischen Insel einen legalen Sklavenhandel – eine weibliche Sklavin hatte, beispielsweise, den Handelswert von sechs jungen Kühen.“ (Herm)

„Die Sippe und der traditionell gewachsene Stamm behielten auch in Zeiten erheblicher Machtentfaltung des keltischen Gesamtvolkes stets den Status ihrer primären Identitätskerne, blieben jene Entitäten, denen – ausschließlich – die Loyalität des Einzelnen galt.

Im praktischen Handeln gab es dennoch viel Gleichsinnigkeit, wozu sicherlich auch der Umstand beitrug, dass dieses keltische Volk nicht zuletzt deshalb zu einem solchen geworden war, weil sich in ihm – in historisch sehr kurzer Zeit – eine gemeinsame Grundsprache herausgebildet hatte. Sicherlich, diese zerfiel in viele Stammesdialekte – dennoch, die Kelten grenzten sich gegenüber allen grundsätzlich anderen Sprachen in ihrem weiteren Umfeld ab.“ (Schertler)

Von Venceslav Kruta stammen die folgenden Aussagen über keltische Sozialstrukturen nach dem Abklingen der Frühzeit des Keltentums.

„In der lebenstäglichen Realität war der überwiegende Teil der keltischen Bevölkerung direkt vom inzwischen zu einer stabilen Führungsschicht verdichteten Adel abhängig, was tendenziell, von Generation zu Generation, zur Erweiterung der Adelsvorrechte führte.

Uns sind die Bezeichnungen eines ‚Ambaktus‘ und eines ‚Klienten‘ durch die frühhistorische Literatur über ‚gallische Verhältnisse‘ aus den letzten Jahrhunderten v. Chr. überliefert worden. Demnach war die große Mehrzahl aller Gallier zu jenen Zeiten entweder zu ‚Ambakten‘ oder zu ‚Klienten‘ geworden. Als ‚Ambakten‘ wurden jene Gallier bezeichnet, die sich eine Viehherde von einem Adligen hatten leihen können, oft zusammen mit einer beträchtlichen Geldsumme zur Anschubfinanzierung ihres bäuerlichen Betriebes. Die Gegenleistung des ‚Ambakten' gegenüber seinem adligen Förderer bestand darin, dass er mit der Entgegennahme von Vieh und Geld seine althergebrachten juristischen Rechte als Stammesmitglied weitgehend an diesen ‚Wohltäter' übertrug, der ihm hinfort ein ‚Patron' war, bei beliebigen Abstimmungen nunmehr den auch in politischen Belangen fortan entmündigten ‚Ambaktus' vertrat. Durch die Sammlung einer größeren Anzahl von ‚Ambakten' konnte die politische Stimmkraft eines Adligen gewaltig groß werden.

Neben zu Zahlungen des vereinbarten Leihzinses für die geliehene Viehherde waren ‚Ambakten' zumeist auch verpflichtet, ihren ‚Patrons' in von diesen festgelegten Funktionen und Aufgabenstellungen bei bewaffneten Auseinandersetzungen – z. B. im Kriegsfall – Beistand zu leisten, wobei ‚Ambakten' spezielle Ehrenrechte des Waffenträgers niemals genommen wurden.

Solche einmal entstandenen Beziehungen zwischen ‚Patrons' und ihren ‚Ambakten' wurden in der Regel von den jeweiligen Vätern auf ihre Söhne vererbt. ‚Klienten', dagegen, gaben bei einer derartigen Ausleihe von Vieh ihre politischen und juristischen Rechte an den Entleiher des Viehs nicht auf, mussten dann allerdings einen weitaus höheren Leihzins an ihn entrichten, auch in Friedenszeiten für diesen Adligen verschiedene Dienstleistungen unentgeltlich verrichten."

Über keltisches Verwaltungs- und Gerichtswesen wird uns von Gerhard Herm des Weiteren Folgendes berichtet.

„Jeder der in Anatolien einst zeitweise heimisch gewordenen Keltenstämme bevölkerte eine eigene Provinz, jede Provinz war in jeweils vier Bereiche aufgeteilt worden. An der Spitze jedes solchen Bereiches stand eine Führungspersönlichkeit, von den Kelten ‚Viertelfürst' genannt. Jeder dieser ‚Viertelfürsten' bildete dann mit einem Richter und dem zuständigen Militär-Gouverneur ein Führungstrio. Jeder dieser vier Bereiche einer Provinz wurde von einem, den gesamten Hauptstamm besagter Provinz repräsentierenden dreihundertköpfigen Senat kontrolliert. Diesem Senat waren – in unterschiedlicher Form – bestimmte Rechte für das Erteilen von absolut verbindlichen Weisungen für den gesamten Stamm gegeben worden.

Nach Strabo traten diese Senate regelmäßig auf ihrem ‚Drumenton' zusammen. Darunter verstand man unter großen Eichen gelegene Freiflächen, unter freiem Himmel gelegene Kultstätten, naturheilige Haine mit dem Charakter von schattigen Aufenthaltsorten.

Während die gesamte zivile und auch die niedere Strafgerichtsbarkeit in den Händlern der ‚Viertelfürsten' und der ihnen beigeordneten Richter lagen, wurde über die Bestrafung von Kapitalverbrechen auf Stammesebene entschieden, durch Verhandlungen im Verlauf der Zusammenkünfte auf dem ‚Drumenton'."

ZU VERSCHIEDENEN ASPEKTEN KELTISCHEN LEBENS

Gerhard Herm hat uns auch einen Schriftsatz hinterlassen, der uns eine Einblicknahme in die einstige keltische Unterhaltungsszene vermittelt.

„Keltische Sänger und Vortragskünstler gliederten sich in zwei Untergruppen. Zum einen gab es die eigentlichen Barden – Gesangskünstler, Dichter, Komponisten, damals allesamt ‚Bardi' genannt. Zum anderen gab es die ‚Filid', in wörtlicher Übersetzung die ‚Seher'. Allerdings traten sie vorzugsweise in verschiedenen Zweigen des damaligen ‚Showbusiness' auf, als Propheten, Wanderprediger und Deklamatoren, gewannen im Lauf der Zeit den Ruf von Volkserziehern und Gelehrten.

In der Schlussphase des Keltentums machten sie als solche teilweise den Druiden Konkurrenz, speziell griffen sie schließlich zunehmend deren gesellschaftliche Position als Gemeinschaft der Gelehrten und Volkslehrer an.

‚Filid' und ‚Bardi' wurden in speziellen Schulen ausgebildet, ähnlich der Ausbildung des Druiden-Nachwuchses. Jedoch war ihre Ausbildung zeitlich erheblich kürzer als die der jungen Druiden – längstens zwölf Jahre. Bei zukünftigen Druiden dauerte selbige hingegen ca. 20 Jahre. Der Unterricht der ‚Filid' fand vorwiegend in Form eines Vorsingens seitens des ‚Meisters' statt, dem die Scholaren im Chor antworten mussten. Jegliche Form schriftlicher Unterlagen war dem Unterricht noch völlig fremd. Dabei nahm man die vom Schicksal bestimmten Charaktere einzelner Kalendertage durch, die Regeln der keltischen Gedichtskomposition, genealogische Festlegungen. Einen besonders großen Raum nahm das Einpauken traditioneller Epen ein, welche später von den Deklamatoren – ausnahmslos – äußerst präzise in überlieferter Form zum Vortrag zu bringen waren.

Auf diese Weise ist die gesamte ‚Literatur' eines großen Volkes dereinst gespeichert worden – nicht in toten Archiven, sondern in lebenden Gehirnen."

Man kann sicherlich nicht alles vorstehend Skizzierte betreffs keltischer Gegebenheiten allzu unbefangen als für die Gesamtheit der damals weitgedehnten keltisch dominierten Gebiete gültig ansehen, im Sinne eines absoluten „Pars pro Toto“. Dennoch erscheint die Annahme berechtigt, dass in prinzipiellen Belangen alle jene Regionen eine große Ähnlichkeit besessen haben dürften.

Joachim Gehrke hat sich der Mühe unterzogen, für die damalige nördliche Hälfte des zentraleuropäischen Raumes grundsätzliche Aussagen zum vorchristlichen gesellschaftlich strukturellen humanen Entwicklungsgeschehen zusammenzufassen. Die damals keltisch dominierten dortigen Regionen sind dabei miterfasst.

„In einer bestimmten Phase der polygenetischen humanen Entwicklung begann dereinst einer bestimmten Person – dem Vater, dem Stammeshäuptling – besonderes Gewicht zuzukommen, sowohl den betreffenden Individuen als auch einem sich zur Gruppe formierenden solchen Personenkreis. Ein solches Oberhaupt regierte nicht in heutigem Sinn, sondern führte dank allgemein anerkannten Respektes vor seiner Würde. Ein solcher Mann agierte eher als Schiedsrichter und Vermittler.

Nur wenig später wurde dann die Familie zunehmend die soziale Grundeinheit des Menschen, das elementare Format für seine Sozialisation. In jenen Gemeinschaften, die uns historisch – archäologisch am besten bekannt sind, tritt die Rolle des Vaters in der Kernfamilie stärker hervor als die Rolle der Mutter. Und das geht mit einer patriarchalen Dominanz im Gemeinschaftsleben einher.

Mit wachsender innergesellschaftlicher allgemeiner Differenzierung kann sich diese Dominanz noch erheblich verstärken, insbesondere in Gesellschaften mit starker militärischer Komponente. Auf religiösem Gebiet waren ‚die Gewichte allerdings anders verteilt’. Weibliche Gottheiten und von Frauen bekleidete Priesterämter haben in fast allen Phasen der menschlichen Entwicklung ein bedeutendes Gewicht gehabt. Beachtenswert ist, dass die soziale Dominanz von Frauen ihre sonstige geschlechtsbedingte einstige allgemeine Unterlegenheit überlagern konnte, wie es die politisch herausragende Rolle bestimmter Frauen aus elitären gesellschaftlichen Segmenten historisch immer wieder bewiesen hat.

Gruppen mit einer territorial ausgreifenden Struktur sind zumeist die Folge von ‚Extrapolierung’ einer Kernfamilie, in gewissem Sinne ‚ausgeweitete’ Familien. Solche Geschehnisse haben dereinst oft die Grundlage sich fortsetzender Strukturentwicklungen gegeben, mit der Folge des Entstehens immer größer werdender ‚Lines', ‚Clans', Stämme, welche sich dann häufig konzentrisch um den Sitz der Ausgangsfamilie formten. Dabei waren wachsende räumliche Distanzen oft mit wachsender sozialer Distanz verbunden. Dennoch blieben Abstammungsgemeinschaften meist lang die Kerne der ethnischen Zuordnung. Die historische Entwicklung des Familienmodells liefert zugleich ein Muster für die soziale Integration bei einer gleichzeitigen Handhabung sozialer Ungleichheit."

Es geht dabei insbesondere um die Mechanismen des Klientelismus, einer sehr spezifischen und wirkmächtigen Form „vertikaler Solidarität". (Jan Assmann) Der Klientelismus setzt soziale Schichtungen voraus, im Sinne von „Oben und Unten" fest gefügt.

Durch die Betonung wechselseitiger Verpflichtungen von beiden Seiten wird das bei diesem sozialen Konstrukt unvermeidlich gegebene soziale Gefälle nach Möglichkeit überspielt. Auch in diesen Beziehungsverhältnissen greifen Vorstellungen von gleichsam „extrapolierter" Verwandtschaft. Die „Keltenheit" scheint in ihrem Hochstadium, Jahrhunderte vor Christi Geburt, dieses bis weit in die Neuzeit wirkende gesellschaftlich-soziale Entwicklungsstadium bereits weitgehend erreicht zu haben.

Wir können also davon ausgehen, dass spätestens mit dem Erreichen besagten Hochstadiums die keltischen Eliten Europas sich dessen bewusst geworden waren, dass der Fortschritt des Dignitatus hinfort von einem hinreichend geschickten Umgang mit den dialektischen Verhältnissen einer „in ständigem Widerspruch vereinten Gesellschaft" abhängig war.

Es bedurfte somit permanent der ständigen Verfügung über Menschen, die sich dieses Sachverhalts voll bewusst waren und zudem die Bereitschaft besaßen, ihren überlegenen Intellekt – ungeachtet der hiermit verbundenen erheblichen individuellen Risiken – bei der Wahrnehmung von Führungsverantwortung einzusetzen. Es ging speziell darum, hierfür geeignet erscheinende junge Männer sehr früh als solche zu erkennen, sodann ihre individuellen Potenziale durch adäquate Erziehung, Prägung zu entwickeln. Die Druiden haben sich damals – auch im Eigeninteresse der stabilen Fortexistenz ihrer herausgehobenen gesellschaftlichen Position – mit zunehmender Effizienz auch diesen Aufgaben zugewandt.

Die gesellschaftliche Entwicklung der Kelten hatte es mit sich gebracht, dass sie – speziell in der Hochphase des Keltentums – zu unbestrittenen, quasi konkurrenzfreien Bewahrern des keltischen philosophischen Dogmengebäudes avanciert waren, zudem über einen sehr großen Fundus lebenspraktischen Allgemeinwissens verfügten und ausreichende Erfahrungen erfolgreicher Handhabung mentalpädagogischer Methodik besaßen.

In Würdigung des Vorstehenden waren ihnen verschiedene außergewöhnliche persönliche Grundrechte zugewachsen, z.B. die Rechte auf absolute Freistellung vom Waffendienst und von jeglichen Steuerpflichten. Von besonderer Wichtigkeit sowohl für die Effizienz ihres Wirkens, als auch für die Stabilität ihrer besonderen gesellschaftlichen Position, war das Zugeständnis eines weitgehend autochthon gestalteten persönlichen Lebensstils, der gesellschaftliche Verzicht auf jegliche disziplinarische Einengung von Verhaltenseigenheiten.

Es ist davon auszugehen, dass sich die Druiden wirklich dessen sehr bewusst waren, wie stark die Kohärenz einer solchen sozialen Einbettung weitgehend vom Erfolg der ihnen übertragenen Sicherung eines qualifizierten Führungsnachwuchses der keltischen Gesellschaft zusammenhing.

Historisch von besonderem Belang ist jedoch, dass sicherlich hierdurch die langzeitige herausragende gesamtpolitische Rolle der Kelten – für den Zeitraum von etwa fünf Jahrhunderten – sehr bedeutende Unterstützung erfuhr. Das keltische Druidentum dürfte deshalb als besonderes entwicklungsgeschichtliches Phänomen des zentraleuropäischen Raumes einzuordnen sein, als ein sehr wichtiges Element einer bestimmten Etappe der Gesamtentwicklung Europas.

Eine besondere Aufgabe bestand darin, außerordentlich befähigte Knaben sachlich angemessen darauf vorzubereiten, eines Tages ggf. verantwortungsvoll an der Vorbereitung schwerwiegender Entscheidungen der Stammeshäuptlinge mitzuwirken und auch Grundlagen der hierfür bei diesen benötigten mentalen Potenziale zu schaffen.

Hierbei ging es insbesondere um eine stets anforderungsgerecht gewährleistete Besetzung der nur selten in das öffentliche Rampenlicht gerückten Positionen der entscheidungsnahen sog. „zweiten Reihe“ mit Männern, die ihre außergewöhnliche Intelligenz klaglos für ihren „Chef“

einzusetzen bereit waren, ohne hierfür größere öffentliche Anerkennung, gar Ruhm erwarten zu dürfen.

Soweit den überlieferten antiken Quellen zu entnehmen, unterschieden sich die keltischen Führungszirkel in diesen Belangen spürbar von den „Häuptlingsrunden anderer Barbaren“, was vermutlich für das lange Zeit anhaltende Wachstum der keltischen Herrschaftssphäre von nicht unwichtigem Belang gewesen sein dürfte.

Den keltischen Clanchefs muss es durchweg sehr bewusst gewesen sein, wie wertvoll eine zuverlässig erzieherisch systemgerecht aktive Druidenkaste für ihren Volksstamm und auch für sie persönlich war.

Für den Vollzug der Nachwuchsauswahl für besondere Lebenslaufbahnen bedurfte es auch bei den jeweiligen Selektoren aus der Druidenkaste spezieller geistiger Fähigkeiten und langer Lebenserfahrung, in Sonderheit eines feinen Spürsinns für charakterliche Veranlagungen und intellektuelles Potenzial junger Menschen. Durch ihre Aufgabe ergab sich bei ihnen eine starke Ballung von schicksalsprägender Entscheidungsgewalt und somit auch einer bestimmten Form erheblicher gesellschaftlicher Macht, weshalb vermutlich ihre Kompetenz in dieser Sache von ihnen immer wieder zu beweisen war, auch angesichts der sich durch ihr Amt für sie persönlich unvermeidlich permanent darstellenden erheblichen Spannungsfelder z.B. in Folge so manchen zerstörten Karrieretraumes von Sprösslingen arrivierter Familien.

Auch Venceslas Kruta hat sich mit dem Thema befasst und ist zu folgendem Urteil gelangt. Die Druidenkaste muss – in ihrer Gesamtheit – in Anbetracht ihres sehr großen gesellschaftlichen Einflusses sicherlich als ein Bestandteil des einstigen keltischen Adels angesehen werden, als ein spezieller und mit der Wahrnehmung spezieller Aufgaben betrauter Teil von ihm.

Der keltische Führungsnachwuchs wurde meistens langfristig und mit einer außerordentlichen Sorgfalt aus der jeweiligen männlichen Jugend ausgewählt und auf die später von ihm zu erfüllenden Pflichten vorbereitet. Dabei fiel diese Auswahl überwiegend – aber keineswegs aus–schließlich – auf Nachkommen der Familien oberer gesellschaftlicher Gruppen.

„Wichtig ist die Feststellung, dass es somit keinen absoluten biologischen Beerbungsautomatismus bei den Kelten gab, wie er zu jener Zeit inzwischen weitgehend für die Führungspositionen anderer europäischer Volksstämme üblich geworden war."

Durch eine extrem lange Ausbildungs- und Initiationszeit eines überwiegenden Anteils aller für spätere Führungsaufgaben vorgesehenen Knaben und jungen Männer keltischer Ethnie wurden auch wichtige Voraussetzungen für die im antiken Schrifttum immer wieder betonte außergewöhnliche Stabilität der keltischen inneren Kasteninhärenz gesichert.

Nach Hans-Joachim Gehrke verstanden die Kelten zu einem vergleichsweise sehr frühen historischen Zeitpunkt, sich stets verfügungsbereite und angemessen handlungsfähige Führungskapazitäten zur Beherrschung beliebiger Problemlagen zu sichern, was sich dann grundsätzlich als eine von mehreren entscheidenden Voraussetzungen für die Entwicklung komplexer wirtschaftlicher, sozialpolitischer und religiöser Einheiten erweisen sollte sowie der schließlichen Formierung sog. Früher Hochkulturen.

Wir können zusammenfassen – es war nicht zuletzt das von keltischer Seite dereinst entwickelte straffe System einer umfassenden und rechtzeitigen Weitergabe des zeitgemäßen Herrschaftswissens, der umfassenden und nachhaltigen Vermittlung der Herrschaftsmethodik an solche Männer, die schon in sehr jungen Jahren durch hierfür geeignet erscheinende charakterliche und intellektuelle Eigenschaften aufgefallen waren, wodurch sich die keltische politisch-kulturelle Dominanz über große Teile Europas – und auch Vorderasiens – ausbreiten, etwa ein halbes Jahrtausend lang halten konnte.

Dennoch – auch dieses System „hatte seine Zeit" und erhielt wenige Jahrzehnte vor Christi Geburt seinen „Todesstoß" durch die von Gaius Julius Cäsar kommandierten Legionen des römischen Imperiums.

Die innerste Ursache seines Niederganges war vermutlich jedoch die, unablässig, nach außen extrem stringent gesicherte Abschirmung der durch das Druidentum getragenen intimen spirituellen, mentalen und sachlichen Kenntnisse und Fertigkeiten ihrer Herrschaftsmethodik. Insbesondere die Druidenkaste erwies sich letztlich als unfähig, sich durch zeitgemäße Adaptationen dem allgemeinen humanen Entwicklungsprozess ausreichend anzupassen und die hierfür stets unabdingbar erforderliche spezielle Resilienz zu entwickeln, ihr Dogmengebäude zu „reformieren“. Die nunmehr „bleierne Resistenz“ gegenüber zwingenden zeitgeschichtlichen Veränderungserfordernissen war fatal. Das die Festigkeit des Systems über relativ viele Jahre sichernde „Band des Keltentums“ verwandelte sich jetzt in eine würgende Schlinge – Cäsar und seinen Legionen fiel letztlich nur die Aufgabe zu, selbige Schlinge zuzuziehen.

Die Verteufelung der Schrift war ein besonders eklatantes Beispiel für die Halsstarrigkeit des untergehenden keltischen Druidentums.

KELTISCHER WARENHANDEL

Die Verbreitung der „Keltenheit“ im Verlauf des letzten vorchristlichen Jahrtausends einerseits und elementarer Fertigkeiten zur Gewinnung, bzw. nachfolgender Verarbeitung von metallischem Eisen andererseits waren dereinst zwei prozessuale Vorgänge mit annähernd synchronem Verlauf, sich effektiv gegenseitig unterstützend.

Wie schon dargestellt, breiteten die Kelten sich in der ersten Hälfte dieser Zeit zunächst im heute deutschsprachigen Raum zwischen dem Alpenmassiv und den deutschen Mittelgebirgen zügig aus, sodann zunehmend in westliche Richtung, schließlich – auf heute französischem Staatsgebiet – in südwestliche Richtung, bis zur Riviera der Mittelmeeres.

Und die Fertigkeiten des Umganges mit dem neuen Universalmetall Eisen nahmen – cum grano salis – den gleichen Verbreitungsweg.

Rückblickend zeigt sich im mittel- und nordeuropäischen Vergleich der Geschwindigkeiten hinsichtlich des schließlich in Gänze vollzogenen Übergangsgeschehens von Bronzezeit zu Eisenzeit für das damals keltisch dominierte Terrain ein beachtliches Tempo – sicherlich maßgeblich unterstützt von der Gleichheit des mittlerweile dort überall Gesprochenem, der historisch neuen keltischen Sprache bzw. der großen Ähnlichkeit aller keltischen Dialekte.

Sprachgleichheit bzw. Sprachähnlichkeit ist für die Gesamtheit des kommunikativen Austausches von großem Vorteil, folglich auch für die Entwicklung analoger Identitätsempfindungen, für das Entstehen und die Verfestigung langwährender zwischentribaler Beziehungen, für die Geschwindigkeit des humanen Entwicklungsprozesses der hierbei eingebundenen Menschen in seiner Gesamtheit, weshalb man annehmen darf, dass auf Basis solcher neuartiger Beziehungsstrukturen der in Europa damals ubiquitär vorkommende Raseneisenstein in keltisch dominierten Regionen letztlich zumeist doch schneller zu metallischem Eisen mutieren konnte als andernorts, was speziell auch die nördlich der heute deutschen Mittelgebirge von Germanen bewohnten Gebiete betraf, bei welchen sich – angesichts ihrer vergleichsweise starken gesellschaftlichen Statik – die Symbiose zu einer vereinheitlichten ethnischen Entität damals jedoch nicht vollzogen hat; und auch lange Zeit später nicht.

Für die nachfolgend erörterte Handelswelt des Keltentums war das alles insofern von eminenter Bedeutung, weil sein – aus historischer Sicht – relativ schnelles Verfügen über Eisen und Eisengerät ihm allmählich ein gänzlich neues, erheblich gesteigertes Gewicht als solventer Handelspartner der damals gesamthistorisch führenden und machtpolitisch dominierenden frühen Staaten Vorderasiens verlieh.

Das Eisen hat damals nicht nur die Ausrüstung militärischer Formationen auf ein neues, weitaus effektiveres Niveau gehoben – und damit zugleich das Warenangebot im Waffenhandel –, sondern es ermöglichte gleicherweise im zivilen Leben ein generell wesentlich effektiveres Arbeiten, eine enorme Mehrung der Surplus-Produktion.

Daraus ergaben sich sowohl hinsichtlich der Breite des merkantilen Warenangebotes als auch realer zahlungsfähiger Nachfrage bisher unbekannte Intensivierungen.

Alles handwerkliche Tun, das mit Schneiden und Bohren zusammenhing, konnte jetzt erheblich billiger und mit sehr viel effektiverem Werkzeug verrichtet werden; desgleichen, beispielsweise, das Pflügen der Felder, das Mähen der Getreideernte, usw. Wobei die Kelten damals so manches erfanden, was die damals in ihrer Gesamtheit erheblich weiterentwickelte „südlichere Welt" anschließend zu übernehmen verstand – angefangen mit dem Kettenhemd des in die Schlacht ziehenden Kriegers, bis zum durch einen Eisenreifen stabilisierten hölzernen Speichenrad.

Zur Veranschaulichung dieser mit Beginn der Eisenzeit sich damals entwickelnden Geschehnisse seien die im südlich ausgerichteten, dadurch besonders lukrativen Segment des keltischen Fernhandels dominierenden Warenkategorien nachfolgend kurz skizziert.

Nach wie vor ging es dabei lange Zeit immer noch vor allem um Bernstein, sowie um im Süden kaum verfügbare, für schmückende Aufwertung von Festtagskleidung geeignete Tierfelle – und um versklavte junge Frauen mit blonden Haaren und blauen Augen.

Bemerkenswert ist, dass der neue heimatliche „Eisenreichtum" sich in den Richtung Süden gehenden Exporten der Kelten zunächst kaum darstellte, im Verlauf des letzten vorchristlichen Jahrtausends dann aber doch zunehmend mehr.

Das keltische Verfügen über Eisenwaren aus eigener Produktion wirkte sich in diesem Handelsgeschehen indessen sehr bald insofern aus, als dass profanes bronzenes Werkzeug aus dem Süden nunmehr kaum noch Abnehmer in keltischen Landen fand. Bronzener Schmuck, bronzene sonstige Luxusprodukte dagegen waren von diesem Importrückgang zunächst kaum betroffen und erlebten im Lauf der Zeit sogar wachsende Nachfrage arrivierter keltischer Kreise, bei zunehmend wachsenden Ansprüchen an die künstlerische Qualität bronzener Artikel. Zudem begann eine „sehr spezielle“ neue Gruppe südlicher Erzeugnisse den „gehobenen“ keltischen Warenmarkt zu erobern – süßer Wein aus dem Süden!

Nur wenige grundsätzliche Veränderungen gegenüber den bereits in der Schlussphase des Nebra-Reiches bekannten Transportpfaden und schiffbaren Wasserwegen gab es damals hinsichtlich der vorzugsweise frequentierten Handelsrouten.

Für allen Warenverkehr in oder aus südöstlicher Richtung blieb die Donau der wichtigste Transportweg. Die Verkehre der italischen Halbinsel waren hingegen auf die beschwerlichen Maultierpfade durch die Alpen angewiesen, was zur Folge hatte, dass diese Verkehre sich zunehmend auf den Transport kleinteiliger und wertvoller Luxusgüter – Schmuck, sonstiges Kulturgut und Bernstein – sowie „selbstbewegender Ware“ einengten. Unter Letzterer darf man insbesondere „Ware“ der Sklavenmärkte jener Zeit verstehen.

Nach gegenwärtiger Kenntnislage erbrachte indessen dieser umständliche transalpine Warenverkehr – vermutlich insbesondere in Folge seines zunehmend elitären Charakters – dennoch wachsende Gewinnmargen für die Handelsleute.

Aus Sicht der modernen historischen Wissenschaft ist dieser Sachverhalt ein überzeugendes Indiz für die damals zunehmenden sozialen Differenzierungen der keltischen Gesellschaft, für eine vermutlich nachhaltige Öffnung ihrer „sozialen Schere“ und für eine sich verfestigende, letztendlich sich sozial erheblich „abhebende“ Spitzenschicht. Zudem vollzogen sich im Verlauf der mittleren Jahrhunderte des letzten vorchristlichen Jahrtausends einige spezielle Veränderungen im frühen europäischen Nord-Süd-Fernhandel.

Die Initialzündung für diese Wandlungen ergab sich aus Konsequenzen des gegen Ende der europäischen Bronzezeit sich einstellenden nachhaltigen Mangels an für das Bronzegießen unerlässlichem Zinn, worunter nun insbesondere die lukrative Produktion hochwertiger Kunstartikel sehr zu leiden begann. Schließlich war Zinnerz in ganz Europa fast nur noch im britischen Cornwall zu erlangen.

Venceslas Kruta hat sich hierzu – und zu den mit diesen Gegebenheiten verknüpften Sachverhalten – wie folgt geäußert.

„Etwa um 700 v. Chr. scheinen die Griechen an der Rhone-Mündung ihre Handelskolonie ‚Massilia' gegründet zu haben, das heutige Marseille, welches sich dann zu einem Zentrum der in Richtung Norden abgehenden Warenlieferungen, speziell der Weinlieferungen, zu entwickeln begann. Auch die mit dem Weingenuss verbundenen Gerätschaften wurden den Abnehmern der starken und gewürzten etrurischen oder griechischen Weine nunmehr meist über die Rhone-Route geliefert, nutzbar selbst für mittelgroße Seeschiffe. Das betraf z.B. für das Verdünnen des Weines mit Wasser geeignete Gefäße, Siebe zur Entfernung von Verunreinigungen, auch stilvolle Zinnbecher."

„In Bezug auf den Charakter des in die umgekehrte Nord-Süd-Richtung gehenden Handelsstroms ist man sich in der modernen Archäoökonomie weitgehend einig, dass nun – also zu den nunmehrigen eisenzeitlichen Zeiten – der erheblich gewordene Weinbedarf des keltischen Adels nicht mehr vorzugsweise mit Bernstein und blauäugig-blonden Sklavinnen bezahlt werden konnte.

In dieser Hinsicht spielten nun im Norden verfügbare Rohstoffe für die stetig an Bedeutung gewinnende verschiedenartige Metallwaren-Produktion zunehmend eine Hauptrolle. Das galt in Sonderheit für britischen Zinn, aber auch für Kupfererz aus verschiedenen Alpenregionen."

Bei Harald Haarmann finden wir, ergänzend, dass „zumeist gelegentlich und einstweilen provisorisch angelegte Umschlagplätze sich bei zeitlich ausreichender Fortdauer der speziellen Geschäftsgrundlagen zu dann etablierten Handelssitzen entwickelten. Denn es dauerte dann in der Regel nicht allzu lange, bis bestimmte politisch und ökonomisch einflussreiche Gruppen versuchten, einen merkantilistisch stabil eingeführten Warenverkehr und die damit verbundenen Einnahmemöglichkeiten unter ihre

Kontrolle zu bekommen und zu einer Quelle sicherer persönlicher materieller Zuflüsse umzufunktionieren."

Des Weiteren finden wir bei ihm nachfolgende ergänzende Aussage.

„Kurz zuvor eingewanderte keltische Clanchefs verstanden sich speziell an für die gesamte Lebensgestaltung zunehmend wichtiger werdenden Metall-Umschlagplätzen als örtliche Elite zu etablieren, um fortan das dortige lukrative Handelsgeschehen zu kontrollieren. Die politische und wirtschaftliche Dominanz dieser Eliten schuf nachfolgend recht schnell ein Gesamtmilieu, in welchem ihre keltische Sprache, ihre keltische Kultur erheblich an Sozial-Prestige gewannen, zur Dominanz gelangten."

Abschließend hierzu wird von ihm Cunlife zitiert:

„Es ist nicht abwegig, anzunehmen, dass die keltische Sprache in dem nunmehr gegebenen gesellschaftlichen Kontext auf breiter Basis angenommen wurde."

In einem besonders großen Ausmaß vollzog sich das soeben Skizzierte längs der zeitweise „gesamteuropäisch" eine dominante Rolle einnehmenden Nord-Süd-Transportwege von britischem Cornwall-Zinn. Über „Meer und Fluss" ging zunächst der Transport zumeist bis in die Gegend der heutigen französischen Hauptstadt Paris, wo damals ein für alles weitere Prozedere wichtiger Stapel- und Verteilungsknotenpunkt entstanden war. Es gingen dann von dort Zinntransporte sowohl in östliche und nordöstliche Richtungen, insbesondere jedoch in Richtung Süden.

Von erheblicher Bedeutung für ein effektives Handelsgeschehen mit gestapelter Handelsware war im zunehmend größer werdenden keltischen Machtbereich die Prägung und Herausgabe eigener keltischer Zahlungsmittel seitens regional dominanter keltischer Machthaber, insbesondere allseits akzeptierter Goldmünzen.

Die dann tatsächlich vollzogene Einführung einer goldbasierten keltischen Eigenwährung in Form der „Stater" genannten keltischen Goldmünze war angesichts der unverändert aufrechterhaltenen Totalverweigerung jeglicher schriftlicher Dokumentation für die Entwicklung von flexiblen und effektiven Handelsformen im Keltenland tatsächlich von besonderer Wichtigkeit. Dennoch erbrachte der damit fortgesetzte Verzicht auf banktechnische Möglichkeiten des Geldverkehrs im Laufe der Zeit ein massives finanzpolitisches Manko für das Keltenland, während in südlicheren Kulturzentren – beispielsweise – zunehmend schriftliche Urkunden die Vereinbarung von zu einem späteren Zeitpunkt fälliger Bezahlung für erhaltene Ware rechtsverbindlich dokumentierten. Trotz der Einführung des „Staters“ blieb bei den Kelten direkter Warenaustausch dominant, bei allem Handelsgeschehen.

Die damals häufig vom großen Stapelplatz im Pariser Becken in Richtung Süden abgehenden Zinntransporte mussten zunächst eine gewisse Wegesstrecke über Land absolvieren, bevor sie Anschluss an die Saone fanden und fortan auf dem erheblich strapazenärmeren Flussweg ihre Ware entweder nach Marseille oder in die Gegend des heute schweizerischen Genf bringen konnten. Der Weg nach Marseille war – nach Einmündung der Saone in die Rhone – ein Weg rhoneabwärts. Der ebenfalls keineswegs „uninteressante“ Weg zu den fruchtbaren Tälern der Schweiz führte – nach der besagten Saone-Einmündung – dagegen die „junge“ Rhone flussaufwärts, bis zum heutigen Genfer See.

Zeitweise deckten die verbliebenen künstlerischen Bronzegießereien Südeuropas fast ihren gesamten Zinnbedarf durch Lieferungen auf diesen Transportrouten.

Parallel zur wachsenden handelspolitischen Bedeutung insbesondere der damaligen nach Marseille führenden Transportroute stabilisierte sich die Kontrolle der Kelten über die nunmehr innerfranzösischen Schiffswege und es entwickelte sich zunehmend eine geschäftsfördernde Kooperation mit den Schiffsführern. Meist waren diese Griechen.

Das ganze mittlere Frankreich von heute begann aufzuleben.

Die Kelten trieben damals – im Interesse gleichbleibender Attraktivität für ihre ausländischen Handelspartner – einen Flusszoll in nur moderater Höhe ein, den die mehrheitlich griechischen Kapitäne dann auch recht willig entrichteten. Für sie war es wichtig, dass die keltische Flusskontrolle ihre Handelsroute vor beliebigen räuberischen Übergriffen hinlänglich sicherte.

Wenngleich Weine und Erze bis zum Ende der keltischen Dominanz die wichtigste Handelsware auf der Rhone-Saone-Route blieben, wurden im Laufe der Zeit den dortigen Kelten auch verschiedene andere Waren in bunter Vielfalt seitens der Handel treibenden Kapitäne angeboten, mit teilweise bemerkenswerten Absatzerfolgen.

„Wurden in Mitteleuropa die Gewänder noch zu Zeiten des 8. und 7. Jahrhunderts v. Chr. – im einstigen bronzezeitlichen Stil – durch Nadeln verschlossen, so traten in den ‚gehobenen' Kreisen des Keltentums nun zunehmend Gewandbroschen nach italienischem Geschmack an ihre Stelle, die sog. ‚Fibeln'. Diese wurden lange Zeit tatsächlich aus Italien importiert.

In süddeutschen Gräbern jener Zeit fanden sich vereinzelt auch solche kostbaren Gewänder, die mit dem sehr kostbaren Rot der mediterranen Purpurschnecke gefärbt worden waren. Und die italische Schuhmode prägte bald ebenfalls den Geschmack der keltischen Eliten, wie Funde von Schuhen mit spitz nach oben gebogenen Enden zeigen." (Parzinger)

Zu den über die Rhone in wachsender Dimension in den keltischen Raum importierten Waren gehörten auch die seinerzeit berühmte römische Gewürzsoße „Garum", weiterhin diverse Kosmetika der mondänen latinischen Damenwelt und gelegentlich sogar aus fernen chinesischen Weiten erlangte kostbare echte Seide.

In der Hochphase dieser Handelsroute, Mitte der der zweiten Hälfte des letzten vorchristlichen Jahrtausends, fanden letztlich manche bronzenen Artikel des Südens ihren Weg in den Norden, allerdings fast nur Kunstwerke von erlesener Qualität.

Andererseits hatte man im Keltenland mittlerweile gelernt, Rinderleder mit sehr guten Gebrauchseigenschaften zu produzieren, von Rom bei der Herstellung von militärischer Fußbekleidung gerne und zunehmend verwendet.

Und Galliens hingebungsvolle Schweinezucht begann sich letztlich auch für seine Geschäfte mit der römischen Welt positiv auszuwirken – keltisches gepökeltes Schweinefleisch wurde in den letzten Jahrhunderten vor Christi Geburt in den Küchen Italiens zunehmend beliebter.

Die eine bemerkenswert lange Zeit stetig wachsende logistische Bedeutung der Rhone als schließlich dann bedeutendster merkantiler keltisch-römischer Verbindungskanal hat damals zur Folge gehabt, dass sich der gesamte Handelsverkehr auf den Wasserstraßen des heutigen west- und süddeutschen Terrains, Schritt für Schritt, auf einen Antransport zur Rhone umstellte. Fast jegliches Nord-Süd-Handelsgut wurde zunehmend den Rhein oder die Donau flussaufwärts in Richtung Genfer See transportiert, um dann – nach relativ kurzem Überlandtransport – über diesen See der Rhone zugeführt werden zu können.

Auch germanische Handelsgüter haben damals gelegentlich über diesen Weg Anschluss an den „Welthandel" jener Zeit gefunden – über das Mittelmeer, beispielsweise zu Handelsküsten Italiens, Griechenlands oder gar Vorderasiens.

Der transalpine Handelsverkehr verdorrte jedoch nun allmählich, war der Hauptverlierer dieses Geschehens, und auch manche etablierten Handelsplätze an der Donau litten sehr darunter, was dann erheblich dazu beitrug, dass der gesamte heutige süddeutsch-österreichische Raum im nunmehr enorm ausgedehnten Dominanzgebiet des Keltentums seine einst führende Position einbüßte, zweitrangig wurde.

Und wenn nun gelegentlich die keltische Jugend wieder zu „neuen großen Taten in fernen Ländern" aufgerufen wurde, sollen überproportional große Anteile aller sich nun in Abenteuer und Gefahr Stürzenden, in ferne und unbekannte Gegenden Marschierenden, aus diesen Ursprungsgebieten des Keltentums gestammt haben.

Territorien, deren Jugend generationenlang durch – vermeintliche oder reale – Entwicklungschancen andernorts einer ständigen Abwanderungsversuchung ausgesetzt war, folglich deshalb zunehmend insbesondere die tatendurstigsten Vertreter ihrer jungen Generationen verloren, haben nur selten mit dem historischen Entwicklungsprozess „Schritt halten" können.

Wie schon an anderer Stelle vermerkt – der viele Jahrhunderte recht stabile, die Germanen weitgehend von den südlichen Entwicklungszentren isolierende „Keltenriegel" wurde damals so brüchig, dass er schließlich den Charakter eines von Römern und Germanen „in die Zange genommenen", nachrangigen keltischen Restgebietes hatte.

Die entscheidenden finalen Auseinandersetzungen zwischen dem großen keltischen Machtpotenzial und der damaligen römischen Weltmacht spielten sich bekanntermaßen auf heute französischem Gebiet ab.

FRÜHE EISENMETALLURGIE

„Prozedural" war die frühe Eisengewinnung sicherlich kein banales, doch – im Vergleich zu der damaligen hüttentechnischen Gewinnung von Kupfer oder Bronze – ein „relativ einseitiges" Geschehen.

Die physischen Anforderungen hingegen, welche sich an die hiermit Beschäftigten stellten, enthielten außerordentliche Strapazen. Letzteres galt insbesondere für die hiermit befassten Schmiede.

Zudem wurde von jenen frühen Metallurgen ein außergewöhnliches „Einfühlungsvermögen" in das im sog. „Rennofen" sich abspielende Geschehen abverlangt.

Man kann die gesamte frühhistorische Eisenverhüttung sicherlich in wenigen markanten Sätzen zusammenfassen, wie es Jutta Leskovar für „Wikipedia" getan hat.

„Erst am Ende des 2. vorchristlichen Jahrtausends gewann Eisen im anatolischen Raum, und um 800 v. Chr. auch in Mitteleuropa, größere Bedeutung.

Eisen kommt – im Unterschied zu Kupfer – so gut wie nie in ‚gediegener', in reiner Form vor, sondern muss immer nach dem Abbau der Erze erst durch Verhüttungsprozesse gewonnen werden, wobei als Abfallprodukt Schlacke anfällt.

Das durch die Verhüttung gewonnene Eisen muss dann durch mehrmaliges erneutes Erhitzen und jeweils folgendes ‚Ausschmieden' von Verunreinigungen befreit werden, wobei erneut Schlacke als Abfallprodukt anfällt. Erst nun kann das derart bearbeitete, aus erster Erhitzung stammende Eisen in die jeweils gewünschte, schließlich gebrauchsfähige Form geschmiedet werden. Gegenüber bronzenen Geräten zeichnen sich derart hergestellte Waffen und Werkzeuge durch eine weitaus größere Härte aus."

Die vorstehend erfolgte, fast beiläufige Erwähnung des Sachverhaltes, dass Eisen „nach dem Abbau der Erze erst durch Verhüttungsprozesse gewonnen werden" muss, spricht indessen ein mit außerordentlichen sensualen Anforderungen an den Metallurgen verbundenes Geschehen an, auf welches nachfolgend näher eingegangen wird.

Als erstes erscheinen hierzu einige grundlegende Bemerkungen über die physische Charakteristik des Eisens als Element unseres periodischen Systems angebracht.

Eisen ist, atomphysikalisch gesehen, das anspruchsvollste aller jener Elemente, deren Nutzung der Menschheit schon in den Jahrtausenden vor Christi Geburt gelungen ist. Zum einen hat Eisen einen sehr hohen Schmelzpunkt – 1.538 Grad Celsius. Ein hüttentechnisches Erreichen dieser Temperatur war unseren fernen Vorfahren – auch noch zur Keltenzeit – unmöglich, desgleichen auch später weitaus länger als ein Jahrtausend nicht.

Ein Zugang zur Eisengewinnung gelang etwa zu jenen Zeiten dem Menschen durch die Entdeckung einer Verhaltensbesonderheit des Eisens – seinem Vermögen, in hocherhitztem, gleichwohl unter seinem Schmelzpunkt verbliebenem Zustand mit bestimmten, zudem ihm eng anliegenden Material feste Verschmelzungen in nicht-flüssigem Zustand einzugehen.

Zum anderen besitzt natives Eisen, desgleichen legiertes Eisen verschiedener Art, spezielle magnetische Eigenschaften, wie allgemein bekannt. Weniger bekannt dürfte sein, dass selbige ein erhebliches Hindernis für sein soeben angesprochenes Legierungsvermögen in noch nicht geschmolzenem, gleichwohl bereits extrem rot glühendem Zustand sind.

Es erscheint heutzutage in hohem Ausmaß beachtlich, dass schon zu Beginn der Keltenzeit die Entdeckung vom Schwinden besagter magnetkraftbedingter Legierungshemmnisse gemacht worden war, beim Erreichen von Temperaturen von zumindest 700 Grad Celsius. Erst die moderne Wissenschaft der letzten 150 Jahre hat dann festgestellt, dass exakt bei einer Temperatur von 768 Gras Celsius, der „Curie-Temperatur", die ferromagnetischen Kräfte für das Legierungsgeschehen völlig unwirksam werden und im rot glühenden Eisen ein „paramagnetischer", somit legierungsfreundlicher Zustand eintritt.

Nach dem Erkennen dieser Möglichkeit, brauchbares Eisen aus dem Erz des vielerorts vorhandenen Raseneisensteins zu gewinnen, fand ihre Nutzung relativ schnell eine weite Verbreitung – überall dort, wo sehr gute Holzkohle im erforderlich großen Ausmaß zur Verfügung stand.

Für weite Bereiche des weiten Keltenlandes traf dieses zu, die Kelten wurden dann tatsächlich sehr respektable Eisenmetallurgen und Eisenverarbeiter.

Die zentrale Gerätschaft der frühen Eisenmetallurgie war der vorstehend bereits erwähnte „Rennofen". Der heute etwas eigentümlich klingende Name beruht darauf, dass mittels dieser metallurgischen Gerätschaft das rechtzeitige Abfließen möglichst aller Schlacke, angefallen im Verlauf des Eisen-Verhüttungsgeschehens, ermöglicht werden konnte. Vermutlich betrafen in frühen Zeiten die Vorläufer unserer heutigen Worte „Entrinnen" und „Wegrennen" eine etwa gleiche Begrifflichkeit.

Letztlich war diese heute anerkennend „Ofen" genannte Gerätschaft nichts weiter, als eine zu einmaligem Gebrauch getöpferte Lehmröhre.

Rennöfen waren, auf hinreichend festem Untergrund senkrecht stehend errichtet, zwischen einem und zwei Meter hoch. Sie verengten sich, von unten nach oben, konisch, blieben indessen oben ausreichend weit offen, um im Verlauf des Verhüttungsgeschehens die entstehenden Gase und die Reste der von unten zugeführten „Verbrennungsluft" entweichen zu lassen und gegebenenfalls auch Nachbeschichtungen des Ofeninhalts zu ermöglichen.

Unten waren sie – je nach den Gesetzen der Statik erforderlich – zwischen etwa fünfzig Zentimetern und einem Meter breit. Weit unten, etwa zehn Zentimeter über dem Röhrenboden, musste sich eine ausreichend große Öffnung befinden, um die für das Verhüttungsgeschehen unerlässliche Sauerstoffzuführung gewährleisten zu können.

Entgegengesetzt zu dieser Öffnung, und etwa zwanzig Zentimeter höher als sie, war eine zweite Öffnung anzulegen – und gleich wieder, provisorisch, zu verschließen. Denn sie musste später, im Verlauf des Verhüttungsgeschehens, zu einem präzise definierten Zeitpunkt zügig wiedergeöffnet werden können, um den für das Gelingen der Eisenseparierung unerlässlichen Schlackenabfluss gewährleisten zu können.

In der Praxis musste der verantwortliche Chef des gesamten Geschehens in der Lage sein, diesen für den Erfolg des gesamten Bemühens entscheidenden Zeitpunkt erkennen – wohl eher erahnen – zu können; was zumeist viel spezielle Erfahrung und sehr große Sensitivität zur Voraussetzung gehabt haben dürfte.

Bei sich zeitlich besonders lange hinziehenden Verhüttungsgängen konnte es angebracht sein, einen wiederholten Schlackeabfluss zu ermöglichen.

Am „Tag des Ereignisses " ergaben sich für die frühen Eisen-Metallurgen folgende Handlungserfordernisse. Zuallererst war es angebracht, das später in den Rennofen einzufüllende Raseneisenerz schon vor seiner Einbringung auf außerhalb des Ofens noch handhabbare Temperaturen zu erhitzen, um später im Ofen die für den Glühzustand erforderliche große Hitze möglichst schnell erreichen zu können.

Das im Gesteinsmergel des Raseneisenerzes enthaltene Eisen lag dort in vielfältig chemisch gebundener Form vor, in Korngröße. Die Größe dieser Körner war für das Verhüttungsgeschehen deshalb von Interesse, weil sich die für die Separierung des Eisens im Verlauf seiner Verhüttung erforderlichen chemophysikalischen Wandlungsprozesse bei relativ kleinen Erzkörnern am schnellsten und vollständigsten abspielten. Beim Bestimmen der als Brennmaterial einzusetzenden Holzkohlemenge war das zu berücksichtigen.

Parallel zur Vorerhitzung des zur Verhüttung vorgesehenen Raseneisensteins konnte man mit dem Befüllen der Rennofenröhre mit den ersten Komponenten des dort benötigten Heizmaterials beginnen, die auf dem Ofenboden liegende Schicht platzieren.

Um nachher den ganzen Verhüttungsprozess in Gang bringen zu können, musste sehr auf eine ausreichende Lockerheit speziell dieser ersten Schicht geachtet werden, aber auch die später höher liegenden Holzkohleschichten mussten für den ständigen Luftstrom von unten nach oben ausreichend durchlässig sein und selbst bei größter Hitze bleiben. Auch hierfür bedurfte es der nötigen Erfahrung und einer besonderen Geschicklichkeit.

Bei Errichtung des Rennofens auf windigen Kammlagen von Gebirgen oder sonstigen windreichen Stellen und einer gegen die übliche Richtung der Winde positionierten Belüftungsöffnung reichte der Winddruck öfters aus, um den für das Verhüttungsgeschehen unerlässlichen Sauerstoff in genügendem Ausmaß in die Lehmröhre des Rennofens zu blasen.

Weitaus öfter reichte allerdings eine solche „natürliche Bewindung" hierfür nicht aus, der Einsatz eines Blasebalgs war dann zwingend erforderlich.

Die „vorgerösteten" Raseneisensteinbrocken wurden dann schichtweise auf zuvor unter ihnen gelegte Holzkohlenschichten gepackt. Im Allgemeinen schichtete man insgesamt drei Schichten Raseneisenstein auf drei Schichten Holzkohle.

An dieser Stelle sei eine kurze Bemerkung bezüglich des „inneren Charakters" des Raseneisensteins eingefügt. Hinsichtlich seiner physischen Konsistenz handelte es sich um ein Mergel-Material, in welchem neben dem Eisenerz vor allem verschiedene Quarze und zumeist auch viel Ton vorhanden waren, desgleichen Sulfide in verschiedener Form. Das Eisenerz machte nur einen Bruchteil der gesamten Mergel-Masse aus, das im Eisenerz enthaltene Eisen lag dort in Form von Eisenoxid vor.

Nach erfolgter Beschickung des Rennofens konnte der Verhüttungsprozess durch Entzünden der untersten Schicht des Brennmaterials in Gang gesetzt werden. Zumeist erfolgte das durch Einschieben einer Brandfackel durch das Belüftungsloch knapp oberhalb des Ofenbodens.

Entscheidend für das Gelingen des gesamten Verhüttungsgeschehens war, wie sehr das vermutliche „Timing" dieses Prozesses bei der Beschickung des Rennofens richtig eingeschätzt worden war und wie exakt der maßgebliche Metallurge den optimalen Zeitpunkt für das Ablassen der Schlacke im Verlauf des Verhüttungsgeschehens zu erkennen vermochte.

Das wichtigste Kriterium hierfür war das erreichte Ausmaß der erfolgten Eisenansammlung auf dem Rennofen-Boden, das Ausmaß der inzwischen entstandenen „Luppe". Solches war aber damals optisch nicht kontrollierbar.

Damaligen Metallurgen verblieb vermutlich zur Beurteilung dieses Sachverhaltes nur die feinsensorische Beurteilung von durch Abklopfen des unteren Rennofenteils erzeugten Resonanzgeräuschen, was ebenfalls Erfahrung, zudem beachtliche Sensibilität jener frühen Metallurgen voraussetzte.

Aber was geschah im Einzelnen in Folge extremer Erhitzung und sauerstoffreicher Luftdurchströmung der Raseneisensteinschichten im Rennofen?

Bei „Wikipedia“ sind hierzu folgende Aussagen zu finden.

Die Holzkohle-Verbrennung erzeugte in den Rennöfen nicht nur die für die Eisenseparierung prinzipiell nötige Hitze, sondern durch das hierbei entstehende Kohlenmonoxid wurde bei Erreichen von Temperaturen um 700 Grad Celsius das als Eisenoxid im Raseneisensteinerz enthaltene Eisen von seinem Sauerstoff „befreit“. Es ergab sich Eisen in Reinform! Alles weitere Geschehen war nun auf seine Bergung gerichtet.

Bei Temperaturen um 1.100 Grad Celsius begann dann das im Raseneisenerz enthaltene Begleitmaterial zu schmelzen. Und bei 1.200 Grad Celsius bildete sich aus diesem jene zähflüssige heiße Schlacke, die umgehend zu einem Abfluss aus dem Rennofen zu bringen war. Ihre Fließeigenschaften konnten durch eine bei der Befüllung des Rennofens erfolgte Beigabe kleinerer Mengen ungelöschten Kalks spürbar verbessert werden. Die in den Zustand „freien Eisens“ gewandelten einstigen Kohlenoxidkörner hatten inzwischen großenteils Berührung miteinander gefunden und wuchsen zu tropfenartigen Gebilden. In Folge ihres gegenüber der Schlacke erheblich größeren spezifischen Gewichtes tendierten sie erheblich dazu, sich in Richtung Ofenboden zu bewegen, durch die Massen sie umhüllender zähflüssiger Schlacke. Schließlich sammelte dann tatsächlich ein erheblicher Teil von ihnen sich auf dem Schlackenboden, formten sich diese, weiterhin miteinander verschmelzend, zu einem wachsenden „Kuchen“ langsam abkühlenden Eisens – zur „Luppe“.

Dennoch – die Mehrheit der Eisenkörner und Eisentropfen schaffte diesen Weg nicht, blieb in der Schlacke stecken. Die moderne Wissenschaft ist der Meinung, dass selbst die geschicktesten frühen Praktiker der Rennofen-Metallurgie maximal 20 % des von ihnen aus dem Raseneisenstein gelösten Eisens letzten Endes zu bergen vermochten. Zumeist dürfte die betreffende Effizienz sogar erheblich niedriger gewesen sein.

Sehr viel hinsichtlich Ergiebigkeit des ganzen Geschehens hing nun von der Bestimmung eines günstigen Zeitpunktes für den Abfluss der Schlacke durch das Aufstoßen der hierfür am Rennofen vorgesehenen Öffnung ab. Geschah solches zu früh, dann riskierte man, dass noch kaum eine nennenswerte Anzahl der neuen Eisengebilde ihren Weg durch die Schlackenmasse hatte absolvieren können. Tat man dies zu spät, verblieb womöglich fast alles Eisen, noch sehr kleinteilig, in abkühlender, „nachsackender“ Schlackenmasse, auf Dauer eingeschlossen.

Zumeist ließ man die Schlacke am besten dann ab, wenn man bereits ein gewisses Volumen frischer „Luppe“ – gemäß Beurteilung der Abklopf-Resonanzgeräusche – erwarten durfte.

Gegen Ende des Verhüttungsgeschehens musste zügig gehandelt werden – es galt, die Luppe in noch möglichst heißem Zustand zu bergen und sie unmittelbar hiernach einer Bearbeitung durch die starke Hand des Schmiedes zuzuführen. Zumeist war es unvermeidlich, hierbei die Lehmröhre des Rennofens zu zerstören.

Der nun dem Schmied zugeführte „Eisenkuchen“ der Luppe war nämlich ein poröser „Eisenschwamm“, mit einer erheblichen, teilweise sogar eingelagerten Masse an mitgeschlepptem Schlackematerial, durchsetzt von vielen kleinen Gasblasen unterschiedlichen Inhalts.

Immerhin lag jedoch der Eisengehalt frühmetallurgischer Luppen zumeist zwischen 92 % und 95 % ihrer Gesamtmasse.

Dennoch ergab der Gesamtzustand von Luppe-Eisen durchweg seine Unbrauchbarkeit für jegliche direkte gebrauchspraktische Verwendung, insbesondere wegen seiner durch die vielen kleinen Gasblasen verursachten starken Brüchigkeit.

Und so galt auch das Hauptaugenmerk des nunmehr möglichst bald einsetzenden langdauernden „Beschmiedens“ vor allem dem totalen „Ausmerzen“ dieser Gaseinschlüsse. Es war dieses ein zyklisches, sich tagelang wiederholendes Geschehen von auf dem Amboss vollzogenem Behämmern der Luppe und ihrem zwischenzeitlichen Gluterhitzen in einem Schmiedeofen. Auf diese Weise wurden die besagten Gase aus dem Eisen – nach und nach – „herausgeprügelt“, vorzugsweise Kohlenmonoxid und Kohlendioxid sowie Schwefelgase. Das Entweichen Letzterer brachte es mit sich, dass jene Schmiede sich damals tagelang in einer durch stinkende Schwefelgase und auch Kohlenmonoxid vergifteten Luft abplagen mussten, bei Temperaturen, die im Sommer an der Grenze des Ertragbaren gelegen haben dürften.

Die im Zuge des Verhüttungsgeschehens in die Luppe eingebrachten Schlackereste dürften in Folge der vielen zwischenzeitlich wiederholten

Erhitzungen im Schmiedeofen ebenfalls weitestgehend „abgängig" geworden sein.

Recht bald – in historischer Sicht – erkannte man dann, dass ein nach dem jeweiligen Rotglühen praktiziertes „Abschrecken" des Eisens, durch sein sofortiges Eintauchen in ein kaltes Wasserbad, der Härtung dieses Eisens sehr dienlich war und dass jedes Eisen umso kompakter für alle Formen späterer Verwendung geeigneter wurde, je häufiger die vorstehend skizzierten Prozeduren wiederholt wurden.

In Folge der häufig wiederholten Behämmerungen und Erhitzungen wurde die einstige Luppe zunehmend „flächiger", d. h., ein breit, weit und flach gehämmertes Stück „schieren" Eisens – gemeinhin „Eisenblech" genannt. Doch im Blechformat war das Eisen für manche vorgesehene Verwendung schlichtweg ungeeignet.

Also versuchte man dereinst recht bald, die durch das ständige Behämmern entstandenen Eisenbleche in die Form von Eisenblöcken zu wandeln. Das betreffende Blech wurde zu diesem Zweck nun gefaltet, im Schmiedeofen erneut bis zur Rotglut erhitzt und erneut der vertrauten Behämmerungsprozedur unterzogen.

Je häufiger und je nachhaltiger man den werdenden Eisenblock wiederum zur Rotglut brachte und anschließend behämmerte, desto fester und homogener wurde der aus einem einstigen Blechstück nunmehr entstandene kompakte Eisenblock und desto größer wurde zudem die Palette der Möglichkeiten seiner Weiterverwendung, denn zugleich hatten Bruchfestigkeit, Elastizität und Härte dieses Eisens beträchtlich zugenommen. Letzteres galt in Sonderheit dann, wenn es im Verlauf des Verhüttungsgeschehens durch einige Tricks gelungen war, dass sich dem von seiner Sauerstofflast befreiten Eisen recht bald eine bestimmte Anzahl freier Kohlenstoffatome beigesellen, mit ihm eine Legierung eingehen konnte.

Die heiß brennende Holzkohle hielt stets eine großzügige diesbezügliche Offerte bereit!

Bei den Kelten wurde schließlich ausgehämmertes Eisen zumeist in Form sog. „Doppel-Spitzen-Barren" gehandelt und in diese durch spezielle Schmiedearbeit gebracht. Die beiden Spitzen ihrer Barren befanden sich auf der gleichen Seite von ihm. Auf eine solche Weise war das Barren-Eisen für seine spätere Verwendung zur Fertigung von zwei Speerspitzen vorgeformt. Bei anderen Völkerschaften dominierten andere Barrenformen des in den Handel gebrachten Eisens.

Entscheidende Voraussetzung für das relativ schnelle Ablösen der Bronze als „Leitmetall der Epoche“ durch das Eisen war der weitaus unkompliziertere Zugang zu seinem einzigen unverzichtbaren Ausgangsstoff, dem Raseneisenstein. Dieser war in Mitteleuropa vielerorts anzutreffen und konnte ohne nennenswerten Aufwand im Tagebau gewonnen, gar „oberflächlich eingesammelt“ werden. (Wikipedia)

So ist Eisen jenes Metall geworden, durch welches die sich über Hunderttausende von Jahren hinziehende „Feuer- und Steinperiode“ der Menschheit endgültig durch eine neue Periode, die bis heute währende „Metallperiode“, abgelöst wurde. Wichtig war die sich gleichzeitig hiermit durchsetzende Schriftform in speziellen Belangen der menschlichen Kommunikation.

Das galt beispielsweise für die Dokumentation von Vereinbarungen und Festlegungen, für die Speicherung von Gedanken und Erfahrungen und für die Konservierung menschlichen Wissens.

Mancherorts jedoch geriet der aus diesen epochalen Wandlungen sich ergebende Segen, vor allem der sich nun ermöglichende gewaltige Ausbau der Surplus-Produktion mit allen sich hierdurch eröffnenden Weiterungen menschlichen Seins und Strebens, bald zu einem über Jahrhunderte oder noch länger lastenden Fluch. Es war der „explosionsartig“ ansteigende Bedarf an Holzkohle für die Rennofen-Verhüttung, der nicht selten zu bedenkenlosem Abholzen großer Waldflächen verlockte.

Die ungewöhnliche Rasanz des mit dem Zugang zum Eisen verbundenen, großenteils Altvertrautes umwerfenden und zudem vielgliedrig strukturierten Prozessgeschehens ließ oft den zunehmend gefährdeten Wäldern tendenziell zu wenig Zeit für angemessenes Regenerieren – gelegentlich für immer, was in generell trockenen klimatischen Regionen zudem dramatische Auswirkungen auf den Charakter ihrer grundlegenden klimatischen Verhältnisse haben konnte, wie in Folge von außergewöhnlichen Niederschlagsverknappungen sich ergebende Wüstenbildungen in nun zunehmend austrocknenden Waldsteppen. Die Ressourcen menschlichen Lebens, vor allem der menschlichen Ernährung, schwanden teilweise so sehr, dass manche frühe hohe Regionalkultur hierdurch damals ihr Ende fand.

Dennoch – mit der Erfindung der frühen Eisenmetallurgie hat Dignitatus dereinst sein beachtliches Vermögen zur Entschlüsselung diffiziler Gestaltungsmöglichkeiten gleicherweise bewiesen wie seine sensualen Potenziale zum lebenspraktischen Ausgleich zeithistorisch gegebener rationaler Erkenntnisdefizite. Was hinsichtlich der Eisenmetallurgie schon zu Keltenzeiten erarbeitet worden ist, hatte später für eineinhalb Jahrtausende Bestand. Die Entwicklung von Möglichkeiten des Eisengusses, zur Formung des Eisens in Gussformen – wie schon zu Bronzezeiten mit der Bronze beherrscht – sollte erst zu Beginn unserer Neuzeit geschehen.

Als Beleg hierfür sei abschließend ein Text aus einer im 16. Jahrhundert nach Christi erschienenen Schrift eines großen Renaissance-Gelehrten zitiert, von Georg Agricola. Besagte Zeilen tragen die Überschrift „De Re Metallica“.

„Eisenerz von besonderer Güte wurde in einem Ofen verschmolzen, der einem Treibofen nicht unähnlich ist. Der Herd ist dreieinhalb Fuß hoch und je fünf Fuß lang und breit. In seiner Mitte besitzt er eine Vertiefung. Er kann höher oder niedriger und weiter oder enger sein, je nachdem, ob aus einem Erze mehr oder weniger Eisen erschmelzen kann.

Wenn ER zu diesem Zweck sein Werk und Arbeit beginnt, wirft ER zunächst Holzkohlen in den Tiegel und streut dann über diese eine Schaufel voll zerkleinerten Erzes, gemischt mit Kalk, der noch nicht abgelöscht sei. Dann gibt ER wiederum Kohlen auf, streut Erz darüber, wiederholt solches so lange, bis ER einen schwach aufsteigenden Haufen gebildet hat. Diesen schmilzt ER, indem ER die Kohlen anzündet. Den Wind aus den Blasebälgen, die sorgfältig in eine Düse eingelagert sind, lässt ER an, sodass der das Feuer kräftig entfachen möge.“

KURZE NOTIZEN ÜBER DAS CHRISTENTUM UND DIE „VÖLKERWANDERUNG“

An dieser Stelle erscheinen einige Sätze über das frühe Christentum angebracht.

In den Jahrzehnten um Christi Geburt begann das jene Jahrhunderte – nach dem Untergang des Keltentums – die europäische Szene beherrschende Imperium Romanum allmählich zu kriseln. Das war ein wiederum Jahrhunderte währender Prozess, der vom Erstarken des Christentums begleitet wurde, welches später im europäischen Raum die wichtigste Religion wurde und es bis zum heutigen Tage ist.

Es waren damals der – ungeachtet sich allmählich einstellender Krisensignale – immer noch fortbestehende innere Zusammenhalt des römischen Imperiums, andererseits auch seine besagten inneren Widersprüchlichkeiten, die dem Christentum in jener Zeit ein tragfähiges staatliches und gesellschaftliches Tableau für seine Ausbreitung boten, wie – andererseits – seinen Lehren zunehmende Aufmerksamkeit zufließen ließen.

Bezeichnend für dieses Geschehen ist die Tatsache, dass die historisch frühesten Bestandteile des textlichen Corpus der Bibel die Briefe des Apostels Paulus sind, unter welchen seine „Briefe an die Römer“ bis heute den größten Bekanntheitsgrad haben dürften. Nachdem der römische Kaiser Konstantin der Große – im Jahr 337 als getaufter Christ gestorben – das Christentum in den Rang einer Staatsreligion erhoben hatte, entwickelte es sich schnell zu einem dominierenden Glaubensbekenntnis, zu einer bis heute in verschiedenen Teilen der Welt dominierenden spirituellen Kraft.

Zu seinen spirituellen Besonderheiten gehört, dass es den schlichten Erdenbürger an der Gotthaftigkeit des allbestimmenden Weltengeistes persönlich teilhaben lässt – mit Jesus Christus hat Gott, gemäß kirchlichen Glaubens, zeitweise einen körperlichen Teil von sich selbst sichtbare Menschhaftigkeit annehmen lassen, wodurch ein jeder Mensch mit einer gewissen persönlichen „Gott-Teilhabe“ ausgestattet worden ist, was eine Bestätigung dessen sei, dass jeder Mensch in Gott-Vater seinen „All-Vater“ sehen darf.

Diese spirituelle Sicht vermittelte insbesondere in der Frühzeit des Christentums seinen Anhängern eine erhebliche Steigerung ihres persönlichen Identitätsbewusstseins, wie auch die generell gültige Pflicht zu bewusster gegenseitiger Hilfe und gegenseitigem Beistand. Der mächtige mentale Anker, der mittels einer hierdurch charakterisierten christlichen Ethik vermittelt wurde – und vermittelt wird – muss als lebenspraktisch extrem wertvoll anerkannt werden und hat zudem seitens anderer Weltanschauungen vielfache Übernahme gefunden.

Allerdings haben auch viele andere spirituelle Bekenntnisse das Ihrige dazu beigetragen, dass Dignitatus sich bis jetzt für die Bewältigung der an ihn gestellten Lebensanforderungen als ausreichend befähigt erwiesen hat.

Eine kurze Bemerkung sei auch zu der damaligen, insbesondere den europäischen Kontinent betreffenden großen Völkerwanderung erlaubt.

Jenes, während der Jahrhunderte um Chrisi Geburt sich vollziehende unstete, immer wieder von jahrzehntelangen Restitutionsphasen unterbrochene Herumstreifen vieler Völker in Europa, in den westlichen Randgebieten Asiens und Nordafrikas, erbrachte ein gewaltiges Durchmischungsgeschehen, einen nachhaltigen Prozess genetischer Selektion und Restitution. In dieser „Hexenküche“ der Evolution behaupteten sich vorzugsweise Individuen mit Adaptationsvermögen und Erneuerungsdrang, mit Resilienz-Talent, Ausdauer, Fantasie, intellektueller Kraft und überdurchschnittlicher Aktionsenergie.

Jahrhunderte später gingen aus diesen Agglomerationen jene Völker hervor, die in besonderem Ausmaß Entdeckersehnsucht und allgemeines Dominanzstreben zu entfalten vermochten.

Wir gelangen nunmehr zum Ende unseres Verweilens in sehr lange zurückliegenden Zeiten. Im Interesse bleibender Übersicht über die vorstehend erörterten Fragestellungen sei hier noch eine zusammenfassende Zusammenstellung GROSSER FRÜHER WANDERUNGEN DES MENSCHEN gegeben.

VOR 200.000 JAHREN:
HOMO SAPIENS, DER MODERNE MENSCH, ERSCHEINT IN OSTAFRIKA.

VOR 125.000 JAHREN:
DIE ERSTEN MENSCHEN VERLASSEN AFRIKA IN RICHTUNG WESTASIEN.

VOR 100.000 JAHREN:
MANCHE DIESER MENSCHEN ZIEHEN NACH OSTASIEN WEITER UND KREUZEN SICH UNTERWEGS MIT NEANDERTALERN.

VOR 75.000 JAHREN:
DIE ERSTEN MENSCHEN ERREICHEN WESTAFRIKA.

VOR 60.000 JAHREN:
ES VERLASSEN MENSCHEN AFRIKA ÜBER DEN MITTLEREN OSTEN.

VOR 46.000 JAHREN:
DER MENSCH ERREICHT DEN AUSTRALISCHEN KONTINENT; ES IST STRITTIG, AUS WELCHER RICHTUNG SICH DIES VOLLZIEHT.

VOR 44.000 JAHREN:
DER MENSCH ERREICHT EUROPA.

VOR 16.000 JAHREN:
ÜBER ALASKA ERREICHT DER MENSCH DEN AMERIKANISCHEN KONTINENT.

VOR 11.000 JAHREN:
MITTELEUROPÄER FOLGEN DEM WEICHENDEN EIS NACH GROSSBRITANNIEN.

VOR 8.000 JAHREN:
BAUERN AUS DEM MITTLEREN OSTEN FALLEN IN EUROPA EIN UND PAAREN SICH MIT DEN HIESIGEN JÄGERN UND SAMMLERN.

VOR 6.000 JAHREN:
IM GEBIET VON SUMER, IN MESOPOTAMIEN, ENTSTEHEN DIE ERSTEN GRÖSSEREN STÄDTE.

VOR 4.500 JAHREN:
GROSSER EINFALL EURASISCHER STEPPENBEWOHNER IN EUROPA.

VOR 3.000 JAHREN:
EIN TEIL DER MENSCHEN AUS DEM WESTLICHEN EURASIEN WANDERT ZURÜCK, ZUERST NACH OST –, DANN NACH SÜDAFRIKA.
(nach: „SDZ“, 9./10. 7. 2016)

Zwischen Christi Geburt und unserer heutigen Zeit sind mittlerweile zweitausend Jahre verflossen. Das ist ein Zeitraum, der in mannigfachen schriftlichen Hinterlassenschaften unserer Altvorderen hinreichend beschrieben worden ist und uns Heutigen – entsprechendes Interesse vorausgesetzt – ausreichend bekannt sein dürfte.

Deshalb wird nun auf jeglichen Versuch weiterer chronologischer skizzenhafter Beschreibung verzichtet.

Stattdessen sei nun – unter Beachtung sowohl des vorstehend Beschriebenen als auch des Geschehens im Verlauf der letzten zweitausend Jahre – ein tieferer Blick in unser Heute versucht, bei gleichzeitigem Bemühen, selbigen auf unsere nähere Zukunft zu weiten.

ACHTER TEIL

„EIN BLICK NACH VORNE!"

ABSCHLIESSENDE BEMERKUNGEN

Bevor wir uns „rückblickenden Ausblicken“ zuwenden, sei eine Vorbemerkung gestattet.

BEIM VERFASSEN DES VORSTEHENDEN TEXTES STANDEN STETS DAS STREBEN DES AUTORS NACH SKIZZIERUNG EINES SICH IM VERLAUF DER GENESE DES MENSCHEN HERAUSKRIALLISIERENDEN „EIGENTLICHEN MENSCHLICHEN WESENS“ IM ZENTRUM SEINES BEMÜHENS, SOWIE SEIN STREBEN, DABEI AUSSAGEN ZUR PROGNOSE MENSCHLICHER EXISTENZ IN DER ÜBERSCHAUBAREN ZUKUNFT ZU FINDEN.
HIERAUS ERGAB SICH FÜR IHN EINE BESTÄTIGUNG DER FOLGENDEN GRUNDSÄTZLICHEN ANNAHME: DIE WERDUNG DES MENSCHEN WAR DIALEKTISCHES GESCHEHEN, SEIN DIALEKTISCHES KERNWESEN IST IHM FÜR IMMER GEGEBEN.

WAS UNS DER BLICK IN DIE VERGANGENHEIT HINSICHTLICH DER UNS BEVORSTEHENDEN ZUKUNFT DEFINITIV VERMITTELN KANN, DAS SIND INSBESONDERE HINWEISE AUF VERMUTLICHE ZUKÜNFTIGE REAKTIONSANFORDERUNGEN AN DIE MENSCHHEIT UND AN DEN EINZELNEN MENSCHEN, ANGESICHTS SICH ABZEICHNENDER GRUNDSÄTZLICHER VERÄNDERUNGEN IN UNSERER LEBENSUMWELT.

DER SICH HIERAUS SCHLUSSENDLICH ERGEBENDE FRAGENKOMPLEX STEHT IM MITTELPUNKT UNSERER ABSCHLIESSENDEN ERÖRTERUNGEN.

Zur Einstimmung in den nunmehr anstehenden Themenkreis wollen wir uns eine „Visite“ beim in den 70er-Jahren sehr bekannten „CLUB OF ROME“ erlauben.

„Zu Beginn des Jahres 1972 lebten erst ca. 3,8 Milliarden Menschen auf der Erde, im Februar besuchte – erstmals – US-Präsident Richard Nixon die Volksrepublik China.

Und wenig später, im März 1972, trat im Gebäude der Smithsonian Institution in Washington ein 29–jähriger Forscher mit Seitenscheitel und klobiger 70er-Jahre-Brille, an das Rednerpult. Es war Dennis Meadows.

Er stellte eine Studie vor, die sein Team am ‚Massachusetts Institute of Technology (MIT)' erstellt hatte. ‚The Limits of Growth' hieß sie, die ‚Grenzen des Wachstums'.

Die Forscher um ihn und die Umweltwissenschaftlerin Donella Meadows, seine Ehefrau, hatten im Auftrag der vier Jahre zuvor gegründeten internationalen Organisation ‚Club of Rome' das Computermodell ‚World 3' entwickelt, das aus simplen Annahmen über die Zusammenhänge von Bevölkerungszahlen, Produktionsvolumina, Ressourcenverbrauch und Umweltverschmutzung Szenarien darüber erstellen ließ, ‚wie sich die Welt in Zukunft weiterentwickeln könnte'.

Das Buch zu diesem Thema, das kurz darauf erschien, hat 200 Seiten und enthält durchweg unerfreuliche Botschaften. So wird dort ausgeführt, dass eine exponentielle Fortsetzung des aktuellen Wachstums von Bevölkerung und Wirtschaft unweigerlich dazu führen werde, dass das ‚System Erde' an seine Grenzen stößt, weil dann die Rohstoffe zur Neige gehen und die Umweltverschmutzung überhandnimmt. Die einzige Lösung des hierdurch derzeit gegebenen Problems sei ein schneller Wachstumsstopp. Schon in wenigen Jahrzehnten könnte es zu spät hierfür sein.

‚Grenzen des Wachstums' – so der Titel des Buches – ist gewiss einer der wichtigsten Berichte, die jemals geschrieben wurden.

‘Es war eine bemerkenswerte frühe Warnung', sagt Johan Rockström, Co-Direktor des Potsdam-Instituts für Klimafolgen-Forschung (PIK). Schließlich erschien die Arbeit von Meadows fast 17 Jahre vor Gründung des Weltklimarates IPCC. Und erst nach der Jahrtausendwende wurden grundlegende Arbeiten zu Kipppunkten im Erdsystem oder zum glo–balen Niedergang von Ökosystemen veröffentlicht.

Heute muss man sagen, vieles in diesem Buch war visionär!

‚Es ist eine Riesenleistung der Autoren jenes Buches, dass sie das Verständnis für natürliche Grenzen des Planeten und für das exponentielle Wachstum von Gefahrenpotenzialen geschärft haben', sagt auch der Klimaökonom Michael Jakob, Forscher am Ecologic Institute und am Mercator Institute on global Commons and Climate Change (MCC).

Aber trotz allen Lobes wird die Arbeit von Meadows auch viel kritisiert.

Es ist dies insbesondere der Einwand, dass es in den Szenarien des MIT-Teams fast immer ein übles Ende gibt – weil unberechtigte Annahmen getroffen werden. Z.B. wachsen in den Modellen die Bevölkerungen, die industrielle Produktion, aber auch die Umweltverschmutzung stets exponentiell – wobei die Problemlösungschancen von Technologie und Politik weitgehend ignoriert werden, was dann automatisch zur Vorhersage des Zusammenbruchs führt.

Dass es nicht unbedingt so kommen muss, wird seitens der Autoren von ‚Grenzen des Wachstums' gewiss nicht völlig negiert, aber bei ihren Modellen eröffnen sich solche rettenden Möglichkeiten einer Vermeidung der finalen Katastrophe ausschließlich durch eine schnelle Wachstumsbeendigung, schon im Jahr 1975 oder bald danach. Heute, ein halbes Jahrhundert nach Meadows' Berichterstattung in Washington DC., ist die damalige Zukunft aktuelle Gegenwart. Manche der damaligen Annahmen haben sich als schlichtweg falsch erwiesen.

‚Menschen reagieren und reagierten auch derzeit stets auf erkannte Probleme', sagt Jakob. ‚Wenn die Luft zu schlecht wird, werden spezielle Maßnahmen dagegen ergriffen. Wenn Ressourcen knapp werden, ist das ein wirksamer Anreiz zum Sparen. Solche Reaktionen blendet aber das World-3-Modell aus.'

Die erwartete Knappheit bei vielen Rohstoffen ist jedenfalls nicht eingetreten, die globale Bevölkerungswachstumsrate hat sich seit dem Jahr 1968 inzwischen von jährlichen zwei Prozent auf ein halbes Prozent reduziert. Und Letzteres ist keineswegs vor allem auf brutale Ernährungskrisen zurückzuführen, sondern auf zunehmenden Wohlstand und höhere Bildung der Weltbevölkerung. Das sind Faktoren, durch welche fast weltweit Frauen veranlasst wurden, weniger Kinder zu bekommen.

Aber das rasante Wirtschaftswachstum der vergangenen Jahrzehnte hat sich tatsächlich als fatal für den Planeten erwiesen.

Elke Seefried, Historikerin an der RWTH Aachen, sieht im Rückblick eine Phrasierung der diesbezüglichen Debatten.

‚In den 1970er und 1980er-Jahren wurde vor allem über Ressourcensicherung diskutiert. Dann kam 1992 die UN-Konferenz über Umwelt und

Entwicklung in Rio de Janeiro, und die CO2-Emissionen rückten in den Fokus.'

Seit dem Jahr 2018 habe wiederum ein neuer Zeitabschnitt begonnen.

‚Mit der Fridays-for-future-Bewegung wurde Klimaschutz viel stärker medial und zivilgesellschaftlich verankert. Das war ein Paradigmenwechsel!'

Dieses ständig wachsende Bewusstsein macht auch Michael Jakob Hoffnung.

‚Es hat sich viel getan – wir haben die technischen Möglichkeiten! Ich bin momentan optimistischer als jemals zuvor.'

Denis Meadows bleibt hingegen pessimistisch. ‚Die Menschheit hat die Tragfähigkeit der Erde schon vor zwei Jahrzehnten überschritten. Daher ist es sachlogisch nicht mehr möglich, ein Kippen der einst von uns berechneten Variablen zu vermeiden – vermutlich werden die Weltbevölkerung und auch der Materialverbrauch im Jahr 2100 viel niedriger liegen als heute.'

Johan Rockström sieht die Dinge nicht ganz so düster, aber auch er macht sich Sorgen. ‚Trotz allen Wachstums der erneuerbaren Energien haben wir z.Z. noch nicht begonnen, die fossilen Brennstoffe wirklich zu ersetzen. Dass die Überschreitung planetarer Grenzen noch nicht zu katastrophalen Konsequenzen geführt hat, liegt vor allem daran, dass die Mehrheit der Menschen zu arm ist, um in ihrem Konsum ein heute sozialkulturell angemessenes Niveau zu erreichen. Ich behaupte nicht, dass wir schon verloren haben. Aber es wäre sehr naiv zu sagen: Weiter so, und wir lösen damit das Problem!'"

(Marlene Weiss, in „SDZ". 12./13. 3. 2022)

So viel zu breit propagierten globalprognostischen Bemühungen in neuerer Zeit und inzwischen eingetretenen Realitäten.

Dennoch dürften die Ergebnisse der durch den „Club of Rome" initiierten wissenschaftlichen Arbeit uns zwei grundlegende Tatsachen plastisch verdeutlicht haben.

1. Es ist durchaus berechtigt, aus dem großen Volumen der Ergebnisse wissenschaftlicher Arbeit zur humanen Prognose die vermutlichen Resultate eines „Worst-Case-Verlaufes“ der Öffentlichkeit mit besonderem Nachdruck zu präsentieren, damit den dadurch offenbarten großen Risiken die nötige allgemeine Beachtung geschenkt wird.
2. Durch schlichte Trend-Kumulationen erlangte Annahmen hinsichtlich der Existenzrisiken des menschlichen Geschlechts erlauben es jedoch keineswegs „per se“ die real eintretenden Gegebenheiten zuverlässig zu prognostizieren. Denn es gibt nicht nur verschiedenartige Interaktionen zwischen diversen Einzeltrends, wodurch exponentielles Geschehen eine erhebliche Veränderung erfahren kann, sondern mittels gezielten menschlichen Agierens kann unsere Schicksalsbestimmung durch uns selbst entscheidend verändert werden. Von zentraler Wichtigkeit für die Wirksamkeit derartiger Interaktionsansätze durften die Wesenseigenheiten der jeweils handelnden Menschen sein – entstanden in der Genese von HOMO SAPIENS, moduliert durch ihre jeweilige Realexistenz.

Bei der prognostischen Bewertung seiner Zukunft ist der Mensch – unweigerlich – „seiner Gegenwart verhaftet“, nach Imre Grimm.

Um sich, zur Erlangung des „Zukunftsblickes“, von diesem „Bodenteppich gedanklicher Arbeit“ abheben zu können, bedarf es qualitativ hochwertiger „rationaler Spekulation“, begründet durch ausgezeichnete „fachwissenschaftliche Fantasie“.

Das sind bemerkenswerte Aussagen eines in besagten Belangen sicherlich sehr qualifizierten Fachmannes. Dessen ungeachtet sollten wir stets beherzigen, dass „die Götter vor eine jegliche Prognose eine gründliche Diagnose gestellt“ haben.

Und diesem Motto fühlt sich der Text der folgenden, die gesamte Niederschrift abschließenden Seiten im Besonderen verpflichtet.

ÜBER DIE ZEIT SEIT DEM JAHR 1900 N. CHR.

Bevor wir nun definitiv auf unser „Hier und Heute" näher eingehen, erscheint ein Kurzresumé des letzten bereits abgeschlossenen Jahrhunderts, des 20. Jahrhunderts nach Christi Geburt, angebracht.

Es war im globalen, speziell auch im europäischen Maßstab eine wirre und vieldeutige Zeit. Alles, was im 19. Jahrhundert an geistiger Entwicklung und materiellem Leistungsvermögen herangereift war, wurde nun in gewissem Sinne „ausgelebt" – der sich ständig steigernde Wohlstand in ähnlicher Form wie die Vielfalt der geistigen Überzeugungsinhalte, die kriegerische Zerstörungswut in ähnlicher Form wie erbarmungslose mentale Gegnerschaft. Sicherlich war der zu Beginn des 20. Jahrhunderts inzwischen etwa hundertjährige Abstand von der durch Napoleon geprägten Kriegszeit hierbei von erheblicher Bedeutung. Es gab mehr keine lebenden Zeitzeugen der katastrophalen Folgen des napoleonischen zügellosen Ehrgeizes und einer hiervon infizierten großen Nation, die mit ihrem „verkaiserlichten" Idol schließlich in eine schwere Katastrophe stürzte.

Nunmehr, zu Beginn des 20. Jahrhunderts, war die einstige gereifte Schwarmintelligenz des „europäischen Dignitatus" nicht mehr stark genug, um die Risiken eines fast ungebremsten Zuspitzens entwicklungsbedingter internationaler Konflikte angemessen erfassen zu können.

Die beiden Hälften des neuen Jahrhunderts unterschieden sich dann sehr stark voneinander. Seine erste Hälfte war durch zwei vorzugsweise im europäischen Raum ausgefochtene Weltkriege geprägt, deren Kernursachen Konflikte hinsichtlich des Ressourcen- und Absatzmarktzuganges waren, verbrämt durch manche faszinierende Verführung auslösende Ideologie. Was schlimmste, z. T. monströse Verbrechen nach sich zog, z.B. die Tötung von über 6 Millionen jüdischer Menschen im Holocaust, die Tötung von zig Millionen Angehöriger slawischer Völkerschaften, alles damals vollzogen durch das Deutsche Reich.

In Reaktion hierauf, einige Jahre nach dem Ende des Zweiten Weltkrieges, im Jahr 1948, verständigten sich die Völker der Welt in der kurz zuvor gegründeten UNO hinsichtlich eines fortan verbindlichen generellen Regelwerks zukünftigen allgemeinen Verhaltens und dessen Gewährleistung durch die rechtmäßigen staatlichen Autoritäten, über ein als „Charta der Menschenrechte" bekannt gewordenes Grundsatzdokument. An anderer Stelle wird darauf näher eingegangen werden. (Alexander Demandt: „Sternstunden der Menschheit", 2000)

Im Verlauf dieses Zweiten Weltkrieges spielten sich nicht ausschließlich in Europa erbitterte große militärische Auseinandersetzungen ab, sondern z.B. auch im pazifistischen Raum. Dort kämpften die USA und restliche Kräfte des damals zunehmend desolaten chinesischen Staates gegen ein militärisch entfesseltes und hochmilitarisiertes Japan. Schließlich blieben sie siegreich, Japan unterschrieb Ende August die Erklärung seiner Kapitulation – nachdem die ersten in einem Krieg eingesetzten Atombomben die japanischen Städte Hieroshima und Nagasaki zerstört hatten.

Das Deutsche Reich hatte seine bedingungslose Kapitulation in Anwesenheit bevollmächtigter Vertreter der großen Anti-Hitler-Koalition schon am 8. Mai 1945 unterzeichnet.

Hauptgewinner allen Geschehens in der 1. Hälfte des 20. Jahrhunderts waren zweifelsohne die USA, die damals zur unbestrittenen globalen „Supermacht Nr. 1" aufstiegen. Aber auch die Sowjetunion erlangte damals, insbesondere in Folge ihres großen Anteils am Sieg der Anti-Hitler-Koalition über das zeitweise in globalem Maßstab weitgehend führende Deutsche Reich, einen hohen, den USA fast ebenbürtigen Status. Nach Erlangung eigener Atomwaffen wurde sie die globale „Supermacht Nr. 2". Großbritannien und Frankreich konnten, in etwa, ihren Vorkriegsstatus als europäische Großmächte halten.

Die zeitweise Vereinigung dieser vier Großmächte teilte sodann die verbliebenen Flächen des deutschen Territoriums – nach der erfolgten Abtretung erheblicher Anteile seiner Landflächen an Polen und die Sowjetunion – in vier Besatzungszonen auf, d.h., in eine US–amerikanische, eine britische, eine französische und eine sowjetische Zone.

Die sowjetische Besatzungszone beinhaltete auch die sächsisch–thüringischen Industriegebiete, Ostberlin und den Berlin umgebenden Bereich der Mark Brandenburg. Dieses Terrain hatte damals – auch für anspruchsvolle deutsche Verhältnisse – eine außergewöhnliche Dichte an unterschiedlichen Forschungsinstitutionen und war Standort eines großen Teils der in den 30er-Jahren entstandenen deutschen Hightech-Industrie. Das betraf insbesondere Entwicklung und Produktion hocheffektiver neuartiger Militärtechnik, aber auch verschiedene Gebiete der Feinchemie und die Qualitätsoptik.

Im Sommer des Jahres 1949 vereinigten sich dann die US-amerikanische Besatzungszone, die britische Besatzungszone und die französische Besatzungszone zur „Deutschen Bundesrepublik“. Angesichts der zu diesem Zeitpunkt bereits existenten, sich an Intensität ständig steigernden Konfrontation der Sowjetunion gegenüber ihren westlichen Partnern in der einstigen Anti-Hitler-Koalition war der sowjetischen Besatzungszone ihr Zugang zu diesem Vereinigungsgeschehen verwehrt worden. Ihr wurde wenig später – in Reaktion auf den westdeutschen Vereinigungsvorgang – seitens der Sowjetunion der halbautonome Status der „Deutschen Demokratischen Republik (DDR)“ gewährt, was zur Folge hatte, dass die gesamte sächsisch-thüringische Industrie- und Forschungslandschaft, desgleichen die relevanten Potenziale Ostberlins und der Mark Brandenburg, der mecklenburgisch-vorpommersche Schiffbau, insbesondere jedoch der für die sowjetische Atomwaffenproduktion sehr wichtige erzgebirgische Uran-Bergbau nunmehr weitere 40 Jahre dem letztlich absoluten und konkurrenzlosen Zugriff von sowjetischer Seite ausgesetzt blieben. Die „Union der Sozialistischen Sowjetrepubliken (UdSSR)“ wusste alle hierdurch für sie sich eröffnenden Möglichkeiten zu nutzen. Die ostdeutschen Produktionsergebnisse und Produktionsverfahren – von westlicher Seite ihr weitestgehend als deutsche Reparationsleistungen zugestanden – wurden nun vor allem für den qualitativen Ausbau des sowjetischen militärischen Waffenarsenals genutzt, mit beachtlichen Erfolgen nicht nur in der sowjetischen Atomrüstung, im Flugzeug– und Raketenbau.

Aber auch die sowjetische zivile Industrie zog aus den „Blaupausen“ der nunmehrigen DDR-Betriebe erheblichen Nutzen. Als man in bemerkenswertem Tempo die von deutscher Wehrmacht und SS zur Trümmerwüste zerstörten westlichen und südlichen Territorien des europäischen Teiles des Sowjetimperiums wiederaufgebaut hatte, entsprachen die nunmehr dort produzierten Artikel verschiedener Art in Funktionalität und Design sehr oft weitgehend dem arrivierten Standard der ostdeutschen Qualitätsindustrie.

Weltpolitisch ist die zweite Hälfte des 20. Jahrhunderts n. Chr. in der Geschichtsschreibung als eine Zeit mit besonderem Charakter eingegangen, als die Zeit eines vierzigjährigen „Kalten Krieges".

Die politische Welt war in jenen Jahren in drei große Gruppen geteilt – in die sog. „westliche Welt" unter Führung der USA, in die sog. „östliche Welt" unter Führung der Sowjetunion und in ein buntes restliches Feld von sich um Neutralität im Dauerzwist zwischen diesen beiden mächtigen, über respektgebietende Atomwaffen verfügenden Blöcken sehr bemühenden Staaten, überwiegend sog. „Entwicklungsländer".

Die Führungszentren sowohl der USA als auch der russisch dominierten UdSSR waren sich dessen bewusst, dass ihre Nuklear- und Raketenwaffen, atomgetriebenen Untersee–Boote, Spionagesatelliten und sonstigen Hightech-Waffen im Falle der totalen militärischen Konfrontation von USA und UdSSR beide Staaten mit erheblicher Wahrscheinlichkeit zur gegenseitigen totalen Vernichtung führen würden.

Also mied man von beiden Seiten sorgsam das Übertreten sog. symbolischer „roter Linien" und suchte – dessen ungeachtet – nach Möglichkeiten beliebiger Art, die gegnerische Seite in Misskredit zu bringen, und versuchte ständig, sie an der Entfaltung ihrer Potenziale zu behindern, ihr zu schaden und ihre Ideologie zu diffamieren.

Das Multimillionen-Volk der Chinesen spielte hierbei eine selbstbewusste Sonderrolle. Bereits in den 20er-Jahren des letzten Jahrhunderts hatte sich in China eine prosowjetische Guerilla entwickelt, die von der damaligen prowestlichen, aber auch in ihrem eigenen politischen Umfeld sehr umstrittenen offiziellen staatlichen Führung nicht unter Kontrolle gebracht werden konnte. Nach einer zeitweiligen Neutralisierung dieses innerstaatlichen Konfliktes im Zusammenhang mit dem sich damals länger als ein Jahrzehnt hinziehenden Krieg mit Japan, der zwischenzeitlichen japanischen Okkupation erheblicher Anteile des chinesischen Territoriums, lebten diese Auseinandersetzungen kurz nach der totalen Niederlage Japans erneut auf und entwickelten sich schnell zu einem erbitterten mehrjährigen Bürgerkrieg.

Dank einer zunehmenden vielseitigen sowjetischen Unterstützung endete er mit einem überzeugenden Sieg der nunmehr straff kommunistisch-sozialistisch orientierten Aufständischen, und im Jahr 1949 wurden nicht nur die beiden deutschen Nachkriegsstaaten, sondern auch die „Sozialistische Volksrepublik China“ geboren. Lediglich die große Insel mit dem Namen „Taiwan“ verblieb in der Hand der unterlegenen „National-Chinesen“.

Jahrelang marschierte man fortan „im Gleichschritt“ mit der UdSSR, die China – trotz der verschiedenartigen, noch Jahre nach Kriegsende im eigenen Land fortbestehenden Mangelsituationen – weiterhin auch materiell massiv unterstützte.

Doch zu Beginn der 60er-Jahre traten in diesem zwischenstaatlichen Verhältnis dennoch erste Missstimmungen auf, als die chinesische Absicht, auch die chinesische Volksarmee atomar aufzurüsten, von sowjetischer Seite keine Unterstützung erhielt und sogar von Moskauer Seite dezent getadelt wurde.

Dessen ungeachtet bemühte man sich sehr, nach außen weiterhin ein Bild „brüderlicher Geschlossenheit“ aufrechtzuerhalten.

Was dann aber – auch im Zusammenhang mit der Normalisierung des chinesisch-US-amerikanischen Verhältnisses – in den 70er-Jahren zunehmend deutlich werdende Risse erhielt und dann Ende der 70er-Jahre in einen kurzen, aber sehr hart ausgetragenen militärischen Konflikt der beiden Großmächte eskalierte. Inzwischen verfügte auch China über atomare Waffen, in China entwickelt und in China produziert. Atomare Waffen erfuhren damals jedoch – von beiden Seiten – keinen Einsatz. Dennoch kamen bei diesem aus nachrangigen Grenzstreitigkeiten hervorgegangenen Krieg an einem ostsibirischen Grenzfluss damals mindestens 6.000 Soldaten ums Leben. Man fand nun recht schnell einen hinlänglich tragfähigen Kompromiss zur Regelung der den bewaffneten Zusammenprall auslösenden, eigentlich nebensächlichen Grenzfragen, der bis zum heutigen Tage gehalten hat.

In den nun folgenden 80er-Jahren gelang auch eine gewisse allgemeine Beruhigung der zuvor überraschend schnell entstandenen neuen sowjetisch-chinesischen Animositäten. Die einst in den 40er und 50er-Jahren entstandene außerordentliche Nähe des bemerkenswerten Beziehungsgefüges zwischen der Sowjetunion und dem ebenfalls immer noch eindeutig kommunistisch-sozialistisch orientierten China stellte sich jedoch nicht wieder ein.

Zwischen 1989 und 1991 ist dann – in Etappen – die Sowjetunion implodiert.

Es ist hier nicht der Platz, auf dieses historisch einmalige, in seiner Substanz vielgliedrige Geschehen und seine Ursächlichkeit in der gebotenen Gründlichkeit hinlänglich differenziert einzugehen. In einem im Jahr 2015 mit dem Titel „Moskauer Notizen" erschienenen Buch hat der Autor sich um eine detaillierte Erörterung der am Vorabend ihres Endes in der Sowjetunion gegebenen Verhältnisse und der Gründe ihres schließlichen Unterganges bemüht.

Mit dem im russisch dominierten weiten Raum zwischen Ostsee und Pazifik, zwischen nördlichem Polarmeer und Schwarzem Meer, ein Ende findenden Versuch eines neuen Staates, organisiert nach Prinzipien und Dogmen des klassischen Marxismus und eines aus diesem abgeleiteten russischen Leninismus, fanden ähnlich ausgerichtete Staatsformen in den meisten Ländern Ost- und Südosteuropas ebenfalls ihr Ende, auch die in Ostdeutschland im Jahr 1949 gegründete DDR.

Kuba, China und einige andere Staaten Asiens mit sozialistischer Orientierung behielten indessen diese gesellschaftliche Orientierung.

Die nun in den 90er-Jahren des vergangenen 20. Jahrhunderts allenthalben aufblühende Hoffnung, dass fortan unserem Globus ein „totaler Frieden in aller Ewigkeit " beschieden sein möge, hat sich leider inzwischen als illusionäres Wunschdenken erwiesen.

Wenden wir uns deshalb nachfolgend aktuellen Gegebenheiten zu, beginnend mit einer Übersicht der in den letzten 100 Jahren stattgehabten Entwicklung unserer globalen Arbeitswelt.

DIE GROSSEN UMBRÜCHE – MEILENSTEINE IN DER ARBEITSWELT

AB ENDE 18. JAHRHUNDERT „INDUSTRIE 1.0"
MECHANISIERUNG VON PRODUKTIONSANLAGEN M.H. VON WASSER- UND DAMPFKRAFT

AB ENDE 19. JAHRHUNDERT „INDUSTRIE 2.0"
ELEKTRIFIZIERUNG, ARBEITSTEILIGE PRODUKTION, MASSENFERTIGUNG AM FLIESSBAND

AB 70er-JAHRE, 20. JAHRHUNDERT „INDUSTRIE 3.0"
AUTOMATISIERUNG DER PRODUKTION DURCH EINSATZ VON ELEKTRONIK UND IT.

AB 10er-JAHRE, 21. JAHRHUNDERT „INDUSTRIE 4.0"
VERNETZUNG VON INDUSTRIEANLAGEN UND FERTIGUNGSPROZESSEN

DIE „INDUSTRIE 4.0 " SIGNALISIERT UNS – VERMUTLICH STEHEN WIR DERZEIT AM BEGINN EINER SICH ÜBER ZUMINDEST MEHRERE JAHRZEHNTE HINZIEHENDEN EPOCHE RADIKALER GLOBALER VERÄNDERUNGEN, GEKENNZEICHNET DURCH EINE WEITER FORTSCHREITENDE ALLGEMEINE DIGITALISIERUNG UND ROBOTERISIERUNG, BEI ZEITGLEICH ENORMEN QUALITATIVEN ENTWICKLUNGEN IM BEREICH DES NATURWISSENSCHAFTLICHEN KOSMOS UND DESSEN TEILWEISER VERSCHMELZUNG MIT KLASSISCHEN GEISTESWISSENSCHAFTLICHEN ARBEITSFELDERN, ZUDEM CHARAKTERISIERT DURCH KLIMAWANDEL UND DIVERSE ANDERE HUMAN VERURSACHTE UMWELTPROBLEME SOWIE DURCH VON DIESEN AUSGELÖSTE WANDERUNGSSTRÖME.

DABEI SIND GRUNDLEGENDE PRINZIPIELLE VERÄNDERUNGEN IN DEN MENTALEN HUMANEN STRUKTUREN UND ÜBERZEUGUNGSINHALTEN ZU ERWARTEN.
WAS ALLES BEREITS JETZT EINEN ERHEBLICHEN DIESBEZÜGLICHEN UNIVERSALISTISCHEN FORSCHUNGSBEDARF ERKENNEN LÄSST UND DIE NOTWENDIGKEIT ENERGISCHER ANSTRENGUNGEN ZUR ENTWICKLUNG ZEITGERECHTER INTERVENTIONSSTRATEGIEN IM FALLE VON AUSSER KONTROLLE GERATENDEN GESCHEHNISSEN.

IN JEDEM FALL DÜRFTE DAS FORTBESTEHEN DER DOMINANZ VON GLOBALEN „SELBSTLAUF–IDEOLOGIEN“ ZUNEHMEND RISKANT WERDEN. JEDER RADIKALE PARADIGMENWECHSEL ENTLÄSST SEINE GESELLSCHAFT IN PSYCHOLOGISCH–SOZIOLOGISCHES NEULAND!

DURCH FANTASIE UND SCHÖPFERDRANG HAT DER MENSCH INZWISCHEN SOLCHE MACHTMITTEL ERLANGT, DEREN MISSBRAUCH SEINEN UNTERGANG ZUR FOLGE HABEN KANN.

DIESES JETZT ERLANGTE ENTWICKLUNGSSTADIUM MACHT ERFORDERLICH, DASS ES DEM MENSCHEN GELINGEN MUSS, SEINEN INNEREN WESENSKERN GRUNDLEGEND ZU VERÄNDERN. DER MENSCH MUSS ES LERNEN, AUF ABSOLUTE MACHTENTFALTUNG ZU VERZICHTEN, DESGLEICHEN AUF DIE BISHERIGE RÜCKSICHTSLOSIGKEIT GEGENÜBER UMWELT UND NATUR.

AUS GLEICHEM GRUND VERBIETET SICH AUCH ZURZEIT EIN JEGLICHES HOCHRISKANTES POLITISCHES MASSENEXPERIMENT JEGLICHER POLITISCH-IDEOLOGISCHER RICHTUNG.

Was uns der Blick in die Vergangenheit hinsichtlich der uns bevorstehenden Zukunft konkret vermitteln kann, das sind Hinweise auf vermutlich baldige Reaktionsanforderungen an die Menschheit in toto sowie an uns einzelne Menschen, angesichts der sich abzeichnenden grundsätzlichen Veränderungen unserer Lebensumwelt – und sich wahrscheinlich hieraus ergebender Probleme bei der Bewältigung unserer existenziellen realen Aufgaben.

Mit der auf UNO-Basis gegen Ende der 40er-Jahre erfolgten Verständigung auf einen global verbindlichen Kanon der„ Menschenrechte“ ist nunmehr ein gewichtiger Meilenstein für ein zeitgemäßes und universelles ethisches Normengerüst der Menschheit erstellt worden, ungeachtet seiner fortbestehenden Auslegungsdifferenzen. Das verdient unbedingte Anerkennung und absoluten Respekt und den ständigen Hinweis auf den somit nunmehr prinzipiell geschlossenen Charakter unseres gesellschaftlichen humanen Normenkanons.

Letzteres scheint auch deshalb sehr nötig zu sein, weil es derzeit Usus geworden ist, dass jegliche ideologische Strömung ausschließlich die für ihre Ideologie als „passgerecht“ angesehenen Normen propagiert.

ES SEI BETONT: DIESES NORMENGERÜST ERLANGT SEINE VOLLE AUSSTRAHLUNG DEFINITIV NUR DANN, WENN ES IN KOMPLETTER VOLLSTÄNDIGKEIT PROPAGIERT WIRD!

DIE VON DER UNO AM 10. 12. 1948 VERKÜNDETEN 3 0 MENSCHENRECHTE

(verkürzte Fassung nach Alexander Demandt („Sternstunden der Geschichte“, 2000)

1. Alle Menschen sind frei und gleich an Würde und Rechten geboren. Sie sind mit Vernunft und Gewissen begabt und sollen einander im Geist der Brüderlichkeit begegnen.
2. Die Menschenrechte gelten ohne Unterschied von Rasse, Farbe, Geschlecht, Sprache, Religion, politischer oder sonstiger Überzeugung, nationaler oder sozialer Herkunft.
3. Jeder hat das Recht auf Leben, Freiheit und Sicherheit der Person.
4. Sklaverei ist unzulässig.
5. Folter und erniedrigende Behandlung sind verboten.
6. Jeder ist überall rechtsfähig.
7. Vor dem Gesetz sind alle gleich.

8. Jeder hat Anspruch auf Rechtsbeistand.
9. Niemand darf willkürlich festgenommen, in Haft gehalten oder des Landes verwiesen werden.
10. Jeder Angeklagte kann ein Gericht beanspruchen.
11. Als schuldig darf nur gelten, wem eine Straftat in ordentlichem Verfahren nachgewiesen wurde. Niemand darf aufgrund eines nachträglich erlassenen Gesetzes verurteilt werden.
12. Willkürliche Eingriffe in die Privatsphäre sind unerlaubt.
13. Jeder genießt Freizügigkeit im eigenen Lande, darf jedes Land nach Belieben verlassen und in sein eigenes zurückkehren.
14. Jeder darf in anderen Ländern Asyl beantragen.
15. Jedermann hat Anspruch auf eine Staatsangehörigkeit. Niemandem darf seine Staatsangehörigkeit willkürlich entzogen, noch ihm das Recht versagt werden, seine Staatsangehörigkeit zu wechseln.
16. Die Ehegatten sind gleichberechtigt, Scheidung ist möglich. Als Ehehindernis gilt nur der Wille eines künftigen Ehegatten.
17. Privateigentum ist statthaft, willkürliche Enteignung unzulässig.
18. Jedermann hat das Recht auf Gedanken–, Gewissens– und Religionsfreiheit.
19. Jeder darf seine Meinung äußern, sich Informationen durch Mittel jeder Art beschaffen und solche verbreiten, ohne Rücksicht auf Grenzen.
20. Es besteht Versammlungs- und Vereinigungsfreiheit zu friedlichen Zwecken. Niemand darf gezwungen werden, einer Vereinigung anzugehören.
21. Jeder hat ein Recht auf politische Mitwirkung und auf Zugang zu öffentlichen Ämtern. Grundlage der Staatsgewalt ist der Wille des Volkes, verwirklicht durch regelmäßige, echte, allgemeine, gleiche und geheime Wahlen.
22. Jeder hat ein Recht auf soziale Sicherheit und freie Entwicklung seiner Persönlichkeit, einschließlich der dazu erforderlichen Voraussetzungen.
23. Jeder hat ein Recht auf Arbeit, auf freie Berufswahl, auf angemessene und befriedigende Arbeitsbedingungen, sowie auf Schutz gegen Arbeitslosigkeit. Jeder hat das Recht auf günstige Entlohnung.

24. Jeder hat ein Recht auf Freizeit.
25. Jeder hat ein Recht auf einen angemessenen Lebensstandard. Mütter und Kinder, ehelich wie außerehelich, genießen besonderen Schutz.
26. Jeder hat das Recht auf Bildung. Elementarunterricht ist kostenlos und obligatorisch. Schulen und Universitäten müssen die UN zur Aufrechterhaltung des Friedens unterstützen.
27. Teilnahme an Kultur, Kunst und Wissenschaft steht jedem frei, geistiges Eigentum ist anzuerkennen.
28. Jeder hat Anspruch auf eine Ordnung, in der diese Menschenrechte gelten.
29. Jeder hat soziale Pflichten. Seine Rechte enden, wo die anderer beginnen. Oder wo Moral, öffentliche Ordnung und Gemeinwohl einer demokratischen Gesellschaft berührt sind.
30. Diese Artikel dürfen nicht gegen ihren Geist ausgelegt werden.

„UND WIE SOLL ES JETZT WEITERGEHEN?“

BEMÜHEN WIR UNS JETZT AN DIESER STELLE, IN EINIGEN GENERALTHESEN DIE ERGEBNISSE DER MENSCHLICHEN ENTWICKLUNG IM VERLAUF DER LETZTEN BEIDEN JAHRTAUSENDE ZUSAMMENZUFASSEN, IM SINNE DES GEWINNENS EINER STABILEN AUSGANGSPOSITION FÜR DIE FORMULIERUNG GRUNDLEGENDER AUFGABENSTELLUNGEN UNSERES WIRKENS IN DER AKTUELL ÜBERSCHAUBAREN ZUKUNFT.

1. Die Menschheit hat sich zu einer 8 Milliarden Einzelwesen umfassenden Gemeinschaft entwickelt, verwoben miteinander in einer Unsumme wechselseitiger Beziehungen. Sie hat es aber bisher nicht vermocht, jene Organisiertheit zu entwickeln, die diesem Sachbestand angemessen ist.
2. Die Menschheit hat sich einen ungeheuren Reichtum an Ideen, Wissen und Fertigkeiten erarbeitet, deren unbedachte Nutzung die natürlichen Gegebenheiten ihrer irdischen Existenz zu sprengen drohen.
3. Die Menschheit hat insbesondere ein Instrumentarium an Vernichtungswaffen erschaffen, deren Nutzung in einem Großkonflikt sie in ihrer Gesamtheit vernichten kann. Gehen wir nunmehr auf diese Feststellungen näher ein, auf einige spezielle Problemkreise von besonderem Belang, und befassen wir hierbei uns zunächst mit unserem „lieben Geld“!

„In ihrem Buch ‚Weltfinanzsystem am Limit‘ weisen Dirk Sollte und seine Mitarbeiter darauf hin, dass von 1970 bis 2005 das Finanzvermögen gegenüber der realen Wertschöpfung einen überproportionalen Anstieg aufwies.

Im Zusammenhang damit wuchs das Gesamtvolumen der Verschuldung auf dem Weltfinanzmarkt um das Dreißigfache, das in Aktien gebundene Geldvolumen gar um das Vierzigfache, wohingegen das weltweite Bruttoinlandsprodukt lediglich um das Dreizehnfache stieg.

Aus diesen disproportionalen Steigerungsraten resultiert, dass sich die Anteile der Einkommen aus Finanzvermögen an der Gesamtheit der Einkommen im Durchschnitt mehr als verdoppelten.

Die logische Konsequenz eines solchen Sachverhaltes ist, dass die Anteile der aus Erwerbsarbeit resultierenden Einkommen an der Gesamtheit der Einkommen stetig sanken.

Man muss sich angesichts dieser Entwicklung die Frage stellen: Wohin soll das führen, wenn weltweit die Einkommen aus Finanzblasen schneller steigen als die Einkommen aus der realwirtschaftlichen Arbeit?!

Die Ursachen der weltweiten Verschuldung und des analog dazu wachsenden formalen Geldreichtums sind eng mit der Entwicklung der Haushaltsdefizite und enormen Militärausgaben in den USA verwoben.

Ist es nicht geradezu schizophren, dass durch die Vernichtung realer Werte in Kriegen – z. B. in Vietnam, in Afghanistan, im Irak – die Kapitalkonzentration zunimmt und der Reichtum der Vermögenden gewaltig anwächst?!

Die Gewinne der Geld- und Kapitalwirtschaft stehen in einem engen Zusammenhang mit den Verlusten auf der anderen Seite unseres gegenwärtigen globalen Finanzsystems, mit den Verlusten der vielen Verlierer.

Aus sachlogischen Gründen kann ein Gesellschaftssystem, das solche absurden Phänomene nicht nur akzeptiert, sondern sogar nachhaltig fördert, auf wirklich lange Sicht kaum aufrechterhalten werden können. Also haben wir es heutzutage wohl nicht nur mit Finanzkrisen, sondern vermutlich mit einer Systemkrise zu tun!

Was während des Kalten Krieges unter dem Mantel ideologischer Einschwörung verborgen gehalten werden konnte, offenbart sich nun allgemein:

Es entwickelt sich eine zunehmende Verselbstständigung des Geldes!“

(Edgar Most, in „50 JAHRE IM AUFTRAG DES KAPITALS“, 2009)

Es ist hier weder Platz noch Raum, auf rabulistische Künste genialer Buchhalter einzugehen, mittels exzellenter Beherrschung des finanztechnischen Umgangslateins bei Bedarf Reichtum oder gewinnbringende Pleiten zu erzeugen.

Fakt ist, dass die Umwandlung diesbezüglicher scheinlogisch-mathematischer Genialität entsprossenen Geldes in tatsächlich reale Sachwerte gemäß der Wertanmutung jenes in hohem Maße virtuellen Geldes nur so lange gelingen kann, wie ein hierfür ausreichend großer Teil desselben in den „unendlichen“ Gefilden des Internets verbleibt. Doch bis dahin wirkt es auf uns „Sterbliche“ wie ein allmächtiger realer finanzieller Koloss ein.

Es ist also weder hinnehmbar, die derzeit eingetretene Entwicklung des globalen Finanzgeschehens ihrem Selbstlauf zu überlassen, noch gilt es, diesbezügliche perfektionistische juristische Rechtskonstruktionen mit einem moralistisch-absolutistischen, letztlich jedoch höchst selbstsüchtigen Anspruch „zusammenzubasteln“, sondern es erscheint unerlässlich, zeitgemäßen humanen Grundüberzeugungen auch auf diesem Aktionsfeld von uns Menschen zu einer weltweiten Akzeptanz zu verhelfen.

So viel zur Einleitung in das Thema dieses Problembereiches, wenden wir uns nun den Spezifika der letzten Jahrzehnte und der aktuellen Gegenwart zu.

AUCH WENN DAS GANZE EIN JANUSKÖPFIGES GESCHEHEN WAR – IN IHRER GESAMTBILANZ HAT SICH DIE IN IHRER GESAMTHEIT BEEINDRUCKENDE SOZIALÖKONOMISCHE ENTWICKLUNG DES DIGNITATUS IN DEN LETZTEN JAHRZEHNTEN DES 20. UND IN DEN ERSTEN JAHRZEHNTEN DES 21. JAHRHUNDERTS n. Chr. UNBESTREITBAR ERFOLGREICH FORTGESETZT.

Wie Jan Willmroth in einem SDZ-Artikel feststellte, „gab es nunmehr kein Zurück“ während der Jahrzehnte nach Beendigung des Zweiten Weltkrieges – die Wirtschaftsleistung steigerte sich jetzt in fast allen Regionen des Globus, vielerorts in rasantem Tempo. Mit der Sachlage im Speziellen befasste Institutionen haben für den Zeitraum der 70 Jahre von 1946 bis 2016 eine Steigerung der globalen Wirtschaftsleistung auf das Siebenfache des Ausgangswertes errechnet. Diese unstrittig beeindruckende statistische Generalaussage sei an den Beginn der nachfolgenden

Betrachtungen gestellt. Wesentlichste Ursache einer somit belegten, prinzipiell erfreulichen Fortsetzung der sich seit dem 19. Jahrhundert n. Chr. – trotz zweier Weltkriege – latent entfaltenden wissenschaftlich-technischen Revolution dürfte die mit ihr nunmehr weitgehend störungsfrei sich vollziehende Steigerung der Arbeitsproduktivität des Dignitatus gewesen sein.

Als „Pars pro Toto" kann man das Volumen humaner Arbeitszeit zitieren, welches in Deutschland in den Jahren 1961, 1991 und 2011 erforderlich war, um eine definierte Menge landwirtschaftlicher Produkte zu erzeugen. Wir folgen hierbei den Angaben des Statistischen Bundesamtes der BRD.

Die jeweils aufgewendete humane Arbeitszeit wird in „Minuten" angegeben.

	1961	1991	2011
1 kg BROT	19	10	10
250 g BUTTER	38	6	5
1 Liter MILCH	10	4	3
1 kg RINDFLEISCH	59	31	31
2,5 kg KARTOFFELN	16	9	11

Die allgemeine Belebung des materiell-produktiven Fortschritts wirkte sich – im Prinzip – auf fast alle Facetten des Lebensalltags in den letzten Jahrzehnten aus, so auch auf das Erschließen verschiedener neuer Zugänge und Verfahren im Bereich medizinisch-ärztlicher Arbeit.

Als beeindruckendes Beispiel hierfür sei die enorme Steigerung der Lebenserwartung von an bösartigen Tumoren erkrankten Kindern erwähnt. Aus dem Jahr 2015 stammt die enthusiastische Aussage von Reinhard Berner, Direktor der Kinderklinik im Dresdner Universitätsklinikum:

„Heute überleben acht von neun Kindern ihre Krebserkrankung, noch vor 30 Jahren wären sie fast alle daran gestorben!“ (Dtsch. Ärzteblatt)

Interessant sind auch die Auswirkungen eines zunehmenden gesellschaftlichen Wohlstandes auf das Allgemeinverhalten der Bevölkerung.

Ohne hierauf detailliert einzugehen, sei beispielhaft auf den Pro-Kopf-Konsum von Bier in der Deutschen Bundesrepublik im Verlauf der Jahre 1950 bis 2014 verwiesen.

Die folgenden Zahlen beziehen sich auf den jährlichen deutschen Pro-Kopf-Konsum von Bier in Litern.

1950	35,6
1960	94,7
1970	141,1
1980	145,9
1990	142,7
2000	125,6
2005	115,3
2011	109,3
2014	106,9

Wir erkennen aus vorstehenden Zahlen eine Vermehrfachung des Bierkonsums bis zum Jahr 1980, dann ein mehrere Jahre umfassendes Stagnieren desselben, gefolgt von einem mäßigen Rückgang. Ab 2010, schließlich, scheint sich der deutsche Pro-Kopf-Bierkonsum auf dem einstigen Niveau des Jahres 1960 einpendeln zu wollen.

Hinsichtlich des Zigarettenrauchens von Jugendlichen vollzieht sich in Deutschland eine ähnliche Entwicklung, allerdings im Vergleich zum Bierkonsum mit spürbarem zeitlichem Verzug.

In den 14 Jahren von 2001 bis 2014 ist der Anteil der Zigarettenraucher an der Gesamtheit der Jugendlichen hierzulande von 28 % auf 10 % zurückgegangen. (Apoth.-Umschau).

Kehren wir zur allgemeinen Ökonomie zurück.

Bemerkenswert ist, dass in vielen Ländern der Welt sich in den letzten Jahrzehnten nicht nur die „Pro-Kopf-Produktion“ gewaltig gesteigert hat, sondern auch eine wesentlich höhere Effizienz in puncto „Energieverbrauch pro erzeugtes Produkt“ erreicht werden konnte.

In seiner programmatischen Schrift „Warum wir uns die Reichen nicht leisten können“ hat z.B. Andrew Sayer im Jahr 2017 belegt, dass sich in den USA der energetische Aufwand pro „Brutto-Inlandsprodukt-Dollar“ in den 40 Jahren seit 1975 halbiert hat. Eine ähnliche Effizienz-Entwicklung dürfte sich auch in anderen hoch industrialisierten Ländern vollzogen haben – nicht zuletzt aus Gründen der Profitmaximierung angesichts tendenziell steigender Preise für energetische Grundstoffe.

In seiner Gesamtheit hat sich – auch in Folge eines erheblich über 100 % gesteigerten Produktionsausstoßes – dennoch der Energiebedarf in den USA im Verlauf der Jahre 1975 bis 2015 gesteigert, um 40 %.

Verbleiben wir ein wenig beim Thema des Verbrauches an Primärenergie. Nachfolgend wird in einer statistischen Übersicht die Entwicklung des Energieverbrauches und der Bevölkerungszahlen in „Industrieländern“ und „übriger Welt“ vorgestellt, die letzten 200 Jahre betreffend. Die Bevölkerungszahlen beziehen sich auf Milliarden Menschen, die Angaben über den Energieverbrauch auf Exajoule. (Exajoule = Joule, „hoch 18“).

	INDUSTRIELÄNDER		ÜBRIGE WELT	
	BEVÖLKERUNG	ENERGIE	BEVÖLKERUNG	ENERGIE
1800	0,26	6,5	0,74	14,1
1850	0,32	8,4	0,93	18,4
1900	0,55	27,5	1,07	23,3
1950	0,82	73,0	1,68	40,7
2009	1,40	252,7	5,37	275,8

Auffällig ist der – auch in Relation zum jeweiligen Vorwert – exorbitante Anstieg des Energieverbrauches im letzten halben Jahrhundert vor 2009, der in nicht industrialisierten Ländern sogar noch erheblich größer war als in der „Welt der alten Industrieländer".

Bringt man diesen Wert jedoch in einen direkten Vergleich mit dem gleichzeitigen Entwicklungsgeschehen der Bevölkerungszahlen, verschieben sich vermutlich die aus dem soeben Geschriebenen ergebenden spontanen Eindrücke erheblich.

Denn die über 5 Milliarden Menschen in der „übrigen Welt" haben im Messjahr 2009 in ihrer Gesamtheit nur ein mäßig höheres Energievolumen verbraucht als die erheblich kleinere Menge der 1,4 Milliarden Menschen in den „Industrieländern".

Eine besondere Beachtung verdient aber die Tatsache, dass auf beiden Seiten des „industrieökonomischen Globus" sich der alljährliche Energieverbrauch des letzten abgeschlossenen Jahrhunderts nunmehr etwa verzehnfacht hat.

Im globalen Maßstab sehr beachtlich sind die in den letzten Jahrzehnten erlangten Erfolge verschiedener Bemühungen um Unfall- und Katastrophenprävention sowie zur Milderung von Folgen solcher Geschehnisse.

Die „Süddeutsche Zeitung" publizierte im Jahr 2016 einen Vergleich der weltweit zu beklagenden Todesopfer durch Naturkatastrophen in den

Jahresdekaden 1900 bis 1909, 1930 bis 1939, und 2000 bis 2009. Trotz der durch eine drastisch erhöhte Frequenz von Witterungsanomalien in letzter Zeit stark gewachsenen klimatischen Risiken ist ein sehr respektabler Rückgang in den relevanten Opferzahlen erfolgt:

1900er-Jahre 4, 50 Millionen Tote
1930er-Jahre 4, 70 Millionen Tote
2000er-Jahre 0, 84 Millionen Tote.

Ein anderes Beispiel erfolgreicher Unfall- und Katastrophenprävention ist die zunehmende Sicherheit des Flugverkehrs. Bezogen auf die sehr speziell anmutende Maßeinheit „Fünf Millionen Flugzeuge im nationalen und internationalen Flugverkehr" stürzten im Jahr 1970 weltweit insgesamt 20 Flugzeuge ab.

Im Jahr 2015 war es dann nur noch ein einziges Flugzeug („Spiegel").

Bei allen Positiva des humanen Entwicklungsgeschehens im Verlauf der letzten Jahrzehnte und des unbestreitbaren Anstieges in Belangen des allgemeinen Lebensstandards für die Mehrheit der Weltbevölkerung, hatte dieser Prozess auch seine sehr dunklen Schattenseiten.

Allgemein bekannt ist z.B. der hiermit verbundene Raubbau an diversen unserer natürlichen Ressourcen, die durch menschliches Agieren bedrohlich angewachsene Umweltverschmutzung, unser inzwischen kaum noch strittiger „Beitrag" zur sinkenden Artenvielfalt, insbesondere jedoch zur mittlerweile aufziehenden großen Klimakatastrophe.

Was hierzulande weniger bekannt ist, das sind die persistierenden eklatanten Defizite in den Lebensgegebenheiten großer Teile der Weltbevölkerung. Beispielsweise war nach einem gemeinsamen Bericht von WHO – der Weltgesundheitsorganisation – und Weltbank auch im Jahr 2018 immer noch über die Hälfte der Weltbevölkerung von grundlegenden qualifizierten medizinischen Behandlungen ausgeschlossen, desgleichen von der Vergabe zeitgemäßer Medikamente.

Ähnliches ist über den Zugang zu sauberem Trinkwasser für Bewohner ländlicher Gemeinden zu berichten, obwohl sich diese Gegebenheiten seit 1990 in vergleichsweise vielen Territorien erheblich verbessert haben, speziell in Nordafrika und in Ostasien.

WHO und UNICEF haben hierzu die folgende Statistik veröffentlicht.

Die Prozentwerte beziehen sich auf die in den Jahren 1990 und 2015 über einen Zugang zu sauberem Trinkwasser verfügenden Landbewohner der zitierten globalen Bereiche, in Relation zu den jeweiligen Gesamtbevölkerungen.

	1990	2015
SÜDOSTASIEN	5 %	17 %
OSTASIEN	11 %	56 %
SUBSAHARA-AFRIKA	4 %	5 %
NORDAFRIKA	33 %	78 %
LATEINAMERIKA, KARIBIK	37 %	68 %

Besonders auffällig ist die – zumindest im Jahr 2015 – immer noch fortbestehende katastrophale ländliche Trinkwasserversorgung im subsaharischen Afrika.

Damit korrespondiert eine von der UNO-Zentrale veröffentlichte Klage, dass in den Jahren 2015 und 2016 etwa ein Sechstel der Menschheit über keinerlei Defäkationsstätte verfügte.

Die UNO-Zentrale beklagte sehr, dass sich in bestimmten Teilen der Welt die Schaffung von solchen Einrichtungen der elementaren zeitgemäßen Daseinsgestaltung immer noch extrem langsam vollzog, mit teilweise dramatischen Konsequenzen im Falle des Ausbruches infektiöser Epidemien. Und die UNESCO berichtete zur gleichen Zeit, dass, ungeachtet aller Bildungsinitiativen, nur in der einen Hälfte der globalen Staatenwelt tatsächlich eine flächendeckende Breite von Bildungsangeboten für Kinder und Jugendliche besteht.

Die soeben zitierten Problembereiche betreffen vorrangig jene Zonen des Globus, die sich auch derzeit in einem unter dem allgemeinen Entwicklungsniveau der Industriestaaten befindlichen Zustand befinden.

Aber auch in den entwickelten Industriestaaten des „politischen Westens" leben, nach Einschätzung der zuständigen internationalen Organisationen, etwa 20 % aller Kinder in sog. „relativer Armut", mit erheblichen Ernährungsunsicherheiten.

Besonders ernst sollten wir indessen die Ergebnisse einer im Jahre 2019 erarbeiteten Analyse nehmen, wonach zu diesem Zeitpunkt, weltweit jedes fünfte Kind in einem Krisen-, Kriegs- oder Konfliktgebiet aufwuchs, in der Zeitperiode um 1990 jedoch nur jedes 10. Kind einem solchen Schicksal ausgesetzt gewesen war.

Dennoch – die mittlere Lebenserwartung der Menschheit ist in den 30 Jahren zwischen 1990 und 2019 um 8,2 Jahre gewachsen, von 64,0 Jahren auf 72,8 Jahre, was – in der Summe – trotz mancher Bedenken – ein positives Gesamturteil für des Dignitatus Wirken in den letzten Jahrzehnten erlaubt.

Dessen ungeachtet sollten wir uns – in diesem Zusammenhang – einem eminent wichtigen, prognostisch jedoch relativ schwer einordbaren speziellen Problem der Menschheit etwas eingehender zuwenden – der humanen Ernährungssicherheit.

Längerfristige Mangelernährung erheblicher Anteile des frühkindlichen Nachwuchses eines Volkes kann sich zu einem generationenübergreifenden Handicap der betreffenden Population entwickeln, da hierdurch die cerebrale Entwicklung solcher Kinder mit lebenslangen Folgen gestört zu werden droht. Das kann, bei massenhaften Vorkommnissen solcher Art, sich auch zu einem erheblichen Hemmnis für den erstrebten positiven gesamtgesellschaftlichen Prozessverlauf in der betreffenden Menschengemeinschaft entwickeln.

Kimberly Noble, Kinderärztin und Neurowissenschaftlerin von der New Yorker „Columbia University", hat in einer insgesamt 1.000 Probanden umfassenden Langfriststudie die Gehirne junger Menschen mithilfe der Magnet-Resonanz-Tomografie (MRT) untersucht. Ihr besonderes Bemühen galt der Vermessung der Gehirnoberfläche ihrer Probanden und den diesbezüglichen Gegebenheiten bei Kindern aus unterschiedlichen sozialen Milieus.

Die Ergebnisse ihrer Bemühungen waren sehr bemerkenswert. Je wohlhabender die Eltern der Kinder waren, um so größere Gehirnoberflächen entwickelten die Kinder im Verlauf ihres individuellen Entwicklungsgeschehens. Die Kinder von Eltern mit einem jährlichen Haushaltseinkommen von über 150.000 US–Dollar besaßen schließlich ein Gehirn mit einer durchschnittlich um 6 % größeren Oberfläche als die Kinder aus den ärmsten Familien.

Sicherlich ist die Gehirngröße kein absolut verbindlicher Indikator der intellektuellen Potenziale eines Menschen, dennoch wird die statistisch positive Korrelation zwischen der Gehirngröße eines Menschen und seinem cerebralen Leistungsvermögen heute in der naturwissenschaftlichen und in der spezialisierten medizinischen Fachwelt kaum noch ernsthaft bestritten.

Also kommt vermutlich auch bei einer genetisch vorteilhaften Anlage für beachtliche intellektuelle Potenz selbige nach dem Abschluss der individuellen Entwicklung nur in reduzierten Anteilen zur Geltung, wenn der betreffende Mensch in früher Kindheit durch langdauernde Mangelernährung stark geschädigt wurde. Bei politologischen Analysen sollte dieser Sachverhalt immer eine angemessene Beachtung finden.

Die sog. „Hungergrenze“ für Erwachsene wird im Allgemeinen durch einen täglichen durchschnittlichen Lebensmittelverzehr mit kalorischen Werten unter 1.960 Kilokalorien definiert (Tariq Ali: „Die Nehrus und die Ghandis“).

Nach Jahrzehnten einer ständigen Reduzierung der gemäß vorstehender Definition an chronischem Hunger Leidender an der Weltbevölkerung scheint sich seit etwa 2017 eine Trendumkehr mit negativem Charakter zu vollziehen, d.h., der Anteil chronisch Hungernder an der Weltbevölkerung scheint wieder im Steigen begriffen zu sein.

Der bislang niedrigste diesbezügliche Wert ist von der Landwirtschaftsorganisation der UNO, der FAO, für das Jahr 2015 errechnet worden, basierend auf zu diesem Zeitpunkt weltweit 795 Millionen ständig hungernde Menschen. Am 3.7.2017 signalisierte die FAO besagte Trendumkehr. Als vermutliche Ursachen nannte sie zu jenem Zeitpunkt auffällige Unregelmäßigkeiten beim südamerikanischen Wetterphänomen mit dem Fachnamen „El Nino“, bewaffnete Konflikte und weitere Witterungsunbilden im afrikanischen Raum und im Jemen.

Indessen war – und ist – der ständige Hunger auf die verschiedenen Großregionen der Welt sehr unterschiedlich verteilt. Die nachfolgende Tabelle führt die von der FAO für bestimmte Weltregionen und die Jahre 1990/92, bzw. 2014/16 benannten prozentualen Anteile Unterernährter an den jeweiligen Gesamtbevölkerungen auf, für Zeiten vor der mutmaßlichen Trendwende im Jahr 2017.

	1990/92	2014/16
SUBSAHARA	33,2 %	23,2 %
KARIBIK	27,0 %	19,8 %
SÜDASIEN	23,9 %	15,7 %
OZEANIEN	15,7 %	14,2 %
SÜDOSTASIEN	30,6 %	9,2 %
WESTASIEN	6,4 %	8,4 %
KAUKASUS UND ZENTRALASIEN	14,1 %	7,0 %
LATEINAMERIKA	13,9 %	5,0 %
NORDAFRIKA	5,0 %	5,0 %

Mit der Ausnahme Westasiens werden durchweg sinkende Quoten Unterernährter genannt. Besonders auffällig sind aber die Quoten der Region „Subsahara", des südlich der Saharawüste gelegenen Teils Afrikas. Bereits 1990/92 mit dem Anteil von etwa 1/3 Unterernährter an der Gesamtbevölkerung den höchsten „Hunger"-Wert ausweisend, ist – trotz Rückgang auf nunmehr ein knappes Viertel Hungernder – sein unrühmlicher Spitzenwert auch für die Jahre 2015/16 in vorstehender Tabelle deutlich, was mit Angaben des „World Food Programme" für die Folgejahre 2021/22 in erheblicher Korrespondenz steht. Zu diesem Zeitpunkt waren Afghanistan, Somalia, Mali, Südsudan, Burkina Faso, Syien, Guinea, Timor, Niger, Jemen, Lesotho, Benin die Staaten mit der höchsten Prävalenz an akutem Hunger, jeweils 45 und mehr Prozent ihrer Bevölkerung betreffend.

Zu den aussagekräftigsten sozialökonomischen Zustandsdokumentationen zählen die Auflistungen von staatlichen „BIPS“-Werten, der in einem bestimmten Jahr von den Staaten erbrachen „Pro-Kopf-Brutto-Inlandsproduktion“, errechnet auf der Basis von US-Dollar.

Nachfolgend werden diese Werte für einen großen Teil der von den UN zusammengefassten Länder aufgeführt, entnommen einer „Wikipedia“-Internetdokumentation, betreffend das Jahr 2020.

Auflistung der 30 Länder mit den im globalen Vergleich höchsten „BIP“–Werten

Rang Land	„BIP“ pro Kopf	Rang Land	„BIP“ pro Kopf
1. Luxemburg	116.921,– $	16. San Marino	46.285,– $
2. Schweiz	87.367,– $	17. Deutschland	46.216,– $
3. Irland	85.206,– $	18. Belgien	44.688,– $
4. Norwegen	67.326,– $	19. Israel	44.181,– $
5. USA	63.356,– $	20. Kanada	43.295,– $
6. Dänemark	61.154,– $	21. Neuseeland	41.165,– $
7. Singapur	59.795,– $	22. Großbritannien	40.395,– $
8. Island	59.643,– $	23. Frankreich	40.299,– $
9. Katar	54.185,– $	24. Japan	40.089,– $
10. Australien	52.905,– $	25. Ver. Arab. Emirate	38.661,– $
11. Niederlande	52.456,– $	26. Andorra	36.631,– $
12. Schweden	52.129,– $	27. Macao	35.621,– $
13. Finnland	48.786,– $	28. Puerto Rico	32.641,– $
14. Österreich	48.593,– $	29. Südkorea	31.638,– $
15. Hongkong	46.657,– $	30. Italien	31.604,– $

Sehr wichtige Länder hinter Position 30, doch vor Position 180:

64. China	10.511,– $	120. Ukraine	3.741,– $
66. Russland	10.115,– $	149. Indien	1.939,– $

Die Länder auf den letzten 15 Positionen, ab Position 180:

180. Tschad	660,– $	188. Sierra Leone	527,– $
181. Liberia	647,– $	189. Zentr. Afrik. Republik	494,– $
182. Afghanistan	611,– $	190. Madagaskar	462,– $
183. Eritrea	588,– $	191. Mosambik	449,– $
184. Jemen	580,– $	192. Somalia	332,– $
185. Niger	568,– $	193. Südsudan	322,– $
186. Malawi	568,– $	194. Burundi	256,– $
187. Dem. Rep. Kongo	544,– $		

Es ist offensichtlich – der letzte Teil vorstehender Auflistung, die Länder mit den niedrigsten innerstaatlichen Pro-Kopf-Aufkommen betreffend, wird von Ländern der südlich der Sahara in Afrika gelegenen Region absolut dominiert. Derartige aktuell beunruhigende Gegebenheiten haben eine längere spezielle Vorgeschichte. Wolfgang Reinhard hat sich in seiner „Die Unterwerfung der Welt" betitelten Monografie hierzu näher geäußert.

„Die Kolonialherrschaft in Afrika begann als Beutewirtschaft, als ein Beutemachen großen Stils, das durchaus der spanischen Conquista in Lateinamerika verwandt erscheint.

Glücksritter und ihre Hintermänner wollten durch das rasche Ausbeuten von Bodenschätzen und solchen Wildprodukten wie Elfenbein und Kautschuksaft – mittels rücksichtsloser Ausnutzung der Arbeit von Eingeborenen – schnell reich werden, ohne dafür auch nur die geringste Investition im Lande vorgenommen zu haben, bzw. nunmehr vornehmen zu wollen. Als Inbegriff solcher Räuberei kann man die damaligen Zustände im Kongo und in Kamerun ansehen, wo manche „Konzessionsgesellschaften" Gewinnspannen von bis zu 1.400 % erzielen konnten, die Afrikaner noch zusätzlich durch Warenwucher ausbeuteten.

Erst als kolonialökonomische Krisen die Brüchigkeit eines solchen „Systems“ offenlegten, insbesondere nach 1910 der Boom des Wildkautschuks zusammenbrach, wurde in Europa akzeptiert, dass eine überlegte Entwicklung der Kolonien und das pflegliche Behandeln afrikanischer Arbeitskraft auch im wohlverstandenen Interesse der „Mutterländer“ liegen dürften. In Afrika begann nun die gezielte Ausrichtung der kolonialen Ökonomien auf spezielle Interessen besagter „Mutterländer“.

In Afrika bedeutete Besitz von Produktionsmitteln vor allem Besitz von landwirtschaftlich verwertbarem Land.

Wie in den meisten außereuropäischen Kulturen war auch in Afrika uneingeschränktes individuelles Privateigentum an Land – d.h., Privateigentum gemäß römisch-rechtlichem Zuschnitt – unbekannt.

Dennoch gab es aber auch in Afrika kaum herrenloses Land, sondern zumeist eine Fülle von sich ergänzenden Nutzungsansprüchen und Nutzungsrechten.

Wenn nun Kolonialverwaltungen, ungeachtet traditioneller Rechtssituationen, alles für „europäische Augen“ scheinbar herrenlos wirkende Land zum „Staatseigentum“ erklärten und sodann an Siedler und Pflanzer weitergaben, war das dennoch zumeist kaum Folge von Unkenntnis, sondern eine bewusst demonstrierte Missachtung traditioneller afrikanischer Normen, mit dem wohlüberlegten Akzent des dadurch gegebenen Verweises auf die grundsätzliche Gültigkeitsmacht neuer Herrschaftsregeln.

Allerdings kam es dabei nur selten zu einem völligen Ausschluss der eingeborenen Interessen. Diese Bewahrung des traditionellen afrikanischen Landbesitzes entsprach gegebenen Notwendigkeiten einer ausreichenden Produktion für den Eigenbedarf.

Zusammenfassend ist festzustellen – Siedler- und Plantagenwirtschaft haben sich in Kolonien immer nur dann entfalten können, wenn es zuvor zu massenhaften Bodenenteignungen von Eingesessenen, in Afrika der alteingesessenen Afrikaner, gekommen war.

Wie auch immer – in der ersten Hälfte des 20. Jahrhunderts lieferte Afrika eine bemerkenswert breite Palette weltmarktfähiger landwirtschaftlicher Produkte in beachtlichen Mengen, überwiegend aus Plantagen– und Großbetriebsproduktion.

Es handelte sich dabei insbesondere um Kaffee und Kakao, Tabak und Bananen, Palmöl und Kautschuk, Sisalfasern und Baumwolle.

Aufseiten der hier wirksamen Besitzer aller nunmehr aktiven Erzeugerbetriebe dominierte nachhaltig das „weiße Element". In Kenia war sogar das wichtige Exportprodukt Kaffee ausschließlich in „weißem" Besitz befindlichen Plantagen vorbehalten.

Einige britische Kolonien in Westafrika gingen in dieser Frage jedoch einen Sonderweg. Dort hatten sich in den Jahrhunderten des Sklavenhandels die Sammelzentren der für Amerika bestimmten, jeglicher individueller Freiheit beraubten Afrikaner befunden, was damals – so makaber ist gelegentlich der Weg der Geschichte – dem nativ-bäuerlichen Hinterland dieser Aglomerationen eine bemerkenswerte zeitgemäße Prosperität erbrachte.

Nicht nur die Verproviantierung der nach Amerika mit ihrer schlimmen Fracht abgehenden Segelschiffe, sondern auch die erforderliche Minimalernährung der in den Sammellagern an der atlantischen Ozeanküste auf ihren Abtransport wartenden, zusammengepferchten Sklaven bewirkten tatsächlich mancherorts spürbar wachsenden Wohlstand.

Hinzu kam ein weiterer, besonderer Entwicklungsakzent. Im Zusammenhang mit Vorstehendem hatte die im 18. Jahrhundert fast industrielle Qualität annehmende Versklavung unbescholtener Afrikaner eine funktionale Infrastruktur entwickelt, in welche regelmäßig auch bemerkenswerte Anteile entsprechend qualifizierter Weißer involviert waren. Diese Männer entwickelten zunehmend eine an heimatlich-europäische Gegebenheiten angelehnte Nachfrage in Bezug auf ihre Alltagsernährung, worauf sich die bäuerliche Nahrungsmittelproduktion in ihren Hinterlandsterritorien spätestens im Verlauf des Jahrhunderts erfolgreich eingestellt hatte.

Ungeachtet ihrer auf dem Weltmarkt errungenen respektablen Position waren afrikanische landwirtschaftliche Produkte schon in der ersten Hälfte des 20. Jahrhunderts keineswegs mehr dominant für das Wirtschaftsleben Afrikas in seiner Gesamtheit.

Im Jahr 1935 machten Baumwolle, Wolle, Kautschuk, Mais, Palmöl, Kakao und Erdnüsse – ihrem Handelswert nach – nur noch 25,1 % der

Exporte Afrikas aus, während 54,9 % dieser Werte durch den Export von Gold, Diamanten und Kupfer erbracht wurden.

Afrika war also inzwischen ein Bergbaukontinent geworden. Die durch Gold und Diamanten nunmehr ausgelösten erheblichen Entwicklungsimpulse beschränkten sich zunächst weitgehend auf die südliche Spitze des Kontinents. Aber auch Sierra Leone hatte Gold und Diamanten, dazu noch Platin, Chrom und Eisen; im damaligen Südrhodesien lagerten neben Gold auch Chrom, Zinn, Eisen und Steinkohle, beispielsweise.

Am wichtigsten wurde dann jedoch das Kupfer des damaligen Nordrhodesiens. Schon im Jahr 1938 wurden dort respektable 255.000 Tonnen Kupfer produziert.

Kaum weniger wichtig wurde bald auch Kupfer aus der Provinz Katanga im Kongo.

Dem Bild der weitgehend in ausländischem Besitz befindlichen afrikanischen Montanindustrie entsprach die Struktur der dort laufend getätigten Investitionen, die fast ausnahmslos aus Europa und von den USA kamen.

Hierbei galt das bekannte Prinzip ‚Wer hat, dem werde noch mehr gegeben!', was dann die einseitigen Entwicklungen auf dem afrikanischen Kontinent tendenziell immer weiter verschärft hat."

Peter Scholl-Latour zitiert in seiner 2003 erschienenen „Afrikanischen Totenklage" hierzu einen „Hohen Beamten der Weltbank" mit folgenden Worten: „Wir erleben eine neue Kolonisierung Afrikas, und dies ist das Werk von amerikanischen Spekulanten, die mit einem Minimum von Cash am Maximum an Profit arbeiten; wobei zudem die politischen und militärischen Kräfte der USA für den Raub afrikanischer Ressourcen zum Einsatz gelangen."

Auch nach dem Erlangen der staatlichen Selbstständigkeit im Verlauf der zweiten Hälfte des Jahrhunderts wurde die Suppression des subsaharischen Afrikas durch den politischen Westen fortgesetzt, allerdings in subtilerer Form.

Beispielsweise wurde die Entfaltung jeder nennenswerten zeitgemäßen marktgerechten Eigenproduktion den jeweiligen neuen Staaten dieser Region zumeist erfolgreich verwehrt. Eine erhebliche Rolle spielten dabei

Regularien, die den nunmehr politisch unabhängigen Ländern im Zusammenhang mit dem ihnen gewährten Zugang zum internationalen Handelsgeschehen aufgezwungen wurden. Sie mussten sich z.B. verpflichten, maximal 20 Prozent ihrer nunmehrigen Importe mit Zöllen zu belasten, zum Schutz ihrer Eigenproduktion; was zur Folge hatte, dass selbige zumeist den nunmehr in das Land einströmenden niedrigpreisigen Massenartikeln aus den hoch technisierten Produktionsstätten westlicher Konzerne im sich jetzt ergebenden Konkurrenzkampf meistens hoffnungslos unterlegen waren.

In vielen Branchen war im Ergebnis dieser übermächtigen Fremdkonkurrenz die weitere zügige Entwicklung afrikanischer Eigenprodukte kaum noch möglich. Oft wurden solche Bemühungen dann völlig eingestellt, mit dem schließlichen Ergebnis des Eingehens ganzer dereinst mühsam in Gang gesetzter autonomer afrikanischer Produktionslinien, was dann für erhebliche Teile der betroffenen Bevölkerungen zu wachsender Verarmung, gar zur Verelendung führte.

Gegen Ende des zweiten Jahrzehntes im aktuellen Jahrhundert hatte der Strom der dem afrikanischen Kontinent in seiner Gänze jährlich zufließenden Gelder und Güter einen monetären Gesamtwert von etwa 29 Milliarden US-Dollar. Doch der Wert aus dem afrikanischen Kontinent alljährlich abfließender Gelder und Güter wurde von kompetenter Seite mit mehr als dem Doppelten hiervon taxiert, mit etwa 60 Milliarden US-Dollar.

Angela Merkel, langjährige deutsche Bundeskanzlerin, fühlte sich angesichts der sich ständig zuspitzenden Prognose für den subsaharischen Teil Afrikas schon im Jahr 2016 zu der mahnenden Warnung veranlasst:

„WENN IN AFRIKA MILLIONEN HUNGERN, WERDEN WIR AUF DAUER DIE STABILITÄT EUROPAS NICHT AUFRECHTERHALTEN KÖNNEN!“

Und Paul Collier, Wirtschaftsprofessor in Oxford, kam einige Jahre früher bereits zu der grundsätzlich auch heute gültigen, das gesamte globale „Nord-Süd-Problem“ umfassenden Feststellung:

„IN DER ZEIT VON 1975 BIS 2005 SIND 58 LÄNDER DES SÜDENS STAATSÖKONOMISCH VERELENDET. DORT LEBT JETZT DIE „BOTTONBILLION“, D.H., JENE MILLIARDE MENSCHEN,

WELCHE WELTWEIT DIE UNTERSTE ARMUTSSCHICHT BILDET, ABER IHR SCHICKSAL EINES TAGES NICHT MEHR ZU TRAGEN BEREIT SEIN WIRD!“

So viel an dieser Stelle zum gewaltigen persistierenden politisch-ökonomischen Dauerkonflikt zwischen dem globalen Süden und dem globalen Norden, insbesondere zum ausgeprägten diesbezüglichen afrikanischen Drama.

ANGUS DEATON, Nobelpreisträger, hat im Jahr 2015 in seinem „Opus Magnum“, getitelt „Der große Ausbruch“, eindrucksvoll die unstrittigen Beziehungen zwischen statistischer Lebenserwartung und dem Verfügen über die für das Gestalten eines langen und erfüllten Lebens notwendigen Mittel dargestellt. In Staaten mit hohem Nationaleinkommen und einer human anspruchsvollen Gesamtverfassung lebten – und leben – die Menschen zumeist durchweg länger als in Ländern mit eher prekären materiellen Lebensbedingungen.

Wer an über in dieser Schrift Dargestelltes – und Angedachtes – Hinausgehendes zu diesem Thema interessiert ist, dem sei nachdrücklich das vorstehend zitierte Buch des hochgeehrten US-amerikanischen Wissenschaftlers empfohlen.

Deaton geht – neben sehr aussagekräftigen Ländervergleichen – auch auf die im jeweiligen staatlichen Verband zu registrierenden erheblichen Unterschiede hinsichtlich individueller Lebensbedingungen der einzelnen Staatsbürger ein.

Beispielsweise findet sich im „Großen Aufbruch“ eine detaillierte Aufstellung durchschnittlicher Jahreseinkommen der einzelnen Einkommensklassen in den USA und ihrer Entwicklung in den Jahren von 1970 bis 2010. Sie ist, in US-$, nachfolgend wiedergegeben.

Einkommensklasse und ihr Bevölkerungsanteil	Einkommen 1970	Einkommen 2010
bis 5 % 1	154.000,– $	313.000,– $
bis etwa 20 % 2	100.000,– $	187.000,– $
bis zwischen 60 und 80 % 3	59.000,– $	92.000,– $
bis zwischen 40 und 60 % 4	44.000,– $	60.000,– $
bis etwa 20 % 5	31.000,– $	37.000,– $
bis 20 % 6	14.000,– $	15.000,– $

Ersichtlich aus vorstehender Tabelle sind die in den USA großen Einkommensunterschiede zwischen den Einkommensklassen „1“ und „6“, sowie die – auch relativ – gewaltigen Unterschiede in den Einkommenssteigerungen von 1970 bis 2010 zwischen dem sozialen „Oben“ und dem sozialen „Unten“.

Analoge Gegebenheiten können wir für die entwickelten Industriestaaten in ihrer Gesamtheit annehmen. Wie ist das zu werten?

Die interpersonellen materiellen Wohlstandsunterschiede in menschlichen Gemeinschaften waren – und sind – gleichermaßen Leistungsstimulantien, wie auch Stimulationsfaktoren für verschiedene Arten von persönlichen und Gruppenspannungen.

Welche dieser beiden Komponenten des sozialpsychologischen Klimas jeweils dominiert, das hängt weitgehend von den jeweilig gegebenen sozialen Stimmungslagen in den betreffenden Gemeinschaften ab. Im Fall einer Dominanz stabiler langjähriger gesamtgesellschaftlicher Aufstiegsempfindungen reizt ein offensichtlich erfolgreicheres persönliches Beispiel im eigenen Verband eher den individuellen Leistungswillen. Im Fall offensichtlichen Stagnierens, gar beginnenden Zerbröckelns der eigenen Gemeinschaft ist jedoch weniger damit zu rechnen, dennoch wachsender Reichtum Einzelner wird dann eher zum Stimulationsfaktor latenter interpersoneller oder gruppenbezogener Spannungen.

Das gegenseitige Verhältnis der zeitlichen Entwicklungen des Einkommensbezuges in unterschiedlichen Einkommensklassen wird bekanntlich oft bei Nutzung des plastischen Begriffes der „Einkommensschere" besprochen. Man bezieht sich dabei auf das Kurvenbild grafischer Darstellungen solcher Entwicklungen. Wird ein eingangs gegebener Einkommensunterschied größer, spricht man von einer „sich öffnenden Schere"; wird er kleiner, dann „schließt" sie sich. Letzteres deutet auf gesellschaftliche Egalisierungstendenzen hin, was im Falle langjähriger, kaum jemals für längere Zeit unterbrochener Fortsetzung zumeist auf gesamtgesellschaftliche Stagnation hinausgelaufen ist.

Andererseits waren sich langfristig und stetig weiter öffnende „Scheren" wohl niemals für die soziale Stabilität einer Gemeinschaft von Vorteil, waren sie doch letztlich Symptom von in Permanenz vollzogenen ökonomischen Benachteiligungen sozial schwächerer Teile der betreffenden Bevölkerungen, was in der Regel von diesen hingenommen wurde, so lange das Wachsen des Reichtums in den obersten Segmenten der gesellschaftlichen Bevölkerungspyramide von zumindest leichten realen Verbesserungen der eigenen materiellen Gegebenheiten begleitet wurde. Anderenfalls pflegten jedoch Kritik und Unmut sich nun zunehmend zu organisieren.

Die USA scheinen derzeit sich in einer solchen zeithistorischen Situation zu befinden. Gehen indessen in den unteren Bevölkerungssegmenten die Einnahmen sogar zurück, während sie bei den Spitzengruppen weiter steigen, drohen einer solchen Gesellschaft früher oder später schwere, sich ggf. zur Katastrophe steigernde soziale Unruhen.

Hochriskant wird die gesamtgesellschaftliche Situation immer dann, wenn sich für die Führungs- und Spitzengruppen einer größeren menschlichen Gemeinschaft, beispielsweise eines Staates, aufgrund derer im Lauf der Zeit angehäufter großer persönlicher Reichtümer, eine gegenüber der sie tragenden Gemeinschaft total abgehobene, sich von ihr zunehmend entfremdende individuelle „Erlebnis- und Erfahrungswelt" ergeben hat, was schließlich dazu führt, dass solche Führungs- und Spitzengruppen die ihnen zeithistorisch zufallenden gesellschaftlichen Führungs- und Leitungsaufgaben nicht mehr in der erforderlichen Qualität wahrzunehmen in der Lage sind.

Besonders nachhaltig von solchen Lebensentfremdungen betroffen ist oft der biologische Nachwuchs derartiger Führungs- und Leitungsgruppen. Im Ergebnis eines Aufwachsens in einer isolierenden „Eliteblase“ konnten sie die für eine erfolgreiche Führungs- und Leitungstätigkeit unerlässlichen psychomentalen und „lebenswirklichen“ Erfahrungsinhalte nur rudimentär erlangen.

ROBERT FRANK, ein renommierter US-amerikanischer Journalist, Gewinner des prestigeträchtigen „Overseas Press Club Award“, hat sich mit diesem Problem intensiv auseinandergesetzt, und bereits im Jahr 2007 unter dem Titel „Richistan“ über die Resultate seiner Bemühungen eine Monografie publiziert. Die nachfolgenden Ausführungen stützen sich weitgehend auf das von ihm veröffentlichte Material, gelegentlich durch Zitate hieraus präzisiert.

In der Einleitung zu diesem Buch findet sich der folgende Text.

„Die Reichen heutiger Zeit haben sich ihr eigenes virtuelles Land geschaffen. Sie haben eine unabhängige Welt für sich aufgebaut – samt einem eigenen Gesundheitswesen (Privatärzte), eigenem Verkehrssystem (Net Jets, Destination Clubs), eigener Wirtschaft, eigener Sprache. Sie bestellen nicht ein Gärtnerteam, sondern beauftragen ihre ‚Privat-Arboristen‘.

Die Reichen werden nicht nur reicher – sie werden finanziell Ausländer, schaffen ihren eigenen Staat im Staat, ihre eigene Gesellschaft innerhalb der Gesellschaft, ihre Wirtschaft in der Wirtschaft. Sie haben ‚Richistan‘ gegründet!“

Robert Frank geht insbesondere auf einen besonderen Cluster der Führungs- und Leitungsgruppen entwickelter Industriestaaten ein, auf den „Hochadel des globalen Finanzgeschäftes“, repräsentiert durch die US-zentrierte internationale Milliardärsclique. Dabei wird von ihm die wesentlich umfangreichere Schicht der „dreistelligen“ Millionäre jedoch keineswegs völlig außer Acht gelassen, die Reichen mit den Vermögen zwischen 100 und 999 Millionen US-Dollar. Diese Cliquen verdienen zweifelsohne eine besonders nachdrückliche Beachtung, weil jene „Damen und Herren des ganz großen Geldes“ mittlerweile zu den dominierenden Facetten allen Geschehens nicht nur der westlichen Welt avanciert sind, zu den maßgeblichen Impulsgebern des „großen Geldes als solchem“.

Öffentlich zumeist kaum erkennbar, hat das dann seine Auswirkungen auf fast alle Bereiche unseres alltäglichen Lebens, unbesehen seiner speziellen Beeinflussung des politischen Entscheidungsgeschehens und der Mainstreamsteuerung durch die Medienwelt.

„Sag mir, wofür du wie viel Geld ausgibst, und ich informiere dich unverzüglich über deinen Charakter!“ war in der Mitte des verflossenen Jahrhunderts eine beliebte Gesprächseröffnung unter jungen Leuten.

Durch Kenntnisnahme von Volumen und Struktur der jährlichen Ausgaben eines Menschen erlangt man, in der Tat, einen aufschlussreichen Einblick in das Leben desselbigen. In seiner Monografie mit dem Titel „Richistan“ hat Robert Frank die Aufstellung dieser Kosten eines bestimmten US-amerikanischen Milliardärs veröffentlicht; sie wird nachfolgend wiedergegeben.

„Privatbesitz des Haushalts: 1,2 Milliarden US-Dollar

ANGABEN ZU JÄHRLICHEN AUSGABEN, Beginn des 21. Jh.

Hypotheken	keine
Grundbesitzsteuern	900.000,– $
Versicherungen	500.000,– $
Strom, Heizung, Wasser	700.000,– $
Hauspersonal, persönliche Assistenten	2.000.000,– $
Sonstige Gebäude- u. Haushalts-Unterhaltskosten	900.000,– $
Spenden für wohltätige Zwecke, Wohltätigkeitsveranstaltungen	3.000.000,– $
Restaurant- und Barbesuche	250.000,– $
Kraftfahrzeuge	1.000.000,– $
Schulen und Kindergärten für den Nachwuchs kleine Schönheitspflege, Friseur, Wellness (incl. Massagen)	200,000,– $
Kleidung	300.000,– $
Privatjet- und Charterflüge	3.000.000,– $
Mitgliedsbeiträge für Clubs	100.000,– $
Spenden für politische Zwecke	100.000,– $
Jachten (u.a. Anschaffung eines neuen Bootes)	20.000.000,– $
Bewirtung von Gästen im Hause	2.000.000,– $ “

Auffällig sind u.a. die zwei Millionen Kosten für Personal, was auf mindestens 20 Hausbedienstete schließen lässt. Wenn man indessen die aus den diversen Kostengruppen ablesbare Lebensführung im Milliardärshaushalt in Beziehung hierzu stellt, scheint solch ein hoher Personalaufwand geradezu unbedingt erforderlich zu sein, gleicht doch ein derartiger Haushalt offenkundig weitgehend einem mittleren gewerblichen Reklame- und Werbungsbetrieb.

„Das Privatleben von Milliardären ähnelt dem einer Firma. Ihre Häuser gleichen Hotels – große Gebäude in ausuferndem Gelände, eigene Logos tragend, mit eigenen Einkaufsetats und Unmengen an Personal. Fragen Sie einen Milliardär oder eine Milliardärin nach ihrer Bankaufstellung, dann wird Ihnen ggf. eine Flowchart mit fünf Ebenen überreicht, mit diversen, untereinander verflochtenen Tochtergesellschaften, Holdings, Investmentfonds, Stiftungen usw.“ (Frank)

Andererseits gibt es aber auch in derartigen Haushaltungen Funktionalaufgaben, die unweigerlich in snobistisch-überzogenen Eigenheiten des Hausherrn und dessen nächster Umgebung begründet sind.

Im Berufsbild des britischen „Butlers“ und seiner US-amerikanischen speziellen Modifikation wird solches besonders deutlich.

Robert Frank schildert die Ausbildung junger Menschen für die Ausübung einer solchen Tätigkeit, woraus das Anforderungsprofil an US-amerikanische Butler sehr deutlich wird. Konkret handelt es sich dabei um eine spezielle Internatsschule, um „Starkey Mansion“, einer zur Ausbildungseinrichtung umgestalteten „steifen georgianischen Villa in der Innenstadt von Denver“.

„Die meisten Lehrlinge wohnen während ihrer Ausbildung in der Villa und unterwerfen sich den strengen Starkay-Regeln. Sie müssen alle eine Uniform tragen, die aus Kakihosen, strahlend weißen Hemden, blauen Blazern und braunen Schuhen besteht. Vornamen sind verpönt. Man redet sich mit „Mr.“ oder „Mrs.“ an, um das generelle Abgrenzen fest einzuüben.

Es wird erwartet, dass sich die Lehrlinge grundsätzlich erheben, sobald ein Besucher den Raum betritt. Ob eine Kaffeetasse gefüllt, ein Löffel poliert, ein Besucher begrüßt werden muss – von Starkey-Schülern wird erwartet, dass sie sich immer darum bemühen, aktiv werden zu können.

Bei Abschluss ihrer Ausbildung sind die Butler-Lehrlinge zu Meistern im 'Betütern' der Privilegierten geworden. Die Reichen mögen es – so lernen sie – wenn ihre Shampooflaschen und Zahnpastatuben immer randvoll sind. Falls ihre Arbeitgeber vier Haushalte besitzen sollten, wünschen sie vermutlich, dass aller Inhalt von Kleiderkommoden und Badschränken in einem jeden dieser vier Häuser absolut gleich eingeordnet ist, sodass sie niemals nach den jeweils von ihnen gewünschten Socken oder den aktuell von ihnen benötigten Pillen suchen müssen.

Die Schüler lernen auch, dass die Reichen in einer ständigen Furcht vor Keimen leben. Zudem verlässt kein Butler Starkey, ohne Grundlegendes über die beiden anderen Hauptthemen der Wohlhabenden erfahren zu haben, über Haustiere und Sammlungen.

Vor allem lernen indessen die Starkey-Absolventen, nie ein Urteil über ihre Arbeitgeber, die sie als ‚Prinzipale' bezeichnen, zu fällen. Hält sich der Prinzipal z.B. in Palm Beach auf und möchte seinen Jet nach New York schicken, um eine Flasche Château La Tour aus seinem Keller in South Hampton holen zu lassen, arrangiert das sein Butler und stellt keine Fragen. Dass er Umschlagmanschetten sekundenschnell glattbügeln kann, eine 1926er Pardona-Zigarre kunstgerecht abzuschneiden vermag, weiß, welchen Chardonnay aus dem Barrique man zu gebratenem echten Wildgefügel zu servieren hat, usw., versteht sich von selbst.

Aber er kann auch nach seinem Abschluss eine 2800-Quadratmeter-Villa in Zonen für Reinigung und Instandhaltung einteilen, weiß, dass es etwa 20 bis 30 Stunden dauert, um eine 4200-Quadratmeter-Villa von hierfür qualifiziertem Personal gründlich reinigen zu lassen."

Interessant sind Robert Franks Beobachtungen hinsichtlich Physis und Psyche des „finanziellen Hochadels in den USA".

„An die Stelle der reichen Müßiggänger sind die wohlhabenden Workaholics getreten. Sie haben weder Zeit, noch Geduld, die Schläger auf dem Krocketplatz zu schwingen, oder die Stunden in der Polo-Loge zu vertrödeln, wie die Vertreter des alten Geldadels.

In einer Wirtschaft, die mehr denn je durch Wettbewerb und Innovation bestimmt ist, sind die Erfolgreichen jene, die das Risiko, neue Images und endlose Arbeitszeiten wie die Luft zum Atmen brauchen. Richistani sind in der Tendenz jünger als die Reichen vergangener Tage. Es ist daher wesentlich wahrscheinlicher, dass sie – trotz ihres immensen Reichtums – kaum eines Tages mit dem unermüdlichen Arbeiten völlig aufhören, dass sie stattdessen sogar in hohem Alter ihre Unternehmen auch weiterhin leiten. Zumeist definieren sie sich dann, wie bisher, über einen 16- bis 18-stündigen Arbeitstag. Für diese ‚Richistani' ist ihre Arbeit vielfach zum Spiel geworden, und dieses lieb gewordene Spielen ist nun ihre Arbeit.

So sind dann ihre Jachten und Jetflugzeuge zumeist vollgestopft mit Kommunikationstechnik verschiedener Art, damit man selbst dann noch als dringlich empfundene Arbeit verrichten kann, wenn die Mitsegelnden z.Z. neben der Segeljacht ein Bad im Mittelmeer nehmen. Jedenfalls verbringt man meist deutlich mehr Zeit am Laptop, als auf einem angesagten Golfplatz.

Dessen ungeachtet bemühen sich die meisten Superreichen heutzutage inständig, im Alltag als ‚normale' Menschen zu erscheinen. Man bevorzugt deshalb Jeans und Hemden mit offenem Kragen, verweigert sich den Mode gewordenen Hemden mit eingestickten Monogrammen, den klassischen Herrenanzügen. Vermutlich sind sie tatsächlich oft gespaltene Persönlichkeiten, mit einem als sehr angenehm empfundenen Spitzenschichtenlebensstil, und angelerntem, mental vermutlich erleichternd wirkendem alltäglichen Mittelschichtsdenken."

Doch wie verhielt es sich nun wirklich mit dem biologischen Nachwuchs des global wohl wirksamsten Teils der internationalen Spitzeneliten, den jungen Leuten aus den Kreisen der Milliardärskaste?

„Eine Untersuchung der Wohlstandsforscher ‚Prince and Associates' erbrachte, dass die meisten Millionäre und Milliardäre heutzutage mindestens 75% ihres Vermögens ihren Kindern vererben wollen. Am höchsten ist dieser Prozentsatz bei den Multi-Millionärs-Familien – was die weitverbreitete Annahme widerlegt, dass sehr reiche Familien große Anteile des von ihnen im Fall des Todes hinterlassenen Erbes wohltätigen Zwecken vermachen. Die Kinder der sehr reichen Leute werden von ihren Eltern von frühen Kindesbeinen an zumeist nachhaltigst verwöhnt. Fast 40 % der Millionäre und Milliardäre gestatten ihren Kindern schon in einem sehr frühen Alter den bedingungslosen Zugriff auf einen erheblichen Teil des ihnen zumeist mit ihrer Geburt zugeteilten vielen Geldes, was erheblich zur Entwicklung eines neuen Wirtschaftszweiges beigetragen hat, der sich um die Befriedigung aller speziellen Bedürfnisse und Wünsche besagter ‚Kindereliten' bemüht. Und amerikanische Ferienhotels der Oberklasse bieten Fünf-Sterne-Kinderzentren und -Spielplätze an.

Als Ellen Perry, Expertin für Kindererziehung im Falle großen familiären Reichtums, dabei selbst Mutter, im ‚Four Seasons' in Scottsdale abstieg, begrüßte man ihre vierjährige Tochter mit einem eigenen Bademantel und frisch gebackenen Plätzchen, auf welche der Name des Kindes mit Zuckerguss geschrieben war. Pünktlich um 16:00 Uhr brachte dann das Personal an jedem Nachmittag Kokosnusseis und Smoothies an das Kinderbecken. In den Restaurants deckte man stets für die Kinder Silberbestecke in Kindergrößen.

Das ‚Breakers Hotel' in Palm Beach, einst ‚Bastion blaublütigen Reichtums im Ruhestand', hat sich zu einem speziellen Spielplatz für die Kinder des großen Reichtums gewandelt. Kaum überraschend dürfte es sein, dass im Zuge dieser Entwicklung neben Schulen auch Kindergärten entstanden, die den Wünschen reicher Kinder und deren noch reicherer Eltern in gleichem Ausmaß zu entsprechen bemüht sind – selbstverständlich bei Begleichung horrender Aufnahmehonorare und weiterer extremer monatlicher Raten seitens Letzterer.

Erfahrene Pädagogen haben es schon lange befürchtet – diese neue Welt der von Geburt an auf die Kinder des ‚Geldadels' einwirkenden Extravaganzen haben ihren Eltern nunmehr überdeutlich drückende neue Erziehungsprobleme beschert.

Eine Vielzahl neuerer wissenschaftlicher Untersuchungen wirft inzwischen ein grelles Licht darauf, wie extremer Wohlstand zum Familienfluch werden kann.

Kinder, die niemals arbeiten müssen, erlangen dann zumeist kaum noch nennenswerte Motivation, normalen Antrieb zu eigenständigem Tun. Selbst banalste Lebenskompetenzen – angefangen mit der Aufrechterhaltung einer hinlänglichen Ordnung in ihrem alltäglichen engsten Lebensumfeld – haben sich oft bei ihnen in Folge steter Bedienung nicht entwickeln können. Aus gleichem Grunde versagen sie nicht selten völlig, wenn letztlich doch eine gewisse Fähigkeit des Zusammenwirkens, der Zusammenarbeit mit anderen Kindern, anderen Jugendlichen abverlangt wird.

Andere spätere Auswirkungen frühkindlicher Überversorgung sind in jugendlichen Jahren noch bedrohlicher. Suniya Luthar, Professorin am Teachers College der New Yorker Columbia University, hat festgestellt, das heutige Kinder aus solchen Kreisen in gleichem Ausmaß zu Drogenmissbrauch und 'Gesetzesverstößen' neigen wie Kinder aus Problemvierteln.

Luthar hat auch herausgefunden, dass etwa jedes fünfte Kind aus sehr reichen Familien unter klinisch relevanten Depressionen leidet, dass speziell der Alkoholmissbrauch bei solchen Kindern sogar häufiger vorliegt als bei den bereits zitierten Kindern aus den Problemvierteln. Wesentliche Ursache hierfür ist eine zu häufige Abwesenheit ihrer Eltern, der hierdurch gegebene Mangel an vertrauten, nachhaltige Empathie vermittelnden Bezugspersonen."

So viel an dieser Stelle über „Richistan" und die „Richistani".

ES IST DIE ALLTÄGLICH BEWIESENE UND SEHR REALE WIRTSCHAFTSMACHT EINES ZUNEHMEND ABSTRAKT WERDENDEN, ZU IDEOLOGIEQUALITÄTEN GELANGTEN GELDBEGRIFFS, WELCHE HEUTZUTAGE DIGNITATUS AUF ALLEN UNSEREN ERDENTEILEN IN IHREN BANN GESCHLAGEN HAT UND NUNMEHR DURCH IHREN TOTALITÄTSANSPRUCH DIE ERFORDERLICHE ZÜGIGKEIT DER WEITEREN MENSCHHEITSENTWICKLUNG OBJEKTIV INFRAGEZUSTELLEN DROHT.

DIE KONZENTRATION „STILLER KOMMANDOGEWALT" ÜBER DIESE MACHT IN EINEM RELATIV KLEINEN, ELITÄR ABGEHOBENEN ZIRKEL – DER MILLIARDÄRSKASTE – IST EIN ERHEBLICHER FAKTOR IN DIESEM DRAMA.

Ein von der im britischen Oxford ansässigen „Oxfam"-Organisation bereits 2014 herausgegebener Jahresbericht vermeldete, dass die damals 80 reichsten Menschen der Welt insgesamt über das etwa gleiche Vermögen verfügen wie die ärmere Hälfte der Weltbevölkerung.

Indessen gibt es weitaus mehr Dollar-Milliardäre, als die vorstehend zitierten „80 reichsten Menschen der Welt“, ihre Anzahl wird auf etwa 10.000 geschätzt. Nennen wir sie die „Milliardärsdivision“.

Neben dieser existiert dann noch ein viel größerer Verband ebenfalls reicher Leute, die „Armee der ein- und zweistelligen Dollarmillionäre“, beinhaltend eine zweistellige Millionenmasse sehr wohlhabender Menschen. Sie konzentrierten sich bislang überwiegend auf der politisch „westlichen Seite“ des Globus, und selbst heute sind die USA der Staat mit der höchsten Anzahl von Millionären, gefolgt von einem auch in dieser Sache nunmehr schnell aufholenden China. Die größte Pro-Kopf-Dichte an Millionären findet sich indessen in bestimmten Gebirgstälern Europas, in Liechtenstein und in der Schweiz.

Und zwischen diesen beiden Wohlstandskategorien – zwischen ein– und zweistelligen Millionären und dem geldlichen Hochadel der Milliardäre – existiert dann noch die Zwischenschicht der dreistelligen Multimillionäre, der Leute im Besitz von Dollarsummen zwischen 100 und 999 Millionen $, womit die Gesamtheit des aktuellen großen Reichtums in groben Zügen zusammengefasst sein dürfte.

Die richtungsgebende Leitmacht in dieser Sammlung der geldlich vermögenden Einwohnerschaft auf unserem Globus ist indessen die Milliardärskaste, oft wirkungsvoll assistiert durch den weitverzweigten Bestand der Multimillionäre mit Verfügung über jeweils dreistellige Millionensummen. Durch derartige Dominanzen implizieren sich Risikoelemente verschiedener Art.

Die gesamtgesellschaftlich im Hintergrund stehende enorme Finanzgewalt der letztlich kleinen „Milliardärsdivision“ ist auch deshalb als latente Gefahr anzusehen, weil in der körperlichen und geistigen Verfasstheit der agierenden Personen oft jenes Leistungspotenzial zu vermissen ist, das als eine zwingende Voraussetzung für die Wahrnehmung gesamtgesellschaftlicher Führungsrollen erforderlich erscheint. Viele sind zum einen durch die an sie gestellten mentalen Forderungen offensichtlich überfordert, bemühen sich durch die Flucht in ein mittelbürgerlich imitiertes Alltagsverhalten verschiedenen Versagensrisiken auszuweichen und sind andererseits kognitiv extrem auf ein Streben nach finanziellem Sofortgewinn fixiert. Manch anderer von ihnen ist – wie angesichts der „Richistani“ geschildert – psychisch gestört, gar krank.

Ein wirklich breiter, vielseitig angelegter intellektueller Horizont und das „tiefe Denken“ ist diesen Menschen mehrheitlich – außerhalb der Spezifik des Finanzgeschäftes – zumeist fremd.

Milliardärsdominanz im gesamtgesellschaftlichen Geschehen birgt zudem auch deshalb große Risiken, weil sich bei dem seine Eltern beerbenden Nachwuchs dieser Kaste – infolge vorstehend zitierter gravierender Mängel und spezieller psychischer Bertreuungsdefizite in Kindheit und Jugend – oft schwere bleibende psychomentale Störungen und pathologische Denkstrukturen entwickelt haben.

Samuel P. Huntington zitiert in seiner „Who are we“ getitelten Monografie in diesem Zusammenhang – unter Einbeziehung des elitären Nachwuchses aus den Cliquen des Sachwaltermilieus der Milliardäre – den folgenden Text von B. Reich und A. Wolfe.

„Die Kosmokraten sind zunehmend vom Rest der Gesellschaft abgeschnitten, sie studieren an ausländischen Universitäten, arbeiten im Ausland, sind für global operierende Organisationen tätig. Sie bilden eine Welt innerhalb der Welt, untereinander verbunden durch eine Vielzahl globaler Netzwerke, aber isoliert von den bodenständigen Mitgliedern ihrer eigenen Gesellschaften. Sie verwenden mehr Zeit auf den Austausch mit Ihresgleichen rund um die Welt, per Telefon und E-Mail, als auf Gespräche mit den Nachbarn. Zusammen mit den globalen Eliten aus anderen Ländern – und den Besitzern des großen Geldes – leben auch die US-amerikanischen Manager multinationaler Unternehmen in einer soziokulturellen Blase, kommunizieren untereinander in einer ‚abstrakten' Form des Englischen, die Hunter und Yates als ‚global speech' bezeichnet haben.“

Je reicher die Reichen auf unserem globalisierten und elektronisierten Erdenball sind, desto finanztechnisch erfolgreicher pflegen sie die sich speziell ihnen bietenden Möglichkeiten zur Vermehrung des persönlichen Reichtums zu nutzen.

Was, logischerweise, zur Folge hatte – je höher die Einkommensklasse von Millionären und Milliardären war, desto stärker öffneten sich im Verlauf des letzten halben Jahrhunderts fast immer die „sozialen Scheren“ der Relation ihrer Einkommen zum Durchschnittseinkommen in ihren Ländern. Und desto stärker entwickelten sich, wuchsen auch die mit solchen Entwicklungen verbundenen gesellschaftlichen Spannungen in Letzteren, komplizierten sich zumeist die politischen Verhältnisse, entstanden schließlich verschiedene langfristig zunehmend belastende Entwicklungsdefizite.

Bei solchen Verschiebungen der allgemeinen gesellschaftlichen Vermögenswerte in Richtung der höchsten Einkommensklassen spielt die „Schöpfung neuen Geldes“ derzeit eine sehr erhebliche Rolle. Paul Schreyer hat hierzu in der mecklenburgischen „Ostseezeitung“ einen lesenswerten Kommentar veröffentlicht.

„Geld ist nicht ‚einfach da’, sondern zunächst wird es von irgendjemandem ‚erzeugt’. Bei Geldscheinen – also beim Bargeld – ist die Sache klar. Die Zentralbank druckt das Geld, im Euro-Raum die ‚Europäische Zentralbank’.

Aber solches Bargeld macht heute nur noch weniger als 20 % des umlaufenden Geldes aus. Die Beträge auf unseren Girokonten bilden längst den Hauptteil dieser Gelder. Was viele nicht wissen – so lange es dort liegt, nicht ‚arbeitet’, wird es von der Finanzwelt nur bedingt wahrgenommen, ist im finanztechnischen Sinn ‚schlummerndes, aktuell seiner Erweckung harrendes‘ Geld. Zu ‚aktivem Geld‘ wird es, gemäß jenem Denken, erst dann, wenn es vom Finanzinstitut in Form eines Kredites herausgereicht wird.“

Man kann die Dinge sicherlich auch anders sehen, nämlich in der Kreditvergabe einen „Verdoppelungsprozess“ von in der Bank deponierten Geldern.

Wie auch immer – jeder Kredit ist tatsächlich neugeschöpftes Geld. Es ist Geld, das sehr wohl auch seinerseits wieder, bargeldlos eingezahlt, einen anderen, gar größeren Kredit ermöglichen kann, usw., usf.!

„In Form dieses Geschehens wird heutzutage Geld auch von privaten Banken geschaffen. Staatsrechtlich gesehen ergibt sich nun eine Grauzone – denn wer Geld erzeugen kann, erlangt damit automatisch eine gewaltige Macht in der Gesellschaft!

Wächst die Wirtschaft, dann muss auch die zirkulierende Geldmenge wachsen, aber sie darf nicht stärker wachsen als die Wirtschaft.“

Abschließend bemerkt Paul Schreyer, dass sich die Euro-Geldmenge von 2000 bis 2015 verdreifacht hat, also viel stärker in ihrem Volumen angeschwollen ist, als das reale Wirtschaftsaufkommen – weitestgehend durch „Geldschöpfungen" seitens verschiedener Privatbanken.

Einem anderen Phänomen der Erschaffung neuen Geldes begegnen wir beim alltäglichen Börsengeschehen. Der beim Verkauf auch nur kleiner Teile der Aktien eines börslich zugelassenen Handelsgegenstandes seitens des Verkäufers erzielte Gewinn wird sofort für die Definition des aktuellen Handelswertes der Gesamtheit aller Aktien besagten Handelsgegenstandes als verbindlich reklamiert und ist dann somit auch richtungsgebend für außerbörsliche geschäftliche Vorgänge mit ihm. Mithin wird solcher Gewinn zu zeitweisem „Real-Geld" erhoben, bei nunmehr stabilen Preisen der Aktien des betreffenden Handelsgegenstandes einstweilen fortdauernder Gültigkeit.

Eine langdauernde börsliche Boom-Phase schafft auf diese Weise allen Besitzern von daran teilhabenden Aktien erheblichen aktuellen Reichtum, bei rechtzeitigem Verkauf kurz vor Ende des Booms von bleibender Natur – allerdings nur dann, wenn sich inzwischen keine inflationären Tendenzen der zuständigen Währung bemächtigt haben.

Wenngleich das „Große Geld" der Hauptgewinner bei durch die Entwicklungen der letzten Jahrzehnte möglich gewordenen Börsenmanövern gewesen ist – gestützt auf die enorme Rechenleistung von gewaltigen Computern, durch selbige dann sekundenschnell ausgelöste Serien unterschiedlicher Kauf-, und Verkaufsanweisungen –, sei dennoch nicht übersehen, dass für viele Menschen mit „normalem Portemonaie" das Börsengeschehen heute den Charakter eines spielerischen Geschehens mit erheblicher, gar faszinierender Ausstrahlung erlangt hat, was auch damit zu tun haben dürfte, dass die allgemeine Öffnung des börslichen Handelns „allerwelt" einen leichten Zugang zu persönlicher Teilhabe am „großen Spiel mit großem Geld" verschafft hat – so gewagt ein solches Spiel ohne große elektronische Hilfe auch inzwischen geworden sein mag. Dabei ist der Grundzugang hierzu keineswegs übermäßig schwierig.

In der Finanzzeitschrift „mehrwert" ist z.B. das folgende Prozedere für den Beginn eines finanziellen börslichen Engagements in Vorschlag gebracht worden.

1. AUSSCHLUSSKRITERIEN FESTLEGEN: kein „negativer Ertrag“ im letzten Jahr, desgleichen kein „negatives jährliches Dividendenwachstum“ in den letzten fünf Jahren.
2. ERSTER SELEKTIONSSCHRITT: Unter nunmehr verbliebenen jene 40 Unternehmen herausfiltern, welche die höchsten Dividendenrenditen aufweisen.
3. ZWEITER SELEKTIONSSCHRITT: Unter diesen jene 30 Unternehmen herausfiltern, die im Verlauf der letzten 5 Jahre das höchste jährliche Renditewachstum erreichten.
4. FINALES KRITERIUM: Unter diesen jene 20 Unternehmen herausfiltern, die langfristig die geringste Volatilität aufweisen.
5. VOLLZUG DES BÖRSENENGAGEMENTS: Es wird empfohlen, sich auf jene 3 bis 5 der gemäß vorstehendem Prozedere selektierten Unternehmen zu konzentrieren, welche sich durch die niedrigsten Volatilitätswerte auszeichneten.

Wenden wir uns nun jenen global aktiven systemtechnischen Institutionen zu, durch welche die Stabilität der derzeit zustande gekommenen Herrschaft des „großen Geldes“ systemisch abgesichert wird, tendenziell als für die überschaubare Zukunft als relativ gesichert erscheint.

Und denen eine weitgehend entscheidende „Hintergrundrolle“ im derzeitig vielschichtigen humanen Entwicklungsgeschehen, gar dem weiteren Schicksal des „Dignitatus“ zugeschrieben werden muss.

Es sind dieses vor allem jene insgesamt etwa 150 großen, international agierenden und miteinander verwobenen Finanz- und Wirtschaftstrusts, von denen derzeit ca. 50 Prozent aller globaler Finanzkraft direkt kontrolliert wird, wodurch – nach Aussage des Potsdamer Wissenschaftlers Wolfgang Lauterbach – bereits ein Vermögen von 300 Millionen US-Dollar ausreichend mächtig ist, um, nach derzeitiger empirischer Erfahrung, als „praktisch unvernichtbar“ eingeordnet zu werden.

Die Finanzwelt beinhaltet unter dem Generalbegriff der „Finanz- und Wirtschaftstrusts“ im Allgemeinen sowohl die „eigentlichen“ Finanztrusts als auch Wirtschafts-, Beratungs- bzw. Wirtschaftsprüfungsunternehmen.

Als „Primus inter Pares“ dieses in seiner Gesamtheit extrem mächtigen, gleichwohl in permanenter interner Konkurrenz befindlichen Konglomerats gilt seit einiger Zeit ein in den USA seine Leitungszentrale besitzender Finanztrust, der sich den „Mysthik und Potenzial“ insinuierenden Namen „Black Rock“ gegeben hat.

Vom „Bloomberg“-Informationsportal wurde im Juni 2016 folgende Rangliste der global mächtigsten Finanztrusts veröffentlicht – welche in den Folgejahren ihre Gültigkeit behalten sollte – mitsamt den Volumina der damals durch sie verwalteten Vermögenssummen.

1. BLACK ROCK (USA)	4.890	MILLIARDEN US– $
2. VANGUARD (USA)	3.600	„
3. STATE STREET (USA)	2.301	„
4. FIDELITY INVESTMENT (USA)	2.100	„
5. J. P. MORGAN (USA)	1.693	„
6. B N Y MELLON (USA)	1.664	„
7. PIMKO (USA, D)	1.510	„
8. THE CAPITAL GTROUP (USA)	1.39	„
9. GOLDMAN SACHS (USA)	1.310	„
10. PRUDENTIAL FINANCIAL (USA)	1.268	„

Seit es „großes Geld“ gibt, hat es bemühte Sachwalter gefunden, doch in den letzten Jahrzehnten hat das den gesamten Globus erfassende Schwinden jedweder Beschränkungen finanzieller Machtausdehnung zur Geburt einer ganzen jenem finanziellen „Hochadel“ dienstbereiten „Industrie“

geführt, die mittlerweile selbst Bestandteil des selbigen geworden sein dürfte.

Vorstehende Aufstellung bestätigt, dass „Black Rock“ derzeit tatsächlich das imponierendste Beispiel dieses prozessualen Geschehens ist. Allein in Deutschland waren im Jahr 2016 die folgenden Betriebe der „Creme de la Creme“ des deutschen Wirtschaftslebens – ausnahmslos DAX-Konzerne – mit folgenden Anteilen ihrer Aktien im gewaltigen Black-Rock-Portfolio vertreten.

PRO SIEBEN – SAT 1	9, 1 %	ALLIANZ	6, 1 %
MERCK	8, 3 %	DEUTSCHE BANK	5, 8 %
BAYER	7, 0 %	DAIMLER	5, 2 %
R W E	6, 4 %	ADIDAS	5. 1 %

Ende des Jahres 2018 befanden sich, nach Aussage der Mecklenburger „Ostseezeitung“, außer den vorgenannten auch die folgenden deutschen Konzerne in teilweisem, jeweils mehrere Euro-Milliarden umfassenden Anteilen im „Black Rock“-Besitz:

SAP, Siemens, BASF, Deutsche Telekom, Deutsche Post, Linde, Münchener Rückversicherung, Fresenius, Vonovia.

Andere prominente Teilhaber direkter Beziehungen zum gigantischen „schwarzen Felsen“ waren zum gleichen Zeitpunkt u.a. der Monopolist weltweiter Saatgutversorgung „Monsanto“, die Rüstungsfabrikanten „Raytheon“, „Lockheed Martin“, „General Dynamics“, weiterhin die „Europäische Zentralbank (EZB)“ und die russische „Gazprom“, selbst die US-Großbanken „J. P. Morgan Chase“, „Citigroup“ und „Bank of America“. (Marc Dassen). Im Allgemeinen erbringt ihre weltweite Verankerung nicht nur internationalen Supertrusts des Finanzgeschehens erheblichen, ständig wachsenden Machtgewinn, sondern auch die in teilweisen Besitz dieser Supertrusts gelangten Finanz- und Wirtschaftsimperien beliebiger Art erlangen hierdurch meistens spezielle Vorteile, gelegentlich aber auch das Gegenteil.

Insbesondere können besagte Supertrusts der Finanzwelt, in der Tendenz, das „Börsengeschehen als solches" weitaus stärker durch bewusst initiierte Manöver beeinflussen, als die meisten anderen Teilnehmer am großen „Börsenspiel". Auch die kleineren Partner des „Riesen" dürfen dann hoffen, an den hierdurch erlangten Gewinnen beteiligt zu werden. Andererseits dürfen Letztere sich hierauf keineswegs verlassen – den mitleidlosen Regeln des internationalen Börsengeschehens folgend werden sie, keineswegs nur selten, im Interesse „zentraler, somit höherwertiger Eigeninteressen" des Finanz-Titanen sehr „vernachlässigt", gar brutal ruiniert.

Eine zweite, der vorstehend genannten zumindest gleichwertige, wenn nicht gar ihr überlegene Komponente des herausragenden weltwirtschaftlichen Potenzials der „Finanzriesen" entspringt einem bifaktoriellen Prozess. Dieser ist in seinem Kern die Bündelung von zwei Resultatsketten – einerseits der Resultate des globalen wirtschaftspolitischen Geschehens, andererseits der wissenschaftlich-technischen Entwicklung auf dem Gebiet der elektronischen Datenverarbeitung.

Das zunehmende Eindringen des computergestalteten Versandhandels in das allgemeine Versorgungsgeschehen, insbesondere in die individuelle alltägliche Versorgung der Bevölkerung, hatte schon in den ersten zehn Jahren des neuen Jahrhunderts den Versandhäusern enorme Datenmassen hinsichtlich Kauf– und Verbrauchsgewohnheiten ihrer Kunden zugespült. Selbiges Datenmaterial wurde von ihnen zunehmend sorgsam gespeichert und zunächst vorrangig zur Gestaltung individual-gezielter Werbekampagnen benutzt, was seitens der einstweilen kaum Zugang zu solchen Datenfluten besitzenden großen Finanztrusts bald als potenzielles Basismaterial für eigene personenzentrierte Werbungsbemühungen erkannt wurde. Folglich bemühte man sich nun um einen Nutzungszugang zu den relevanten Daten, dem seitens der großen Versandhandelsunternehmen zumeist umgehend entsprochen wurde, bei Entgeltzahlungen gemäß üblicher kommerzieller Vertragsvereinbarungen.

Es dauerte nicht sehr lange, und die Herren des großen Finanzgeschäfts erkannten zudem das enorme börsliche Machtpotenzial, welches durch die Verquickung besagter Versorgungsdaten mit massenstatistischem Material anderer Art für die alltägliche Börsenarbeit generierbar ist.

Durch Verquickung „banaler“ Versorgungsdaten mit demografischem, klimatologischem, politologischem, geografischem und anderem Datenmaterial ist heute das Entwickeln diffiziler und effizienter neuartiger Zugänge zu großen Datenmengen möglich geworden. Letztlich erkannte man auch die hieraus sich eröffnenden allgemeinen potenziellen prognostischen Nutzungsmöglichkeiten. Und Black Rock setzte fortan hierfür besonders viel Geld ein.

Mittlerweile sind seitens der großen Finanzkonzerne – insbesondere auch von Black Rock – bei extremer Geheimhaltung vielfältig miteinander verflochtene Algorithmen–Netze entwickelt worden. Selbige sind bemüht, sich ständig selbst korrigierend, unterschiedlichste Entwicklungsstränge und deren anzunehmende Folgen – sowohl für aktuelles Börsengeschehen, als auch für die humane Gesamtentwicklung – fortlaufend zu erfassen, um schließlich die hieraus abzuleitenden Handlungsempfehlungen zu geben und oft auch das erforderlich erscheinende Handeln auf dem Finanzmarkt eigenständig auszulösen.

Nach Joachim Becker wurde bereits im Juli des Jahres 2017 die Mehrheit des Aktienhandels durch „intelligente Rechner“ selbstständig abgewickelt. Und einigen „Finanzriesen“ ist inzwischen auch der Zugang zum Datenkosmos der „Social-Media-World“ gelungen.

Die Effektivität des vorstehend geschilderten Prozessgeschehens hängt maßgeblich vom technischen Leistungspotenzial der hierfür eingesetzten Computer ab. Diese Entwicklung war auch in den letzten Jahrzehnten überaus beeindruckend, basierend auf immer leistungsfähiger werdende „Chips“ und die Verflechtung immer zahlreicherer Rechner zu großen Datenverarbeitungskonglomeraten.

So verfügte, nach Marc Dassen, Black Rock schon 2017 über ein geradezu „futuristisch“ anmutendes „Mega-Datenanalyse-System namens ‚Alladin‘.“ Selbiges soll damals aus etwa 5.000 Großrechnern bestanden haben, die in miteinander vernetzten vier Rechenzentren stationiert waren.

Inzwischen sind exponentielle Effektivitätssteigerungen im Ergebnis der ständigen Erhöhung von Leistungsvolumen und Arbeitstempo in den elektronischen Rechenzentren nachgewiesen worden – wie auch ein exponentielles Wachstum von Entwicklungs- und Betriebskosten dieser

Hochleistungsmaschinen, was ein weiteres Momentum für die zunehmende Überlegenheit der größten Finanztrusts gegenüber ihrer finanziell weniger mächtigen Konkurrenz erbrachte.

Heute arbeiten solche „Maschinen des großen Computing“ unablässig, „Tag und Nacht“, an der fortlaufenden Analyse von sich jeweils darstellendem inneren „Status“ und der ständigen Bewegung des in sie eingespeisten riesigen Datenmaterials, werden – gegebenenfalls – fast gleichzeitig mehrere Millionensummen in Sekundenschnelle von einem Erdteil in einen anderen Erdteil verlagert und dort sogleich für verschiedene börsliche Einkäufe verwendet.

Wolfgang Reinhard hat dieses Geschehen in seinem „Die Unterwerfung der Welt“ getitelten und 2016 publizierten Schriftsatz mit der nachfolgenden Bemerkung charakterisiert.

„Das globale Finanzkapital verschiebt, je nach Kurslage, in Sekundenbruchteilen Milliardensummen um die Welt, bei welchen es sich oft nicht mehr um ‚tatsächliche' Werte handelt, sondern um fiktive Konstrukte, denen kaum – oder überhaupt nicht – ein realer Gegenwert entspricht.

Der ‚Anleger‘ platziert oft absolut fiktives Geld bei solchen Aktivitäten, ‚investiert‘ selbiges zudem oft in gleichermaßen real keineswegs existierende Unternehmen und Produkte. Gleichwohl vollzieht sich dabei – in der Regel – schlussendlich das ‚Entstehen‘ von in der Realwirtschaft einsetzbarem, somit dann sehr realem neuen Geld.

Wir alle sind zumindest indirekt von solchem Agieren betroffen, merken die Folgen solchen Tuns spätestens dann, wenn wir für unsere bescheidenen Guthaben keine Zinsen mehr bekommen.“

Die in der „Titanenwelt“ übliche enorme Anzahl und die zumeist gewaltigen Volumina der dort sich ständig vollziehenden Finanzoperationen sichern es ab, dass – selbst bei „Trefferquoten“ von durchschnittlich nur 60 % – in der Summe sich fast immer erhebliche monetäre Tagesgewinne ergeben. Und die im Börsenhandel üblichen Geschäftsgebühren schrumpfen angesichts der typischerweise gehandelten Unsummen zu absolut „vernachlässigbaren Petitessen“. Vom in Entwicklung befindlichen Quanten-Computing erwartet die „Hochfinanz“ vor allem spürbare weitere Verbesserungen hinsichtlich der „Trefferquoten“.

Kommerzielles und hoheitliches Handeln sind hinsichtlich ihres inneren Charakters einander wesensfremd, auch wenn spezielle Interessen dies immer wieder zu negieren, zu umgehen trachten. Jeglicher kommerzielle Handel lebt von den Spannen zwischen Einkaufs- bzw. Produktionspreis und Verkaufspreis. Wo es keine präzisen gesellschaftlichen Normen oder Vorschriften zur Preisgestaltung gibt, ergeben sich folglich schnell rechtsfreie Räume, in denen die Grenzen zwischen „angemessen" und „unangemessen", moralphilosophisch „gut" und „schlecht", als „fließend" erachtet werden müssen.

Doch die Existenz derartiger Widersprüchlichkeiten und die ständige Auseinandersetzung mit ihnen war und ist ein wesentliches Charakteristikum der Menschheitsentwicklung und auch gegenwärtiger menschlicher Existenz, wobei Korrekturen bei ethisch unvertretbaren exzessiven Entwicklungen solcher Grauzonenbereiche nicht von den hierdurch begünstigten gesellschaftlichen Elementen erwartet werden dürfen, sondern von ihrer gesamtgesellschaftlichen, durch Hoheitsrechte ausgestatteten Gegenseite, also insbesondere durch den jeweils konkret hierfür zuständigen Staat zu vollziehen sind – nicht mit Liquidation des Handelsprozesses als solchem, sondern Verweisung desselben auf seine ihm ethisch gebührenden Schranken.

Das Spiel der dialektischen Beziehungen zwischen Händler und Kunden, zwischen Kommerz und gesellschaftlichem Hoheitsträger, all das gehört zu den wichtigsten ständigen Impulsgebern menschlichen Seins.

Betreffs ethisch nicht hinnehmbarer Entgleisungen von Kommerz und Händler galt dabei seit sehr ferner Zeit weitestgehend Folgendes als eine eiserne Regel: Je größer die grundsätzlichen und tatsächlichen geschäftlichen Interessen von Kommerz und Händlern am jeweiligen Kunden sind, desto geringer ist bei stabilen gesellschaftlichen Verhältnissen das Risiko des Letzteren, Opfer unverhältnismäßiger Preisforderungen, gar von Wucher zu werden.

Das galt für das Verhalten weitsichtiger „Titanen" des Finanzgeschehens in gleicher Weise wie für hinsichtlich der tatsächlichen Grundlagen ihrer geschäftlichen Existenz sich bewusste kleine lokale Banken.

Bei zunehmender gesellschaftlicher Unruhe musste man allerdings mit schnellem Verfall solcher auf kühlem Rationalismus gründender Normen rechnen, mit zunehmendem „Rost“ am einstigen „Eisen“ der Normen. Und das scheint auch derzeit der Fall zu sein.

IM SINNE EINER ZUSAMMENFASSENDEN ZWISCHENAUSSAGE DER BISHERIGEN AUSFÜHRUNGEN ZUM THEMA „GROSSES GELD UND DAS ENTSTEHEN VON REICHTUM“ SEI FESTGESTELLT, BZW. BESTÄTIGT – MIT DER GIGANTISCHEN AUSWEITUNG DER SURPLUS–PRODUKTION DES DIGNITATUS IM VERLAUF DER LETZTEN JAHRZEHNTE, ENTSCHEIDEND GEFÖRDERT DURCH GLOBALISIERUNG UND ELEKTRONISCHE DATENVERARBEITUNG, ENTWICKELTE SICH DIE WEITGEHENDE BEHERRSCHUNG DES JEWEILS RELEVANTEN, VIELGLIEDRIGEN MARKTGESCHEHENS ZUR WICHTIGSTEN METHODE DER ENTWICKLUNG UND FESTIGUNG ÖKONOMISCHER DOMINANZ UND SOMIT AUCH DES ENSTEHENS UND WACHSENS VON MATERIELLEM REICHTUM.

BEWUSSTE AUSNUTZUNG GESETZLICHER GRAUZONEN GEHÖRTE ZUM PRINZIPIELLEN METHODENINVENTAR HIERBEI, LEIMOTIV ALLEN HANDELNS WAR UND BLIEB DIE PROFIT–MAXIMIERUNG. NICHT SELTEN GEWANNEN SOLCHE ENTWICKLUNGEN UNSTRITTIG KRIMINELLE ZÜGE.

Ein finanzrechtliches Vergehen von besonderer, gesellschaftsschädlicher Tragweite waren und sind die mittlerweile oft gigantisch dimensionierten Steuerhinterziehungen. Der staatsrechtlich zumeist eher laxe Umgang mit diesen speziell für Spitzenverdiener relevanten Vorgängen hat in manchen „gut betuchten Kreisen“ erfolgreiche Steuerhinterziehung geradezu zu einem „Gesellschaftssport“ werden lassen. Die wichtigste Komponente solcher Kriminalität ist indessen durch das systemische diesbezügliche illegale Verhalten großer Konzerne der global führenden Industrienationen gegeben.

Die damit Staat, Kommune und humaner Gemeinschaft gesetzwidrig entzogenen Mittel fehlen dann diesen, mit grundsätzlich nachteiligen

Folgen für humanes Zusammenleben, für die Absicherung gesellschaftlicher Grundbedürfnisse.

Die den gesellschaftlichen Haushalten auf eine solche, prinzipiell kriminelle Weise entzogenen Gelder landen schließlich großenteils im „internationalen Finanzkarussell“, in dubiosen, von keinerlei relevanter gesellschaftlicher Institution kontrollierten Projekten.

Eine besondere Rolle spielen hierbei sog. „Steueroasen“, kleine Staaten – oder auch spezielle Orte in großen Staaten – die ihre eigene Ökonomie auf Unterstützung von internationaler oder nationaler Steuerhinterziehung anderenorts aufgebaut haben.

Zur Illustration dieses Geschehens sei hier ein kurzer Kommentar der mecklenburgischen „Ostseezeitung“ im Herbst des Jahres 2017 zitiert.

„Laut einer Studie der Entwicklungsorganisation ‚Oxfam' schleusen US-Unternehmen gigantische Geldbeträge am Fiskus vorbei. Eincr am 12.4.2017 veröffentlichten Untersuchung zufolge haben die 50 größten US-Konzerne im Jahr 2015 – m.H. von über 1.751 Tochterfirmen und Zweigniederlassungen sich erstreckende Netzwerke – ca. 1,6 Billionen US-$ in Steueroasen verschoben. Nach ‚Oxfam' entspricht das einem Anstieg um 200 Milliarden $ seit dem Jahr 2014, was in etwa die jährliche Wirtschaftsleistung von Kanada ist.

‚Oxfam' betont, dass sich die Konzerne in formal legal gestaltenten Rahmen bewegen. Intensive analytische Bemühungen offenbarten jedoch, dass sie sich dabei um den prinzipiell durch sie zu leistenden fairen Beitrag zum Gemeinwohl drücken. Statt des grundsätzlich für sie geltenden Steuersatzes von 35 % des in ihrer Bilanz ausgewiesenen Jahresgewinns fanden sie – dank verschiedener steuerrechtlicher ‘Schlupflöcher' – legalistische Möglichkeiten für die Reduzierung ihrer tatsächlichen Steuerleistung auf 25,9 % des Jahresgewinns.

Zudem bemühen sich besagte Konzerne – laut ‚Oxfam'– zunehmend um politische Einflussnahme. Zwischen 2009 und 2015 hätten die untersuchten Unternehmen 2,5 Milliarden $ für Lobbyarbeit in Richtung US-Regierung ausgegeben, von denen 325 Millionen $ direkt bei der ‚Regelung von Steuerfragen‘ Verwendung fanden.“

Ergänzend sei hierzu bemerkt, dass es viele Beispiele von noch weitaus drastischerer Steuerhinterziehung großer Konzerne und sehr reicher Menschen gibt, und keineswegs nur aus den USA. Wir haben schon an anderer Stelle darauf hingewiesen. Und oft war und ist solches Tun nicht nur ethisch zweifelhaft, sondern brach und bricht eindeutig Gesetz und Norm.

Ein „großes spezielles Kapitel“ könnte man in diesen Zusammenhängen den „Scheinfirmen“ auf sog. „Offshore-Eilanden“ widmen, oft dort als gut versteckte „Tochter“ eines namhaften Konzerns etabliert, mit deren Hilfe dann alles dubiose Handeln ihres Stammhauses – gleich dem bergenden Schlüpfen unter eine symbolische „Tarnkappe“ – sich jeglicher Öffentlichkeit entziehen konnte und ihren „Eltern“ die erstrebte formale „weiße Weste“ unbefleckt erhalten blieb.

Für detaillierte Aussagen hierzu ist hier nicht der geeignete Platz, auch nicht für die Details der vielfältigen fiskalischen Manöver des „großen Geldes“ bei dessen Streben nach Verwandlung von „großem Geld“ in „große politische Macht“. Großbritannien ist in diesen Belangen von Andrew Sayer, Prof. für Politische Ökonomie an der britischen „Lancaster University“, in seiner „Warum wir uns die Reichen nicht leisten können“ betitelten und 2017 publizierten Monografie detailliert analysiert und exzellent beschrieben worden.

Abrundend zu Vorstehendem sei die von Thilo Bode mit Realo-Sarkasmus skizzierte Charakteristik „Neuer Superstar – Firmen “ zitiert.

„Sie

- kaufen Konkurrenten vom Markt;
- kaufen sich Politiker als ‚Berater‘;
- kaufen sich Anwaltskanzleien, die Prozesse gegen Regierungen führen können;
- sie fügen Investitionsgerichte in internationale Handelsverträge ein, vor denen sie dann nur noch gewinnen können;
- sie betreiben systematisch Steuervermeidung;
- sie kaufen sich Universitäten und Wissenschaftler.

Die Demokratie wandelt sich vom Inhalt der staatlichen Gewalt zu ihrer Hülle.“

Thilo Bode in „Täuschen, Betrügen, Lügen“ („Spiegel“ 34, 2018)

Bei aller in den letzten Jahrzehnten unzweifelbar zunehmenden gesellschaftlichen Dominanz des „Großen Geldes“, daraus resultierenden entdemokratisierenden, in gewissem Sinne auch entstaatlichenden Wirkungen, haben die genuinen Elemente des STAATES dennoch zumeist ihren Eigencharakter weitgehend behalten.

Bei realistischer Sicht der Dinge darf man z.Z. wohl am ehesten von diesem gesellschaftlichen Machtfaktor die Organisierung jener Potenziale erhoffen, von denen der derzeitige Prozess einer extremen ökonomischen Machtballung bei der „Hochfinanz“ wieder eingehegt werden kann. ER SOLLTE SEITENS ALLER ZUNEHMEND BELASTETEN GESELLSCHAFTLICHEN KRÄFTE HIERBEI DIE NÖTIGE UNTERSTÜTZUNG FINDEN.

Hiermit sind die in diesem Text vollzogenen Erörterungen des Entstehens und Reifens von Dignitatus sowie die Reflexion unserer gegenwärtigen Existenzbedingungen zu Ende gebracht worden.

Es bleibt jetzt noch der Versuch, aus diesen Erkenntnissen, Überlegungen und Feststellungen eine grundsätzliche Aussage in Bezug auf die überschaubare Zukunft von uns Menschen zu versuchen.

Natürlich wird hierbei auch mancher bisher noch nicht angesprochene Aspekt unserer Gegenwart, mancher Sachverhalt der Vergangenheit zur Sprache kommen müssen.

„WAS IST ALSO NUN ZU TUN? “

DIE HUMANE ENTWICKLUNG HAT MITTLERWEILE EINEN GLOBALEN GESAMTSTATUS ERREICHT, BEI WELCHEM SICH EIN BESTIMMTES, EXISTENZIELL UNAUSWEICHLICHES ERKENNTNIS-ERFORDERNIS FÜR DIE MENSCHHEIT ERGEBEN HAT.

IM INTERESSE UNSERER GESICHERTEN FORTEXISTENZ MÜSSEN WIR NUNMEHR UMGEHEND DURCHSETZEN, DASS DER SEIT ENTSTEHUNG DER MENSCHHEIT OBJEKTIV GEGEBENE, DOCH BISLANG NUR RUDIMENTÄR IN SEINER GESAMTEN BEDEUTUNG ERKANNTE UND AKZEPTIERTE DIALEKTISCHE CHARAKTER MENSCHLICHEN WESENS DURCHGÄNGIGER ÜBERZEUGUNGSINHALT DER MENSCHHEIT WIRD – AUF ALLEN ERDTEILEN, BEI VERTRETERN ALLER RELEVANTEN IDEOLOGIEN. WAS DIE VERABSCHIEDUNG VON BISLANG DEN

DOMINIERENDEN IDEOLOGIEN EINGERÄUMTEN „ABSOLUTEN WAHRHEITEN“ VORAUSSETZT.

DAS IST WEIT MEHR ALS „LEBEN UND LEBEN LASSEN“! ES IST ZWINGENDE VORBEDINGUNG DER UNAUSWEICHLICH GEWORDENEN AKZEPTANZ DES ALLSEITIG LEBENSBEGLEITENDEN KOMPROMISSES.

Sicher, das ist eine sehr radikale These.

Bemühen wir uns also um ihre Anerkennung, versuchen wir ihre detaillierte Begründung!

KONKRET IST VORSTEHENDES ULTIMATUM IN FOLGENDEM BEGRÜNDET.

1. KLIMA– UND RESSOURCENERSCHÖPFUNG INFOLGE UFERLOS WERDENDER HUMANER AUSBEUTUNG;
2. METHODISCHE MASSLOSIGKEIT UND RÜCKSICHTSLOSIGKEIT IM HUMANEN WETTBEWERBSGESCHEHEN

DIE SICH ANBAHNENDE, DEN GESAMTEN PLANETEN ERDE ERFASSENDE KLIMA– UND RESSOURCEN–KRISE IST ÜBERWIEGEND DIE FOLGE VON IM VERLAUF DES LETZTEN JAHRHUNDERTS STATTGEFUNDENEN ENTWICKLUNGEN IN DEN INDUSTRIESTAATEN DER „WESTLICHEN WELT“ SOWIE DER GESTEIGERTEN FORTSETZUNG DIESES „PLÜNDERUNGSGESCHEHENS“ IN DER JÜNGSTEN VERGANGENHEIT UND IN DER GEGENWART

DIE BEDROHUNGSLAGE IM ERGEBNIS VON METHODISCHEN UND VERHALTENSMASSLOSIGKEITEN DES HUMANEN WETTBEWERBSGESCHEHENS GIPFELT INZWISCHEN IN UNBEDACHTEN VERWENDUNGEN VON DIVERSEN WAFFEN MIT UNGEHEUREM VERNICHTUNGSPOTENZIAL – SOWOHL IN „OFFENEN“ WIE AUCH IN „VERDECKTEN“ KRIEGEN“ – SOWIE DEREN ANHÄUFUNG IN DEN ARSENALEN VERSCHIEDENER, GEGENWÄRTIG SEHR MÄCHTIGER STAATEN.

Die Details der sich allmählich dramatisch zuspitzenden Klima- und Ressourcenkrise sind der allgemeinen Öffentlichkeit hinlänglich bekannt, weshalb an dieser Stelle auf eine weitergehende Erörterung dieses Themenkomplexes verzichtet und lediglich das Interview eines sehr bekannten Fachspezialisten hinsichtlich der vermutlich heute noch möglichen Vermeidung extrem katastrophaler Entwicklungen in diesen Belangen auszugsweise hier nachfolgend wiedergegeben wird.

Es handelt sich dabei um ein von Mojib Latif mit dem Titel „Wir haben es selbst in der Hand" dem „Spiegel" im Jahr 2022 gegebenes Interview, mit speziellem Bezug auf die steigende CO2-Konzentration in unserer Atmosphäre.

LATIV: „Wir müssen darauf achten, nicht immer nur Schreckensszenarien zu produzieren, wir müssen uns sehr bemühen, gleichzeitig mit den Warnungen immer ein positives Zukunftsbild zu entwerfen."

SPIEGEL: „Die CO2-Konzentration in der Atmosphäre beträgt jetzt 421 ppm (‚pars per Million'). Damit liegt sie bereits um 50 % höher als vor Beginn der Industrialisierung, höher denn jemals im Verlauf der vergangenen letzten drei Millionen Jahre. Dennoch scheint die Menschheit weit entfernt zu sein von der nötigen CO2-Wende. Erdrücken diese Tatsachen nicht Ihren Optimismus?"

LATIV: „SOLANGE ES DIE MÖGLICHKEIT GIBT, DIE ERWÄRMUNG ZU BEGRENZEN, SOLLTEN WIR DAFÜR KÄMPFEN! Hier zählt wirklich jedes Zehntel Grad. Aus physikalischer Sicht gibt es jedenfalls nichts, was uns daran hindern sollte, das laufende Erwärmungsgeschehen zu bremsen."

SPIEGEL: „Könnten wir die Erwärmung auch wieder rückgängig machen?"

LATIV: „NEIN, DAS IST NICHT MÖGLICH! Einmal im Übermaß in die Atmosphäre gelangtes Kohlendioxid bleibt dort viele Jahrhunderte lang erhalten. Einmal eingetretene Erwärmung können wir nicht ‚zurückdrehen', wir können sie NUR NOCH STOPPEN!"

Es gibt inzwischen im Bereich der gesellschaftlich relevanten und auf wissenschaftlich-realer Basis operierenden Kräfte kaum noch Stimmen, von denen grundsätzlicher Widerspruch zur vorstehend wiedergegebenen Meinung von Mojib Lativ zu erwarten wäre.

Hinsichtlich der zu befürchtenden dramatischen Konsequenzen von völlig außer Kontrolle geratenden, mittlerweile in regionalen Bereichen auch militärisch ausgetragenen Interessenkonflikten bestehen indessen selbst in den politischen Führungsetagen sehr beachtenswerter Mächte immer noch erhebliche Meinungsunterschiede.

Wenden wir uns also jetzt diesem Fragenkomplex zu und befassen uns zunächst mit der Atomwaffe, einem der wichtigsten Elemente moderner militärischer Drohkulissen, der sicherlich brutalsten militärischen Massenvernichtungswaffe.

Nouriel Roubini, international bekannter Autor einer „Megathreats" betitelten, sehr lesenswerten Monografie, beendete im Herbst des Jahres 2022 ein „Spiegel"-Interview mit den Worten: „Wir müssen uns der Welt stellen, wie sie ist! Selbst wenn es zu einer nuklearen Konfrontation kommt, werde ich in New York bleiben. Auch wenn dann die erste Bombe New York treffen dürfte – die nächste trifft Moskau!"

Gewiss, „die Welt ist, wie sie ist." Doch wie „sie sein wird" – das hängt in vermutlich entscheidenden Anteil davon ab, wie sie von uns Menschen geprägt wird.

Gewiss, bereits die reale Existenz riesiger Atomwaffenarsenale ist Ausdruck unverantwortlichen Leichtsinns im Umgang mit einem ungeheuerlichen, uns latent bedrohenden Risiko.

Auch wenn es sehr wichtig ist, deshalb nicht mentaler Hysterie zu verfallen und einen kühlen Kopf zu bewahren – entscheidend wird vermutlich sein, wie erfolgreich wir in einem überlegt, hartnäckig und unerbittlich für alles geführten Kampf sind, wodurch das tatsächlich latente Risiko unseres Atomtodes in die Schranken gewiesen wird.

In diesem speziellen Punkt sollten wir uns dem tendenziell fatalistisch anmutenden Interview-Schlusswort von Noriel Roubini nicht kommentarlos anschließen.

Die zum Zeitpunkt der Niederschrift dieses Textes neueste offiziöse Verlautbarung über die Volumina der in globalem Maßstab aktuell verfügbaren atomaren Waffen stammt aus einem im Juni 2022 vom Stockholmer Friedensforschungsinstitut (SIPRI) veröffentlichten Jahresbericht über seine Arbeit. Aus diesem Schriftsatz ist zu entnehmen, dass derzeit von einem Gesamtbestand an „Atomsprengköpfen" von 12. 705 derartigen Explosionskörpern auszugehen ist. Das Gros dieser Waffen befindet sich im Besitz der beiden in puncto nuklearer Bewaffnung als „absolute Dominatoren" einzuordnenden Supermächte, im Besitz der USA und der Russischen Föderation.

Russland hat hier immer noch einen kleinen Vorsprung gegenüber seinem US-amerikanischen Rivalen, mit 5.997 atomaren Sprengköpfen, gegenüber 5.428 auf der US-amerikanischen Seite. Als weitere derzeit mit nuklearen Waffen ausgestattete Staaten werden von SIPRI Großbritannien, Frankreich, China, Indien, Pakistan, Israel und Nordkorea genannt.

Die nach Abzug der in Russland und in den USA stationierten Atomwaffen verbleibenden restlichen 10 % von ihnen verteilen sich – bislang ausnahmslos – auf diese sieben Staaten.

Aus dem Jahr 2009 stammt eine von der „Federation of American Scientists" herausgegebene Schrift, in welcher von den zu jener Zeit verfügbaren atomaren Sprengköpfen jene zahlenmäßig relativ präzise benannt werden, die sich im Besitz der Staaten mit einem „ständigen Sitz" im UNO-Sicherheitsrat befanden. Demnach befanden sich von damals insgesamt etwa 30.000 atomaren Sprengköpfen etwa 13.000 allein im Besitz von Russland, doch nur etwa 9.000 im Besitz der USA; außerdem waren etwa 300 Sprengköpfe im Besitz von Frankreich, etwa 180 im Besitz von China, und etwa 160 im Besitz von Großbritannien.

Israel, Indien und Pakistan – nicht ständig im UNO Sicherheitsrat vertreten – verfügten im Jahr 2009 gemäß dieser Quelle bereits über jeweils ca. 50 bis 80 atomare Sprengköpfe, Nordkorea möglicherweise über bis zu 10.

Ein Vergleich der Zahlen aus den Jahren 2009 und 2022 offenbart, dass sich in diesem Zeitraum eine insgesamt beachtliche quantitative Reduzierung der globalen atomaren Bewaffnung vollzogen haben dürfte, wobei der Hauptanteil dieses prozessualen Geschehens von russischer Seite umgesetzt wurde, aber auch von den USA hierzu ein spürbarer Beitrag erfolgte, was als grundsätzlich positive Nachricht auch heutzutage eine angemessene Beachtung finden sollte, dennoch unseren wachsamen Blick auf die Gesamtszene atomarer Rüstung nicht einengen darf.

Denn die soeben erläuterten „Sprengkopf"-Rechnungen haben sich auf Waffen mit extrem unterschiedlicher und dennoch durchweg grausam großer Wirkmächtigkeit bezogen.

Und insbesondere die beiden zitierten „absoluten Dominatoren" der Atomrüstung, die USA und Russland – aber auch China – sind in unveränderter, konzentrierter Emsigkeit bemüht, in Sprengkraft und Handhabbarkeit immer „leistungsfähigere" Teufelsinstrumente dieser Kategorie zu generieren, selbige dann in erheblicher Stückzahl zu erstellen und in ihren Waffenarsenalen zu deponieren.

Was z.B. die Sprengkraft der vorstehend summarisch addierten Sprengköpfe anbelangt, wird bei dieser Statistik tatsächlich „Elefanten" – den stärksten Sprengmitteln – ein gleiches „Zählgewicht" zuerkannt wie „Rehen" oder gar den „Hasen" des Metiers.

So gibt es das unbestrittene „Riesenmammut" der atomaren Vernichtungswaffen, die russische „Zarenbombe", die jeder – mit noch „überschaubarer" Wirksamkeit ausgestatteter – Granate von nunmehr modern gewordener „taktischer Atomartillerie" weit überlegen ist.

Diese „Zarenbombe" – bislang nur ein einziges Mal zur Zündung gebracht – besitzt die fast unglaubliche, jedoch nachgewiesene Sprengkraft von 57 Megatonnen Tri-Nitro-Toluol (TNT). Das ist ein Vielfaches auch der Hiroshima-Nagasaki-Bomben des Jahres 1945, die eine Sprengkraft von jeweils ca. 25 Kilo-Tonnen Tri-Nitro-Toluol (TNT) entwickelten.

An dieser Stelle erscheint ein kurzer Exkurs über die Begriffe Megatonne und Kilotonne angebracht: Eine Megatonne entspricht tausend Kilotonnen; eine Kilotonne entspricht tausend Tonnen; und eine Tonne entspricht tausend Kilogramm.

Die nur den Bejahrtesten unter uns aus eigener Erinnerung bewussten Totalverwüstungen in Folge der im Sommer 1945 erfolgten US-amerikanischen Atombombenabwürfe in Japan waren somit das Ergebnis der Sprengkraft von etwa 25.000 Kilogramm TNT, des stärksten im zivilen Leben heutzutage üblichen Sprengstoffes.

Doch die russische Zarenbombe überbietet selbst diese einst die ganze Welt erschütternde Sprengkraft um das ZWEITAUSENDFACHE.

In der deutschen Wochenzeitschrift „Die Zeit" ist im Jahr 2017 ein detaillierter Vergleich hinsichtlich der Sprengkraft der jeweils wirkmächtigsten Atombomben Russlands, Chinas und der USA veröffentlicht worden, d.h., der Zarenbombe, der chinesischen Bombe mit dem Namen „Dong Jen 5", und dem irritierend „Little Boy" getauften US-amerikanischen Sprenggerät (2017). Er sei hier wiedergegeben.

Land und Name der Bombe	Sprengkraft in Megatonnen TNT	Radius, vom Zündpunkt ausgehend, hinsichtlich Totalverwüstung, Ausrottung biologischen Lebens durch Verbrennung 3. Grades
Russland, „Zarenbombe"	50, 0 TNT	60 Kilometer
China, „Dong Jen 5"	2, 0 TNT	25 Kilometer
USA, „Little Boy"	1, 2 TNT	14 Kilometer

Niklas Kastius, ein Rostocker Gymnasiast, hat sich zeitweise in einem intensiven Quellenstudium mit dem Prozedere des Abwurfes der Zarenbombe über dem im Nördlichen Polarmeer gelegenen russischen Nowaja-Semlja-Archipel befasst und schließlich hierzu die folgende Zusammenfassung formuliert.

„Die gewaltige, mehrere Meter lange und etwa 27.000 kg schwere Bombe ist bekanntlich nur ein einziges Mal gezündet worden, nach einem Abwurf aus einem für diese spezielle Aktion umgebauten Bomber, den man auf seine maximale Flughöhe gebracht hatte. Die extreme Höhe war deshalb erforderlich, damit die Falldauer der Bombe zeitlich möglichst ausgedehnt war.

Das sollte den Fliegern ermöglichen, sich mit ihrem Flugzeug zum Zeitpunkt der Bombenexplosion – nach deren Abwurf aus dem Flugzeug – ausreichend weit von ihr entfernt zu haben, um nicht durch die gewaltige Luftbewegung in Folge des Explosionsgeschehens selbst in eine katastrophale Situation zu gelangen.

Aus gleichem Grunde waren spezielle Fallschirme entwickelt worden, durch welche die Fallgeschwindigkeit der Bombe stark herabgesetzt, die Falldauer entsprechend stark zusätzlich verlängert worden ist.

Dennoch sind damals, am 30.10.1961, jenes Flugzeug und seine Besatzung vom gewaltigen Sturm nach der Explosionszündung derart stark durchgeschüttelt worden, dass die Maschine anschließend als flugunfähig eingestuft werden musste – man war nach dem Bombenabwurf einer Selbstvernichtung nur sehr knapp entgangen.

Noch Hunderte Kilometer südlich der Abwurfposition über dem Archipel der Nowaja-Semlja-Inseln, in auf dem sibirischen Festland gelegenen Siedlungen, sind durch die extreme Druckwelle der Explosion erhebliche Schädigungen entstanden, an verschiedenen Stallungen, anderen Gebäuden, an Über-Land-Leitungen und an diversen Gerätschaften.

Der damalige überfallartige extreme Orkansturm wird wohl bei jenen Tundra-Bewohnern noch sehr lange in unguter Erinnerung bleiben."

Die soeben zitierten Zeilen verdeutlichen – schon vor 50 Jahren ergaben sich durch die ungeheure Explosionskraft der inzwischen entwickelten atomaren Explosionswaffen für ihre Einsatzkräfte zunehmend unverantwortliche Risiken einer Selbstvernichtung.

Folglich hat sich die in diesen Belangen spezialisierte militärwissenschaftlich-technische Forschung im Verlauf der letzten Jahrzehnte schwerpunktmäßig darum bemüht, durch eine Erweiterung der Modifikationen ihrer Einsatzmöglichkeiten derartige Risiken möglichst zu umgehen. Somit präsentieren sich heute die auf Nutzung kernphysikalischer Phänomene beruhenden apokalyptischen Vernichtungswaffen uns in breiter Palette unterschiedlicher Gerätschaften, mit unterschiedlicher Handhabungsmodifikation, unterschiedlicher Anwendungsvoraussetzung, mit unterschiedlichen Einsatzformaten, natürlich auch mit sehr unterschiedlichen Wirkungspotenzialen. Gehen wir etwas näher hierauf ein.

Besonderes Bemühen galt insbesondere in den letzten Jahrzehnten des 20. Jahrhunderts speziellen, mittels mobiler Abschussvorrichtungen einsetzbaren, mit atomaren Sprengköpfen ausgestatteten Mittelstreckenraketen. Es gibt verschiedene Gründe, weshalb dieser Waffentyp auch heute in der Militärpolitik immer noch eine erhebliche Rolle spielt.

In Anbetracht des von der Abschussposition zumeist nicht allzu weit entfernten Zielobjektes ist die Flugzeit der Trägerrakete kurz, ihre Flugbahn kann sehr niedrig gehalten werden, was ihre Radarerfassung und die Auslösung einer erfolgreichen Abwehrreaktion erschwert. Und der nicht allzu große atomare Wirkungsradius der Sprengköpfe hat die Risiken der Selbstvernichtung aufseiten der Einsatzkräfte hinlänglich eingeengt. Außerdem hat die bereits seit Längerem etablierte Produktion dieses Waffentyps seine stückbezogenen Produktionskosten spürbar sinken lassen, auf militärischer Seite verfügt man über mit seiner Handhabung vertrautes soldatisches Bedienungspersonal in ausreichender Anzahl.

Als militärtaktisch weitgehend „überholt“ scheint inzwischen der Atombombenabwurf aus einem Flugzeug zu gelten, selbst bei Einsatz von mit Überschallgeschwindigkeit fliegenden Maschinen. Durch mitfliegendes Personal gesteuertes militärisches Fluggerät kann bei seinem Einsatz in erdnaher Höhe – insbesondere in Anbetracht der biologischen Belastungsgrenzen des Flugpersonals – niemals mit Triebwerken moderner Hochleistungsraketen ausgestattet werden, weshalb auch solche Flugzeuge viel leichter Opfer von schneller Radarerfassung und gegnerischen Abfangraketen werden können als Letztere. Zudem gibt es mit dem hiermit verbundenen Risiko der Tötung solcher Flugzeugbesatzungen ein besonders überzeugendes Argument, sich von diesem Modus des Atomwaffeneinsatzes zu verabschieden.

Viel Aufmerksamkeit schenkt man neuesten artilleristischen Entwicklungen. Die Entwicklung hochfester Stahllegierungen und klassischer Explosivstoffe mit qualitativ neuer Sprengwirkung hat zur Produktion von solchen Kanonenrohren und Artilleriegeschossen geführt, die im Verlauf der letzten Jahrzehnte das Entstehen einer immer noch als „klassisch“ anzusehenden Artilleriewaffe „völlig neuer Art“ zur Folge hatten.

Diese „neue klassische Artillerie“ zeichnet sich gegenüber bisherigen artilleristischen Qualitäten dadurch aus, dass nunmehr von hinreichend beweglichen Haubitzen selbst Ziele in Entfernungen von fast 100 Kilometern unter Beschuss genommen werden können. Elektronische Zusatzausstattungen erlauben zudem bislang unerreichbare Beschussgenauigkeiten. Da den parallel hierzu gelaufenen Bemühungen um Miniaturisierung atomarer Sprengköpfe ebenfalls beachtliche Erfolge zuteilgeworden sind, konnte man dann auch sehr schnell diese für ihre Verwendung als „atomare artilleristische Munition“ modifizieren. Die Sprengwirkung einer solchen Granate ist wohl in der Tendenz geringer als im Fall des Einsatzes einer Atomrakete. Andererseits ist das Artilleriegeschoss noch weitaus schwieriger abzufangen als die Rakete und seine Produktionskosten liegen weitaus niedriger.

Zunehmende Beachtung – in Sonderheit seitens der Supermächte – finden auch sehr große U-Boote, die man angemessener als „Unterwasserschiffe“ bezeichnen sollte.

Solche im Besitz der USA und Russlands befindliche schwimmende, gleichwohl tauchfähige Seefestungen spielen bereits im ständigen militärstrategischen „Dominospiel“ der Weltmächte eine erhebliche Rolle.

Man sieht in ihnen – vor allem – global bewegliche, im tiefen Tauchzustand außerordentlich schwer genauer zu verortende Startrampen für extrem große Raketen mit atomaren Sprengköpfen von apokalyptischer Sprengkraft, mithin Kampfmittel von – ggf. – entscheidendem Potenzial für den Ausgang eines dritten großen Weltkrieges. Sowohl Russland als auch die USA und China scheinen sich angesichts ihrer großen ozeanfernen Landmassen relativ große Überlebenschancen beim Ausbruch des großen Infernos auszurechnen.

Zur Illustration des Vorstehenden sei Nachfolgendes aus verschiedenen „Wikipedia“-Einträgen zitiert.

Eine bereits zu sowjetischen Zeiten entwickelte, jetzt in russischem Besitz befindliche Waffe zur weitflächigen atomaren Strahlenverseuchung trägt den bezeichnenden NATO-Codenamen „Satan, SS 18“.

Eine einzige Ausfertigung ihres Sprengkopfes soll in der Lage sein, nach seiner Explosion eine 60.000 Quadratkilometer-Landfläche langfristig mit stark radioaktiv strahlendem Material zu verseuchen. Seitens

„Wikipedia" wird in diesem Zusammenhang angemerkt, dass die flächenmäßige Ausdehnung des „Freistaates Bayern" mit 70.552 Quadratkilometern amtlich ausgewiesen ist.

Bei besagtem „Satan" handelt es sich um eine zweistufige größere Rakete mit einem verschiedene kleinere Raketen umfassenden, eine zweite Raketenstufe beinhaltenden Sprengkopf. Jede der besagten kleineren „Sekundärraketen" enthält ihrerseits einen eigenen kleinen, quasi „sekundären" Sprengkopf, der schließlich, nach seiner, zeitlich gegenüber der Erstexplosion leicht versetzten Detonation, die radioaktiven Verseuchungskorpuskeln, einem Todesregen gleich, über das befallene Terrain weit verstreut. In der kurzen Zeit zwischen Erstexplosion und den Detonationen der sekundären Sprengköpfe hatten sich – zu vorstehend zitiertem Zweck – die kleinen „Sekundärraketen" strahlenförmig über die zu verseuchende Gesamtfläche verteilt.

Eine breite öffentliche Diskussion rief dereinst – in den 70er und 80er-Jahren des vergangenen Jahrhunderts – die sog. „Neutronenbombe" hervor. Die Aufgabe dieser Waffe ist eine schnelle Tötung allen biologischen Lebens bei weitgehender Schonung biologisch lebloser Materie. Selbiges wird durch eine intensive Neutronenstrahlung bewirkt, die vom Kobalt-Isotop „CO 60" ausgeht. Der hierfür verwendete Sprengkopf wird vor Gefechtseinsatz mit dieses Kobalt-Isotop enthaltender Substanz ummantelt.

Im Zusammenhang mit der Felderprobung dieser Waffe hat es sich allerdings ergeben, dass nicht nur biologisch lebendige Substanz dadurch abgetötet wird, sondern auch elektronische Gerätschaften durch den Neutronensturm massiv geschädigt werden können. Frappierend war bei jenen Versuchen allerdings, wie radikal tödlich der Neutronenstrom selbst dickste Panzerplatten durchdringen konnte, jedoch ohne dass bei diesen irgendein erkennbarer Schaden hernach festzustellen war. Egon Bahr hat einst die Neutronenbombe als ein „Symbol der Perversion menschlichen Denkens" bezeichnet.

Für extrem perfide Zwecke – insbesondere für die Verwendung bei terroristischen Aktionen – sind auch die der Fachwelt unter dem Namen „Mini-Nukes" bekannten Miniaturfassungen nuklearer Sprengsätze entwickelt worden. Einer von ihnen, eine in den USA schon seit dem Jahr

2003 produzierte eiförmige „Kofferbombe“ mit einem Gewicht von nur 23 kg, hat inzwischen einen zweifelhaften Legendenstatus erlangt. Da das bewusste „Atom-Ei“ keine größere Länge als 40 cm besitzt, sein maximaler Durchmesser mit lediglich 27 cm berechnet worden ist, dürfte sein unauffälliger Transport in einem speziellen, hinlänglich stabilen Koffer für jeden kräftigen Mann eine durchaus lösbare Aufgabe sein.

Auch wenn die Sprengkraft solcher Mini-Atombomben mit „nur“ 0,02 Kt TNT angegeben wird, umfasst das Äquivalent solcher Zerstörungskraft in Form von Dynamit immerhin ein 20-kg-Paket reinen Tri-Nitro-Toluols. Im zivilen Leben genügt geübten Sprengmeistern eine solche Sprengstoffmenge, um im Rahmen von Abbrucharbeiten eine alte Villa in einen Schutthaufen zu verwandeln.

Da atomare Sprengsätze mit einer Sprengkraft von unter 5,0 Kt TNT von der offiziellen und offiziösen Statistik atomarer Sprengmittel grundsätzlich nicht erfasst werden, ist eine zuverlässige Aussage über die Menge der in den Silos atomarer Waffen derzeit lagernden „Mini-Nukes“ nicht zu erlangen – ein Sachverhalt, der ihre Eignung für schlimme terroristische Unternehmungen spürbar steigern dürfte.

Hierzu sei eine „Anschlussbemerkung“ erlaubt.

Bereits einleitend zu unseren Gedanken über die atomaren Kriegsmittel ist auf die undifferenzierte Pauschalität beim internationalen Registrieren atomarer Sprengköpfe mit kritischem Unterton hingewiesen worden – die hierbei gewählte Grenzziehung bei 5,0 Kt TNT Sprengwirkung dürfte ebenfalls einer Diskussion bedürfen. Denn in Folge dieser Grenzziehung bleiben atomare Sprengmittel mit teilweise immer noch erheblichem Sprengpotenzial außer Betracht, nämlich selbst Bomben, die immerhin etwa 15 % der Sprengkraft einer Hiroshima-Nagasaki-Atombombe aus dem Jahr 1945 besitzen.

Es sollte grundsätzlich eine differenziertere statistische Aussage über die globale Situation hinsichtlich atomarer Sprengsätze angestrebt werden, etwa eine Gliederung der atomaren Sprengköpfe nach solchen mit einer Sprengkraft von über 1,0 Kt, und solchen mit einer Sprengkraft von unter 1,0 Kt.

Bereits seit 1947 existiert eine Gruppe namhafter Wissenschaftler, die das jeweils gegebene Risiko einer Auslöschung der Menschheit im Verlauf eines „totalen Atomkrieges“ mit Hilfe einer „Atomkriegsuhr“ darzustellen versucht. Sie haben dieser symbolischen Uhr die Bezeichnung „Doomsday-Clock“ gegeben.

Bei ihrem Start im Jahr 1947 wurde das damals aktuelle Atomkriegsrisiko seitens ihrer Schöpfer mit einer analogen „7 Minuten vor Mitternacht“-Position der „Doomsday-Clock-Zeiger“ als angemessen angezeigt gewähnt.

Zu Beginn des Jahres 2022, also 75 Jahre später, hat sich der Forscherkreis um das „Doomsday-Clock“-Werk dahin gehend geäußert, dass die Menschheit inzwischen ihrer atomaren Vernichtung gefährlich nahe stünde. Sie meinen, angesichts der aktuellen globalen Lage stünde derzeit der Menschheit nur noch die minimale Zeitreserve von etwa 100 Sekunden zur Verfügung, um „ein Stoppen des Zeitenlaufes“ zu erlangen, sich vor „einem nicht mehr zu stoppendem Untergang zu bewahren“.

Bernd Greiner, Hamburger Amerikanist, meinte hierzu: „Heute ist die Welt multipolar – das macht die Situation unübersichtlich und gefährlich!” (OZ)

Wenn der geneigte Leser die letzten Seiten dieses Textes gelesen hat, dürfte er – mit einer fast hundertprozentigen Wahrscheinlichkeit – zustimmen, dass „jenes atomare Teufelszeug in seiner Gesamtheit möglichst sofort aus der Welt geschafft werden sollte!“.

Tatsächlich hat es im Verlauf letzter Jahrzehnte immer wieder sehr beachtenswerte gesellschaftliche Bemühungen in dieser Richtung gegeben, mit bemerkenswerten Teilerfolgen.

Bereits im Sommer des Jahres 1984 wurde auf der „Zweiten Rotkreuz-Friedenskonferenz“, durchgeführt seitens der Gesamtheit aller Rotkreuz– und Rot-Halbmond-Organisationen auf den Aaland-Inseln und in Stockholm – d.h., bei Teilnahme auch aller Rotkreuz– und Rot-Halbmond-Organisationen der Sowjetunion, der USA und Chinas – im Konsens eine Ächtung aller Massenvernichtungswaffen ausgesprochen sowie eine Ächtung der militärischen Weltraumrüstung. Insbesondere das Internationale

Rote Kreuz war damals ein mächtiger Impulsgeber im sich entfaltenden globalen Entspannungs- und Friedensprozess.

Die Aaland-Inseln wurden damals sehr bewusst als Tagungsort ausgewählt. Überwiegend von genuinen Schweden bewohnt, war dieser Archipel im Norden der baltischen Ostsee ein staatlicher Bestandteil Finnlands. Irgendwelche ethnische Spannungen im Zusammenhang hiermit waren damals und sind auch heute völlig unbekannt.

Seit 1996 liegt im Ergebnis einer UNO-Initiative ein „Vertrag zum umfassenden Verbot von Nuklearversuchen" vor. Leider hat dieser Vertrag bis jetzt keine Gültigkeit erlangt, weil u.a. einige wichtige Staaten seine Ratifikation verweigern, weshalb der Verdacht nicht unbegründet erscheint, dass mancherorts immer noch die verblendete Hoffnung auf eine letztlich erlangbare „Weltherrschaft" schlummert – Ergebnis einer immer noch in vielen Gemütern fortexistierenden „Alles-oder-nichts-Gedankenwelt". Das ist ein Zustand, der für „Dignitatus" von Jahrzehnt zu Jahrzehnt gefährlicher wird.

Den gesellschaftlichen Führungsgruppen in aller Welt fallen im Zusammenhang damit besondere Verantwortungen und besondere Aufgaben zu, auch den „stillen Dominatoren" in der mächtigen Szene der Hochfinanz.

„Nicht das ‚Geld an sich' ist für die Sünden der Menschheit verantwortlich zu machen, sondern ihr Umgang mit dem Geld!" (Tom Witt, „World Bank").

UM ES NOCH EINMAL MIT ABSOLUTER DEUTLICHKEIT ZUM AUSDRUCK GEBRACHT ZU HABEN – DIE AUSBREMSUNG DER BEREITS BEGONNENEN KLIMAKATASTROPHE UND DIE VERMEIDUNG EINES DRITTEN WELTKRIEGES, GEFÜHRT MIT ATOMAREN UND ANDEREN MASSENVERNICHTUNGSWAFFEN, SIND AKTUELL DIE BEIDEN MIT ABSOLUTER PRIORITÄT ZU BEARBEITENDEN LEISTUNGSFELDER DER GESAMTEN MENSCHHEIT!

DAS GILT NICHT NUR FÜR DAS BEGONNENE JAHRZEHNT, SONDERN – ZUMINDEST – FÜR DIE GESAMTE ERSTE HÄLFTE DES 21. JAHRHUNDERTS NACH CHRISTI GEBURT.

VERSAGT DIE MENSCHHEIT IN DIESEN BELANGEN, IST FÜR IHRE ZUKUNFT DAS SCHLIMMSTE ZU BEFÜRCHTEN!

Doch bei allem Bemühen um Frieden und Verständigung, um Bewältigung dieser und anderer epochaler Zukunftsaufgaben – wir sollten, dessen ungeachtet, in unserem Hinterkopf stets auch das Bewusstsein dafür wachhalten, dass die gesamte menschliche Entwicklung ein Prozess von Konfliktentstehung und Konfliktlösung gewesen ist und immer ein solcher bleiben wird und dass die Härte eines Konfliktes gelegentlich seine freundschaftliche Lösung verunmöglichen kann. Womit sich uns derzeit eine weitere, ohne Zeitverzug zu lösende vorrangige Aufgabe stellt, die menschheitsumfassende Verständigung über unbedingt einzuhaltende Eskalationsgrenzen im Fall einer gefährlich werdenden Zuspitzung von Konflikten. Ihnen sollte der Status von Tabus zugestanden werden, was einem letztlich ultimativ anzustrebenden ABSOLUTEN TABU GEWALTSAMER MENSCHLICHER TÖTUNG im Besonderen eingeräumt werden sollte.

Seine dann nachfolgende allgemeine faktische Durchsetzung wird sich sicherlich ebenfalls als eine große Herausforderung erweisen, der die Menschheit nur dann genügen kann, wenn diesem Bemühen der Rang absolut vorrangiger mentalhygienischer Arbeit eingeräumt wird, was u.a. damit zusammenhängt, dass ein persönliches Erleben des in militärischen Kriegen seit jeher üblichen Mord und Totschlags nicht in jedem Fall dominant negative individuelle Erinnerungsinhalte erbringt.

In seinem „Homo deus“ betitelten und 2015 veröffentlichten Buchtext schreibt Yuval Noah Harari: „Der Krieg weckt den Willen zur Macht, zum Ruhm und zur Eroberung.“

Was kaum bestreitbar sein dürfte, aber mit folgender Feststellung ergänzt werden sollte:

„Dieser Wille kann indessen eine derart starke Ausprägung erlangen, dass alle Normen zivilisierter Humanität durch derartige ‚Willensqualitäten’ überdeckt werden!“ Im Wildwuchs der durch das Kriegsgeschehen generierten Stimmungslagen ergibt sich oft ein Amalgam altruistisch verkleideter Dominanz absolut destruktiv orientierter atavistischer Instinkte.

Zur Verdeutlichung solcher widersprüchlichen mentalen Entwicklungen zitiert Harari im gleichen Text einen Brief, der von einem jungen britischen Leutnant im Ersten Weltkrieg, kurz vor dem Soldatentod im Kampf gegen die Truppen des Deutschen Kaiserreiches, für seinen Bruder zu Papier gebracht worden war. Er sei hier wiedergegeben.

„Hast Du je darüber nachgedacht, dass der Krieg trotz all seiner Schrecken zumindest eine große Sache ist?

Ich meine damit, dass man im Krieg der Wirklichkeit von Angesicht zu Angesicht gegenübertritt. Die Torheiten, die Selbstsucht, der Luxus und die generelle Belanglosigkeit der schnöden Durchschnittsexistenz, die neun Zehntel der Menschen auf dieser Welt in Friedenszeiten führen, werden im Krieg durch eine Wildheit ersetzt, die zumindest ehrlicher und unverstellter ist. Sieh es einmal so – in Zeiten des Friedens lebt man nur sein eigenes kleines Leben, man beschäftigt sich mit Trivialitäten, sorgt sich um das eigene Wohlergehen, um Geldangelegenheiten und all diese Dinge. Man lebt einfach nur für sich selbst. Was ist das für ein elendes Leben!

Im Krieg dagegen nimmt man – selbst wenn man um sein Leben kommt – das vorweg, was einem in ein paar Jahren ohnehin bevorsteht. Und man hat zumindest die befriedigende Gewissheit, dass man bei dem Versuch, dem eigenen Lande zu helfen ‚verreckt' ist.

Man hat tatsächlich ein Ideal verwirklicht, was – soweit ich sehen kann – im gewöhnlichen Leben nur sehr selten geschieht. Was seinen Grund darin hat, dass das gewöhnliche Leben sich auf einer gewinnorientierten und selbstbezogenen Grundlage vollzieht.

Wenn man ‚weiterkommen' will, wie man so schön sagt, muss man sich ‚die Hände schmutzig' machen.

Persönlich freue ich mich sehr darüber, dass der Krieg meinen Weg gekreuzt hat. Er ließ mich erkennen, wie belanglos das Leben ist. Ich glaube, dass der Krieg jedem die Chance bietet, ‚aus sich herauszukommen', wie ich das formulieren möchte. Für mich kann ich mit Sicherheit sagen, dass ich nie im Leben ein so unbändiges Hochgefühl erlebt habe wie zu Beginn eines großen Sturmangriffes im vergangenen April. Es war mit nichts anderem auf Erden zu vergleichen."

So viel hier einstweilen über die subjektive psychische Verarbeitung kriegerischen Tötungsgeschehens.

Bei gelegentlichen Gesprächen mit in Haftanstalten tätigen Ärzten oder Psychotherapeuten kann man immer wieder hören, dass insbesondere zu langen Haftstrafen verurteilte Gewalttäter – insbesondere Mörder und Totschläger – in vertrauensvollen diskreten Gesprächen sich immer wieder als „Kellerkinder des Schicksals“ ansehen. Sie meinen, Menschen zu sein, die grundsätzlich, zumeist von Kindheit oder frühen Jugend an zumindest benachteiligt wurden, eher stets betrogen, verraten, absichtlich gekränkt, ausgebeutet worden sind. Sie litten oft auch zunehmend darunter, dass ihnen sehr selten wirklich geholfen wurde, ihnen hingegen unter dem Vorwand der Hilfeleistung immer wieder weitere seelische Verletzungen zugefügt wurden. Als dann „eines Tages das Maß voll war“ und sie sich endlich „seelische Befreiung und Genugtuung verschaffen“ konnten – d.h., sie ihr schweres Tötungsverbrechen begingen – war dieser Tathergang von Gefühlen der Erleichterung begleitet, oft auch von Emotionen einer enormen Selbstwerterhöhung.

Wir können also nicht davon ausgehen, dass „der Mensch“ zu jeder Zeit vor dem völligen Verlust von Selbstkontrolle, durch innere psychische Hemmschwellen vor dem Entgleiten in hemmungslose Zerstörungs- und Vernichtungswut geschützt ist. Wir müssen sogar damit rechnen, dass ggf. sogar pervertierte Ethik extrem schwere Verbrechen – in der Selbstsicht der Täter – als ethisch beispielhaftes Tun erscheinen lassen kann.

Die Unterbindung grenzenloser Eskalation stark zugespitzter Konfliktsituationen m.H. einer absoluten Tabuisierung jeglicher „gewaltsamer Tötung des Menschen“ wird also mit Sicherheit ein schwieriges, vermutlich Prozesscharakter annehmendes Unterfangen sein, sich kaum in Formen eines Selbstlaufes vollziehen und nur mit Hartnäckigkeit und großer Ausdauer durchzusetzen sein.

Welche zentralen konkreten Anforderungen gesellschaftlicher Art stellen sich aber nun angesichts des sicherlich drängenden Erfordernisses, der vorstehend erörterten Aufgabenstellung ohne nennenswerten Zeitverzug zu entsprechen? Die zentrale Aufgabe hierbei ist sicherlich das Erlangen und Absichern eines angemessenen gesellschaftlichen Umganges mit der Endphase des menschlichen Lebens – es bedarf einer mitfühlenden Sachlichkeit und strikter Beachtung der Würde eines jeden verlöschenden bzw. verloschenen menschlichen Lebens.

Besondere Beachtung sollten hierbei jene tödlichen Schicksalsschläge finden, die jüngere Menschen treffen.

Eine Heroisierung des Todes – insbesondere von Suiziden – sollte niemals leichtfertig akzeptiert werden. Alle medizinischen, psychischen und sozialen Komponenten einer sich dramatisch zuspitzenden Lebenssituation sollten immer möglichst frühzeitig eine adäquate fachliche Versorgung und Betreuung erfahren.

Sehr wichtig sind Gestaltung und Kontrolle des öffentlichen Unterhaltungsgeschehens hinsichtlich aller in der künstlerischen Arbeit einen Zusammenhang mit den Fragen von „Leben und Tod" besitzenden Akzente. Das gilt insbesondere für die cineastische und televisionäre Unterhaltung, z. B. für das beliebte Sujet der Kriminal- und Spionagefilme und auch für Kriegs- oder Wildwestfilme.

Besondere Probleme können sich hinsichtlich des Sterbe– und Todesgeschehens in Märchen, Gespenster- und Science-Fiction-Filmen ergeben, sowie bei Theatervorstellungen.

ENTSCHEIDEND IST, DASS DER TOD EINES MENSCHEN ZUKÜNFTIG IMMER ALS SAKRALER VORGANG ANERKANNT IST, DEN NUR DAS SCHICKSAL BEWIRKEN DARF.

Was es das Tötungsgeschehen im militärischen Krieg anbelangt, wird die Abkehr von dieser Form der Überwindung des Feindes erfreulicherweise durch bestimmte, tiefenpsychologisch bei vielen jungen Menschen relativ fest verankerte Abwehrreaktionen gefördert. Allerdings wird diese Tötungsunwilligkeit bei einem fortdauernden bellezistischen Anpassungsdruck meistens zunehmend reduziert.

Dennoch sollten wir die speziell auch bei jungen Männern oft vorhandene, vermutlich im zivilisatorisch geprägten aktuellen humanen Grundcharakter der Menschheit wurzelnde Tötungsungsunwilligkeit in unserem

Kampf gegen alle Varianten der apokalyptischen Atomkriegsgefahr angemessen einzuordnen verstehen.

Der Neurologe Thomas Ebert hat sich im Jahr 2022 hierzu in einem „SDZ"-Interview ausführlich geäußert. Es wird hier nachfolgend auszugsweise wiedergegeben.

Ebert: „Krieg bedeutet für alle, die daran teilnehmen, Gewalt und Grenzerfahrungen – Hunger, Kälte, Schlafentzug, Lebensgefahr. Und das ‚macht etwas' mit den Menschen. Leider richtet sich die Gewalt der Soldaten am Ende zumeist auch gegen Zivilbevölkerung."

SDZ: „Aber die meisten dieser Männer, die im Krieg Menschen abschlachten, haben vor Kurzem noch ihre Kinder liebkost. Sie wissen auch, was Moral ist. Wieso löst sich dieser zivilisatorische Firnis so schnell auf?"

Ebert: „Moral und Erziehung wirken durchaus nach. Wenn man eine Truppe junger Männer an die Front schickt, wird ein großer Teil dem Befehl, Gewalt auszuüben, zunächst überhaupt nicht gehorchen. Tatsächlich auf den Gegner schießen wird weniger als die Hälfte von ihnen, selbst dann nicht, wenn ihr eigenes Leben bedroht wird. Das ist schon aus dem US-Bürgerkrieg vor etwa 150 Jahren bekannt. Die Gefallenen wurden dort auf dem Schlachtfeld untersucht – ein Großteil von ihnen hatte die damaligen einschüssigen Gewehre seit Kampfbeginn überhaupt nicht abgefeuert. Bei der Invasion in der Normandie, 1944, hatte die US-Army die gleichen Probleme."

SDZ: „Das wird den Generälen kaum gefallen. Was tun diese Befehlshaber, um die Gewaltbereitschaft ihrer Truppen zu erhöhen?"

Ebert: „Die militärischen Trainingsmethoden haben sich inzwischen erheblich verändert. So üben die Soldaten heute nicht mehr in ihrer Schießausbildung mit Schießscheiben, sondern mit Scheibenfiguren in Menschenform. Aber als das wichtigste Mittel zur Anerziehung der gewünschten Waffenanwendung wird eine ‚zielführende Propaganda' angesehen. Man ist bemüht, die eigenen Soldaten glauben zu machen, dass es sich auf der anderen Seite der Front überhaupt nicht um wahre Menschen handelt, sondern um Untermenschen, um Ungeziefer in Menschenform, um Leute, die eine Vernichtung unserer Welt vorhaben, und auf welche man deshalb auch schießen müsse. Man bemüht sich also, auf diese Weise bei den eigenen Soldaten ein nicht hinterfragbares ‚Gefühl der Pflicht zur Tötung' solcher Wesen aufzubauen."

SDZ: „Und dann macht schließlich wirklich ein jeder von ihnen mit?"

Ebert: „Nicht ein jeder, doch zumeist ein großer Teil. Und solches eher dann, wenn die Ausbilder es nicht mit bereits erwachsenen jungen Männern zu tun haben, die bereits eine gewisse eigene Lebenserfahrung besitzen, sondern man noch sehr jugendliche Rekruten einberufen hatte, etwa 16-jährige. Als man z.B. vor einigen Jahren im Kongo ganze Schulklassen entführte, dann alle diese entführten Jungen zu Kindersoldaten machte, sie in sehr frühem Alter auch in echte Gefechte führte, sie nachhaltig zum Töten der Gegner mit ihnen ausgehändigten Schusswaffen aufforderte, zögerten dennoch viele von ihnen, solchem Befehl sofort nachzukommen. Etwa ein Drittel dieser Jungen starb dann sehr schnell, vermutlich oft auch im Ergebnis einer Tötungsverweigerung ihrerseits. Die meisten der anderen von ihnen, jene, die dem ihnen gegebenen Tötungsbefehl ohne Verzug gehorcht hatten, überlebten zumeist ihr erstes Gefecht, wurden später zu blutrünstigen Kämpfern."

SDZ.: „Gibt es tatsächlich den kollektiven Tötungsrausch, der dann ein Übriges bewirkt?"

Ebert: „Dieser kollektive Rausch ist bei alledem wirklich ein sehr wesentlicher Faktor. Wenn in einer Kampfsituation alle um mich herum mit direktem Töten befasst sind, die bislang unter Kontrolle gehaltenen Gewaltfantasien auszuleben beginnen, dann wird es tatsächlich auch für mich immer wahrscheinlicher, mich diesem Sog zu fügen, mich am Tötungsgeschehen zu beteiligen. Bei großen Massakern waren am Ende zumeist tatsächlich alle hierfür Abkommandierten am Töten beteiligt."

SDZ.: „Sind tatsächlich alle Menschen für Derartiges erziehbar, selbst Mädchen und Frauen dazu fähig?"

Ebert: „Es hat sehr wohl durchaus fanatische Kämpferinnen gegeben. Dennoch – bei Jungen gibt es eine stärkere intrinsische Faszination für Kampf und Auseinandersetzung."

SDZ.: „Bedeutet ein ‚Blutrausch', dass von ihm Erfasste eine unzweideutige Lust am Töten empfinden?"

Ebert: „In unseren Feldstudien haben wir die teilnehmenden Männer danach befragt. Und von etwa jedem fünften Mann bekamen wir eine

Antwort, wie ‚ja, ich empfand die Situation, meine aktuelle Machtposition, das Niedermetzeln anderer, irgendwie als allgemein anregend, auch als sexuell anregend'. Jeder Zweite von diesen 20 % der Befragten hatte zudem eine spontane Erektion."

SDZ: „Sie meinten, nur etwa die Hälfte der erstmalig in ein Gefecht ziehenden Soldaten sei bei Unterbleiben intensiver propagandistischer Vorbereitung zur Tötung eines gegnerischen Soldaten wirklich bereit, die andere Hälfte neige in solchen Situationen zur absoluten Befehlsverweigerung. Könnten Sie bitte dieses Phänomen näher erläutern?"

Ebert: „In der Regel gilt ein Schießbefehl für alle Soldaten der betreffenden militärischen Einheit, und wohl fast alle erstmalig sich in einer solchen Situation Befindlichen haben nun Angst, diesen Befehl zu verweigern. Der Grund, weshalb sich nun die Gruppe teilt, in – ungeachtet der Strafandrohungen – eine Befolgung des Schießbefehls Verweigernde und in – andererseits – dem Befehlsdruck sich beugende Sofortgehorcher, dürfte weitgehend in unterschiedlichen bisherigen persönlichen Gewalterfahrungen der einzelnen Soldaten gegeben sein. Gab es bei einem jungen Mann in seinem bisherigen persönlichen Leben bereits sehr schlimme Gewalterfahrungen, war die Wahrscheinlichkeit groß, dass er den auch in ihm schlummernden ‚Antitötungsreflex' zunächst schnell überwindet, der ihm befohlenen Tötungsbeteiligung unverzüglich Folge leistet. Dennoch ist bemerkenswert – im Verlauf sich übermäßig lange hinziehender, ausufernder Gewalttaten durch mit sehr jungen Soldaten bestückten Exekutionskommandos haben sich öfters nachhaltige Veränderungen in dem Sinn ereignet, dass diese jungen Soldaten ihre weitere Beteiligung an der Erschießungsorgie schließlich kategorisch verweigerten. Erfahrenen Kommandostäben dürften diese ‚Risiken' nicht unbekannt sein. Jedenfalls wurden derartige Exzesse in den großen Gewaltauseinandersetzungen der letzten Jahrzehnte bevorzugt mit dem Einsatz langgedienter Berufskrieger begonnen, bei welchen zumeist kaum noch nennenswerte Hemmschwellen gegen eine Beteiligung an Massentötungen zu erwarten sind. Im Laufe der Zeit wurde dann der Druck auf alle anderen Soldaten immer größer, auch auf alle Rekruten, ebenfalls ‚mitzumachen'. Gemäß dieses Modus sind bisher fast alle langdauernden militärischen Kriege eskaliert – subjektive Gefühle eines gelegentlichen Blutrausches erfassten immer mehr Krieger. Am Ende beseitigte oft gegenseitiger Hass alle Zurückhaltung gegenüber dem Gegner."

Die wichtigste Aussage des vorstehenden Interviewauszuges ist in der Feststellung einer bei jungen Männern heutzutage großenteils vorhandenen sehr erheblichen mentalen Hemmschwelle gegenüber der Ausführung von obrigkeitlich erlassenen Tötungsbefehlen zu sehen. Darauf dürfte man bei einem gesamtgesellschaftlich vertretenen Gebot einer grundsätzlichen Tötungsverweigerung mit erfreulichem Erfolg aufbauen können.

Die letzten Sätze im Interview mit Thomas Ebert sollten uns hierbei im Besonderen motivieren.

WENN DIE MENSCHHEIT ES NOCH RECHTZEITIG LERNT, IHRE SELBSTVERNICHTUNGSIMPULSE UNTER EINER ZUVERLÄSSIGEN KONTROLLE ZU HALTEN, DÜRFTE – IN DER TENDENZ – EIN JEDER MENSCH DANN EIN TATSÄCHLICH SELBSTBESTIMMTES LEBEN FÜHREN KÖNNEN, FÜR DIGNITATUS EINE EXISTENZ ABSOLUT NEUEN CHARAKTERS CHARAKTERISTISCH WERDEN. DENN ENERGIE KANN – DANK „SONNE UND WIND" – RECHT BALD IM ÜBERFLUSS VERFÜGBAR SEIN, UND HINSICHTLICH DER INFORMATIVEN ERFORDERNISSE SIND DIE TECHNISCHEN VORAUSSETZUNGEN HIERFÜR BEREITS HEUTE GEGEBEN.

IN JENER ABSOLUT NEUEN ZUKUNFTSWELT DÜRFTE DOMINANTES HAUPTPROBLEM DER MENSCHHEIT DAS AUFRECHTERHALTEN EINER FÜR DIESE WELT ANGEMESSENEN MENTALEN VERFASSTHEIT DES ZUKÜNFTIGEN DIGNITATUS WERDEN.

So weit der optimistische Blick in die Zukunft.

Er sollte uns im Verlauf der nächsten Jahrzehnte erhalten bleiben, leiten, stärken, führen. Denn es werden vermutlich Jahrzehnte eines vielfältigen Umbruches werden, mit vielen neuartigen Voraussetzungen, von denen manch Vertrautes, Gewohntes infrage gestellt, nicht selten heute noch Essenzielles unhaltbar werden wird.

Hierbei sind insbesondere die folgenden vier Faktorenbündel wirksam:

1. die nicht mehr aufhaltbaren Veränderungen klimatischer Natur,
2. die zunehmende Erschöpfung diverser natürlicher materieller Ressourcen,
3. demografische Prozesse höchst unterschiedlicher Art,
4. die Konsequenzen einer vielgliedrigen wissenschaftlich – technischen Revolution.

Ungeachtet der hintergründigen globalen Machtposition des „Großen Geldes“ – die realwirtschaftliche Produktion, das alltägliche Leben der Menschheit, das Entfalten und Verkümmern kognitiver Potenziale, alles biologische Sein und Werden, alles das spielt sich auf dem Boden unserer Erde ab, deren Territorien nationalstaatlich gegliedert und verwaltet sind.

SOMIT FÄLLT FÜR DIE KONKRETE GESTALTUNG MENSCHLICHEN LEBENS DEN ORGANISATIONEN DES STAATES EINE GEWALTIGE WIRKMACHT ZU.

Wenden wir uns deshalb nunmehr – in sehr gedrängter Form – den Potenzialen der heutzutage das Weltenbild bestimmenden staatlichen Formationen zu, beginnend mit einigen Zahlenreihen über die diesbezügliche realökonomische Verfasstheit auf unserem Globus. Wobei niemals aus dem Auge gelassen werden darf, dass auch diese Statistiken keineswegs völlig frei von den permanenten Einflüssen abstrakter Wertanmutungen sind, die – wie an anderer Stelle besprochen – beispielsweise im Börsenleben eine große Rolle spielen.

Bemühen wir uns zunächst um einen Überblick hinsichtlich der prozentualen Verteilung der Weltproduktion. Nach Aussage des Wirtschaftsjournals „EURO – das Magazin für Wirtschaft und Geld“ waren im September des Jahres 2022 die wirtschaftlich stärksten zehn Staaten der Welt am gesamten globalen Wirtschaftsaufkommen mit den folgenden Prozentanteilen beteiligt.

1. USA	24,7 %
2. CHINA	17,8 %
3. JAPAN	6,0 %
4. DEUTSCHLAND	4,5 %
5. GROSSBRITANNIEN	3,3 %
6. INDIEN	3,1 %
7. FRANKREICH	2,3 %
8. ITALIEN	1,9 %
9. KANADA	1,9 %
10. RUSSLAND	1,8 %

Die wirtschaftliche absolute Dominanz der USA und Chinas ist überdeutlich – nach „Euro" erwirtschaften sie zusammen 42,5 % der gesamten globalen Produktionsleistung. Die drei wirtschaftlich in der EU führenden Staaten – Deutschland, Frankreich und Italien – kommen hingegen zusammen hier auf einen Anteil von nur 8,7 %.

Noch deutlicher ist insbesondere das US-amerikanische Übergewicht im speziellen Bereich der Finanzwirtschaft – 44 % des „Warenkorbes" des „Internationalen Währungsfonds" werden derzeit in US-Dollar „gewichtet". Der chinesische Yuan ist dort mit einem Anteil von immerhin 12 % notiert, mit leicht steigender Tendenz.

Ein Blick auf diese Zahlen lässt wohl kaum Zweifel darüber aufkommen, wer in den nächsten Jahrzehnten das globale Wirtschaftsleben in zähem gegenseitigem Wettbewerb dominieren wird, stets nach Kräften bemüht, seine Dominanz nach Möglichkeit weiter auszubauen – die USA und China.

Alle anderen Staaten werden, mit großer Wahrscheinlichkeit, bemüht sein müssen, sich zu diesen beiden absoluten marktökonomischen Dominatoren ein partnerschaftliches Verhältnis zu sichern, um ihren eigenen Entwicklungsweg erfolgreich absolvieren zu können. Wobei es in speziellen Sektoren des Wirtschaftslebens sicherlich gelegentlich auch andere „Champions“ geben kann, worauf näher einzugehen hier kaum der Platz ist.

Zur Verdeutlichung und Differenzierung dieser Aussagen sei noch ein Blick auf drei kleine Zahlenblöcke gestattet. Es handelt sich dabei um statistische Aussagen zu speziellen Sachverhalten von erheblicher Bedeutung für länderbezogene prognostische Einordnungen. Wir beschränken uns dabei auf die Werte der sich im internationalen Vergleich jeweils an der Spitze der statistischen Tabellen befindlichen Staaten. („Kosmos–Weltalmanach“, 2023)

Investitionssummen ausländischer Investoren, in Mrd. US–$ (2021)	Prozentanteil an der gobalen Bergbauproduktion (2020)	Prozentanteil an der globalen Reserve von Seltenen Erden (2020)
USA 367	China 25,2	China 37
China 181	USA 12,2	Vietnam 19
Honkong 141	Russland 8,9	Brasilien 17
Singapur 99	Australien 7,6	Russland 17
Kanada 60	Indien 6,0	(Mongolei?)
Brasilien 50	Indonesien 4,3	

Die obigen Statistiken bestätigen – China hat offensichtlich „sehr günstige natürliche Voraussetzungen“, um seinen weltpolitischen und weltökonomischen Aufstieg auch weiterhin fortzusetzen. Vom „Großen Geld“ werden allerdings die USA bislang eindeutig favorisiert. Hinsichtlich für neue High-Tech-Industrien wichtiger „seltener Erden“ sind ihre Reserven aber „schmal“.

Und welche Folgerungen ergeben sich aus den letzten Textseiten für den europäischen Kontinent und seine Bewohner? Wohl vor allem die Einsicht, dass sich der erlangte Wohlstand dieses Erdteils nicht im Selbstlauf zeitlich unbefristet weiterhin erhalten dürfte, sondern nur dann, wenn nicht nur die Klimakatastrophe und der atomare Weltkrieg vermieden werden, sondern die Europäer ihre in den letzten vergangenen Jahrhunderten belegten intellektuellen Reserven zu mobilisieren verstehen und die begonnene große wissenschaftlich-technische Revolution an der Seite anderer „Meister der Zeitgeschichte“ mit Energie und Verstand erfolgreich zu absolvieren vermögen.

Beschäftigen wir uns deshalb zum Abschluss dieses Buches über Dignitatus und seinen Weg durch die Geschichte, in extrem geraffter Form, mit der vermutlich langfristig entscheidenden Schicksalsfrage der Menschheit – mit unseren Aufgaben in Hinblick auf die Ausbildung und Erziehung unseres Nachwuchses.

KERNELEMENT DER ERZIEHUNG UND BILDUNG DES MENSCHEN VON MORGEN MUSS SEINE CHARAKTERLICHE DIALEKTISCHE PRÄGUNG SEIN. ES GILT, IHM EINE TIEF VERINNERLICHTE ÜBERZEUGUNG VOM DIALEKTISCHEN ALS WESENSKERN ALEN SEINS ZU VERMITTELN.

Was ihm dann im alltäglichen Leben eine zuverlässige Handlungsorientierung vermitteln soll. Eine erhebliche Unterstützung hierbei darf man von der im Schulunterricht zu erbringenden Vermittlung solider naturwissenschaftlicher und technischer Grundkenntnisse erwarten und ihrer die allgemeine Denkarbeit und lebenspraktische Qualitäten fördernden Wirkung.

DENKSCHULUNG ERBRINGT DENKVERMÖGEN UND DIE SPÄTER DANK EINES SOLCHEN ERLANGTEN ERFOLGSERLEBNISSE STABILISIEREN EINE REALITÄTSBEZOGENE LEBENSFÜHRUNG UND BEHINDERN NACHHALTIG DAS ENTGLEITEN IN DESTRUKTIVE TRAUMWELTEN, DESGLEICHEN IN GEWALTFANTASIEN.

Letztere sind für die gesamte psychophysische Gesamtbefindlichkeit auch deshalb gefährlich, weil sie – irritierend – bei misslicher persönlicher Lebenslage öfters als sinnverwirrende „Befreiung“ empfunden werden, mit katastrophalen Verhaltensfolgen.

Schließlich darf man durch einen „klaren Verstand“ auch das Erlangen eines jeweilig adäquat zeitbezogenen Zuganges zum Beziehungsgeflecht zwischen den beiden menschlichen Urtrieben erhoffen, dem Streben nach Selbsterhalt bei gleichzeitigem Streben nach menschlichem Gruppenerhalt, was dann dem jeweils existenten Menschengeschlecht eine existenzbejahende Befriedung seiner uralten „ewigen“ Sehnsucht zu erbringen verspricht und unserem „Dignitatus“ eine noch sehr lange währende Existenz erbringen möge!

Wer es mag, kann sich zur Vergewisserung seines Lebenszieles ein persönliches „Lebensmotto“ geben. Ich habe meines auf dieser letzten Seite dieser Niederschrift abdrucken lassen.

MEIN LEBENSMOTTO?

TRÄUME UND WIRKE!

HABE WÜNSCHE UND STREBE IHRE ERFÜLLUNG AN, DOCH AKZEPTIERE DIE WELT, WIE SIE NUN EINMAL IST. SIEH ES ALS HERAUSFORDERUNG AN DEINE FERTIGKEITEN AN, SIE ZU ERKENNEN UND MITZUGESTALTEN.

GENIESSE DEINE ERFOLGE HIERBEI!

UND DENKE DABEI STETS DARAN: DU BIST EIN TEIL DES GANZEN, DESSEN ERHALT UND GEDEIHEN AUCH DU ALS LEBENSPFLICHT ANERKENNEN MUSST, ALS MORALISCHEN IMPERATIV, GÜLTIG IM GROSSEN WIE IM KLEINEN, INSBESONDERE GEGENÜBER DEINEN NÄCHSTEN, DEINEN FREUNDEN, NACHBARN, SCHICKSALSGEFÄHRTEN.

VERLIERE DICH NIE IN UNFRUCHTBARER WEHMUT. UND NOCH ETWAS: STEHE ZU DEINEM WERK! VERLIERE NIE DEN STOLZ AUF DEINE LEISTUNG, DENN SIE RECHTFERTIGT DICH VOR DIR SELBST!

NACHBEMERKUNG

Dieses Buch ist die singuläre Leistung eines kurz vor seinem 90. Lebensjahr stehenden, an den Belangen von Archäologie und Historiografie lebenslang interessierten Laien, wobei mich meine liebe Ehefrau stets sehr unterstützt hat, vor allem durch qualifiziertes Korrekturlesen.

In diesem Sinne ist die nun vorgelegte „Story“ des menschlichen Entstehens und Reifens auch Ergebnis einer Selbstreflexion meines bislang gelebten Lebens, mit den Erfahrungen des Zweiten Weltkrieges, der damaligen Nachkriegszeit im Osten Deutschlands, der 40 Jahre DDR, der Turbulenzen in den Wendejahren 1989 bis 1993 und der letzten drei Jahrzehnte. Es war ein Leben mit Erfolgen und steilen Aufstiegen, mit Niederlagen und schroffen Abstürzen, mit wissenschaftlichen Ehrungen, Rotkreuz-Präsidentschaften und mit Stasi-Verfolgungen wegen des Verdachtes begangenen Geheimnis- und Landesverrates.

Das nunmehr vorgelegte Buch ist ein Werk mit allen Vorzügen und Nachteilen eines solchen Entstehungsmodus.

Bei allem Bemühen um sachliche Richtigkeit ergeben sich dann im Zusammenhang mit auf diese Weise gewährleisteter Authentizität auch erhebliche subjektivistische Tönungen alles Beschriebenen und Geschilderten, wohl eine hinlänglich geschlossene „Story“, aber auch Risiken von Unausgewogenheit, Nichtbeachtung von Wichtigem, Vernachlässigung von sehr Wesentlichem und letztlich wohl auch die eine oder andere unbeabsichtigte Unrichtigkeit.

Wie auch immer – der Text soll zum Denken anregen, zur Entwicklung der eigenen Meinung über grundlegende Geschehnisse der Vergangenheit, und zu konstruktiv-kritischer Position gegenüber persönlich Erlebtem, dem täglichen Geschehen des eigenen Lebens.

Siegfried Akkermann

ANHANG

Zur Verdeutlichung der die Menschheit aktuell bedrohenden vitalen Gefährdungen seien der breit angelegten Collage des vorstehenden Buchtextes drei Auszüge aus kürzlichen Veröffentlichungen als Anhang beigefügt.

Im NATO-Planspiel ‚Wintex 89' wurde Deutschland Schauplatz eines ‚begrenzten Atomkrieges'. Dieser hätte Hunderttausenden Deutschen den sofortigen Tod gebracht, das historische Kernland Europas atomar verseucht und Millionen weiterer Menschen zu langsamem, extrem schmerzhaftem Tod verurteilt. Und es hätte die Gefahr bestanden, dass dieser lokale Atomkrieg schließlich den Dritten Weltkrieg auslöst.

Schon vor Beginn der Übung war das ‚Drehbuch' von ‚Wintex 89' an die Presse durchgesickert.

Wir zitieren hieraus.

„Im Morgengrauen des 24.2.1989 rollen Tausende Panzer des Warschauer Paktes über die Grenzen der Bundesrepublik – auf breiter Front, von der Ostsee bis hinunter zur tschechoslowakischen Grenze.

Der Hauptangriff erfolgt über die norddeutsche Tiefebene mit einem zweiten Vorstoß Richtung Frankfurt. Zunächst gelingt es westlichen Panzerkräften, den Feind trotz einer Flut von Flüchtlingen in Schach zu halten. Dann jedoch setzt der Kreml in Großbritannien und Norddeutschland Giftgas ein.

Ab 5.3.1989 beginnt der Widerstand der alliierten Streitkräfte zu brechen, und die NATO autorisiert den Einsatz von taktischen Atomwaffen. Die Sowjets lassen sich aber nicht abschrecken, setzen ihre Angriffe fort. Folglich unternimmt die NATO nun am 9.3.1989 einen zweiten, dieses Mal massiven Atomschlag mit 25 Atombomben und Atomraketen, die zu einem Drittel in der Bundesrepublik gestartet werden. Die Sowjetführung antwortet mit den gleichen Mitteln.

Ein atomarer Feuersturm verschlingt den größten Teil der Bundesrepublik und der DDR. Dann breitet sich die atomare Strahlung auch nach Polen, der Tschechoslowakei, selbst nach Ungarn aus."

Ende des Zitats.

(Kristina Spohr: „Wendezeit – die Neuordnung der Welt nach 1989“; Pantheon, 2021)

Aber nicht nur existenzielle kriegerische Gefahren sind auch heute noch sehr virulent. Gleiche Beachtung müssen wir dramatischen Folgen von durch Menschenhand ausgelösten Zerstörungen in den Bereichen von Umwelt und Natur schenken. Und dabei dem Geschehen im erdnahen kosmischen Raum zunehmende Aufmerksamkeit geben.

„Es ist eine Revolution im Weltraum. Umrundeten im Jahr 2010 noch weniger als 1.000 aktive Satelliten die Erde, sind es heute – im Jahr 2023 – schon mehr als 5.000 Und in wenigen Jahren könnten es mehr als 100.000 Satelliten sein.

Allein ‚Space-X‘, das Raumfahrtunternehmen von Elon Musk, hat in den vergangenen drei Monaten mehr als 3.800 Satelliten in das All geschossen. Jeder von diesen hat ein Gewicht von knapp 300 Kilogramm. Dieses ‚Netz der ersten Generation’ plant Elon Musk, der z.Z. vermutlich zweitreichste Mensch der Welt, bis 2027 auf 12.000 Satelliten auszubauen. Das ist indessen keineswegs das Ende der aktuellen Entwicklung – gegenwärtig lauft bereits das Genehmigungsverfahren für weitere 22.500 Satelliten.

Die vielen Satelliten kreisen in mehreren Lagen unterschiedlicher Entfernung von der Erde um diese. Sie bilden dabei ein Netzwerk, welches Internetdatenpakete untereinander weiterleitet und selbige schließlich auf nahezu jeden Flecken unserer Erde zu senden in der Lage ist.

In der erdnächsten Umlaufbahnlage, ‚Low Earth Orbit (LEO)’ genannt, ist schon heute mächtig was los. In Höhen zwischen 200 und 2.000 Kilometern über der Erde schwirren dort mittlerweile kaum noch exakt zählbare Massen von ‚Objekten’ herum, neben Hubbleteleskop, ISS und vielen Musk-Satelliten auch Unmassen von Weltraumschrott.

Bislang beschränkt sich das komplette Angebot von Musks Breitband-Satelliten-Internet zwar nur auf etwa 40 Länder in Nordamerika und Europa, wo die eine Million Kunden leben, von denen laut ‚Space-X‘ dieses Netzwerk für eine Gebühr von 80,– Euro im Monat bereits genutzt wird. Doch in baldiger Zukunft dürfte hier ein gewaltiger Zuwachs eintreten. Aber nicht überall und bei allen stößt diese derzeitige Entwicklung auf

Gegenliebe, aus unterschiedlichen Gründen. Gehen wir in Kürze auf den vermutlich bedeutendsten kurz ein, auf das durch die Satelliten des Elon Musk kaum noch zuverlässig zu beherrschende Kollisionsrisiko der diversen im Orbit kreisenden Materialien, insbesondere in den erdnahen Satellitenumlaufbahnen zwischen 300 und 600 Kilometer Entfernung von der Erde.

Was bei einer Satellitenkollision zu erwarten ist, konnte bereits im Jahr 2009 beobachtet werden. Damas stießen der ausgediente russische Militärsatelit ‚Kosmos 2251' und der US-amerikanische Telekommunikationssatellit ‚Irridium 33' mit einer Geschwindigkeit von etwa 12 km pro Sekunde aufeinander. Dieser Zusammenstoß erzeugte eine riesige kosmische Trümmerwolke. Noch zwei Jahre später registrierte die NASA dort 2.000 größere Trümmerteile. Eines davon raste wenig später nur 120 Meter entfernt an der ISS vorbei.

Jenes Ereignis rief in der ‚Raumfahrerwelt' den Kessler-Effekt in Erinnerung, das absolute Schreckensszenario der Satellitenwelt.

Bereits am Ende der 70er-Jahre warnte der Astronom Donald Kessler vor einer möglichen Kettenreaktion nach solchen Kollisionen im All – bei der ersten Kollision entstandene Trümmerteile bewirken neue Kollisionen, selbige eine zweite derartige Zerstörungswelle, jene eine dritte, und so weiter und so fort.

Ein solches exponentielles Geschehen kann somit dramatische Zerstörungsfolgen entwickeln, mit dem Endresultat der Umwandlung großer Satellitenmengen in eine erdnah im Orbit rotierende Wolke aus Satellitentrümmern, mit einer somit annähernd totalen Verunmöglichung jeglicher weiterer humaner Raumfahrt. Auslöser derartiger Erstkollisionen in erdnahen Satellitenbahnen können zeitweilige Intensivierungen der solaren Strahlung sein, sog ‚Sonnenstürme'. Im Februar des Jahres 2022 führte ein solcher dazu, dass sich die äußere atmosphärische Hülle der Erde zeitweilig erheblich aufheizte, sodass 38 von 42 in dieser Zeit gestarteten Satelliten wieder abstürzten – sie waren dem erhitzungsbedingt erhöhten Luftwiderstand in den atmosphärischen Randzonen nicht gewachsen.

Hochproblematisch kann es werden, wenn auf erdferneren Bahnen Satelliten ausfallen und führungslos durch den Orbit taumeln, wie der bereits erwähnte ‚Kosmos 2251'. Künftig dürfte solches häufiger passieren

– die nunmehr dominierenden Geräte der Starlink-Serie sind im Vergleich mit den Hunderte Millionen Euro teuren Telekommunikationssatelliten billige Massenware und dementsprechend störungsanfälliger. Schon heute sind mehr als 300 aller bislang von Elon Musk in das Weltall geschossenen Satelliten – aus verschiedenen Gründen – ‚nicht mehr operativ'.

Derzeit umrunden 20.000 Trümmerstücke die Erde, die mehr als 10 Zentimeter groß sind. Bei den im Orbit zu erwartenden Bewegungsgeschwindigkeiten entfalten auch zentimeterkleine Teile zumeist die Wirkung derzeit üblicher militärischer Handgranaten.

„Für ein System wie den Erdbeobachtungssatelliten TerraSar-X haben wir drei bis vier kritische Annäherungen pro Jahr", sagt Gerald Braun, ziviler Leiter des Weltraumlagezentrums der Deutschen Bundeswehr im niederrheinischen Uedem. „Wir warnen dann die Betreiber vor einer Kollision und empfehlen ihnen, ein Ausweichmanöver zu fliegen."

„Das Unbehagen über die ungebremste Ausbreitung im All durch einige wenige Unternehmer beschränkt sich heute nicht mehr auf wissenschaftliche Communitys und auf wirtschaftliche Konkurrenten, sondern bekommt zunehmend einen politischen Charakter.

Unternehmer wie Elon Musk streben nicht nur wirtschaftlich nach monopolartigen Positionen im Weltraum, sondern sie spielen auch zunehmend eine aktive geopolitische Rolle, z.B. im gegenwärtigen Krieg zwischen Russland und der Ukraine, sowie im Iran."

(Peter M. Schneider: „Der geraubte Himmel"; Süddeutsche Zeitung, 11./12. März 2023)

Zum Dritten sei schließlich ein längerer Auszug aus einem von Stefan Stosch mit dem Titel „Im Geld schwimmen" publizierten Artikel über das Leben der Milliardärskaste im Verlauf der letzten Corona-Epidemie erlaubt, in der „Ostseezeitung" vom 15./16. 4. 2023.

„Für die meisten Milliardäre verliefen die vergangenen Jahre entspannt – denn Superreiche mehren ihren Besitz in Krisenzeiten. Die kapitalismuskritische Hilfsorganisation ‚Oxfam' hat nachgerechnet, dass sie ihr Vermögen während der kürzlichen Corona-Krise zum Teil verdoppelten. Demnach kamen die immensen staatlichen Wirtschaftshilfen vorrangig jenen zugute, die von steigenden Aktienkursen profitierten. Das US-Magazin ‚Forbes' verzeichnete in den beiden Pandemiejahren 573 neue Milliardäre.

Offensichtlich ähnelte die Pandemie für Superreiche einem Goldrausch, für viele Normalbegüterte brach hingegen jede finanzielle Sicherheit zusammen.

Das beschleunigte Auseinanderdriften von Reichen und Armen hatte Konsequenzen – auch für die Reichen.

Im November 2022 meldete der Luxuskonzern ‚LVMH', dass seine teuersten Champagnerflaschen zur Neige gingen – Top-Marken würden knapp werden, ihre Produktion müsse nun angekurbelt werden.

Dieser Konzern, zu dem Edelmarken wie ‚Louis Viutton', ‚Dior' oder ‚Tiffany' gehören, generiert drei Viertel seiner Einnahmen bei den Superreichen. – Bernard Arnault, Chef von ‚LVMH', eroberte im Jahr 2022 im Ranking der Multimilliardäre den ersten Platz, vor dem bis dahin führenden Tesla-Chef und potenziellen Mars-Eroberer Elon Musk.

Der französische Soziologe und Politikwissenschaftler Gregory Salle hat hierzu einen angriffslustigen Essay mit dem Titel ‚Superjachten, Luxus und Stille im Kapitalozean' verfasst. Für ihn sind die schwimmenden Paläste ein Symbol dafür, dass ‚der Exzess zum Kennzeichen unseres Zeitalters' geworden ist. Er spricht von einer ‚unvertretbaren Vermögenskonzentration' in einem ‚schwindelerregenden Ausmaß'. Die ‚finanziell Glücklichen' seien kaum noch in demokratische Entscheidungsprozesse eingebunden. Sie ‚machen ihr eigen Ding'.

Während der Corona-Epidemie hat auch der Markt der Superjachten einen ungeahnten Aufschwung erlebt – die Werften mit dem für ihren Bau benötigten speziellen Leistungsvermögen verweisen neue Kunden inzwischen auf die Warteliste. Wo auch sonst könnte man sich so angenehm distinguieren wie auf diesen Schiffen!

Schon vor den Coronazeiten lagen, nach Schätzungen anlässlich der ‚Monaco Jacht Show', dort Schiffe im Wert von mehr als vier Milliarden US-Dollar im Hafen.

Es soll unter ihnen Jachten geben, in denen – bei Bedarf – aus manchen Duschen edler Champagner perlt. Andere verfügen sogar über Raketenabwehrsysteme oder gleiten dank ausgeklügelter Spiegeltechniken beinahe unsichtbar über die Weltenmeere.

Für ihre Besitzer spielt es keine Rolle, wenn ein Volltanken mit 1,5 Millionen US-Dollar veranschlagt werden muss, auch wenn man die Betriebskosten seiner Jacht durch ihre Registrierung auf den Bermudas oder den Cayman-Islands sehr wohl niedrig zu halten versteht. Und dem verschärften europäischen CO2-Handel, der letztlich einer Klimasteuer entspricht, unterliegen Privatjachten genau so wenig wie die Privatjets der Milliardärskaste.

In den Jachten manifestiert sich – so Salle – all das, was unsere Epoche charakterisiere, nämlich die rasante Zunahme der wirtschaftlichen Ungleichheit, die Beschleunigung der ökologischen Katastrophe und der Fortbestand juristischer Ungerechtigkeiten.

Es ist schon sehr verwunderlich, wieso derartige Superreiche nicht längst auf moralischen Anklagebänken schmoren müssen und nicht zumindest angesichts der durch sie ständig verursachten Umweltkosten ökonomisch zur Kasse gebeten werden.

Das ‚World Inequality Lab', eine Denkfabrik um den französischen Ökonomen Thomas Piketty, hat Datenmaterial veröffentlicht, das seitens der taz für Deutschland aufbereitet worden ist. Demnach liegen hier die seitens des reichsten 0,001-%-Anteils seiner Bevölkerung pro Kopf und Jahr verursachten Emissionen etwa bei einem Tausendfachen des deutschen durchschnittlichen Pro-Kopf-Emissionsvolumens.

Das rechtfertigt voll und ganz die Aussage – charakteristische Superreiche sind weit überdurchschnittlich an der Zerstörung unseres Planeten beteiligt.

Mit der Beliebtheit von privaten Jet-Flugzeugen verhält es sich ähnlich wie mit der Beliebtheit privater Luxusjachten. Die Zahl der Privatflüge nimmt ständig zu, selbst auf solchen Kurzstrecken wie zwischen Hamburg und Sylt. Im Jahr 2022 haben von deutschen Flughäfen so viele Privatmaschinen abgehoben wie bisher in keinem anderen Kalenderjahr.

Zusammenfassend wird vom Politologen konstatiert:

„Die Welt der Superreichen ist Paradebeispiel für heutige atemberaubende Taschenspielertricks, speziell für die den Reichsten gegebenen und dann auch von ihnen genutzten Möglichkeiten, sich von gesellschaftlichen und umweltbezogenen Kosten weitestgehend zu befreien. Durch sie verursachte derartige Kosten wälzen sie auf andere gesellschaftliche Gruppen ab, darunter auch – ohne jede Scham – auf die Angehörigen ärmster Bevölkerungsschichten.“

PS. Das durch extremen Reichtum entstandene spezielle Lebensmilieu isoliert diese Menschen letztlich zunehmend von der Lebenswirklichkeit ihrer Mitmenschen, was sie dann zu einer zunehmenden Unfähigkeit verurteilt, das durch sie dirigierte viele Geld umfassend für die gesellschaftlich erforderlichen Zwecke tatsächlich wirksam werden zu lassen.

Für die Gesellschaft in ihrer Gesamtheit ergeben sich hierdurch enorme spezielle Risiken.

NACHRUF

Die an dieser Stelle folgenden Zeilen, dem langen Text dieses Buches über menschliches Werden und Sein „im letzten Moment“ vor seinem Druck nachgefügt, hätte der Autor gerne seinen Lesern und sich selbst erspart. Er fühlt sich jedoch verpflichtet, es nicht zu unterlassen, darauf hinzuweisen, dass manche von ihm getätigte optimistische Aussage über die voraussichtliche menschliche Zukunft durch das Geschehen in allerletzter Zeit erheblich an Relevanz verloren hat.

So hat ihn eine Aussage von CINDY McCAIN, kürzlich in ihr hohes Amt berufene Chefin der Welthungerhilfe, emotional sehr erfasst. Entgegen einem längeren Trend sich reduzierender Zahlen von auf unserem Globus extremem Hunger ausgesetzten Menschen begann dieser sich im Jahr 2020 zu „drehen", um dann in den letzten beiden Jahren – 2021 und 2022 – eine Verdreifachung der im globalen Maßstab ihrem Hungertod Ausgesetzter zu belegen.

(„Die Zeit“ 25, 2023)

FAZIT:
Wenn es uns nicht gelingt, alsbald dem rücksichtslosen Dominanzstreben global einen Riegel vorzuschieben und die bereits begonnene Klimakatastrophe auszubremsen, droht der Menschheit ein bislang nie erlebtes Debakel.

Siegfried Akkermann; Kritzmow bei Rostock,
im Juni 2023

… Alle erkennbaren Probleme, denen die Welt gegenübersteht,
sind militärisch *nicht* lösbar.“ (Egon Bahr) …

ZYKLUS
DES NARRATIVE DES HUMANEN
SCHÖPFUNGSGESCHEHENS
(Das „Menschliche Schöpfungsdreieck“)

ENTWICKLUNG ERBRINGT
DURCH LAUFENDE QUALIFIZIERUNG DES PRODUKTIONSGESCHEHENS STRATIFIZIERUNG IN DEN PRODUKTIONSZWEIGEN

STRATIFIZIERUNG ERBRINGT
DURCH ZUNEHMENDE EFFEKTIVITÄTS- UNTERSCHIEDLICHKEIT DER MATERIELLEN PRODUKTION WACHSENDE GESELLSCHAFTLICHE HIERARCHISIERUNG

WACHSENDE HIERARCHISIERUNG ERZWINGT
DURCH REDUZIERUNG DES LATENTEN HOMOGENISIERUNGSDRUCKES NEUE ENTWICKLUNGSIMPULSE

DER GESELLSCHAFTLICHE LATENTE HOMOGENISIERUNGSDRUCK
IST DER – NEBEN DEM OSZILLIERENDEN ENTWICKLUNGSGESCHEHEN – ZWEITE GENERALFAKTOR GESELLSCHAFTLICHER HUMANER EXISTENZ, IM SINNE DER DIALEKTIK DES HUMANEN SEINS.

Siegfried Akkermann
12.2.2024

DER ERREICHTE STAND
DER BEREITS ENTWICKELTEN MILITÄRISCHEN VERNICHTUNGSPOTENTIALE MACHT ZWINGEND EINE „REVOLUTION DER HERZEN UND IM WESEN DES STAATES" ERFORDERLICH, UM DIE AUSLÖSUNG DES UNTERGANGES DER MENSCHHEIT ZU VERHINDERN.

In Anlehnung an
Raymond Aron,
im Jahr 1983 verstorbener französischer Philosoph

(zit.in
Tim Marshall
„The Future of Geography", 2023)

APPENDIX

Eine autobiografische Lebensskizze

2024

Verehrter Leser!

Diesen als „Appendix“ titulierten Zusatz habe ich auf Anraten von mir sehr geschätzter und vertrauter Leser formuliert und als Anhang den bisherigen 585 Seiten der „Ewigen Sehnsucht“ angefügt.

Der Hauptgrund hierfür ist meine weitgehende Unbekanntheit bei der Leserschaft in jenen Bundesländern, die sich bereits im Jahr 1949 zur deutschen Bundesrepublik vereinigt haben. Auf dem Gebiet der DDR war ich noch in den 1990er-Jahren der Mehrheit ihrer einstigen Bürger im Ergebnis meiner dortigen Rot-Kreuz-Präsidentschaft in den Jahren 1981 bis 1987 zumindest nicht völlig unbekannt.

Wer bin ich also und was bin ich in der Vergangenheit gewesen?
In aller Kürze – ich bin heute ein alter Mann, in seinem zehnten Lebensjahrzehnt stehend, der auf ein bewegtes Leben mit Höhen und Tiefen zurückblickt.
Ich bin ein gebürtiger Deutsch-Balte.

Während meiner ersten Lebensjahre besaß ich nicht die deutsche, sondern die lettische Staatsbürgerschaft. Väterlicherseits entstamme ich den alteingesessenen Kaufmanns-, Fernhändler- und Handwerksmeisterkreisen der alten, damals immer noch stark deutsch geprägten einstigen Hansestadt Riga, mütterlicherseits dem altpreußischen Großbauerntum des nördlichen Ostpreußens und Süd-West-Litauens.

Mein Großvater väterlicherseits betrieb bis in die Zeiten des Ersten Weltkrieges in Riga eine Theater- und Konzertagentur, war der Sohn eines Bäckermeisters.

Mein Großvater mütterlicherseits war Schuldirektor, ehrenamtlicher Kantor einer evangelisch-lutherischen Kirchgemeinde und am Ende seines Lebens gewählter Abgeordneter des ersten litauischen Landesparlamentes der Zwischenkriegszeit.

Meine beiden Eltern, 1900 und 1901 geboren, hatten in sehr jungen Jahren noch die Hochschulreife des russischen Zarenreiches erlangt. Die heutigen baltischen Staaten waren bekanntlich bis Ende des Ersten Weltkrieges Provinzen des Zarenreiches.

Die russische Oktoberrevolution des Jahres 1917 wurde von ihnen als immatrikulierte Studenten von St.-Petersburger Hochschuleinrichtungen erlebt. Mein Vater stand am Beginn eines Elektrotechnik-Studiums, meine Mutter studierte Brückenbau.

Kurz nach 1920 gelang ihnen die Ausreise aus dem ökonomisch zerrütteten Sowjetreich in ihre selbstständig gewordenen baltischen Geburtsländer, wo damals jedoch eine Fortsetzung ihres Hochschulstudiums unmöglich war. Mein Vater wurde schließlich Werkmeister einer Fabrik zur maschinellen Herstellung textiler Spitzenware und von textilen Posamenten, meine Mutter Lehrerin.

Zu Beginn der 30er-Jahre, nach Abschluss ihrer Berufsausbildung und der Erlangung sicherer Arbeitsplätze, engagierten sich beide ehrenamtlich in der pädagogischen Theaterarbeit deutscher Schulen im Baltikum. Man kam sich dort persönlich näher, 1934 wurde geheiratet.

Und zu Beginn des Jahres 1935 wurde ich geboren, in der nordlitauischen Stadt Schaulen. Heute gelte ich in dem inzwischen zur Großstadt gewachsenen Schaulen offiziell als einer der „bedeutendsten Söhne der Stadt“.

Im Zusammenhang mit dem kurz zuvor geschlossenen ominösen „Hitler-Stalin-Pakt“ übersiedelte ich, zusammen mit meinen Eltern, im Herbst des Jahres 1939 in das damalige „Deutsche Reich“.

Kurz vor Jahresende, im Dezember 1939, erhielten wir die deutsche Staatsbürgerschaft und gaben unsere bisherige lettische Staatsbürgerschaft ab.

Über unsere Integration hierzulande möchte ich mich hier nicht näher äußern. Jedenfalls konnten wir im Zusammenhang mit dem Ende des Zweiten Weltkrieges, im deutschen Schicksalsjahr 1945, im schönen mecklenburgischen Ostseebad Kühlungsborn auf Dauer Fuß fassen.

Da Mecklenburg über keinerlei nennenswerte Textilfabrikation verfügt, entschloss sich mein Vater schließlich – nunmehr am Ende seiner Vierziger-Lebensjahre – eine ihm angebotene pädagogische Ausbildung zu absolvieren und ebenfalls Lehrer zu werden.

Das gelang ihm mit gutem Gesamtresultat. Am Ende seines Berufslebens hat er dann noch länger als ein Jahrzehnt an der damals in Kühlungsborn neu entstehenden gymnasialen Einrichtung, der „Goethe-Oberschule Kühlungsborn“, Russisch und Geografie unterrichtet. Russisch war in den Schulen der DDR ein obligatorisches Hauptfach. Englisch wurde ebenfalls als obligatorische, allerdings „zweite“ Fremdsprache unterrichtet.

Im Jahr 1953 gehörte ich zum ersten Kühlungsborner Abiturientenjahrgang und erlangte durch ein „Einser-Abitur“ – trotz „bürgerlicher Herkunft“ – einen Medizin-Studienplatz an der Rostocker Universität, wo ich als 23-Jähriger im Jahr 1958 das „Große deutsche Ärztliche Staatsexamen“ ablegte, mit dem Gesamturteil „sehr gut“.

Anschließend arbeitete ich als Assistenzarzt in mehreren Rostocker Universitätskliniken und am Institut für Hygiene der Universität und promovierte in dieser Zeit mit „magna cum laude“ zum „Dr. med.“, im Alter von nunmehr 24 Jahren.

Ich heiratete im Jahr 1961 die gebürtige Rostockerin Helga Ahrens, damals Chefsekretärin unseres Universitätsinstituts für Pharmakologie.

Inzwischen blicke ich mit meiner lieben Helga auf eine über 63 Jahre währende glückliche Ehe zurück.

Wir haben zwei Kinder, Nils und Ines, inzwischen ihrerseits auch schon in ihrem siebten Lebensjahrzehnt angelangt.

Nils hat auch Medizin studiert, auch zum „Dr. med." promoviert, und ist heute Inhaber einer allgemeinmedizinischen Großpraxis im mecklenburgischen Bad Doberan.

In seiner kargen Freizeit beteiligt er sich mit Begeisterung an verschiedenen Projekten des dortigen Laientheaters, z. B. an einem alljährlichen sommerlichen „Spectakel" zur Würdigung der 1797 erfolgten Gründung des ersten deutschen Seebades am Strand von Heiligendamm. Im Textbuch dieses „Spectakels" sind auch Texte zu finden, die „Chirurgus Akkermann" zu sprechen hat, in einer Rolle, die ursprünglich auf unseren Sohn „zugeschnitten" gestaltet worden ist und auch jahrelang von ihm als Darsteller interpretiert wurde. Es ist die Rolle eines jungen Arztes, der Prof. Dr. Vogel aus Rostock, dem einstigen Gründungsinitiator, ständig widerspricht und somit dem ganzen Schauspiel „seine Würze" gibt.

Das beachtliche ärztliche Renommee unseres Sohnes beruht zu erheblichen Anteilen auf seiner zu Beginn der 90er-Jahre in China erlangten hoch qualifizierten Ausbildung in klassischer Akupunktur.

Unsere Tochter Ines – verheiratet mit unserem lieben und intelligenten Schwiegersohn Volkmar Witt, einem exquisiten IT-Spezialisten – hat nach ihrem Abitur eine Kinderkrankenschwester-Ausbildung erlangt und diesen strapaziösen und sehr verantwortungsvollen Beruf lange Jahre mit Leidenschaft ausgeübt.

Heute auch bereits über 60 Jahre alt lebt sie mit Begeisterung ein idealistisch-altruistisches, sie erneut absolut erfüllendes neues Leben – als Texterin, Komponistin und Interpretin sehr tiefe Gefühle ansprechender Chansons.

Unser Sohn und unsere Tochter haben uns insgesamt vier Enkelkinder geschenkt, die mir, insbesondere jedoch meiner lieben Ehefrau, viel Freude bereitet haben und auch weiterhin bereiten.

Drei von ihnen – allesamt mit Körpergrößen um 1,90 Meter ausgestattet – haben bereits zumindest den ersten Zyklus ihrer beruflichen Ausbildung erfolgreich abgeschlossen, ihre BA-, BSc-, BTech.- und MA-Graduierungen erreicht und erste berufliche Karrieren zumindest in Angriff genommen. Wobei wir mit einem gewissen Bedauern zur Kenntnis nehmen müssen, dass nordamerikanische und skandinavische Terrains auf sie zunehmend größere Attraktion auszustrahlen scheinen als das Geschehen auf ihrem heimatlichen deutschen Boden.

So viel zu unserer Familie und zu meinem frühen Leben.

Seit dem Jahr 1961, ebenfalls für uns Deutsche ein wahres Schicksalsjahr, wurde ein sehr spezielles medizinisches Fach Hauptfeld meiner wissenschaftlichen Tätigkeit – die dereinst im deutschen Kaiserreich entwickelte, dann vom Nazismus liquidierte und nach 1945 auf deutschem Boden letztlich nur in der DDR nachhaltig „wiederbelebte“ Sozialhygiene. Dieses Fach umfasst nicht nur klassische Sozialmedizin, sondern auch „medical sociology“, Demografie, medizinische Statistik und Organisationslehre und auch versicherungsmedizinische Ansätze.

Ich habe dann über den Zeitraum von etwa 20 Jahren meine Forschungsarbeit auf den großen Fragenkomplex des Gesundheitsschutzes für Mutter und Kind konzentriert, speziell auf die Ursachen der Säuglingssterblichkeit; und mich dabei etwa zehn Jahre lang insbesondere mit der Sterblichkeit der jungen Erdenbürger in der Zeit zwischen ihrem zehnten Lebenstag und der Vollendung des ersten Lebensjahres befasst.

Wir nannten dieses Geschehen damals „Säuglingsspätsterblichkeit“.

Im Verlauf der 60er-Jahre des vergangenen Jahrhunderts gelang es mir, ein sehr aussagekräftiges Evaluationssystem zu diesem Sterblichkeitsgeschehen zu entwickeln. Sein großer Wert für wirksame praktische Einflussnahme auf die medizinische Versorgung ergab sich daraus, dass es aktuelle punktuelle Konzentrationen bestimmter Versorgungslücken und Versorgungsfehler sehr detailliert verdeutlichte.

Die Methodik dieses Evaluationssystem wurde anhand der Protokolle zu den Säuglingssterbefällen des Bezirkes Rostock alljährlich überarbeitet und dabei zunehmend optimiert.

Am Ende seiner etwa zehnjährigen Entwicklungszeit wies der Bezirk Rostock die niedrigste Säuglingssterblichkeit aller DDR-Bezirke auf, während er zu Beginn dieser Zeit stets unter den Bezirken mit den besonders bedenklichen diesbezüglichen Werten zu finden gewesen war.

Worauf mein in Rostock entwickeltes Evaluationssystem vom DDR-Minister für Gesundheit als verbindlich für den ganzen Staat erklärt wurde und dann die relevanten DDR-Werte jahrelang deutlich niedriger als die damaligen analogen Ziffern der Bundesrepublik lagen und das frühe Sterberisiko der kleinen Kinder im Osten Deutschland tendenziell geringer war als in der damaligen westdeutschen Bundesrepublik.

Schließlich, Ende der 70er-Jahre, wurde unser Evaluationssystem auch von der WHO übernommen und zur weltweiten Verwendung empfohlen.

Zu jener Zeit hatte ich mich schon ein Jahrzehnt früher – 1969 – auf der Basis dieser Entwicklungsarbeit habilitiert, war anschließend mit dem „Max-von-Pettenkofer-Preis“ der „Deutschen Gesellschaft für die gesamte Hygiene“ ausgezeichnet worden und hatte schließlich auch den staatlichen Ehrentitel eines „Medizinalrates“ erlangt. Und „hochschulstatuarisch“ war mir die faktisch unkündbare Position eines „ordentlichen Hochschuldozenten mit Hochschullehrer-Status“ zugestanden worden.

Ab dem Jahr 1974 begann ich, öfters im Ausland tätig zu werden, zunächst vorzugsweise im Zusammenhang mit der Wahrnehmung von Gastprofessuren, wobei meine Arbeit in den Jahren von 1974 bis 1976 im Irak zeitlich besonders ausgedehnt und strapaziös war – zeitweise bei Tagestemperaturen von über 45 Grad Celsius. Unter solchen Bedingungen war es für mich eine sehr große Hilfe, zumindest zeitweise von meiner lieben Ehefrau bei der Meisterung des schwierigen und uns zu Beginn sehr fremden Lebensalltags unterstützt zu werden.

Von Irakern wird diese Zeitspanne – zwischen 1974 und 1976 – in der Rückschau gelegentlich dennoch als „unsere drei goldenen Jahre“ bezeichnet. Wir haben die südirakische Halbmillionenstadt Basrah, meinen damaligen Arbeitsort, noch als eine weitgehend durch das Flair des Altarabischen und durch einen stolzen, hoffnungsvollen, dabei sehr deutschfreundlichen „National-Optimismus“ geprägte Metropole erlebt, in welcher sich das damals nur allmählich spürbar werdende Wirken des am Anfang seines Aufstieges zum Diktator stehenden Saddam Hussein dennoch zunehmend abzuzeichnen begann.

Da hierzu ein Stopp des Entschwindens der dem Irak zufließenden Millionen Petro-Dollars in den internationalen Finanzzirkus, ihre Verwendung für Industrialisierung und Militarisierung des Landes sowie für soziale Zwecke gehörte, wurde diese Entwicklung von der großen Mehrheit der irakischen Bevölkerung unstrittig begrüßt. So auch seitens meiner ärztlichen Kollegen der Universität Basrah, meinem Gastgeber. Denn man profitierte auch dort hiervon. Wen Näheres interessiert, dem sei meine in den Buchhandel gebrachte Monografie mit dem Titel „Die Basrah-Story“ empfohlen.

Mir ist man im Irak durchweg respektvoll, freundlich und sehr hilfsbereit begegnet; deutsche Gesundheitsorganisationen erfreuten sich immer noch – dank Robert Koch – eines ausgezeichneten Rufes.

Ende der 70er-Jahre des letzten Jahrhunderts dürften sich die Erfolge des straff und effektiv organisierten Gesundheitswesens der DDR auch an mancher US-amerikanischen Universität herumgesprochen haben, denn im Spätfrühling des Jahres 1978 konnte ich dem Ruf auf eine Gastprofessur an der beachtenswerten „State University of North Carolina at Chapel Hill“ folgen.

Die damals in den USA von mir verbrachten Monate betrachte ich auch heute als überaus wichtig, sowohl für die berufliche wie auch für meine gesamtpersönliche Entwicklung.

Mir wurden damals, in außerordentlich kollegialem Verhalten, tiefe Einblicke nicht nur in die sehr unterschiedlichen organisatorischen und funktionalen Strukturen der gesundheitlichen Versorgung in den USA gewährt, sondern auch in die gesamtgesellschaftliche Verfasstheit dieses amerikanischen Staatenbundes. Aber auch meine dort gehaltenen Vorlesungen und Vorträge fanden eine außerordentlich interessierte Resonanz.

Besonders beeindruckte mich das mir entgegengebrachte Interesse seitens verschiedener hochrangiger US-Militärärzte, der Ärzte in Generalsuniform. Das von mir entwickelte Evolutionssystem musste ich wiederholt in allen Einzelheiten erläutern, erkannten doch meine militärischen US- Kollegen darin manche Anregung für ihre gleichfalls straff organisierte US-Militärmedizin.

Als Krönung dieser Kontakte sehe ich meine damalige Einladung zu einem Lunch in der Kantine des legendären „Fort Meyers“ nahe der US-Hauptstadt Washington an, im Stammquartier der direkt dem US-Präsidenten unterstellten Wach-Bataillone.

Zwischenzeitlich – im September 1975 – war mir mit der durch den Minister für das Hochschulwesen ausgesprochenen Ernennung zu einem „Außerordentlichen Professor“ die öffentliche Führung des in der DDR sehr begehrten Professorentitels zuerkannt worden.

Ich konnte mir also Ende der 70er-Jahre gute Hoffnungen machen, nach der im Jahr 1986 anstehenden ordnungsgemäßen Emeritierung des Direktors meines Stamminstituts mit seiner Amtsnachfolge betraut zu werden.

Dabei entzog es sich völlig meiner Kenntnis, dass meine Karriere inzwischen höchsten Instanzen unseres damaligen Staates „auffällig“ geworden war und ich inzwischen in einer geheimen zentralen „Nachwuchskader-Registratur“ unseres Staates einen der vordersten Plätze einnahm.

Es ist hier nicht der Platz, die daraus resultierenden Konsequenzen für einen hiervon Betroffenen im Einzelnen darzustellen.

Jedenfalls wurde ich – völlig überrascht – Ende der 70er-Jahre von „höchster Instanz“ aufgefordert, zu Beginn der 80er-Jahre die Führung des „Deutschen Roten Kreuzes der DDR“ zu übernehmen. Unser damaliger DRK-Präsident Prof. Dr. Werner Ludwig war inzwischen im Pensionsalter angelangt, gesundheitlich angeschlagen und hatte um Unterstützung bei der Auswahl eines geeigneten Amtsnachfolgers gebeten.

Im Ergebnis eines daraufhin erfolgten Auswahlverfahrens hatte man sich für mich entschieden. Neben meinen bewiesenen beruflichen Fertigkeiten waren meine Auslandserfahrungen und fremdsprachlichen Kenntnisse ausschlaggebend gewesen.

Zudem war ich seit 1953 staatlich geprüfter Rettungsschwimmer und Rot-Kreuz-Mitglied. Nach einer Woche Bedenkzeit akzeptierte ich diese Entscheidung – unter der Bedingung, zu gegebener Zeit dennoch den vermutlich im Jahr 1986 frei werdenden Posten des Direktors meines Rostocker Stamminstituts beanspruchen zu können. Was schließlich garantiert wurde.

Und so wurde ich auf dem turnusmäßigen, ordentlichen DRK-Kongress im Oktober 1981, in Dresden, zum Präsidenten dieser Organisation gewählt. Ich war ihr zweiter Präsident, nach dem Gründungspräsidenten Prof. Dr. Werner Ludwig.

Wenige Wochen später fand in der philippinischen Hauptstadt Manila der konstitutionelle Weltkongress der internationalen Bewegung des Roten Kreuzes und Roten Halbmondes statt, wo man mich – erneut zu meiner Überraschung – zum Vizepräsidenten der sog. medizinischen Kommission der „Liga der Gesellschaften vom Roten Kreuz und Roten Halbmond“ wählte. Für dieses hohe Amt war ich von sowjetischer Seite vorgeschlagen worden, ohne sich zuvor mit mir darüber verständigt zu haben. Ich sollte es dann bis fast zum Zeitpunkt der deutschen Wiedervereinigung bekleiden, bis zum September 1989.

Das DRK der DDR hatte offensichtlich einen respektablen internationalen Ruf.

Die Zeit meiner Rot-Kreuz-Präsidentschaft, in den Jahren von 1981 bis 1987, ist unstrittig die „hohe Zeit“ meines vorwiegend beruflich geprägten mittleren Lebensabschnittes gewesen. Es war eine Zeit höchsten Verantwortungs- und Leistungsdruckes, aber auch ungeahnter Erweiterung meines Lebenshorizontes, mit vielen Erlebnissen, die sich im „normalen“ Leben wohl nur sehr selten – oder niemals – einstellen dürften.

In einigen wenigen Fällen konnte ich im Laufe der Zeit – insbesondere auf der Basis meiner herausgehobenen Position im Internationalen Roten Kreuz – auch auf Geschehnisse in der „großen“ internationalen Politik gelegentlich etwas Einfluss nehmen. Solches betraf z.B. mein zeitweise geglücktes Bremsen der schon damals immer wieder sehr bedrohlich werdenden internationalen Weltraumrüstung.

Worauf im Einzelnen einzugehen hier – erneut – nicht der richtige Platz ist.

Besonders belebend empfand ich die sich bei meiner präsidialen Rotkreuz-Arbeit häufigen Kontakte mit herausragenden Persönlichkeiten der Zeitgeschichte des In- und Auslandes, darunter mit manchem Staatschef.

In einem „Im Zeichen des Roten Kreuzes“ getitelten Buch habe ich verschiedene derartige Begegnungen detailliert beschrieben.

Schließlich möchte ich in diesem Zusammenhang nicht unerwähnt lassen, dass ich die vielen mir damals zuteilgewordenen Hochgenüsse künstlerischer Spitzenleistungen als berechtigten Ausgleich für die vielen Mühen des Amtes, für sehr häufig extrem kurze, gar schlaflose Nächte, für die Auseinandersetzung mit unerwartet aufgetretenen Gefahren bei stark angeschlagener persönlicher Gesundheit, u. s. w., empfunden habe.

Einen speziellen Dank schulde ich hierbei der unübertreffbar hohen Klangkultur unserer Dresdener klassischen Musik.

Wie viele andere Führungspersönlichkeiten sollte auch ich ziemlich bald erfahren, wie gefährlich für den überdurchschnittlich Erfolgreichen sich Neid und Missgunst benachteiligt Fühlender entfalten können. Und wie nachdrücklich solches insbesondere dann gilt, wenn sich derartige Konflikte in gesellschaftlich hoch angesiedelten Ebenen entwickelt haben.

Es begann mit sich häufenden Versäumnissen bei der Erfüllung von verschiedenen Arbeitsaufträgen, was sich dann oft als seitens meiner dienststelleninternen SED-Parteileitung „angeregtes“ Verhalten herausstellen sollte.

Es setzte sich bald fort in Form von Häufungen kleinteiliger Einwände dieser Leitung gegen fast jede Leitungsentscheidung meinerseits, schließlich in Form offener Opposition gegen mich auf routinemäßigen Belegschaftsversammlungen – wobei nun aber die Führungsspitzen besagter Parteileitung sich meistens überraschend zurückhielten.

Die absolute Spitze erreichte das Ganze eines Tages, als ein erregter Abteilungsleiter meiner präsidialen Dienststelle sich den persönlichen Zugang zu mir erzwang, um mir mitzuteilen, dass sich einige Stasi-Offiziere in unserer Dienststelle eingefunden hätten und nunmehr anfingen, Abteilungsleiter des Hauses nach Hinweisen auf staatsgefährdendes Verhalten meinerseits auszufragen.

Ich dankte dem redlichen Mann für seine mutige Mitteilung, mobilisierte unverzüglich meinen Cheffahrer Klaus Gödan, teilte meiner Chefsekretärin kurz mit, dass ich eine „dringende Erledigung“ zu vollziehen hätte, und fuhr dann mit meinem „Wolga“-Dienstwagen mit zulässiger Höchstgeschwindigkeit nach Berlin, zum „Ministerium für Staatssicherheit“ der DDR in der Normannenstraße. Dort verlangte ich, unverzüglich dem Chef des Ganzen, dem „Genossen Minister Armee-General Mielke“ zugeführt zu werden.

Das wurde mir zwar verwehrt, doch Mielke schickte immerhin einen Oberst aus seiner nächsten persönlichen Umgebung zu mir. Der Mann hörte sich kommentarlos meinen Protest gegen das Vorgehen seiner Dresdner Dienststelle an und versprach mir, die Angelegenheit umgehend seinem Minister vorstellen zu wollen, wofür ich ihm meinen korrekten Dank aussprach, worauf ich sofort zur Abteilung Gesundheitspolitik des ZK der SED weiterfuhr. Dort gab ich sofort einen detaillierten mündlichen Bericht über die gegen mich in meiner Dresdener Dienststelle seitens meiner dienststelleninternen Parteileitung entwickelten Aktivitäten über das heutige Auftreten der Stasioffiziere in unserem Präsidiumsgebäude und über meinen soeben absolvierten Auftritt im Mielke-Ministerium.

Ich merkte sofort – man war bei den ZK-Gesundheitspolitikern über das alles keineswegs erbaut, versprach jedoch, sich der Sache nunmehr ernsthaft annehmen zu wollen.

Da es inzwischen Nachmittag geworden war, ließ ich mich dann nach Hause fahren.

Natürlich war ich mental sehr verunsichert und fühlte mich zutiefst getroffen. Meiner lieben Helga erging es ähnlich.

Den restlichen Nachmittag, den ganzen Abend und die halbe Nacht erörterten wir mein weiteres Verhalten. War uns doch nunmehr die entstandene Grenzwertigkeit unserer gesamten Lebenssituation schlagartig voll bewusst geworden.

Als ich am nächsten Morgen, zu gewohnter Zeit, das Gebäude des DRK-Präsidiums betrat, spürte ich sofort, es musste noch am späten Nachmittag des Vortages eine Berliner Reaktion in Richtung meiner Dienststelle in Dresden gegeben haben. Denn mich umfing dort sofort eine nervös angespannte Ruhe, das mühsame Bestreben um „acting as usual“, in offensichtlicher Erwartung eines vermutlich demnächst deutlich werdenden Geschehens von sehr ungewissem Charakter.

Ich bemühte mich, mein Verhalten dieser Gegebenheit anzupassen, und verlor zunächst kein Wort über meine Auftritte im Stasi-Ministerium und im ZK-Haus.

Erst nach der Mittagspause eröffnete mir meine Chefsekretärin, dass es am Vortag kurz vor Dienstschluss einen telefonischen Anruf der Abteilung Gesundheitspolitik im ZK der SED gegeben habe, mit einem massiven Rüffel in Richtung unserer präsidiumsinternen SED-Parteileitung.

Und tatsächlich – fortan gab es einstweilen eine totale Funkstille seitens der in letzter Zeit ständig an mir nörgelnden Genossen.

Nun – im Verlauf der nächsten Wochen – gab es dann diverse Aussprachen, über deren Ergebnisse ich zunächst überhaupt nicht oder nur rudimentär informiert wurde.

Und in unserem Hause lief der Betrieb jetzt eine Zeit lang ungewohnt flüssig und glatt.

Einige Monate später erhielt ich eine höflich-formelle Einladung zu einer persönlichen Aussprache im Gebäude des ZK der SED, der ich natürlich Folge leistete.

Erst dort erfuhr ich, dass sich der Chef der Abteilung Gesundheitspolitik mit mir persönlich „einmal gründlich aussprechen“ wollte. Und es entwickelte sich dann tatsächlich ein freundlich-kollegiales Gespräch mit ihm, einem erst kürzlich in sein hohes Parteiamt „gehobenen“, fachlich sehr renommierten ärztlichen Kollegen. Einleitend eröffnete er mir, dass meine „ganze Angelegenheit“ in der höchsten Parteiführung zur Sprache gekommen war und man über die „Dresdner Verhältnisse nur den Kopf schütteln" konnte.

Schließlich sei es einhellige Meinung gewesen, dass ich meine effektive und verantwortungsreiche präsidiale Leitungstätigkeit im Roten Kreuz, insbesondere auch die sich dabei erge bende internationale Arbeit, fortsetzen sollte, zumindest bis zu dem Ende meiner statutenmäßigen Wahlperiode. Auch „Genosse Mielke" habe sich dieser Meinung angeschlossen.

Und dann gab es bei unserem internen Beisammensein einen „längeren Gedankenaustausch" darüber, wie die entstandene Situation nunmehr de facto am besten zu beherrschen sei.

Letztlich gab ich mein Einverständnis, aus „gesundheitlichen Gründen" für die in überschaubarer Zukunft anstehende neue Wahlperiode des DRK nicht mehr für das hohe Präsidentenamt zu kandidieren, um hinfort in meinen voraussichtlich letzten 13 Berufsjahren als Direktor meines heimatlichen Rostocker Universitätsinstitutes arbeiten zu können.

Kurze Zeit nach diesem Gespräch bat mich der Chef unserer hausinternen Parteileitung um eine persönliche Aussprache, in welcher er sein Bedauern für das Entstehen verschiedener „Missverständnisse" aussprach. Ein ähnliches „Bedauern" wurde mir letztlich auch von der Dresdner Dienststelle des Stasiministeriums mitgeteilt.

Die in meinem „vertraulichen Gespräch" im Berliner ZK-Gebäude getroffenen Vereinbarungen wurden hinfort eingehalten.

Ich konnte in der mir verbliebenen Zeit bis zum nächsten DRK-Kongress im Frühjahr 1987 meine präsidiale Tätigkeit fortsetzen, nunmehr nur noch selten gestört. Qualität und Quantität unserer DDR-weiten vielgliedrigen Rot-Kreuz-Arbeit erlangten Höchstwerte, ungeachtet einer zunehmend gestörten ökonomischen Gesamtsituation des gesamten Staates, worauf mir vom Minister für Gesundheitswesen der Ehrentitel eines „Obermedizinalrates" zuteilwurde.

Und am 1. 7. 1987 trat ich mein akademisches Amt als neu ernannter Direktor des „Instituts für Sozialhygiene“ der Rostocker Universität an, in welchem ich dereinst lange Jahre als „Stellvertretender Direktor und Oberarzt“ tätig gewesen war.

Erst Jahrzehnte später konnte ich meinen – über 600 Schreibmaschinenseiten umfassenden – Stasiakten entnehmen, dass damals schon weit vor der Zeit des vorstehend Beschriebenen einige junge Dresdner Stasi-Offiziere eine Intensivbeobachtung meiner Person in Gang gesetzt hatten, gestützt auf „hochgeheime Informationen“ einiger Mitglieder meiner institutionsinternen SED-Parteileitung. Daraufhin fand sich tatsächlich eine kleine Gruppe weiterer Mitarbeiter unseres Hauses, die sich in Erwartung „angemessener Anerkennung“ ihres Tuns zu einer differenzierten Spitzeltätigkeit „in dieser Sache“ bereitfanden. Außerdem wurden „in dieser Sache“ alle Bezirkssekretäre des DRK der DDR „befragt“. Formal begründet wurde das alles durch einen „zwingenden Verdacht“ systematischen Landes- und Geheimnisverrates durch mich. Welcher zu jener Zeit – bei Ausweitung auf „Staatsverrat“ – auch mit Verhängung der Todesstrafe geahndet werden konnte.

Anhaltspunkte für diesen Verdacht waren meine Aufrechterhaltung des Kontaktes mit US-amerikanischen ärztlichen Kollegen in Chapel Hill und konstruktiv-kameradschaftliche Beziehungen zu Prinz Wittgenstein, Präsident des „Deutschen Roten Kreuzes in der BRD“.

Aus diesen Stasi-Akten ist weiterhin zu entnehmen, dass – ungeachtet formaler Einstellung meiner Intensivbeobachtung in den beiden letzten Jahren meiner DRK-Präsidentschaft – die geheimnisdienstliche Beobachtung von mir und meiner Familie trotzdem fortgesetzt wurde, nunmehr „hoch geheim“, und selbst während der letzten Jahre der DDR-Existenz, nach Wiederaufnahme meiner Tätigkeit am Rostocker Sozialhygiene-Institut, dort eine weitere Fortsetzung fand.

Natürlich war in den Jahren meiner hauptamtlichen Rot-Kreuz-Arbeit das wissenschaftliche Geschehen in meinem engeren Fachgebiet vorangeschritten, was nun in schnellstem Tempo von mir aufgearbeitet werden musste.

Wie auch immer – ich war fleißig, arbeitete konzentriert und war auch in sonstigen Belangen den Aufgaben eines universitären Institutsdirektors nach einigen Monaten voll gewachsen.

Und solches auch in den Jahren des großen Umbruchs im Osten Deutschlands, der Wiedervereinigung unseres Vaterlandes, und in der ersten Zeit nach diesem Geschehen sich stellender besonderer, z. T. erheblich belastender Aufgaben.

Um so irritierter, gar verbittert war ich, als mir in den letzten Junitagen des Jahres 1992 eine von einem damals noch sehr jungen, aus der „alten" BRD herbeigeeilten Staatssekretär der neuen Schweriner Landesregierung unterschriebene Kündigung als Hochschullehrer durch zwei Sonderbotinnen überreicht wurde, gültig ab 30.9. des Jahres; zumal diese Kündigung mit meinem lebenslangen Ausschluss von jeglicher akademischer Lehr- und Forschungsarbeit in Deutschland verbunden war.

Begründet war dieser rigorose Bescheid mit meinem intensiven Rot-Kreuz-Engagement zu DDR-Zeiten.

Der offensichtlich wirklich noch sehr unbedarfte Herr Staatssekretär aus dem deutschen Westen hatte wohl tatsächlich – trotz seiner akademischen Ausbildung – „keine Ahnung" von den „Genfer Protokollen" und ihrer inzwischen rechtskräftigen Ergänzungen, gemäß welcher humanitäre Rot-Kreuz-Arbeit grundsätzlich unter einen besonderen staatlichen Schutz gestellt ist. Die diskriminierende Behandlung, gar vorgebliche „Bestrafung" von mit Rot-Kreuz-Tätigkeit befassten Personen wegen derartigen Engagements ist als schweres Vergehen anzusehen, einer gerichtlichen Beurteilung zuzuführen und ggf. mit einer angemessenen Strafe zu ahnden.

Beide deutsche Staaten hatten sich damals schon vor langer Zeit zur Einhaltung der in diesen international gültigen Dokumenten verankerten humanitären Normen bindend verpflichtet.

Letztlich bot sich auch damals schon in Fällen von krasser Verletzung besagter Normen eine Anrufung internationaler Gerichte an.

Natürlich reichte auch ich eine gerichtliche Klage gegen diesen staatlichen Willkürakt ein, wobei ich bald nachhaltige Unterstützung seitens verschiedener führender Persönlichkeiten unseres inzwischen vereinigten Deutschen Roten Kreuzes erfuhr, insbesondere durch Prinz Wittgenstein. Schließlich schaltete sich auch der damalige Präsident des Internationalen Roten Kreuzes (IKRK) ein. Worauf die Schweriner Landesregierung mit dürren Worten die vom Staatssekretär unterschriebene Kündigung zurücknahm. Gleichzeitig wurde mir mündlich mitgeteilt, man könne mir – in Ansehung meines besonderen fachlichen und allgemeingesellschaftlichen Rufes – eine Weiterbeschäftigung an der Rostocker Universität nicht zumuten, da dort zukünftig mehr keine – meiner herausragenden Qualifikation gemäße – C4-Professur aufrechtzuerhalten sei, sondern lediglich eine kostengünstigere C3-Professur.

Wie war ein solches Manöver zu beurteilen?

Ein erfahrener, mir nicht genannter Jurist hatte es verstanden, die zuständige Ministerin und ihren Staatssekretär aus einem selbstverursachten juristischen „Schlamassel" heraus zu manövrieren.

Hinsichtlich der von mir eingereichten Klage bot man mir für die Rücknahme derselben eine Entschädigung von 30.000 DM an.

Ich lag inzwischen mit einem schweren Herzinfarkt auf der Intensivstation unseres städtischen Rostocker Südstadt-Klinikums – und nahm schließlich dieses Angebot an.

Ich musste einsehen, dass meine gesundheitliche Konstitution den gegen mich geführten politischen Attacken – vorgetragen von zwei einander feindlich gegenüberstehenden Seiten – inzwischen auf Dauer nicht gewachsen war.

Nach wiederholt zeitgenau von Dr. Gisela Naumann vorgenommenen Lysen, einer meisterhaften Angioplastie durch meinen langjährigen Universitätskollegen Prof. Dr. Urbaschek, einer vorzüglichen sechswöchigen klinischen Versorgung sowie der hingebenden Fürsorge meiner lieben Ehefrau war der mir damals zumindest zwei Mal drohende Exitus zuverlässig verhindert und ausreichende morphologische Voraussetzungen dafür geschaffen worden, dass ich meine dramatischen gesundheitlichen Gefährdungen jener schweren Zeit inzwischen länger als 30 Jahre überlebt habe.

Ich entschloss mich also, die sich mir damals eröffnende Möglichkeit der Eröffnung einer Landarztpraxis wahrzunehmen, und ließ mich schließlich als „Arzt in freier Niederlassung“ in Reddelich bei Bad Doberan nieder.

Das bedeutete wieder erhebliche inhaltliche Neuorientierungen meines beruflichen Wirkens, neue ökonomische Risiken, viel alltägliche Arbeit, aber auch viele dankbare Patienten.

Die Anfangsjahre eines ärztlichen Praxisbetreibers sind in der Regel karge Jahre; so war es auch bei mir, was sich jedoch bald ändern sollte – unterstützt allerdings durch manch ungutes Generalgeschehen.

Denn die „alldeutsche“ Euphorie nach dem Mauerfall am 9.11.1989 währte dereinst nur kurze Zeit. Schon gegen Ende des Winters 1989/90 blickte die „Noch-DDR“ einer zunehmend unsicher empfundenen Zukunft entgegen, wenn auch mehrheitlich immer noch auf weitere „Wunder“ hoffend.

Was dann, zunehmend – angesichts des unsäglich schlimmen Wirkens der „Treuhand“, der rabiaten Deindustrialisierung weiter Teile der neuen Bundesländer –, viele Menschen, von den nunmehrigen Realitäten zutiefst enttäuscht, in anhaltend depressive Stimmungsanlagen gedrückt hatte, in langfristig individuell extrem gefährliche soziale und mentale „Gesamtwetterlagen“.

In Reddelich ergab sich für mich nunmehr „sehr viel zu tun“. Ich war immer wieder gefordert, als Arzt bei dem einen oder anderen meiner Patienten das Schlimmste an unbedachtem Handeln zu vermeiden. Nicht immer gelang mir dieses, jedoch meistens.

Eine große Stütze, insbesondere hinsichtlich meiner psychischen Stabilität, war mir hierbei der engere Kreis „meines" Mecklenburger Roten Kreuzes, aber auch die Haltung seiner auf Bundesebene Verantwortlichen, verbunden mit der Fortsetzung meiner Rot-Kreuz-Arbeit, nunmehr auf ehrenamtlicher Basis.

Zumal ich im Sommer des Jahres 1990 auf der Gründungsversammlung des DRK-Landesverbandes Mecklenburg-Vorpommern zu seinem Vizepräsidenten gewählt worden war.

Vier Jahre später wurde ich bei der turnusmäßigen Neuwahl der auf Landesebene verantwortlichen Führungspersönlichkeiten mit etwa 80 % der abgegebenen Stimmen in diesem Amt bestätigt.

Weitere vier Jahre später räumte ich es und machte Platz für aufstrebende jüngere Kameraden.

Für meinen speziellen Einsatz in sehr schwierigen acht Jahren ehrte mich der Landesverband mit der Verleihung seiner Ehrenmitgliedschaft.

Im Jahr 2004 durfte ich dann noch einen weiteren Höhepunkt meiner langen DRK-Laufbahn erleben, die hohe Ehrung durch Zuerkennung einer DRK-Ehrenmitgliedschaft auf Ebene der Bundesrepublik. Ich habe mich darüber sehr gefreut und bin den hierfür zuständigen Verantwortungsträgern des Deutschen Roten Kreuzes sehr dankbar – erhielt ich hierdurch doch die Möglichkeit, auch als mittlerweile wahrlich „alter Mann" nicht nur an meinem heimatlichen, sondern desgleichen an unserem gesamtdeutschen Rot-Kreuz-Leben eine gewisse Teilhabe nehmen zu können.

Die zuletzt als Gemeinschaftspraxis mit meinem Sohn Nils geführte ländliche Arztpraxis musste ich – gemäß damaliger Gesetzeslage – im Jahr 2003, nach Vollendung meines 68. Lebensjahres, ihm zu alleiniger Führung überlassen. Er hat sie später beträchtlich ausgebaut und führt sie auch heute noch mit großem Erfolg weiter.

Blicke ich auf mein damals zum Abschluss gelangtes Berufsleben zurück, fühle ich mich verpflichtet, die mir seit unseren jungen

Jahren von meiner lieben Ehefrau geleistete Lebensunterstützung zu erwähnen. Obwohl zumeist selbst ihrer beruflichen Tätigkeit nachgehend, hat sie stets die Hauptlasten unseres familiären Lebens übernommen. Aber sie hat auch immer klaglos mir zugefallene fachliche Nebenaufgaben erfüllt, beispielsweise fast alle Manuskripte meiner zahlreichen wissenschaftlichen Publikationen in eine maschinenschriftliche Fassung übertragen und mir in den schwersten Stunden meiner Berufskarriere mit klarem Kopf und heißem Herzen bei der Findung eines Auswegs aus dramatischen Situationen geholfen und dabei immer einen unerschütterlichen Optimismus besessen.

Womit habe ich aber nun meine letzten Lebensjahre verbracht?

Zunächst habe ich viel gelesen, insbesondere mich seit Langem interessierende Bücher, die ich mangels Zeit bisher nicht hatte lesen können.

Und dann fing ich an, verschiedene Texte zu schreiben, vorzugsweise autobiografisch-belletristische Bücher.

Neben der Ihnen, verehrter Leser, vorliegenden Monografie, „Die ewige Sehnsucht“ getitelt, handelt es sich dabei u.a. um sechs weitere in den Buchhandel gebrachte Bücher.

Es sind dieses eine „Balten-Trilogie“ mit den Buchtiteln „Jenseits von Riga“, „Kühlungsborner Bilderbogen und Rostocker Allerlei“ und „Hiergeblieben“ sowie ein 400-Seiten-Buch über das Sowjetimperium am Vorabend seiner Implosion, getitelt „Moskauer Notizen“.

Die beiden restlichen Titel – „Die Basrah-Story“ und „Im Zeichen des Roten Kreuzes“ – sind bereits eingangs dieser Schrift erwähnt worden.

Über Ihr Interesse auch an diesen Publikationen würde ich mich sehr freuen.

(Geschrieben im August des Jahres 2024)

NACHTRAG 2026

DIE MENSCHHEITSUMFASSENDE STÄNDIGE NOTWENDIGKEIT DES

B A L A N C E - S U C H E N S

IST

KONSEQUENZ DES DIALEKTISCHEN CHARAKTERS UNSERES SEINS.

ÜBER DIE ZYKLIZITÄT DES HUMANEN FORTSCHRITTS

von

Siegfried Akkermann

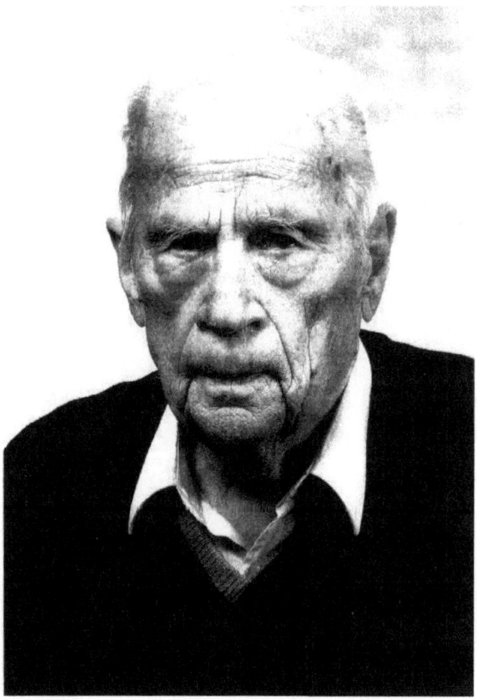

AUSMASS UND TEMPO DES HUMANEN FORTSCHRITT-GESCHEHENS VERHALTEN SICH GRUNDSÄTZLICH SYNCHRON ZUM TEMPO DES WACHSTUMS JENER ANTEILE AM GESAMTEN PRODUKTIONS- UND LEISTUNGSERGEBNIS EINER MENSCHLICHEN GEMEINSCHAFT, WELCHE ÜBER DIE BEFRIEDIGUNG IHRES ELEMENTAREN GRUNDBEDARFES HINAUSGEHEN UND SOMIT „SUR-PLUS-PRODUKTION" DARSTELLEN.

Mit anderen Worten – vollzieht sich eine markante Beschleunigung des Wachstums der Sur-Plus-Produktion, darf man auch mit einer umgehenden Beschleunigung der allgemeinen Entwicklung der betreffenden menschlichen Gemeinschaft rechnen, mit einer Beschleunigung des Fortschritts-Geschehens in seiner Gesamtheit.

Was Im Einzelnen wie folgt zu erklären ist.

Bei sich langfristig relativ stabil und günstig verhaltenden äußeren Lebensbedingungen haben humane Gesellschaften in der Vergangenheit zumeist relativ egalistische gesellschaftliche Strukturen entwickelt. Man war bemüht, ein ausgeglichenes und ruhiges Leben zu führen auf Kosten eines nur mäßigen „Fortschrittscharakters".

Solche Gegebenheiten konnten in der Vergangenheit immer dann eine situationsverändernde Dynamik erlangen, wenn die Zeitenläufe das „Sich-Überschneiden" verschiedener Sachverhalte besonderer Art erbrachten, wodurch der „Sur-Plus-Anteil" an der gesellschaftlichen Leistungsbilanz ungewöhnlich schnell wuchs. In ferner Vergangenheit waren dieses oft wachstumsfördernde klimatische Veränderungen mit sich hieraus ergebenden positiven Effekten für die Nahrungsmittelversorgung vonMensch und Tier, was zur Folge hatte, dass auch die Freizeit- Volumina solcher schicksalhaft begünstigter menschlicher Gemeinschaften wuchsen – der gleiche Arbeitsaufwand erbrachte nunmehr oft ein deutlich größeres Arbeitsergebnis.

Alles in allem – besagte Gemeinschaften erlangten auf diese Weise zumeist eine erhebliche Steigerung ihner physischen und mentalen Stabilität.

Es dürften sich sodann gesellschaftliche Klimata entwickelt haben, in welchen sich Fantasie und, letztlich, auch Experimentierlust entwickelten und kognitiv überdurchschnittlich ausgestattete Gemeinschaftsmitglieder zu neuen Erkenntnissen hinsichtlich einer Rationalisierung ihres Arbeits- und Lebensalltages gelangten, was vermutlich zunächst den allgemeinen Beifall und Anerkennung fand, weil hierdurch die Gemeinschaft in ihrer Gesamtheit mit Vorteilen für die Lebensgestaltung rechnen konnte. Was sich zu ändern begann, als den durch die Handhabung des Neuen gegebenen Herausforderungen mentaler und physischer Art oft keineswegs von allen Gemeinschaftsmitgliedern angemessen entsprochen werden konnte.

Die Homogenität der Gemeinschaft begann zu bröckeln.

Und da die „Avantgardisten“ angesichts ihres überdurchschnittlichen Beitrages zum gesellschaftlichen Gesamteinkommen auch einen überdurchschnittlichen Anteil an der „Sur-Plus-Produktion“ verlangten und letztlich durchzusetzen verstanden, begann nunmehr, eine gesellschaftliche Schichtung zu entstehen, bzw. eine solche schon bestehende sich zu intensivieren.

Einmal durch produktive Erfolge belohntes Erneuerungsstreben erwies sich in der Vergangenheit immer wieder als Initialzündung für weitere Bemühungen in eben diesem Sinne.

Aus den „Avantgardisten der ersten Stunde“ entstanden zumeist spezielle Cluster, in denen die Väter ihre speziellen Kenntnisse und Fähigkeiten ihrer Nachkommenschaft zu vermitteln bemüht waren – nicht zuletzt im Interesse einer Fortsetzung ihrer herausgehobenen Position.
Was dann oft der Ausgangspunkt für eine Verfestigung spezieller Fertigkeiten zu einem Kumulus spezieller, fortan ausschließlich ausgeführter Handlungen und Tätigkeiten führte, zum Entstehen eines hierauf gegründeten „Berufes“.

Im Verlauf der historischen Entwicklung pflegten sich dann ursprüngliche „Ausgangsberufe“ in immer wieder weiter verzweigende „Spezialberufe“ zu zergliedern; wofür sich inzwischen der Terminus der „Stratifikation“ eingebürgert hat.

Wir können festhalten – diese Stratifikation ist sowohl Ergebnis als auch Erfolgsfaktor der ständigen Entwicklung des humanen Fortschrittsprozesses gewesen.

Wir halten weiterhin fest:
DIE ENTWICKLUNG DES MATERIELLEN PRODUKTIONSGESCHEHENS WAR EIN WESENTLICHER FAKTOR FÜR DEN VOLLZUG GESELLSCHAFTLICHER KLASSENSCHICHTUNG.

Denn mit der wachsenden Separierung der „Avantgardisten“ neuer produktiver Aktionsbereiche und Produktionsverfahren von der Masse ihrer Mitbürger verwandelte sich die bisherige weitgehende Homogenität menschlicher Gemeinschaften in die Disparität des gesellschaftlichen „Oben“ – mit einem über dem allgemeinen Durchschnitt stehenden Lebensniveau – und des gesellschaftlichen „Unten“.

Ausgehend von nunmehr unterschiedlichen Lebensbedingungen ergaben sich unterschiedliche Interessenlagen zwischen diesen beiden Teilen und letztlich dann auch die daraus resultierenden, unvermeidlichen Spannungen.

Und je stärker sich die Werthaltigkeit der „Avantgardisten- Produktion“ vom allgemeinen Produktionsgeschehen ihrer Gemeinschaft abhob, desto tiefer und breiter wurde der ideologische „Graben“ zwischen ihrem „Oben“ und dem allgemeinen „Unten“ – ursächlich weitgehend hervorgerufen durch das Stratifikationsgeschehen im Zuge des Erneuerungsgeschehens.

Je schneller vorstehend Beschriebenes sich vollzog, desto dringender wurde die Absicherung der gesellschaftlichen Einheit – trotz nunmehr in ihr gegebener permanenter Spannungen, einer „Einheit in der Widersprüchlichkeit“.

Es musste also eine Instanz geschaffen werden, welche die Modalitäten eines weiterhin stabil geregelten Zusammenlebens der Menschen in ihrer bisherigen Gemeinschaft, des bisherigen humanen Verbandes, durchzusetzen und abzusichern vermochte.

Mit anderen Worten – die hierarchischen Gegebenheiten mussten an die veränderten Verhältnisse angepasst werden, ggf. waren neue Hierarchien zu schaffen. In jedem Fall war abzusichern, dass fortan eine solche Hierarchie nunmehr das Monopol der „öffentlichen Gewaltausübung" besaß und dieses Recht im Bedarfsfall auch wahrzunehmen vermochte.

Sie war also nicht nur über dem gesellschaftlichen „Unten", sondern auch über dem neuen „Oben" der gesamten Gemeinschaft zu etablieren und sollte zudem als ideologische „Brücke" zwischen diesen beiden Gesellschaftsteilen zu wirken bemüht sein.

Interessant ist, dass in frühen Zeiten die Träger derartiger öffentlicher Machtmandate oft nicht aus der Produktionselite der Erneuerungs-„Avantgardisten" hervorgingen, sondern konflikterfahrene und kampferprobte Persönlichkeiten aus dem breit angelegten gesellschaftlichen „Unten" waren.

Nicht selten gab es dann auch in diesem Milieu Clusterbildungen, was dann letztlich zu gewalterfahrenen militärisch orientierten Führungskasten führte, den Keimzellen späterer herrschaftsbewusster Ober- und Spitzenschichten.

Das zeitweilige, frühe produktive „Oben" konsolidierte sich im Verlauf der Jahrhunderte und Jahrtausende mehrheitlich als „Mittelschicht", während das verbleibende „Unten" auch weiter-hin „Unterschicht" blieb.

Zusammenfassend und ergänzend erscheinen zu Vorstehendem die folgenden Aussagen angebracht.

DIE QUALIFIZIERUNG DER MENSCHLICHEN ARBEIT IST GRUNDSÄTZLICH MIT DIVERSIFIZIERUNG UND SPEZIFIZIERUNG SELBIGER VERBUNDEN.

DAS AUFRECHTERHALTEN QUALITATIVER SPITZENLEISTUNGEN ERFORDERT PERSÖNLICHE KONZENTRATION AUF DAS ANGESTREBTE ARBEITSERGEBNIS.

UNTERSCHIEDLICHE GESELLSCHAFTLICHE WERTIGKEIT INDIVIDUELLER ARBEITSERGEBNISSE HATTE – IN DER TENDENZ – EINE ZUNEHMENDE ÖFFNUNG DER „SOZIALEN SCHERE" ZUR FOLGE, D. H., WACHSENDE DIFFERENZEN ZWISCHEN HOHEN UND NIEDRIGEN PERSÖNLICHEN EINKOMMEN.

HUMANE GESELLSCHAFTEN MIT EINEM ÜBERDURCHSCHNITTLICHEN ENTWICKLUNGSTEMPO WAREN ZUMEIST LEISTUNGSGESELLSCHAFTEN, MIT MENTALER UND MATERIELLER ANERKENNUNG AUSSERGEWÖHNLICHER LEISTUNGEN.

DIE HIER NACHFOLGEND DARGESTELLTE INTERPRETATION BEMÜHT SICH UM EINE ÜBERSICHTLICHE VERMITTLUNG DER GRUNDLEGENDEN ELEMENTAREN ZUSAMMENHÄNGE ZWISCHEN DEN EINZELNEN PHASEN HUMANEN FORTSCHRITTSSTREBENS.

SIE IST ALS EINE ABSTRAHIERENDE DARSTELLUNG DES IN DER REALITÄT VIEL „BUNTEREN" GESCHEHENS ZU VERSTEHEN, WELCHES KAUM JEMALS DERARTIG SCHLICHTE STRUKTUREN IN „REINKULTUR" ENTWICKELT.

Beispielsweise ist die Aufstiegsphase zumeist keineswegs als ein „lineares Aufwärts", ohne jegliche Störung oder Verzweigung, zu erkennen, kann sich der Zeitraum zwischen Aufstieg und Absturz als zeitlich extrem gedehnt erweisen, kann das Chaos keine Erdung in einer egalistischen Phase erlangen, sondern direkt Zugang zu erneutem „Aufwärts" finden.

WIE AUCH IMMER – DIE GRUNDFORM DES ZYKLISCHEN DREIECKS DES ENTWICKL UNGSGESCHEHENS LÄSST SICH BEI INTERESSIERTEM STUDIUM ALLENTHALBEN ENTDECKEN.

DAS GRUNDMUSTER DIESER ZYKLIZITÄT KANN MAN SICH AUCH ALS NACH OBEN WINDENDE SCHRAUBE VON SICH EINANDER ANSCHLIESSENDER DREIECKEN VORSTELLEN.

Die hier als Dreieck dargestellten Keisläufe können sowohl Jahrzehnte als auch Jahrhunderte, gar Jahrtausende interpretieren.

ZUR ZYKLIZITÄT DES HUMANEN FORTSCHRITTS, I.

Das Dreieck von egalistischer Stabilität, ausgelöster Fortschritts-Phase und sich schließlich vollziehendem Rückfall auf eine neue Stufe egalitärer Stabilität

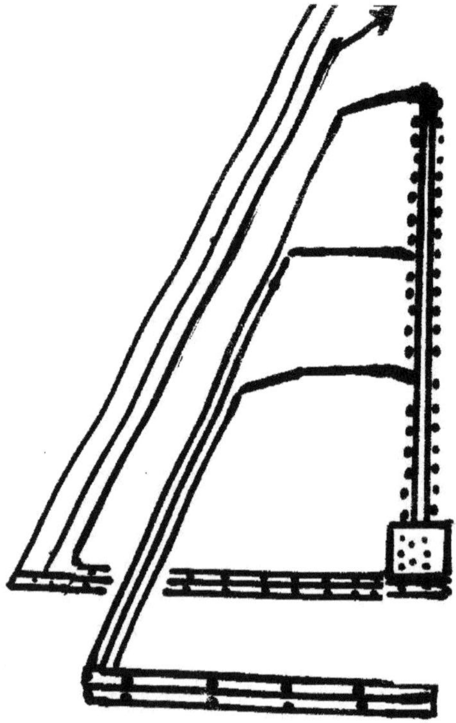

Egalistische gesellschaftliche Struktur, mäßiges Entwicklungstempo

Starkes Aufwärts- Streben, zunehmende Schichten- Spaltung

„Zerbröckelnde Gesellschaft", mt unruhigem inneren Milieu

Zunehmendes Chaos, schließliche Stabilisierung auf neuer egalitärer Basis

ZUR ZYKLIZITÄT DES HUMANEN FORTSCHRITTS, II.

Die Aufwärtsspirale der Abfolgen von Dreiecken egalistischer Stabilität, frisch ausgelöster Fortschritts- Phasen und schließlicher Rückfälle auf neue Stufen egalistischer Stabilität

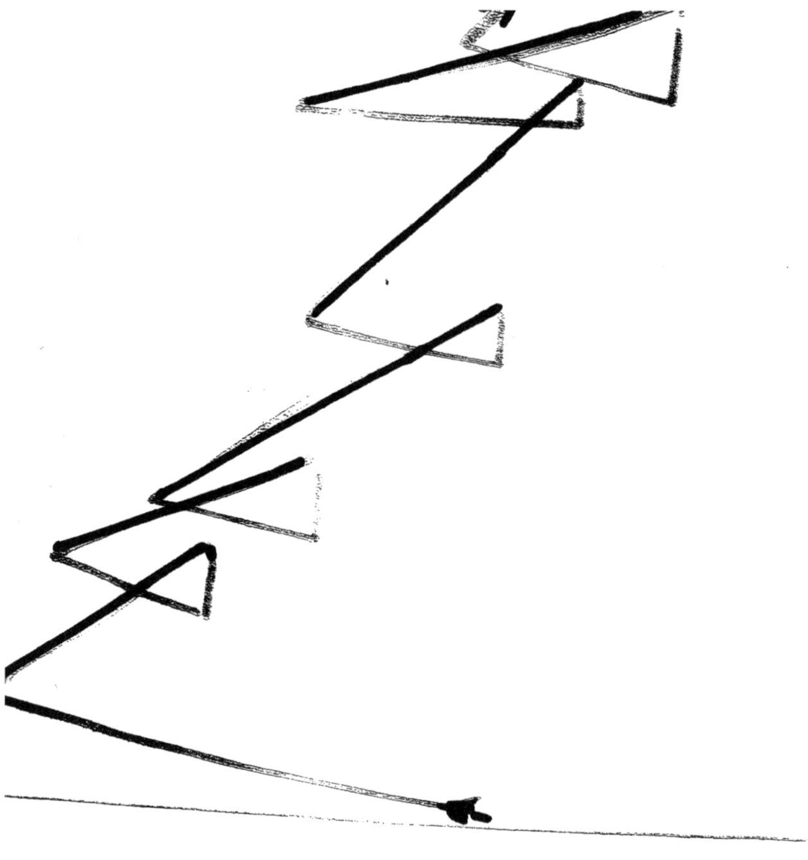

Dezent aufwärts gerichtete Startlinie der sich grundsätzlich nach oben ausrichtenden Spirale der Dreiecksabfolgen des humanen Fortschritts

Im Einzelnen sind die Linienführungen der vorstehenden Grafiken wie folgt zu verstehen. Die – grundsätzlich von rechts nach links führenden – blauen Linien interpretieren egalistische Phasen des Geschehens, von welchen dann an ihren linken Enden die roten Linien des gesellschaftlichen Aufstiegs nach schräg oben ausgehen.

Solche Aufstiege sind zunächst in der Regel für die gesamte Gemeinschaft der betreffenden Bevölkerung gegeben, sowohl für die beiden randständigen Stränge solcher Populationen als auch für ihre dominante Mitte. Die zu Beginn an ihrem unteren Ende jeweils recht breite Ausführung der Liniengebung soll solches verdeutlichen.

Durch eine gewisse Aufsplitterung der zunächst breiten roten Linien wird symbolisiert, wie zunächst das rechte Viertel des Striches, die Unterschicht der Bevölkerung interpretierend, von der breiten Linie der produktiven Zugewinne verdrängt wird und etwas weiter oben jedoch sich auch die nunmehrige Mehrheit von den weiterwachsenden Einnahmen der Oberschicht verabschieden muss. Beide Linien – Unterschicht und breite Bevölkerungsmitte vertretend – wandern dann nach rechts, bis sie auf die grüne Linie stoßen, von welcher die Zwischenphase zwischen dem Ende des Produktivitätswachstums und dem gesellschaftlichen Absturz dokumentiert wird. Bevor das geschieht, erlangt die untere dieser beiden roten Linie, welche das Schicksal der jeweiligen Unterschichten verdeutlichen soll, noch einen zweiten „Knick“.

Damit soll zum Ausdruck kommen, dass die Unterschichten in den letzten Aufstiegszeiten nicht nur von den Produktionsgewinnen zumeist völlig ausgeschlossen sind, sondern zumeist sogar Reduzierungen ihres Lebensstandards hinnehmen müssen, was dann, zusammen mit längere Zeit ebenfalls stagnierenden Versorgungsgegebenheiten in der breiten Bevölkerungsmitte sowie dem Beginn derartiger Gegebenheiten selbst in der Oberschicht – früher oder später – zum Erreichen der in den Graphiken mit der grünen Farbe charakterisierten Vorstufe eines letztendlich totalen gesellschaftlichen Absturzes führt.

Letzterer wird mit nach unten führenden schwarzen Linien dargestellt. In günstigen Fällen enden solche schwarzen Linien auf neuen blauen Linien – der Zyklus kann erneut starten.

DAS ULTIMATIVE FRIEDENSGEBOT

„DAS WICHTIGSTE – INDESSEN – IST, DASS UNSER GESAMTES HUMANES SEIN DURCH EIN GEWÖLBE TIEFER FRIEDENS-SEHNSUCHT ÜBERDECKT WIRD, ÜBERDECKT BLEIBT."

(Schlusswort von Siegfried Akkermann in der Dankesrede auf der DRK-Festveranstaltung anlässlich seines 90. Geburtstages, am 21. 2. 2025 in Rostock-Warnemünde)

„Die existentielle Perspektive der Menschheit dürfte langfristig nur dann gesichert sein, wenn die stetige, dialektisch unerlässliche innere Auseinandersetzung von uns Menschen zwischen Entwicklungsdrang und Beharrungsvermögen durch eine alles überwölbende Decke von unerschütterlichem Friedenswillen geprägt bleibt, gestützt durch Toleranz und Empathie, durch das Streben nach für beide Seiten positive Konfliktlösungen, für Kompromisslösungen sowie durch das Bewusstsein der Erfordernis angemessener Balance-Lösungen, ermöglicht durch allgemeines Erlangen eines zuverlässigen Gespürs für die jeweils nötige Balance:

NUR DANN, WENN SICH MENSCH UND MENSCHHEIT DES DIALEKTISCHEN CHARAKTER ALLEN SEINS AUSREICHEND BEWUSST SIND, INSBESONDERE JEGLICHEM ALLMACHTANSPRUCHS ZUVERLÄSSIG ENTSAGT HABEN UND ZUDEM DEN GRUNDLEGENDEN HUMANEN ETHISCHEN NORMEN HINREICHEND GENÜGEN, DÜRFEN WIR WOHLBEGRÜNDET EINE ZEITLCH UNBEFRISTETE WEITERE EXISTENZ AUF UNSEREM GLOBUS ERDE ERHOFFEN.

IN ANBETRACHT UNSERES HEUTIGEN ENTWICKLUNGSSTANDES DÜRFTE **DAS** GESAMTMENSCHHEITLICHE ETHIKVERHALTEN DERZEIT ENTSCHEIDEND FÜR UNSER SCHICKSAL IN DER AKTUELL ÜBERSCHAUBAREN ZUKUNFT SEIN

7.9.2024